IM GRÖNLANDEIS

MIT MYLIUS-ERICHSEN

DIE DANMARK-EXPEDITION 1906—1908

VON

ACHTON FRIIS

AUTORISIERTE ÜBERSETZUNG VON FRIEDRICH STICHERT

ZWEITE AUFLAGE

ABBILDUNGEN
NACH GEMÄLDEN UND ZEICHNUNGEN VON AAGE
BERTELSEN UND ACHTON FRIIS, SOWIE NACH DEM
PHOTOGRAPHISCHEN MATERIAL DER EXPEDITION

Springer-Verlag Berlin Heidelberg GmbH
1913

ISBN 978-3-662-23488-4 ISBN 978-3-662-25558-2 (eBook)
DOI 10.1007/978-3-662-25558-2

Softcover reprint of the hardcover 2nd edition 1913

MEINEN KAMERADEN

L. Mylius-Erichsen, der Leiter der Expedition.

Vorwort.

Langsam und mühsam nur sind die Küsten Grönlands für die Wissenschaft erobert worden. Viele Nationen haben sich an der Durchforschung des rauhen Landes beteiligt, in dem der Eskimo sein Leben fristet. Die Dänen haben etwa drei Viertel der Küsten bereist und vermessen, Norweger und Schweden, Deutsche, Engländer und Amerikaner den Rest. Erst als die Entdeckungsreisenden sich die Reiseart und die Lebensweise der Grönländer zu eigen machten, selbst zu Eskimos wurden, machte die Erforschung der arktischen Gebiete größere Fortschritte.

Jetzt ist die letzte Strecke der grönländischen Küste befahren: die Nordostküste, die jahrtausendelang unbekannt hinter einem meilenbreiten Eisgürtel lag.

Von Süden her war der Deutsche Koldewey im Jahre 1870 von dem Winterhafen der zweiten Deutschen Polarexpedition bei den Penduluminseln auf einer außerordentlich beschwerlichen und gefährlichen Ziehschlittenreise nach einem etwas nördlich vom Kap Bismarck gelegenen Punkt gelangt. Starke Schneestürme, unsichtiges Wetter und Proviantmangel zwangen ihn zur Umkehr. Seine Warte auf 76 Gr. 50 Min. n. Br. war bisher der nördlichste auf der Ostküste des Festlandes erreichte Punkt.

Von Norden her hatte der Amerikaner Peary dreimal längs der unbekannten Küstenstrecke hinabgeschaut, dreimal hatte er umkehren müssen, ohne ans Ziel zu gelangen. Zweimal — in den Jahren 1892 und 1895 — ging er von Westen über das Inlandeis zur Independencebay, und im Jahre 1902 drang er auf dem Meereis an der Nordküste des Pearyland bis südlich vom Kap Bridgman hinab, wo er auf 82 Gr. 58 Min. n. Br. eine Warte baute.

Zwischen Koldeweys Steinhaufen und Pearys Warten lag lockend das ungelöste Rätsel: eine nichtssagende punktierte Linie auf der Landkarte.

Schon als Mylius-Erichsen in den Jahren 1903 und 1904 bei den jetzt so viel genannten Polareskimos am Kap York überwinterte, begann er sich mit der Eroberung dieses merkwürdigen Stückes Grönland zu beschäftigen. Nach seiner Heimkehr nahmen die Träume und Phantasien bald feste Gestalt an. Sein Hauptplan war, zu Schiff so nördlich wie möglich an der Ostküste entlang zu gehen und den Rest der Küste mit Eskimoschlitten zu befahren. Bereits im Sommer 1905 wurden seine Theorien durch die glückliche Fahrt des Herzogs von Orleans in dem Fahrwasser beim Kap Bismarck und längs der Küste nach Norden unterstützt. Jetzt galt es, sich zu beeilen, ehe andere ihm zuvorkamen. Nachdem er im Herbst 1905 der Geographischen Gesellschaft in Kopenhagen seine Pläne vorgelegt, gelang es ihm schnell, Interesse für seine neue Expedition zu erwecken, und als die Hälfte der Kosten durch private Spenden zusammengebracht war, deckte der dänische Staat die andere Hälfte.

Am Johannistag des Jahres 1906 verließ das Expeditionsschiff den Kopenhagener Hafen. Der Expedition gehörten folgende 28 Teilnehmer an: Schriftsteller L. Mylius-Erichsen, Führer der Expedition; Oberleutnant in der Marine Alf Trolle, Schiffsführer und Stellvertreter des Expeditionsführers; Hauptmann im Generalstab J. P. Koch, Leiter der kartographischen Arbeiten; Oberleutnant N. P. Höegh-Hagen, Kartograph; Dr. A. Wegener aus Berlin, Meteorolog und Physiker; cand. phil. A. Lundager, Botaniker; stud. phil. H. Jarner, Geolog; stud. phil. F. Johansen, Zoolog; Lehrer A. L. V. Manniche, Ornitholog; J. Lindhard, Arzt der Expedition; Unterbootsmann C. B. Thostrup, Sekretär; Oberleutnant in der Marine H. Bistrup, erster Steuermann; G. Thostrup, zweiter Steuermann; J. Weinschenck, erster Maschinist; H. Koefoed, zweiter Maschinist; der Norweger C. J. Ring, Eislotse; Knud Christiansen, Peter Hansen und Charles Poulsen, Matrosen; Gundahl-Knudsen, Zimmermann (Heizer während der Fahrt); der Norweger H. Hagerup, „Mann für alles" und Heizer während der Fahrt; stud. med. P. Freuchen, Assistent des Meteorologen (Heizer während der Fahrt); H. Jensen, Proviantmeister und Koch; Jörgen

Brönlund, Tobias Gabrielsen und Hendrik Olsen, Grönländer; Aage Bertelsen und Achton Friis, Maler.

Die Expedition kehrte nach mehr als zweijähriger Abwesenheit am 23. August 1908 zurück; sie hatte ihre Aufgabe gelöst, der letzte Rest der Küste Grönlands war bereist und untersucht. Aber drei Männer, Mylius-Erichsen, Hagen und Brönlund, hatten ihr Leben gelassen, um ihr Ziel zu erreichen. Vergebens waren zwei Hilfsexpeditionen ausgesandt, um ihnen Hilfe zu bringen. Die letzte fand im Frühjahr 1908 Jörgen Brönlunds Leiche bei dem Depot auf dem Lambertsland und in seinem Tagebuch die Nachricht von dem Tode seiner beiden Kameraden.

Als Mylius-Erichsens Rückkehr von der großen Schlittenreise nach Norden sich in beunruhigender Weise in die Länge zog, wurde es im Herbst 1907 dem Maler Achton Friis übertragen, Material zu einem Buch über die Expedition zu sammeln und im Falle des Todes Mylius-Erichsens die Abfassung dieses Werkes zu übernehmen. Seine Kameraden stellten ihm ihre Reisetagebücher als Ergänzung seiner eigenen Tagebuchaufzeichnungen zur Verfügung. Die wissenschaftlichen Ergebnisse der Expedition werden in den „Meddelelser om Grönland" von den einzelnen Forschern niedergelegt werden. „Mir kam es," sagt Achton Friis, „hauptsächlich darauf an, das Leben in den Polargegenden zu schildern, so wie es auf den kultivierten Menschen wirkt, der aus seinem natürlichen Rahmen heraus und in Umgebungen hineingezwungen ist, die ihm fremd und feindlich gegenübertreten, — auf die Schilderung der fremdartigen erhabenen Natur und des Lebens und Treibens der Tiere. Das neue Land da oben ist für uns, die es fanden, mehr geworden, als ein Untersuchungsobjekt, mehr als eine neue Linie auf der Weltkarte. An seinen Küsten hatten wir zwei lange Jahre unser Heim; es ist jetzt eine Gegend, die wir kennen und schätzen. Wir werden uns immer zu ihm zurücksehnen. Kann ich, wenn auch nur flüchtig, anderen ein Bild von dem Lande und den Stimmungen geben, die uns dort ergriffen haben, — dann will ich zufrieden sein."

Der dänische Schriftsteller Johannes V. Jensen sagt in einer Besprechung des Werkes: „Achton Friis hat in diesem Buche der Danmark-Expedition und sich selbst als Schilderer ein würdiges Denkmal gesetzt, ein Werk aus einem Gusse, gleich ausgezeichnet durch die Frische des Stoffes, wie durch die derbe Anschaulichkeit, mit der er behandelt ist.

Man eignet sich den starken Band mit derselben Spannung und Lust am Erleben an, wie eine wirkliche Reise; hier ist einer, der etwas gesehen hat und es sagen kann! ... Man kann einem fremden Lande, das man nicht gesehen hat, nicht näher kommen, als durch ein Beobachtungsvermögen und eine Sprache wie die, mit der Achton Friis in seiner kräftigen und verliebten Beschreibung der Natur Grönlands so verschwenderisch umgeht. Wie ist er ausdrucksvoll, ein wahrer Maler, wie hat ihn alles, Großes und Kleines, mitgerissen, und wie kann er es wieder in unsere Einbildungskraft hineinpflanzen! Schön und unvergänglich ist dieser Dank an eine Welt, die sich in ihrer Größe auch für ihn öffnete ..."

Kopenhagen, den 20. Januar 1910.

Der Übersetzer.

Inhalt

Der Winter 1906—1907

Frühling und Sommer 1907

Herbst und Winter 1907—1908

Verzeichnis der Abbildungen.

Ton- und Dreifarbendruckbilder:

Die Seefahrt und die ersten Tage in Grönland

Die schwindende Sonne.
Danmarkshafen, Oktober 1906.

Oktober 1906.

Es fängt an schummerig zu werden hier drinnen. Zwei Uhr nachmittags mag es wohl sein.

An der Wand rechts von mir, dicht bei meinem Kopfe, steht ein leuchtender, feuerroter Fleck. Es ist der Schein der Sonne, der durch mein „Ochsenauge“ fällt. Vormittags steht der Fleck vor mir auf dem Achterschott, wandert dann langsam über die Wand hin, um schließlich hier in der Ecke neben mir anzukommen.

Ich sehe ihn täglich und sehe, wie sein Weg kürzer und kürzer wird, während er sich mehr und mehr der geschwärzten Decke nähert. Früher ging er ganz an der Ecke vorbei, glitt langsam über eine bestimmte Photographie an der Wand hinter mir und setzte zum Schluß die Spitze meines Revolverfutterals in helle Flammen, ehe er verschwand. Jetzt kommt er lange nicht mehr soweit; bald wird er ganz verschwinden.

Aber wie es so nach und nach schummerig wird, wächst ein anderes Licht empor hier drinnen, unten am Boden dicht bei meinen Füßen. Es ist die Flamme in meinem kleinen Petroleumofen.

Der kleine Ofen ist freundlich und warm, und es ist gut mit ihm auszukommen. Könnte ich ihn nur ein wenig weiter weg rücken; denn er meint es etwas zu gut mit meinen nassen Pelzstiefeln, die einen strengen, sauren Geruch mir gerade in die Nase hinauf dampfen. Aber der Fußboden ist hier zwischen Koje und Innenwand nur wenig über eine Quadratelle groß, und so müssen wir sehen, wie wir uns so eng beieinander vertragen.

Seltsame Laute kommen und gehen da draußen. Am Strande dröhnt es unter dem Druck von Ebbe und Flut, grollende Laute tönen von fern und nah herüber und klingen in langen Seufzern unter dem Meereseise aus. Leise raschelt etwas an der Schiffsseite, hoch oben hat ein einsames Tauende eine Stelle im Takelwerk gefunden, gegen die es schlagen kann — ein langgezogenes, fernes Geheul eines Hundes — plötzlich schnelle, knarrende Schritte auf dem Deck über meinem Kopf — und dann bisweilen ein Paar gedämpfte Stimmen in der Messe vor meiner Tür; — sonst ist es hier so still heute.

Jetzt schwindet die Sonne, und fahl wird das Licht hier drinnen Hier wird es nicht dunkel, sondern die Beleuchtung gleicht mehr der eines trüben Wintertages daheim; und in diesem matten Zwielicht läßt sich's gut sitzen und in Erinnerungen herumkramen, wenn man Zeit hat und lange genug in das warme, traulich blickende Auge des kleinen Ofens schaut — —

Wie ist es doch jetzt gleich? Ach ja, es ist ja schon über drei Monate her, daß wir von zu Hause fortfuhren. Und nur drei Monate! Mir scheint fast, es seien Jahre vergangen — so viel bereits gesehen, so viel verändert!

— —

Es tut weh, mit der Wurzel ausgerissen zu werden, wie es an jenem Johannistag uns geschah, als die „Danmark“ aus dem Sunde hinaussteuerte und Seelands Buchen nach und nach dem Gesichtskreis entschwanden. Viel Wind und Sonne gehört dazu, die Träume vom Heimatland verblassen zu lassen, und viel Finsternis und Frost tut not, ehe man hier oben Frieden vor seinen Träumen bekommt. Nach einer so jähen Umpflanzung gedeiht man anfangs nur schlecht, und wohl niemals schlagen wir so richtig Wurzel in diesem Haufen von Sand und Steinen, der jetzt zwei bis drei lange Jahre unser Wohnort heißen soll.

Wie deutlich ich mich aller Dinge von jenem Tage an bis jetzt erinnere. Ich denke an den Wirrwarr und Lärm, der mit den Vorbereitungen der letzten Tage verknüpft war, ehe die Fahrt ihren Anfang nahm. Da war nicht viel Zeit, feierlich oder gefühlvoll zu werden. Aber als dann alles vorüber war, als wir auf dem Deck der „Danmark“ standen und den Kai mit allem, was wir gern hatten, neben uns weggleiten sahen, als dann draußen im Sunde „Olfert Fischer“ uns das dänischste Hurra sandte, das ich je gehört habe, als das alte Kronborg ein Paar armselige Schüsse hinter uns her hustete und das Kattegat schließlich weit seine Arme unserem Bug öffnete — da standen wir und konnten einander nicht in die Augen sehen, aber verstohlen beschäftigten wir uns alle mit dem einen Gedanken, der jetzt jeden beherrschte: Danmark (Dänemark) verlassen wir, ob wir es jemals wieder zu sehen bekommen ...?

Das Kattegat lag blau und herrlich vor uns. Der Schlepper hatte uns verlassen und war zurückgekehrt, und die „Danmark“ steuerte einsam vorwärts, hinaus auf ihre seltsame Fahrt.

Und jetzt merkten wir auch das erste leichte Schaukeln des Schiffes. Wie sonderbar, dies zum erstenmal zu fühlen! Da drinnen am Bollwerk hatte es jetzt Monate lang schwer und unbeweglich gelegen, Tag für Tag tiefer sinkend unter dem Gewicht der Ladung von Vorräten und Geräten. Wie ein ungeheurer Futtertrog lag es da. Es fiel keinem ein, daß dieses Monstrum sich so reizend schaukeln konnte, wie es jetzt sich zeigte. Sachte prüfend hob und senkte es das Bugspriet bei der einsetzenden Dünung.

Und die Nacht kam, die helle dänische Sommernacht. Die Leuchtfeuer wurden rings herum angezündet und glitten langsam nach hinten. „Danmarks“ Steven zeigte nach Norden; aber unsere Blicke suchten südwärts, dorthin, wo Seelands niedrige Hügel am Horizont verschwanden.

— —

Kein Wunder, wenn unser Schiff ein wenig niedrig über dem Wasser lag. Ganz abgesehen davon, daß es vielleicht reichlich beladen war, konnte ein so gewichtiges Programm, wie das, mit dem wir hinausgingen, es wohl dazu bringen, ein Paar Zoll tiefer zu sinken, als es sonst gewöhnt war. Es gibt wohl nur wenige Expeditionen, die eine reichhaltigere Sammlung von Aufgaben gehabt haben, als die, mit der wir hinauszogen.

Die beiden Hauptpunkte des Programms waren in Kürze folgende: Erstens sollte die bisher ganz unbekannte Strecke zwischen dem von der Koldewey-Expedition im Jahre 1870 erreichten nördlichsten Punkte beim Kap Bismarck (etwa 76°, 50′ n. Br.) und dem von dem Amerikaner Peary auf seiner Reise im Norden von Grönland im Jahre 1901 erreichten östlichsten Punkt auf Pearyland (etwa

83° n. Br.) vermessen und so sorgfältig wie möglich untersucht werden, einschließlich der vermuteten Fjordkomplexe in der Independence Bay nach Navy Cliff (etwa 81°, 40′ n. Br. und 34° w. L.) zu, das Peary auf zwei Reisen, 1892 und 1895, erreicht hatte. Dann sollte die nur teilweise bekannte Strecke vom Kap Bismarck südwärts bis zum Franz Josephs Fjord von den wissenschaftlichen Teilnehmern und Kartographen gründlich untersucht werden. Schließlich sollte eventuell, als der dritte Hauptpunkt des Programms, eine Durchquerung des Inlandeises in seiner ganzen Breite vom Franz Josephs Fjord bis zu einer der nördlichsten Kolonien im dänischen Westgrönland vorgenommen werden: dies jedoch nur, wenn die anderen Aufgaben Zeit, Material und Proviant übrig ließen.

Etliche Expeditionen sind mit einem kleineren Programm hinausgegangen, als jeder dieser drei Punkte allein bietet, und doch zurückgekehrt, ohne mehr als Bruchteile ihrer Aufgabe gelöst zu haben — falls sie überhaupt zu dem im voraus abgesteckten Arbeitsfeld gelangt sind und nicht sowohl Aufgabe wie Plan haben ändern müssen, wenn das Eis oder andere Naturverhältnisse ihnen einen Strich durch die Rechnung machten.

Mylius-Erichsen war so fest in seinem Glauben, so sicher der Durchführung seines Plans und so warm in seiner Begeisterung für die Sache, daß er alle mit sich riß. Und es muß gesagt werden, daß die besten Männer der Expedition sich als Teilnehmer in der Überzeugung gemeldet haben, daß sowohl der Plan, wie auch die Art, in der Mylius-Erichsen ihn ausführen wollte, ausgezeichnet waren — wenn auch vielleicht nicht viele daran glaubten, daß das Glück der Expedition so unverbrüchlich treu bleiben werde, daß alles zur Ausführung gebracht werden konnte.

Die „Danmark-Expedition", die noch wenige Monate vor ihrer Abreise nur aus einem riesigen Programm und einem sehr kleinen Geldsack bestand, stand da und sah sich nach Schiff, Mannschaft und Proviant um. Wenn eine wissenschaftliche Expedition nach Polargegenden geht, ist es Brauch, daß man das Schiff immer an das Ende der Rechnung setzt, wo das Geld auszugehen anfängt. Man sieht sich vorsichtig nach den besten Instrumenten und dem besten Proviant um; aber das Schiff, das die kostbaren Ergebnisse durch dieses gefährlichste Fahrwasser der Welt nach Hause bringen soll, pflegt in der Regel ein von Göttern und Menschen verlassener alter Walfischfänger zu sein, der in diesem oder jenem Winkel der Welt herum liegt und von der Zeit träumt, da er einem Schiffe glich.

Na — Schlechtes läßt sich vielleicht schon von der alten „Magdalene“ sagen, aber freilich auch ein ganz Teil Gutes. Sie war ein gutes und solides altes Gestell, das ist sicher, und wenn man nicht allzu genau im Achterteil nachsah, konnte man über all die schönen, schweren Eichenbalken so richtig in gute Laune geraten.

Verschiedene Leute, die sich auf Schiffe verstanden, hatten sie besichtigt und beurteilt. Hier und da wurde sie ausgebessert, wo es besonders vonnöten war; es wurde soviel auf sie verwandt, wie die Mittel erlaubten, und dann wurde sie für gut und seetüchtig erklärt. Und wir, die nicht die Mittel zu anderem hatten, gaben ihr den Namen „Danmark“. Das machte sie in unseren Augen viel schöner, wenn sie auch darum kein besserer Renner wurde.

Nordwärts.
Aussicht von der Tonne.

Nicht viel anders fand sich auch die Mannschaft zusammen. Die Fachteilnehmer, die sich meldeten, waren Leute, deren Begeisterung für Mylius-Erichsens Plan und deren Glauben an seine Lösung, deren Abenteuerlust und Drang, etwas zu erleben, in umgekehrtem Verhältnis zu ihrer Begierde nach irdischen Gütern stand. Es waren ja meistens junge Leute, deren Namen niemals an die Öffentlichkeit gekommen waren; und nur einige wenige der Namen hatten einen Klang, der eine solche Gewähr bot, daß Staat und Volk ruhig Geld zu dem Unternehmen beisteuern durften.

— —

Aber jetzt hatte endlich „Magdalene“ — alias „Danmark“ — Wind in die Röcke bekommen und steuerte ins Kattegat hinaus. Uns folgten viele gute und warme Wünsche, aber auch so viele trübe Prophezeiungen, daß man glauben sollte, es sei alles, was das Land an Schiffskundigen und Seeleuten besaß, auf dem Kai zurückgeblieben.

Glücklicherweise hatte uns aber doch ein gütiges Geschick ein Paar solcher in die Hände gespielt. Die Segelschiffer an Bord verstanden ihren Kram, darüber waren wir uns bald klar. Und wir „Leichtmatrosen" lernten auf der Reise nach und nach, ihnen nur noch so viel in den Weg zu treten, daß sie einigermaßen ungestört ihre Arbeit verrichten konnten.

Uns 25 Männern, die wir dicht hinter den engen Wänden zusammengestaut waren, wurde es bald klar, daß hier nicht allzuviel Ellenbogenfreiheit für die „Persönlichkeit" sein würde. Wir wußten nichts von einander. Was hinter uns lag, behielt jeder für sich selbst; gemeinsam war dagegen alles, was vor uns lag. Dort gab es Anstrengungen und Gefahren, dort winkte das Ziel, und dort mußten wir wohl lernen, Schulter an Schulter zu stehen und geschlossen zu marschieren. Und dann schleift auch wohl nach und nach ein jeder seine schlimmsten Kanten am Nachbarn ab, so daß wir uns um das Eine sammeln können. Der Gedanke, der Mylius-Erichsens Idee zugrunde lag, war: so wenig Kommando wie möglich, und statt dessen gegenseitige kameradschaftliche Hilfe, geregelt durch das Verständnis und den gegenseitigen Respekt für die spezielle Arbeit des anderen. Alle gleich, alle mit dem Gedanken auf das Eine gerichtet: die Expedition.

Wir müssen es erproben!

— —

Ich erinnere mich noch an die erste Nacht an Bord, an das prachtvolle Wetter, an Kullens Leuchtfeuer, das langsam nach hinten glitt und in der Ferne verschwand, und an die Morgendämmerung und den schwachen Kolbenschlag der Maschine, der allein die Stille durchbrach, während die Schraube uns langsam nach Norden führte. Die Seewache war eingerichtet, und wir, die wir in der Nacht die Hundewache gehabt hatten, lagen auf Deck in einem Klumpen, ohne viel Worte miteinander zu wechseln, ein jeder in Gedanken seine Rechnung abschließend.

Und die Nacht glitt dahin, und der nächste Tag kam, grau und traurig, mit bewölktem Himmel und westlicher Brise. Am Morgen gegen sieben Uhr wurde der Wind so frisch, daß wir alle Segel setzten. Und hier durften wir dann zum erstenmal ein Tauende anholen. Es ging ganz gut; wenn wir erst wußten, welches Ende zu holen war und wie lange, dann war es nicht schwer. Um den Zweck brauchten wir uns nicht zu kümmern. Wir bekamen selbst einen starken und unmittelbaren Eindruck von unserer Nützlichkeit.

Dann räumten wir auf dem Deck auf, stauten um und brachten ein wenig Ordnung in das gräßliche Wirrwarr, das es fast unmöglich machte, sich hier zu bewegen. Kisten und Tonnen und lose liegende Planken und Hundefutter lagen überall durcheinander, und von der Kommandobrücke bis hinab zu den Kammern lag oben über dem allen eine Schicht vertrockneter Blumen vom vorigen Tage. — Die armen Blumen! Sie wurden nicht gut behandelt, wir mußten fast in ihnen waten, um unsre Arbeit verrichten zu können; und das tat uns weh. Ich sah, wie ein Mann — jetzt erinnere ich mich nicht mehr, wer es war — eine von diesen Blumen zu sich steckte und schnell mit ihr

„Kujapikassik" hält Siesta.

davonschlich; ich bin überzeugt, er verwahrte sie in seiner Kammer. Er hatte vielleicht selbst keine erhalten, als wir abfuhren. —

Nach und nach wurden dann auf dem Deck die schlimmsten Spuren des Wirrwarrs beseitigt, in dem wir fortgekommen waren. Die ungefähr dreißig Eskimohunde, die einen Monat vorher auf einem Schiffe des „Grönländischen Handels" nach Kopenhagen gekommen waren, befanden sich jetzt auf dem Verdeck mit Ausnahme von ein Paar Hündinnen, die Junge hatten und aus diesem Anlaß auf dem Oberdeck stationiert werden mußten, damit die Nachkommenschaft nicht von den anderen gefressen wurde. Sie führten sich sehr ordentlich auf; ein wenig Lärm und eine vereinzelte Schlägerei ab und zu gab es natürlich, aber im übrigen schienen die Hauptkämpfe schon auf der Werft ausgekämpft zu sein, wo die Tiere seit ihrer Ankunft untergebracht gewesen waren. Es schien, als ob man ein provisorisches Übereinkommen über die Rangordnung getroffen hätte, nach dem der größte Dummkopf im Haufen — aber der stärkste — „Baas" geworden war und die anderen kujonierte. Er fraß von allem zuerst und bleute zum Entgelt die anderen durch. Umgeben von einem Stab von Wichtigtuern — den Nächststärksten — war es ihm eine leichte Sache, mit deren Hilfe das Proletariat zu unterdrücken, das sich in der Kunst übte, sich durchzuhungern. Diese idealen Zustände dauerten bis zu den Färöern, wo die Großmächte in Gestalt eines gewaltigen neuen Haufens von Hunden einschritten und das Idyll störten.

Das ganze Hundevolk fühlte sich bereits völlig zu Hause und trat außerordentlich natürlich auf — bisweilen unangenehm natürlich auf den Tauenden und Seilen, die auf Deck lagen und die als Leichtmatrosen wir anzuholen hatten. Man gewöhnt sich aber an all dergleichen, wenn es einmal nicht zu ändern ist.

Nachmittags frischte der Wind auf, der anhaltend aus Westen kam, und wurde fast stürmisch. Ich wurde durch einige Unruhe auf Deck aus meinem Halbschlummer in der Koje gerissen und fuhr hinaus, um zu sehen, was los sei. Wir schlingerten ganz tüchtig, und die See ging ziemlich hoch. Es war finster, die Luft war trübe, und als ich auf Deck kam, konnte ich mich nicht sofort orientieren. Ich traf Mylius, der zur Tür hineinkam.

„Ist etwas los?"

„Die Vorbramraa ist leider gebrochen", sagte er. „Ja, wir beginnen ein bißchen früh mit solchen Sachen!"

Ich blickte in das Gewirr von Tauwerk und Stangen hinauf, das da oben hin und her schwankte, und begann darüber zu grübeln, wo man wohl die Vorbramraa suchen müßte, als ich plötzlich vier, fünf dunkle Gestalten bemerkte, die sich auf den Wanten am Fockmast hinaufbewegten. Hallo — ja, da hing sie, die oberste Raa am Fockmast und schlenkerte hin und her. Und jetzt gingen die Seeleute hinauf, um sie zu bergen. Bald saßen sie da oben rittlings, mit Händen und Füßen sich festklammernd.

Der Sturm fing sich überall, und rings herum hörte man es krachen und knallen. Aber da oben im Takelwerk hingen fünf Mann und arbeiteten, ruhig und sicher. Das war ja ihr Geschäft, etwas Alltägliches. Und während die Bramraa mit ihrem Gewicht von Hunderten von Pfund hin und her baumelte, saßen sie darunter und darüber und entwirrten das Mysterium von Tauwerk. Sie flogen da oben mit der schwankenden Takelage gegen den finsteren Sturmhimmel wie schwarze Vögel herum und zeichneten wunderliche Kurven und Spiralen unter den vor dem Winde treibenden Wolken.

Bald hing die gebrochene Bramraa gut vertäut und ruhig da oben. Dann kamen ein paar Taljen dran, und langsam glitt sie aufs Deck herunter.

Als die Seeleute herabkamen, fühlte man unwillkürlich das Bedürfnis, in ihre Nähe zu kommen, um mit ihnen ein Paar Worte zu

Die Hunde.

wechseln, ihre Hand zu ergreifen und dies oder das zu sagen. Mit den Leuten zusammen zu sein, gab einem ein so schönes Gefühl der Sicherheit; man stand hier vor etwas, worauf man sich durchaus nicht verstand, aber die Ruhe, mit der die ganze Sache geordnet wurde, gab einem das Gefühl, in guten Händen zu sein.

Ich fing mir ein wenig später Knud oben auf dem Deck.

„Na, solche Sachen also sollen wir anderen jetzt lernen?“

„Ja, das ist ’ne schöne Geschichte, Kamerad!“ sagte er.

„War es was Schlimmes, dies da?“

„Na — oh, wie man’s nimmt. Der ganze Dreck ist ja molschfaul da oben.“

„Soo —, das war wohl ein bißchen zu viel gesagt?"

„Ja —, die da war's doch wahrhaftig!" — —

Das war am Abend des 25. Am nächsten Morgen schlug die Klüverschot sich los, und das Segel zerriß. Der Wind faßte etwas hart ins Segel, und dieses schlug mit den Windstößen hin und her in der Luft. Die Leute waren gerade dabei, es zu bergen, als Mylius, der zugegen war, in seinem Eifer, die Schot gefaßt zu bekommen, auf die Back hinauffuhr, ehe es jemand hindern konnte. Das war ein etwas dreistes Unternehmen und wäre auch bald schief gegangen. Gerade als er oben war, schlug ein mächtiger Windstoß die schwere eiserne Kausche von Steuerbord nach Backbord. Er hatte eben noch Zeit, sich auf den Bauch zu werfen, ehe sie über ihn hingesaust kam. Dann kam er noch schneller herunter, als er hinaufgekommen war. Der Klüver wurde sofort geborgen.

Aber das war ganz richtig, was Peter bei dieser Gelegenheit sagte: „Man soll sich mörderlich davor in acht nehmen, einem solchen Ding in den Weg zu kommen, denn das schlägt eine mächtig deutliche Handschrift."

Wir hatten bereits im Öresund zu wissen bekommen, daß die Absicht bestand, Frederikshavn anzulaufen. Das geschah also nicht etwa infolge der Havarien, sondern war von vornherein eine abgemachte Sache. Den meisten von uns kam es überraschend, aber es bestand kein Zweifel, daß es höchst notwendig war, so wie die Sachen an Bord standen. Es war ein Glück, daß das Wetter hier im Kattegat nicht ärger geworden war, sonst hätte es leicht im Laderaum und auf Deck schlimmer zugehen können, als es in der Takelage der Fall war.

Der Wind legte sich jetzt etwas, der Himmel war anhaltend stark bedeckt. Wir hielten nordwestlichen Kurs und wendeten unter der Küste Jütlands, wo wir das Schiff vor Frederikshavn unter Dampf und Segel in Fahrt hielten, bis wir am Abend nach dem Lotsen signalisierten, der um 10 Uhr 30 Min. an Bord kam. Kurz darauf liefen wir in den Hafen. Es war Dienstag der 26., zwei und einen halben Tag nach der Abreise von Kopenhagen.

Der Aufenthalt in Frederikshavn zog sich leider etwas länger hin, als berechnet. Aber die Ladung wurde hier auch fast vollständig umgestaut. Der größte Teil des Proviants wurde vom Zwischendeck an Land oder an Bord eines Marstaler Schoners gehievt, der an unserer Seite lag; dann machten wir uns an die Kohlen. Ein Paar Tage hatten wir damit zu tun, sie von dem unteren Laderaum nach den Kohlenbunkern hinüberzuschaffen. Alle Mann waren dabei, und es ging glatter, als man erwarten durfte. Es wurde aber auch ernsthaft ans Werk gegangen: morgens 5½ Uhr aus dem Schlaf und gearbeitet von 6 bis 6. Wir hatten keinerlei Hilfe vom Lande, sondern machten alles selbst. Das einzige, was uns wirklich schwer fiel, war das Kohlentragen unten im Laderaum selbst. Die Hitze und der Kohlenstaub waren zum Ersticken. Es war nämlich Waleskohle, die selbst bei Kohlenträgern von Profession in dem schlechten Ruf steht, zu stäuben.

Die Männer der Wissenschaft bei der Löscharbeit.

Der niedrige Raum da unten ließ außerdem ein Arbeiten in aufrechter Stellung nicht zu. Ab und zu vergaß man dies und richtete sich gerade auf, aber eine sehr eindringliche Warnung von einem der vielen vorstehenden eisernen Bolzen und Schrauben in dem Deck oben brachte uns schnell dazu, die Fühlhörner einzuziehen. Halb ausgezogen, einzelne nackt bis zum Gürtel, schleppten wir die schweren Körbe, die durch die große Luke hinaufgeheißt wurden; die Kohle rasselte uns um die Ohren, der Staub fuhr uns in Nase, Ohren und Mund und klebte sich in den Haaren und auf dem ganzen Körper zu einer schwarzen Masse zusammen. Jeden Abend husteten, spuckten und niesten wir Kohle noch ein Paar Stunden, nachdem wir fertig waren.

Nach beendeter Arbeit spendierte die Expedition täglich ein Paar Droschken nach der Badeanstalt. Und diese Aufzüge von Kohlenträgern von und nach dem Schiffe waren so ziemlich alles, was die Frederikshavner in diesen Tagen außerhalb des Schiffes von uns sahen.

Freuchen, der auf der Hinfahrt zusammen mit Hagerup und Gundahl als Heizer Dienst tat, quetschte sich eines Tages ein Paar Knochen der Mittelhand, indem ein ganzer Haufen schwerer Kohlenstücke sich über seine Hand herabwälzte. Da Freuchen zu den Leuten gehört, die selten die Gelegenheit, ein bißchen Schaden zu nehmen, unbenutzt vorübergehen lassen, so war es ihm natürlich nicht eingefallen, die übliche eiserne Stange zu benutzen, um die Kohlen in den Bunkern herunterzureißen. Als wir ihm vorhielten, wie leichtsinnig es sei, die Hände in so ein gefährliches Loch zu stecken, meinte er: „Ja, aber ich hatte doch erst den Kopf weit hinein gesteckt, um zu sehen, wo ich anpacken und losreißen wollte."

Sonst passierte nicht viel Bemerkenswertes in Frederikshavn, außer daß eins von „Kujapikassik'"s Jungen von Bord gestohlen wurde. Daran wird der Dieb schon seine Freude haben, wenn die Bestie erst alt genug ist, sich auf eigene Faust ringsherum in Straßen und Gassen zu verproviantieren. Wir beglückwünschten den Mann mit einer stillen, innerlichen Freude.

Von Frederikshavn sandte Mylius-Erichsen folgenden Bericht an das Komitee:

Frederikshavn, den 2. Juli 1906.

An das Komitee für die „Danmark-Expedition"!

Ich habe hiermit die Ehre, dem Komitee Bericht über die Reise der Expedition von Kopenhagen bis Frederikshavn abzustatten.

Nach dem Abgang von Kopenhagen am Sonntag, dem 24. Juni, vormittags 11 Uhr wurden die Kompasse reguliert und wurde mit dem Wegstauen der lose auf dem Oberdeck liegenden Gegenstände begonnen. Alle Expeditionsteilnehmer mit Ausnahme des Unterzeichneten wurden auf zwei Wachen verteilt.

Um acht Uhr abends passierten wir Helsingör. Kronborg gab 5 Salutschüsse ab.

Am 25. Juni war der Wind westlich bei gleichmässiger Brise und klarer Luft; früh am Morgen wurden alle Segel gesetzt, die Maschine wurde gestoppt. Wir liefen 5 bis 6 Knoten den Tag über. Mit der Maschine allein hatten wir eine Fahrgeschwindigkeit von 3 bis 3½ Knoten gehabt. Der Tag wurde zu weiterem Aufräumen auf Deck verwandt. Im Laufe des Tages nahm der Wind zu. Um 10 Uhr abends wurde während eines plötzlichen Windstoßes die Klüverschot losgerissen, das Segel zerriß. Außerdem brach die Vorbramraa mitten durch (es zeigte sich, daß das Holz innen faul gewesen war); auch der Fockbaum brach. Wir hielten vor dem Sturm nach Osten ab und kamen etwas aus unserem Kurs heraus.

Den ganzen Dienstag, den 26. Juni, hielten wir uns bei steifer westlicher Brise unter Dampf und Segel. Nach Angabe des ersten Maschinisten brauchen wir nur etwa 4 Tonnen Kohlen in einem Etmal. Das Schiff lag hart in See, nahm aber trotz der groben See nicht viel Wasser über. Es wurde weiter mit der losen Ladung aufgeräumt. Mehrere von den wissenschaftlichen Teilnehmern waren den ganzen Tag etwas seekrank. Wir kreuzten nach Frederikshavn hinein, gaben das Lotsensignal und erreichten den Hafen ungefähr 11½ Uhr abends.

Von Mittwoch Morgen (27. Juni) bis Sonnabend Abend (30. Juni) arbeiteten sämtliche Teilnehmer mit Ausnahme des Oberleutnants Trolle, der Konferenzen an Land hatte, an Bord des Schiffes: erst wurden etwa 24 Tonnen Kohlen hinten aus dem Zwischendeck in Säcke gelöscht und nach der Firma Thorsöe gefahren, dann wurden aus dem Laderaum vorn etwa 15 Tonnen Kohlen in die Kohlenbunker gebracht, ferner wurden aus einem Tank 6 Tonnen Sand entleert, die an Land gebracht wurden. Ein Prahm wurde gemietet, und in diesen wurde so ziemlich die ganze Ladung aus dem Zwischendeck gelöscht, wie auch etwas von der Ladung auf den Kai gebracht wurde. Ein Plan für die Bestauung des Schiffes wurde ausgearbeitet und dann die Bestauung nach dem Grundsatze begonnen, daß alle schweren Gegenstände nach hinten, alle leichteren nach vorn gebracht wurden. Eine neue Bramraa wurde an Land angefertigt und aufgetakelt, der Baum und das Segel wurden repariert, und auf das Verlangen von zwei auf unseren Antrag gerichtlich ernannten Sachverständigen wurde eine neue Fock bestellt.

Das Vorschiff wurde bedeutend erleichtert, und das Schiff kam überhaupt günstig zu liegen, die Eishaut überall gut über dem Wasser. Die beiden Sachverständigen — Lotsenältester P. K. Nielsen und Kapitän Thomsen — erklärten das Schiff für sicher und segelfertig. Ferner hatten wir einen Takler von der Werft des Schiffbauers Bull die ganze Takelage nachsehen lassen. Alles wurde für durchaus tauglich erklärt.

Am Sonnabend wurden wir erst um 10 Uhr fertig, und gestern, Sonntag vormittag arbeiteten wir wieder alle von 6 Uhr morgens bis 12 Uhr mittags daran, das Deck zu spülen und von den Hunden zu reinigen, die vorn eingesperrt wurden, sowie in den Kajüten Ordnung zu schaffen.

Im Zwischendeck ist jetzt zwischen der Ausrüstung von vorn bis hinten durchlaufend ein solider, abgesteifter Gang hergestellt worden, so daß man überall hindurchkommen kann. Die Luken sind geschalkt, beide Motorboote sind über dem Laboratorium in Klampen gesetzt, die Decks sind vollkommen aufgeräumt, nur auf der großen Luke liegen, festgezurrt, einige Teile für das Überwinterungshaus.

Von Mittwoch bis heute Morgen hat bei hohem Seegang eine zeitweilig sturmartige nordwestliche Brise geweht, in der das Schiff nicht vorwärts gekommen wäre. Wir haben also kaum Zeit dadurch verloren, daß wir Frederikshavn anliefen, um hier, gemäß der in Kopenhagen getroffenen Bestimmung, Kohlen zu löschen und die Ladung umzustauen. Und wir haben dadurch erreicht, daß das Schiff jetzt klar ist und daß die ganze Besatzung weiß, wo jedes Ding untergebracht ist, so daß das Löschen in Grönland voraussichtlich leichter vor sich gehen wird.

Heute vormittag gegen 12 Uhr werden wir wahrscheinlich von Frederikshavn abgehen können. Der Wind ist südwestlich, die See ruhiger.

Ich kann den Bericht nicht schließen, ohne hervorzuheben, daß sämtliche Teilnehmer in diesen Tagen mit viel Fleiß und Interesse, wie auch mit guten Kräften das bedeutende Stück Arbeit an Bord ohne fremde Hilfe ausgeführt haben. Alles ist gut und rasch von der Hand gegangen. Die Arbeit ist eine gute Übung für die bevorstehende Reise gewesen.

Ergebenst

L. Mylius-Erichsen.

— — — — — — — — — — — — — — — — — — — —

Am Vormittag des 2. Juli war alles verstaut und richtig festgemacht, und um 1½ Uhr nachmittags warfen wir los und gingen mit einem Schlepper aus Frederikshavn hinaus, rundeten die Hirtsholme und, nachdem wir mit Hilfe von Signalflaggen die letzten Grüße mit Skagen gewechselt hatten, passierten wir gegen 6 Uhr nachmittags hart westlich das Skagener Feuerschiff und steuerten bald darauf der Nase nach in das Skagerrak hinaus.

Ein fürchterlicher Sturmwind gerade von vorn trieb uns ungefähr einen Tag lang rückwärts nach dem Christianiaer Fjord hinauf. Die „Danmark' eignet sich offenbar besser dafür, den Wind von hinten als entgegen zu haben. Wir setzten Volldampf auf mit der Maschine und allen Fetzen, die wir tragen konnten, und machten einige Schläge von mehreren Meilen hin und her; aber zurück ging es doch.

Unterdessen verloren wir nach und nach das Land aus den Augen. Erst verschwanden die niedrigen Anhöhen und zuletzt das Leuchtfeuer in der zunehmenden dicken Luft, bis es bei Einbruch der Nacht sich wieder mit seinem ruhigen Licht weit unten im Süden zeigte. Dann verschwand auch dieser letzte Schimmer von Dänemark.

Ich stand auf dem Achterdeck und sah mit langen Blicken nach Süden, während der Schein da unten schwächer und schwächer wurde. Es war fast niemand auf Deck; nur der Steuermann im Kartenhaus und der Mann am Ruder hier hinten waren zu sehen. Das Schiff schlingerte und stampfte und nickte, es ächzte und stöhnte überall in ihm mit Tönen, wie wenn große Tiere im Schlafe wehklagen.

Und das Feuer da unten schwand mehr und mehr.

Da hörte ich plötzlich Schritte hinter mir; sie kamen näher und näher und machten dicht bei mir halt. Ich wandte mich um. Es war Mylius. Wir standen so einen Augenblick, ohne etwas zu sagen, kamen dann plötzlich dazu, einander in die Augen zu sehen. —

Da fanden sich unsere Hände ganz still.

— —

Eine Stunde später stehe ich am Ruder und suche auf Befehl das Schiff so dicht wie möglich an den Wind zu klemmen. Ich kann gerade den Wimpel da oben über den Segeln sehen, aber das Ganze schwankt hin und her in einer höchst unheimlichen Weise, die mich zerstreut macht und auf ganz andere Gedanken bringt.

Was war das doch gleich, was ich zum Abendbrot aß? Ja — pfui Teufel! Es war Preßsülze und noch mehr solch verdammtes fettes Zeug. Das war gewiß dumm von mir; und es kam mir jetzt zum Bewußtsein, daß ich eigentlich dieses Gericht immer gehaßt hatte. Und dann aß ich noch in meinem dickköpfigen Trotz drei ganze Scheiben davon, und hinterher Sardinen — und Bier. Herrgott, was hab' ich denn getan, daß ich hier stehen und diesen ganzen widerlichen Speisezettel gegen meinen Willen repetieren muß?

„Passen Sie auf", sagt Peter Hansen, der auf seiner Wanderung zu mir hinkommt. „Sie lassen sie bei Gott in den Wind schießen!"

„Was wollen Sie damit sagen?“

„Können Sie denn nicht sehen, daß das Segel killt?“

„Was tut es? — Na — oh, ja, aber das soll es doch wohl! Hören Sie übrigens, ich will Ihnen etwas anvertrauen, Peter Hansen; es ist mir vollkommen gleichgültig, ob es killt, denn ich weiß nicht, was das ist; und ich wünsche auch niemals darüber aufgeklärt zu werden, was es bedeutet.“

Peter grinst. Ich taste krampfhaft am Steuerrad herum und bekomme es zufällig ein Paar Griffe nach der richtigen Seite.

„Peter!“

„Hallo!“

„Wo sind denn die Leute hin?“

„Sie liegen.“

„Allzusammen?“

„Ja — Hagen und Bertelsen und Manniche und Jarner. Fritz sitzt unten in der Kombüse und frißt Sülze.“

„Pfui Teufel, warum sagen Sie das! Hören Sie — nehmen Sie einen Augenblick das Ruder!“

„Ist Ihnen schlecht? Sie sollten einen Priem nehmen, aber so'n ordentlich großen. Dann denkt man an nichts anderes als an den, verstehen Sie! Ja, das ist mein Ernst. Hier ist einer. Aber gehen Sie nun nach Mittschiffs, da ist es etwas ruhiger.“

Und Peter nahm das Rad, während ich hinkroch und drinnen im Kartenhaus einen Platz für mich fand.

Der Priem wirkte schnell und prompt. Einen Augenblick darauf hatte Bistrup das Vergnügen, zu sehen, wie ich auf allen vieren nach der Reling fuhr, mit beiden Armen das Want umklammerte und meinem Herzen Luft machte. Worauf er mich in Gnaden entließ. Ich taumelte hinunter und legte mich neben die anderen Leichtmatrosen von unserer Wache.

Fritz Johansen, mein Kajütengenosse, fragte im Laufe der Nacht mehrmals nach meinem Befinden. Er kam aus der Kombüse, wo er sich in seiner Eigenschaft als festangestellter Kochsmaat aufhielt. Jedes Mal hatte er ein Stück Butterbrot in der Hand, das er mir anbot. Obwohl ich es andauernd abschlug, gelangte es doch niemals in die Kombüse zurück, sondern ging vor meinen Augen den Weg alles Fleisches. Als dieser Anblick mich gegen 5 Uhr morgens nicht mehr genierte, war es mir klar, daß meine Qualen ein Ende hatten. Ich stand auf und nahm meine Morgengrütze wie ein Mann zu mir.

Der Tag kam, grau und regnerisch; aber der Wind war nicht mehr so hart entgegen. Von Westen ging er nach Südwesten, die dichtgerefften Marssegel wurden voll gesetzt, und wir schlichen uns durch das Skagerrak hinaus. Das Land war jetzt ganz verschwunden, nach allen Seiten breitete sich das großmächtige Meer aus.

Auf dem Achterdeck wandert ein neugebackener Leichtmatrose auf und ab. Es ist seine ehrliche Absicht, hier zu gehen und sich an die Schlingerei zu gewöhnen. Er hat einen ganzen Laden voll Kleider auf dem Leibe, zu oberst Ölzeug. Das nimmt sich nämlich standesgemäß und keck aus, das Zeug. Aber der Kern ist der schwachbeinige Mann der Wissenschaft; er ist dürr und säuerlich und füllt die Kleider nicht ordentlich aus. Die Beine stehen mitten in den langen Stiefelschächten wie zwei geknickte Zaunpfähle. Drinnen in der Tiefe des Südwesters erblickt man eine Leidensmiene, die argwöhnisch über die Seen hinausstarrt. Wenn das Schiff hart eintaucht und vorn Spritzer übernimmt, kommt eine Hand, deren Blässe man durch den Schmutz ahnt, aus dem allzu weiten Ärmel hervor und fuchtelt in der Luft nach einem Stützpunkt herum, ohne ihn aber zu finden. Seine Absicht, in das Kartenhaus zu gehen, wird augenblicklich von einer boshaften Gegenbewegung des Schiffes vereitelt. — Er kommt auf der schiefen Ebene in Fahrt und landet auf dem Hinterteil in einem Haufen Bretter drüben in Lee, wo er liegen bleibt und sich nach und nach soweit in seine Kleidungsstücke hineinzieht, daß ein Hund Gelegenheit findet, an einem seiner Stiefel für gute Bewirtung zu quittieren, ohne daß er es gewahr wird.

Leute, die die Seekrankheit überwunden haben, und Leute, die sehr früh am Morgen aufstehen, pflegen gern den Überlegenen zu spielen und unangenehm zu werden. Da ich im Augenblick zufällig beide Arten von Menschen repräsentierte, ging ich zu der Jammergestalt hinüber und flüsterte dem Ärmsten ein geistreiches Wort über seinen Stiefel ins Ohr, das ihn das Weiße aus den Augen herauskehren ließ.

Worauf ich vergnügt an meine Verrichtung ging.

— —

Endlich am Nachmittag des vierten klärte sich das Wetter auf, die Wolken trieben ostwärts, und gegen Mitternacht bekamen wir die Küste Norwegens in Sicht. Als am nächsten Morgen die Sonne aufging, waren nahezu alle Mann auf Deck. Wir passierten die Küste vor Arendal und steuerten westwärts in die Nordsee hinaus.

Und jetzt kamen einige von den schönsten Tagen der ganzen Fahrt. Ruhiges Wetter bei spiegelglattem Wasser, und Norwegens herrliche Küste gleitet langsam an uns vorbei.

Aber in dem stillen Wetter geht es nur träge vorwärts, und mit der guten Laune sieht es daher gleichwohl schlecht aus. Die Maschine bringt uns nur drei Knoten weiter, und das Paar Schratsegel, das wir gesetzt haben, um das bißchen Wind aufzufangen, das doch wohl da oben wehen muß, hängt schlapp herunter. Wie werden wir die Färöer bis zum 12. erreichen? Eine Verzögerung kann uns da oben im Eise leicht unheilvoll werden. Wir sollen in Trangisvaag 70 Hunde und alle unser Pelzzeug einnehmen, desgleichen die drei Grönländer, die mit „Hans Egede" von Grönland dort angekommen sein sollen. Und später wollen wir Eskefjord anlaufen. Müssen wir jetzt bei flauem Wind oder mit Gegenwind über die Nordsee dampfen, dann kann es schlimm genug aussehen.

Aber dann schlägt das Wetter wieder um, und Wind bekommen wir, bald von der einen, bald von der anderen Kante. Eine Wache löst die andere ab, und die Zeit vergeht, während wir uns mehr und mehr entfernen und die Küste Norwegens aus den Augen verlieren. Wir gewöhnen uns allmählich an die Zeiteinteilung an Bord: vier Stunden schlafen und vier Stunden wachen, so geht es Tag und Nacht hindurch; nur sind die Tagwachen etwas länger als die anderen. Das ist uns so allmählich zur zweiten Natur geworden. Aber die Arbeit ist ungewohnt; meine Hände tun sehr weh. Sie sind steif und innen von all dem Ziehen an den Tauenden voll von Blasen und aufgesprungen. In dem andauernd wechselnden Wetter müssen wir die ganze Zeit über Segel setzen und bergen. Naß und schmutzig kriecht man in die Koje, wenn die Wache um ist, ohne daran zu denken, sich zu reinigen; es ist ja keine Zeit dazu, wenn man seinen Schlaf haben will. Aber alles das ist nur ein Übergang, und wir müssen uns daran gewöhnen.

Die Nächte können hier so schön sein, wenn klares Wetter ist, jetzt wo die Sonne zur Mitternachtszeit gerade unter dem Horizont steht; und heller wird es mit jedem Tage, den wir nordwärts kommen.

Wie erinnere ich mich dieser Nächte mit den wechselnden Stimmungen, die einen hier an der Grenze zu dem Unbekannten ergreifen.

Es war einmal auf der Hundewache. Ich bin in trauriger Laune abseits gekrochen, um mit niemand ins Plaudern zu kommen. Ich habe wieder das Gefühl, das sich seit unserer Abreise das eine Mal über das andere gemeldet hat: mit einem Haufen von Menschen, die mich nichts angehen, zusammengepfercht zu sein; ein jeder hat seine Wünsche, ein jeder seine Sehnsucht; keiner erwartet beim Nachbar Verständnis, aber wir fangen schon so langsam an, einander überdrüssig zu werden. Ich fühle einen Drang zur Einsamkeit in mir, das Bedürfnis, irgendwohin zu gehen und mich einzugraben, um in Frieden meinen Gedanken nachhängen zu können.

Ich habe einen kleinen Platz hier oben in einem Boot für mich gefunden. Es ist Morgen, die Sonne steht noch unter dem Horizont. Vorn liegen sieben, acht Mann; fröstelnd kriechen sie zu einem Klumpen zusammen. Ich höre ab und zu ihre Stimmen herauf schallen, wenn das Klatschen des Wassers gegen die Schiffsseite einmal schwächer wird. Draußen im Westen wogt die Nordsee — dort auf der anderen Seite schwindet Norwegen — und über mir stehen der dämmerungsblaue Himmel und die grauen Segel.

Ich fühle zum erstenmal die gewaltige Einsamkeit um mich. Und während das Meer mich wiegt — mich wiegt — sanft auf und ab, fange ich wieder an, an euch alle in der Heimat zu denken. Warum bin ich doch von euch gereist? Ich hatte nicht gedacht. daß die Sehnsucht so stark werden würde. Und ich kann an nichts anderes denken als an die lange Zeit, die nun vergehen soll — —

Jetzt schaukelt das Schiff unter mir, und unwiderruflich bin ich von allem losgerissen. Und ich kann meine Gedanken noch nicht nach vorwärts wenden — weg von dem, was hinter mir liegt. Das, was kommt, ist jetzt für mich wie das kalte, scharfe Tageslicht, das nach einer tiefen, traumreichen Nacht die Augen martert.

Aber hier, ehe die ewige Sonne meine Erinnerungen erblassen läßt, sende ich euch noch einen Gedanken, einen letzten Gruß.

Sieh! Da drüben im Osten geht die Sonne hinter der Küste Norwegens auf. Büschel von Strahlen steigen über den Himmel herauf, treffen unsere Segel und färben das Meer .. Der Morgenwind geht seinen Weg — geht seinen Weg und nimmt uns mit, und draußen vor dem Bug singt die Woge ihren tiefen Gesang.

Vorwärts!

Und ich schaue zu den Seeleuten dort auf der Back hin; ich schöpfe Trost aus diesem Zug bittersalziger Seeluft um ihre Bärte, aus dem sicheren Ausdruck ihrer offenen Augen, aus den riesigen Formen ihrer schwieligen Fäuste. Das ist eine Gesellschaft von Männern, mit denen es sich schon lohnt zusammenzugehen.

Lebt wohl, sweathearts and friends! Und mag uns denn der Wind zum Teufel blasen — aber nach Norden herum!

— —

Wir sind jetzt schon so lange von Hause fort, daß wir uns nicht zu schämen brauchen, wenn wir anfangen, ein wenig nüchtern über die Sachen zu denken. Ab und zu hier oben auf Deck einen Eimer kaltes

Wasser über den Balg, das erfrischt so schön; man streift mit einer Kraftanstrengung den alten Adam ab und begrüßt sich mit dem neuen.

Man wird auch mehr und mehr mit den Kameraden auf seiner eigenen Wache zusammengeschüttelt. Von denen auf der anderen sieht man nicht viel, kennt sie eigentlich nur wenig und spricht selten mit ihnen. Sie gehen ja zur Koje, wenn wir aufstehen. Es sind sozusagen noch fremde Menschen für uns. Aber wir lernen sie wohl kennen, wenn wir erst in Grönland sind.

Erst heute, den 6. Juli, am dreizehnten Tage nach der Abreise von Kopenhagen, verlieren wir die norwegische Küste ganz aus den Augen. Es geht langsam vorwärts, wir langweilen uns jämmerlich und werden immer ungeduldiger, vorwärtszukommen.

Da kann es denn ganz aufmunternd sein, wenn man während der Nachmittagswache ein bißchen Musik unten in der Messe macht. Wir haben zu einem Klavier zusammengeschossen, als wir in Frederikshavn lagen. Die Summe, die zusammenkam, betrug 270 Kronen, ein erstaunlich hoher Betrag, wenn man unseren Lohn von 60 Kronen den Monat bedenkt. Wir bekamen für dieses Geld eine Art Maschine, die einigermaßen hörbar knarrte, wenn man tüchtig drauf losschlug; und dann bekamen wir außerdem noch zwanzig Reservesaiten und eine federnde Stimmgabel.

Die Maschine paßte ausgezeichnet als Begleitung für eine schwachbrüstige Mandoline, die wir von Hause mitbrachten. Auf diesen Instrumenten belustigten wir ab und zu auf der Freiwache uns selbst und andere. Besonders eine Melodie fand Beifall, das war „Die Seekrankheit“ aus „Madame Sherry“. Wenn ich an sie denke, sehe ich immer Peters frohes Gesicht in seiner Koje vor mir, wie er einen fetten Qualm aus seiner Shagpfeife heraussendet. Das Schiff stampft sanft auf und nieder, die Mandoline fällt mit von Tränen erstickter Stimme dem Klavier in die Arme, und Peter lächelt, wie nur ein Seemann auf der Freiwache lachen kann, wenn er ein trockenes Hemd auf dem Leibe, die Shagpfeife im Mund und Freikonzert hat; denn vor seinem inneren Blick steigt in einem solchen Moment der Gedanke an ungeheure, fabelhafte Leichtsinnigkeiten auf: Schwindel erregende Summen vergeudet, mit einer Grandezza, die einen König zum Erbleichen bringen könnte, bis aufs Hemd in einer Sekunde ausgezogen, um ein schiefäugiges Mädchen in Bangkok oder weiß der Teufel wo auf dem Erdball zu amüsieren, aus elf Wirtschaften nacheinander hinausgeworfen — all das Schöne, das für uns Seeleute unter den einen Begriff fällt: an Land gehen.

Nach dem Zauber einer solchen Mußestunde wirkte es eines Tages abkühlend, als ich auf Deck kam und Knud traf, der unten im Laderaum eine Stunde lang vergebens nach einer Tonne Teer gesucht hatte. Er stand und starrte mit bitterem Blick nach der Seite hin auf etwas Tauwerk, dem eine Bekanntschaft mit dem Teerquast not tat. Als ich in seine Nähe kam, hörte ich ihn gerade explodieren: „Hier gibt es, hol's der Kuckuck, weder Teer noch Öl — aber ein K l a v i e r!“ — —

Knud gibt auf der Wache ein Lied zum besten.

Obwohl es langsam geht, merken wir doch, wir kommen nordwärts. Kleine Schwärme von Tatteratten kreisten bereits an der Küste Norwegens um uns herum, und jetzt beginnen einzelne Mallemucken sich im Fahrwasser zu zeigen. In eleganten Kurven bewegen sie sich um das Schiff herum, oft halten sie sich dicht an die Wasserfläche, indem sie so genau der Wellenbewegung folgen, daß die Brust fast das Wasser zu streifen scheint. Auch einen vereinzelten klotzigen Tölpel sehen wir ab und zu, aber er hält sich argwöhnisch in einiger Entfernung.

Eines Tages sehen wir Tümmler. Das Meer begann da draußen an einer Stelle lebendig zu werden; es war, als ob der Rücken der großen Seeschlange hie und da emporschieße und wieder verschwinde. Und näher kam es, und wurde zu großen, schweren Tieren, die gleichsam bewegt von einer fremden Kraft meterhoch über die Meeresfläche emporgeschleudert wurden, die dann hochaufspritzend wieder über ihnen zusammenschlug. Ihr Gesicht zeigte nicht viel mehr Intelligenz als ein Kanonenboot. Sie zogen vorüber wie ein mächtiges Geschwader und verschwanden schäumend und spritzend im Westen.

Bald merken wir an dem Gewimmel von Seevögeln, daß wir uns den Vogelfelsen der Färöer nähern. Große Möwen segeln mit schwerem Schlag an uns vorbei, Mantelmöwen und Heringsmöwen und wie sie alle heißen. Dann kommen Teiste, Seepapageien, Alke und Mengen von Mallemucken. Jeder mit seinem typischen Laut und Flug, so tauchen sie aus dem Nebel und verschwinden wieder.

Und draußen auf der Backbordseite sahen wir eines Tages eine Flotte von holländischen Fischerkuttern, die in breitrückigem Selbstvertrauen in der Dünung auf und ab schaukelten. Der Wind ist jetzt günstiger für uns als vorher. Wir können in den Tagen um den 10. Juli herum unter Dampf und Segel eine Fahrtgeschwindigkeit von 7 Meilen in der Wache machen. Aber der Seegang ist bös, und oft kommt die See über die Reling, so daß die armen Hunde bald auf dem Deck mehr schwimmen als laufen.

Wache auf Wache vergeht. Es ist mehr Arbeit als früher, da die meisten jetzt wieder seekrank in ihren Kojen liegen. Segel werden gesetzt und Segel geborgen, und dabei immer das einförmige Bum-bum der Maschine drunten in der Tiefe. Dann endlich eines Tages, am 12. Juli, Land in Sicht: die Färöer!

Wie große bläuliche Klumpen steigen sie vorn aus dem Nebel hervor. Die Entfernung kann nicht mit dem Auge gemessen werden; es wird aus Leibeskräften den ganzen Tag über gesegelt — und gleich fern bleiben die Kolosse. — Dann dicker Nebel einen Tag hindurch. Der Nebel sinkt — und da liegen sie, Mogens Heinesens Geburtsinsel, nahe und mächtig anzuschauen. Wir sehen Groß- und Klein-Dimon langsam auf Steuerbord vorüber ziehen; und bedächtig gleiten wir in den Fjord hinein auf Trangisvaag zu. Gegen sechs Uhr morgens kommen wir in die Schären und in den Fjord. Als wir glücklich drinnen sind, brausen mächtige Windstöße mit dickem Nebel über die Berge herunter; es hält schwer, in dem dichten Nebel die Einfahrt zu finden, aber um 7½ Uhr ankern wir wohlbehalten vor der Landungsbrücke bei Tveraa.

Einen Augenblick darauf legte ein Boot an die Schiffsseite, und Brönlund kletterte an Bord; ihm folgten ein paar kleine, schwarzbraune Kerle, die sich sofort in einen Winkel verziehen, von wo sie mit den Händen in den Taschen und mit einem breiten Lächeln auf den Gesichtern ihre neuen Kameraden beobachten. Es waren Tobias Gabrielsen und Hendrik Olsen, die beiden Grönländer, die Brönlund für Mylius-Erichsen in Grönland geworben hatte, und die zusammen mit Brönlund vor etwa acht Tagen mit „Hans Egede" hierher gekommen waren. Außerdem brachte Brönlund 65 Hunde — eine Hündin hatte unterwegs fünf Junge bekommen —, sowie all unser Pelzzeug. Sie hatten in den acht Tagen seit der Ankunft zusammen mit den Hunden in einem alten Kasten gewohnt, der ganz in unserer Nähe lag.

Nun gab es alle Hände voll zu tun, um die Hunde und das Pelzzeug an Bord zu nehmen. Eine Bootslast nach der anderen kam im Laufe des Tages heran und wurde über die Reling gehievt. Außerdem wurden im Laufe des Tages 10 Tonnen Kohle eingenommen, um den unverhältnismäßig großen Verbrauch von Kopenhagen bis hierher auszugleichen, ferner ein Posten Walfischfleisch als Hundefutter. Bisher waren die Hunde ausschließlich mit getrockneten Fischen gefüttert worden.

Als ich diese struppigen, spindeldürren Köter sah, diese elenden Biester, die vor Kälte zitterten und kaum auf den Beinen stehen konnten, da kam mir der Gedanke: Ist es wirklich so, mit diesen da steht und fällt unsere ganze Aufgabe? Sollen die uns Hunderte von Meilen an den öden Küsten Grönlands entlang schleppen und all die entsetzlichen Leiden aushalten, von denen die Geschichte der Expeditionen zu berichten weiß?

Aber im Laufe der Nacht sah ich, daß Leben genug in der Bande war. Es entstanden einige Balgereien von einer Wildheit, wie ich es mir niemals hätte träumen lassen, wobei fünfzig rasende Bestien mit blutunterlaufenen Augen aneinander gerieten. Da wälzten sich Leiber, Schwänze, Beine und funkelnde Zahnreihen durcheinander, und man hörte, wie die Kiefern zusammenschlugen. Wo sie gefaßt hatten, hielten sie fest, wie Schraubstöcke; sie ließen nicht los, bevor sie sich völlig durchgebissen hatten. Plötzlich tauchten dann zwei kleine, schwarzbraune Gestalten aus der Tür des Laboratoriums auf; es waren Hendrik und Tobias, die dort schliefen und bei dem Spektakel aufgewacht waren. Im nächsten Augenblick waren sie mitten zwischen den Hunden und führten einen Tanz auf, wie ich ihn nie gesehen hatte. Ich beobachtete namentlich Hendrik; seine Beine wirbelten wie ein Paar Trommelstöcke, und jedes Mal gab es einen Fußtritt, daß einem der rasenden Hunde die Luft ausging; man sah, wie sie einer nach dem anderen das Zentrum verließen und schleunigst in der Peripherie verschwanden, wobei Ohren und Schwänze alle Zeichen des Schreckens zeigten. Und Hendrik hörte nicht auf, grönländische Schimpfwörter und Flüche qualmten ihm nur so aus dem Munde, während er die überzeugenden Argumente seiner Stiefelabsätze zwischen den Rippen der Kämpfenden anbrachte. Zuletzt stand nur noch einer da, einer der größten Hunde, mit seinem Körpergewicht einen Gegner niederhaltend, der auf dem Rücken lag; er merkte nichts von dem, was um ihn herum vor sich ging; es war Mord in der Luft, und er war wutgeschwollen. Aber ein Fußstoß, und im nächsten Augenblick wankte er zur Seite. Dann verschwanden sie auch.

Es wurde ruhig im Lager; die Raufbrüder gingen still herum, leckten sich die Schnauzen und beschnüffelten die Wunden. Hendrik und Tobias wechselten ein Paar Worte auf grönländisch; es klang in meinen Ohren, wie wenn eine Handvoll Kartoffeln eine Treppe herunterkollert. Dann grinsten sie und verschwanden wieder in ihren Schlafraum. —

Aber sie haben gleichwohl Mark in den Knochen, diese Hunde. Und diese Menschen.

— —

Im Laufe der Nacht wurden die Raufereien mit dem Ergebnis fortgesetzt, daß einzelne Hunde ab und zu über Bord purzelten, wenn sie vom Deck auf die Reling flüchteten. Der Mann auf der Wache hatte dann das Vergnügen, sie in das Boot zu retten, das an der Schiffsseite lag, und wieder auf Deck zu hieven.

Bereits um 3 ½ Uhr wurden wir gepurrt, und um sechs Uhr lichteten wir die Anker und fuhren aus dem Fjord hinaus.

Die ganze Zeit über, während wir hier drinnen lagen, hatten wir dicke Luft und Regen gehabt, und hoch oben in den Bergen brummte ein Sturm. Es bestand kein Zweifel, daß draußen auf dem offenen Meere ein fast orkanartiger Sturm geherrscht hatte. Jetzt war das Wetter fast still, der Himmel wolkenlos, und die Sonne strahlte. Fast alle Mann waren auf Deck, keiner konnte es übers Herz bringen, auf der Freiwache zu schlafen.

Aber Ruhe und Frieden waren nur von kurzer Dauer. Als wir ins tiefe Wasser hinauskamen, empfing uns eine mächtige Dünung, die Nachwirkung des Sturmes vom Tage vorher. Der alte Kasten wälzte sich hin und her wie nie zuvor. Aus Messe und Kombüse erscholl Gekrach und Geklapper von herabfallenden Schüsseln und Tellern. Die Hunde auf dem Verdeck stürzten durcheinander, während das Wasser durch die Speigats aus und einströmte und die armen Tiere hierhin und dorthin spülte. Jeder alltägliche Begriff vom Gleichgewicht war aufgehoben. Was die Schlingerei noch schlimmer machte, war, daß die

Maschine stillstand und das bißchen Wind nicht imstande war, uns von der Stelle zu bringen.

Ich stand mitten in diesem Geschlinger meine Stunde am Ruder und suchte, so gut ich konnte, mich festzubeißen, wo ich stand, und das Rad so festzuklammern, daß es einigermaßen in Ruhe war. Aber obwohl ich mich anstrengte, soviel ich vermochte, wurde das Rad doch plötzlich von einer heftigen Dünung herumgeworfen; und da ich gut festhielt, kam die Katastrophe ... Ich wog damals ungefähr 170 Pfund, und ein Schwächling bin ich nicht. Es war auch wirklich meine Absicht, stehen zu bleiben, wo ich war. Aber mit herum kam ich doch. —

Ich wurde über die Achse gehoben, die anderthalb Ellen über dem Deck saß, und rollte mit einem Schwupps nach Steuerbord hinunter. Dort lag ich einen Augenblick und sammelte mich zusammen, dann kam ich auf die Beine und brüllte nach Beistand.

Ich ließ Peter vom Vorderschiff holen. „Peter, kommen Sie und helfen Sie mir, ich kann das Rad nicht halten!" Und Peter kam, und er beschämte mich und legte seine mächtige Faust neben meine aufs Rad; und da wurde es still. —

Fast alle Seeleute von beiden Wachen waren auf Deck. Wir sahen ein Fahrzeug voraus, das sich dem Lande näherte. Meistens war es ganz in den Dünungen verschwunden, aber ab und zu tauchte es einen Augenblick auf. Das gewaltsame Schlingern machte es unmöglich, es mit dem Fernglas richtig aufs Korn zu nehmen, und da wir keine Takelung sehen konnten, glaubten wir zuerst an eine Havarie. Als es aber näher kam, zeigte sich, daß es ein Walfischfängerboot war. Ihm fehlte offenbar nichts, sondern es dampfte lustig auf den Fjord zu. Es nahm in einem fort von vorne nach achtern gewaltig viel Wasser über.

Wir hätten wohl auch das gleiche Vergnügen gehabt, wenn wir ein bißchen Fahrt gehabt hätten; aber wir lagen mehrere Stunden hindurch still. Erst gegen drei Uhr nachmittags bekamen wir ein wenig Brise aus Westen, die die Segel füllte und uns nach Nordwesten hinüber in Schwung brachte. Wir sind jetzt richtig draußen im Atlantischen Ozean.

Während der Wache der anderen ging heute ein Hund über Bord. Er wurde aber noch hinten beim Ruder gerettet. Man hatte das Glück, ihm von Deck aus eine Schlinge um den Hals zu werfen und ihn damit heraufzuholen.

Die armen Tiere haben unglaublich zu leiden auf der Reise. Mager und verkommen, haben sie nachgerade kaum noch die nötige Widerstandsfähigkeit gegenüber den andauernden Strapazen. Ewig steht das eiskalte Wasser auf dem ganzen Deck, ihre Pfoten sind von der Feuchtigkeit aufgeweicht, rot und dünnhäutig; mit gekrümmtem Rücken stehen sie da, den Schwanz zwischen den Beinen, und zittern vor Kälte. Wenn sie vollständig von der Müdigkeit übermannt werden, fallen sie um in ein Gemisch von Wasser und Exkrementen, von dem man unmöglich das Deck rein halten kann, auf dem sie sich immer aufhalten. Sie stinken und sind über den ganzen Körper zerbissen, mit Schrammen bedeckt und zerschlagen. Das dichte Zusammenstauen von so vielen Familien und Gespannen führt ständig zu blutigen Balgereien. Bricht so ein armer Teufel dann schließlich nieder, so stürzt ein Schwarm bestialischer Rivalen in Freßgier und Liebe über ihn her, und paßt man nicht gut auf, so findet man im nächsten Augenblick nur noch einen unkenntlichen Kadaver.

Jetzt auf unserer Wache geht wieder einer über die Reling — nach der verkehrten Seite. Auch diesmal wurde es sofort bemerkt. Aber er war schon zu weit abgetrieben, als daß wir ihn mit einem Tau hätten erreichen können. Die Maschine wurde gestoppt, aber der Seegang war zu stark. Wir konnten kein Boot aussetzen. Wir befestigten daher eine Rettungsboje an das Ende eines Taus und warfen sie hinaus nach ihm; eine Schlinge wurde bereit gehalten, um sie ihm um den Hals zu werfen, wenn wir ihn nahe genug heran geholt hatten.

Er war bereits ein gutes Stück hinter uns, als die Boje zu Wasser kam. Aber er sah sie sofort und schwamm aus Leibeskräften darauf los in dem richtigen Gefühl, daß hier Rettung für ihn war; und während die Dünung ihn auf und ab warf, arbeitete er mit stierem Blick und krampfhaften Schwimmbewegungen los. Sobald er die Boje erreichte, kroch er auf sie hinauf. Sie kippte über, und er ging ganz unter. Er kam wieder nach oben und versuchte es aufs neue. Dasselbe Ergebnis. Einmal — zehnmal.

Dann gab er es auf. Und er heulte, lange und traurig. Es klang so einsam hin übers Meer. Dort trieb ein armseliger Hund und wollte sein bißchen Leben nicht lassen. Und wir, die wir hier standen, wir konnten nicht helfen.

Er drehte sich noch einmal herum und begann dann zurück zu treiben. Seine Augen bekamen plötzlich einen Ausdruck, als ob er etwas Wichtiges vergessen hätte. Plötzlich stand er im Wasser auf — senkrecht — und begann schnell mit den Vorderbeinen auf das Wasser zu trommeln, dabei mit weit aufgerissenen Augen in die Luft blickend. Das tat er noch einige Male, — langsamer und langsamer. Dann sank er. —

Die Maschine ging wieder mit voller Kraft vorwärts. Wir fahren stetig und gleichmäßig und entfernen uns mehr und mehr von jener Stelle.

— —

Es ist Nordwestwind mit Böen und Regenluft; wir kommen nur wenig vorwärts und werden verdrießlich und ungeduldig. Am 14. und 15. müssen wir unter Dampf und Segel vorwärts kreuzen und machen nur etwa fünf Meilen in 24 Stunden. Gustav Thostrup benutzt die Zeit, um auf dem Deck eine Erhöhung für die Hunde zu bauen, wo sich wenigstens einige von ihnen aufhalten können, ohne im Wasser herumzutreiben. Wenn sie sich jetzt nur geeinigt hätten, den Trockenplatz abwechselnd zu gebrauchen, der Reihe nach! Aber natürlich waren immer die stärksten da oben. Die anderen hatten niemals eine Aussicht auf ein trockenes Plätzchen, ausgenommen, wenn sie so schwach geworden waren, daß wir genötigt waren, sie mit aufs Achterdeck zu nehmen und dort über der Maschine zu wärmen und zu trocknen. Aber auch dies gab mitunter Anlaß zu großem Spektakel. Erstens gerieten sie dann immer mit den paar Hundemüttern zusammen, die hier oben mit ihrer Nachkommenschaft lagen. Diese Hundemütter sind nämlich daran gewöhnt, daß ihre Sprößlinge von den männlichen Hunden gefressen werden, wenn sie nicht gut aufpassen, und sie sind rasend argwöhnisch und bissig, sobald ein fremder Hund ihrem Lager zu nahe kommt. Wir haben mehrmals so einen heruntergekommenen armen Schlucker davor retten müssen, von einer dieser wütenden Furien umgebracht zu werden.

Außerdem lagen aber ja auch die getrockneten Fische da oben neben dem Kartenhaus in Haufen aufgestapelt. Hier gingen sie heran und fraßen unaufhörlich, was ihnen ja an und für sich gut tat, aber die hundert neidischen Viecher, die da unten herumliefen und nur einmal am Morgen etwas und sonst gar nichts bekamen, sie hörten die ganze Zeit über dieses Kauen und Schmatzen oben auf dem Achterdeck. Und wenn dann endlich der Arme einigermaßen zu Kräften gekommen war und nach Verlauf von einigen Tagen die Treppe hinuntergelotst wurde, dann gab es was für ihn. Wir mußten ja überhaupt die ganze Zeit über gut aufpassen, daß kein Hund zu Tode gebissen wurde; bei solchen Gelegenheiten aber ganz besonders.

Es ging immer lebhaft zu bei der Fütterung am Morgen zwischen vier und fünf Uhr. Sie wurde immer von Mylius selbst besorgt. Ein paar Assistenten, darunter gewöhnlich einer der Grönländer, halfen ihm. Es kam darauf an, daß keiner von den über hundert Hunden um seine Portion betrogen wurde, daß, soweit wie möglich, keiner von den stärksten den anderen allzu viel raubte. Solange wir mit getrockneten Fischen fütterten, ging es einigermaßen friedlich zu, denn diese standen nicht besonders hoch im Kurs. Jetzt hatten wir aber etwas Walfischfleisch auf den Färöern bekommen, und da wurde es schlimmer. Man durfte mit der Fütterung nicht eher beginnen, als bis man ein paar Körbe voll in Stücke geschnitten hatte. Dann warf man plötzlich die ganze Geschichte so gleichmäßig wie möglich über den Schwarm. Während des Zurechtschneidens der Bissen standen die Hunde und warteten, die Blicke unablässig auf den Ort der Zubereitung gerichtet. Sie waren in diesem Zustande sehr reizbar. Die Spannung machte sie nervös und toll ... Wenn dabei einmal einer den anderen trat, gab es sofort einen Biß über die Schnauze, worauf ein erbärmliches Geheul des Nichtsahnenden folgte. Wenn dann endlich die fetten Klumpen Walfischfleisch über den Haufen hingeworfen wurden, herrschte im ersten Augenblick ein vollständiges Chaos. Die Tiere rasen und schäumen, verschlingen Klumpen von zwei Pfund auf einmal, um nur zum nächsten Bissen kommen zu können. Es gibt keinen Laut in der Welt, den man bei einem solchen Kampf nicht wieder fände. Bütten und Kisten werden umgewälzt, Eimer tanzen herum, die Luft durchschneidet das Geheul und Geschrei der Hunde, die wie toll herumfahren und vor lauter Spannung und Anstrengung von vorn wie von hinten ventilieren, Männer rufen und stoßen mit den Füßen — und dann, wenige Sekunden darauf, alles geräumt! Nicht ein Fetzen zurück!

Die Hunde gehen alle nach ihren Plätzen; die satteren lecken sich gedankenvoll um die Schnauze; die hungrigen laufen herum, die Schnauze auf dem Deck, und die Hoffnungslosigkeit stiert ihnen aus den Augen. Auf dem Verdeck sitzt einer, hält den Kopf schief und heult gottserbärmlich über eine mächtige Schramme am Ohr, von dem das Blut aufs Deck tropft. Und unter einem Haufen zusammengestapelter Bretter — man würde drauf schwören, daß keine Katze sich da hinein klemmen könnte, — liegen zwei Hunde und knurren sich dumpf mit verbissenem Grimm an, die Schnauzen dicht beisammen über einem Knochen, an dem wohl einmal ein Stückchen Fleisch gesessen hat.

Aber die Tiere haben sich schon tüchtig erholt in den wenigen Tagen, die sie mit Fleisch gefüttert sind. Wir bekommen mehr für sie auf Island. Und wenn wir erst an der Küste Grönlands sind, werden wir wohl das Glück haben, Walrosse dort anzutreffen, und dann wird schon alles gut gehen.

Wir freuen uns alle der Tiere wegen, wenn wir ein wenig Sonne und Windstille haben. Dann können sie sich auf dem Deck wohl fühlen, wenn es gespült ist und die Sonne es getrocknet hat. Sie liegen dann alle da und schlafen, auf der Erhöhung, auf den Kisten, auf der großen Luke und ringsherum, wo die Sonne so recht warm und

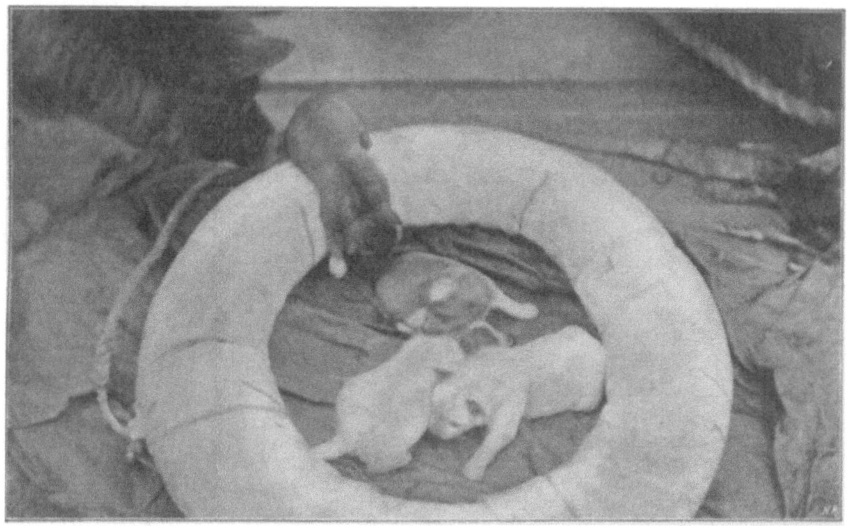

Kindergarten auf dem Oberdeck.

mollig herunterbrennt. Es gilt den Vorteil wahrzunehmen, solange er sich bietet; morgen stehen sie vielleicht wieder im Morast und schlingern.

Am Nachmittag des 17. Juli hatten wir klares und sichtiges Wetter, und da erblickten wir den ersten Schimmer von Island in der Kimmung. Die 3000 Fuß hohen Berge beim Eskefjord wurden mehr und mehr sichtbar, und trotz der dicken Regenluft, die sich gegen Abend einstellte, behielten wir andauernd Land in Sicht. Am nächsten Morgen, um drei Uhr früh am 18., drückten wir uns eben in den Fjord hinein, bevor der starke Nebel, der jetzt kam, die Berggipfel auf beiden Seiten einhüllte, und um sechs Uhr gingen wir vor dem Handelsplatz Eskefjord vor Anker.

Wir lagen dort drei Tage und drei Nächte. Wir hatten vollauf zu tun, den Rest der Ladung einzunehmen und die Kohlenbunker aufs neue zu füllen. Alle unsere Talgfässer wurden geöffnet, und der Talg, der, mit Walfischmehl vermischt, als Hundefutter dienen sollte, wurde in einen der Tanks entleert. Mit Rücksicht auf den Platzmangel an Bord ließen wir eines unserer Holzhäuser zurück, die für die Überwinterung mitgenommen waren.

Die triefend nassen Hunde warten auf Fütterung.

Drei Tage arbeiten, drei Tage und drei Nächte Feste feiern. Und dann der Abschied, der letzte!

— —

Nun sitze ich hier in meiner geschwärzten Kammer im Schiff, das wohl geborgen in dem Eise im „Danmarks-Hafen" („Danmarks-Havn") liegt, und denke zurück. Und während der Tag mehr und mehr entschwindet und die Dunkelheit über uns kommt, suche ich alles von dieser Reise, so gut ich kann, in mein Gedächtnis zurückzurufen; alles, bis auf den heutigen Tag.

Viel haben wir schon jetzt gesehen, viel Gutes und etwas Böses, — in der Zeit, die inzwischen gegangen ist. Starke Eindrücke haben wir erhalten, das Meer sahen wir mit allen seinen wechselnden Stimmungen. Wir sahen, wie das Eis, undurchdringliches Eis, gegen die Schiffsseiten krachend sich um uns auftürmte. Wir haben die fabelhaften Tiere der arktischen Region gesehen, haben beinahe Umgang mit ihnen gehabt, dünkt es mich. Aber die Macht des Meeres, der Todesgang des Eises längs der öden Küsten und die Schönheit alles dieses — nichts davon wird mir so im Gedächtnis haften bleiben, wie die wunderlich milde Wehmut dieser Tage, wie dieser drei Tage lange Abschiedsgruß ans Leben.

Gut, daß die Bande endlich rissen, die letzten! —

Die Ankerkette rasselt durch die Klüse und schweigt, die Schraube dreht sich. Die drei letzten schweren Stöße in die Dampfpfeife — und die höckerigen nebelumhüllten Berge des Eskefjord beginnen langsam sich zu bewegen und nach hinten zu gleiten. Es ist sechs Uhr morgens am 22. Juli; das Wetter ist still und trübe, ein feiner Regen rieselt herab.

Wir drehen draußen vor dem Fjord nach Norden und fahren an einem öden, traurigen Lande entlang. Als das Wetter sich aufklärt, enthüllten sich nach und nach die grauen, holperigen Landstriche im Nordwesten, aber sie entschwinden mehr und mehr in der Ferne, bis sie zuletzt wie eine dunkle Wolkenbank hinter unserem Heck liegen.

Nach zweitägigem ununterbrochenen Gebrauch der Maschine müssen wir wegen eines geringen Kesselschadens stoppen. Zum Glück kommt da ein bißchen Brise von Westen, wir setzen Segel und steuern nordwärts. Das Land kommt außer Sicht, und der Eismeernebel erfaßt uns . . .

Der Nebel liegt da draußen und wartet, niedrig am Horizont, unbeweglich und lauernd. Wie feine Spinnwebfäden glitzert und flimmert sein Rand, gleichsam festgebunden zur Meeresfläche, bis ein Wind ihn bewegt und zum Wachsen bringt. Dann steigt er und kommt, streckt seine langen zuckenden Finger über unsere Köpfe hinauf. Und der Nebel wird so grau, so innerlich traurig und grau, wie sonst nichts in der Welt. Er nimmt uns jede Aussicht und macht uns schwermütig, in seiner feuchten Umarmung sickert das Wasser an uns herab. Weiße Tropfen hängen an allen Tauen und Wanten und „drip-drap“ fallen sie herab.

Im Kartenhaus kann man nachts einen bescheidenen Platz zwischen den Instrumenten auf der Bank erwischen, sich dort hineinstauen und seine Shagpfeife rauchen — wenn man nicht gerade Törn am Ruder hat. Oder man kann, wie Peter und Charles, das Deck auf und ab traben, um unter den durchnäßten Kleidern warm zu bleiben. Das Ölzeug ist schlecht, hie und da ist es undicht, nichts hält dem Nebel stand. Wenn die Wache abgelöst wird, taumelt man zur Kombüse hinunter, um einen Schluck Warmes zu ergattern, ehe man das nasseste Zeug abwirft und in die Koje kriecht.

Am Nachmittag des 27. teilte sich der Nebel etwas. Draußen im Nordwesten hat er sich gesenkt und steht mit einem wogenden Rand hoch über dem Horizont. Da zeigt sich eine wunderbare Erscheinung, feenhaft, wie in einem Märchen, wie eine Einleitung zu dem, was wir erleben werden; wir erblicken Jan Mayen.

Der Nebel hat sich noch mehr gesenkt, und über seinen Rand erhebt sich ein strahlender, schimmernder Berg von Schnee und Eis; seine mächtigen Formen glühen und wallen in der Sonne wie fließende Lava. — Nur einen Augenblick sahen wir ihn, eine Geistererscheinung, eine Fata Morgana, die das Auge blendete und verwirrte. Dann stieg der Nebel wieder, das Bild verschwand. Wir sehen es sicher niemals wieder. Aber keiner von uns, die wir stumm bei dem Anblick standen, vergißt jemals den Augenblick — es war, als ob das Orchester präludierte und Gott den Taktstock erhöbe zu der mächtigen Ouvertüre. —

Ich habe die Insel Jan Mayen auf Bildern gesehen, von der Nordseite aufgenommen; da liegt sie dunkel im Nebel, wie eine mächtige zweiteilige Bergwelle, Lavablöcke, die in der Entfernung für das Auge zu Rundungen zusammenschmelzen.

— —

Nebel — ewig und immer Nebel.

Das Meer atmet unter uns in schwerer Dünung, über und unter uns diese rotgraue, mutlose Farbe, wir hören den glucksenden Wellenschlag gegen die Schiffsplanken — das ist alles, was wir sehen und empfinden.

Ich kenne den Nebel jetzt, als wenn ich ihn monatelang gesehen hätte, diese rostige Wand, die so traurig und geheimnisvoll um uns herumsteht. Und Wache auf Wache wechselt ab, ohne Unterbrechung, ohne Abwechslung. Kein Wind, kein Seegang, nur der Laut der Maschine zerhackt für uns die Zeit in Stücke, Stunde für Stunde, während wir langsam auf dem stillen Wasser nordwärts gleiten.

Große Vögel, graue und weiße, kreisen lautlos um uns, tauchen wie Gespenster aus dem Nebel heraus und verschwinden wieder still.

Aber wo bleibt das Eis? Ob wir wohl noch viel weiter nordwärts kommen, ehe dieser Feind als Bundesgenosse des Nebels sich einstellt? Wir **sind** vorbereitet; Ring ist heute aus der Wache ausgeschieden, um den Posten als Eislotse zu übernehmen. Das geschah am 30. Juli. Und in der Nacht kam es.

Da wurde es plötzlich unruhig auf Deck — nicht Stimmen, nicht diese lauten Rufe, wie bei oder vor einem Sturm. Nur das Getrampel von Füßen, die liefen — nach vorn liefen, eiligst. Man muß hinaus

Im Eise. Diesige Luft.

und sehen! Der Ausguckposten auf der Back und der Eislotse wissen es: Das Eis ist da!

Ja, sieh! — Dort gerade voraus leuchtet etwas Weißes im Nebel. Langsam, langsam kommt es näher und wächst nach und nach. Farbe und Zeichnung werden klarer. Wie sieht es doch aus — es gleicht einem Wikingerschiff ohne Masten und Takelung, einem wunderlich phantastischen Schiffsrumpf. Dann kommt es an unsere Seite und gleitet vorbei.

Es ist, als ob ein Kälteschauer von ihm ausgeht. Es steht so glänzend weiß gegen den roten Nebel, und in seine Vertiefungen, in seine vielen sonderbaren Löcher wäscht der Wellenschlag hinein, dort leckt das Wasser hinauf und spielt seine klirrende Melodie in glashellen Glucktönen.

Diese weiße Farbe des Todes ergreift uns. Wir sagen es nicht, aber wir, die einzigen hier Lebenden, wir fühlen es, daß das Schiff und wir von jetzt ab Verschworene sind, ein Leib, ein Wille gegen all das andere — und das andere, dieses Stumme, ist der Tod. Wir wissen, daß eines Tages alles um uns herum wie diese Eisscholle sein wird, und daß es ein Glücksspiel ist, sich in diesen Wirrwarr hineinzuwagen, in diese Unendlichkeit von Kälte und Kraft. Zwei solche Eisschollen können allein schon uns zwischen sich zermahlen — und

Das Eis wird dichter.

wir gehen zehntausenden entgegen. Freiwillig! Und wir wägen die Gefahr nicht ab, machen keinen Versuch dazu; es ist unnütz.

Aber wir wissen auch, daß eines schönen Tages die Zeit kommt, wo das Eis unser bester Bundesgenosse ist, wenn es für unsere Schlitten von Landspitze zu Landspitze seine Hundertmeilenbrücken schlägt.

Im Laufe des Vormittags werden wir auf allen Seiten von Schollen umgeben, größeren und kleineren, die langsam eingeholt werden und langsam wieder verschwinden. Wir fahren um die größten von ihnen herum, um das Schiff nicht zu beschädigen; das kann noch früh genug kommen. Ring geht in die Ausgucktonne und lotst das Schiff von dort aus, sicher und ruhig. Von jetzt ab halten wir anderen abwechselnd Wache auf der Back, wenn er nicht in der Tonne ist.

Jetzt beginnt es hier um uns herum lebendig zu werden. Draußen im Nebel erblicken wir bisweilen die grauen Köpfe von Seehunden über dem Wasser, neugierig glotzen sie nach uns hinüber. Oft folgen sie uns längs der Schiffsseite oder im Kielwasser und kommen näher und näher, dann tauchen sie unter, um sich plötzlich nur wenige Meter von uns wieder zu zeigen, jagen Kopf und Vorderleib hoch aus dem Wasser hinaus mit einem Ausdruck der blödsinnigsten Verwunderung. Dann sieht man bald darauf ihren Rücken in einem fetten Bogen über dem Wasser, sie krümmen sich lautlos zusammen und verschwinden mit eigentümlich weichen Bewegungen. Es sieht aus, als ob sie in Öl schwimmen.

Morgentoilette im Eismeer.

Natürlich wurde häufig auf sie geschossen; aber Gott sei Dank in den allermeisten Fällen vorbei. Der Seehund sinkt nämlich zu dieser Jahreszeit in neun von zehn Fällen, wenn er im Wasser geschossen wird. Lagen sie aber auf Eisschollen, an denen wir nahe vorbeikamen, so gelang es uns häufig, sie zu bekommen. Mit Auflegen auf die Reling ist ein Schuß mit unseren Büchsen auf 70 bis 80 Ellen, ja bis zu 100, ziemlich sicher. Auf diese kurze Entfernung schossen diese Waffen weit sicherer als die Remingtongewehre und ein paar andere mitgebrachte Militärgewehre, die fast immer zu hoch schossen. Und dann macht das Büchsenprojektil ja ein ganz anderes Loch als das der anderen Flinten.

Der erste Seehund wurde von Peter Hansen geschossen. Er fuhr, auf einer kleinen Eisscholle liegend, ohne unsere Gegenwart zu ahnen, in einer Entfernung von 50 Ellen vorbei. Zuerst wurde ein Fehlschuß auf ihn abgegeben. Er wachte auf, kam auf die Vorderflossen und wackelte hin und her, wie ein voller Mann, der sich nicht schlüssig werden kann, nach welcher Seite er gehen will. Dann schickte Peter ihm eine Kugel ins Nackenspeck mit dem Erfolg, daß er auf der

Stelle verendete. Er legte den Kopf ganz still auf das Eis nieder. Er wurde in dem Jagdkahn, „Moses" genannt, geholt und beim Steuerrad aufgeschlitzt. Die Grönländer wühlten bis über die Ellbogen in den warmen, blutigen Eingeweiden und kosteten die Situation und den Blutgeruch weidlich aus. Ich sah sie mehrmals in die Eingeweide und den Speck einhauen, der hineingeschleckt wurde wie

Treibeis.

Kuchen. Die Hunde erhielten ein großes Festmahl, und in der Messe wurde Seehundsbeefsteak serviert, ein vorzügliches Essen für Leute, die nicht gerade fanatische Gourmands sind.

Wir schossen in diesen ersten Tagen im Eise viele Seehunde, und die Hunde lebten üppig. Bisweilen wurde das erlegte Tier nur einige wenige Ellen weit aufs Eis geschleppt und dann ließen wir einfach die ganze Hundemeute drauf los. In wenigen Minuten war der Seehund vollständig verschwunden, die Eisscholle braunrot, befleckt und aufgekratzt und die Hunde an Kopf und Vorderleib blutbeschmiert. Ich dachte bei solchen Gelegenheiten manchmal, wie wohl der Anblick eines solchen Eßtisches, wenn er so weit nach Süden triebe, daß er von einem Schiff bemerkt würde, auf die Phantasie des Beobachters wirken würde.

Das Eis kommt und geht, bald dichter, bald zerstreut, aber ohne die Fahrt besonders zu hindern. Wir rennen jetzt zuweilen ganz leicht und gleichsam probierend dagegen, wenn die Eisscholle so

In der Klemme.

klein war, daß der Ausguckposten es nicht der Mühe wert hielt, vor ihr zu warnen. — Nebel wie immer.

Aber am 31. erblicken wir vorn an der Backbordseite eine leuchtende, unendliche Linie, überwölbt von einem weißlichen, fahlen Himmel. Das ist das Packeis! Endlich! — jetzt gilt es sich durchzubeißen.

Wir manövrierten den ganzen Tag über an der Kante des Packeises, zwischen großen und kleinen losgerissenen Eisschollen hindurchschlüpfend, bis wir spät am Abend eine größere Rinne fanden. Dort steuerten wir hinein. Und jetzt kommt dieser lange, stumme Kampf zwischen dem Schiff und den Eisschollen, ein ewiges Loswinden aus tückischen Umklammerungen, bei steter Wachsamkeit, um die geringste Gelegenheit zum Vorwärtskommen zu benutzen.

Wie oft starrten wir nicht in jenen Tagen auf Rings Angesicht, um da neues über die Lage ablesen zu können; aber nie sahen wir etwas anderes als die gewohnte unverwüstliche Ruhe. Er machte sich auch nicht viel daraus, über die Sache zu reden. Das lag wohl daran, daß Ring das Eis zu gut kannte. Er hat ihm ein ganz Teil von seinen Eigentümlichkeiten in den siebzehn Jahren abgelauert, in denen er mit Walfischfängern auf dem Eismeer gefahren ist, und daher sagt er nichts im voraus. Nicht gern wenigstens, denn er kennt seine Treulosigkeit und seinen veränderlichen Sinn. Aber wir sahen mit vollständigem Vertrauen auf diesen Mann, der ein Mal über das andere unter denselben Verhältnissen große Verantwortung getragen hatte, wenn er von der Kommandobrücke des Walfischfängers das Schiff mit seiner kostbaren Last und seiner ein halbes Hundert Mann starken Besatzung durch das Treibeis lenkte. So konnten wir anderen auch, wenn wir Tag für Tag Rings Nase da oben über den Rand der Tonne hinausragen sahen, ruhig unten auf Deck stehen, in dieselbe Richtung gucken und unsere unmaßgebliche Meinung sagen. Es wurde doch nichts daran geändert: ein Kommandowort aus der Tonne, der Steuermann wiederholte es und der Mann am Rad befolgte es.

Das Wetter wechselt jetzt häufiger, das Land — das sonderbare Land, das wir noch nicht gesehen haben — beginnt seine Nähe merken zu lassen. Eine von Westen kommende Brise kann zeitweise die Nebel zerteilen, und dann strahlt und glänzt alles im blendendsten Sonnenlicht. Oft macht die Dichtigkeit der Schollen es uns unmöglich, vorwärts zu kommen. Dann liegen wir still und warten auf eine günstige Gelegenheit, und für gewöhnlich warten wir nicht lange. Wind und Strom üben ihre Wirkung auf die dicht zusammengepackten Eisflächen aus, es öffnet sich eine Rinne, und wir versuchen erneut unser Glück.

Und die Tage gehen. Wir treiben hin und her, müssen oft, um einer Klemme zu entschlüpfen, einen Weg einschlagen, der in eine völlig verkehrte Richtung führt. Auf der Seekarte zeichnen die Bewegungen des Schiffes die wunderlichsten Kurven und Spiralen, und noch immer ist keine Aussicht, hineinzuschlüpfen. Am 3. August treffen wir auf 76° 01′ nördl. Br. und 13° 02′ westl. Länge auf undurchdringliches Packeis und liegen vertäut bis zum nächsten Tag; da klart es wieder etwas auf in den Massen. Wir treiben mit den Eisflächen nach ONO, kommen aber tags darauf endlich los und steuern gerade nach Norden.

Woher holen diese Eisschollen ihre Farben? Selbst im dichtesten Nebel, wenn alles andere ohnmächtig in dieses blaßgraue Licht hinsinkt, glänzen diese Kolosse prachtvoll. Es ist, als ob sie Sonnenstrahlen in sich bergen. Sie schillern in den feinsten, zartesten Regenbogenfarben, gedämpft violette Töne gehen in blaue, blaugrüne, grellgrüne und ockerrote Schattierungen über, und sie spiegeln sich und stehen auf dem Kopfe in dem blanken, grauen Wasser.

Sie wirken nicht auf das Auge allein, diese Farbentöne — das Ohr scheint sie als gedämpfte Laute von fernen, präludierenden In-

Eine Kraftanstrengung.

strumenten zu empfinden. Es sind die bebenden tiefroten Töne des Violoncellos und die kitzelnden, lenzgrünen Laute der Oboe; die Violine weint sich sanft in dem wildesten Himmelsblau aus, und wie ein abgedanktes Militärsignal leuchtet einem plötzlich das widerwärtigste Trompetergelb vor der Nase. Aber wenn dann der Wind den Nebel zerstreut und den Nordhimmel rein fegt, auf dem die Mitternachtssonne ihr feuerrotes Haupt über den Gesichtskreis erhebt — dann steigt die Erscheinung zu einer brausenden Symphonie, einem Höllenlärm, crescendo — allegro furioso — Tusch! Ein Gedröhn von Farben! Die Eisschollen hüpfen, der Himmel platzt, und die Engel fallen herab, und ich sinke zerknirscht aufs Deck nieder und bete: Heiliger Nepomuk, nimm diesen Kelch von mir! Nimm dein größtes Radiergummi, nimm ein Walroß, und lösche mich still aus der Malerzunft aus. Laß mich deine Wunder nur in meiner Matrosenhülle schauen — ohne Verpflichtung, sie zu reproduzieren. Amen!

Wir fangen jetzt an, vom Bären zu sprechen. Wir wissen, daß wir ihm bald begegnen können, und starren Tag und Nacht über die Reling auf das Eis hinaus, suchend, wonach wir uns gesehnt und worauf wir, wie auf ein Abenteuer, gewartet haben.

Das Wort „Bär“ ließ in diesen Tagen meinen ganzen Körper von so einem lächerlichen, haarigen Gefühl durchschauern. Sprach jemand davon, daß wohl einer da draußen auf dem Eise wäre, dann fühlte ich ordentlich, wie mir die Erwartung gleich einem feinen, warmen Wasserstrom über den Rücken rieselte. Meine Lendenwirbel krümmten sich leicht nach innen, und eine Art behagliches Lampenfieber ergriff mich, ohne daß ich einen Versuch machte, es zu beherrschen oder loszuwerden. Ich kostete dieses Gefühl aus und erwartete es vervielfacht zu empfinden, wenn ich erst einmal wirklich der Bestie gegenüberstand.

Und dann kam sie. —

Es war am 6. August, zur mitternächtigen Stunde. Da hörte ich zum erstenmal das Wort in einem so überzeugenden Tone, daß ein Irrtum ausgeschlossen war.

„Ein Bär!“ — —

Mylius ruft es. Er kommt von der Ausgucktonne herabgestürzt und ruft mich drinnen im Zwischendeck an, wo ich stehe, eben zur Hundewache herausgekommen, und mir den Schlaf aus den Augen reibe.

Das flimmernde Licht der Mitternachtssonne, das wie Brandpfeile in die Augen fährt, das Empfinden der Kälte und das Wort „Bär“ wirken vereint auf mich wie ein Gepolter — ich bin plötzlich ganz wach:

„Wo?“

„Vom Deck können wir ihn nicht sehen, wir müssen ins Boot und um die Eisscholle dort herum, drei oder vier Mann. Wollen Sie mit?“

„Selbstverständlich!“

Einen Augenblick später gleiten wir fünf Mann hoch an einem Tau längs der Schiffsseite hinab mit den Büchsen über dem Nacken und fünf bis sechs Patronen in der Hosentasche, und „Moses“ fährt vom Schiffe auf den Eisrand zu.

Wir rudern gerade der Sonne entgegen. Die Spiegelung ist so klar, daß die Grenze zwischen Luft und Wasser ausgewischt erscheint — es geht in eins auf, das Boot schwebt mitten in dem Ganzen. Der Schnee, mit dem der Nebel Eisfelder und Schollen überzogen hat,

Treibeis in der Mitternachtssonne.

ist rotglühend in der Lokalfarbe, gelb und grünlich im Licht, und an der Schattenseite rollt eine blauviolette Farbe nach unten zu und trifft ihr Spiegelbild ohne Übergänge. Gegen die Bootsseite murmelt schwaches Wellengekräusel, das wir nicht sehen . . .

Jetzt dreht das Boot, die Seite ist nun der Sonne zugewendet. Wir kommen an der Eisscholle vorbei. Da steht er!

Er ist, Gott steh mir bei, herrlich anzuschauen!

Er sieht gelb aus — eine starke, dunkelgelbe Farbe, und er steht dort und schüttelt den Kopf hin und her und wartet, wie ein großer, guter, dummer junger Hund, der weiß, jetzt wird er Futter bekommen.

Er hat uns lange erwartet und sehnt sich unbändig nach uns.

Ich habe gehört und weiß es auch jetzt, daß der Eisbär meist sehr scheu ist. Aber der hier war es nicht. Er kennt die Angst nicht, hat bis jetzt nur dies gefühlt: die Spannung, wenn er sein Opfer beschleicht, die mächtige Freude in seinem Sprung und eine knurrende Wonne durch den ganzen Leib bis in die Sehnen seiner Tatzen — hat nur mit dem anderen, außer seiner selbst, gerechnet, mit dem, das vor ihm flieht oder sich überrumpeln läßt. Wo er seine Tatze hinsetzt, da steht sein Zeichen, das Fleisch ist gestempelt.

Aber der Fall hier geht für ihn über das Alltägliche hinaus. Das Futter fährt ihm geradeswegs in die Arme hinein! Er kann sich nicht halten, er wird so lachlustig, es kitzelt ihn in den Bauchmuskeln. Er bricht zusammen vor Lachen. Er legt sich überwältigt auf den Bauch nieder und streckt die Vordertatzen weit vor sich her. Das Gesicht dreht er zur Seite, er darf uns nicht in die Augen sehen, um nicht seinen Gesichtsausdruck zu verraten, und dann bewegt er den Kopf von der einen Vordertatze nach der anderen — unaufhörlich.

Indessen kommen wir ihm näher, langsam, so lautlos wie möglich rudernd. Die Patronen werden eine nach der anderen in die Büchsen gesteckt; man hört ein schwaches Knacken von einer Büchse, die geöffnet wird, und einen Klang, wenn das Schloß sich wieder schließt.

Jetzt sind wir auf 50 Meter an ihn heran. Es sieht aus, als ob er sich nun entschließe, in den Futtertrog zu steigen, denn er kriecht einige Zoll weiter nach dem Eisrand hin, seine Krallen berühren das Wasser. Aber plötzlich fährt er mit einem Ruck auf.

Und da steht er vor uns, sein Pelz fängt Feuer in der Sonne.

Drei nervöse Knacke der Hähne, die fast gleichzeitig gespannt werden; gleich darauf sah ich mein Korn gegen sein Blatt und hörte einen Knall; der Rauch wehte über die Wasserfläche. Erst als ich im Begriff war, eine neue Patrone einzustecken, wurde ich mir bewußt, daß ich es war, der geschossen hatte.

Aber da war die Furcht über ihn gekommen. Sie kommt mit der Kugel — nicht mit dem Knall, ach nein! Er ist daran gewöhnt, das Meereis längs der felsenschroffen, meilenweiten Küste bei Springflutzeiten mit Gedonner und Gedröhn wie von hundert Kanonen bersten zu hören.

Unser erster Bär wird an Bord geheißt.

Nein, die Furcht kam erst mit dem anderen, dem dort in der Seite ... Au!

Au zum Teufel! —

Und er krümmt sich zusammen und erhebt den Kopf gegen den Himmel und brüllt — heult sein wildes Entsetzen und seinen unbändigen Schmerz über das Meer hinaus. —

Und dann wird er auf einmal so innerlich demütig und gut. Es ist gar nicht seine Absicht gewesen, uns etwas zu tun. „Jetzt sollt ihr sehen!" sagt er. Und er macht sich daran, uns zu belustigen, damit wir das Böse vergessen sollen, das wir gegen ihn im Sinne haben.

Er schlägt einen Purzelbaum!

Der wird mit großer Sorgfalt ausgeführt, als wenn er seit langem vorbereitet sei. Er taumelt ein wenig, als er den Kopf mit den spitzen, niedergeschlagenen Ohren und der kohlschwarzen Schnauze zwischen die nach innen gekehrten Vordertatzen setzt. Dann versucht er es. Und wirklich — sein allerhöchstes Hinterteil beschreibt eine edle Kurve gegen den morgenblauen Himmel, und die Hintertatzen folgen nach. Wir sehen deutlich die großen rauhen Fußsohlen über ihm schwingen und wieder verschwinden.

Der Triumpf der Mörder.

Ein Schuß kracht, er ist wieder auf die Hinterbeine gekommen. „Ja, ja, jetzt werde ich gehen", sagt er enttäuscht. Und er nimmt die Hosen zusammen und trollt ab. Der dritte Schuß juckt ihm im Hinterteil, ehe er um einen Eisblock schwankt und verschwindet.

Dann ruderten wir nach der Eiskante und stiegen hinauf. Das Boot wurde vertäut.

— — — — — — — — — —

Er lag etwa hundert Ellen vom Eisrand entfernt mit der Seite nach uns gewandt, der Kopf hing über die Vordertatzen herab. Er hustete, stoßweise ging sein Atem, und er lag und sah so betrübt und verlassen gerade vor sich hin, drehte den Kopf nicht mehr, um uns zu sehen, kehrte sich auch nicht daran, daß wir einen Kreis um ihn bildeten.

Jetzt wußte er wohl, warum wir gekommen waren; aber jetzt hatte er keine Zeit mehr, sich für uns zu interessieren.

Doch — plötzlich fährt gleichsam ein Lichtstrahl in seine Augen. Er hat ja das Ganze vergessen, daß er auf uns losfahren und uns erdrücken soll, uns niedertrampeln und in unseren Eingeweiden mit den Zähnen und Krallen wühlen — er will auf! Ich sehe den großen Schulterknochen sich katzengeschmeidig und rasch unter dem Pelze wenden, und er fliegt auf die Vordertatzen — da jagt ein krampfartiger Ruck durch ihn, und er taumelt vornüber, das Blut rieselt aus dem Rachen.

Ach — da starb er!

Ich habe oft mein Haupt aus geringerem Anlaß als diesem entblößt. Na — keiner von uns tat es; wir wandten einander den Rücken zu und nahmen ganz still die Ladung aus dem Ofen heraus.

Dann schlichen wir aufs Schiff, um Taue und Taljen zu holen, mit denen wir ihn heimschaffen wollten.

Zwei Stunden nachher hing sein Pelz da und schwenkte im Wind und in der Sonne hin und her. Und sein Fleisch wurde von struppigen Hunden gefressen.

Aber ich vergaß zu erzählen, daß einer von den braven Jägern draußen auf dem Eise mich bat, sein Gewehr für ihn zu entladen. Er verstand es nicht selbst; es war ein Winchesterkarabiner. — „Na", dachte ich bei mir, als ich so dastand und ihn lenz pumpte, und als die Patronen eine nach der anderen auf den Schnee fielen — „das ist also einer von den Siegern!"

— —

Jetzt wird es aber Ernst mit dem Eise.

Wir vertäuen an einer meilenlangen Eisfläche, es ist unmöglich, vorwärtszukommen, und einen Augenblick später preßt sich das Ganze um uns zusammen. Kein Ausweg nach irgend einer Seite. Das sieht keineswegs gemütlich aus.

Aber wir haben das Glück auf unserer Seite. Tags darauf kommt wieder Bewegung in die Massen. Wir hätten ebenso gut in eine Eisschraubung hineingeraten sein können, die die Geschichte der Expedition abgeschlossen hätte. Und jetzt dampfen wir wieder ein Stück vorwärts. Wir müssen uns oft schwere Schläge von mächtigen Eisschollen gefallen lassen. Sie greifen unsanft genug zu, und irgend etwas stürzt immer zusammen, wenn wir so einen Stoß bekommen. Tag und Nacht Dampf und Dröhnen in der Maschine. Nacht und Tag Stöhnen und Seufzen in den Schiffsseiten und Krachen von dem Anprall gegen schwere Schollen. —

Ich liege hier unten in meiner Koje und habe mein Ochsenauge abgeblendet, damit die Sonne meinen Schlaf nicht stören soll; aber ich kann nicht schlafen. Es steht ein Kampf da draußen .....

Ich merke, wie das Schiff aufstößt und vor dem Widerstande zurückgiert. Wir wollen jetzt durch, koste es, was es wolle. Es wird Ernst: das Eis oder wir! Wir schwimmen zwischen zusammengeschraubten Eismassen, die eine Höhe bis zu 30 Fuß erreichen. Inseln von Eis, Quadratmeilen groß, treiben um uns mit Wind und Strom herum. Aber wir entwischen der einen und stoßen uns eine Öffnung in die andere, ein kleines Loch, durch das wir hindurchschlüpfen, ehe die Umarmung allzu sicher wird.

Wir schlafen meistens mit den Kleidern am Leibe und sind bereit zum schleunigen Herauspurren in die Rettungsboote. Der Schlaf wird unruhig — zehn Minuten schlafen wir — dann sind wir wieder ebenso lange wach. Die Augen schließen sich, die Todesmüdigkeit eines Augenblicks macht einen gleichgültig, und man gibt sich dem Schlafe hin. Dann ein plötzlicher Krach, man saust in den Boden der Koje und flucht wütend und vollständig wach. Ein unheimlicher, schurrender Laut — wie wenn hunderttausend Scherben längs der Schiffsseite zu Grus gemahlen werden — erzählt, daß wir jetzt wieder ein Hindernis genommen haben.

Plötzlich ertönt das Signal „Rückwärts"; die Maschine hält inne mit ihrem ewigen „Rudedum-da, Rudedum-da"! Sie brummt vor sich hin und versucht rücklings zu fluchen, während wir hundert Ellen von dem Punkt zurückgehen, der getroffen werden soll. Und die Eisblöcke türmen sich höher auf, sie stehen dort vorn, wie eine Riesenmauer, durch die wir hindurch oder um die wir herum müssen.

Und das Schiff stiert vor sich hin, es duckt sich zum Sprung; es wendet sein Auge gegen den verwundbaren Punkt da vorn, knurrt und fährt los. Die Maschine brummt in ihrem alten Rhythmus: Mucke Du-wa, mucke Du-wa!

Und „Danmark" fällt ihr eichenes Einhorn, und sie setzt es hinein, daß es nur so dröhnt. — —

Zweimal, dreimal — dann ist dort vielleicht eine Bresche, und das alte Schiff gleitet langsam hindurch. Die Maschine geht schneller, wie das Herz eines Atemlosen, es stöhnt in der breiten Brust, keucht wie ein abgehetztes Rennpferd hinter dem Ziele.

Am 7. August Land in Sicht im Westen. Grönland, das verheißene Land, liegt dort und schwebt am Horizont wie violette Wolkenbänke. Es müssen nach dem Besteck die Koldewey-Inseln sein. Ich zeichne die ganze Wache hindurch Küstenrisse, und meine Seele ist im Himmel — im siebenten, der Abteilung für Landratten.

In diesen Tagen ging in den meisten von uns eine Art Umkalfaterung vor sich. Die Bande, die uns an die Heimat knüpften, erschlafften gleichsam eine Zeitlang. Es war, als ob die Hand, die von hinten still auf unsere Schulter gelegt war, jetzt fortgeglitten sei, oder als merkten wir sie nicht mehr. Jetzt hatten wir den Blick nur vorwärts gerichtet, nach diesem niemals betretenen Land, von dem wir einen Schimmer

Der erste Blick auf Grönland. Südspitze der Koldewey-Insel.

gesehen hatten. Es wurde jetzt das einzige Ziel für alle unsere Träume, unsere Pläne und unsere Arbeit.

Und jetzt bekamen wir auch Zeit, uns danach zu sehnen.

Denn wir gelangten diesmal noch nicht hinein, nein, bei weitem nicht. Tag für Tag mußten wir noch im Eise herumtreiben; bald ging's nach Norden, bald nach Süden. Bisweilen, wenn die Brise vom Lande kam, erblickten wir einen Schimmer von dem bläulichen Felsgestade weit hinten im Westen, und es deuchte uns, daß wir niemals ein herrlicheres Land gesehen hätten — aber bald, wenn der Ostwind mit den verhüllenden Nebeln im Schlepptau über uns hinzog, plagte die Ungewißheit und Hoffnungslosigkeit uns stärker als sonst. Selbst wenn wir weit von der Küste lagen und ein 14 bis 15 Meilen breiter Eisgürtel sich zwischen sie und uns schob, war die Hoffnung doch frisch, sobald wir sie nur sehen konnten, wenn der Wind von der Kante wehte, und die Sonne gnädig auf uns schien.

Es waren Tage voll Unruhe und Spannung. Wie wir uns unter diesen Verhältnissen überhaupt mit vernünftiger Arbeit abgeben konnten, ist für mich jetzt unfaßlich; und doch wurde tüchtig gearbeitet, sobald es Gelegenheit dazu gab. Alle Mann waren früh und spät in Tätigkeit. Bald hörte man den schwirrenden Laut der hydrographischen Apparate Trolles, wenn wir still liegen mußten, und das mußten wir, Gott sei's geklagt!, häufig in diesen Tagen. Bald hörte man das asthmatische Stöhnen der Maschine, wenn sie dem Schleppnetz Johansens half, nach seiner Reise drunten auf dem Meeresgrunde in den fabelhaften Tiefen langsam über die Reling zu kriechen; und dann offenbarte das Netz vor unseren Blicken seine haarsträubenden Tiefseewunder und wälzte sie auf dem Deck in Bütten und Wannen, in denen Johansens Hände untersuchend und prüfend zwischen Tintenfischen und anderem Teufelskram herumwühlten. Bald glitt „Moses" mit Manniche und einem Seemann, der auf ihn acht geben sollte, vom Schiffe und fuhr wie ein Pfeil mit dem eifrigsten der Ornithologen auf Raub aus, und Raubmöwen, Mallemucken und Eismöwen, die da draußen auf dem Wasser lagen, auf Eisschollen saßen oder unvorsichtig genug waren, in den Büchsenlauf hineinzugucken, wurden weggeknallt.

Eismöwen! Ich vergesse sie niemals, wie sie da in der Sonne gegen den tiefblauen Himmel segelten. Es war nicht nur eine Farbe, die da oben vorbeiglitt — nein, es war ein Licht von Reinheit gegen den in der Sonne spielenden Himmel. Sieh durch die frischen Blätter einer gelbweißen Rose in die Sonne, dann hast du einen kümmerlichen Vergleich mit der Farbe in den Flügeln der Eismöwe. —

Aber herunter muß sie. Und der Leib kommt in Spiritus, während das Sommerkleid bei Manniche im Laboratorium in die Garderobe gehängt wird. Ja, so geht's.

Aber gleitet das Schiff sachte in dem stillen Wasser vorwärts — das Wasser ist immer fein und still hier drinnen hinter den wellendämpfenden Eisfeldern —, dann sieht man ein langes, dünnes Tau nach hinten herabhängen und eine Art Sack an der Oberfläche des Wassers schleppen. Das ist Lundagers Planktonnetz. Er selbst steht ein Stück davon, ruhig und geduldig, und hängt ein paar Strümpfe zum Trocknen ins Takelwerk.

Der Sack da unten sorgt schon für sich selbst, das weiß Lundager so ausgezeichnet gut, und er zieht Vorteil daraus. Daher kann er lange und eingehend sich damit beschäftigen, ein ungeheures Loch am Hacken des einen Strumpfs zu betrachten und mit sich selbst darüber zu diskutieren, von welcher Seite er dem Loch mit der Stopfnadel zu Leibe gehen soll, wenn er soweit kommt. Währenddessen raucht er einige Pfeifen Tabak. Der Rauch steigt ruhig und bedächtig in die Luft und mischt sich hinten mit dem des Schornsteins. Der Sack schäumt sachte da unten die Oberfläche ab. Lundager wendet sich nachdenklich von dem Strumpf und spuckt in das nördliche Eismeer.

Ein schweigsamer Mann mit dem liebenswürdigsten Lächeln auf dem Antlitz kommt mehrmals am Tage aufs Oberdeck hinauf und liest einige sonderbare Instrumente ab, die in einem Schrank dicht bei der Leiter zum Deck stehen. Es ist Dr. Wegener aus Berlin, unser Meteorologe. Wenn man auf dem Oberdeck steht und ihn die Leiter heraufkommen sieht, erblickt man zuerst über der Luke einen Hut — wohl das Eigentümlichste, was man sich denken kann. Knud kann ihn nicht sehen, ohne daß er sich vor Lachen hinsetzen muß. Ich weiß selbst nicht, was das wunderlichste daran ist, seine Form oder seine grüne Farbe. Ich will nicht versuchen, das eine oder das andere zu schildern; aber eine Bemerkung, die Knud einmal fallen ließ, kann ihn vielleicht skizzieren. Als Wegener eines Tages an ihm vorbeiging, sagte Knud, zu einem neben ihm Stehenden gewandt: „Das ist den Teufel auch der Hut, der all das schlechte Wetter macht, das wir auf der Reise gehabt haben."

Wenn man das Gesicht sieht, das dem Hut folgt, will man nicht glauben, daß Dr. Wegener ein Mann ist, der unten im Laderaum Sprengstoffe genug liegen hat, um 50 Walfängerboote unseres Typs im Laufe weniger Sekunden zum Meeresboden hinab zu senden. Ich denke an seine hundert großen eisernen Behälter mit komprimiertem

Wasserstoff, der zur Füllung seiner Ballons dienen soll, wenn wir einmal an Land gekommen sind.

Koch und Hagen beginnen mit den kartographischen Apparaten zu hantieren. Wenn man Spezialist in Breiten und Längen ist, dann gibt es wohl auch davon etwas hier draußen auf dem Meere. Jarner dagegen, der Geologe, ist unglücklich gestellt. Vorläufig bietet das Seeleben ihm Brot für Steine. Das hat er sich indessen insofern zunutze gemacht, als er etwa 30 Pfund an Gewicht zugenommen hat, seitdem wir Kopenhagen verließen.

Na — „Leichtmatrosen" sind wir allzusammen. Und mit Deckspülen und Fortschaffen des Hundemistes kann die Zeit hingehen, wenn man gerade nicht zum Arbeiten aufgelegt ist. Aber wir werden müde infolge der Spannung und wollen gern so schnell wie möglich zu einer Entscheidung kommen. Aber das Eis will es nicht, und wir müssen den Weg einschlagen, den es uns anweist. Nach einer Richtung können wir kommen, nach Süden. Aber wir wollen nach der anderen Seite.

Mylius-Erichsen war allerdings einen Augenblick geneigt, nach Shannon zu gehen und dort einen Winterhafen zu suchen. Er fürchtete, daß das junge Eis, das sich bereits in den Nachtstunden hier draußen zu bilden begann, das Packeis allzu sehr binden würde, so daß wir Gefahr liefen, festzukommen, wenn wir uns weiter nach Norden wagten. Aber endlich, in der Nacht zum 9. August, wurde eine Öffnung im Eise in nordnordwestlicher Richtung gemeldet. Nachdem Mylius mit Trolle und Ring darüber beratschlagt hatte, beschloß er, noch einmal zu versuchen, die Küste beim Kap Bismarck zu erreichen. Und so dampften wir wieder ein kleines Stück nordwärts.

Die aufmunternden Stunden dieser Tage waren die Jagden auf Bären und Seehunde. Wir hatten das Glück, noch ein paar Bären zu erlegen, und von den Seehunden mußten viele ihr Leben lassen. Das tat den Hunden ungemein gut, sie wurden satt, ruhig und verträglicher.

Dann kam jener berühmte Tag, an dem wir nach sorgfältigen Vorbereitungen ein „Bootsmanöver" abhalten sollten. Wir hatten lange an die Möglichkeit gedacht, daß das Schiff hier draußen von dem Eise in den Grund gedrückt werden könnte, und hielten deshalb alles Nötige in Bereitschaft, um schnell aufs Eis hinausziehen oder in die Boote gehen zu können: Kojensäcke, Munition, Büchsen, Reservezeug und Kochapparate, auf dem Deck für jedes Boot die zu diesem gehörenden Proviantkisten und die gefüllten Wasseranker und eine Menge anderer Sachen.

Dann brach der große Tag heran. Wir waren natürlich „unvorbereitet" wie bei einem richtigen militärischen Manöver.

Plötzlich wurden wir durch das verabredete Signal aus unserer Ruhe aufgescheucht. Knud lief in der Messe und in den Kammern herum und tutete auf einer Sirene, die mit Handkraft bedient wurde. Ich weiß nicht, warum er nicht ebenso gut hätte rufen können; aber durch diesen Laut wurde vielleicht in höherem Maße die Stimmung der dringenden Gefahr und des Unheimlichen geweckt. Heraus taumelten wir mit den Kojensäcken und allem übrigen, und kurz darauf begannen die Boote, eines nach dem anderen, mit Proviant beladen, ins Wasser zu plumpsen. Das, in dem mir ein Platz angewiesen war, kam zuletzt; aber wir kamen doch auch mit.

Wir ruderten ein wenig in der Wake herum und kletterten dann programmäßig auf den Eisrand hinauf, holten die Boote herauf, nahmen schön die Kisten heraus und stellten diese auf dem Eise auf. Wir sahen uns um. Ja, die anderen waren gerade so weit, und jetzt begannen sie, die Boote wieder zu beladen. Da machten auch wir uns daran, alles wieder ins Boot zu bringen.

Aber da geschah es, daß einer von unserer Bootsabteilung plötzlich blaß wurde und auf eine von den sechs Proviantkisten starrte, die wir mit bekommen hatten. Wir folgten seinem Blick — und wir sahen und erblaßten auch:

Die Kiste enthielt Pickles. Achtzig Pfund Pickles. Das sahen wir.

Und wir gingen weiter und fanden noch drei Kisten von derselben Sorte. Das waren im ganzen dreihundert und zwanzig Pfund Pickles, allein für unsere Abteilung. Wir waren uns klar darüber, daß wir unmöglich Mangel daran leiden würden, selbst wenn wir zehn Jahre lang hier oben herumruderten. Nach dieser trostreichen Entdeckung sahen wir uns um und stellten fest, daß das Schiff glücklicherweise ungefähr hundert Meter entfernt wohlbehalten da lag. Wir brauchten also vorläufig doch noch nicht zu diesem Proviant unsere Zuflucht zu nehmen, um das Leben zu fristen, sondern konnten zurückkehren und, bevor es Abend wurde, zum Abendessen heimkommen.

Da setzten wir uns behutsam auf die Kisten und grinsten ...

Na, bald darauf glitten die Boote wieder aufs Schiff zu, das so einsam und verlassen am Eisrand vor Anker lag. Wie war es doch so lächerlich still an Bord; ja, da war ja auch kein Mensch im Augenblick. Aber alle Hunde? Es war keiner auf Deck zu sehen, und kein Laut war von da oben zu hören. Diese Stille war ganz unheimlich. Aber sobald das erste Boot das Schiff erreicht hatte und die Leute über die Reling gekommen waren, durchschnitt ein so infernalisches Geheul die Stille, daß die Luft mehrere Minuten lang geradezu zersplittert wurde. Was in aller Welt war da los!

Ja, wir bekamen es zu sehen.

In der allgemeinen Verwirrung und in dem Drang, das Leben zu retten, hatte niemand daran gedacht, die Türen zur Messe und zur Kombüse zu schließen. Alle Hunde waren da drinnen — einhundertundzwanzig Hunde. Sie sausten wie Teufel herum — auf dem Messetisch, auf dem Klavier, in dem Maschinengang und dem Kombüsengang, in der Speisekammer und der Kombüse, auf dem glühenden Herd ...

Sie lagen drinnen in den Kojen und drunten auf der Maschine. Sie hausten in den Kammern der Maschinisten und in den fast unterirdischen Räumen drunten beim Feuerraum. Sie hatten sogar die Hähne der Wasserkessel über dem Herd geöffnet, so daß das Wasser auf die Feuerstätte strömte.

Und der Schaden: 25 Pfund Fleisch aus einem Kessel mit kochendem Wasser geholt und gefressen, ungefähr 20 Pfund Butter drinnen in der Speisekammer verschmaust und verschiedene kleinere Posten, wie Eingemachtes, Salz und Stearinlichte als Dessert gefressen. Eine Terrine mit Obstsuppe war umgestürzt, und die Hundepfoten, die in die ausgelaufene Suppe getreten hatten, waren mannigfach ringsum auf Tischen, Wänden und Klaviertasten reproduziert. Noch zwei Tage darauf, als Freuchen, der in jenen Tagen Schneider war, fünf Briefchen mit Nähnadeln abhanden gekommen waren, konnte er sich mit der Möglichkeit herausreden, daß die Hunde sie mitgefressen hätten.

Da es aber natürlich schwer festzustellen war, wer vergessen hatte, die Türen zu schließen, bekamen die Hunde Prügel und wurden hinausgeschmissen. Und dabei entstand das große Geschrei.

— —

In den Tagen vom 9. bis zum 12. August kämpften wir uns sozusagen Fuß für Fuß durch das fürchterlichste Staueis westwärts auf die Koldewey-Inseln zu. Eine gewaltige Ansammlung von Eis staute sich hier vor dem, wie wir vermuteten, offeneren Wasser längs der Küste zusammen, in das wir einmal hineinzukommen hofften, um dann richtig Fahrt nach Norden zu nehmen.

Am 12. August zwischen 7 und 8 Uhr kamen wir auf etwa eine Meile an das Land heran, wurden aber dann von vollständig undurchdringlichem Eis aufgehalten, das sich einen Augenblick darauf auf allen Seiten dicht um uns zusammenstaute. — Aber jetzt dauerte unsere Pein nicht mehr allzulange. Und das war gut, denn die gute Laune war jetzt bei den meisten von uns weit genug herunter

Carl Johan Ring, Eislotse der Expedition.

Unter dem 12. August steht im Tagebuche Mylius-Erichsens:

„Ein glücklicher Tag. Wurde um 6½ gepurrt (mit der Meldung), daß jetzt ein Versuch gemacht werden könnte, auszubrechen. Kam in die Tonne um 7 hinauf. Ring arbeitete uns längs des großen Eisfeldes zwischen den Eisschollen heraus, die die Rinne anfüllten und jedes Mal, wenn wir gegen sie anprallten, gleichsam neckisch herumkreisten, so daß sie sich uns von neuem in den Weg legten. Das Wetter klärte sich auf, und um 9 Uhr waren wir aus der Klemme heraus. Das Land begann durchzuschimmern.*) Längs der Südseite desselben großen Eisfeldes fuhren wir mit drei Knoten Fahrt bis 12 Uhr weiter...

Hingerissene Stimmung. Niemand hatte Lust zu schlafen. Großmars und Stengensaling und Tonne voll ...

Jetzt zeigte sich mehr von dem Küstenland hinter den Koldewey-Inseln und nach Süden zu. Hohe, schneebedeckte Berge, während die Koldewey-Inseln recht schneefrei waren. Um 5 Uhr kam der Nebel wieder und dauerte bis 7½ Uhr. Dann war es wieder klar, und um 8 Uhr waren wir auf eine Meile ans Land heran, als ein ungebrochenes Eisfeld mit starken Höckern, das ganz bis zum Lande zu reichen schien — wenn man sich auch längs des Landes eine Durchfahrt für ein Boot denken konnte — den Weg sperrte. Trolle, Ring und ich in der Tonne. Wahl zwischen der Shannon-Insel, deren drei Gipfel im Süden in Sicht waren, und Kap Bismarck, das östlich von der nördlichsten Koldewey-Insel, die jetzt mit der südlichsten zusammenfiel, und der Maroussia-Insel hervorkam und niedrig in nördlicher Richtung lief. Da ja beständig gute Möglichkeit für die Fahrt nach Süden war, selbst wenn wir zwei bis drei Tage nach Norden brauchen sollten, ohne dort einen Hafen zu finden — was wir ja nicht wissen konnten —, und da die Südspitze der Koldewey-Insel keinen Hafen zu bieten schien (niedrig und lang, wie sie ist), entschloß ich mich, nach Norden zu gehen. Trolle erklärte sich bereit (und einverstanden) und Ring billigte es. So wandten wir uns um 8 Uhr abends nach Norden, mußten aber erst in nordöstlicher Richtung fahren, um ein paar den Weg sperrende lange Eisschollen, quer vor unserem Kurs in West-Ost, zu umgehen. — Einige heftige Stöße hat das Schiff heute bekommen — denn jetzt fahren wir drauf los —, aber es ist fein mit allem fertig geworden. Einzelne Teilnehmer wollten gern über das Eis an Land gehen, aber ich schlug es ab. Erst nach Norden! Ließ Bericht für erste Warte**) bei erster Landung schreiben, für den Fall, daß das Land dort nicht zum Hafen benutzt wird. — Ja, ein glücklicher Tag, unser bester im Eis. Wasser längs der Küste nicht eisfrei, aber nur strichweise Eis, also passabel. Ein herrliches Land. Die Grönländer finden es sehr schön ..."

*) Weil der Nebel sich zerstreute. Anm. des Verfassers.
**) Steinpyramide (Cairn). Anm. des Übersetzers.

Eine Ortsbestimmung hier, wo wir dem Lande so nahe waren, ergab 76° 10′ nördl. Breite und 17° 30′ westl. Länge. Und jetzt brechen wir uns wieder Bahn nach Norden hinüber, und wir wollen jetzt durch. Wo die Durchfahrt nur eng und schlecht vorwärtszukommen ist, da quetschen wir uns hindurch.

Es war ein ergötzlicher Anblick, wenn wir mit solch einer großen Eisscholle zusammenprallten, die einen schweren „Eisfuß“ unter dem Wasser hatte. Bisweilen brach etwas von diesem tiefliegenden Fuß ab, und gewaltige Stücke tauchten mit großer Plötzlichkeit an der

Im Packeise vor der Südspitze der Großen Koldewey-Insel.

Oberfläche auf. Auf diese Weise kamen oft Klumpen in die Höhe, die etliche Tonnen wogen. Das Wasser zischte und bildete emporschießend einen Buckel über dem Eisklumpen. Das Ganze ging in einem Nu vor sich — und dann lagen sie da und drehten und wandten sich, um ins Gleichgewicht zu kommen.

Ein solcher Eisfuß kann bisweilen ein Dutzend Meter oder mehr von den Eisschollen unter dem Wasser hervorragen. Ring sagt, man soll sich sehr vorsehen, mit Booten darüber hinzurudern, da man auf das Schlimmste gefaßt sein müsse, wenn ein solcher Koloß unter dem Bootsboden hoch kommt. Erstens wird das Boot kentern, aber wahrscheinlich wird die Kraft, mit der er in die Höhe kommt, auch hinreichen, um die Bootsplanken zu zerdrücken. In Westgrönland, wo es die kolossalen Süßwassereisberge gibt, sind selbst die größten Schiffe

Gefahren dieser Art ausgesetzt; nicht bloß der Gefahr, daß sie, wie hier, Schraube und Ruder beschädigen, sondern daß das ganze Schiff herausgehoben wird.

Hier rings herum sehen wir keine Süßwassereisberge, oder doch nur dann und wann einen einzelnen kleinen Zwerg. Wir sehen nur das weite unendliche Meereis auf allen Seiten. Selbst die schlimmsten Eisstauungen bringen es kaum zu einer Höhe von über 30 Meter.

In „dünnem" Wasser.

Hier liegt die Gefahr in der Ausdehnung der Eisfelder und in der Kraft, mit der sie uns entgegentreten.

Ring greift jetzt ernstlich an, das merken wir. Wir rennen jeden Augenblick mit der Stirn drauf los. Das wirkt in dem ganzen Schiffe, wie ein anhaltendes Erdbeben; es ist ein ewiges Gerammel und Gekrach. Wer da steht, der gebe gut acht, daß er nicht falle!

Und dann kommt der Morgen des 13. Wir haben gute Fahrt, offenes Wasser mit strichweisem Eis. Und das Land liegt die ganze Zeit über vor uns im Westen. Die Sonne strahlt Tag und Nacht, wir fahren in „dünnem" Wasser, nur mit einer feinen Haut von jungem

Eis darüber, und die „Danmark“ dampft still hindurch und zieht einen breiten, scharf ausgeschnittenen, geraden Streifen spiegelblanken Wassers hinter sich. Die Sonne strahlt auf die Flügel der Eismöwen, vergoldet unsere Masten und wirft auf die Schnauze eines flüchtig in dem blanken Wasserstreifen auftauchenden Seehundskopfes einen Glanzschein. Der Rauch steigt aus dem Schornstein gerade empor, es ist so windstill, daß die Wärme von der Maschine

Eine Schlucht in den Bergen der Koldewey-Insel.

und über dem Oberlicht die Landschaft dahinter vor dem Auge auf und ab wogen läßt.

Die Gipfelreihe der Koldewey-Insel türmt sich, soweit das Auge nordwärts reichen kann, in mächtigen Bastionen mit Klüften dazwischen auf, in denen blauweiße kleine Gletscher und Firne leuchtende Streifen ziehen.

Ja, ist die Welt jetzt nicht herrlich? Wir können an Land kommen, sobald wir wollen!

Jetzt rasseln die Pinsel im Malkasten ...

— —

Am Nachmittag steuerten wir unter anhaltenden Lotungen aufs Land zu, die ganze Zeit über durch zerstreut treibendes Eis. Als wir nur noch vier Faden vor dem Bug hatten, wurde gestoppt und am Rande eines großen Eisfeldes vertäut. Wir sahen hier herrlich offenes Wasser ganz bis zur Küste hin, die etwa eine halbe Meile entfernt war. Wir setzten ein Walfischfängerboot ins Wasser und machten klar, um ans Land zu rudern und dort eine Warte zu bauen, in der ein Bericht über unsere Fahrt seit der Abreise von Island niedergelegt werden sollte. Wenige Minuten darauf stieß das Boot von Bord ab, und unter kräftigen Ruderschlägen glitt es auf den Strand zu. Und bald darauf fühlten wir, wie der Kiel gegen den Kies schurrte.

Endlich!

Im nächsten Augenblick betraten wir den Boden Grönlands. — —

Ein sonderbares Land! Wie unheimlich beim ersten Anblick, wie öde! Hinter einem armseligen, schmalen, mit Kies bedeckten Strand erheben sich die nackten riesigen Bergfelsen, durch Frost und Sonne verwittert und gesprengt.

Hier ist es still — kein Friedhof in der Welt ist so still. Vor uns steht diese ungeheure, öde Mauer, so weit das Auge reicht. Wie eine durchbrochene Festungsmauer, an alle Schrecken der Götterdämmerung mahnt sie. Von Riesen berannt und zerstört. Ihre schweren Leiber haben breite Breschen hineingebrochen. Zwischen diesen stehen Schutthaufen und ragen zum Himmel empor, wie mächtige Mausoleen, Grabmale toter Götter ...

Sind wir die ersten Menschen, die diesen Strand betreten? Ist nur der Bär dort gewandert, wenn er auf seiner langen Sommerwanderung längs der Küste auf Jagd trottete? Hat der Bär diesen Strand da draußen vom Meere aus gesehen, wenn er in den klaren Herbstnächten an der frierenden Wake lauerte, während der blanke Strahl des Nordlichts den Himmel durchschnitt? Hat der Moschusochse ihn betreten, wenn er in dem kurzen Sommer sein Futter von dem dürftigen Weidenbaum und dem Moos in den steinigen Klüften geschnubbert hat? Hat das Walroß den Strand geschaut, wenn es zur Sommerszeit seinen schweren Leib auf den Sand hinauf gewälzt und seinen dröhnenden Sang über das Meer hinausgeprustet hat?

Aber die Eskimos! Sind sie dort gewesen, und sind sie dort ausgestorben? — Wir wissen nichts.

Ist ein einzelner Walfischfänger je an diese Küsten verschlagen worden, dann ist er nie zurückgekehrt und hat nie von ihnen erzählen können.

Es ist das Land des Todes! Und hinter den Bergen wohnt das Schweigen von Ewigkeit her. Es sitzt da drinnen in den fahlen Klüften und verzehrt sich selbst. —

Aus Kies und Sand besteht der Strand im Norden und Süden. Wunderliche karmesinrote Moose und giftige Flechten zehren hier und da von dem mageren Boden. In der Ferne ragt etwas Weißes und Kantiges aus dem Sande hervor; es ist der Schädel eines Moschus-

Die „Besitzergreifung“.

ochsen. Dieses einzige Zeichen von Leben macht die Stätte noch öder.

Da fesselte plötzlich mein Auge etwas, wie ein kleines Licht, das dort im Sande stand und sich im Winde bewegte. Ich ging hin — eine kleine, gelbe Blume stand dort, ganz allein, und wandte ihr kleines, freundliches Antlitz zu mir empor und nickte in der Sonne. Es war wahrhaftig ein Fingerkraut. Es hätte hier stehen bleiben müssen, ich weiß es. Aber ich bückte mich doch, hob es auf und nahm es mit mir. Denn es war das einzige Willkommenswort, das uns begrüßte ...

Na, dann wachten wir auf. Und siehe, wir entdeckten, daß wir Polarfahrer waren! Wir nahmen daher eine Flagge aus dem Boot, pflanzten sie auf einem kleinen, von der Natur geschaffenen Kieshaufen am Strande auf, tranken Wein und riefen dies und das, was man bei solchen Gelegenheiten zu rufen pflegt.

Und ein böser Mann kam mit einem photographischen Apparat und bat uns, still zu stehen, die Stimmung einen Augenblick festzuhalten und heldenmäßig auszusehen. Und wir waren verrückt genug, es zu tun. Ich gebe das Bild hier der Öffentlichkeit preis zur Strafe für uns selbst und als Schreckbild und Warnung für andere. Wer auf dergleichen Wert legt, kann es ausschneiden und einrahmen, zusammen mit dem Bilde von Nansen und Jackson, auf dem sie, sozusagen ganz allein — nur mit einem Photographen zur Seite — im nördlichen Eismeer beim Franz Josephs-Land zusammentreffen. Und will man noch mehr von der Art haben, kann man daneben noch aus Borchgrevincks Buch das Bild anbringen, das die Unterschrift trägt: „Dem Südpol am nächsten". Auf dem Bild sieht man nur den Verfasser — ohne irgendwelche Landschaft als Hintergrund. Man muß also davon ausgehen dürfen, daß der Photograph nördlich von ihm gestanden hat, als er losknipste.

Nachdem die Wissenschaftler, die mit an Land gekommen waren, von einem kleineren Ausflug längs der Küste zurückgekehrt waren, bauten wir an dieser Stätte eine Warte, in der wir der Bestimmung gemäß einen Bericht über den Verlauf der Expedition bis hierher niederlegten. Die Warte steht am Strande auf etwa 76° 20′ nördl. Br.

Wenige Stunden darauf dampften wir durch große, offene Wasserstellen weiter ostwärts am Kap Bismarck vorbei. Wir liefen noch zwei Tage und Nächte von hier nordwärts, um zu untersuchen, ob es möglich sei, einen noch nördlicheren Hafen aufzusuchen. Für die späteren Reisen längs der Küste aufwärts konnte dies ja große Bedeutung haben. Aber am Morgen des 15. trafen wir nahe der Südspitze von Ile de France, auf etwa 77° 19′ nördl. Br. — dem nördlichsten Punkt, den unser Schiff erreichte — einen festen Eisrand an, der jedes weitere Vordringen unmöglich machte. Wir gingen dann am Nachmittag wieder südwärts längs eines festen Eisfeldes, das sich im Westen ganz bis zum Lande erstreckte, und vertäuten um 5 Uhr vor dem Kap Marie-Valdemar an diesem Eisfelde.

Es wurde jetzt endgültig beschlossen, nach dem Kap Bismarck zu gehen und dort einen Hafen zu suchen. Aber erst wollten wir jetzt, da sich Gelegenheit dazu bot, eine größere Ladung Proviantkisten, sowie Petroleum auf Schlitten über das Eis nach dem Kap Marie-Valdemar transportieren und dort so eine Niederlage als Stütze für spätere nordwärts gehende Schlittenreisen anlegen.

Bevor dies geschah, sandte Mylius-Erichsen am Abend eine Expedition unter Kochs Leitung ab, die erste, die vom Schiffe ausging. An ihr nahmen außer Koch, Hagen, Lindhard, Bertelsen, Hagerup und Brönlund teil. Sie fuhren am Abend gegen 10 Uhr in einem der Motorboote mit einem Walfischfangboot im Schlepptau ab und hatten ein Zelt und Proviant für etwa 14 Tage mit.

Mylius-Erichsen forderte in dem Koch mitgegebenen Reiseplan diesen auf, auf der Reise soviel wie möglich zu vermessen sowie Jagd zu treiben, um Hundefutter zu beschaffen.

Bau der ersten Warte am Strande der Großen Koldewey-Insel.

Unter anderem sollte man, wenn die Verhältnisse es zuließen, mit dem Motorboot nach Ile de France gehen und diese Insel vermessen, dann abwärts längs der Küste nach dem Schiffe, das inzwischen einen Hafen in der Nähe von Kap Bismarck aufgesucht haben sollte. Mylius-Erichsen hatte bei dieser Expedition besonders auch den Zweck im Auge, die Teilnehmer an das ungewohnte und beschwerliche Feld- und Zeltleben zu gewöhnen, mit dem die Reisen hier oben nun einmal verbunden sind. Koch machte ihm den Vorschlag, den ganzen im Laufe der Nacht auf dem Kap Marie-Valdemar deponierten Proviant, wenn das Fahrwasser es zuließe, mit dem Motorboot nach Ile de France hinüberzuschaffen, um ihn so fünf Meilen nördlicher zur Verfügung zu haben, und Mylius stimmte diesem Vorschlage zu. Die Teilnehmer an der Expedition sollen sich vor dem 31. August bei dem Schiffe wieder eingefunden haben. Sind sie nicht innerhalb dieser Zeit zurückgekehrt, so sollen sie nach dem Reiseplan vom Schiffe aus abgeholt und beim Kap Marie-Valdemar gesucht werden, wo jetzt, gleichzeitig mit der Abreise der Abteilung, etwa 30 Schlittenkisten mit Proviant niedergelegt werden sollen.

Gegen 10 Uhr war die Abteilung zur Abreise fertig. Zum erstenmal sollten wir uns jetzt von einigen der Kameraden trennen und sie auf eigene Faust hinausziehen lassen. Na — vielleicht war nichts so besonders Feierliches dabei. Und doch hatten bereits viele gemeinsame Erlebnisse ein starkes Band um uns geschlungen. Man empfand es jetzt als eine Art Amputation, als die sechs Mann abreisten. Wir begannen uns bereits als eine Gemeinschaft zu fühlen, wir wollten nicht gern längere Zeit auf irgend eines ihrer Mitglieder Verzicht leisten. Und der Gedanke stieg in uns auf, daß, wenn wir jetzt endlich im Hafen an einen sicheren Ankerplatz kamen, dann eine Abteilung nach der anderen unaufhörlich in die verschiedensten Richtungen hinausziehen würde; denn der Erfolg hing bis zu einem gewissen Grade davon ab, ob die Expedition andauernd „mobil“ sein konnte — und dann war es uns klar, daß es sicher lange dauern würde, ehe wir wieder alle versammelt sein konnten.

Solche Gedanken beschäftigten uns, als wir dastanden und Lebewohl winkten, während die Boote davontöfften und allmählich in der Richtung einer kleinen Insel verschwanden, die wir im Nordwesten dicht beim Kap Marie-Valdemar erblickten.

Dann machten wir anderen uns daran, das Depot an Land zu bringen.

Zweiundzwanzig Kisten mit Schlittenproviant, jede etwa 85 Pfund wiegend, wurden aufs Eis heruntergeschafft und zusammen mit einer Menge Kannen mit Petroleum auf drei lange Schlitten geladen. Ungefähr 700 Pfund kamen auf jeden Schlitten. Peter Hansen, Dr. Wegener und ich spannten uns vor den ersten Schlitten, dann folgte Mylius mit dem zweiten, den er versuchsweise mit acht von den völlig unerzogenen und gar nicht eingefahrenen Hunden bespannt hatte, und zum Schluß kamen Manniche, Johansen, Charles und B. Thostrup mit dem dritten Schlitten. Um die Mitternachtsstunde zogen wir ab.

Anfangs ging es großartig, der Schlitten glitt glatt und leicht auf dem ziemlich harten Schnee dahin, den die Sonne und der Nachtfrost gemeinsam bearbeitet hatten, so daß er um diese Tageszeit ganz hart war. Zwei Mann gingen voran und zogen, während einer hinten nachschob, um den Schlitten gegen das Schlingern abzustützen. Aber nach und nach begannen sich in dem Eise parallel mit der Küste Risse zu zeigen. Wir hatten wohl eine gute halbe Meile bis zum Kap zurückzulegen, und die beiden letzten Drittel des Weges waren ganz von solchen Rissen durchbrochen, über die der Schlitten oft nur mit großen Schwierigkeiten hinübergebracht werden konnte. Wir mußten andauernd längere oder kürzere Strecken längs der Risse laufen, um eine einigermaßen brauchbare Stelle zu finden, wo der Riß schmal genug war, so daß der Schlitten von einer Seite auf die andere reichte.

N. P. Hoegh-Hagen.

Mit unserem Schlitten ging es noch ziemlich glatt, und ebenso mit dem letzten, der unserer Spur folgen konnte. Aber weniger gut hatte es Mylius-Erichsen. Er mußte nämlich einmal Aufenthalt machen, wodurch er ein ziemliches Stück zurückblieb. Als der Schlitten dann wieder in Gang kam, waren die Hunde ganz wild darauf, den vordersten Schlitten wieder einzuholen, und ohne sich im geringsten um Zurufe und Peitsche zu kümmern, rasten sie auf dem kürzesten Wege aufs Ziel los, quer über die schlimmsten Risse. Gleichwohl kamen sie ungefähr gleichzeitig mit uns anderen und ohne Havarien ans Ziel.

Ein Gewicht von ungefähr 100 Pfund für jeden Hund scheint also auf einer so kurzen Strecke und bei guter Schlittenbahn den Hunden nicht im geringsten lästig zu fallen.

Kap Marie-Valdemar, so vom Herzog von Orleans benannt, als er es im Sommer 1905 von seinem Schiff aus sah, ist ein niedriges, steiniges Land, dessen höchste Erhebung kaum mehr als 200 Meter beträgt. Sein östlicher Ausläufer ist noch niedriger*) und verläuft in Kies und

*) Eigentlich bildet dieser Ausläufer das Kap, das hier nur eine Höhe von 80 Meter erreicht.

kleinen Felsblöcken, die ziemlich eben ins Meer übergehen. Ein verwittertes und niedriges Land aus Feldstein (Urgebirge, Gneis), das an der Oberfläche von Gletschern ausgeglättet und geschliffen und vom Wetter auseinandergesprengt ist. Das Land hat wenig Ähnlichkeit mit der Ostseite der Koldewey-Insel. Dort hatten wir die gerade Küstenlinie, den Strand mit den glatten Sedimentflächen dahinter, begrenzt von der steilen Bergreihe längs der ganzen Küste. Hier biegt die Küste in Landspitzen und Buchten aus und ein und gleicht in der Entfernung am meisten mächtigen Kieshaufen.

Wir zogen nördlich an dem östlichen Ausläufer der Landspitze vorbei und kamen ungefähr ein Kilometer weiter im Innern einer kleinen Bucht zu einigen Felsblöcken. Hier legten wir in einer kleinen Kluft den Schlittenproviant und das Petroleum nieder und deckten das Ganze mit soliden Steinen zu, eine Vorsichtsmaßregel gegenüber dem Bären, der seine Schnauze in alles steckt, was ihn nichts angeht.

Dieses Depot lag jetzt zehn Meilen nördlich von der Stelle, wo wir aller Wahrscheinlichkeit nach unseren Schiffshafen bekommen würden. Es wird hier zum Herbst und zum nächsten Frühjahr eine bedeutende Stütze für die Depotauslegungen nach Norden hin und dadurch für die große Nordreise werden.

Die Uhr war indessen ungefähr zwei geworden. Als wir zur Mitternachtszeit das Schiff verließen, war das Wetter schön. Jetzt begannen dunkle Nebelbänke sich im Nordosten über dem Meere zu erheben, und ein rauher Wind kam auf und wehte uns von da draußen entgegen, ein sicheres Zeichen dafür, daß wir schlechtes Wetter und dicke Luft bekommen würden. Und bald darauf fing es auch an zu schneien, ganz feiner Staubschnee, der dichter und dichter wurde und schließlich das Schiff unseren Augen verbarg. Die Sonne hörte jedoch trotz des Schneewetters, das sehr niedrig über das Land hinzog, nicht auf, zu strahlen und war deutlich durch die nebelartige dicke Luft hindurch zu sehen.

Nachdem ich einige Zeit allein einer ganz frischen Bärenspur nachgelaufen war, die dem Strande eine halbe Meile in nördlicher Richtung folgte, kehrte ich, ohne einen Bären gesehen zu haben, nach dem Depot zurück, wo ich Wegener allein antraf, der damit beschäftigt war, farbige Photographien aufzunehmen. Während ich auf ihn wartete, sah ich plötzlich ein ganz kleines Tier zwischen den Steinen herauskommen und eine kleine Strecke über den Schnee hinlaufen, aber sobald es mich entdeckt hatte, stürzte es erschreckt in sein Versteck zurück. Es mußte ein Lemming sein, denn obwohl ich es nur ganz flüchtig gesehen hatte, war ich doch klar darüber, daß es zu klein war, um ein Hermelin zu sein. Ich versuchte die Steine zur Seite zu stochern und zu graben, um es fassen zu können. Obwohl die Erde gefroren war, kam ich doch ein gutes Stück hinein; aber das Tier war nicht so verrückt, darauf zu warten — weg war es, durch ein anderes, frisch gegrabenes Loch hinaus.

Dr. Wegener mit zwei jungen Hunden.

Als Wegener und ich zum Schiff zurückgingen, folgten wir einer falschen Schlittenspur und verirrten uns bei der dicken Luft in dem Netz von Rissen, die uns umgaben, was dazu führte, daß wir ein Paar mal ein wenig weiter zu springen versuchen mußten, als wir vermochten, und daher bis an den Magen ins Wasser plumpsten. In einem solchen Falle legt man sich, sobald man wieder heraus ist, auf den Rücken und streckt die Beine in die Höhe, damit wenigstens der Hauptteil des Wassers aus den Kamikken*) wieder herauslaufen kann. Sonst wird natürlich nicht viel Wesens davon gemacht.

*) Seehundsfellstiefel.

Wir fanden jedoch ziemlich schnell zum Schiffe zurück, und hier angekommen hatte ich das Glück, sofort Ruderwache zu haben, so daß ich jetzt Gelegenheit fand, zu stehen und die Kleider zu trocknen.

Der Wind war inzwischen bedeutend aufgefrischt. Er kam von Nordosten und stand gerade auf den Rand des festen Eises zu, an dem wir vertäut lagen. Gleichzeitig traf die Flut mit einer starken Strömung in derselben Richtung ein, und die schweren Eisschollen, die während unseres Aufenthalts hier bisher in majestätischer Ruhe da draußen gelegen und uns gleichsam beobachtet hatten, begannen sich jetzt zu rühren und uns näher zu rücken. Wir sahen, wie sie wuchsen und zahlreicher und zahlreicher wurden. Hier war es nicht mehr gemütlich; es galt zu entwischen, ehe sie zu nahe kamen und sich um uns zusammenstauten. Wir wußten, wohin es führen konnte, wenn wir einige solche Kameraden, wie sie da draußen ankamen, auf der einen Seite und das feste Eis auf der anderen hatten.

Es zeigte sich aber, daß das Entwischen nicht so leicht war. Ehe wir noch losgeworfen, hatten Wind und Strömung so zugenommen, daß wir ein Mal über das andere vergeblich versuchten, Vorder- oder Achtersteven von der Eiskante wegzubringen.

Da saßen wir!

Ein Versuch, an einer Stahltrosse zu ankern und uns an dieser durch das Spill längs des Randes ziehen zu lassen, um auf diese Weise frei zu kommen, mißlang. Wir quälten uns etwa anderthalb Stunden damit ab, ohne aus der Stelle zu kommen, und unsere Lage wurde schließlich so kritisch, daß alle Mann auf Deck gepurrt wurden. Bald darauf bemerkten wir, daß eine mächtige Eisscholle mit großen Stauhöckern von draußen gerade auf uns zu trieb.

Weinschenk, der während dessen unten in der Maschine genug zu tun gehabt hatte, zeigte sich jetzt plötzlich auf Deck. Da er sah, daß der Achtersteven so weit auf den „Eisfuß" des festen Eises hinauf gekommen war, daß die Schraube jeden Augenblick dagegen stoßen mußte, faßte er einen kühnen Entschluß, der uns aus der gefährlichen Lage herausbrachte. Er lief nach der Maschine hinunter, und sobald wir rückwärts soweit auf den Eisfuß hingeglitten waren, daß die Schraube dagegen stieß, ließ er die Maschine mit voller Kraft vorwärts gehen. Wir hörten mit Entsetzen, wie der eine Schraubenflügel sich tief ins Eis bohrte, der ungeheure Widerstand bewirkte, daß das Schiff bebte und sich hob — aber im nächsten Augenblick sägte der Schraubenflügel sich durch und der andere faßte an — und der Achtersteven glitt ein klein wenig nach außen. Die Schraube griff einige Male tüchtig ins Eis, sie drehte sich vier, fünf Mal herum und mahlte und schnitt mit unheimlichen Lauten ins Eis hinein, so daß der ganze Kasten schwankte. Großes Entsetzen! Wird die Schraube wirklich halten, und was hat es für einen Zweck?

Ja, der Zweck des Manövers war uns allen einen Augenblick darauf ganz klar. Die Schraube wirkte wie ein Rad ohne Felge, auf dem der Achtersteven seitwärts über den Eisfuß hin fuhr. Wir lagen mit der Steuerbordseite gegen die Eiskante. Sobald der Achtersteven klar vom Eisfuß wurde und während er sich noch in langsamer Bewegung nach außen hin befand, ging die Maschine plötzlich mit voller Kraft rückwärts, und das Ruder wurde hart Steuerbord gelegt.

Und das Schiff glitt hinaus und drehte mit dem Achtersteven gegen den Wind. Einen Augenblick darauf das Ruder hart Backbord und mit voller Kraft vorwärts — und wir dampften stolz längs des Eisrandes südwärts.

Daß wir aus dieser Klemme herauskamen, haben wir aber außer Weinschenk doch auch unserem elenden Klapperkasten von Maschine zu danken. Die Maschinisten waren an jenem Tage außerordentlich populär. Sie hatten ja mit Ausnahme von Weinschenk nicht die geringste Ahnung von dem gehabt, was vor sich ging. Aber jetzt hinterher, als sie heraufkamen und ihre rotgefleckten Körper im Winde kühlten, ging Freuchen mit einer Miene herum, als ob er das Ganze geordnet hätte, und dafür brauchten wir ihm wirklich nicht zu danken — wenn wieder einmal so etwas vorkommen sollte, dann stände er zur Verfügung! Hagerup, streng zugeknöpft, geladen mit Verstand und mit Spuckstrahlen über die Reling hinaus, stand da und sah wie ein Mann aus, der schon lange gewußt hatte, wie die Sache angefaßt werden müßte, der aber — der Teufel brate ihn — nichts im voraus sagte.

Hagerup verrichtete übrigens als Heizer Wunder. Gundahl und Freuchen mußten oft, da sie nicht an derartige Arbeit gewöhnt waren, sich bis aufs äußerste anstrengen, um das Feuer auf der Höhe der Situation zu halten. Die Hitze, das Schlingern und die schlechte Luft plagten sie. Wenn sie trotz allem damit zurecht kamen, so kann man davon überzeugt sein, daß dies nur mit außerordentlichen Anstrengungen zu erreichen war. Man sah es während der Fahrt nordwärts, wenn sie, dunkelrot, schweißtriefend und mit matten Augen, heraufkamen, um sich abzukühlen — ja, dann sah man, daß es kein Spaß war da unten. Hagerup dagegen ging ruhig da unten herum, hatte Zeit, seine Shagpfeife zu rauchen, stocherte mit Schaufel und Stange in dem Feuer herum, wenn es ihm Spaß machte, warf ab und zu etwas Kohle auf, sandte, wenn die letzte Schaufel voll in die Glut geworfen war, einen Spuckstrahl hinterher und knallte die Tür zu — Punktum, Gedankenstrich. — Alles mit der Pfeife im Munde. Und dann herrschte trotz allem eine solche Höllenhitze um ihn herum, daß niemand in seine Nähe kommen konnte.

Wir beneideten die da unten bei den Feuern nicht. Wir gingen hier oben in der Kälte herum und konnten leicht die nötige Gemütsruhe bewahren. Daher verziehen wir ihnen auch gern, wenn sie über uns fluchten, weil wir bisweilen Fehler begingen, wenn wir die Ascheimer von unten heraufheißten. Scheinbare Kleinigkeiten, wie z. B. wenn ein Ascheimer einem von ihnen auf den Kopf fiel, konnten zur Folge haben, daß ein solches Unwetter von Schwüren und Flüchen durchs Rohr heraufkam, daß uns fast der Hut vom Kopfe flog.

Aber in solchen Fällen waren wir ja nachsichtig.

— — — — — — — — — — — — — — — — — — — —

Am Nachmittag des 16. August steuerten wir südwärts um das Kap Bismarck herum in die Schären. Nachdem wir gut hineingekommen waren, hielten wir nach Norden hinüber in eine kleine Bucht und suchten einen Hafen. Es zeigte sich, daß der Punkt, den wir (nach Koldewey) Kap Bismarck nannten, die südlichste Spitze einer niedrigen, etwa anderthalb Meilen langen Landzunge bildete, deren Wurzel die Ostgrenze eines kleinen natürlichen Hafens war, der sich wie eine Bucht zwischen niedrige Berge hineinrundete. Unter anhaltenden Lotungen dampften wir langsam in diese Bucht hinein, passierten eine niedrige, steinige Landspitze, die wie eine Hafenmole von den Bergen nach Westen hinausschoß, und gingen schließlich im Innern der Bucht vor Anker, ungefähr hundert Meter vom Lande.

Die Stelle eignete sich offenbar ausgezeichnet zum Winterquartier. Zwei Bäche mündeten hier ins Meer ein, rechts und links von unserem Ankerplatz. Sie würden im Frühjahr von Nutzen sein, dachten wir, wenn das Tauwetter seine Wasserströme über das Meereis hinaussandte; sie würden sicher frühzeitig eine offene Wasserstelle um das Schiff herum bilden und den Hafen eisfrei machen. Und die umliegenden niedrigen Berge konnten uns vor den schwersten Angriffen der Winterstürme schützen.

Im Norden ging der niedrige, kiesige Strand in sumpfähnliche, braune Flächen über, die schließlich in kleine Felsblöcke und nacktes Gebirge endeten. Im Westen lagen niedrige, wellenförmige Anhöhen, die beinahe den Hügeln am Limfjord nach einem Heidebrand gleichen

Blick über den Danmarkshafen. Im Hintergrund die westliche Hafenspitze und die Koldewey-Inseln.

mochten — ganz heimatlich. Aber im Süden, zwischen der kleinen Landspitze und dem Kap Bismarck, offene Aussicht über die weite Meeresfläche hinaus, soweit das Auge reichte, an den Koldewey-Inseln vorbei. Heimwärts ...

Die Stelle nannten wir „Danmarks Havn" („Danmarks" Hafen).

Wir hatten wirklich außerordentliches Glück gehabt. Der Platz, an den wir gelangt waren, lag fast genau auf der Breite, auf der nach Kapitän Koldeweys Angaben der nördlichste Punkt lag, den er auf seiner Schlittenexpedition im Jahre 1870 an der Küste hier erreicht hatte. Gerade von diesem Punkte aus sollten unsere Untersuchungen beginnen. Von hier bis zu den beiden von Peary an der Nordküste erreichten Punkten war das Land vollständig unbekannt.

Von dem allernächsten Lande nach Norden hin wußten wir nur, daß der Herzog von Orleans es bis etwa einen Breitengrad nördlicher als unseren jetzigen Platz gesehen hatte, als er mit seinem Schiffe „Belgica" unter Kapitän Gerlaches Führung im Sommer 1905 an der Küste entlang fuhr. Er veranstaltete eine ganz kurze Landung auf der Insel Ile de France, aber auf dem Festlande war er nicht.

Mit dem Lande im Süden dagegen wußten wir durch die Berichte über Koldeweys ausgezeichnete Expedition in den Jahren 1869 bis 1870 gut Bescheid. Doch war die uns zunächst gelegene Strecke, ungefähr bis Haystack hinab, nur flüchtig vermessen, da die beschwerliche und gefahrvolle Schlittenreise, während der die Arbeit ausgeführt wurde, dies außerordentlich schwierig machte.

Es versteht sich von selbst, daß Koldeweys Bericht über diesen Teil des Landes uns stark interessierte, und zwar besonders der Abschnitt über die Eisverhältnisse und Jagdaussichten. Für den größten Teil unserer Arbeit waren unsere Eskimoschlitten und unsere hundert Hunde die Grundlage. Gute Schlittenbahn und reichliches Futter für alle diese Tiere würden günstige Arbeitsverhältnisse und gute Ergebnisse mit sich führen können, das Gegenteil aber konnte ergebnislose mühevolle Arbeit bringen und in mehr als einer Weise verhängnisvoll werden.

Ein paar Mitteilungen über die Koldewey-Expedition können vielleicht einen Begriff davon geben, wie wir uns diese Verhältnisse etwa vorzustellen hatten.

Mit zwei Schiffen, dem Schraubenschoner „Germania" und dem Schoner „Hansa", drang Koldewey im Juni 1869 auf ungefähr 75° n. B. in das Packeis an der Küste Grönlands ein. — Bereits ein Paar Tage später wurde die „Hansa“, die keinen Dampf hatte, von der „Germania“ getrennt, kam im Eise fest und trieb mit diesem längs der Küste abwärts, wo sie am 19. Oktober vor der Liverpoolküste in der Nähe des Scoresby-Sundes zerdrückt wurde. Es gelang indessen der Besatzung, sich mit Proviant, Booten und Überwinterungshaus aufs Eis zu retten. Auf Eisschollen trieben sie den Winter hindurch längs der Küste südwärts, bis sie im Juni des nächsten Jahres, nach Verlauf von fast ¾ Jahren, sich in Booten nach der dänischen Missionsstation Frederiksdal auf der Südspitze des Landes retteten — merkwürdigerweise ohne daß ein einziger Mensch umkam. Die „Germania“ gelangte dagegen wohlbehalten nach den Pendulum-Inseln, wo sie auf der Südspitze der Sabine-Insel im Winterhafen lag. Von hier aus wurde nun in diesem und dem folgenden Jahre auf mehreren Reisen, teils mit Ziehschlitten, teils mit dem Schiffe, das Land von Haystack bis südlich vom Kaiser-Franz-Josephs-Fjord sorgfältig vermessen und untersucht.

Die bekannteste der Schlittenreisen wurde aber die, die Kapitän Koldewey selbst zusammen mit Leutnant Payer und sechs anderen im Frühling des Jahres 1870 unternahm, und die bis zur Dove-Bai hinaufreichte. Koldewey hatte es nicht den Eskimos abgelernt, Hunde zum Ziehen zu gebrauchen; sie schleppten selbst den Schlitten. Hierzu kam, daß man noch nicht die kräftigen, konzentrierten Nahrungsmittel kannte, die heutigentags das Proviantgewicht auf einen ganz minimalen Satz vermindern können. Gegen fürchterliche Schneestürme hatten sie anzukämpfen, und die Schlittenbahn war sehr oft tiefer Schnee, in dem sie bis über die Kniee waten und die Schlitten hinter sich her ziehen mußten. Unter diesen Verhältnissen muß es als bewundernswert angesehen werden, daß sie die Entfernung von über 80 dänischen Meilen — ungefähr 2½ Breitengrade hin und zurück — längs der Küste zurücklegen konnten.

Koldewey erzählt, daß sie, nachdem sie am 24. März 1870 das Schiff verlassen hatten und längs der Küste des Festlandes zwischen diesem und den Koldewey-Inseln gegangen waren, am 9. April in stark erschöpftem Zustande zu einigen kleinen Inseln im Innern der Dove-Bai gelangten. Die Inseln, die sie bestiegen und von denen aus sie Observationen machten, nannten sie Orientierungsinseln. Von hier gingen sie in östlicher Richtung nach dem Kap Helgoland, der Nordspitze der Koldewey-Inseln, von dort weiter nordwärts nach dem Festlande hinüber.

Der Forscher schreibt hierüber unter anderem*): „Am 10. April hielten wir fast östlich die Richtung nach dem Nordende der nörd-

*) Zitiert aus dem deutschen Originalwerk (Leipzig, F. A. Brockhaus).

lichsten Koldewey-Insel*) ein; heftiges Schneetreiben bei bedeckter Luft, zunehmende Schneeblindheit und Schlafsucht lähmten die Kräfte aller. Fast den ganzen Tag hindurch hielten wir das durch die Fata Morgana erzeugte Bild eines Landes für Wirklichkeit. Das Kap Helgoland, die Nordwestecke der felsigen Insel, welche wir abends erreichten, bildend, besteht aus einem sehr dünnschichtigen Hornblendeschiefer mit deutlichen Spuren des Eisschliffes. Zum erstenmal sahen wir den Schnee an den Felsen trotz der niedrigen Temperatur bei der schon wirksamer gewordenen Sonne schmelzen.

Am 11. April morgens hatten wir wieder 26,4° R. unter Null. In fast nördlicher Richtung, und nachdem eine Rekognoszierung die Überzeugung gebracht, daß das Erreichen der äußeren Küste mit unverhältnismäßigem Zeitaufwand verbunden wäre, setzten wir unsern Weg innerhalb der Dove-Bai fort und gelangten an das Ziel unserer eigentlichen Schlittenreise, in eine von einem 380 Meter hohen, östlich gelegenen Plateau begrenzte Bai, die wir Sturmbai zu nennen begründete Ursache hatten. Das Kap, welches die Dove-Bai östlich begrenzt, nannten wir Kap Bismarck**) (76° 47′).

Am 12. April erstiegen wir dieses Plateau während eines heftigen Schneetreibens, welches eine größere geographische Ausbeute verhinderte. Zum Zelt zurückgekehrt brach ein wütender Sturm los, während dessen eine dichte Flut frischen Schnees niederfiel, und der drei Tage lang dauerte. Während dieser Zeit aßen wir des bereits bedrohlich geschwundenen Proviantvorrats wegen fast gar nichts. Kaum je wurde die Fastenwoche (14. April, Gründonnerstag) strenger eingehalten, als diesmal von uns.

Erst am 15. April konnten wir wieder das Zelt verlassen, das dreitägige Stilliegen in demselben hatte unsere Kräfte aufgerieben; ermattet, hungernd und durstend traten wir nun mit Zurücklassung des Schlittens und einer Bedeckung den letzten Gang nach Norden an; ein Pro-

*) Seine Karte über dieses Gelände ist unrichtig, was sehr erklärlich ist. Ein paar tiefe Senkungen teilen die große (westliche) Koldewey-Insel in drei Teile, die durch niedrigeres Land miteinander verbunden sind. Aus der einen Insel sind auf Koldeweys Karte drei geworden. Von der östlichen Koldewey-Insel hat er nur die Nordspitze erblicken können, diese ist auf seiner Karte zu einer kleinen Insel für sich geworden.

**) Ist wahrscheinlich der von uns später Hasenfels (Harefjäld) genannte Berg gewesen, der westlich von unserem Schiffshafen lag und für Koldeweys Augen die im Osten liegende weit niedrigere Halbinsel verdeckt haben muß, auf die wir später, wie billig war, den Namen Kap Bismarck übertrugen, da der Hasenfels niemals zu einem Kap werden kann.

viantmangel, welcher selbst die Bedürfnisse der Rückreise nicht mehr deckte, stand der Fortsetzung der Reise gebieterisch entgegen. Einige Moschusochsen, auf welche wir stießen, waren klug genug, die Schußweite des Systems Wänzl nicht zu erproben, und hatten Ellinger zum Besten, dem sie jedes Mal in Karriere durchgingen, wenn er ihnen auf großen Umwegen nahe kommen zu können glaubte. Im tiefen Schnee legten wir den sechs deutsche Meilen langen Hin- und Rückweg nach einem über 350 Meter hohen Berge, welcher das an der Küste hinstreichende Plateau überragte, zurück.

Wir hatten den 77. Breitengrad überschritten!

Wie so manchem unserer Vorgänger trat auch unserm sehnsüchtigen Verlangen, den Schleier über den Zusammenhang der arktischen Welt zu lüften, das gebieterische „Bis hierher und nicht weiter" entgegen; wie so viele vor uns erreichten auch wir unser Ziel weit hinter jenem, welches der kühne Flug der Phantasie erwartet, und standen wir nach unendlicher Mühsal an dem äußersten Ende unserer Reise, vergeblich ausspähend nach der Lösung so vieler Rätsel, welche die Wissenschaft von uns erwartete. Auf die einst aufgetauchte Vermutung des Vorhandenseins eines offenen Polarmeeres vermochten wir von unserm Standpunkt aus, abgesehen von vielen anderen Gründen, nur verneinend zu antworten; bis zum fernsten Horizont war das Meer mit einer soliden, völlig geschlossenen Eisdecke überzogen, welche, wie eine Beobachtung mit dem Theodoliten ergab, völlig bewegungslos dalag, und über welche wir die Schlittenreise ohne den gedachten Proviantmangel ungehemmt hätten fortsetzen können. Die äußere Küstenlinie erstreckte sich in ungefähr nördlicher Richtung weiter, nach Nordwesten schlossen hohe begletscherte Bergreihen schon in einer Entfernung von wenigen Meilen die Aussicht.

Die Frage, in welcher Richtung sich Grönland weiter erstreckt, hat also auf unserer Reise keine Erledigung gefunden. Die große Zahl maritimer Binnendistrikte, die überall auffällige Landestrennung, welche bei günstiger Abendbeleuchtung besonders hervortrat, gaben der Vermutung ebensoviel Spielraum, daß das Hauptmassiv des Landes — falls dieses doch ein Kontinent sein sollte — vielleicht schon am 76. Breitengrad nach Nordwesten abbiegt, und daß wir es am 77. nur noch mit vorgelagerten hohen Inseln zu tun hatten, wie der Annahme einer fast meridionalen Fortsetzung der Küste, welche unsere sämtlichen Karten schon seit Dezennien willkürlich darstellen.

Ein feierlich ernstes Gefühl ergreift selbst den nüchternsten Menschen, wenn sein Fuß einen noch jungfräulichen Boden betritt und sich vor seinem Auge der Anblick einer Welt entrollt, auf der noch niemals — seit Urbeginn aller Zeiten — der Blick eines Europäers geweilt.

Die norddeutsche und die österreichische Flagge wehten im leichten Nordwind in stiller Eintracht nebeneinander. Wir errichteten einen Cairn (Steinpyramide), der wohl unverrückt und nie wieder gesehen bis ans Ende der Zeiten stehen wird, und deponierten in demselben eine Dose mit einem kurzen Reisebericht. Dieses Dokument lautet:

„Diesen Punkt, der auf 77° 1′ nördl. Breite und 18° 50′ westl. Länge von Greenwich liegt, erreichte die Deutsche Polarexpedition zu Schlitten (die letzten drei deutschen Meilen zu Fuß) vom Winterhafen auf Sabine-Insel nach einer Abwesenheit vom Schiffe von 22 Tagen. Die Stürme, die während acht Tagen ein Stilliegen im Zelte nötig machten, und die teilweise großen Schwierigkeiten des Weges wie der eintretende Mangel an Proviant verhinderten ein weiteres Vordringen. Die Küste, die nach Osten zu schroff abfällt, erstreckt sich in einem Plateau von etwa 1500 Fuß weiter nach Norden. Das Meer, soweit man sehen konnte (etwa 12 deutsche Meilen), bot nur eine einzige ununterbrochene Eisfläche dar. Das Landeis, welches gänzlich ohne Höcker ist und allem Anschein nach mehrere Jahre festlag, erstreckte sich mindestens zwei deutsche Meilen von der Küste. Das Wetter war sehr klar, vorzüglich nach Osten über See, wo auch weiterhin kein Anzeichen von Wasser zu bemerken war.

Charfreitag, 15. April, 1870.

Karl Koldewey, Commandant der Expedition.
Julius Payer, Oberleutnant.
Th. Klentzer, Peter Ellinger, Matrosen.“

Koldewey bemerkt später: „Mit Schlitten läßt sich indes, wenn die Ausrüstung dazu eine vollkommene ist und die Kräfte der Expedition lediglich und allein darauf verwandt werden, noch beträchtlich höher, über den 80. Breitengrad hinaus, kommen. Eine große Erleichterung hierbei bietet das viele Wild, welches man im Notfalle immer erlegen und mit dem man sich wieder einigermaßen verproviantieren kann.“

Vollständig erschöpft gelangte die Expedition nach dem Zelte zurück, wo ein neuer Schneesturm sie noch einen Tag lang festhielt. Aber sie hatten Glück. Während ihrer Abwesenheit war es nämlich den beiden Leuten, die bei den Zelten an der Sturmbucht zurückgeblieben waren, gelungen, zwei Moschusochsen zu erlegen. Das rettete sie.

Zusammen mit dem Fleisch eines Bären, den sie wenige Tage darauf erlegten, reichte dies als Nahrung aus, bis sie zum Schiff zurückkehrten. Nach einer äußerst anstrengenden und ermüdenden Wanderung, meistens in tiefem Schnee, gelangten sie am 23. April wieder zum Schiff, nachdem sie fast einen Monat fortgewesen waren. — Nach Payers Angaben haben sie außer Moschusochsen auch Renntiere, Walrosse, Seehunde und Eisbären in großer Menge geschossen. Überhaupt wird das Land als ein Dorado für Jäger geschildert. Bären, die die Küste entlang streiften, so erzählt er, machten beim Germania-Hafen Halt, und bildeten ein „Cernierungskorps", das das Schiff beständig umringte, und vor dem man immer auf der Hut sein mußte. Die Büchsen standen Tag und Nacht geladen. Die Bären gaben ihre gewohnten Spaziergänge um das Schiff auch dann nicht auf, wenn man von diesem aus auf sie schoß. Aber wenn das Treiben dieser Unholde zu arg wurde, „dann schaffte ein kräftiger Ausfall aus unserer Festung mit Feuerwaffen, Spießen usw. vorübergehende Erleichterung".

Die glücklichen Menschen!

Von Moschusochsen und Renntieren wimmelte es, erzählt Koldewey. Den Moschusochsen hat er bis zu seinem nördlichsten Punkt auf dem 77. Grad angetroffen, — also hier dicht bei unserem Schiffshafen. Das Renntier hat er dagegen nur bis zum 75. Grad angetroffen. Die größte Herde Renntiere, die er traf, zählte 100 bis 200 Stück, er sah sie auf dem Hügelland westlich vom Kap Broer Ruys. Dagegen waren die Moschusochsenherden nicht größer als 20 bis 30 Stück.

Die Tiere waren nach Koldewey häufig sehr vertraulich und umgänglich. So kamen vier Moschusochsen und scherzten mit Payer, als er eines Tages in der Nähe vom Kap Philipp Broke am Meßtisch arbeitete. Sie führten einen Scheinangriff auf den Meßtisch aus, worauf sie sich in guter Ordnung zurückzogen!

Und die Jagd auf Renntiere und Moschusochsen war nicht schwieriger, als wenn man von einer Sennhütte aus eine Ziegen- oder Kuhherde anschießen wollte. Koldewey gibt folgende Jagdinstruktion: „Sobald der Jäger die Tiere erblickt, hat er sich platt auf den Bauch und eine Patrone neben sich zu legen, das Gewehr in Anschlag zu bringen, sich völlig ruhig zu verhalten, und erst dann zu schießen, wenn diese neugierig herbeieilend in nächster Nähe sind. Sollte er demungeachtet nichts treffen, so möge er das Bombardement immerhin fortsetzen; endlich wird doch eins der Tiere fallen."

Allerdings hat er gelegentlich auch andere Erfahrungen gemacht, indem er trotz aller Jägerschliche überhaupt nicht zum Schuß kam.

Endlich erzählt er auch von blutigen Walroßjagden in den Buchten nahe bei seinem Schiffshafen. Die Tiere waren so groß, daß das Schiff merklich sich überlegte, als einmal zwei von ihnen auf derselben Seite hochgeheißt wurden. —

In diese glücklichen Jagdgegenden sollten wir jetzt hineinkommen. Selbst wenn wir dachten, daß ein richtiger Nimrod bisweilen etwas subjektiv beobachtet, hegten wir doch nach Koldeweys Schilderungen

In der Nähe unseres Landungsplatzes.

große Hoffnungen. Aber dabei war freilich zu beachten, daß er ungefähr 45 Meilen südlicher lag als wir, und daß hier die Jagdverhältnisse — wie es ja offenbar auch mit den Eisverhältnissen der Fall war — ganz andere sein konnten. Das Vorkommen von Bären und Walrossen steht ja in engster Beziehung mit dem Aufbrechen des Eises.

Es ist leicht zu verstehen, daß alles dies, wovon der Erfolg der ganzen Expedition abhängen konnte, uns alle stark interessierte.

— —

Wir hatten kaum in unserem kleinen Hafen vorläufig Anker geworfen — es zeigte sich glücklicherweise, daß ausgezeichneter Ankergrund vorhanden war —, als wir auch schon alle unsere Hunde an Land brachten. Das Hinunterschaffen in die Boote ging natürlich nicht ohne Geschrei und Geheul ab. Ich kenne keine abgehärteteren Tiere als diese Eskimohunde, aber auch keine, die so leicht heulen. Wir ruderten sie an den Strand, wo sie sich sofort heimisch fühlten. Einzelne unternahmen im Laufe der Nacht kleine Ausflüge in die Landschaft ringsherum, kehrten aber schnell zurück. Sie lagerten sich am Strande mög-

Gipfel des „Thermometerberges“.

lichst nahe dem Schiffe, starrten ab und zu dorthin, wo all das gute Futter war, und heulten dann ein wenig. Wir waren ziemlich sicher, daß sie sich schon in der Nähe halten würden.

Am Abend gegen 10 Uhr gingen Mylius, Dr. Wegener und ich an Land. Wegener wollte sich in den Bergen eine Stelle aussuchen, die für die Aufstellung einiger meteorologischer Registrierungsinstrumente günstig war. Einen solchen Punkt hatte er sich bereits im voraus unten vom Schiff aus ausersehen, einen kleinen kuppelförmigen Berg dicht am Strande im Nordosten, dessen Höhe wir auf etwa 150 Meter schätzten.

Der Strand, an den wir kamen, ging erst mit einem kleinen Felsenabhang drei bis vier Meter steil in die Höhe, stieg dann als Kiesfläche glatt und langsam nach innen zu, bis er in ein sumpfiges Plateau überging, durchschnitten von einem kleinen, vielfach geteilten Flußbett, das östlich vom Schiffe im Strande endete. Wir trafen „Schneehuhnheidekraut" (Dryas) zwischen den Steinen, und drinnen im Sumpfe eine üppige Vegetation von dürren Halbgräsern und vielen Moosarten, die der Landschaft durch ihre braune Farbe ein fast heideartiges Aussehen gaben. Hie und da ragten aus dem Sumpfboden schwere, verwitterte Feldsteinblöcke hervor, die häufig gespalten waren — mit der Bruchfläche senkrecht zum Erdboden. Die Stücke lagen mit Zwischenräumen seitwärts gegeneinander gewälzt, wie Bücher auf einem Bücherbrett. Über diesen Sumpf gingen wir wohl gegen 300 Meter und erreichten dann die niedrigen Felsen auf seiner Nordseite. Wir stießen hier auf einen Firn, an der Oberfläche braun und schmutzig von Geröll und Staub, den der Wind über ihn hergeführt hatte. Auf ihm gelangten wir ungefähr halb zu dem Fels hinauf. Die letzten hundert Meter mußten wir an den Feldsteinen hinaufklettern, deren Oberfläche von den Gletschern der Vorzeit vollständig glatt geschliffen war. Es sah aus, als ob gewaltige gestreifte Betten hier oben zum Trocknen hingelegt wären. Der ganze kuppelförmige Berg war auf dem Gipfel völlig öde, nur hie und da schauten aus den Ritzen ein paar dürftige, dürre Halme.

Wegener war bald im klaren darüber, daß die Stelle sich hervorragend für seine Zwecke eignete. Während er noch mit Mylius darüber sprach, entdeckten wir plötzlich einen kreideweißen Fleck dicht bei uns zwischen den Steinen. Es war ein Polarhase, der erste, den wir sahen. Er saß erst ganz mäuschenstill und beobachtete uns, erhob sich dann plötzlich auf die Hinterläufe, putzte die Nase und setzte sich wieder. Die Aussicht auf Hasenbraten lockte uns gewaltig. Da wir aber leider keine Schießwaffen mit hatten, entschloß sich Mylius, mit Wegener zurückzugehen und Büchsen zu holen. Währenddessen wartete ich oben, um den Hasen zu unterhalten.

Man hatte von oben einen ausgezeichneten Überblick über das Land. Die Halbinsel Kap Bismarck läuft von hier ungefähr gerade nach Süden; sie ist so niedrig und so von kleinen Seen und tiefen Spalten zerrissen, daß ich glaube, sie würde sich zu Hunderten von kleinen Schären verwandeln, wenn das Wasser nur um etwa zehn Meter stiege. Im Osten fällt das Land eben nach dem Meere hin ab, das sich in größeren und kleineren Buchten hineinschneidet; nach

Norden hin erheben Hügel und Berge sich in sanften Rundungen, mit einigen scharfen Felsknollen dazwischen. Nach Westen, auf der anderen Seite des etwa eine viertel Meile langen Sumpfes, der, wie man von hier oben sehen kann, von einem ganzen Netz kleiner Flußbetten durchzogen ist — die jedoch zu dieser Jahreszeit meistens ausgetrocknet sind —, im Westen also liegen die Limfjordhügel, an deren Fuß ich ein

Landschaft in der Nähe des Hafens. Im Vordergrund ein Moschusochsenschädel.

paar kleine Seen entdeckte, die den brandgelben Nachthimmel widerspiegeln. Nach Norden zu erheben sich diese Hügel höher und höher in einem zusammenhängenden Bergrücken, dessen gewaltige Rundungen in der Ferne dahinblauen.

Das kleine braune Moor da unten und die beiden blinkenden kleinen Seen liegen so einsam mitten in der grauen Einöde; der Blick muß wieder und wieder nach da unten hin suchen, um sich auszuruhen nach der Wanderung über diese Welt von Stein, die nur da eine Grenze kennt, wo sie mit dem Eis zusammentrifft.

Nach Süden und Südosten hat man die weiteste Aussicht. Hier sieht man über das Meer hinaus und nach den Koldeweyinseln hin, deren Nordspitze, von hier als eine niedrige, steinige Landzunge sichtbar, wohl das Kap Helgoland sein muß, von dem Koldewey vor 36 Jahren seine letzte Wanderung nordwärts nach dem Festlande zu unternahm. Dieses Kap ist höchstens ein paar Meilen von hier entfernt. Aber weit hinter diesem, im Südwesten, türmen sich die gewaltigen Felswände des Festlandes hinter einander in Kolonnen auf, die wie Versatzstücke auf einer Bühne hintereinander aufgestellt sind. Wie viele Meilen wohl jedesmal dazwischen liegen, wenn ihr bläulicher Ton eine Schattierung heller wird?

Wie schön es da aussieht, aber ach — es ist weit bis dahin!

Na, also hier zwischen diesen Geröllhaufen sollen wir jetzt zu Hause sein. Gott weiß, wie lange! Und alles, worauf wir zu bauen haben, birgt jener kleine Punkt da unten in sich, den ich von hier oben sehe: das Schiff.

Herrgott, wie klein und erbärmlich es doch zwischen allem diesem aussieht! ...

Eine Stunde lang hatte ich da oben gewartet, ohne daß jemand zurückkehrte; dann wurde ich des Wartens müde und machte mich auf den Rückweg. Am Strande traf ich Hendrik, der dort allein zwischen den Hunden herumspazierte. Als er mich sah, kam er eifrig gestikulierend auf mich zugelaufen und suchte mir in seiner wunderlichen Sprache irgend etwas begreiflich zu machen. Das gelang natürlich nicht; aber als er mich dann am Arm hinter einige große Steine zog, sah ich, was los war. Dort lag ein armer, kranker Hund, ein roter, struppiger Kerl, der schon auf der ganzen Reise sich gequält hatte. Er war gut gepflegt worden, und wir hatten gehofft, daß er sich erholen würde. Jetzt lag er da in häßlichen Krämpfen und mit verzerrtem Gesicht. Es war hart, das Leben lassen zu müssen, jetzt, wo man gerade an Land gekommen war. Wir mußten sehen, wie wir ihn erlösen konnten; aber Büchsen hatten wir nicht mit, nicht einmal einen Revolver. Hendrik versuchte vergeblich, ihn mit einem Stein totzuschlagen — ich mußte mich schließlich daran machen, ihn mit meinem Jagdmesser zu töten. Ich „fing ihn ab" wie ein Reh, und er verendete denn auch augenblicklich. Über einen Monat lang hatte er draußen auf See die Qualen erlitten, um nun hier am eben erreichten heimatlichen Strande sein Leben lassen zu müssen!

Ganz abgesehen davon, daß es traurig ist, ein armes Tier auf diese Weise sterben zu sehen, und daß es ein schlechtes Amt ist, ihm dabei

ACHTON FRIIS

AUSSICHT VON DER WESTLICHEN HAFENSPITZE ÜBER DIE DOVEBAI NACH DEM KAP HELGOLAND

behilflich zu sein, ist es auch jedesmal ärgerlich für uns, wenn wir einen Hund verlieren; wir haben nur die allernötigste Anzahl mitgenommen, und fünf bis sechs Stück sind bereits den Anstrengungen unterwegs erlegen. Hoffentlich kommen sie jetzt bald alle zu Kräften, nachdem sie an Land gekommen sind. Können wir nur bald frisches Fleisch für sie bekommen — am liebsten Walroßfleisch, das verschlägt am

Von der Nordküste des Danmarkshafens.

besten — dann wird's schon gehen. Das von uns mitgebrachte Hundefutter, Dörrfisch und Patentfutter, wird auf die Dauer nicht kräftig genug für sie sein.

Jetzt kam Mylius-Erichsen in einem Boot zusammen mit 7 bis 8 anderen an Land. Ob hier Wild in der Nähe war und welcher Art, interessierte uns alle so stark, daß wir einig darüber waren, es so schnell wie möglich untersuchen zu müssen. Es war daher bestimmt worden, daß bereits im Laufe der Nacht eine Jagdabteilung nord- und westwärts ins Land hineingehen und das Gelände untersuchen sollte. Diese Abteilung war bereits gebildet worden und kam jetzt an Land. Da ich auf einen längeren Spaziergang nicht vorbereitet war, und weder Büchse noch Munition bei mir hatte, bat ich, mir die Teilnahme zu erlassen, und ging an Bord.

Die Jagdabteilung kam erst am nächsten Vormittag gegen 10 Uhr in verschiedenen Gruppen zurück. Die Nachrichten, die sie brachten, waren nicht sehr ermunternd: großes Wild in keinerlei Gestalt auf dem ganzen Marsche gesehen. Nur einzelne, meistens sehr alte Spuren von Moschusochsen sowie Exkremente von diesen und von Renntieren — wie man vermutete — verkündeten, daß diese Tiere jedenfalls einmal hier gewesen waren. Schädel und Knochen von Moschusochsen hatte man überall gefunden, auch einzelne Geweihe von Renntieren, so alt, daß sie ganz morsch und verwittert waren. Es war nicht leicht, nach den Spuren zu beurteilen, wie lange es her war, seitdem die Tiere sich hier aufgehalten hatten, denn in dem lehmigen Boden kann unter diesen klimatischen Verhältnissen eine Spur in vielen Jahren ein frisches Aussehen bewahren; zu entscheiden, ob eine solche Spur ein halbes Jahr oder zwanzig Jahre alt ist, wird in den meisten Fällen unmöglich sein. Dasselbe gilt von den Exkrementen.

Man hatte eine Anzahl Hasen angetroffen und ein paar davon geschossen, und der Ornithologe hatte oben bei den kleinen Seen mit einigen größeren Schwärmen Vogelwild angebunden. Er brachte 5 Eiderenten, 27 Eisenten, 3 Lummen, 4 Raubmöwen, 2 Steinwender, 3 Sandläufer und einen Strandläufer sowie außerdem 3 Schneehasen und ein Hermelin mit. In einer Wake hatte er eine Eiderente mit Jungen gesehen, die nur ein paar Tage alt zu sein schienen. Sie schwammen unaufhörlich in dem eiskalten Wasser herum — der Nachtfrost bildete ja bereits dünnes Eis auf dem Wasser —, und wenn man sich näherte, tauchten sie. Viele Jungen von anderen Bruten dieser Vögel, die wir sahen, waren nicht weiter in der Entwicklung. Sonderbar, wenn man bedenkt, daß sie bereits Anfang September von hier fortziehen!

Es konnte natürlich ein Zufall sein, daß man auf diesem ersten kurzen Ausflug kein großes Wild gesehen hatte. Aber nach diesem vorläufigen Ergebnis entschloß sich Mylius-Erichsen doch, sofort eine Expedition mit Motorboot durch die Dove-Bai westwärts zu senden, um auf Jagd zu gehen, teils auch um den Gelehrten Gelegenheit zu geben, in jenen Gegenden Material zu sammeln.

Die Bootsexpedition ging am 18. August 11 Uhr abends vom Schiffe ab. Die Teilnehmer waren außer Mylius-Erichsen der Geologe Jarner, der Zoologe Johansen, der Botaniker Lundager, der Ornithologe Manniche, Bendix-Thostrup als Führer des Motorboots,

Gundahl-Knudsen als Maschinist für den Motor, der Grönländer Tobias und der Matrose Peter Hansen. Das Motorboot hatte eines von unseren Rettungsbooten, das sogenannte „Amdrupboot"*), im Schlepptau, und beide Boote waren außer mit den 8 Mann bis an den Rand mit Proviantkisten voll gestaut. Außerdem führten sie eine Anzahl Gerätschaften für die Forscher und eine Menge Munition, sowie zwei Zelte mit. Das Motorboot, das ja von vornherein schon seine 1000 Pfund

Eisberg im Danmarkshafen.

schwere Maschine zu tragen hatte, hatte nicht allzuviel Freibord mehr, als sie am Abend trotz steifer Brise und Krappsee bestimmungsgemäß abgingen und aus dem Hafen liefen.

An Bord waren wir inzwischen schon an den beiden vorangegangenen Tagen damit beschäftigt gewesen, eine Menge aus dem Schiffe an Land zu bringen, unter anderem alle unsere Proviantkisten, Benzin- und Petroleumbehälter, ein Quantum Kohlen als

*) Dieses Boot, das seiner Zeit für die Amdrupexpedition gebaut und besonders für die Fahrt im Treibeis berechnet war, hatte Kapitän Amdrup der Danmark-Expedition geschenkt.

Reservevorrat, Material für ein Haus, in dem vier Mann wohnen sollten, und eine Menge Instrumente und Geräte. Diese Arbeit wurde jetzt zwei bis drei Tage hindurch mit großem Eifer fortgesetzt. Es galt dem Wirrwarr im Laderaum abzuhelfen, der dadurch hervorgerufen war, daß man beim Laden in Frederikshavn nur darauf hatte Rücksicht nehmen müssen, wie die Ladung am besten verstaut wurde. Jetzt galt es, eine andere Ordnung zu schaffen, so daß jeder leicht das Seine finden konnte. Indem wir zwei von unseren Booten Seite an Seite zusammenbanden und absteifende Balken quer darüber zurrten, bekamen wir einen ausgezeichneten Transportapparat, und am Strande bauten wir aus großen Steinen eine Bootsbrücke, an der wir anlegen konnten. Auf diese Weise brachten wir im Laufe weniger Tage Proviantkisten und andere Sachen an Land und stapelten sie dicht am Strande auf. Wir nahmen alle an dieser Arbeit teil, da jetzt 15 Mann vom Schiffe fort waren.

Bereits am 19. gegen Abend kam das Motorboot zurück, nur mit Peter Hansen und Gundahl bemannt. Sie brachten einen Brief von Mylius mit, in dem dieser um 9 Schlittenproviantkisten ersuchte, die er am inneren Ende der Bucht zur Verwendung für etwaige spätere Reisen niederlegen wollte. Mit dieser Ladung fuhr das Boot bereits ein paar Stunden später wieder ab. Natürlich erhielten die beiden Männer an Bord einen ausgezeichneten Empfang mit gründlicher Abfütterung, Kaffee und Zigarren. Peter wurde davon so begeistert, daß er schließlich vergaß, ein Paar Holzschuhstiefel für Bendix-Thostrup mitzunehmen. Erst als sie schon 4 bis 500 Meter entfernt waren, merkten wir das. Wir feuerten unsere Büchsen ab und suchten sie zurückzurufen. Aber Peter verstand das falsch; er nahm gleichfalls seine Büchse, lud sie und beantwortete höflich den Salut, lüftete den Hut und rief hübsch Hurra, um dann schleunigst um die Hafenspitze zu drehen und unseren Blicken zu entschwinden.

— —

Nach einem Monat kehrte Mylius-Erichsen von dieser Reise zurück und begann nach wenigen zerstreuten Notizen ein Tagebuch darüber, das er aber leider nur für die beiden ersten Tage fertigstellte. Da es indessen das einzige Ausführliche ist, das von seiner eigenen Hand über seine zahlreichen Expeditionen vom Schiffe aus vorliegt, veröffentliche ich es hier*). Das Tagebuch lautet so:

*) Über alle seine anderen Reisen während der Expedition finden sich überhaupt keine zusammenhängenden Aufzeichnungen, ausgenommen eine sehr kurzgefaßte Schilderung über die ersten Tage der Shannonreise im Herbst 1906.

Die Bootsexpedition nach der Dove-Bucht und den Koldewey-Inseln ging am 18. August 1906 kurz vor Mitternacht ab und bestand aus Mylius-Erichsen als Leiter, Chr. Thostrup und Peter Hansen als Steuerleuten, Gundahl-Knudsen als Maschinisten, dem Grönländer Tobias als Kajaksmann und den Naturforschern Manniche, Lundager, Jarner und Johansen. Wir hatten das Steuerbord-Motorboot mit und Amdrups Eisboot im Schlepptau. Es wehte

Der Proviant wird am Strande deponiert.

eine frische Nordbrise mit Schneeböen, doch war nur schwacher Seegang im Danmarkshafen. Unser liebes Schiff dippte mit der Flagge zum Abschied, die Gefährten standen an der Reling und winkten Lebewohl. Außerhalb des Hafens zeigte die See sofort Schaumkämme und fing an, ins Boot zu schlagen; schlimmer noch wurde es bei den Walroßschären (wie wir die Schären bei der westlich vom Hafen gelegenen Landspitze nannten, weil Trolle dort am Tage vorher ein Walroß ge-

Es ist offenbar seine Absicht gewesen, diese Tagebücher erst zu schreiben, wenn er an Bord Gelegenheit dazu fand, und während der Reise nur die allernotwendigsten Notizen zur Unterstützung des Gedächtnisses zu machen.

sehen und darauf geschossen hatte). Das Boot nahm vorn Wasser über, das schwer beladene Amdrupboot von vorn wie von der Luvseite. Zum Überfluß hielt auch das Motorboot nicht ganz dicht.

Die Bucht*) war vorher, wie ich gesehen hatte, mit schmelzendem Wintereis angefüllt gewesen, im wesentlichen unbefahrbar, wenn auch offene Stellen und Rinnen da waren. Jetzt war das Eis vom Nordwind nach Westen und Süden getrieben, und weithin war fahrbares Wasser — hätte das Wetter eine längere Reise zugelassen, so wären wir weiter drinnen in der Dove-Bucht an Land gegangen. Wir hielten in die Sturmbucht hinein auf die Mündung eines großen, stark strömenden Flusses zu. In dieser Gegend hatte Manniche am Lande einen Blaufuchs über einen Schneehügel laufen sehen. Gleich bei der Mündung sahen wir einen Schwarm Eiderenten, von denen eine geschossen wurde, während der Rest untertauchte, bald darauf an die Oberfläche kam, wieder verschwand und verschwunden blieb — erstaunlich, wie lange sie sich unter Wasser halten können —; dann eine Ente mit ihrer Brut. Die Ente wurde geschossen, trieb aber nach dem Lande zu. Später ging Manniche ins Wasser, das ihm bis über die Knie ging — und das Wasser war kalt —, und erlegte noch eine alte Eiderente und einige von den Jungen.

An Land konnten wir mit unseren tief beladenen Booten direkt bei der Flußmündung wegen der Verschlammung nicht kommen. Auch lagen hier und da große Steine; wir gerieten auf Grund, kamen aber wieder los, ohne daß die Schraube Schaden nahm. An der Ostseite der Landspitze, die ich „Sturmkap" nannte (wir hatten ja Sturm, ebenso wie Koldewey), fanden wir einen brauchbaren Landungsplatz und konnten beide Boote ein Stück auf den Strand hinaufziehen. 30 Fuß weiter aufwärts schlugen wir Zelte auf — zwei Viermannszelte, die schnell errichtet wurden und gut feststanden. Das Zeltaufschlagen ist ein herrlicher Augenblick — dann weiß man, daß es jetzt bald ans Essen und Ruhen geht. Trotz der kurzen Reise sehnten wir uns nach dem schützenden Zelt, denn wir waren alle durchnäßt und durchgefroren. Bald waren zwei Kochapparate in Tätigkeit, wir bekamen Hartbrot mit Sülze und Kaffee. Manniche und Peter Hansen gingen ein Stück landeinwärts, schossen und sahen sich nach Tieren um — alte Renntierexkremente und Spuren in großer Menge, aber keine neuen Spuren. Sie meinten auch Moschusochsen gesehen zu haben — und Wolfsspuren. Ein Moschusochsenschädel wurde gefunden.

*) Die Sturmbucht. Anm. des Verfassers.

Am 19. August schliefen alle Mann bis über Mittag. Es war ja Sonntag: gerade vor acht Wochen reisten wir von Kopenhagen ab; der erste Sonntag an Land, ein freier Tag an Bord, Festtag für uns alle! Als wir aufgestanden waren, kochten wir Mittagessen. Es zeigte sich, daß von unseren Proviantkisten, die teils für 4 Mann 2 Tage, teils für 3 Mann 3 Tage reichen sollten, die letztgenannten, die zuerst geöffnet wurden, reichlich für 9 Mann an einem Tage ausreichten, trotzdem

Mylius-Erichsens Zeltplatz beim Sturmkap.

einige der talentvollsten Esser der Expedition unter uns waren. Wir stiegen — ebenso wie in der vergangenen Nacht — auf eine Anhöhe hinter den Zelten hinauf und sahen von dort weithin längs des Festlandes; die Kap Bismarck-Spitze mit der niedrigen, schärenähnlichen Landzunge war auch sichtbar; ebenso die beiden kleineren Inseln, die Trolle und ich am 14. umfahren hatten, und die wir zuerst für Kap Bismarck, dann für die nördliche Koldewey-Insel hielten, jetzt dagegen für die von Koldewey zwischen der „nördlichen" Koldewey-Insel und dem Kap Bismarck erwähnten beiden kleinen Inseln; bis zu der äußersten von diesen kam also die „Belgica" im vorigen Jahre, es muß also „Maroussia" sein, als die wir die Insel gerade vor uns angesprochen hatten. Über den niedrigeren, nördlichen Teil der Koldewey-Insel, der sehr gut auch von Koldewey als eine besondere Insel angesehen worden sein kann, ragte ein großer, runder Gipfel hervor, der jetzt vom Nordwind mit frisch gefallenem Schnee fein gepudert war. Das Wetter war jetzt strahlend hell und schön geworden. Als wir uns die Augen ordentlich gewaschen hatten, was man immer am Morgen tun soll, um alles frisch anzuschauen, sahen wir viel Land in feinem, hellrötlichem Ton: im Süden eine Felswand mit zwei schroff abfallenden Gletschern — Kap Peschel —, sodann einen Fjordeinschnitt, dann einen daumenähnlichen Gipfel, darauf eine steile, geaderte, großartige Granitwand — eine von diesen letzteren ist sicher das „Teufelskap" der Deutschen. Dann wieder ein Fjord. Darauf im Vordergrunde zwei lange, dunkle Inseln mit Klippen dazwischen und südlich von ihnen — vermutlich die Orientierungsinseln (statt der zwei oder drei Inseln bei der Nordwestspitze der Koldewey-Insel, die wir zuerst für die Orientierungsinseln hielten). Endlich viel Land über den Orientierungsinseln und Germania-Land, wie wir vorläufig das Kap Bismarck-Land nannten. Und zu unserer großen Freude zeigte sich freies Wasser mit ganz wenig zerstreutem Eis — eine herrliche Fahrstraße für uns. Dagegen begann die Strömung jetzt das Eis von außen in den Sund hinein auf das Kap Bismarck zuzutreiben, aber wir kamen schon durch, wenn wir heimwärts wollten. Es galt nur zu warten, bis wieder ein nördlicher Wind freie Bahn schuf. — Ich entschloß mich, Peter Hansen und Gundahl-Knudsen mit dem Motorboot nach dem Schiffe zu senden, um 9 Kisten Schlittenproviant*) zu holen, die ich, nebst der einen, die wir mitgenommen hatten, teils auf den Orientierungsinseln, teils nach Möglichkeit weiter weg, auszulegen beabsichtigte, als Stützpunkt für die Schlittenreisen im Herbst: eine wertvolle Hilfe für die Erforschung des gewaltigen Territoriums hier herum. Außerdem mußte ein neuer „Lux"**) geholt werden, da der eine, mit dem wir im Freien gekocht hatten, und auf den allzu viel Spiritus gegossen war, merkwürdigerweise geschmolzen war — eine unangenehme Entdeckung. Wenn es nun mit allen anderen ebenso ging — ja, dann hatten wir noch die 4 „Primusse", glücklicherweise.

Um halb 6 Uhr am Abend des 19. August machten Tobias und ich uns auf, das Land zu besichtigen, die Warte der Deutschen zu suchen und nach Wild Umschau zu halten, Peter Hansen und Gundahl, um

*) Die sogenannten „Schlittenkisten", berechnet für den Gebrauch auf Schlittenreisen, wogen 85 Pfund und waren ein ganz Teil größer als die Bootskisten, die für Bootsreisen berechnet waren. Anm. des Verfassers.

**) Lux und Primus sind Petroleumkochapparate. Anm. des Übers.

zu jagen, und die Naturforscher im Interesse ihrer Fachwissenschaften. Nur Thostrup und Jarner blieben bei den Zelten, um zur geologischen Erforschung des Geländes ringsherum Querschnitte zu machen. Peter und Gundahl kamen schnell zurück, weil sie zwischen 8 und 9 Uhr mit dem Boote fort sollten. Sie hatten viele Spuren und Exkremente von Renntieren und Moschusochsen gesehen, darunter, wie sie meinten, einige frischere. Aber es ist immer schwer, das Alter einer solchen Spur zu bestimmen. Raubmöwen waren die einzigen Vögel, die sie sahen und schossen. Nach der Rückkehr machten sie das Boot klar und fuhren zum Schiffshafen mit einem Brief an Trolle wegen der 9 Schlittenproviantkisten. Lundager war 9 Stunden fort, er hatte längs des Elfs, meistens auf seinem östlichen Ufer, botanisiert und war von dort bis an und auf den Höhenrücken gelangt, der die Ebene der Sturmbucht nach Osten begrenzt. Die Höhe betrug nach seiner Barometermessung 410 Meter (Koldewey gibt zirka 380 Meter an). Johansen ging einige Stunden mit dem Kescher am Strand und Elf entlang und fing Schaltiere. Manniche war wie gewöhnlich hinter den Vögeln her und schoß Raubmöwen. Ich selbst war mit Tobias zuerst eine Meile längs des westlichen Ufers des Elfs gegangen ..."

Hier hört das Tagebuch auf.

— —

Wir beneideten natürlich von Herzen die Gefährten, die an dieser Tour teilnahmen, während wir hier uns mit den langweiligen Löscharbeiten abmühten. Es dauerte indessen nicht lange, bis ich auch mit dabei sein durfte.

Denn gerade als wir zwei Tage später nachmittags an Bord beschäftigt waren, das Schiff vom Hundemist reinzuschaufeln und abzuspülen — ach, den Geruch vergesse ich nie! —, kam das Motorboot wieder zurück, diesmal mit drei Mann an Bord und dem Amdrupboot im Schlepptau. Wir sahen schon von weitem, daß die Boote schwer beladen waren — womit denn in aller Welt? Alles lief zur Reling und vorn auf die Back, um nach den Booten zu gucken. Als sie herankamen, sahen wir sie beinah bis zur Reling mit großen, blutigen Fleischklumpen gefüllt. Die drei Mann, Bendix-Thostrup, Peter Hansen und Gundahl, standen in ihren Holzschuhstiefeln bis an die Knie in dem Fleische, und wenn sie sich bewegten, glucksten um sie herum große rote Blasen empor, die sich lange hielten und glotzten, ehe sie zersprangen. Alle drei hatten Blut an Händen, Kleidern und im Gesicht.

Die Boote stoppten jäh am Fallreep; aber ein mächtiger grauer Körper, der tief im Kielwasser des hintersten Bootes geschleppt hatte, schoß weiter, bis er die Trosse straff zog und dann ganz an die Oberfläche kam.

Es war ein Walroß.

Wir fuhren zusammen vor Freude: Hundefutter für lange Zeit! Und die Last der Boote bestand aus dem Fleisch von zwei anderen Tieren.

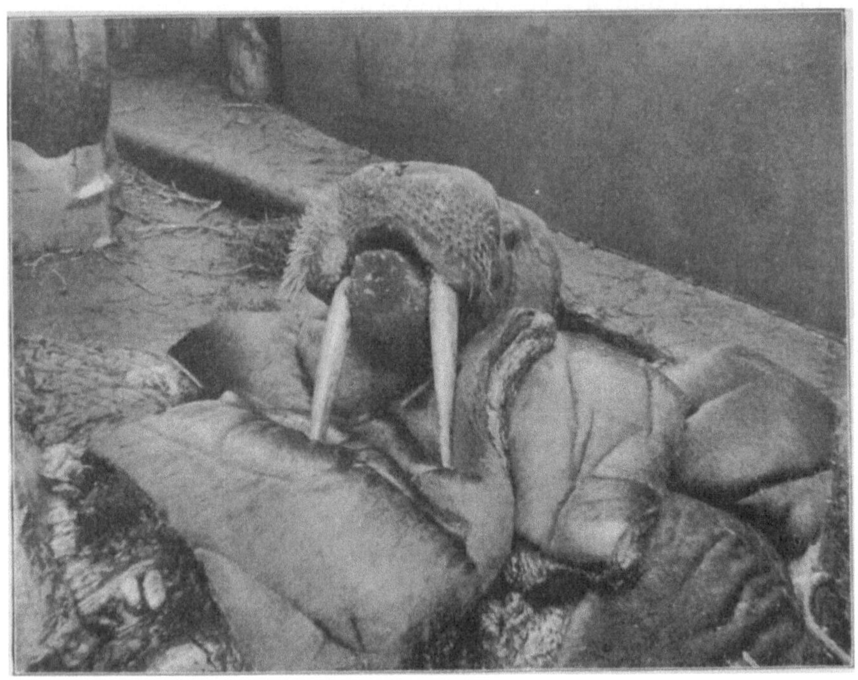

Die Bootslast auf dem Schiffsdeck.

Als die drei an Bord kamen, gab es so viel zu fragen und zu erzählen, daß wir fürs erste überhaupt nichts Ordentliches zu wissen bekamen. Fragen und Antworten fielen wie Gewehrsalven von beiden Seiten; mitten in dem Spektakel hörte ich Peter sagen: „—einige zwanzig Walrosse geschossen, der Teufel tret' mir in den Bauch, wenn —!"

Aber als sie dann in der Messe gut untergebracht waren, erzählte Bendix-Thostrup ausführlich von der Reise. Am Tage nach Gundahls und Peters Rückkehr zum Zeltplatz am Sturmkap fuhren sie weiter westwärts in die Dove-Bai hinein; sie hielten in das Fahrwasser zwischen der nördlichen Orientierungsinsel und dem Festland hinein. Wie sie da fuhren, tauchten plötzlich dicht bei den Booten zwei Walrosse aus dem Wasser auf und machten Miene, sie unfreundlich zu empfangen. Sofort machte man Jagd auf sie und hatte das Glück, das eine zu bekommen, das ganz am Strande in so niedrigem Wasser sank, daß es geborgen werden konnte. Das andere entwischte, leider schwer verwundet; unter anderem hatte es durch einen Schuß den einen Stoßzahn verloren. Weiter hin an der Küste sahen sie später, daß es versucht hatte, auf den Eisfuß hinaufzukommen; es hatte die Zähne ins Eis gehauen, und das Blut war weit umhergespritzt. Sie sahen noch mehrere Walrosse im Fahrwasser, aber so weit entfernt, daß es sich nicht lohnte, auf sie zu jagen, und außerdem hatten sie keine große Lust, auf die Tiere im Wasser zu schießen, da sie untersinken, wenn sie nicht sofort eine Harpune in den Leib bekommen.

Chr. Bendix-Thostrup als Motorbootsführer.

Sie hatten jetzt so starken Gegenstrom, daß Mylius und Thostrup meinten, sie müßten entweder in einen Sund gekommen sein, oder ein großes Gewässer müßte seinen Ausfluß in der Bucht haben; denn die Ebbe allein konnte einen solchen Strom nicht hervorbringen.*) Doch wurde die Aufmerksamkeit bald von diesem Thema abgelenkt, als Tobias auf einer niedrig auslaufenden Sandspitze eine Reihe schwarzer Punkte entdeckte, die man zuerst für Felssteine hielt; bald zeigte es sich, daß es eine ganze Herde von Walrossen war, die hier Seite an Seite am Strande lagen. Obwohl das Boot zweimal an der Herde vorbeifuhr, ließ sie sich doch von dem Geräusch nicht anfechten, sondern

*) Es zeigte sich wirklich später, daß ein mächtiger, wasserreicher Fluß — der größte, den man in Grönland angetroffen hat — hier in der Nähe ausströmt. Sie sahen ihn jedoch damals nicht.

schlief ruhig weiter. Zuerst dachte man daran, die Tiere vom Boot aus anzugreifen; aber Thostrup riet davon ab, indem er darauf aufmerksam machte, wie gefahrvoll ein solches Vorgehen in dem unbekannten Fahrwasser und mit den überlasteten Booten sein würde, von denen ja nur eins eigenen Antrieb hatte, während das zweite, im Schlepptau befindliche, die Manövrierfähigkeit allzu sehr behinderte. Sie fuhren also vorbei und setzten die Boote einige hundert Meter von jener Stelle auf den Strand. Dann pirschten sie sich in Reihen, einer durch den andern gedeckt, mit schußfertigen Büchsen an die Walrosse heran.

Und im nächsten Augenblick begann dann ein fürchterliches Blutbad; bei der Erzählung davon standen uns sofort die Haare zu Berge, nicht am wenigsten dem Erzähler selbst, aber ich glaube, für ihn war es ein Genuß.

Der Schlachtplan war der gewesen, daß alle zusammen nur auf drei bestimmte Tiere halten dürften, um auf diese Weise dieser drei sicher zu sein. Aber das konnte nur bei der ersten Salve befolgt werden, denn als die ersten Schüsse krachten, fuhren die Tiere sofort aus ihrem tiefen Schlummer auf, und im nächsten Augenblick war die Verwirrung und das Gemetzel allgemein. Die Walrosse versuchten zu flüchten und nach einer Seite zu entkommen; aber wohin sie sich auch wandten, überall sahen sie diese geschwinden Teufelchen herumfahren, die ihnen ins Gesicht knallten. Das war ja um aus der Haut zu fahren! Wie toll watschelten sie auf ihren plumpen Vorderflossen herum, fauchten gegen die Schüsse an und ließen in langen, roten Strahlen Dampf ausströmen, hilflos wie entgleiste Lokomotiven. Wenn einmal eins nach dem Strande zu torkelte, wurde es gleich durch 6 bis 8 Kugeln zurückgetrieben, ehe es das rettende Element erreichte. Man sah, wie die Tiere in einer Entfernung von 3 Ellen von 4 bis 5 Männern umringt wurden, die gleichzeitig von allen Seiten auf sie schossen. Im Laufe von wenigen Sekunden lagen 11 Tiere auf dem Strande; nur ein paar Stück entwischten ins Wasser und verschwanden. So endete die Schlacht. Menschen wurden nicht geschossen.

Ja, natürlich war es roh, das wußten wir selbst ja sehr gut; aber es war notwendig, das wußten wir auch. Derartige „Jagden“ sind nun einmal eine Bedingung für die Durchführung von Expeditionen wie die unsere, weil die Hunde eine Bedingung dafür sind. Hier lagen nun auf einmal gegen 30000 Pfund dampfendes Futter, genug, um bis weit ins neue Jahr hinein frisches Leben in unseren Hunden zu erhalten.

Sie sagten es selbst, die drei, während sie sich in die Erzählung davon vertieften; sie gaben sich Mühe, uns zu zeigen, daß es ihnen als etwas Schlimmes erschien, die Tiere so hinzumorden. Aber hinter den Worten sahen wir ein Blinzeln in den Augen, das anderes erzählte. Und wir sahen, daß sie gleichwohl fertig waren, die drei da, — nicht zu retten. Ich sah auf Peters prächtiges Gesicht — es prustete ihm aus der Nase heraus, wenn er davon erzählte, es schnob aus und ein, wenn er beim Sprechen sich ereiferte. Er hatte die große Berserkerwut in sich gefühlt — er hatte „Amok gelaufen" — im Speck!

Die Walroßspitze mit zwei von den getöteten Tieren.

Und so würde es jetzt wohl auch mit uns gehen, mit den meisten von uns.

In einem freudevollen Briefe forderte Mylius mich auf, mit dem Motorboot mit nach der „Walroßspitze" (Hvalrosodde), wie die Stelle genannt wurde, zu kommen und die nötigen Gerätschaften mitzubringen, um dort Küstenrisse zu zeichnen. Ich könnte, wenn ich es wünschte, nach einigen Tagen zurückkehren. Aber er schilderte doch die Gegend dort so, daß ich der Sicherheit halber mein Malgerät mitnahm.

Während das Fleisch aus den Booten an Bord geheißt wurde, wurde das unzerlegte Walroß an Land transportiert, um dort aufgehauen zu werden. Es war kein verfügbares Boot in der Nähe, um es hineinzuschleppen, aber Ring nahm es auf sich, dies ohne Boot zu besorgen. Ich bekam einen guten Begriff von der Größe des Walrosses, als ich sah, wie Ring hinunter auf das Tier sprang und auf ihm mit einem Kajakruder an Land paddelte. Ich glaube nicht, daß es unter seinem Gewicht nur einen Zoll tiefer einsank.

Wenige Stunden nach der Ankunft des Bootes waren wir alle klar, wieder in See zu stechen. Wir gingen von Bord, und unter dem Abschiedswinken der Kameraden setzten wir Volldampf auf und steuerten zum Hafen hinaus.

Das Fahrwasser vor dem Hafen hatte viele treibende Eisschollen,

Ring an Bord des Walrosses.

und die Boote mußten gehörig manövrieren, um vorwärts zu kommen. Das Motorboot wurde von B. Thostrup mit Gundahl als Maschinisten gesteuert, während Peter und ich im Amdrupboot waren. Da dieses kein Steuer hatte, mußten wir mit einem Riemen steuern, und es war die ganze Zeit über die größte Aufmerksamkeit nötig, um nicht gegen die vielen Eisschollen anzurennen, zwischen denen das Motorboot hin und her schwankte. Da Peter die letzten 24 Stunden fast ununterbrochen gefahren war, nahm ich den Steuerriemen, während er sich vor mir ins Boot warf und sofort einschlief.

Die Sonne stand gerade vor dem Steven des Boots, und ihre strahlenden Reflexe von den Eisschollen und dem Wasserspiegel waren so heftig, daß sie mich fast vollständig blendeten; es hielt schwer, andauernd in diese Richtung zu schauen, um Kurs zu halten. Schließlich rannen auch zwei Bächlein an meinen Wangen herab, und ein starker, zunehmender Schmerz in dem einen Auge veranlaßte mich, die Haube des Anoraks*) vor diese Seite des Gesichts zu ziehen. Schlimmer als dies alles war aber Peter da vor mir, der wie tot auf dem Bauche lag und heftig auf das Mittagessen reagierte. Der Wind stand auf mich zu . . . !

Aage Bertelsen: Danmarkshafen.

Wir mochten wohl 3 bis 4 Stunden gefahren sein und näherten uns stark dem schmalen Sund zwischen der nördlichen Orientierungs-Insel und dem Festlande, der ungefähr auf halbem Wege bis zur Walroßspitze liegen sollte; wir waren allmählich in offeneres Wasser gekommen, als ich plötzlich die beiden in dem vordersten Boot unruhig werden sah; sie starrten durch die Ferngläser und fingerten an den Büchsen, dann riefen sie nach uns herüber und zeigten nach vorn. Ich hatte den Lärm von der Schraube des Motorbootes gerade vor den Ohren und konnte nichts weiter hören, aber als ich meine Augen aufs äußerste

*) Grönländisches Obergewand.

anstrengte, um durch das weiße Geflimmer etwas zu erkennen, sah ich plötzlich in einer Entfernung von etwa einem Kilometer zwei dunkle Haufen auf einer Eisfläche.

Ich weckte Peter — er hatte die ganze Zeit über wie ein Stein geschlafen — und zeigte dorthin. Er war augenblicklich völlig munter und griff sofort zur Büchse.

„Die müssen wir haben!" sagte er ganz still; und fortwährend wiederholte er: „Tod und Teufel, die müssen wir haben!"

Unerbittlich wie das Schicksal selbst wandte das Motorboot seinen Steven jener Stelle zu. Während wir uns näherten, wuchsen nach und nach die Haufen — sie lagen so unheimlich still da, so unheilverkündend still; es war, als ob irgendwo dort vor dem Steven eine Katastrophe heraufzöge. Das verteufelte flimmernde Licht um mich herum, des Motors nervöses Hacken im Trommelfell und das, was dort unser wartete, alles das legte sich wie ein Nebel mir ums Gehirn. Meine Hände schwitzten am Eisen der Büchse, während ich den Steuerriemen losließ, über die Reling hinauslag und immer nur vorwärts stierte.

Und dann waren wir da. Jetzt — in einer Entfernung von 40 Ellen — hob das eine Tier den Kopf.

Zum erstenmal sah ich ein lebendes Walroß. Es lag mit der Seite nach uns zu und hob den Kopf so hoch, daß die Stoßzähne fast wagerecht geradeaus zeigten — es reckte sich nach dem Schlafe, so richtig behaglich. Dann senkte es wieder den Kopf und drehte ihn ganz langsam nach uns herum.

Und im nächsten Augenblick geschah es. Wir schossen alle vier ihm gerade ins Gesicht. Vier Knalle übereinander, und dann — Blut, Blut!

Es fiel nicht, es machte auch keine Miene, zu flüchten, durchaus nicht. Es drehte nur seinen zerschossenen Kopf nach uns, als wir vorbeiflogen. Und dieser Kopf, aus dem das Blut nach allen Seiten sprudelte, sah auf uns. — Er sah auf uns mit einem Ausdruck ungeheuren Erstaunens.

Das Boot flog in einem Abstand von 30 Ellen vorbei, dann wendeten wir und fuhren abermals vorüber. Das zweite Tier war jetzt auch auf die Vorderflossen gekommen, und als wir zum zweitenmal 15 Ellen entfernt vorbeifuhren, gaben wir eine Salve auf beide ab.

Ich glaube, jetzt wachten sie erst wirklich auf. Und in demselben Augenblick, in dem sie sich der Gefahr bewußt wurden, kam die Raserei über sie. Sie setzten ins Wasser gerade auf die Boote zu, und ich sah, ehe sie verschwanden, einen Schimmer splitternackter Bosheit in ihren Augen. — Aber es war zu spät, sie konnten nicht mehr. Das eine sank sofort auf den Grund; aber das andere kam wieder nach oben und versuchte wieder auf die Eisfläche zu kommen. Da, wo sie flach nach der Seite auslief, gelang es ihm, sich hinaufzuschieben. Wir ließen es ruhig gewähren und warteten, bis es fertig wurde und gut lag.

Peter Hansen.

Jetzt waren wir ganz ruhig. Als es galt, ein Entwischen zu verhindern, tötete ich genau so kalt und mit Überlegung drauf los, wie die anderen auch. Ich war fertig — geliefert, wie sie. Ich biß die Zähne zusammen wie Peter und schwur: „Die müssen wir haben!"

Sobald seine Lage uns paßte, fuhren wir ganz nahe heran und schickten ihm zwei Kugeln in den Nacken. Dies ist die einzige Stelle beim Walroß, an der eine Kugel sicher tödlich wirkt. Wir hatten sie bis dahin nicht in den Schuß bekommen können. Jetzt ließ das Tier plötzlich den Kopf sinken, führte die eine Vorderflosse rasch an die Augen und brach still zusammen.

Wir fuhren nach der Eisscholle hin — das Meer war in weitem Umkreise braunrot vom Blute — und gingen hinauf. Große rote Pfützen dampften in der Kälte; und mitten darin lagen über zweitausend Pfund Fleisch in Gestalt eines einzigen Tieres. Wir schnitten mit großen Messern zwei Löcher in seine Haut, zogen ein Tauende hindurch und machten es an dem Achtersteven des hintersten Bootes fest.

Ein erbeutetes und harpuniertes Walroß.

Dann dampften wir mit dem Walroß ab und vertäuten es zur Flutzeit an der Küste.

Wenige Minuten darauf fanden wir ein an der Oberfläche treibendes totes Walroß. Es stellte sich heraus, daß es das kürzlich verwundet den Booten entschlüpfte Tier war; es wurde an dem halben Stoßzahn wiedererkannt. Es freute uns, daß es nicht umsonst getötet war, und wir spannten uns davor und zogen es nach der Walroßspitze.

Abends sah ich in weiter Ferne auf einer flachen vorspringenden Sandfläche dunkle Punkte. Sie wurden schließlich zu Menschen und Zelten — und auf der äußersten Spitze zu einigen großen schwarzen Klumpen. Es war die Walroßspitze.

Die Sonne strahlte, es war herrliches, mildes Wetter. Mylius stand zusammen mit Tobias auf der äußersten Landspitze und flenste die Walrosse; wir hatten sie durch das Fernglas in weiter Entfernung erkannt. Sobald er uns entdeckte, warf er das Messer von sich und lief nach den Zelten hin, die 6- bis 700 Ellen von der Spitze der Landzunge dicht am Wasser lagen.

Wir ließen die Boote bei den beiden Zelten auf den Strand laufen und sprangen an Land. Mylius kam zu uns herabgelaufen, beschmutzt, über das ganze Gesicht freudestrahlend und speckglänzend, mit aufgekrempelten Ärmeln und blutigen Armen. Und aus dem anderen Zelte,

Unsere Zelte auf der Walroßspitze.

aus dessen Türöffnung wir bereits von weitem den Dampf des Abendessens emporsteigen sahen, zeigten sich braune und geschwärzte Gesichter, die uns freundschaftlich anlächelten. Und dann kamen sie herausgekrochen, einer nach dem anderen, und drückten uns die Hände. Wie sahen sie herrlich aus, sonnenverbrannt und wettergebräunt, mit langem, ungekämmtem Haar, über den ganzen Körper schmutzig und voll von Renntierhaaren. Übrigens standen wir drei, was den Schmutz anlangt, nicht viel hinter ihnen zurück nach unserem Abenteuer mit den Walrossen und nach dem zehn Stunden langen Aufenthalt in dem blutigen, schmierigen Boote; wir waren alle in voller arktischer Kriegsmalung.

Im Zelte war Mylius derselbe ausgezeichnete, liebenswürdige Wirt, den seine Freunde von Kopenhagen her kannten; er konnte einen beschämen mit seiner Zuvorkommenheit. Er holte Wasser, zündete den „Primus“ an und kochte das Essen, er deckte uns mit Decken zu, ließ uns auf den weichsten Renntierfellen liegen und legte sich selbst auf die schlechtesten, er rauchte Tabak, obwohl er ihm entsetzlich schmeckte, — nur um es uns gemütlich zu machen.

Ich wohnte mit ihm, Peter Hansen und Tobias in einem Zelt. Es gab an jenem Abend viel zu erzählen; wir gingen ins Zelt und brachten den Primus zum Kochen, und einen Augenblick später lagen wir alle auf unseren Renntierfellen, aßen warme Erbswurst mit Sülze, tranken Kakao und vertieften uns in die wildesten Phantasien über die weitere Zukunft der Expedition. Wir dachten dabei nicht an „Jagd“ und „Jägerfreude“, denn wir wußten, daß es damit hier oben nicht weit her war. Nein, uns erfüllte ganz der Gedanke, daß wir das Glück gehabt, mit unseren Büchsen nützlich zu sein, und mit einem Schlage die Aussichten dafür gebessert hatten, daß uns im nächsten Frühjahr kräftige Hundegespanne zur Verfügung standen, die unsere Schlitten nach dem fernen Ziel hoch oben im Norden ziehen konnten.

Darüber plauderten wir drinnen im Zelt, wobei die Zeit verstrich. Und wir erhielten Besuch aus dem anderen Zelt; schließlich waren wir zehn Mann, und alle tranken Kaffee und schwatzten und bauten Luftschlösser. Und als die Gäste gegangen und Peter und Tobias längst auf ihren Renntierfellen eingeschlummert waren, als die Mitternachtssonne bereits den Gipfel der fernen Berge im Norden gestreift hatte und sich jetzt wieder erhob, durch das Gewebe unserer Zeltwand glühend, — da sprachen wir beiden anderen immer noch. Aber das Gespräch war still geworden und wurde von langen Pausen unterbrochen. Denn wir waren langsam und unvermerkt in Gedanken zu der herrlichen Stadt daheim zurückgewandert, und die Namen derer, die dort in weiter Ferne geblieben, wurden leise zwischen uns ausgesprochen, still erlosch eine Erinnerung, um eine neue entstehen zu lassen . . .

Es geschah nicht oft, daß man da oben sich auf dergleichen einließ; man fürchtete ordentlich, sich zu verraten. Aber in jener Nacht dauerte es lange, bis wir schwiegen und einschliefen. Im anderen Zelt warf einer noch lange, nachdem wir stumm geworden, sich unruhig umher.

Natürlich fabelte der Narr auch . . .

— —

Zehn Tage später, es ist der 3. September. Ich habe die Kameraden verlassen und bin auf dem Wege nach dem Schiffe. Johansen und ich liegen hier allein in einem Zelt am Sturmkap und bilden eine

Art Zwischenstation zwischen der Walroßspitze und dem Schiffshafen, der über Land von hier nur ein paar Meilen entfernt ist. Bei dem in der letzten Nacht unternommenen Versuch, Walroßfleisch und die wissenschaftlichen Sammlungen von der Landzunge nach dem Schiff zu rudern, wurden wir hier von zusammengestautem Eis aufgehalten. Wir deponierten die Sachen am Strande. Während Mylius und eine Abteilung vom Schiffe zurückgekehrt sind, um mehr von der Walroßspitze zu holen, sind Manniche und Peter Hansen beladen mit einer Anzahl von Manniches Vögeln zum Schiffe gegangen. Wir beiden Zurückgebliebenen haben hier nur auf Ablösung zu warten und im übrigen zu schießen, was uns von Walrossen und Eisbären in den Weg kommt.

Johansen ist heute in der Nachbarschaft herumgestiegen, um zoologische Merkwürdigkeiten aufzustöbern. Während ich das Fleisch bewachte, das in der Nähe niedergelegt ist, — unsere Hunde fangen nämlich an, in der Nachbarschaft herumzustreifen, — habe ich den auf der Landzunge aufgenommenen eine kleine Skizze hinzufügen können. Aber jetzt liege ich auf dem Rücken und faulenze. Ich habe Nietzsche gelesen — ein wirkliches Raffinement auf dem 77. Grad.

Meine Zelttür steht offen. Welch herrliche Aussicht habe ich durch die Tür! Im Vordergrund die Klippen und der Strand mit dem treibenden Eis, dahinter das Meer in violetten und grünlichen Tönen, das bläulich schimmernde Teufelskap und die seltsamen, giebelartigen Zinnen der Koldewey-Insel — und weit im Osten Kap Bismarck und die kleine Insel Maroussia, die bald unten am Horizont zittert, bald von Luftspiegelungen emporgehoben wird und in der dünnen, klaren Nachtluft schwebt. Es hat wenig Sinn, hier oben philosophische Sachen zu lesen. Besser ist es, so zu liegen, in den unermeßlichen Raum hinauszustarren und die Gedanken nach Belieben herumschweifen zu lassen. Und wenn ich jetzt gerade über jene Spitze in den Bergen dort im Süden schaue, dann wandert mein Blick in der Richtung nach Dänemark, und daher sehe ich oft nach der Seite, jetzt wo ich hier liege und nichts anderes zu tun habe. Denn wie ein Messer bohrt dann und wann in mir die Sehnsucht, — und dann ergreift mich Entsetzen vor der allmächtigen Natur hier oben, die Gedanken fliehen vor ihr. Dann denke ich an die stille, schlichte Heide daheim, die mir so stumm und traurig Lebewohl sagte — — — — Ich schließe die Augen und in meiner Erinnerung taucht ein blühender Holunderbaum vor einem strohgedeckten Giebel auf, oder ein Gartendamm mit Weidenbäumen und einer Katze, die dort schnurrend die Sonne anblinzelt — oder ein gelber Schmetterling, der über den Gartenweg flattert ...

Plötzlich raschelt es hinter der Zeltwand — ein Bär? Ich reiße die Büchse an mich und fahre hinaus. Aber es ist nur der Wind, der da draußen sein Wesen treibt, — oder höchstens einer der umherschweifenden Hunde, der Fleisch gerochen hat und auf Raub ausgeht. Und wieder falle ich in meine Gedankenreihe zurück ...

— Doch jetzt will ich vom „Mörkefjord" (mörk = finster) erzählen. Er liegt dort hinter den vielen seltsamen Bergkämmen und Vorgebirgen westlich der Walroßspitze — wie ein tiefer Einhau in das gewaltige Plateau, das viele Meilen landeinwärts das Inlandeis auf seinem Rücken trägt.

Vor Jahrtausenden, als der Saum des Inlandeises ganz bis an den Rand des Plateaus reichte, fand ein kleiner Bach eines Tages zur Frühjahrszeit eine Spalte hier im Felsengebirge, durch die er sich verstohlen hinabschlängeln konnte. Fein und klein war er, wie er so allein daherlief und mit sich selbst plapperte; als aber die allmächtige Sonne am Himmel emporstieg, wuchs und gedieh der Bach, und eines Tages war aus ihm ein Fluß geworden. Und andere Bäche kamen hinzu, auf allen Seiten plauderten und schwatzten sie — und der junge Fluß lachte ihnen entgegen und öffnete ihnen seine Arme, und er wuchs heran, stark und wild. Felsblöcke rollten herab und der Weg wurde breiter und größer. Und andere Flüsse kamen hinzu, alle wollten da vorwärts, wo einer war, und brausend und zischend trafen sie sich in der Kluft, umarmten sich und stürzten hinaus und hinunter, Felsblöcke und Geröll, vom Frost losgesprengt, mit sich herumwirbelnd und fortwälzend.

Und langsam — ein Jahrtausend nach dem anderen ging dahin — zog sich das Eis von dem Rande zurück; aber der Fluß kam Jahr für Jahr wieder, fand in der bekannten Spur seinen Weg und sägte und brach im Felsen — meilentief ins Land hinein. Und der Gletscher folgte seiner Spur und scheuerte das harte Gestein an den Seiten der Kluft.

So entstand der Mörkefjord. —

Drinnen in dem tiefen, schmalen Fjord ist es totenstill, kein Leben blüht dort. Nur der gleichmäßige Pulsschlag des großen Meeres in Ebbe und Flut. Steil stehen die Wände zu seinen Seiten, wie lauschend — auf Laute, die niemals erzeugt wurden. Aber oben auf der flachen Steinebene, dicht am scharfen Rande der Kluft — dort liegt lauernd der Gebirgssturm; er schiebt sich auf dem Bauche über die Ebene nach dem Abgrund zu, und dort liegt er wahnsinnigen Blickes dicht über dem Rande, die Klauen krallen sich in den Fels hinein; dort

Aussicht von den Eskimoruinen nach dem Mörkefjord. Sommer.
In der Mitte des Hintergrundes das „Danmarks-Monument“, rechts davon der Mörkefjord.

liegt er, bereit, im nächsten Moment seine Flügel auszubreiten, sich über die Felswand zu stürzen und in die Tiefe hinabzurasen.

Wir fuhren eines Tages hinein. Und wenn wir jetzt daran zurückdenken, dann erscheint es uns wie ein Traum, wie ein Wunder, daß wir wieder herauskamen, daß er uns nicht verschlang.

Während wir auf der Walroßspitze lagen, fuhren wir eines Tages zur frühen Morgenstunde, sechs oder sieben Mann hoch, mit dem

Mörkefjord zur Winterszeit.

Motorboot fort und nahmen 9 Kisten Proviant mit. Wir wollten ihn längs der Küste deponieren und versuchen, in das Innere dieser unbekannten Fjorde zu gelangen und vielleicht bis an den Rand des Inlandeises ins Land zu dringen.

Das Wasser lag da drinnen so ruhig wie eine Glasscheibe, und die Felsen warfen ihr Spiegelbild tief in das stille Wasser. Aber darüber stand die Sonne wie ein böses Auge und stierte durch alles hindurch. Langsam kamen die gewaltigen Felsmassen näher, zugleich mit der Spiegelung klarer und klarer werdend. Nicht ein Lüftchen war zu spüren.

Wir drehten zur Mittagszeit um eine flache Landzunge, die von einem hohen, scharfen Felsen auslief, und kamen in eine Art Außenfjord, der sich in zwei Fjorde teilte, zwischen denen sich eine hohe, dachförmige Klippe erhob. Der nördlichere von beiden schien am tiefsten zu sein, auf ihn steuerten wir los.

Aber welche seltsame Landschaft! Schmal und tief wie eine Falle lag der Fjord vor uns, die eine Seite im schwarzrötlichen Schatten,

Eingang zum Mörkefjord. Winter.

die andere hoch hinauf mit Schlagschatten von der Gegenwand und mit einem feuerroten Lichtschein auf den obersten Gipfeln. Ein scharfumrissener Fels neben dem anderen sprang aus der Mauer hervor; sie glichen den Rücken riesiger Bibeln, die unordentlich nebeneinander aufgestapelt waren, oder vorspringenden Türmen, deren verwitterte Trümmer in das grünliche Wasser zu ihren Füßen herabgewälzt waren.

Böcklins „Toteninsel" — hundertfach vergrößert!

Wir schauten hinein. Und es war, als ob der Fjord uns wieder anschaute, wie wenn das Entsetzen selbst dort drinnen am Grunde dieses Trichters hauste und uns anstierte; wie wenn man in eine jener großen, insektenfressenden Pflanzen schaut, die ihren Kelch öffnen und mit heißen Farben und dunklen Rätseln locken — und sich lautlos um ihr Opfer schließen, wenn es betäubt hineinstürzt. Es war, als ob wir auf ein großes Gesicht losfuhren, das uns entgegenwuchs und wuchs ...

Da hören wir einen Laut oben in den Bergen, erst fein, wie der singende Ton einer Lampe. Er verstummt kurze Zeit, kommt aber dann wieder, stärker, zischender — näher.

Und plötzlich rauscht es um uns wie von Fittichen wilder Vögel, wie rasender Flügelschlag im Kampfe auf Leben und Tod — es entfernt sich wieder und wird zu Wolfsgeheul oben in den engen Klüften, und seufzend und jammernd zieht es sich in einen der Schlünde dort hinter den Klippen zurück. — Stille!

Aber dann kommt es. Mit Donnergekrach stürzt der Gebirgssturm über uns herab. Er trifft das Wasser vor uns, ein großer, schwarzer Fleck bildet sich dort und jagt daher, in einem Kranze weißen Schaums sich nach den Seiten ausbreitend. Jetzt erreicht er uns. —

Es ist, als ob das Boot einen Schlag erhält; und mit jedem Windstoß, der jetzt kommt, wird es nach einer Seite gleichsam gerückt. Es stöhnt und stampft, das Wasser wird um uns herum in einer seltsam grünlichgelben Farbe zu Schaum gepeitscht, tosend und sprühend fegt es über den Bug herein. Wir paar Mann, die da vorne stehen, wenden den Rücken gegen den Sturm und lassen das Wasser an uns herunterlaufen, am Halse herein, am Rücken hinab und oben aus den Stiefeln hinaus; es friert auf den Kleidern zu Eis. Wer es vermag, wirft sich aufs Geratewohl nieder, damit der Wind nicht das Boot zum Kentern bringt. Nimmt es zuviel Wasser über, wird es mit seiner schweren Maschine wie ein Stein versinken.

Wir stampfen und stampfen gegen die Windstöße an und machen fast gar keine Fahrt. Für Thostrup, der am Ruder steht, kommt es im Augenblick nur darauf an, den Bug gegen den Sturm zu halten; bekommen wir den Wind von der Seite, dann liegen wir da. Wir beiden — Jarner und ich —, die vorne stehen, wo die aufgestapelten Proviantkisten nicht gestatten, sich hinzulegen, fangen mit dem Rücken ein wenig die Stöße für die anderen ab. Wir sehen das ganze rasende Schauspiel auf dem Fjord, den die blauschwarzen Felshänge mit dem rotfunkelnden Sonnenstreif auf den Gipfeln einrahmen, und oben darüber frostblauen, leuchtenden Himmel.

Und die Kälte packt uns, daß wir zittern. Wir stampfen mit den Füßen gegen die Bootsplanken, um uns warm zu halten, aber wir fühlen sie nicht mehr; es ist, als ob wir totes Fleisch in den Stiefeln hätten. Aber am Halse, wo das Wasser trieft und einen Abfluß über den Körper sucht, ist uns noch Gefühl geblieben. Das Wasser, das nicht herunterläuft, friert uns auf den Kleidern um den Hals herum zu einem Kragen und schneidet bei jeder Wendung des Kopfes in die Haut.

Auf den Gipfeln des Mörkefjordgebirges.

So geht es nicht weiter. Große Seen erheben sich jetzt, und wir müssen kentern, wenn wir nicht bald an Land kommen. Der Fjord ist eine Viertelmeile breit; wir befinden uns in der Mitte, und wenn man auch ein noch so tüchtiger Schwimmer ist, in diesem Eiswasser bringt man es nicht fertig, das Land zu erreichen.

Thostrup nutzt jede kleinste Gelegenheit aus. So oft das Unwetter nur etwas nachläßt, dreht er seitlich ab aufs Land zu. Setzt der Sturm aufs neue ein, dann geht's wieder mit der Nase entgegen. Ganz allmählich bringt er uns so ans Ufer. Endlich!

Und gerade, als wir zwischen den Steinen einliefen, hörte das Unwetter plötzlich auf, nur ein paar kleine Stöße kamen noch über den Felshang herab — dann wurde es ganz still.

Wir gaben es aber doch auf, weiter mit dem Boote in den Fjord hineinzudringen. Einerseits war die Zeit sehr vorgerückt. Wir hatten die Entfernungen unterschätzt; die Fjordmündung lag etwa $3^1/_2$ Meilen vom Zeltplatz entfernt, und wir waren jetzt zwei weitere Meilen in den Fjord hereingekommen, ohne sein Ende sehen zu können. Also $5^1/_2$ Meilen bis zum Zeltplatz, und es war schon später Nachmittag. Andererseits durften wir uns auch nicht ohne zwingenden Grund einer solchen Fahrt wie der eben überstandenen aussetzen. Wir deponierten also einigen Schlittenproviant für die auf dem Herbsteis zu unternehmenden Reisen, und dann gingen Mylius und ein paar andere auf der Steinhalde längs des Fußes der Felsen ein kleines Stück in den Fjord hinein. Aber sie kamen nicht so weit, daß sie das Ende des Fjords oder das Inlandeis sahen.

Als sie nach ein paar Stunden zurückkehrten, fanden sie uns anderen schlafend auf einer Stelle, wo die Sonne durch eine Kluft in der Felswand auf der anderen Seite des Fjords auf die Steine schien. Unsere Kleider waren fast trocken geworden. Wir brachen eine von den Kisten auf und nahmen uns eine tüchtige Mahlzeit heraus. Dann warteten wir noch eine Stunde auf Jarner, der von Berufs wegen ausgegangen war, und als er endlich kam, dampften wir in aller Ruhe zum Fjord hinaus. Drinnen war das Wasser jetzt vollständig still, aber vor der Mündung stand eine schwere Dünung, so daß das von dem Zoologen geplante Abschrapen des Meeresgrundes mit dem Schleppnetz als zu gefährlich aufgegeben werden mußte.

Erst nach vierundzwanzigstündiger Fahrt kamen wir nach dem Zeltplatz zurück.

Ach, du mein Schlafsack, welche Reize in der Welt können mit deinen verglichen werden, wenn man, gefüllt mit Blutpudding, Preßsülze, Sardinen und Kaffee mit Schiffszwieback, in deiner geheimnisvollen Tiefe verschwindet! Ach — diesmal schlief ich in dir fast sechzehn Stunden in einem Zuge. Und keiner kam, der uns gestört hätte.

Das war am 25. August.

— —

Na — ich zeichnete also dort meine Küstenrisse; aber natürlich blieb ich auch da, als ich mit ihnen fertig war. Die Landschaft und das ganze Leben dort übten einen allzu starken Reiz auf mich aus.

Mylius-Erichsen unternahm zusammen mit den Naturforschern eine Menge Ausflüge und durchstreifte die Gegend gründlich. Auf einem dieser Ausflüge stießen sie auf Moschusochsen.

Als ich eines Tages ganz allein bei den Zelten saß und malte, kam gerade eine solche Abteilung zurück, nachdem sie fast einen Tag und eine Nacht fort gewesen war. Ich sah schon von weitem, daß sie schwer beladen waren, und lief ihnen entgegen, um zu sehen, was los war. Es zeigte sich, daß sie Moschusochsenfleisch brachten, schwere Keulen und gewaltige Fleischstücke lagen auf ihren Nacken, sie schleppten sich vorwärts und konnten kaum noch atmen. Sie erzählten, daß sie ungefähr 2 Meilen vom Zeltplatz die Ochsen gefunden, eine Herde von etwa 20 Stück, und 7 von ihnen erlegt hätten. Peter hatte von einem kleinen Berge drüben auf der großen Ebene im Norden mit seinem Glas sonderbare, graue Klumpen entdeckt, die er zuerst für Feldsteine hielt; aber als sie sich zu bewegen anfingen und über einen kleinen Schneehügel glitten, stimmte er ein Freudengeheul an. Alle Mann griffen zu den Ferngläsern. — Ja, da gab es keinen Irrtum. Im Sturmlauf ging es jetzt hinüber nach dem kleinen Höhenzug, wo die Tiere grasten, und man hatte das Glück, im Schutze eines Bergabhanges ziemlich nahe an sie heranzukommen. Als Peter, der zuerst kam, den Kopf über den Rand steckte, sah er einen gewaltigen Stier wenige Meter vor sich da oben stehen, aber der entdeckte ihn sofort und machte sich in vollem Galopp davon, bevor einer dazu kam, einen Schuß abzugeben. Doch etwas weiter weg sammelte sich die ganze Herde wieder, die sich ebenfalls mit auf die Beine gemacht hatte, und jetzt kam man kriechend auf gute Schußweite heran.

Nach ihrer Beschreibung mochte Koldewey mit seiner Darstellung von dem „Spannenden" bei dieser Jagd wohl recht haben. Die Tiere benahmen sich fast genau so wie eine Herde Schafe. Sie stellten sich in einem Klumpen auf und wandten die Köpfe den Angreifern zu, und so standen sie und stampften mit den Vorderbeinen, bis man auf sie schoß, worauf die, die nicht gefallen oder durch die Kugel im Leib in allzu großes Erstaunen versetzt waren, ein Stückchen weiter liefen, um dann wieder stehen zu bleiben. Schließlich nahm aber doch der Schrecken überhand, sie nahmen Reißaus und verschwanden vollständig.

Die Sieben, die auf dem Platze geblieben waren, fielen alle auf Blattschuß. Wurden sie anderswo getroffen, so brummten sie nur, aber blieben stehen. Ein großer Stier stand lange da und erhielt eine Kugel nach der anderen in Kopf und Rumpf; erst als Tobias direkt neben ihn trat, ihm den Büchsenlauf aufs Blatt setzte und losdrückte, fiel er endlich.

Wir wußten also jetzt, daß Moschusochsen da waren, aber wir waren auch im klaren darüber, daß sie nur in sehr geringer Zahl vorhanden sein konnten und im Vergleich mit dem, was von den Walrossen zu erwarten war, kaum irgendwelche praktische Bedeutung für uns als Hundefutter erhalten würden. Nachdem wir 14 Tage an dieser Stelle gewesen waren, die sich vorzüglich als Aufenthalt für diese Tiere zu eignen schien, und nach zahlreichen Ausflügen nach allen Seiten hatten wir nur diese eine Herde angetroffen. Das war nicht gerade ermunternd.

Die folgenden Tage hatten die Jäger schwere Touren zu machen: zwei Meilen hin und zurück, den Rückweg mit schweren Fleischstücken und Häuten beladen. Aber für uns alle gab es einige herrliche Mahlzeiten: Suppe und gekochtes Moschusochsenfleisch, das ganz vortrefflich schmeckte. Von dem viel verrufenen Moschusgeschmack merkten wir nichts, das Fleisch war vorzüglich und mürbe, und die Suppe besser, als irgendeine andere, die ich je daheim bekommen habe. Wie das Fleisch eines alten „Moschusstieres" in der Brunstzeit auf den Gaumen wirkt, davon kann ich natürlich nicht mitreden. Dergleichen bin ich nicht ausgesetzt worden.

Während unseres ganzen Aufenthalts dort sahen wir trotz verschiedentlicher Nachforschungen nichts mehr von der Herde, die wahrscheinlich geflüchtet war und sich weiter nach dem Rande des Inlandeises zurückgezogen hatte. Und neue Herden trafen wir auch nicht.

Auf diesen Streifzügen, die häufig unternommen wurden, lernten wir allmählich das Land ganz gut kennen und wurden in der Gegend so bekannt, daß bald kein Vorsprung, keine Kluft und kein großer Stein uns fremd war. Ein schönes Land war es mit den weiten Heideflächen und den hohen Bergen um den großen Süßwassersee herum, von dem ein gewaltiger Elf, der größte, der in Grönland gefunden ist, seinen Ausfluß in das Meer hatte — in ein Meer, das so hochsommerblau wie der Limfjord an einem Julitag sein konnte. Das herrliche Wetter begünstigte die Arbeit in hohem Grade, früh und spät waren wir auf langen Fahrten ringsherum unterwegs, und nur äußerst selten waren alle Mann bei den Zelten versammelt.

Die flache, sandige Landzunge, auf der wir wohnten, bildete den südlichen Ausläufer eines flachen, lehmigen Landes, das vor Jahrhunderten der Boden am Ausgange eines mächtigen Fjord gewesen war, der jetzt durch die Hebung des Landes seine Verbindung mit dem Meere verloren und sich im Laufe der Zeiten in einen Süßwassersee verwandelt hatte. Unsere Theorie, daß der See mit dem Meere in Verbindung gestanden habe, wurde zum Überfluß dadurch bestätigt, daß wir eines Tages an seinem Ufer ein kolossales Walfischgerippe fanden, von dem einzelne Teile später nach dem Schiffe gebracht wurden. Der See hatte seinen Ablauf durch den breiten und wasserreichen Fluß, der dicht bei der Landzunge in die Bucht mündete. Der „Große See“, wie wir ihn nannten, — später bekam er den Namen „Seehundssee“, weil wir einmal einen Seehund in ihm vor dem Auslauf des Flusses

Aussicht über den „Großen See“.

schwimmen sahen, durch den er vermutlich beim Fischfang hineingekommen war — hatte gleich wie der Mörkefjord ausgesprochen grönländischen Fjordcharakter, er hatte steile Wände und schnitt tief in das Land hinein; wie tief, das wußten wir noch nicht, da uns Mittel fehlten, ihn zu befahren und sein Ende zu erreichen. Ein eines Tages gemachter Versuch, den Fluß hinaufzurudern, um mit dem Boot in den See zu kommen, mißlang infolge der heftigen Strömung. Wir mußten die Untersuchung des Sees aufgeben, bis die Eisdecke des Herbstes uns eine Schlittenbahn auf ihm schaffte.

Der See, der ungefähr in nordwestlicher Richtung von der Landzunge lag, war anscheinend größer als der Mörkefjord. Seine Südseite wurde von einer wilden Gebirgslandschaft begrenzt, die in die Hochebene überging, in die der Mörkefjord hineinschneidet. Im Norden von uns war die Landschaft mehr moutonniert und von breiten Tälern durchkreuzt, die mit Heidekraut bewachsen und von kleinen Bächen durchströmt waren. Im Osten ging dieses Land in die wellenförmigen Höhenzüge über, die dann, ohne ihren Charakter sonderlich zu verändern, in das einige Meilen östlicher liegende Land beim Danmarkshafen verliefen. Während wir im Süden zwischen den Orientierungsinseln und dem Festlande offene Aussicht über das Meer hatten, war im Westen die Aussicht durch diese ausgeprägte Plateauland-

Der große Fluß, genannt „Lakseelf" (Lachsfluß).

schaft mit den tiefen, scharfen Einschnitten versperrt. Vom Inlandeise sahen wir von hier aus auf keiner Seite etwas.

— —

Herrliche Tage verbrachten wir dort auf der Walroßspitze, helle, sonnige Sommertage mit allen Freuden, die ein Mann sich denken kann, wenn seine Arbeit mit dem in ihm wohnenden Drang, unter freiem Himmel herumzustreifen, und mit seiner Lust, als Vollblutnomade zu leben, zusammenfällt. Und jetzt liege ich hier im Zelte und denke an die dort verlebte goldene Zeit.

Ich denke an die Jagden auf Hasen und Schneehühner zurück und an die lukullischen Gelage, die sie im Gefolge hatten, — ich erinnere mich auch unseres mißglückten Versuchs, in dem Flusse Lachs zu fangen, und an unser Erstaunen, als wir kamen und nachsahen und statt Lachs Eisenten im Netze gefangen fanden. Raubmöwen und Falken umkreisten dort die Zelte, Schwärme von Eisenten jagten den Strand entlang, Lummen und Eiderenten schrien Tag und Nacht hoch über dem Lande, während blaue und weiße Füchse unten am Strande zwischen den verfallenen Eskimowohnungen herumschlichen.

Ja, die Eskimoruinen — daß ich sie nicht vergesse! Bereits früher hatten wir, näher beim Schiffshafen, Spuren von Eskimos in Gestalt

Ruine einer Eskimo-Winterwohnung.
Im Vordergrunde der Eingang.

von Zeltringen, Fuchsfallen und Fleischgruben angetroffen. Wie lange es her war, daß diese Wohnungen verlassen waren — und warum —, darauf gab es im Augenblick keine Antwort. Wir fanden hier eine Menge Ruinen und außerdem die bereits erwähnten Winterwohnungen. Das Land muß, nach allem zu urteilen, einst recht bevölkert gewesen sein.

Die hier liegenden Winterwohnungen wurden von Mylius-Erichsen ausgegraben. Es zeigte sich dabei, daß sie bereits seit vielen Jahren verlassen waren. Der Typ war derselbe, der seinerzeit von Koldewey 30 bis 40 Meilen südlicher gefunden wurde. In den Wohnungen fanden sich Geräte, Pfeil- und Harpunenspitzen, kleine Fellfetzen von Kleidungsstücken, Specklampen, die gewöhnlichen Spielzeugfigürchen und viel anderes. Eine Meile westlich von unserem Zeltplatz fanden wir auf einer Strecke von etwa einer Viertelmeile nicht weniger als 14 Zeltringe, 5 Winterhäuser und 8 Fleischgruben.

Hier hatte einmal reges, buntes Leben geherrscht, und jetzt — wie still und öde!

Eine Fleischgrube der Eskimos.

Und aus welchem Grunde sind die Eskimos so vollständig verschwunden? Die Vermutung hat die größte Wahrscheinlichkeit für sich, daß eine fürchterliche Hungerperiode als Folge einer Reihe von schlechten Jagdjahren ihr Schicksal entschieden hat. Das Eis ist einige Jahre hintereinander nicht aufgebrochen. Der Seehund und das Walroß sind weggeblieben und der Bär mit ihnen — und dann sind sie einer nach dem andern und haufenweise längs der Küste umgekommen. Denn wenn der Seehund fortbleibt, verlieren die Eskimos jede Möglichkeit, ihr Leben zu fristen. Der Bär folgt unweigerlich dem Seehund, und der Moschusochse und das Renntier sind nicht in dem Maße eine Lebensbedingung für die Eskimos, wie die Tiere des Meeres. Vielleicht können ja auch die Moschusochsen und Renntiere einige Jahre verschwunden gewesen sein. Wenn auch der Grund für das Verschwinden der Eskimos nicht sicher feststeht, so ist doch diese Erklärung

Zeltring.

die wahrscheinlichste. Es ist jedenfalls lange her, seitdem die Katastrophe eingetreten ist; denn die Winterwohnungen, die wir gefunden haben, sind sehr alt und verfallen — und dazu gehören viele Jahre in diesem Klima —, und die Geräte sind meistenteils stark verwittert.

Nur ein einziges Mal hat man auf der Ostküste nördlich von Angmagsalik Eskimos angetroffen, nämlich im Jahre 1822, als Scoresby eine kleine Schar auf der Claveringinsel traf. Er kam jedoch gar nicht mit ihnen in Berührung. Sie flüchteten entsetzt vor den weißen Männern, als eine von den Büchsen der Matrosen aus Versehen losging, während man sich ihnen näherte. Was sie von Geräten in den Händen hatten, warfen sie von sich, um schneller wegzukommen. Diese Sachen sammelte Scoresby auf und nahm sie mit sich, zum Entgelt ließ er einen Teil von seinem Werkzeug zurück. Später sah er nichts mehr davon.

Seitdem hat man niemals auf der ungefähr 600 Meilen langen Strecke zwischen Angmagsalik und Kap York Eingeborene angetroffen. Aber überall, wo diese Küste bereist ist, hat man Spuren von ihnen in Gestalt von Wohnungen, Geräten und Gruben gefunden.

Und gleichwohl gingen wir jetzt doch hier oben herum und fabelten von der Möglichkeit, daß wir vielleicht doch in dem nördlicheren Teil des Landes auf Eskimos stoßen könnten. Wer weiß, vielleicht hatten sie oben im Norden sich besser durchgeschlagen, und vielleicht waren die Eis- und Jagdverhältnisse besser da oben. Es war nicht sehr wahrscheinlich, aber hoffen konnte man ja immer!

— —

Die Jagd auf die Moschusochsen hatte noch eine andere wichtige Begebenheit im Gefolge, die bei uns auf dem Zeltplatz lange Zeit die Gemüter in Bewegung hielt. Wie oft hat nicht Peter von dem seltenen Ereignis erzählt, als er zusammen mit Manniche oben bei dem Fleisch der erbeuteten Moschusochsen lag — eingewickelt in die rohen, eben abgezogenen Häute — und Nächte hindurch auf den Polarwolf lauerte, dessen Spur sie schon lange dort in der Nähe gefunden hatten. Wie der Wolf, nachdem er sie einmal über das andere gefoppt, während sie in den nassen Häuten lagen und vor Spannung und Kälte zitterten, dann endlich eines Nachts nahe genug herankam und sich in den Bereich der Büchse wagte, wie dann Manniche — voll bis an den Hals von dem großen Jägerklababberich — „ruhig" gezielt und ihm die Kugel gerade aufs Blatt gesetzt hatte, „der Teufel tret' mir in den Bauch" — wie er da rollte, als er getroffen!

Und wie andachtsvoll betrachteten wir nicht dieses prächtige Tier, als sie es nach dem Zelte geschleppt hatten und uns vorzeigten — war es doch höchstens der siebente oder achte Polarwolf, den zu erwischen bisher überhaupt gelungen war, ein seltenes Tier, von dessen Existenz man noch vor ganz wenigen Jahren daheim keine Ahnung hatte.

— —

Ein erlegter Polarwolf.

Es ist schwer, alle Erinnerungen an diese frischen Tage auseinander zu halten; aber gesammelt hinterlassen sie bei mir den Eindruck, daß es die sorglosesten und glücklichsten Tage meines Lebens waren.

Nur von einer Erinnerung an jene Tage möchte ich gerne frei sein, ich möchte wünschen, daß die Sache nicht geschehen wäre. Das ist die Erinnerung an jene Nacht, als mein Walroß und ich uns trafen, als wir beide uns gegenüber standen, ganz allein auf dem weiten Strand — auf der einen Seite mein eigenes privates Walroß, auf der anderen Seite sein eigenes privates, unabwendbares Schicksal.

Ich fühle es noch warm um meine Füße herumlaufen, wenn ich an jenen Morgen denke, als ich in seinem Blute stand und in sein Fleisch hineinschnitt ...

Ich war ganz allein bei den Zelten. Es war zur Mitternachtszeit; Drinnen im Zelt, wo ich lag, war es so vollständig still, daß ich meine Uhr in der Westentasche ticken hören konnte. Ich hatte gelesen. Nachdem ich den ganzen Tag über gemalt hatte, erholte ich mich nach meiner selbstzubereiteten Abendmahlzeit, indem ich in Goncourts ,,Aphorismen" blätterte. Die Kameraden waren alle ausgeflogen, um Moschusochsenfleisch zu holen, und ich erwartete sie erst in den Morgenstunden zurück.

Jetzt lag ich schläfrig auf dem Rücken und suchte herauszufinden, was für ein Schatten sich dort auf der Zeltwand bewegte; er drehte sich herum, und bei jeder Umdrehung fuhr eine lange Zunge aus ihm heraus und leckte ganz bis in die äußerste Ecke des Zeltes. — Schließlich fand ich heraus, daß es der Schatten eines geschossenen Falken war, der draußen an einem der Zelttaue hing und sich im Winde drehte, wobei sein einer gebrochener Flügel vom Leibe abstand.

Als ich dieses Problem gelöst hatte, sank ich, zufrieden mit mir selbst, in einen „traumähnlichen Zustand", der wahrscheinlich einen Augenblick darauf in ein melodiöses Schnarchen überging.

— Aber plötzlich saß ich aufrecht da, meine Hand griff nach der Büchse — und ich bekam den Primus zu fassen, der umfiel. Dann wälzte ich mich aus meinem Fell hinaus — meine Augen waren vom Schlaf noch geblendet —, rollte zur Zeltöffnung hin, wo ich endlich die Büchse an der Wand aufgestellt fand. Ich fuhr zur Tür hinaus und fiel so lautlos, wie es unter den obwaltenden Umständen möglich war, zwischen acht Proviantblechkisten hin, wo ich dann geduckt liegen blieb, während ich still und innerlich in drei Weltsprachen fluchte.

Jetzt war mir freilich klar, was da los war; das, was mich geweckt hatte, war ein Posaunengeschmetter, schlimmer als das, womit einst die Juden die Mauern Jerichos niederlegten. Hätten die Juden für dieses Stück Arbeit Walrosse angewandt, wäre es sicher rascher von der Hand gegangen, als wie in den alten Schriften gemeldet wird. Und was den Schriftsteller angeht, der die Verantwortung für das Erscheinen des Buches Hiob trägt, so darf ich behaupten, daß er, wenn er persönlich ein Walroß gekannt hätte, den Leviathan nach der Gestalt des Walrosses und nicht nach der des schweigsamen, indolenten Krokodils geformt haben würde.

Was hier jetzt von Sekunde zu Sekunde mein Ohr traf, war das schlimmste Höllengebrüll, und ein Sausen und Schnauben folgte ihm, als wenn die Berge selbst dort vor mir Atem holten.

Und wo war es denn eigentlich? Ich lag da, geduckt und zitternd, und wußte nicht, von welcher Seite es dem Weltgericht gefiel, über mich herzufallen.

Ja — dort! Gleich hinter den aufgestapelten Proviantkisten unten am Strande, wenige Meter von mir entfernt. Ich sah es durch eine Spalte zwischen den Kisten; es kam gerade auf mich zugestiegen, und es sah ungeheuerlich aus in den Strahlen der niedrig stehenden Sonne. Es glänzte noch von dem Wasser, das an ihm herabtroff, die Nasenlöcher flogen und der mächtige Kopf mit den langen Stoßzähnen schwang sich über den Kisten hin und her.

Schwerfällig schob es sich auf die Steine herauf in seiner ungeheuren Unbehilflichkeit, mit dem rohen Rätsel der Urzeiten in den kleinen Augen, ein Monstrum aus der Vorgeschichte der Erde — Antediluvium, eine barocke Mißgeburt eines Einfalls, gezeugt im Gedröhn zwischen der Dünung und den Klippen.

Und wenige Schritt vor ihm lag ein blanker Stahllauf von Sauer & Sohn in Suhl — mit einem Punktum für seine Entwicklung im Innern.

In meinem exaltierten, halbwachen Zustand vergrößerte sich alles, das Tier erschien kolossal, in dem roten Lichte der Mitternachtssonne wurde sein Äußeres schreckerregend. Tod und Teufel! Habe ich denn statt des Gehirns ein paar wollene Handschuhe im Kopfe? Ich muß ja die Festung verteidigen, sonst kommt es herauf und macht das Ganze dem Erdboden gleich, walzt mich aus dem Dasein hinaus. Es geht auswischend über mich hin mit seinen dreitausend Pfund Radiergummi!

Ich hatte eine Bremckenkugel in der Büchse. Das ist ein schweres, zylinderförmiges Projektil, das zum Hagellauf paßt, ungefähr $^3/_4$ Zoll lang und wohl etwa $^1/_8$ Pfund schwer. Und dann guckte ich an dem

Lauf entlang auf das rechte Auge der Bestie und befahl meinem Gott meine Seele ...

Im nächsten Augenblick barst die Erde, und der neue Leviathan fuhr in einer Feuerwolke ins Meer.

Ja, wahrhaftig! Weg war es. Ich sah hinter ihm ein Kielwasser wie von einem Torpedoboot. Längs des Strandes ging es dann in der Richtung auf die Landzunge, und ich auf Strümpfen hinterher. Ich flog am Strande entlang.

Die toten Tiere lagen da auf der äußersten Spitze wie große braune Klumpen; sie glichen, wie sie so im Sande dalagen, niedrigen Häusern, wie man sie in den Dünen an der Westküste Jütlands findet, Häusern, deren moosbewachsene Dächer ganz bis zur Erde reichen. Einem Dorf glichen sie — einem Totendorf.

Draußen steuerte mein Walroß. Sein Kielwasserstreifen leuchtete längs des Strandes in der Richtung auf die äußerste Spitze; dort angekommen, schwenkte es in einem Bogen aufs Land zu, und dort sah ich bald seinen Kopf über der Wasserfläche hervorkommen, indem es versuchte, auf den Sand heraufzukriechen. Jetzt wußte ich es, es stand schlecht mit ihm — jetzt hatte ich es.

Ich war ungefähr gleichzeitig mit ihm angekommen und warf mich nun hinter eines von den toten Tieren, um zu sehen, was es machen würde, und auf eine günstige Gelegenheit zu warten. Der Geruch war hier entsetzlich. Das Tier, an das ich mich heranpressen mußte, um verborgen zu bleiben, quoll durch das Gas der Eingeweide in großen Beulen auf, und ab und zu hörte ich ein brodelndes Geräusch, wenn die Luft sich durch diese Blasen einen Weg bahnte.

Ich hatte in der letzten Zeit oft gesehen, daß Walrosse, die hier auf ihre gewohnte Ruhestätte hinaufkriechen wollten, entsetzt sich wieder ins Meer stürzten, sobald sie da oben in die Nähe der toten Tiere kamen. Keines war ganz oben gewesen und hatte sich zur Ruhe gelegt, seit die Stätte diesen Kirchhofscharakter erhalten hatte.

Dieses Walroß ging hinauf. Es hatte vielleicht das Gefühl, daß es hier zu Hause sei; es wollte sich schön in Reih und Glied mit den anderen legen, es sorgte selbst für ein ordentliches Begräbnis. Langsam und wackelnd kam es näher, während sein Kopf müde mehr und mehr auf den Sand hinabsank.

Dann machte es halt und begann zu schwanken; aber kurz darauf nahm es sich zusammen, und sein Bewußtsein kehrte stoßweise, gleichsam im Takt mit seinem langsamen Pulsschlag, zurück. Ruckweise richtete es sich empor, Zoll für Zoll, bis es hoch erhoben auf den Vorderflossen dastand und vorwärts blickte.

Es war unmöglich, es von der Stelle aus, wo ich lag, richtig vor die Büchse zu bekommen; aber das wurde auch überflüssig. Im nächsten Augenblick stieß es einen tiefen Seufzer aus, warf sich mit aller Gewalt

Flüchtendes Walroß.

nach vorne und hieb die Stoßzähne bis an den Schaft in den steinhart gefrorenen Sand hinein. Da lag es nun.

Ich lief, so schnell ich konnte, zu ihm hin. Es lag im Sterben; aber es wurde ihm schwer. Ein konvulsivisches Zucken durchschüttelte es, es begann beim Kopfe und fuhr in Wellen über seinen gewaltigen Körper hin. Oh, der Anblick war nicht auszuhalten.

Dann ging ich zu ihm hin, setzte den Büchsenlauf an seinen Nacken und drückte ab. Da wurde es ganz still.

Aber aus dieser letzten Schußwunde kam ein Blutstrahl, so dick wie ein Finger, auf mich zu herausgefahren. Der Strahl flog eine Elle weit in den Sand, und dort plätscherte er in einer großen Pfütze empor. Der harte Sand sog die Feuchtigkeit nicht auf, das Blut breitete sich weiter und weiter nach den Seiten hin aus und wurde zu einem sonnenklaren Beweis gegen mich, zu einer überzeugenden, fürchterlichen Anklage. Und ich sah den Schein der Mitternachtssonne in diese Pfütze hineinfallen — und Schaudern ergriff mich vor der Röte, die über dieser Erscheinung lag. Ich wandte ihr den Rücken zu und ging einige Schritte weg, um sie nicht zu sehen — aber von hinten traf das pladdernde Geräusch stetig mein Ohr.

Wie ich mich hier mit dem großen, toten Tier so allein fühlte — allein mit ihm in der ganzen weiten Welt! Und der Gedanke an ein Unglück kam über mich, an ein grenzenloses Unglück, das niemals abgewehrt werden konnte.

Ich stand lange so, und andauernd schallte durch die entsetzliche Stille dieses Pladdern an mein Ohr, und wenn ich mich umwandte, sah ich, wie die Blutpfütze wuchs und sich in kleinen Stößen über den Sand hin auf mich zu ausbreitete — auf mich zu.

Da wurde mir angst! Und ich lief weg nach dem Zelt, kroch hinein und band die Tür hinter mir zu, sperrte sie zu vor diesem Anblick und diesem verfluchten Laut. Dann warf ich mich auf die Felle und schlief.

Denn sieh — ich war ein Mensch unter den Tieren ...!

— Erst am nächsten Morgen um 7 Uhr wachte ich bei der Rückkehr der Kameraden auf. Sie waren todmüde und legten sich sofort zur Ruhe. Vorher erhielt ich aber ein Stück Seil von Peter, um das Walroß damit zu vertäuen, da ich fürchtete, daß die Flut, die bald ihren höchsten Punkt erreichen mußte, es mit sich reißen würde. Es lag nämlich mit den Hinterflossen dicht am Wasser, als ich es verließ, und da war es Ebbe. Ich nahm einen kleinen Bootsanker mit, um es daran zu vertäuen, und eilte hinaus.

Es war ein frischer Wind und kühle Morgenluft. Die Flutwelle führte längs des Strandes dünne Eisflächen mit sich, die sich im Laufe der Nacht gebildet hatten; sie glitten mit einem feinen, schleichenden Laut an den Steinen vorbei.

Als ich hinauskam, lag mein Walroß 5 Ellen vom Lande, bereit, bei der ersten Gelegenheit wegzutreiben; es rollte schon hin und her. Ich zog mit der größten Geschwindigkeit die Kamikken und die Hosen aus und watete zu ihm hinaus. Das dünne Eis brach leicht, aber es schnitt mit den scharfen Kanten, wenn das Wasser es vorübertrieb.

Als das Wasser mir bis zur Mitte der Schenkel ging, war ich so nahe, daß ich das Tier mit dem großen Messer, das ich mitgenommen hatte, erreichen konnte. Ich hieb drei-, viermal mit dem Messer zu — ja, danke sehr! Nicht die geringste Schramme. Ich griff mit beiden Händen fest um das Messerheft und hieb zu — nein! Ich bombardierte das Tier mit Messerstichen, richtete mich hoch auf und ließ mein ganzes Gewicht auf das Messer herabfallen —: ich hinterließ kleine Vertiefungen in dem Tier, das wie ein Sack nachgab; aber Löcher — keineswegs. Ich hatte ein vollständig stumpfes Messer mitbekommen.

Da soll doch auch der Teufel! — Die Kälte in meinen Beinen hatte mich ganz rasend gemacht. Aber die Raserei nahm nach und nach ab, als die Kälte im Körper emporstieg. Und bald wurde ich so vernünftig, daß ich mein kleines scharfes Taschenmesser hervorholte und ruhig und bedächtig einen Riß in den Rücken des Tieres hineinzuarbeiten begann. Es gelang. Als das Messer zwanzig- bis dreißigmal seine Wanderung gemacht hatte, ging es durch die zolldicke Haut hindurch und in die Speckschicht darunter hinein.

Aber was in aller Welt ist das denn jetzt. Beide Füße fangen an, mir weh zu tun. Ein Wärmegefühl steigt durch sie herauf und peinigt mich, ruft die Empfindung in den toten Nerven wieder ins Leben zurück. Ich schiebe das Eis bei meinen Beinen zur Seite und siehe da — der Grund dort unten ist dunkelbraun vom Blut. Ich stehe gerade bei der Schußwunde in seinem Kopfe, und warmes, dickes Blut rinnt jetzt nach sieben Stunden noch heraus, ein gleichmäßiger, langsam fließender Strom, der gleich einer fetten Natter herausgleitet und sich um meine Füße ringelt.

Uha — mir wird übel! Aber ich rette mich durch einen Sprung auf den Leib des Tieres und spüle die Füße im Wasser ab. Dann mache ich mich an den nächsten Schnitt. Als auch der fertig ist, führe ich einen Strick in den einen Schnitt hinein und zum andern wieder heraus, knote den Strick zusammen und springe an Land.

Nachdem ich so das Walroß festgemacht, zog ich die Kleider über meine im eisigen Wasser vollständig abgestorbenen Beine und lief eine Zeitlang am Strande auf und ab, um wieder Leben hinein zu bringen. Aber noch nach mehreren Stunden zeigte eine scharfe rote Linie oberhalb der Knie an, wieweit das Wasser gekommen war. Auch die Steine hatten mehrfach meine Füße verletzt, ohne daß ich es gemerkt hatte.

— —

Sie schwanden, die herrlichen Tage dort; die Zeit glitt dahin, und der Tag kam, an dem wir fort mußten, um das Fleisch und die wissenschaftliche Beute zum Schiffe zu schaffen. Das Eis begann in großen Schollen in die Bucht zu treiben, der Frost einer einzigen Nacht konnte sie hier festlegen, — und dann würden wir 7 bis 8 Meilen über Land bis zum Schiffe zu gehen haben, und so vielleicht nicht eher das Fleisch der Walrosse und Moschusochsen dorthin schaffen können, als bis die Eisfläche die Schlitten zu tragen vermochte.

Wir luden soviel ins Amdrupboot, als es nur aufnehmen konnte, und während Jarner und Tobias bei den Zelten zurückblieben, ruderten wir anderen am 2. September abends um $9^1/_2$ Uhr von der Landzunge ab und hielten auf das Schiff zu. Wir waren sechs Mann in dem Boote, Mylius, B. Thostrup, Peter Hansen, Johansen, Manniche und ich, zwei Abteilungen, die abwechselnd die drei Riemen bedienen konnten. Das Wetter war herrlich und still, und die Sonne, die bereits angefangen hatte, des Nachts hinter den Bergen im Norden unterzugehen, verschwand bald nach Antritt der Fahrt. Wir wechselten alle $1^1/_2$ Stunden mit dem Rudern ab, und auf diese Weise legten wir bis 2 Uhr nachts die $4^1/_2$ Meilen an den Orientierungsinseln vorbei bis zum Sturmkap zurück, wo das Boot im Eise festkam. Nach einer Stunde rüstiger Arbeit, wobei wir das Eis vor dem Steven zerschlagen und die großen Schollen mit den Bootshaken beiseite schieben mußten, landeten wir beim Sturmkap, wo wir die Sachen niederlegten und ein Zelt aufschlugen.

Und hier lagen wir jetzt, Johansen und ich, und warteten auf die anderen, die mit einer neuen Ladung von der Walroßspitze unterwegs waren. Wir sehnten uns namentlich nach etwas Proviant. Eine Abteilung, die tags zuvor vom Schiffe hierher gekommen war, und von der einige Mylius nach der Landzunge zurückbegleitet hatten, hatte uns nämlich fast alles weggegessen, so daß wir hier auf „halbe Ration" gesetzt waren. Unser Petroleum war aufgebraucht, und was an Brot und Butter vorhanden war, nahmen die anderen in den Taschen mit sich.

Wenn man doch nur eine Tasse Tee gehabt hätte! Kalte Küche, bestehend aus ein wenig Hackfleisch ohne Brot und Kakaopulver in kaltem Wasser ohne Zucker, das ist auf die Dauer ein herzlich langweiliges Fressen.

Um 11 Uhr am Abend des 4. kam Peter vom Schiffe, um uns abzulösen. Da er nach dem Marsche einen Wolfshunger hatte, bekam er, was wir noch an Eßwaren zurückhatten, und wir beiden anderen nahmen jetzt unser gutes Zeug und gingen zum Schiffe, um etwas Proviant nach dem Zelt hinaus schaffen zu lassen.

Ein jeder mit seinem Bündel auf dem Rücken, so marschierten wir zur Mitternachtszeit ab und überschritten eine Stunde später den

„Stormelf", der noch zu dieser Jahreszeit soviel Wasser führte, daß wir leicht bis an die Knie darin herumwaten konnten, wenn's sich so traf. Gegen 4 Uhr morgens hatten wir die zwei Meilen über die Berge bis zum Schiffe hinter uns.

Wir hatten das frohe Gefühl, „heimzukehren", als wir oben von den Höhen das Schiff wieder erblickten, die Hunde unten bellen hörten und den Rauch von der Kombüse in der Morgensonne senkrecht emporsteigen sahen. Wir witterten Hafergrütze und machten lange

Die Abteilung Koch schlägt auf ihrem ersten Lagerplatz das Zelt auf.

Beine. Bald waren wir an Bord, und das erste, was wir dort erfuhren, war die Rückkehr Kochs und seiner Begleiter vom Kap Marie-Valdemar.

Sie waren nach einem fürchterlich anstrengenden Marsch von einem ein paar Meilen südlich vom Kap Marie-Valdemar an der Küste gelegenen Punkt am Abend des 27. August zum Hafen gekommen. Die Eisverhältnisse hatten der Bootsfahrt unüberwindliche Hindernisse in den Weg gelegt, so daß die Boote nur bis zur Ankunft zum ersten Zeltplatz auf einer kleinen Felseninsel benutzt worden waren, die hart östlich vom Kap Marie-Valdemar lag und zu der man nach einer Fahrt von nur einer halben Stunde gelangt war. Hier hatte man die Boote an Land gezogen und Zelte aufgeschlagen, um günstigere Verhältnisse abzuwarten. Aber diese traten nicht ein, und die Fahrt nach dem Kap Philippe mußte daher aufgegeben werden. Man belud den mitgebrachten langen Schlitten, und 4 bis 5 Tage lang schleppte man sich nun mit diesem auf dem von gewaltigen Rissen durchfurchten Eise herum, ging auf der „Räkvedinsel“ und auf „Ile del Rosio“ an Land, kam auch ein paarmal bis zur Küste des Festlandes, aber mußte zum erstenmal den Schlitten auf dem Eise zurücklassen, da für ihn kein Weg über die Risse zu finden war. Gelagert wurde fast immer auf dem Eise.

Am 23. kehrten sie zur „Bootsinsel“ (Baadskär) zurück, nachdem Koch, unterstützt von Hagen und Lindhard, eine Anzahl karto-

Die Abteilung Koch mit dem Ziehschlitten.
Im Hintergrund die „Räkved-Insel“.

graphischer Arbeiten ausgeführt, unter anderem den nördlichen Teil von „Germanialand“ und den „Skärfjord“ in seinen Hauptzügen vermessen hatte. Da die Wasserverhältnisse auch jetzt eine Benutzung der Boote nicht zuließen, wurden diese auf der kleinen Insel deponiert, worauf man sich nach Süden aufmachte, um das Schiff aufzusuchen. Aber ein paar Meilen weiter südlich setzte am 25. das offene Meer der Weiterfahrt mit dem Schlitten ein Ziel. Sie mußten den Schlitten mit der ganzen Ladung dort zurücklassen und das Schiff auf dem Landwege zu finden versuchen.

Obwohl die Reise so beschwerlich gewesen war, waren doch die Teilnehmer mindestens ebenso begeistert für das Zeltleben wie wir, die von der Walroßspitze kamen. Die eigenen Erfahrungen, die sie auf dieser ihrer ersten Schlittenreise in Polargegenden sammeln konnten, hatten ihre Begriffe von den Verhältnissen bei einer solchen völlig umgewandelt. So z. B. hinsichtlich der Temperatur im Schlafsack. Obwohl einige splitternackt im Schlafsack gelegen hatten, war es doch vor Hitze kaum auszuhalten gewesen. Bertelsen erzählte, er habe anfänglich, wenn er, um zu malen, auch nur eine kleine Strecke vom Zelte sich entfernte, stets einen Revolver und eine geladene Büchse zum Schutze gegen Bären und andere Ungetüme mitgenommen; aber nur ein einziges Mal wurde er gestört — von einem Schneesperling, der vergnügt zwitschernd um seinen Farbenkasten herumhüpfte. Alle fanden das Zeltleben herrlich und die Kost wundervoll — ausgenommen höchstens den Pemmikan, von dessen Geschmack sie wenig Gutes zu sagen wußten.

Koch ist in eine Spalte gefallen.

Obgleich die Reise sich wegen der vielen Waken und Risse sozusagen zu einer „Wasserfahrt auf Schlitten" gestaltet hatte, hatten sie doch nur ein einziges Walroß gesehen, das plötzlich aus einem Riß vor dem Schlitten den Kopf hervorsteckte, aber sich sofort entsetzt wieder davon machte, ohne daß sie zum Schuß kommen konnten. Dagegen hatten sie das Glück gehabt, ein paar Bären zu erlegen.

Der eine dieser Bären wurde auf dem Eise in dem sogenannten „Vaagesund" (Wakensund) zwischen der Räkvedinsel und dem Festland vor dem Zelte geschossen. Brönlund hatte beim Kochen zufällig den Kopf zum Zelte hinausgesteckt. Als er ihn zurückzog, sagte er ganz ruhig: „Nun kommt Meister Petz." — Na, die anderen fuhren denn in aller Geschwindigkeit mit den Büchsen hinaus und sahen ihn in einer Entfernung von 50 Ellen gerade auf das Zelt zu gewatschelt kommen. Koch legte sich neben die anderen, die schußbereit das Wild erwarteten, um den Bären aus nächster Nähe zu photographieren; aber unglücklicherweise ging eine Büchse zu früh los, und dann folgte natürlich die ganze Salve. Der Bär versuchte zu flüchten, aber mit dem vielen Blei im Leibe war das eine schlechte Sache. Man verfolgte ihn und gab ihm noch ein paar Schüsse; dann fiel er. Bei der Verfolgung war Brönlund natürlich der vorderste — wie der Mensch laufen kann! —, und Bertelsen, der ihn einzuholen suchte, fiel in eine Spalte, in der er mit dem Bauch auf der Eiskante liegen blieb, während Brönlund schoß. Ehe der Bär verendete, gelang es ihm noch, sich in eine Wake zu werfen, aus der er nur mit gewaltiger Mühe herausgeholt werden konnte. Es war ein altes, fettes, männliches Tier von 2½ m Länge.

Den zweiten erlegte man am 23. auf dem Festlande beim Kap Marie-Valdemar. Koch, Hagen und Lindhard marschierten von Ile del Rosio über das Eis nach dem Festland, um dort kartographische Aufnahmen zu machen; da entdeckte Hagen einen Bären, dem sie sofort nachsetzten, nachdem sie die in einiger Entfernung folgenden Bertelsen und Brönlund aufmerksam gemacht hatten, so daß diese ihm den Rückzug abschneiden konnten. Brönlund machte sich sofort an die Verfolgung. Hagen und Lindhard verloren Koch und gaben die Jagd auf, als sie den Bären hinter einem Höhenrücken im Galopp verschwinden sahen. Später fanden sie aber Kochs Spur, die seitwärts aufs Land hinaufging, und Hagen folgte dieser. Als dann Lindhard allein auf einen Höhenrücken hinaufkam, sah er Koch und Brönlund nahe dem Rande eines kleinen Süßwassersees auf der Lauer liegen. Sie riefen und winkten, er machte sich auf, um hinunterzulaufen, und rief Hagen herbei. Als er bis ans Seeufer gekommen war, hörte er plötzlich dicht neben sich ein ärgerliches „Böh". Schnell hatte er die Büchse schußbereit — aber von dem Bären war nirgends etwas zu sehen. Dann aber löste sich das Rätsel, als plötzlich ein ganz deutliches Schnauben wenige Meter von ihm ihn veranlaßte, nach dem Wasser zu blicken: dort saß der Bär im See, dicht vor ihm, nur der Kopf sah über das Wasser hervor. Er trat Wasser, drehte sich herum und sah einen nach dem anderen an; er brummte höchlichst empört über die vier Männer, die sich dort um den See herumgelagert hatten und warteten, daß er herauskam.

Aber ihm war viel wohler da, wo er jetzt war, und er machte keine Miene, seinen Platz zu wechseln. Bisweilen tauchte er und schwamm unter Wasser umher, sonst saß er ganz still da und glotzte sie an. Brönlund schoß ihm schließlich eine Schrotladung ins Gesicht, um ihn in Wut zu bringen und möglichst zu einer Unbesonnenheit zu veranlassen. Das faßte er auch entschieden als Beleidigung auf, besonders als es wiederholt wurde. „Wuöh! Kann man denn hier nicht in Frieden bleiben?“ Aber er wich nicht vom Platze.

Der Bär, der zum Zelte kam.

Koch ging mit Bertelsens Revolver auf eine Eisfläche, die vom Ufer ganz nahe bis an die Stelle heranreichte, wo das Tier saß. Es galt, es so zu foppen, daß es aus seinem Wasserloch herauskam, damit man sich nicht mit ihm da drinnen abzumarachen hatte. Die anderen sahen Kochs Manöver nur ungern, sie fürchteten, nicht zum Schuß zu kommen, falls das morsche Eis unter ihm brechen und der Bär ihm zu nahe kommen sollte.

Aber dann schoß er — und Meister Petz sank leider auf der Stelle mausetot zusammen. Die Kugel war dicht hinter dem Hinterhauptsbein durchs Rückenmark gegangen.

Ich habe nie vorher gehört, daß ein Eisbär durch einen Revolverschuß erlegt worden ist. Es war ein Browningrevolver, Kaliber 6 mm.

Die Russen brauchen sie mit verderblichem Erfolge bei Attentaten. Ich empfehle sie hiermit auch für Großwild.

Am 25. war es mit der Schlittenbahn vorbei. Zwei Meilen südlich vom Kap Marie-Valdemar konnte der Schlitten nicht weiter wegen des vollständig offenen Wassers. Sie zogen ihn aufs Land und legten ihn dort mit der ganzen Ladung nieder; dann machten sie sich über Land auf den Weg, um die Stelle zu erreichen, wo das Schiff nach der Verabredung in einen Hafen gelaufen sein sollte — etwa 8 Meilen weiter nach Süden. Sie nahmen nur den notwendigsten Proviant mit, den sie in ihren Anorakhauben auf dem Rücken trugen. Nach einem anstrengenden Marsch von ungefähr 7 Meilen, auf dem die dünnen Kamiksohlen durch die scharfen Steine, die das Land hier überall bedeckten, vollständig zerschlissen wurden, gelangten sie am Tage darauf mit zerschundenen Füßen an die Küste der Dovebai, wo sie vergebens ringsum nach der bekannten Takelage spähten. Sie erreichten die Küste ungefähr an der Stelle, zu der Koldewey vom Kap Helgoland gelangte. Von dort war der Schiffshafen also durch den „Hasenfelsen" verborgen. Aber indem sie längs der Küste nach Osten zu gingen, kamen sie schließlich bis zu diesem Höhenrücken, hinter dem sie plötzlich Hundegebell hörten und bald darauf auf menschliche Fußspuren stießen.

Nach dieser Entdeckung setzten sie sich gemächlich hin und verzehrten erst einmal das Beste von dem, was ihre Anorakhauben noch enthielten — es lohnte ja doch nicht, es zum Schiff zurückzubringen —; hinterher leisteten sie sich einen Extraschlaf auf den Klippen. Dann erst setzten sie sich wieder in Bewegung, kamen über den Berg und sieh — dort lag die „Danmark"!

Brönlund, der in einem Kajak längs der Küste hinuntergeschickt war, um das Schiff zu suchen und Kunde von der Abteilung zu bringen, war durchgekommen, indem er teils in den Spalten vorwärts gerudert, teils mit dem Kajak auf dem Rücken über die Eisflächen gewandert war, bis er das Kap Bismarck erreichte, das er bestieg. Von dort entdeckte er sofort das Schiff, zu dem er lange vor den anderen gelangte.

Die Eiderentenschwärme, die Anfang September südwärts zogen, hätten daheim von einer kleinen Schar glücklicher Menschen erzählen können, die sie hier an der Küste zurückließen, Menschen, deren Körper bereits anfingen, unter den Anstrengungen sich abzuhärten, und deren Arbeit bereits begann, Früchte zu tragen; Leuten, die guten Grund hatten, von der Zukunft etwas Gutes für sich zu erwarten,

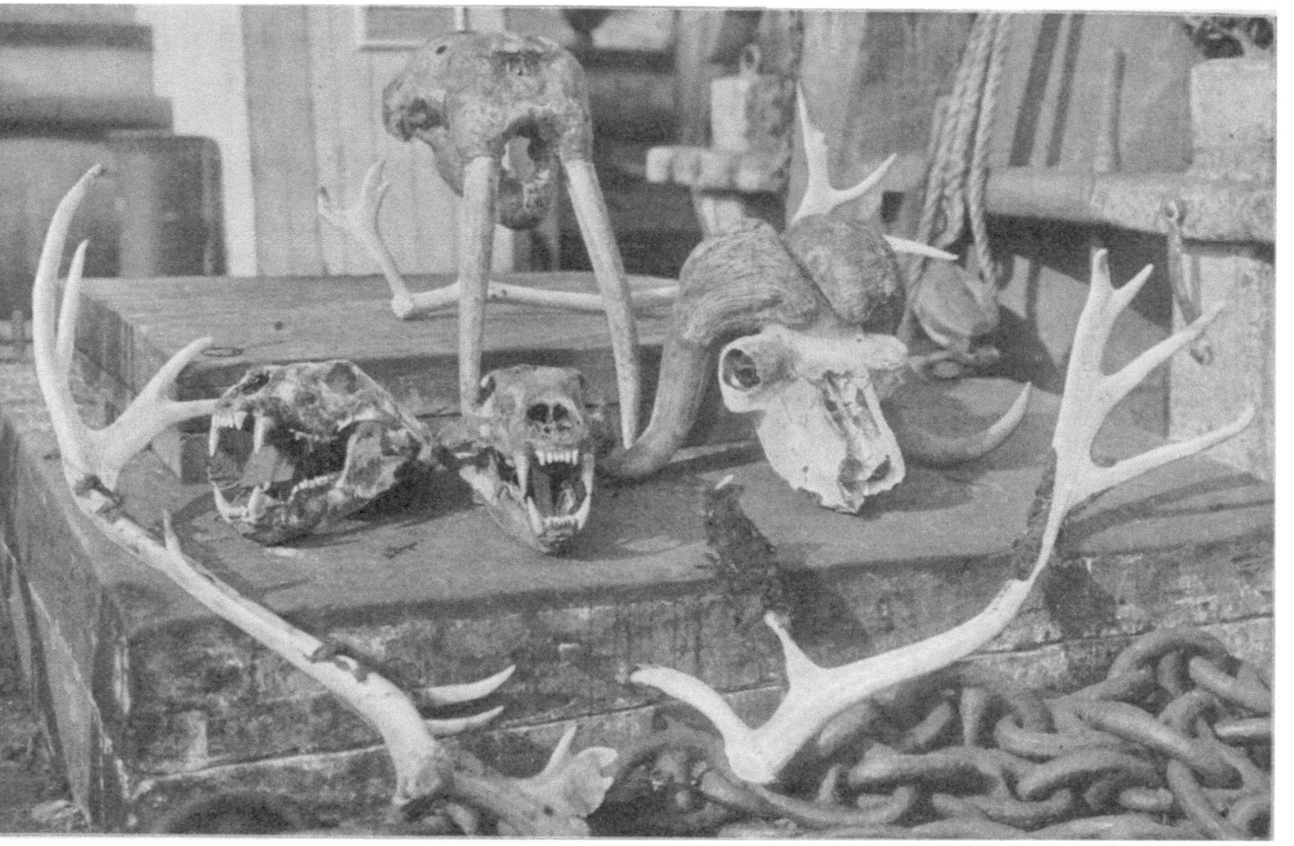

Arktisches Stilleben.

Bärenschädel. Walroßschädel. Verwitterter Moschußochsenschädel.
Renntiergeweih.

und die schon auf dem besten Wege waren, sich in dem Lande und in der Natur einzuleben, von denen der Welt einmal eine Vorstellung zu geben ihre Aufgabe war.

Der Herbst brachte eine ungeheure Geschäftigkeit, eine Menge Arbeit, die zwar meistens vorbereitender Natur war, die aber doch schleunigst erledigt werden mußte, ehe die bevorstehende Zeit der Finsternis die Arbeit behinderte. Während Mylius-Erichsens Abteilung

Das Motorboot bei dem Zeltplatz auf der Kleinen Koldewey-Insel.

sich mit dem Eise der Dovebai herumschlug, um das Fleischdepot so nahe wie möglich ans Schiff heranzubringen, wurde beim Schiffshafen das Haus am Lande gebaut und in wohnlichen Zustand versetzt. Dann hielten Koch, Lundager, Wegener und Bertelsen mit einer Anzahl wissenschaftlicher Instrumente dort ihren Einzug. Ein Observatorium wurde in der Nähe gebaut, eine meteorologische Station mit allem Zubehör erhob sich zwischen den Steinen, Schuppen zur Aufbewahrung der Ballons und Drachen wurden errichtet, und Registrierapparate wurden auf dem „Thermometerfelsen“ angebracht. Koch streifte mit seinen Assistenten in den Bergen herum. Eine Steinpyramide nach der anderen wurde auf den Bergspitzen rings um die Station herum errichtet, von der der Theodolit wie eine Spinne das Land bis zur weitesten Ferne mit seinen unsichtbaren Fäden überspannen sollte.

Und über den Sumpf, auf dem jetzt eine Basis für die kartographischen Arbeiten abgesteckt ist, und oben in den Bergen wandern der Botaniker und der Zoologe, mit der letzten Ernte des Jahres beschäftigt, während der Hammer des Geologen oben in fernen Klüften klingt und in der zunehmenden Dämmerung dem Steine Funken entlockt.

Der Bau der Steinpyramidensignale führte zu ein paar Bootsfahrten nach dem Kap Bismarck und den Koldewey-Inseln, bis das Eis solche

Segelboot im Treibeis.

vollständig verhinderte. Vorher hatten Gustav Thostrup, Weinschenck, Gundahl und Brönlund schon mit dem Motorboot eine Fahrt um das Kap Bismarck herum längs der Küste unternommen, um die von Koch und seinen Begleitern zurückgelassenen Instrumente und Zeltgerätschaften zu holen. Das Boot war bald vom Eise aufgehalten worden, so daß der größte Teil der Reise zu Fuß vor sich gehen mußte. Aber sie kamen nach Verlauf von gut 24 Stunden mit den Sachen zum Schiffe zurück. Später hatte eine Marschabteilung, bestehend aus Lindhard, Hagen, Trolle und Weinschenck, eine dreitägige Tour hinauf zu den zurückgelassenen Booten ausgeführt, um zu sehen, ob etwa eine Änderung in den Treibeisverhältnissen ihre Fortschaffung nach dem Hafen gestattete. Da aber das Fahrwasser noch immer gesperrt war, hatten sie unverrichteter Sache zurückkehren müssen.

Die erste der Reisen, die zum Bau von Steinpyramiden unternommen wurden, wurde von Koch, Hagen, Wegener und Hagerup ausgeführt. Es wurden auf beiden Koldewey-Inseln Pyramiden gebaut. Als sie am 4. September, nach viertägiger Reise, sich in der Straße zwischen den Inseln auf dem Heimwege durch das Treibeis befanden, staute das Eis sich um sie herum zusammen, und eine Planke des Bootes wurde beim Anrennen gegen eine Eisscholle eingedrückt. Das Leck wurde, so gut es ging, gestopft, aber bei dem Versuch, aus der Klemme loszukommen, hatte Hagerup das Pech, einen Bootshaken durch eine der dünnen Bootswände hindurchzurennen. Da das Motorboot schon vorher, als es auf einem Riff auf Grund geriet, einen Schraubenflügel verloren hatte, entschloß man sich, zu kapitulieren. Sie wendeten und fuhren südlich um die kleine Koldewey-Insel herum, wo sie freieres Wasser antrafen. Am Abend erreichten sie das Schiff. — In diesen vier Tagen wurden vier Pyramiden errichtet, von denen die eine 970 Meter über dem Meeresspiegel lag, es wurden 15 Meilen zu Wasser zurückgelegt und 6 in schwierigem Gelände marschiert — in der ganzen Zeit wurde zweimal im Zelt gerastet.

Mitte September raste ein paar Tage lang ein entsetzliches Unwetter mit Weststürmen und Schneegestöber über das Land. In diesem Unwetter kamen Mylius und seine Begleiter am Abend des 15. vom Sturmkap zurück, wo Knud, der in der letzten Zeit mit auf der Walroßspitze gewesen war, ein Walfischfängerboot mit einem Segel aus zwei alten Kohlensäcken getakelt hatte. Der Wind stand nämlich gerade auf die Hafenspitze zu, und das wollte Knud ausnutzen. Der günstige Wind jagte das seltsame Fahrzeug längs der Küste hin, wobei das Meer schäumend und spritzend ins Boot schlug. Als sie die Hafenmündung erreichten, mußten sie aber doch das Boot aufs Land setzen, da Knud glaubte, mit der Takelage nicht gegen den Sturm ankreuzen und um die Hafenspitze herumfahren zu können. Sie ließen das Boot mit seiner Ladung auf der Hafenspitze liegen und kamen spät abends zum Schiffe.

Tags darauf wurde der Proviantmeister durch den Sturm abgetrieben, als er im „Moses" hinausgerudert war, um einen geschossenen Falken zu holen, der wenige Meter vom Schiffe auf dem Wasser schwamm Es mußten mehrere Mann in einem Boot hinaus, um ihn zu bergen.

Trotz des Unwetters fuhr Koch am Vormittag des 15. wieder ab, diesmal zusammen mit Gustav Thostrup als Bootsführer, Hagen, Jarner, Lindhard und Bertelsen. Thostrup hatte eines der Walfischboote aufgetakelt, und obwohl sich das Eis in dem Fahrwasser südlich vom Hafen und nach den Koldewey-Inseln hinüber bereits stark zusammenstaute und das junge Eis ständig das Vorwärtskommen behinderte, legten sie doch die vier Tage lange Fahrt rudernd und segelnd in diesem Fahrzeug zurück.

Es sei hier kurz erwähnt, daß Koch auf dieser Reise das ausführte, was er sich vorgenommen hatte, nämlich den Bau einer Pyramide auf dem Kap Bismarck und die Triangulierung der auf der vorigen Reise nach den Koldewey-Inseln errichteten Pyramidensignale.

Nachdem sie, mit frischem Nordwestwind zum Kap Bismarck gelangt, dort ihre Arbeiten beendet hatten, suchten sie im Norden um die kleine Koldewey-Insel herum und weiter in die Straße zwischen den Inseln zu kommen. Aber sie hatten den Sturm gegen sich, der sie in Verbindung mit starkem westlichen Strom immer weiter nach Lee hinüber drückte und andauernd Spritzer ins Boot peitschte; sie mußten daher wenden und auf eine Senkung in der kleinen Insel zu halten, durch die sie hindurchschlüpfen zu können glaubten. Es zeigte sich indessen, daß die Senkung eine schmale, ganz flache Landzunge war, die jetzt bei niedrigem Wasser völlig trocken lag und offenbar nur während der Springflut für Boote passierbar war. Nachdem sie sich eine Weile mit breiigem Eis herumgeschlagen hatten, landeten sie auf der Landenge, schleppten Boot nebst Ladung darüber hinweg und wollten nun über die Straße nach der großen Insel hinübersetzen. Aber inzwischen frischte der Sturm weiter auf und wurde bald zu einem regelrechten Schneesturm, der sie zwang, ein Zelt aufzuschlagen.

Dort wurden sie durch den widrigen Wind bis zum 17. festgehalten und mußten die Zeit im Zelte zubringen. Sie hatten nur einen ordentlichen Schlafsack mit — einen alten Dreimännerschlafsack, in dem Hagen, Jarner und Bertelsen schliefen. Bertelsen, der in der Mitte lag, behauptet, daß kaum etwas anderes auf der ganzen Expedition ihm so schwer geworden sei, als hier im Schlafsack seinen Platz zu behaupten. Hagen und Jarner lagen beide auf dem Rücken und machten sich derart breit, daß Bertelsen schließlich oben aus dem Sack herauskam. Die anderen hatten Schlafsäcke, die aus zwei zusammengenähten Renntierhäuten angefertigt waren. Diese merkwürdigen Apparate, von Freuchen konstruiert und lange unter dem Namen „Freuchensche Tüten" berüchtigt, waren mit Recht ein Gegenstand des Abscheus und der Verachtung bei allen Teilnehmern. Es wird ja auf Polarexpeditionen überhaupt viel geflucht, aber der kernigste Teil unserer durchaus beachtenswerten Leistungen auf diesem Gebiete ist doch immer aus dem Innern dieser widerlichen Hüllen heraus geboren worden, in denen man ganz abscheulich fror.

Als das Unwetter sich legte, setzten sie durch eine reißende Strömung, die viel Treibeis mit sich führte, über die Straße nach der großen Koldewey-Insel über, wo sie sich sogleich an die Arbeit machten. Als dann am Nachmittag des 18. alles erledigt war, zeigte Koch Lust, die Reise weiter nach Süden hin auszudehnen; doch gab man das auf, da man von den Höhen her schwierige Eisverhältnisse längs der Küste nach dieser Seite hin feststellte, und ruderte abends nach der Landenge zurück. Vor dem Zelte hatte sich eine Anzahl

Von der Fahrt über die Strömung nach der Großen Koldewey-Insel.

größerer Treibeisschollen zusammengeschoben; aber es gelang doch nach einigen Anstrengungen, hindurch- und hineinzukommen.

Am Morgen des 19. sind sie bereits wieder längs der Küste der kleinen Insel unterwegs. Sie gehen dort an Land, um über die Berge zu den Pyramidensignalen zu gelangen und die letzten Messungen vorzunehmen. Vormittags gehen Koch, Thostrup, Bertelsen und Hagen nach der letzten nördlichsten Steinpyramide über ein steil ansteigendes Gelände, das schließlich in schroffe, finstere und öde Felsen ausläuft. Der Aufstieg über die steinigen Abhänge ist schwierig, und sie sehen sich nach einem Richtweg um, der ihre Kräfte nicht so stark mitnimmt; da erblicken sie plötzlich einen kleinen See, der spiegelblank und schwarz vor ihnen liegt, ein ausgezeichneter Richtweg — wenn das Eis nur trägt. Sie kommen eigentlich erst in nächster Nähe des Ufers zu der Überzeugung, daß wirklich Eis darauf ist, so spiegelblank ist es, ohne einen einzigen Bruch, ohne eine Spur von Rissen.

Es ist ein Wagestück, über das Eis zu gehen. Doch hol's der Kuckuck, es muß versucht werden! Koch erreicht zuerst das Ufer; da ruft Bertelsen ihm zu: „Lassen Sie mich vorangehen, ich bin der vorsichtigste! Aber Koch antwortet: „Nein, den Teufel auch, das sollen Sie nicht! Wenn Sie der vorsichtigste sind, dann sollen Sie zu hinterst gehen." Und er ging voran auf das junge Eis hinauf.

Der Gebirgssee.

Dann hört man zuerst nur das leise Gezischel der weichen Kamikken über der blanken Fläche. — Aber plötzlich ertönt ein Glucksen unter ihren Füßen, ein zweites folgt weiter vorn — und noch eins, ziemlich entfernt, das sich schließlich nach dem anderen Ufer zu verliert — und ein feiner weißer Streifen schießt von ihren Füßen aus. Das ist der Ton des brechenden Eises. Feine Risse strahlen blitzschnell nach allen Seiten, und langgezogene Trauertöne folgen; tiefe Seufzer steigen angstvoll vom Boden des Sees auf und wallen durch das dunkle Wasser nach den Ufern zu, wo sie zwischen den Steinen wimmern und weinen. Es ist, als wandere man auf klingenden Saiten, die übermäßig gespannt sind und jeden Augenblick springen können. Überall, wo sie gehen, schießen diese weißen Blitze unter ihren Füßen hervor und verschwinden — bis ebenso schnell die nächsten kommen —

Sie sehen durch das klare Wasser tief unten den Boden mit den großen, blanken Steinen. Nur die feinen Risse fangen den Blick, bis er in der Dunkelheit ertrinkt.

Es fängt an, ihnen nicht recht geheuer zu werden. Hagen ist umgekehrt und zum Strande zurückgelangt, wo er sich jetzt an den

Von den Gipfeln auf der Großen Koldewey-Insel.

Felsen hinaufarbeitet und den Umweg macht, während die anderen den Weg über das Eis fortsetzen. Der See erstreckt sich weit hinein zwischen die immer schrofferen Berge, die zuletzt wie senkrechte Mauern längs der Seiten stehen. Das dünne Eis ist fürchterlich glatt; da heißt es aufpassen, denn Fallen und Durchbrechen wäre hier eins. Bertelsen starrt neidvoll nach Hagen hinauf, der den sicheren Weg über die Felsen geht.

Endlich erreichten sie das andere Ufer, das sanft zu der Stelle ansteigt, wo die Pyramide liegt — und „gerettet sprangen sie auf den Strand". Natürlich triumphierten sie, als Hagen erst eine halbe Stunde später zu ihnen heraufkam.

— —

Zum Zelte zurückgelangt, waren sie, nach Einpacken der Sachen ins Boot, erst wenige Stunden vor Sonnenuntergang zur Rückfahrt zum Schiffe fertig. Inzwischen war das junge Eis im Osten der Insel so stark geworden, daß andauernd auf jeder Seite des Stevens ein Mann sitzen und das Eis zertrampeln mußte, damit sie durchkamen. Vor dem jungen Eise stießen sie auf zusammengepreßtes, breiiges altes Treibeis, mit dem noch schwerer fertig zu werden war. Große Schollen wurden von der Strömung durch dieses hindurchgetrieben und preßten es um das

Vor dem Antritt der Heimfahrt.

Boot in die Höhe, das mehreremal still lag und eine günstige Gelegenheit abwarten mußte. Inzwischen fror der Eisbrei zu einer festen Masse zusammen, und man mußte auf diese hinaus und sie durch Trampeln, Stoßen und Schlagen vor dem Boote zerschmettern. Jedesmal, wenn man mit vereinten Anstrengungen ein Loch geschlagen hatte, mußte man zur Seite springen, um nicht hineinzufallen. An einer Stelle war das Eis so schwer, daß man das Boot hinaufziehen und 50 Fuß hinter sich herschleppen mußte. Gerade als die Sonne unterging, gelangten sie endlich durch die 2 bis 3 Kilometer breite Eisbarre in offenes Wasser hinaus. Der Sonnenuntergang war so prachtvoll, daß sie für einen Augenblick alle Müdigkeit und alles Mißgeschick vergaßen. Nun wurde das Segel gesetzt, und vor gutem Wind ging es heimwärts, während sie sich so bequem, wie sie es vermochten, in dem von Kisten und Menschen überfüllten Boot ausstreckten. Ringsherum glühte das Wasser wie Feuer, und die blaugrünen Eisberge standen mit zitternden Luftspiegelungen gegen den leuchtenden Sonnenuntergang.

Aber dann brach die Dunkelheit herein, und gleichzeitig kamen sie an einen neuen Eisgürtel, der, wie sie sehen konnten, sich ganz über den Hafen hin erstreckte. Das Segel mußte herunter, und jetzt begann bei vollständiger Dunkelheit, durch die man nur weit drinnen die Laterne des Schiffes schimmern sah, der Kampf mit dem jungen Eis auf der 2 Kilometer langen Strecke bis zum Schiffe.

Anfangs schlugen sie sich noch leidlich schnell durch; aber je weiter sie sich ins Eis hineinarbeiteten, um so dicker wurde dieses, und schließlich ging es nur Fuß für Fuß vorwärts. Sie überlegten, ob sie nicht das Boot mit Zelt und Segeln bedecken, in die Schlafsäcke kriechen und den Morgen abwarten sollten. Es fand sich dann vielleicht eine Gelegenheit, übers Eis zum Schiffe zu gehen oder jedenfalls sich bemerkbar zu machen und von dort Hilfe zu erhalten.

— — — — — — — — — — — — — — — — — — — —

An Bord waren wir indessen wegen des Ausgangs dieser Bootsreise etwas besorgt gewesen. Wir sahen, wie hier im Hafen das junge Eis von Tag zu Tag stärker wurde, und wir konnten uns sehr wohl vorstellen, daß die Heimreise reich an spannenden Momenten sein mußte.

Spät am Abend des 19. hörten wir dann plötzlich draußen vom Eise her Rufe und starken Lärm, der vom Zertrümmern der Eisstücke herrührte. Da wußten wir, was los war, und liefen auf die Back, um hinauszuschauen. Aber es war unmöglich, in der tiefen Finsternis irgend etwas zu erkennen oder nach dem Lärm allein den Abstand bis zu ihnen hinaus zu schätzen. Es war windstill, Stimmen und Kommandorufe hörte man ganz deutlich, als sie nach und nach näher kamen. Schließlich konnten wir die Stimmen der einzelnen herauskennen und die Worte unterscheiden. Wir brachten eine Laterne auf die Back hinaus, um ihnen die Richtung anzugeben, und riefen ihnen zu: „Hallo, könnt ihr durchkommen?“ „Wir glauben es, aber es ist schwer.“ „Wie weit seid ihr weg?“ „Etwa einen Kilometer.“

Wir fuhren fort, einander zuzurufen. Und dann machten wir uns daran, sie mit den Namen der Gerichte aufzumuntern, die wir für sie auftischen wollten, wenn sie erst an Bord wären. Wir nannten alle ihre Lieblingsspeisen, und bei jeder neuen, die uns einfiel, hörten wir erneutes Gebrüll und rasendes Loshauen ins Eis.

Wir hatten keine Boote beim Schiffe; sie lagen am Lande, wohin wir in den letzten Tagen eine Fahrrinne offen gehalten hatten. Zu

Die Hunde am Strande. Knud füttert vom Boote aus.

ihnen hinausgehen konnten wir nicht, und außerdem dankten sie auch, als wir unsere Hilfe anboten. Das würde jetzt auch wohl überflüssig sein. Wir sahen, wie einer da draußen in einer Arbeitspause ganz ruhig ein Zündholz anstrich und seine Pfeife anzündete, und entdeckten dabei, daß sie jetzt ziemlich nahe beim Schiffe waren. Wir suchten sie wieder aufzumuntern: „Kaffee — schöner starker, warmer Kaffee und Zigarren!" — Ein furchtbares Zetergeschrei durchschnitt die Finsternis, wir mußten aufhören, damit sie nicht über Bord sprangen. Und dann begann ein Austausch der fürchterlichsten Kalauer. —

Währenddessen waren sie so nahe gekommen, daß wir das Boot als einen großen Klumpen durchschimmern und sich etwas in ihm bewegen sehen konnten. Sie standen alle aufrecht da draußen, und Riemen, Eisäxte und Bootshaken bewegten sich in der Luft auf und nieder und fielen mit Gekrach aufs Eis. Das Ganze glich einer riesengroßen Spinne, die auf langen Beinen auf uns losgekrochen kam.

Und schließlich waren sie an der Schiffsseite und wurden einer nach dem anderen über die Reling geholt.

Jensen war eifrig an der Arbeit gewesen während der Stunde, in der wir sie gehört hatten. Ein lieblicher Duft von Gekochtem und Gebratenem drang durch die Ochsenaugen in die Messe und kitzelte den Heimgekehrten die Nase — und uns natürlich auch. Wir aber durften nur dastehen und zuschauen, während die anderen abgefüttert wurden.

Ja — sie waren etwas schlapp von den Anstrengungen und gingen schleunigst in die Kojen, sobald sie sich vom Mahle trennen konnten.

— —

Das blieb die letzte „Wasserfahrt" dieses Jahres. Und je weiter die Eisdecke sich ausbreitete, desto weniger Aussicht hatten wir also jetzt auch, auf große Seetiere Jagd zu machen. Wir mußten damit rechnen, daß das Futter, das wir jetzt hatten, bis zum nächsten Frühjahr ausreichen mußte. Aber Bären konnten wir immer noch erwarten, auch hier in der Nachbarschaft. Tobias hatte eines Tages, als er im Kajak nach der Walroßspitze unterwegs war, nicht weit von hier einen geschossen; und auf seiner Rückfahrt von der Landzunge schoß Mylius neulich einen nahe beim Sturmkap. Er war gerade dabei, einige Eskimoruinen zu vermessen, als er ihn entdeckte. Seine Büchse lag etwa 40 Ellen von ihm, zwischen ihm und dem Bären; aber auf allen vieren kriechend erreichte er sie und gab Meister Petz, der seine Manöver die ganze Zeit über mit Interesse beobachtete, einen tödlichen Schuß, so daß er von den Klippen auf den Strand kollerte.

Kürzlich kam auch nachts ein Bär an das Schiff heran, gerade als ich Nachtwache hatte. Die seemännische Wacheinteilung war jetzt durch eine gewöhnliche Arbeitseinteilung ersetzt, und nur des Nachts war noch eine Feuerwache auf den Beinen.

Ich war in jener Nacht gerade an der Reihe. Es war halb ein Uhr, und ich saß in der Messe und philosophierte über dies oder das, was auf der Eismeerfahrt für Leichtmatrosen von Interesse ist, als ich plötzlich gewaltigen Lärm unter den Hunden am Lande hörte, ein Gebell —

Was in aller Welt ist das? — Ich hatte noch niemals unsere Hunde bellen hören; Eskimohunde geben sich sehr selten damit ab. Für gewöhnlich reißen sie ihr Maul nur zu langgezogenem Wolfsgeheul auf, das halbe Stunden lang dauern und einen verrückt machen kann. Aber jetzt bellten sie wahrhaftig. Es war ein kurzes, scharfes Kläffen, ein ewiges Staccato-Gebell aller hundert Bestien. Es hörte sich an, als ob etwas Entsetzliches los sei.

Ich fuhr aufs Oberdeck hinauf, wo ich durch die Dämmerung zu erkennen suchte, was drinnen am Strande vor sich ging.

Dort bei den Proviantkisten, die einen dunklen Haufen gegen die fernen Berge bildeten, sah ich die Hunde vorbeisausen. Sie liefen alle in einer Richtung am Strande entlang, und es sah in der Dunkelheit aus, als ob Tausende von ihnen da wären, die gleichsam aus der Erde hervorwimmelten; ein förmliches Heer, aber ein Heer auf der Flucht.

Aber plötzlich, als das Gewimmel vorbeigezogen war, glitt ein heller, grauer Körper an den dunklen Kisten vorbei. Er war größer, als irgendein anderes bewegliches lebendes Wesen hier unter friedlichen Verhältnissen sein dürfte. Er schritt langsam vorbei und bewegte sich auch am Strande entlang, gerade auf die Hunde los — zwischen sie hinein.

Tod und Teufel, alle die Hunde! — —

Ich stürzte hinunter und purrte Peter. „Hallo, Peter! Es ist ein großer Bär mitten unter den Hunden. Er hat 7 bis 8 Stück gefressen und macht sich jetzt an den Rest.“

Ich übertrieb etwas, um so rasch wie möglich das Daseinsbewußtsein in Peter zurückzurufen. Er war auf der Stelle vollständig wach und stand sofort in der Messe, Hosen und Wolljacke auf dem Leib und die Büchse in der Hand.

„Das ist doch gelogen!“

„Nein, das ist es weiß Gott nicht! Kommen Sie selbst und sehen Sie!“

Wir waren sofort mit unseren Büchsen im „Moses“, und Peter wrickte uns schnell aufs Land zu.

Dort war alles ein vollständiges Chaos. Der Bär stand da, bereit, hinter den Hunden her ins Wasser zu gehen. Die Hunde waren alle entsetzt geflüchtet, sie standen bis an den Hals im Wasser und bellten unaufhörlich.

Soweit wir im Dunkeln erkennen konnten, machte sich jedoch der Bär nicht viel daraus, mit den Hunden anzubinden; es sah eher aus, als genierte ihn der Spektakel. Und bald zog er auch wieder die

Aage Bertelsen: Eisberg im Hafen. September 1906.

Klauen aus dem Wasser und trabte ein Stücklein weiter am Strande entlang, wo er in Frieden sein konnte. Dann schlug er wieder die Richtung auf das Schiff ein.

Hoho, er war also gar nicht hinter den Hunden her — zum Schiffe wollte er hinaus!

In seiner riesigen Neugier nahm er keinerlei Notiz von uns beiden im Boote, die gerade auf ihn lossteuerten, sondern fing an, ganz ruhig zum Schiffe hinauszupatschen.

Dann legte ich auf ihn an. Ich konnte weder den Lauf noch das Korn sehen — zur Not die Hähne —, so dunkel war es. Und ich schoß nun bei einer Entfernung von 20 Ellen so großartig vorbei, wie ich es nie in meinem Leben getan habe. Allerdings brüllte Meister Petz fürchterlich und machte einen Luftsprung nach rückwärts, so daß er in der nächsten Sekunde auf allen vieren oben auf der Klippe stand,

7 bis 8 Meter höher. Aber das geschah wohl mehr vor Schreck. — Sofort knallte es nun von Peters Büchse dicht neben meinem Ohr — und der Feind brüllte noch einmal, schlimmer als vorher, und rollte wie ein Sack Kartoffeln hinter der Klippe hinab.

Hurra — die Wissenschaft hat gesiegt! Peter tanzt einen Negertanz, einhundert und zwanzig Hunde triumphieren!

Wir luden gleichwohl der Sicherheit halber die Büchsen, ehe wir ans Land sprangen. Denn er konnte ja übler Laune sein, wenn er, nur schwer

Die Bärenjagd auf dem jungen Eise beim Schiffe.

verwundet, auf der anderen Seite der Steine lag. Dann kletterten wir hinüber, den Daumen am Hahn, bereit, zu spannen und auf drei Ellen Abstand zu schießen. Bald schlichen wir, beide Hähne gespannt, den Finger am Abzug, auf einen großen, grauweißen Klumpen zu, der reichlich ein dutzend Schritte von uns lag. Wir kamen auch ganz zu ihm hin, ohne daß er sich davon machte. Es war nämlich eine Schneewehe.

So ging es uns noch einmal — ja viele Male. Es war alles Schnee, was nicht Stein war. Wir suchten über eine Stunde lang.

Aber er war weg.

Dann schlichen wir stumm zum Boote hinunter und ruderten zum Schiffe. Peter machte seinem Herzen durch einen kurzen Fluch über die Finsternis zur Nachtzeit auf diesen Breitengraden Luft.

„Aber das muß ich doch sagen“ — meinte er, als er Patronen und Büchse abgelegt hatte und in die Koje kroch, „daß er, wenn er, ich will nur sagen, zwanzig Ellen näher gewesen wäre, dann hätte er, der Teufel tret' mir in den Bauch, dran glauben müssen!“

Am nächsten Tage suchten wir das Terrain ab, fanden aber nur die Spur des Bären, die dem Strande nach Osten hin folgte, bis sie in einer breiten offenen Rinne endete, die das dünne Eis des Hafens durchzog.

Dies war die erste Begegnung unserer Hunde mit einem Eisbären; denn in den Gegenden Westgrönlands, wo sie her waren, gehört das Erscheinen eines Bären zu den Seltenheiten. Wir konnten also hiernach nicht beurteilen, was sie uns etwa als „Bärenhunde“ nützen konnten. Aber vorläufig konnten sie offenbar dem Bären gegenüber nur als Lockspeise dienen — wie auch unsere mitgebrachten Brieftauben, die sich in einem Bauer auf dem Deck aufhielten, bisweilen uns dazu verhalfen, einen Falken zu schießen.

Was wir sonst mit diesen armen Tauben sollten, ist mir nicht ganz klar. Sie litten schon jetzt sehr unter der Kälte und verloren bald durch die lange Einsperrung ihr Flugvermögen. Aber noch waren sie bei voller Kraft, und die beharrlichen, aber immer vergeblichen Versuche der Falken, sie zu fassen, wenn wir sie einmal hinausließen, endeten häufig damit, daß der Verfolger vom Deck aus erlegt wurde. — Ich sah eines Tages, wie eine der Tauben von einem solchen isländischen Falken verfolgt wurde. In immer höheren Kreisen wirbelten sie in die Lüfte. Die Taube stieg und stieg, den Falken mit ihren wunderlichen Schwüngen äffend, bis sie schließlich kaum mehr zu sehen waren. Aber gerade als einem schwindlig zu werden anfing, wenn man ihnen in Gedanken dort oben folgte, kam die Taube herunter. Sie sauste wie ein Geschoß; die Luft brauste um ihre gespreizten Schwanzfedern. Und hinter ihr kam im nächsten Augenblick der Falke. Es war, als wenn die Luft von zwei Säbelhieben zerhauen wurde.

Die Taube warf sich zur Seite und war drin im Schlage, der Falke aber, blind vor Wut, stürzte gegen das Gitter und stieß einen Schrei aus, einen einzigen, verbissenen Schrei, während er ins Holz hackte und seine Federn vor lauter Bosheit sich sträubten. Die Taube saß drinnen und trippelte auf dem Querholz entlang, guckte mit dem einen Auge nach oben und machte sich klein.

Dann stieg der Falke, langsam und enttäuscht, wieder in die Lüfte — und ein Schuß holte ihn herunter.

— — — — — — — — — — — — — — — — — — — —

Es waren bereits jetzt, Ende September, 14—15° unter Null des Nachts, wenn die Sonne untergegangen war; und das Eis im Hafen fing an zu tragen. Zwei Tage nach der Rückkehr Kochs und seiner Begleiter von den Koldewey-Inseln kam ein großer Bär vom Meere aus über das Eis in den Hafen hineinspaziert und steuerte gerade auf das

„Jetzt hab' ich dich gewarnt!"

Schiff los, während der feine Winterpelz im Sonnenschein leuchtete. Da wußten wir, das Eis war sicher genug. Und wir schossen ihn und schleppten ihn zum Schiff über das Eis — ein achthundertpfündiger Bär und 5 Mann auf einem Haufen.

Und jetzt wurde das Eis von Tag zu Tag dicker, und die Kälte nahm zu; sowohl an den schönen Sonnenscheintagen wie auch in den stillen, sternenfunkelnden Nächten hörten wir das Eis knarren und sich rings um das Schiff behaglich strecken, während es uns sicher einschloß und die großen Eisschollen ringsum im Hafen in seiner Umarmung festhielt.

Jetzt gibt es Schlittenbahn. Und das ist gut, denn noch ehe die Zeit der Finsternis kommt, sollen alle unsere Schlitten nordwärts mit Depots für die große Frühjahrsreise. Die Hunde wurden jetzt unter die Kutscher verteilt, jeder Mann hat für sein Gespann zu sorgen. Er koppelt das Gespann zusammen, an der Schiffsseite oder auf dem Lande, und füttert es allein, damit die Hunde ihn schätzen lernen und sich zu ihm halten.

Knud Christiansen und Pedersen.

Diese Verteilung der Hunde in bestimmte Gespanne führt zu gewaltigen Raufereien innerhalb dieser Gespanne, bis endgültig entschieden wird, wer der stärkste ist. Der bekommt dann den Titel „Baas" und herrscht absolutistisch und mit harter Faust über die anderen. Aber dann gibt es Ruhe im Lager. Der Rest findet sich geduldig darein, daß er der erste beim Futter und bei den läufigen Hündinnen ist. Das ist sein Recht, das Recht des Stärkeren, und die anderen handeln danach. — Ein ähnlicher Wettbewerb findet zwischen den Baasen der verschiedenen Gespanne statt, bis einer Oberbaas wird, der den ganzen Markt beherrscht. Der Herr, der dieses Amt bereits in Kopenhagen bekleidet hatte, behauptet die Stellung auch nach der Ankunft in Grönland. Es war ein großer Köter von absolut abscheulichem Äußeren, eine Mischung von Neufundländer und Eskimohund — eine Erfindung wohlwollender Europäer, die wahrscheinlich damit den Eskimos einen Dienst zu erweisen glaubten.

Er hieß „Pedersen" und war ein guter Freund von Knud. Das war keine Freundschaft nach alltäglichen, bürgerlichen Begriffen — es war ein Verhältnis, das in mancher Beziehung an Androklus und den Löwen erinnerte. Sie konnten einander durchaus nicht entbehren.

Brönlund und Tobias zurren die Querhölzer auf den Schlittenkufen fest.

Wenn Knud während der Fahrt von Berufs wegen in die Takelage hinauf mußte, stand Pedersen unten in geifernder Angst und starrte nach ihm; und er stieß ein Jammergeheul aus, wenn ihm die Situation für den Freund gefahrdrohend auszusehen schien. Sonst konnten sie stundenlang auf der Back nebeneinander sitzen und an dasselbe denken, ohne etwas zu sagen. Bis Pedersen plötzlich sich nach Androklus-Christiansen umdrehte und ihm mit einem Zuge das Gesicht ableckte — von unten nach oben. Worauf Knud gerührt seinen alten Priem ausspuckte und ihn Löwe-Pedersen in den Mund steckte, der, mit Tränen in den Augen und bis hinter die Ohren hinaufgezogenen Mundwinkeln, zerstreut darauf kaute und ihn verschluckte.

Das war Freundschaft.

Und jetzt sollten sie getrennt werden; denn Pedersen sollte vor den Schlitten gespannt werden und hinaus und sich abmühen.

Zehn Gespanne, jedes aus 8 bis 9 Hunden bestehend; außerdem waren nur noch die ganz kleinen oder halbwüchsigen Jungen da, die noch monatelang beim Schiffe sich herumtreiben und erst groß werden sollten, bis sie mitkamen.

Es gab viel zu tun. Gundahl verfertigte Schlitten nach Eskimoart; einer nach dem anderen kam aus seiner Werkstatt heraus und wanderte aufs Deck, wo die einzelnen Teile von den Grönländern mit Seehundsfellriemen zusammengezurrt wurden. Das ganze Schiffsdeck von der Messe bis zum Fockmast war mit einem soliden Überbau aus Balken und Brettern bedeckt, ein förmliches Haus, das die Messetüren und das Laboratorium schützte, ein Schutz gegen Winterstürme und Schneegestöber. Gundahl hatte mit Unterstützung der Seeleute wochenlang daran gearbeitet.

Hundegespanne wurden früh und spät arrangiert und umarrangiert, Sielengeschirr und Peitschen wurden angefertigt, und an der Schiffsseite wurde ein Kursus im Peitschenschwingen errichtet — mit kostenlosem ärztlichen Beistand für den, der sich selbst ins Gesicht schlug.

Und dann begannen die Übungen im Fahren mit Hunden.

Als die Gespanne verteilt wurden, war natürlich am meisten auf die Personen Rücksicht genommen, die an den bevorstehenden langen Reisen teilnehmen sollten. Wir anderen, die indessen in der Nähe des Schiffes zu tun hatten, erhielten entweder wenige oder gar keine Hunde und mußten uns darin finden, uns vorläufig, wenn es nötig war, damit zu behelfen, daß wir von anderen Hunde liehen. Ich selbst war indessen mit 4 bis 5 Hunden bedacht worden, zu denen kein anderer Lust gehabt hatte, und die zusammen mit ein paar anderen, die infolge ihres scheuen Wesens bisher keiner hatte einfangen können, eins von den Gespannen bilden sollten, die daheim blieben. Es bestand eigentlich ursprünglich die Absicht, daß diese Hunde uns beiden Maler weit herum zu unseren „Motiven“ führen oder auf andere Weise hier beim Schiffe im Dienste der Expedition tätig sein sollten.

Für mich blieben also gerade keine Araber übrig. Vier von ihnen hatten keine Schwänze; sie waren ihnen entweder in der Jugend abgefroren oder von ihren früheren Herren in Westgrönland abgeschnitten, weniger aus ästhetischen Gründen als vielmehr aus einem teuflischen Sinn für das Komische. Im Profil gesehen, besonders bei kaltem Wetter, wo sie mit gekrümmtem Rücken dastanden, schienen sie den Schwanz zwischen den Beinen zu haben. Ein roter alter Kerl, der besonders jämmerlich aussah und nie mit den anderen im Gespann sich abgab, bekam den treffenden Namen „Der Misanthrop“ — er erinnerte mich nach seinem Äußeren an einen alten, abgedankten Provinzschauspieler, der vielleicht einmal in seiner Jugend in einem kleinen Provinznest als „Hamlet“ Fiasko gemacht hatte. Dann war da der „Trompeter“, auch ein feuerroter, struppiger, jämmerlicher Kerl,

Der Misanthrop.

der allen Fügungen des Schicksals vollständig apathisch gegenüberstand. Den Namen erhielt er, weil er bisweilen, wenn sonst alles ruhig war, sich erhob, die Schnauze zum Himmel emporstreckte und zu „blasen“ begann. Es kam wirklich ein Stück. Er hatte nämlich die Angewohnheit, den Speichel nicht herunterzuschlucken, bevor er begann, und das Ergebnis waren die sonderbarsten Triller und Übergänge, die man sich denken kann. Für gewöhnlich geschah es am Abend zur Schlafenszeit, so daß man es als eine Art „Retraite“ betrachten konnte. Sehr oft wirkte es höchst unheimlich auf die anderen Hunde, so daß die ganze Umgegend einen Augenblick darauf von durchdringendem, langgezogenem, teilnehmendem Geheul widerhallte.

Dann war da Nanôk, mein Baas. Der Name bedeutet Bär; das einzige Anrecht, das er auf diesen Namen hatte, bestand darin, daß er stumpfschwänzig war, eine Eigenschaft, die er mit meinen anderen Hunden teilte, mit Ausnahme eines einzelnen räudigen, alten Kerls, der etwas hinter sich hängen hatte, das einem vertrockneten Kirschenstengel glich, und der übrigens etwas so Abschreckendes in seinem

Nanôk bereitet sich zum Heulen vor.

Äußeren hatte, daß es mir bis auf diesen Tag nicht möglich gewesen ist, einen Namen für ihn zu finden, der scheußlich genug wäre. Gott sei Dank starb er bald darauf. Er kam zu Knuds Wasserholkompagnie, sah eines Tages sein eigenes Bild in einer Wasserpfütze und ist da wohl sofort vom Starrkrampf befallen. Er ging namenlos ins Grab.

Nanôk also war keine Schönheit, aber er war auch keineswegs häßlich. Und dann war es ein froh gelaunter, riesig umgänglicher Bursche. Ein starker Lümmel mit einer Brust, wie ein Nordlandspferd, und ein paar prächtigen Beinen. Anfangs war er etwas faul, was wahrscheinlich in seinem Mangel an Respekt vor mir als Hundefahrer seinen Grund hatte. Ich hatte es ja als Peitschenschwinger nicht weit gebracht, obwohl ich mich längere Zeit hindurch mehrere Stunden täglich geübt hatte. Es gehört eine große Kunstfertigkeit dazu, die grönländische Hundepeitsche zu handhaben, die eine 8 bis 9 Ellen lange Schnur aus Seehundsfellriemen und einen nur etwa eine Elle langen Stock hat, und der größte Teil der Kunst, mit Hunden zu fahren, beruht darauf, daß man die Peitsche ordentlich zu gebrauchen weiß. Nanôk hatte diesen Proben beigewohnt, erst aus der Ferne, dann in größerer Nähe — bis er sich schließlich innerhalb der Reichweite aufstellte. Er meinte wohl, daß er sich dabei keiner großen Gefahr aussetzte. Wenn ich ein paarmal hintereinander das Glück gehabt hatte, mir selbst einen ordentlichen Hieb übers Gesicht zu jagen, kam er zu mir hingetanzt und legte seinen Kopf zärtlich gegen mein Bein, stand so still und scheuerte sich längere Zeit. Anfangs glaubte ich, daß er es aus Mitleid tue, aber später fand ich auf meinen Hosen einige große Klumpen, die er sich aus den Augen gerieben hatte. Die Sache hatte also jedenfalls auch eine praktische Seite für ihn.

Als ich schließlich hinausfahren konnte, gab er sich den wildesten Ausschweifungen hin. Aber eines Tages gewann ich unerwartet Macht über ihn. Mich hatte eine kleine Hündin geärgert, mit der ich das Gespann ergänzt hatte und die auf der entgegengesetzten Seite lief. Ich holte tüchtig mit der Peitsche nach ihr aus, hatte aber das Glück, Nanôks eines, aufrecht stehendes Ohr zu treffen. Das Ohr klappte augenblicklich halb herunter, wie der Hahn einer Büchse, und blieb so mehrere Stunden lang stehen, während er heulte wie ein Verfluchter und aus Leibeskräften an seinem Strange zerrte. Von dem Augenblick an hatte er aber eine Art Respekt vor der Peitsche und strengte sich an, wenn er sie nur hörte. Aber trotzdem ärgerte er mich anfangs so oft, daß ich es am Ende gerade ihm zu verdanken habe, wenn ich es einigermaßen lernte, die Peitsche ordentlich zu gebrauchen.

Er haßte es, angebunden zu sein, und machte sich immer los, wenn man nicht aufpaßte. Des Nachts, wenn die anderen an ihre Stränge gebunden standen, biß er den seinen regelmäßig durch. Ja, man brauchte ihm nur einen Augenblick den Rücken zu drehen — dann war die Sache gemacht, und stolz kam er herbei, während der Stummelschwanz wie der Klöppel einer elektrischen Glocke hin und her fuhr. Ich nahm dann eine eiserne Kette, um ihn anzubinden — er streifte das Halsband über den Kopf. Ich suchte ein enges Halsband hervor und band ihn an die Ankerkette — er stand zwei Tage lang und kaute auf ihr herum. Er hätte sie auch sicher durchgebissen, aber ich wollte es nicht riskieren und machte ihn los. Und ich bereute es nicht; denn er entfernte sich nie vom Schiffe und ließ sich stets bereitwillig das Geschirr anlegen.

In der ersten Zeit meiner Hunde-„Fahrten“ war ich vorsichtig genug, mich möglichst wenig darüber zu äußern, wo ich hin wollte. Es konnte nämlich leicht geschehen, daß ich ganz wo anders endete, als ich beabsichtigt hatte. Ja — um es nur gleich zu sagen: ich befahl einfach der Vorsehung meine Seele und ließ es gehen, wie es wollte — falls die Hunde überhaupt Lust hatten und sich über ein bestimmtes Ziel einigen konnten. Wenn ich mit der Peitschenschnur drauf los drosch und mir schließlich selbst in den Nacken geknallt hatte, dann passierte es nicht selten, daß die Biester, nach allen Richtungen Reißaus nehmend, die Stränge durcheinander wirrten und sich um die Beine oder um das Holzwerk des Schlittens wickelten. Und dann verging leicht eine Viertelstunde, bis man wieder klar war.

Aber plötzlich kann einer von den Hunden irgend etwas in der Ferne sehen, das sein Interesse weckt, und ein paar von den anderen stimmen seinem Ideengange zu. Dann geht es auch gleich, daß der Teufel die Lust verlieren kann! Man schießt mit enormer Fahrt dahin, die Luft saust einem um die Ohren, und das höckerige Eis rüttelt und schüttelt einen, daß man sich mit Armen und Beinen festklammert, während man schwache Versuche macht, die Peitsche zu brauchen und sich nach den Gefährten umzublicken, die den plötzlichen Erfolg bestaunen.

Bis man dann drinnen zwischen den Klippen strandet und erkennt, daß die Hunde eine Flamme aufgespürt hatten, die zufällig am Strande promenierte. Und jetzt sind sie natürlich von dort nicht wieder fortzukriegen. Erschreckt durch den fürchterlichen Laut der Peitsche stürzen sie den Strand entlang, eine Kluft in der Felswand suchend, wo sie an Land kommen können.

Dann muß man entweder abspannen, wenn einem die Geduld ausgeht — oder warten, bis es den verehrten Hunden wieder paßt, über das Eis hinwegzujagen.

Aber schließlich geht es dann. Man hat die verwickelten Stränge mit Zähnen und Fingern auseinander gewirrt, steht jetzt neben dem Schlitten und bringt die Peitsche in Ordnung. Da rasen die Biester plötzlich davon; man hat gerade noch Zeit, sich auf den Bauch über den Schlitten zu werfen, und wie Blitz und Donner geht's zum Schiffe zurück — mit auffallender Sicherheit kommen drei Hunde auf jeder Seite der Ankerkette zu stehen, während man selbst mit dem Schlitten gegen diese anprallt und zwischen die Hunde hinausfliegt.

Dann ist man gebrochen. Man stöbert vergebens in seinem Gehirn nach neuen Kraftausdrücken; die schwefligsten, die man bisher gekannt hat, erscheinen einem abgedroschen und alltäglich. Man gibt es auf zu fluchen und geht zorngeschwollen herum.

Aber wenn Nanôk nach einer solchen Tour mit zärtlicher Miene herankommt und sich scheuern will, holt man zu einem herzhaften

Hendrik (rechts) mit Tobias' Gespann.

Fußtritt nach ihm aus, so herzhaft, daß das Bein beinah aus dem Gelenk fliegt — weil man ihn nicht trifft. Er ist längst ausgewichen.

So ging es mir — und so ging es uns allen im Anfang.

Aber dank der guten Vorbilder — und besonders der guten „Vorfahrer“, der Grönländer — wurden gleichwohl bald aus den meisten von uns brauchbare Hundekutscher. Aber die eigentliche Ausbildung sollte erst auf den langen Schlittenreisen, die jetzt vor der Tür standen, erfolgen.

Noch mochte Tobias wohl recht haben, wenn er mit vorgestrecktem Bauch, mit den Händen in den Hosentaschen dastand, mit einem breiten Grinsen über das ganze Gesicht bis hinter die Ohren unsere Leistungen beobachtete und auf unsere Frage, wie es ginge, liebenswürdig antwortete: „Imera*), ein klein bißchen no good!“

*) Grönländisch: vielleicht.

Der Winter 1906—1907

Das Tal hinter dem „Hasenfelsen".

Vor dem Eintritt der Finsternis.

Jetzt ist der Vogelzug vorbei. Im Laufe eines Monats haben sie sich gesammelt und sind über uns hingezogen, dem Süden zu, einzeln oder in Schwärmen, jeder nach seiner Art, jeder mit seinem Laut. Große Schwärme Eiderenten und Eisenten erhoben sich schnatternd von den Sümpfen und zogen seewärts; nach ihnen kamen kleine, schwirrende Schwärme Sandläufer, Meerlerchen, Strandläufer und Steinwälzer. Die jungen Schneeammern wurden zuletzt fertig; Boten auf Boten wurden nach allen Seiten umhergesandt — aber schwer war es, mit dem Staat fertig zu werden. Dann endlich eines schönen Tages mitten im September zogen sie auch von dannen, gen Süden — hinunter nach Dänemark hin.

Und die großen Raubvögel folgten nach über den Hafen hin, einsam, mit schwerem Flügelschlag. Der letzte Rabe ist krächzend hoch oben am schwarzblauen Himmel südwärts gezogen, mit dem letzten Sonnenstreif auf dem Flügelrand.

Jetzt wird es still hier. —

Droben im Lande geht der Lemming und pusselt mit seinem Winterbau. Jetzt stören ihn die Raubmöwe, die Schneeule und der Falke nicht mehr; aber draußen vor seiner Tür schleichen noch der Fuchs und das Wiesel mit feurigen Augen, während der Wind die armseligen Blätter der Polarweide in die Spalten und Ritzen der gefrorenen Erde fegt.

Jetzt beginnt es schummerig zu werden, langsam geht es der langen Nacht entgegen.

Aber noch erhebt die Sonne ihr Haupt schüttelnd über den Horizont und setzt die Felsen in Brand. Ein Paar Stunden mitten am Tage sehen wir ihre feuerrote Kugel hinter der niedrigen Wolkendecke im Süden, die glühender, fließender Lava gleich davorrollt.

Wenn die Sonne untergeht, hat der Himmel im Südwesten eine metallglänzende, teuflische Farbe, die man in Worten oder in Bildern nicht wiedergeben kann, die aber ein Paganini — wenn man ihn aus der allerheißesten Hölle herauslockte — auf der tiefen G-Saite seines Stradivarius spielen könnte.

Die Felsen ringsherum glühen in den Farben feiner Früchte, und das Eis liegt wie blankes Glas auf den Fjorden und Buchten, wo die gestrandeten Eisberge in allen Farbentönen funkeln, während die große Stille in unseren Ohren zu einem zitternden Ton wird. Oder sieh das Land, wenn die Sonne im Südwesten gesunken ist und der tiefe blauviolette Erdschatten wie ein Bogen auf dem Nordhimmel mit dem messingglänzenden Monde im Felde steht!

Sieh, wie dieses Land sich in einem Augenblick verändert, wenn ein Sturm darüber hinfährt, wenn sein Knurren oben von den Bergen her das Ohr erreicht und er sich plötzlich in Stößen auf uns und das Schiff herabwirft.

Dann ist es, als ob ein Gott vorbeizieht und in dem Bilde herumwischt — zufällig, mit seinem Ärmel oder einem Zipfel seines Mantels, es abwischt. Da kracht es ringsherum, die Schneewolke über den Bergen erhebt sich und wirbelt über uns herunter, der Fjord schlägt Risse wie eine Spiegelglasscheibe, es seufzt in der Takelung des Schiffes — und alles wird in dem wirbelnden Schneestaub ausgelöscht.

Oder es kommt so:

Eines Tages steigt der niedrige Nebel über das Land auf und legt sich frostig über alle Dinge. Leichter Reif fällt über Land und Meer, die Takelung des Schiffes scheint zu wachsen und steht strahlend und geisterhaft gegen die dunkle, graue Luft.

Man sieht kein Land um sich herum. Es ist, als wenn man sich im Innern einer Kugel befände — weiß ist es ringsum und gleich weit

Knud haut die Feuerwake im Eise auf.

nach oben, nach unten und nach allen Seiten. Die Hunde liegen wie tot um das Schiff herum. Von der Feuerwake im Eise her schallen die langsamen, taktfesten Schläge der Hacke der Wache. Jetzt sterben sie hin, und alles wird still — still.

Plötzlich spürt man einen schwachen Luftzug aus Nordwest, wie einen kühlen Hauch über das Meer hin. Und dann sieht man einzelne dunkle Gestalten von draußen her sich dem Schiffe nähern und sich in Sicherheit bringen. Die Wenigen, die draußen gewesen sind, um nach den Fuchs- und Wolfsfallen zu sehen, kehren zurück, um unter Dach zu kommen. Denn jetzt setzt der Schneesturm ein.

Man kriecht in seinen schmierigen Raum und zündet die Lampe an, während Krach auf Krach das Schiff erschüttert und Taue und Blöcke gegen die Raaen und Stengen hämmern. Tagelang hören wir den zischelnden Laut des Schnees, der oben über unseren Köpfen das Deck abschleift; draußen auf der Leeseite des Schiffes ziehen die Schneemassen wie gewaltige Wolken dahin und häufen sich zu langgestreckten, steinharten Hügeln zusammen. Durch Risse und Ritzen kommen sie wie Mehlstaub herein und decken alles zu. Draußen unter dem Überbau werden die mit den Jungen in Kisten liegenden Hundemütter von Schneewehen bedeckt. Drinnen sitzt man hinter seinem Ochsenauge und horcht und wartet auf gutes Wetter. Bei dem ersten Anzeichen eintretender Stille öffnet man ein wenig und schaut hinaus. In dem sparsamen, blöden Tagesschimmer sieht man, daß endlich das Wetter sich anschickt aufzuklären.

Dann kriechen wir aus der Höhle heraus.

Draußen sehen wir die Verwandlung. Der Schnee hat Land und Meer für das Auge zu einer Fläche ausgeglättet. Der Übergang zwischen Meer und Strand ist durch große Schneewehen verwischt, welche nach und nach in eine grauviolette Fläche übergehen, die sich in trostloser Unendlichkeit nach Süden hin erstreckt.

Aber der Wolkenvorhang ist fortgezogen, der Himmel ist rein und die Luft klar und still. Herrliches Wetter zum Fahren! —

— —

Vom 19. September ab hatten alle Teilnehmer der Expedition sich bei dem Schiffe aufgehalten. Mylius-Erichsen wartete jetzt nur darauf, daß es hinauf längs der Küste Schlittenbahn gab, um den ersten großen Schlittenzug zur Depotauslegung nordwärts zu senden.

Endlich, an einem der letzten Tage des September, als er von einem seiner zahlreichen Ausflüge nach der Küste zurückkehrte, verkündete er, daß es jetzt losgehen könnte — das Meereis lag am Lande fest, soweit man sehen konnte, und das junge Eis trug.

Nach dem Schneefall. Aussicht über die Dovebai und die Orientierungs-Inseln.

Als die Sonne am 1. Oktober über den Horizont heraufkam, schien sie auf eine lange Reihe von Schlitten, zehn an der Zahl, die, mit neunzig Hunden bespannt, sich in gerader Richtung von dem Schiffe ostwärts über den Hafen nach der Überfahrt auf der großen Landzunge hin erstreckte. Die Schlitten waren mit Zelten und Zeltstangen, Hundefutter, Kochgerät, Schlafsäcken und Kleidersäcken, sowie zwanzig schweren Proviantkisten beladen, die längs der Küste niedergelegt werden sollten. Die Kavalkade war in drei Abteilungen geteilt, jede hatte ihren „Vorfahrer" — einen erfahrenen Hundefahrer —, auf dem die ganze Verantwortung für Fahrt und Richtung ruht, und in dessen

Vor der Abfahrt am 1. Oktober.

Schlittenspur die Hunde im Nachtrab sich immer halten. Jede Abteilung hatte ihr Zelt, und die Verteilung war folgende: Mylius, Hagen, Ring, Peter Hansen — Tobias, Koch, G. Thostrup — Brönlund, Trolle, Bistrup, Jarner. Der letzte war Passagier bei einem der anderen, zuerst bei Mylius.

Dann ist endlich alles in Ordnung. Gegen zehn Uhr durchschneidet der erste Schrei des vordersten Hundefahrers die Luft — dieses rauhe eskimoische Falsettgeschrei, das die Hunde dazu bringt, sich in einem Nu mit den Beinmuskeln, die wie Stahlsaiten gespannt sind, in die Sielen zu werfen. Der Schrei wird von Schlitten zu Schlitten wiederholt, und in demselben Augenblick sind alle neunzig Hunde auf den Beinen und erheben ein ohrenzerreißendes Geheul, das von den beim

Schiffe zurückbleibenden Hunden beantwortet wird. Dann fährt der erste Schlitten vor, und ihm nach sausen die anderen, die hohen Stützen schwanken, an denen der Fahrer sich mit seiner linken Hand festhält, während er in der Rechten die fürchterliche Peitsche hält, deren lange Schnur sich wie eine Natter hinter ihm her windet. Die Hunde rasen, ihre Augen funkeln, ihre Ohren sträuben sich, ihre Schwänze schwingen hin und her und ihre Beine zappeln. Alle wollen die vordersten sein — jedes Gespann das vorderste von allen, jeder Hund der vorderste

Tobias' Schlitten.

in seinem Gespann, er will bloß vorwärts, koste es, was es wolle. Und plötzlich gerät ein Gespann in die wildeste Rauferei: man hat in der Hitze des Augenblicks vergessen, daß es etwas gibt, das Baas heißt — und im nächsten Augenblick haben sie ihn im Nacken. Der Schlitten fährt zwischen die Hunde hinein, das nächste Gespann holt sie ein und umringt sie. Und jetzt sind sich alle in die Haare geraten, so daß Hautfetzen fliegen und Blut fließt — und alle Stränge werden zu einem hoffnungslosen Wirrwarr verwickelt.

So geht es ein paarmal, bis die Gemüter sich etwas beruhigen und die Schlitten in gehörigen Abstand von einander kommen. Darauf nimmt das Geheul ab und stirbt zuletzt hin, und der Laut der singenden Schlitteneisen und der Peitschenriemen, die die Vorfahrer mit einem „Wip-wip“ zu beiden Seiten des Gespanns hinfallen lassen, sind die einzigen Laute, die man hört. Einmal schallt von der Überfahrt auf der Landzunge ein langer Schmerzensschrei eines gottvergessenen Hundes herüber, den die Geißel getroffen hat — dann wird alles still, und die Schlitten gleiten einer nach dem anderen hinüber und verschwinden, an der Böschung auf der anderen Seite hinabgleitend, hinaus aufs Meer zu.

Einige von uns begleiteten sie soweit, um ihnen bei der schwierigen Überfahrt zu helfen, und so lange ging es ausgezeichnet. Hat man

Peter Hansens Schlitten.

einen Mann zur Seite, dann kommt man ziemlich schnell aus der Klemme heraus. Aber schlimmer wurde es, als sie allein waren — und man ist auf diesen langen Fahrten mit dem Schlitten so mutterseelenallein bei allen Schwierigkeiten. Sie, die hier zum erstenmal mit Schlitten und Hunden hinauskamen, mußten jetzt erfahren, daß Hundekutscher sein und sich selbst zu helfen wissen sollen, seine höchst peinlichen Seiten hat, über die man nur langsam hinauskommt.

Die Widerwärtigkeiten begannen bald sich einzustellen. Es war, als ob die Hunde ein Vergnügen daran hatten, das Ganze so verwickelt wie möglich zu machen. — Bald gerät eines der Biester mit einem Bein über einen Strang und kann es unmöglich wieder zurückbekommen bald schlingt sich ein Strang um einen Vorsprung im Eise, und der Hund wird hintenüber geworfen und kommt unter den Schlitten, wo er mitgeschleift wird; die anderen Hunde setzen in ausgelassenem Galopp die Fahrt fort, und es ist natürlich nicht möglich, sie zum Stillstehen zu bringen. Bald bringt ein boshafter Höcker im Eise den Schlitten zum Umschlagen, die Zurringe lösen sich, und das Gepäck rollt zum Henker hinaus, während die Hunde andauernd aus aller Kraft an den Strängen reißen und heulen, bis das Ganze in wilde Rauferei endet.

Auf diese Weise verlor Thostrup am ersten Tage seinen ganzen Vorrat an Hundefutter, und als Bistrup, der hinter ihm herkam, anhielt, um ihm zu helfen, es wieder auf den Schlitten zu schaffen, blieben sie so weit hinter den anderen zurück, daß sie diese vollständig aus den Augen verloren. In der eintretenden Dunkelheit konnten sie die Schlittenspuren nicht sehen. Die Hunde wußten nicht, welchen Weg sie einschlagen sollten, da die Vorfahrer verschwunden waren, sie liefen bei jedem Vorsprung, an dem sie vorbeikamen, ans Land und waren fast nicht wieder hinauszutreiben. Erst eine Stunde nach den anderen gelangten sie todmüde zu der Stelle, wo diese Zelte aufgeschlagen hatten.

Auf der Hinaufreise kam man nur langsam vorwärts, obwohl die Schlittenbahn meistens recht gut war. Erst am 3. Oktober hatten sie die zehn Meilen bis zum Kap Marie-Valdemar zurückgelegt. Peter Hansen und Bistrup kehrten von dort zurück, um weitere Schlittenladungen zur Anbringung längs der Küste zu holen, während die anderen die Fahrt nach Norden fortsetzten.

Am Kap Marie-Valdemar konnten die Hunde sich endlich an dem „Revolverbären" erfreuen, der seit dem August dort deponiert war. Bei dieser Gelegenheit endigte der „Trompeter" seine Tage. Er machte also keine lange Karriere hier oben, aber sie war glänzend. Er fraß sich zu Tode.

Koch hatte meine Hunde geliehen. Da es sich nämlich zeigte, daß es weit bessere Schlittenhunde waren, als man erwartet hatte, wurde ich natürlich während der ganzen Expedition um sie betrogen. Vorläufig waren sie also an Koch ausgeliehen und dazu ausersehen, auf der großen Frühjahrsreise in sein Gespann überzugehen. Aber der „Trompeter" brachte es nicht soweit. Den Hunden war der ganze Bär ausgeliefert mit der Erlaubnis, soviel zu fressen, wie sie mochten; und dem konnte er nicht widerstehen. Er fraß mehrere Stunden hindurch. Oftmals entschloß er sich aufzuhören, denn jetzt ging es wahrhaftig nicht länger — aber er kam nur ein kleines Stückchen weit, dann kehrte er wieder um. Die ganze Nacht hindurch ging er still bei dem Bären herum. Und am nächsten Morgen wurde er mit geplatztem Bauch auf dem Bären liegend mausetot aufgefunden.

Diese Todesursache — offenbar das Ideal eines Todes für einen armen, verhungerten Grönländerhund — bekamen nur sehr wenige von unseren Hunden auf den Totenschein — im Gegenteil! —

Auf sehr schlechter Schlittenbahn mit losem Schnee schleppte der Schlittenzug sich über den „Skärfjord" nach dem Kap Amélie hin, von wo sie am 5. nach Norden weiter gingen, indem sie Trolle und Jarner zurückließen, die ein paar Meilen westwärts in den nördlichen Teil des „Skärfjords" hineingehen sollten.

Sie reisten jetzt an unbekanntem Land entlang. Bisher war die Küstenlinie verhältnismäßig frei von vorgelagerten Schären gewesen, wenn man von den paar Inselchen absieht, die dicht vor dem Kap Marie-Valdemar lagen. Aber als sie am Kap Amélie vorbeigekommen waren, wo die Küste mehr nach Westen schwingt, sahen sie plötzlich vor dieser eine Menge kleiner Schären, die sich nach Norden hin in fortlaufender Reihe fortsetzten. Als sie an der großen Insel vorbeigekommen waren, die sich nördlich von dem Lande beim Kap Amélie in der Richtung von SO nach NW erstreckt und vom Festlande durch einen langen schmalen Sund getrennt ist, wurden diese Schären zu hunderten von größeren und kleineren Inseln, die eine Barriere vor einer gewaltigen Bucht bildeten, in deren Innern sich die Festlandsküste meilenweit im Westen mit großen, von mächtigen Gletschern unterbrochenen Bergen zeigte.

Den südlichsten Teil der Inselreihe nannten sie Bärenschären, weil sie hier auf viele Bären stießen und ein Paar von ihnen erlegten.

Hinter den Bärenschären stieß die Expedition auf eine Überraschung, die infolge ihres Charakters zu einer Entdeckung von weitreichender wissenschaftlicher Bedeutung wurde. Obwohl es naturgemäß nicht zu meiner Aufgabe gehört, auf die wissenschaftlichen Ergebnisse näher einzugehen, mit denen die Expedition zurückgekehrt ist, kann ich es doch nicht unterlassen, diese Sache zu berühren, die sowohl die Grönländer als auch die anderen, die sich vorher in arktischen Gegenden aufgehalten hatten, mit Erstaunen erfüllte.

Man fuhr ungefähr sechs Meilen von der Küste des Festlandes und folgte dieser fast parallel nach Norden. Da veränderte das Eis auffallend plötzlich seinen Charakter, es wurde fürchterlich uneben und bucklig und war schwer zu befahren. Die Schlitten schlugen einmal über das andere um und erlitten zahlreiche Havarien auf dieser steinharten, höckerigen Fläche, die fast ganz von Schnee entblößt war. Das Eis hatte keine Brüche, wie das Meereis sie zu haben pflegt, mit scharfen Kanten, die über und untereinander geschraubt liegen, es war überhaupt gar nicht geschraubt, sondern voll von gleichförmigen, hügelartigen Erhöhungen, gewaltigen runden Buckeln und Knollen von anscheinend sehr altem Eis, zwischen dem man überall blanke, bis auf den Grund gefrorene Schmelzwasserteiche antraf. Später erhielt das Eis vollständig den Charakter alten Gletschereises. In Kuppeln, zwischen denen die Schlitten sich bisweilen aus den Augen verloren, dehnte es sich meilenweit nach allen Seiten aus, als ob es sich über riesenhafte Erhöhungen im Untergrunde hingeschoben hätte. Diese Kuppeln waren häufig von Rissen durchfurcht, die von der Spitze ausgingen und sich radial bis zum Fuße hinab erstreckten.

Tobias reagierte zuerst auf die Überraschung. Er wandte sich plötzlich entsetzt auf dem Schlitten um und rief Brönlund auf grönländisch zu:

„Aber wir fahren ja auf Gletschereis!"

Ja, es war Inlandeis, sechs Meilen von der Küste!

Dies war jedoch nicht sofort allen klar. Erst später, als eine gähnende Gletscherspalte von ungefähr 100 m Breite sie zwang, eine halbe Tagereise nach der Seite hin zu machen, und ihnen zeigte, daß sie sich 30 m über der Meeresoberfläche befanden, erst da begriffen sie, daß sie über einen Gletscher fuhren.

Bei der Ankunft zum Zeltplatz an diesem Abend war dieses Thema lange der Gegenstand des Gespräches, und Koch war sich klar darüber, daß es hier ein Arbeitsfeld für ihn gab, wenn er im Frühling diese Gegenden besuchen und besser Zeit haben würde.

Mitten in dieser Bucht brachte übrigens der Herzog von Orléans auf seiner Reise im Jahre 1905 sein „Land", genannt Terre du Duc d'Orléans, an. Da er sich aber mit allen seinen Landentdeckern volle 10 bis 12 Meilen vom Lande auf der See befand, als er es taufte, so ist es vielleicht verzeihlich, daß der Name ihm 6 bis 7 Meilen daneben geplumpst und in die Bucht gefallen ist. Wir haben den Namen später aufs Trockene gebracht, indem wir ihn auf die Festlandsküste hinauf geborgen haben.

— —

Am Abend des 7. gelangte die Expedition, beständig über dasselbe unwegsame Eis sich vorwärts bewegend, zu einer Insel im Süden der „Gletscherbucht" (Jökelbugt), wie die gegen 100 Quadratmeilen große

Fläche des Inlandeises zwischen dem Festlande und den Schären genannt wurde. Und dort wurde das nördlichste Depot vor der großen Reise angebracht. Auf einem Felsbuckel, ungefähr mitten auf der Westseite der Insel, legte man die letzten Schlittenkisten nieder und kehrte tags darauf um.

Es waren auf dieser Reise nur in ganz unbedeutendem Maße und nur gelegentlich kartographische Arbeiten ausgeführt worden; alle waren ja nur als Fahrer zum Depotauslegen mitgenommen worden. Koch hatte nur wenige Ortsbestimmungen gemacht, nämlich eine auf dem Kap Amélie, eine auf dem Kap Marie-Valdemar und eine südlich davon. In einem Gespräch im Zelte auf der „Nördlichen Depot-Insel" forderte jetzt Mylius-Erichsen Koch auf, die kartographische Aufnahme der Festlandsküste auf der Heimfahrt vorzunehmen. Wollte Koch auf diesen Vorschlag eingehen, so war Mylius bereit, sofort die Reise nach Süden anzutreten. Koch konnte sich jedoch nicht darauf einlassen, da wichtige, unaufschiebbare Arbeiten daheim bei der Station auf ihn warteten. Wenn Mylius dagegen 4 bis 5 Tage dazu verwenden wollte, um das Depot weiter nach Norden zu bringen, so wollte er, da er dies für weit wichtiger ansah, seine Arbeit so lange aufschieben.

Mylius-Erichsen legte indessen für den Augenblick dieser Sache keine so große Bedeutung bei, und alle Schlitten fuhren am Tage darauf heimwärts.

Während Hagen und Ring sich auf der Heimfahrt am Südende der Gletscherbucht, um diese zu vermessen, von den übrigen Schlitten trennten, und Mylius und Brönlund vom Kap Amélie in den Skärfjord hineinfuhren, um sich Trolle und Jarner anzuschließen, gelangten Tobias, Koch und Thostrup bereits am 11. zum Schiff zurück. Koch, der von seinen vielen beschwerlichen Reisen in den unwegsamen Gegenden Südislands daran gewöhnt war, monatelang über Sümpfe, Sandwüsten und Gletscher zu Fuß und auf dem Pferderücken zu reisen, und der von der Amdrupschen Expedition die Reiseverhältnisse an der Küste Grönlands zur Sommerszeit kannte, war nach dieser Schlittenreise voll von Begeisterung über den Eskimoschlitten als Beförderungsmittel. Niemals hatte er oder einer der anderen sich gedacht, daß die Schlittenreisen so unterhaltend und so leicht und schnell auszuführen seien. An das bißchen Schererei mit den Hunden, sagten sie, gewöhne man sich schon bald.

Selbst wenn sie auch später Gelegenheit bekamen, diese Adjektive etwas zu mildern, so gingen uns doch bereits nach dieser ersten Probe die Augen für den Hauptgedanken in dem ausgezeichneten Plane

Mylius-Erichsens auf: die Küste nach Eskimoart mit grönländischen Hundeschlitten zu befahren.

Als die drei Mann — natürlich mit Tobias als Vorfahrer — am Abend des 11. zum Schiffe zurückkehrten, hatten sie an dem Tage eine Strecke von nicht weniger als elf dänischen Meilen zurückgelegt — selbstverständlich mit kräftig gefütterten, frischen Hunden und fast leeren Schlitten.

Hagen.

Im Norden von der vorhererwähnten großen Insel, die am Südende der Gletscherbucht liegt, befinden sich zwei ganz kleine Inseln. Auf der nördlichsten von diesen gingen Hagen und Ring an dem Abend, als sie den Schlittenzug verließen, an Land und lagerten dort. Diese Insel, die Hagen als Ausgangspunkt für seine Beobachtungen benutzte, und auf der sie ein paar Tage wohnten, wurde seitdem „Hagens Insel“ genannt.

Während der viertägigen Arbeit, die sie in dem südlichen Teil der Gletscherbucht ausführten, machten sie die Entdeckung, daß sich hier altes, ungebrochenes Meereis befand, aus dem nahe der Festlandsküste Eisberge hervorragten, sowie daß der Gletscher überall mit einem schroff abfallenden Abhang dalag. Hier kalbt also der Gletscher bisweilen im offenen Meere, während er sich in dem ganzen übrigen Teil der Gletscherbucht ohne Übergang in gewaltigen Flächen ganz bis zu den Inseln hinausschiebt. Die Bucht wurde nach Süden von einem Gletscher begrenzt, vor dem sie auch mit kleineren Eisbergen angefüllt war.

Aus Mangel an Hundefutter mußten sie am 13. die Nase heimwärts wenden. Als sie des Nachts bei dem Depot auf den Bärenschären lagerten, war das Thermometer auf — 27° C herunter, und da sie mit einem alten, sauren Hundefellschlafsack für drei Mann ausgerüstet waren, froren sie fürchterlich. Das Schlafsacknähen war als eine Arbeit für die Zeit der Finsternis aufgehoben, so daß wir vorläufig mit dem Primitivsten auf diesem Gebiete ausgerüstet waren. Ring lag des Nachts mit einem Thermometer in der Anoraktasche; als er am Morgen erwachte, zeigte es — 2°.

Jetzt ging die Fahrt nach Süden auch glatt vor sich, obwohl sie, namentlich im Anfang, sich schlimm mit den Hunden herumschlagen mußten, die immer mit ihnen aufs Land laufen wollten. Aber die Hunde lernten bald, sich an die Spuren der anderen Schlitten zu halten.

Es war ganz prächtiges Wetter, am Südhimmel strahlte die niedrige Sonne. Über die glatte, spiegelblanke Eisfläche sausten die flinken Hunde vor dem Schlitten nach Süden, während die niedrigen Berge des Festlandes, im Schatten liegend, auf der rechten Seite schnell vorbeiglitten und zur linken die kleinen Inseln, die Bärenschären, in ockerroten Farben dalagen und violette Schatten weithin über die sich rötende Eisfläche warfen.

Ring saß auf dem Schlitten und dachte an den Bären, den er auf der Herauffahrt geschossen hatte. Der Bär war eines Morgens zum Zelte gewandert gekommen. Alle Mann eilten mit den Büchsen hinaus. Der Bär flüchtete aber bei diesem Lärm in langen Sprüngen auf eine der großen Schären, die bald darauf von den Jägern umringt wurde. Ring war von den anderen getrennt worden, und als er jetzt nach den Klippen hinlief, sah er plötzlich den Bären gerade auf sich zukommen. Er warf sich hinter einen Eisblock und schoß auf 250 Meter nach dem Kopf des Bären, worauf dieser sich davon machte und Ring das Hinterteil zudrehte, der dann auf dieser breiten Scheibe noch ein Paar Kugeln anbrachte. Dann verschwand der Bär auf dem Lande, während Ring ihm nachsetzte. Er fand ihn hoch oben auf der Insel, am Fuße eines Felsens liegend.

Er schlich sich vorsichtig heran, mit dem Finger am Abzug seines Winchesterkarabiners. Der Bär rührte sich nicht. Etwas näher noch — und dann ganz zu ihm hin. Er gab ihm einen Fußtritt — der Bär war tot.

Über diese Tatsache war Ring einen Augenblick darauf sehr froh. Denn er hatte die Jagd in dem Glauben begonnen, daß er sieben

Aussicht vom Platz des Schlittenkutschers.

Patronen in dem Magazin der Büchse hätte, so daß also jetzt noch vier da sein mußten. Aber plötzlich fiel ihm ein, daß er diese vier an einem Geburtstag, der auf dem vorigen Zeltplatz gefeiert wurde, wegsalutiert hatte. — Die Büchse war also leer.

Diese Begebenheit rief Ring sich jetzt, während er auf dem Schlitten lag, ins Gedächtnis zurück, als er auf einmal eine feine Dampfwolke gewahr wurde, die gerade vor der Sonnenscheibe vom Eise emporstieg. Er wandte sich nach Hagen um und rief ihm zu, daß Schlitten von Süden her entgegen kämen. Es war nicht leicht, gerade in die Sonne zu sehen, aber es dünkte ihm, daß die Dampfwolke dem Wärmedunst glich, der bei starker Kälte einem dahinsausenden Hundegespann folgt.

Aber plötzlich hielten die Schlitten still: es war der Atem eines großen Bären, der hier ganz allein auf dem Eise stand und auf sie wartete. Aber er wartete leider nicht lange genug. Sie saßen schußbereit da und wünschten nur auf Schußweite an ihn heranzukommen; aber die Hunde hatten bei diesem erstaunlichen Anblick plötzlich Halt gemacht und waren nicht vorwärts zu bringen, und auf einmal fuhr auch der große Schrecken in den Bären. Er flog zuerst mit klafterlangen Sätzen hinauf in die Klippen am Festlande, worauf er umkehrte und sich mit den Zeichen des Schreckens in allen Mienen in klotzigem Dummen-August-Galopp aufs Meer hinaus davon machte, den Schwanz soweit zwischen die Beine steckend, wie seine Länge es zuließ.

Die Hunde waren damals noch zu wenig an Bärenjagd und -fleisch gewöhnt, um zu wittern, um was es sich handelte. Ein halbes Jahr später würde es für den Jäger schwer gehalten haben, sie daran zu hindern, hinterherzustürzen und sich auf den Bären zu werfen — und da wurde jeder Bär, der von einem Hundeschlitten aus gesehen wurde, eine sichere Beute.

Am Abend erreichten sie Kap Amélie, und da es Hagens Geburtstag war, beschlossen sie, diesen mit einer mächtigen Festmahlzeit zu feiern. Als sie mitten dabei waren, hörten sie plötzlich fernes Hundeheulen und sahen von der Zeltöffnung aus vier Schlitten sich von Süden her nähern. Es waren Bistrup, Peter, Hendrik und Tobias, die vom Schiffe kamen. Sie brachten Hundefutter für das Depot und für Mylius' Abteilung, die sich noch immer im Skärfjord aufhielt. Als sie die Festlichkeiten sahen und die Ursache erfuhren, konnten sie den Herren mitteilen, daß sie einen Tag zu weit in der Zeitrechnung vorgerückt seien, es war nämlich erst tags darauf Hagens Geburtstag. Dies hatte natürlich zur Folge, daß man am nächsten Tage die Festlichkeiten wiederholte, bei denen eine vom Schiffe mitgebrachte Flasche Kognak eine hervorragende Rolle spielte.

Als man in Feststimmung nach Süden zog, stieß man mitten auf dem Skärfjord auf Brönlund, der von Westen kam, um sich zu erkundigen, ob Hundefutter gekommen wäre. Man machte Halt, da man meinte, daß dies ein Anlaß sei, um einen Kognak pro Mann auszuschenken. Brönlund zog nach dieser Handlung wieder fort mit dem Eindruck, seine Aufgabe gut ausgeführt zu haben, während die anderen, sichtbar durch die Begegnung belebt, nach Kap Marie-Valdemar fuhren. Dort zeigte es sich, daß Hagen unterwegs seinen photographischen Apparat mit allen Platten von der Schlittenfahrt verloren hatte. — Man hat ihn nie wieder gesehen.

Am Abend des nächsten Tages, des 16., gelangten sie nach einem Tagesmarsch von zehn Meilen zum Schiffe. Und drei Tage darauf kam Mylius mit seinen Begleitern nach einer guten Reise zur Station zurück.

Irgendeine Anschauung darüber, ob Peary mit seiner Behauptung recht hatte, daß die Küste von Kap Glacier ungefähr in gerader Linie nach Südwesten abfalle, konnten wir uns nach dieser Reise noch nicht bilden. Die Inselreihe, die sich ungefähr parallel zur Festlandsküste hinzog, und innerhalb welcher die Schlittenreise gegangen war, erstreckte sich ungefähr gerade nach Norden; aber welche Richtung die Festlandsküste dann nahm, um darüber eine Ahnung zu haben, waren wir bei dieser Gelegenheit leider nicht weit genug gekommen.

— —

Jetzt ist es bald kein Vergnügen mehr, draußen zu stehen und zu malen. Es beißt tüchtig in den bloßen Fingern, wenn das Thermometer auf — 25 heruntergegangen ist. Das ist traurig, denn wenn die Sonne sinkt und die Kälte zunimmt, werden die Farben um so prachtvoller. Daher können wir auch noch zwei bis drei Stunden hintereinander stehen und uns selbst vergessen. Es ist wahrlich sonderbar, daß man nicht bisweilen im Stehen festfriert . . .

Na, die Füße kann man ja schon schützen, wenn man zwei bis drei Paar Lederstrümpfe anzieht und die Renntierhautstiefel gut mit trockenem Nardengras stopft. Man steht dann in ein paar richtigen Heukisten. Am schlimmsten war es eine Zeitlang mit den Händen; aber dann verfiel Bertelsen darauf, den Pinselstiel durch die Spitze des großen zottigen Fausthandschuhs zu stecken und ihn innerhalb des Handschuhs mit den Fingern zu halten. So malten wir stolz noch etwa zehn Tage weiter. Aber schließlich mußten wir es aufgeben und das Winterquartier aufsuchen. — Oben im Lande gehen die Kartographen noch herum, hopsen um den Theodoliten und stecken die bloßen Finger in den Mund, wenn sie sie an den Metallschrauben verbrannt haben.

Auf der Ostseite des Hafens hatten wir beiden Maler ein reines Dorado zwischen den mächtigen Eisblöcken gehabt, die dort in dem jungen Eise eingefroren lagen. Hier konnte man so schön Deckung hinter dem einen Eisberg finden, während man den anderen malte. Hier biß der Wind nicht wie Säure in Ohren und Nase, hier brauchte man nicht jede fünfte Minute die bloße Rechte in die Kleidung zu stecken und am Magen zu wärmen, sondern konnte sich damit begnügen, dies jede zehnte Minute zu tun. Hier war Lee — also war es schön hier.

Wenn man hier auf seinem mitgebrachten Stück Renntierhaut vor der Staffelei saß, konnte man sich recht behaglich fühlen. Bloß die kleine Sicherheitsveranstaltung, daß man den Revolver schußfertig in der Tasche hatte, deutete darauf hin, daß man auch hier oben das „Arbeiterrisiko" nicht vergessen durfte. Meister Petz macht ja nicht viel Spektakel, wenn er um die Ecke eines Eisblocks geschlichen kommt.

Übrigens gab es auch noch andere Dinge, die leicht unbehaglich werden konnten (die es aber niemals wurden), und über die man nicht allzuviel nachdachte, weil dies leicht dazu führen würde, daß man dann an nichts anderes denken konnte.

Ich saß z. B. eines Tages da und malte eine große Eisscholle. Ich war, als ich herauskam, im Zweifel darüber gewesen, ob ich mich da anbringen sollte, wo ich jetzt saß, oder am Fuße eines anderen großen Blocks, der wenige Ellen von mir lag; aber schließlich hatte ich diesen Platz gewählt.

Ich hatte eine halbe Stunde gearbeitet, als ich plötzlich nahe bei mir ein Krachen und Sausen im Eise hörte, während es unter mir wie bei einem Erdbeben auf und nieder schwankte. Ich wandte den Kopf nach der Seite — und da, zwanzig Ellen von mir, drehte der andere Eisblock sich ganz ruhig herum — kalbte mir gerade vor der Nase — langsam und bedächtig. Er hatte es satt bekommen, auf der einen Seite zu liegen, und drehte sich jetzt im Schlaf auf die andere. Dann fiel er wieder zur Ruhe, alles wurde wieder ganz still. Er schlief weiter.

Ich mußte daran denken, daß es ganz genau so zugegangen wäre, wenn ich unter dem Eisblock in Lee gesessen hätte. Er hätte sich genau zur selben Sekunde gedreht, wie er es jetzt tat, hätte ohne weitere Feierlichkeit dieselbe Anzahl Quadratellen des um ihn herumliegenden Eises zerschmettert und sich ruhig in dem Loch zurechtgelegt. Und dann wäre er ganz still geworden, gerade so wie jetzt — und die Eisberge hätten weiter geschlafen. —

Als Bertelsen und ich ein paar Tage später auf die Bucht beim Sturmkap hinauswanderten, um dort zu malen, sah ich, wie Bertelsen, der unterwegs gerade so wie ich ganz schrecklich schwitzte, über das ganze Gesicht und auf der Haube mit weißem Reif bedeckt wurde. Und als wir hinausgelangt waren und zu malen anfingen, waren die Farben so steif, daß wir sie kaum mit dem Farbenspatel ausrühren konnten.

Da hörten wir endlich auf. Und das würde man wohl verstehen können, wenn man die Frucht der zweistündigen Arbeit gesehen hätte.

— —

Aage Bertelsen: Eisberg im Danmarkshafen.

Am 22. bekamen wir heftigen Sturm mit wirbelndem Schneegestöber, so daß alle jungen Hündlein, die sich auf dem Lande befanden, bald im Schnee begraben waren und zusammen mit den Müttern an Bord geborgen und unter dem Überbau in Kisten untergebracht werden mußten. Große, steinharte Schneewehen häuften sich um das Schiff herum auf. Es war das heftigste Unwetter, das wir bisher gehabt hatten, und die Kälte genierte uns auch innerhalb

Knud und Bendix-Thostrup holen Süßwassereis.

der Schiffswände arg, wo der Ofen bei dem starken Sturm den Dienst versagte und im Laboratorium eine Reihe Flaschen mit Flüssigkeiten zerfroren. Die sechs übriggebliebenen Tauben — die Hunde hatten mehrere gefressen, die sich auf das Eis beim Schiffe hinabgewagt hatten, — wurden jetzt in einem neu angefertigten Taubenschlag unter dem Überbau untergebracht.

Um das Innere des Schiffes etwas gegen die Kälte zu schützen, bauten wir am Tage darauf, als das Unwetter sich legte, längs der Luvseite des Schiffes — das heißt in diesem Falle nach Westen — eine lange Schneemauer. Viele Kräfte machten sich an diese Arbeit, und bereits am Abend wurden wir fertig. Mit Hilfe von Brettern und großen Schneeblöcken, die sehr gleichmäßig aus dem vollständig festen Schnee herausgeschnitten werden konnten, bauten wir gleichzeitig ein großes Haus für die Hunde, ein zweites zur Aufbewahrung von frischem Eis für den Haushalt und ein drittes für das Automobil.

Das Ganze sah sehr dekorativ aus. Die großen weißen übereinander gestapelten Schneewürfel sind das schönste Baumaterial, das ich je gesehen habe. Leider waren die Hunde anfangs nicht in das Haus hineinzutreiben. Sie hielten nur an der Eingangstür ihre stille Ver-

Junge Hunde auf dem Deck.

richtung, die dort auf der Mauer eine intensiv gelbe Farbe und in der Seele der Baumeister eine große Enttäuschung hinterließ.

Aber schließlich bekam „Smäk" — ein langaufgeschossener Backfisch, der immer frech und voran war — die Idee, hineinzugehen. Sofort fuhr ihr ein großer Köter in den Nacken, adoptierte die Idee und ging selbst hinein. Dieses Biest hielt dann das Haus den Tag über besetzt und ließ keinen anderen hineinkommen. Jetzt hätten sie nämlich all zusammen gern gemocht.

Das verursachte wiederum eine Verschwendung von gelber Farbe am Sockel, endete aber endlich am Abend mit einem gesammelten Angriff und einer heftigen, allgemeinen Rauferei, die die Abschaffung der Selbstherrschaft zur Folge hatte. Das Haus wurde zum Nationaleigentum erklärt, und das neue Prinzip schaffte jedem ordentlichen, strebsamen Hund Platz in seinen Mauern.

— —

Nach dem Reiseplan sollte Mylius-Erichsen bereits in diesem Herbst einen Bericht über Verlauf und Aufenthaltsort der Expedition in einem Steinkegel an der Bucht auf der Südseite der Shannon-Insel nieder-

Die „Danmark" im Winter.

legen. Da er im Zweifel darüber war, ob er den Weg längs der Küste des Festlandes oder längs der Innenseite der Großen Koldewey-Insel wählen sollte, wurde ein Schlittenzug, bestehend aus Brönlund, Jarner, Lundager, Johansen und mir, vom Schiffe abgesandt, um die Eisverhältnisse längs der Koldewey-Insel zu untersuchen und um ein Proviant- und Hundefutterdepot zum Gebrauch bei seiner Rückreise soweit als möglich südlich auf dieser Insel anzubringen. Jarner sollte außerdem die Reise benutzen, um geologische Beobachtungen zu machen, und alle hatten wir die Verpflichtung, alles Wild, das uns in den Weg lief, zu schießen, um Futter für die Hunde zu schaffen. Ich sollte, wenn sich die Gelegenheit dazu bot, Skizzen von der Küste des Festlandes zeichnen.

Wegen des beständigen Unwetters kamen wir erst am 26. zum Aufbruch. Drei von uns fuhren mit Eskimoschlitten, Jarner mit einem langen Nansenschlitten, während Fritz Johansen Brönlunds Passagier sein sollte.

Nach sechstägiger Reise gelangten wir am Abend des 31. zum Schiffe zurück, nachdem wir das Depot an der Westseite der Koldewey-Insel, ungefähr zwei Meilen von der Südspitze, ausgelegt hatten. Wir konnten mitteilen, daß die Schlittenbahn auf der Strecke längs der Insel außerordentlich schlecht gewesen und für die Reise nach der Shannon-Insel nicht zu empfehlen war, voll von Eishöckern und losem Schnee, wie sie war, und daß wir aus diesem Grunde das Depot nicht südlicher gelegt hätten. Wir brachten die Felle von zwei erlegten Bären, sowie so viel von ihrem Fleisch nach Hause, als die Schlitten tragen konnten; den Rest hatten wir auf dem Lande, etwa fünf Meilen von dem Schiffe, dort, wo der letzte Bär geschossen war, in einer Fleischgrube niedergelegt.

Welch ein Leben auf diesen Schlittenreisen! Man lebt und atmet so intensiv wie sonst nie. Die Flucht der Hunde mit dem Schlitten über die glatte, schneeglänzende Fläche, die vorbeifliegenden Eisberge, die wunderbaren Farben der Luft und des Schnees und der über den fernen Bergen liegende Ton versetzen einen in eine Märchenstimmung, die noch durch das Bewußtsein erhöht wird, daß an dieser Stätte kein zivilisierter Mann früher gefahren ist*). Wir fünf Mann, die hier an diesen Küsten entlang ziehen, sind die ersten, die hier gewesen sind und diese Stätten betreten, die ersten, die diese mächtigen Berge beschauen, die langsam, langsam an uns vorbeigleiten.

Und hinter jedem Landvorsprung, um den wir herumfahren, treten uns neue Erscheinungen entgegen, offenbart sich das Land in neuer Weise. Gespannt und ungeduldig sitzen wir auf dem Schlitten und warten darauf, was jetzt kommen wird.

Dieses Gefühl habe ich nur einmal früher in meinem Leben gekannt — als ich als ganz kleiner Knabe ein Märchenbuch mit Bildern vorgelegt bekam und, bebend vor Erwartung — immer daran denkend, was jetzt kommen würde —, voll stummen Mißfallens die großen Hände betrachtete, die über die Seiten des Buches verfügten und mich dazu bringen wollten, fertig zu besehen, bevor sie umblätterten.

---

*) Koldeweys Reiseroute ging an dem Festlande entlang und berührte nur die Nordspitze der Inseln.

Hier liegt märchenhafte Feierstimmung auf allen Dingen, und hier ist es so still — stille. Nur der Laut der Schlitteneisen, die über die gefrorene Fläche dahinsausen. Ihr Gesang steigt auf und ab, auf und ab, wie der Ton eines summenden Teekessels. Alle Weisen kann ich darin finden, wenn ich mich über meine Renntierhäute auf den Rücken lege und in den blaukalten Himmel hinaufstarrend von den sanften Bewegungen des Schlittens gewiegt werde.

Gerade vor den Schlittenkufen sehe ich alle Stränge zu einem Bund gesammelt. Von dort breiten sie sich fächerförmig nach allen Seiten aus, und jeder Strang endet auf dem Rücken seines Hundes. Darüber sehe ich die Köpfe der Hunde mit den aufrecht stehenden, spitzen Ohren, die im Takt mit dem Lauf wippen, wachsam und aufmerksam auf den geringsten Laut vom Kutscher her, auf jeden Knall der Peitsche, deren Schnur das Gespann lenken soll. Und unter den Hunden diese vier niedlichen, roten Pfoten, die kommen und verschwinden, geschwind und sicher, kleine Flocken losen Schnees nach hinten werfend. Bisweilen gleiten sie auf dem glattesten Eis ein paar Zoll seitwärts aus, aber sofort sind sie wieder im Takt: rapp, rapp — rapp, rapp! Und die Schwänze schwingen.

Die Schwänze geben den Hunden Physiognomie, jedenfalls vom Platze des Kutschers aus gesehen. Einige stehen gerade nach hinten. Das ist bei den Hunden der Fall, deren Gemütsstimmung vorsichtigerweise einen Mittelstandpunkt einnimmt, der, wenn Anlaß dazu vorliegt, zu diesem oder jenem, oder was es auch sei, werden kann. Andere haben eine klägliche, abwärtsgehende Tendenz, die jedoch in der Regel konstant ist, was da auch immer geschehen mag. Aber der Hund, der sich unter allen Umständen wohl befindet, der frohe, zufriedene Arbeitshund — er, der eine schwere Last acht bis zehn Meilen auf schlechter Bahn zieht, sich des Nachts bei 30° Frost einschneien läßt und einen Dörrfisch als Tagesration erhält — er trägt seinen Schwanz hoch in dieser hübschen, spiralförmigen Windung mit einem flotten Schwung nach der einen Seite. Dies ist bei den Eskimohunden reinen Typs im allgemeinen der Fall, während die Mischung, die großen Hunde, immer hypochondrisch werden, wenn das Fressen nicht reichlich und die Arbeit groß ist.

Vor mir habe ich den Schlitten meines Vordermannes; ich sehe seinen Rücken zwischen den Schlittenstützen, sein rechter Fuß ruht auf der Schlittenkufe und die Schnur seiner Peitsche verfolgt den Schlitten in seiner Spur. Und dann sehe ich seine beiden äußersten Hunde. —

Der erste Tag hatte nahezu den Charakter einer Vergnügungsreise. Wir kamen ungefähr auf die Höhe des Teufelskaps und sahen dieses, anscheinend wie eine Insel, mit dem Festland dahinter da liegen. Welche Gebirgsformationen dort drüben! Wie ein totes Ungeheuer liegt der gewaltige Steinkoloß da, und im Norden und Süden von ihm türmt sich Fels neben Fels gegen die goldglänzende Luft auf.

Ach — ja! Morgen sehen wir die Sonne zum letztenmal in diesem Jahr, dachte ich. Dann zeigt die Luftspiegelung sie uns vielleicht noch ein paarmal gerade zur Mittagszeit — und dann kommt die große Finsternis. Aber noch liegt sie dort unten am Horizont, lodert unter feinen Wolkenstreifen nahe den fernen Bergen und kan nsich nicht zum letzten Lebewohl bequemen; und die Berggipfel erröten unter ihrem Blick.

An diesem Tage sahen wir Bären. Natürlich entdeckte Brönlund sie. Es waren zwei, die ein paar Kilometer von uns ganz dicht unter der Küste dahintrabten. Brönlund peitschte sofort seine Hunde zu weißglühendem Fanatismus auf; sie setzten hinter den Bären her — und da bekamen wir endlich einmal eine richtige Hundeschlittenfahrt zu sehen. Brönlunds Hunde fingen an, sich daran zu erinnern, wie Bärenfleisch schmeckt, und vergaßen sie es auch, dann vergaßen sie den Geschmack seiner Peitschenschnur nicht, die blitzschnell und sicher wie eine Revolverkugel geflogen kam.

In einem Nu war er weg. Wir kamen ja in seiner Spur hinterher, so gut wir vermochten, und trafen ihn dicht unter der Küste. Als wir ihn fragten, wo die Bären wären, zeigte er über den steilen Felsabhang zu einer Höhe von etwa 600 bis 700 Meter hinauf.

„Dort gingen sie hinüber", sagte er.

Wir starrten ihn sprachlos an.

„Ja, ich kletterte ein paar hundert Meter hinter ihnen her," sagte er, „aber dann wurde es zu steil für mich, ich durfte nicht weiter gehen. Da waren sie längst oben und standen dort und guckten über den Rand zu mir herab, ehe sie verschwanden. Es war eine Bärin mit einem einjährigen Jungen."

Ja — wir sahen die Spur unten am Strande verschwinden, gerade da, wo die Klippen anfingen. Das stimmte schon gut zu dem, was er erzählte.

Wir lagerten oben am Strande unter den Klippen, nachdem wir die letzte Meile zwischen zerstreuten Eisbergen über höckeriges Eis und in losem Schnee gefahren waren. Es war da drei Uhr und schon ziemlich dunkel.

Sobald die Hunde gefüttert waren, errichteten wir das Zelt und krochen hinein. Bald darauf schmolz der Schnee im Kochtopf über dem zischenden „Lux", und wir tauten Preßsülze auf, aßen und kochten Kaffee, eine ganze Stunde lang, worauf wir mit Genuß eine Pfeife bitteren, schwarzen Shagtabak rauchten, indem wir im Schlafsack lagen und nur die Nase aus der Öffnung hinaussteckten. Aber bald stimmte Lundagers Nase ihr rühmlich bekanntes Schlummerlied an, und wir anderen fanden es passend, nach Kräften mit einzustimmen.

Zehn Minuten darauf waren wir fünf glücklichen Menschen eingeschlafen, in einem kleinen Zelt, das einem Stein zwischen den anderen Steinen glich, die von den über uns emporragenden gewaltigen Felsen herabgerollt waren. Und um uns herum lagen unsere 32 Hunde, unsere Vorposten gegen Bären und anderes Teufelszeug der Nacht.

In der Nacht setzte ein starker Sturm mit Schneegestöber ein. Die Zeltwände wurden hin und her gerüttelt, und der Schnee drang durch die Zeltöffnung herein und bildete auf dem Zeltboden eine Schneewehe. Als wir am Morgen aufstanden, hatte der Sturm sich gelegt, aber es schneite noch, und wir sahen, daß die Schneebahn im Laufe der Nacht schlecht geworden war. Wir nahmen schnell eine Mahlzeit ein und machten uns dann daran, das Zelt herunterzunehmen und die Schlitten zu packen. Und dann ging es weiter nach Süden zu.

Jetzt war es vorläufig mit dem Vergnügen vorbei; die Schlittenbahn war fürchterlich, die Schlitten hopsten in dem Schraubeneis auf und nieder, und Jarners langer Nansenschlitten schlug gar manches Mal um. Wir mußten die ganze Zeit über hinterher laufen, da die Hunde uns nicht durch den tiefen Schnee zu ziehen vermochten, und alle Augenblicke kam ein Hund unter den Schlitten, wenn sein Zugstrang sich an den Eishöckern verfing. Die Stränge verwickelten sich andauernd, und unaufhörlich mußten wir Halt machen, um sie mit den bloßen Fingern auseinander zu wirren.

Wir kamen an dem Tage nur ein paar Meilen vorwärts. Erst nachdem es vollständig dunkel geworden war, schlugen wir todmüde und schweißtriefend das Zelt am Strande auf. Die meisten von uns hatten den ganzen Tag über an einem fürchterlichen Durst gelitten; zum erstenmal bekamen wir einen kleinen Vorgeschmack von diesem berühmten „arktischen Durst", der nirgends sonst ein Seitenstück haben soll, und dessen Hauptursache wohl in der gewaltigen Erhitzung zu suchen ist, in die man sich während des Marsches hineinarbeitet, und in der daraus folgenden Verdampfung von den Lungen, der man in der erstaunlich trockenen Luft hier oben ausgesetzt ist. Unaufhörlich hatten wir in den letzten Stunden den Mund mit Schnee oder Eisstücken gefüllt, ohne daß dadurch der Durst auch nur etwas gestillt wurde; es war, als ob der Schlund brannte. Als wir zum Zeltplatz gekommen waren, dachten wir nur ans Trinken.

Sobald über dem „Lux“ ein bißchen Wasser vom Eise geschmolzen war, setzten wir abwechselnd den Kochtopf an den Mund und tranken. Wir stürzten Wasser in uns hinein, und wir füllten literweise Tee in uns hinein, als wir schließlich so weit gekommen waren, daß wir warten konnten, bis das Wasser zu kochen anfing. Ordentliches Essen zu kochen, dazu hatten wir keine Lust; wir waren zu müde. Wir nahmen

Die Hunde werden gefüttert.

eine Dose Preßsülze, schlugen sie mit einem Beil durch — in der starken Kälte, bei der der Inhalt steinhart war, die radikalste Methode, die Dose zu öffnen — und hauten mit Hilfe eines Stemmeisens und unserer Messer aus der Sülze Splitter heraus, die wir ein wenig kauten, ehe sie eiskalt in den Magen hinunterglitten. Als wir am nächsten Tage aus dem Zelt herauskamen, sahen wir, daß auf der Dose, deren Inhalt wir für Sülze gegessen hatten, „Lobescoves“ stand ...!

Der Aufenthalt im Zelte fing an ekelhaft für uns zu werden. Da wir keine Übung hatten — ich spreche hier natürlich nicht von Brönlund, der alles als etwas ganz Alltägliches hinnahm und sich ausgezeichnet befand —, plagten uns alle diese Dinge stark, als wir sie hier zum ersten Male erproben mußten. Wir verstanden nicht, den Schnee aus unseren Schlafsäcken fernzuhalten, so daß sie bereits in der zweiten Nacht klatschnaß waren. Es war draußen vor dem Zelt wohl 25 bis 26° kalt, und also hier drinnen wahrscheinlich 15 bis 16.

Wenn wir Wasser kochten, entstand ein solcher Dunst, daß wir uns absolut nicht sehen konnten. Zusammen mit unserem Atem bildete dieser Dampf an den Zeltwänden eine Schicht Reif, der wie Lämmerschwänze herabhing und über uns baumelte, bei der geringsten Erschütterung des Zeltes herunterrieselte und des Nachts natürlich immer in die Schlafsäcke eindrang. Wenn ein Hund draußen gegen ein Zelttau lief, gab es drinnen richtiges Schneewetter. Wir hatten noch keine rechte Übung darin, in den Schlafsack ganz hineinzukriechen und den Deckel geschlossen zu halten.

Der vom Atem angefeuchtete Bart fror unter der Nase zu Eisklumpen. Die letztere war immer feucht und juckte und brannte entsetzlich, weil nachts viele Renntierhaare in sie hinaufflogen und sich dort festsetzten. Wenn wir morgens erwachten, hatten die Nasen infolge der Behandlung, die ihnen im Laufe der Nacht zuteil geworden war, ganz die Farbe roter Rüben.

— —

Wir waren bald im klaren darüber, daß der Shannonabteilung nicht damit gedient sein konnte, über so unwegsames Eis zu ziehen, wie wir es hier vorfanden. Am Tage darauf einigten wir uns dahin, daß Brönlund ein längeres Stück nach Westen auf das Meereis hinausfahren sollte, um zu sehen, ob dort bessere Schlittenbahn sei, während Lundager und Jarner auf ihre Schlitten nur den Proviant für das Depot laden und diesen soweit als möglich nach Süden bringen sollten, indem sie sich jedoch so einrichteten, daß sie am Abend zum Zelt zurückkehrten. Inzwischen blieben Johansen und ich beim Zelt, zeichneten Küstenrisse und kochten Essen.

Nachdem morgens eine mächtige Bütte voll Hafergrütze verschlungen war, zogen die Schlitten von dannen.

An diesem Tage sahen wir die Sonne zum letztenmal. Gerade als ich zur Mittagszeit draußen auf dem Meereis stand und zeichnete, erhob sie sich über den Gesichtskreis und sah noch einmal auf das Land — umfaßte es mit einem einzigen, langen Blick. Dann ging sie langsam unter.

Der Gipfel des Teufelskaps schien sich in ihrem Glanze zu heben, um die Abschiedsstunde zu verlängern. Dann verblich die letzte Röte. Und es war, als ob ein fahler Atemhauch über das weiße Land um mich herum hinzog, als ob die Berge in einem Seufzer ihre große Seele aufgaben und sie der flüchtenden Röte nach emporsteigen ließen.

Von dort, hoch oben von Norden her, kommt die Finsternis jetzt langsam über die Erde herabgewandert. Zur Mittagszeit hält sie Rast, sie will dem Tag nicht auf die Schleppe treten, der langsam vor ihr weggleitend nach Süden zu verschwindet.

Aber bald wandert sie dicht an uns vorbei und wendet uns den Rücken zu.

Dann kommt die Nacht, die vom Nordlicht durchleuchtete Nacht mit dem großen, weißen Monde in ihrem Gürtel.

— —

Die Schlitten kamen erst gegen Mitternacht zurück. Brönlund war, nachdem er gesehen hatte, daß das Meereis weiter draußen zusammengestaut und ebenso schlecht zu befahren war, wie hier drinnen, nach Süden hinüber gefahren und hatte sich den beiden anderen angeschlossen. Längs der Küste abwärts war die Schlittenbahn schlimmer und schlimmer geworden. Wir konnten uns also darauf vorbereiten, morgen heimwärts zu fahren.

Ich schlief schlecht in dieser Nacht. Mein Schlafsack war ein alter, saurer Satan, den Mylius einst in Westgrönland benutzt hatte. Jetzt waren nicht viel Haare mehr in ihm zurück, wenn man die abrechnet, die ich im Laufe der Nacht in den Mund kriegte. Ich fror ganz abscheulich und wachte daher leicht auf, als ich am frühen Morgen einen Hund bellen hörte. Erst ein paarmal leises Kläffen, dann hörte er wieder auf. Kurz darauf aber legte er in vollem Ernste los, mit kurzem, stoßweißem Gebell.

Völlig wach fuhr ich empor, steckte eilig einige Patronen in meine Hosentasche und zwei in die Büchse, und stieg dann aus dem Schlafsack heraus. Hierdurch wurde Brönlund wach, und wir schlichen beide so schnell wie möglich aus der Zelttür hinaus.

Draußen saß auf Brönlunds Schlitten sein schwarzer Baas und stierte vor sich hin auf den Strand, und um ihn herum saßen im Schnee die anderen Hunde und bellten — es war das richtige, unverfälschte Bärengebell, das man niemals verkennt, wenn man es einmal gehört hat.

„Paf — wuf — puf!“ — —

Wir stierten in dieselbe Richtung wie der Baas. Brönlund entdeckte sofort den Bären und zeigte ihn mir. Er stand drinnen am Strande im Schatten eines Eisberges. — Jetzt kam er langsam ins Licht, gerade auf uns zu. Dann stand er wieder still und guckte.

Brönlund wühlte in seinen Taschen herum und sagte dann plötzlich: „Ich habe meine Patronen vergessen, und ich darf nicht von den Hunden fortgehen, denn sonst machen sie sich los und jagen den Bären weg. Gehen Sie hin und schießen ihn!“

Es waren ungefähr 300 Meter bis zum Bären. Halbwegs lag ein großer Eisblock, der mich decken konnte, wenn ich einige Meter seitwärts ging. Ich lief daher zuerst ein kleines Stück auf den Strand zu und dann, als der Eisblock mich dem Bären verbarg, Hals über Kopf vorwärts, um den Block zu erreichen und von dort auf den Bären zu schießen.

Aber in demselben Augenblicke, in dem ich zu dem Eisblock gelangte, kam der Bär von der anderen Seite um die Ecke gesaust. Er hatte ganz dasselbe Manöver gemacht, wie ich.

Ich weiß nicht, wer von uns am meisten erschrak, aber ein Ohnmachtsanfall war auf beiden Seiten im Anzuge. Der Bär besann sich zuerst und promenierte dann mit seinen acht Zentnern in langen Sprüngen in die Berge hinauf. Aber ich traf ihn mit einem Blattschuß, so daß er sich ganz auf die Hintertatzen erhob, rasend in die Seite biß, dann umwandte und wieder zum Strande hinunterlief. Dort schoß ich ihm die große Kugel des linken Laufs von hinten schräg durch den Körper, so daß sie unter dem rechten Blatt herauskam, aber er fiel nicht. Auf ungefähr 70 Meter Entfernung sandte ich ihm die dritte Kugel, die mitten zwischen die Schulterblätter hinein und durch den Unterkiefer herausdrang. Er schlug einen vollständigen Purzelbaum — und kam wieder auf die Beine; aber jetzt war ihm sehr schlecht, er ging langsam und hustete, der arme Kerl. Er suchte mit ein paar matten Schlägen sich zweier Hunde zu erwehren, die losgekommen waren und ihm ins Hinterteil schnappten. Dann legte er sich endlich nieder.

Brönlund, der inzwischen auf dem Boden seiner Hosentasche eine Patrone gefunden hatte, kam gelaufen, um ihm den Rückzug abzuschneiden. Er machte jetzt aus Barmherzigkeit mit einer Kugel seinem Leiden ein Ende.

Nachdem die anderen aus dem Zelte herausgekommen waren, zerwirkten wir den Bären dort, wo er lag. Die Schinken luden wir auf die Schlitten, um sie für uns selbst mit zum Schiffe zu nehmen, während das übrige Fleisch, die Eingeweide und das Blut vor die Hunde ging. Sobald diese nämlich nicht mehr mit den Peitschen ferngehalten wurden, stürzten sie sich wie Wölfe auf das Bärenfleisch. Sie waren am Kopf und am Vorderleib rot von dem dampfenden Blut, und ihre Bäuche hingen zum Platzen gespannt herab, als sie schließlich abzogen und sich faul bei den Zelten hinwarfen.

Wir traten erst am nächsten Tage die Heimreise an. Brönlund brach bereits am Morgen mit fast leerem Schlitten auf, um vielleicht schon

Kopf eines erlegten Bären.

vor dem Abend zum Schiffe gelangen und über die Eisverhältnisse Bericht erstatten zu können. Wir anderen kamen erst einige Stunden später zum Aufbruch. Wir warfen noch einen letzten Blick nach diesen prachtvollen Bergen auf dem Festlande hinüber, dann schwangen wir die Peitschen, stießen einen Schrei aus und zogen von dannen.

Ich versuchte mich jetzt zum ersten Male als Vorfahrer, und da wir Brönlunds frische Spur vor uns hatten, ging es ausgezeichnet. Die Hunde hatten sich indessen mit dem Bärenfleisch den Bauch so überladen, daß wir nur langsam vorwärts kamen, obwohl der Schnee im Laufe des letzten Tages fester geworden und daher leichter zu befahren war.

Nach kurzer Zeit stießen wir auf eine Bärenfährte, die genau unserer alten Route folgte, aber nach Norden hin ging. Dies hatte einen sehr belebenden Einfluß auf die Hunde, die, sobald sie den Bären witterten, die Nase in die Fährte setzten, die Schwänze hoch hoben und sich in die Stränge warfen. Sie fingen an, Interesse für die Bärenjagd zu bekommen.

Als wir Rast machten, stiegen wir von den Schlitten und untersuchten die Fährte. Sie war ganz frisch und hatte scharfe Ränder, die der Wind und das Schneegestöber noch nicht im geringsten abgeschliffen hatten. Es war eine mächtige Fährte; ich maß mit einem Stück Bindfaden, das ich in der Tasche hatte, den Abdruck einer Hintertatze, der, wie sich nach unserer Heimkehr zeigte, beinahe 40 Zentimeter lang war. Die Fährte folgte andauernd unserer alten Schlittenspur. Aber plötzlich entdeckten wir eine neue, frische Schlittenspur, die über die Bärenfährte hinwegging.

Es mußte die Spur von Brönlunds Schlitten sein. Ja, natürlich — er war selbstverständlich hinter dem Bären her.

Und wie wir nun weiter fuhren, sahen wir die ganze Zeit über die frischen Spuren des Bären und des Schlittens sich auf unserem Wege kreuzen, bis wir am nachmittag sahen, daß weit vorn ein Schlitten auf dem Schnee hielt und drinnen am Strande ein Mann stand und sich bückte. Es war Brönlund, der dem Bären das Fell abzog.

Das war also das Ende der Geschichte.

Und den Anfang erzählte er uns. Sobald er im klaren darüber war, daß die Bärenfährte, die er sofort entdeckte, frisch war, peitschte er die Hunde auf der Fährte vorwärts. Nach einstündiger wilder Fahrt sah er den Bären, der im Galopp am Strande entlang floh. Als die Hunde ihn einholten, ging er auf den Strand hinauf, machte Front und erwartete den Schlitten. Brönlund ließ zwei Hunde auf ihn los, die ihn sofort angriffen, und schoß ihm nun, auf die Schlittenstütze auflegend, in einer Entfernung von 30 Meter eine Kugel in die Brust. Er öffnete dann sofort seine Büchse, um sie aufs neue zu laden.

Aber die Patronenhülse, die durch die Wärme der Hand feucht geworden war, war im Lauf fest gefroren, so daß er sie nicht herauskriegen konnte. Und da lief der Bär auf ihn zu, um ihn anzufallen.

„Da war ich sehr erschrocken", sagte Brönlund.

Und das durfte er wohl sagen. Ihm kam es bei seiner Darstellung immer so wenig auf den Effekt an. Der Effekt lag bei ihm in seinen Handlungen; er war ein mutiger Mann, aber er verfiel niemals in phantastisches Gerede über seinen Mut. Das Erschrecken war das erste Glied der Reaktion gegenüber der plötzlichen Gefahr. Er war eine primitive Natur mit einem riesigen Selbstvertrauen, und er reagierte auf das, was ihm zustieß, augenblicklich und mit den Nerven eines Indianers.

Das war *sein* Mut.

Daher fuhr er vernünftigerweise fort, mit kleinen, sicheren Griffen an der Patronenhülse zu zupfen — bis sie herauskam. Und als die beiden Hunde sich auf den Bären warfen und ihn einen Augenblick zum Stehen brachten, lud er und schoß wieder.

Und *diesmal* saß die Kugel im Herzen.

„Wollt *Ihr* mir jetzt dabei helfen, den Bären zu zerlegen, dann will *ich* Vorfahrer bis zum Schiff sein?"

„Topp", sagten wir. Denn damit war beiden Teilen gedient. Und wir froren außerdem heftig und wollten gern die Arme in das warme Blut stecken.

Als wir fertig waren und den größten Teil des Fleisches mit großen Steinen zugedeckt hatten, gaben wir den Hunden das Blut und schmierten unsere „Komager"*) tüchtig mit dem Speck ein; dann waren wir bereit, wieder weiter zu fahren.

Aber Brönlund machte sich lange bei seinem Schlitten zu schaffen, er konnte gar nicht mit dem Vorspannen seiner beiden Hunde fertig werden. Es zog sich immer mehr in die Länge. Dann sagte er plötzlich, ohne einen von uns anzusehen: „Ich glaube, wir bekommen schlechtes Wetter!"

Ja, das war wohl gut möglich.

Dann hantierte er wieder beim Schlitten herum.

— Ob wir vielleicht doch nicht lieber hier lagern und mit der Weiterfahrt bis morgen warten sollten?

*) Seehundsfellstiefel.

— Na, das fehlte auch gerade noch! Was glaubte er von uns? Erst hatte er uns dazu verleitet, ihm beim Bären zu helfen, und jetzt wollte er uns hinterher geradezu an der Nase herumziehen! Lärmend widersetzten wir uns seinem Vorschlag — das Wetter sah ja gut genug aus!

Da setzte Brönlund sich ganz still auf seinen Schlitten und fuhr davon. Und wir anderen folgten ihm nach.

Inzwischen war es etwa drei Uhr geworden, und es war ganz dunkel. Aber dann kam der Vollmond über die Felsen der Koldewey-Insel hervor und sandte sein strahlendes Licht auf die Schlitten und die weiße Fläche herab, während die im Schatten liegenden Felsen wie eine schwarze Mauer längs unseres Weges standen. Es herrschte eine schneidende Kälte, aber die Luft war ganz still.

Doch die Ruhe dauerte nicht lange; es fing bald an zu wehen. Noch spürten wir hier unten den Wind nicht, aber wir hörten oben von den Bergen her den dumpfen, brummenden Laut und wußten nun, daß es da oben nicht mehr ruhig war. Und plötzlich sahen wir, wie der Mond von einem mächtigen Schneestaubwirbel verdunkelt wurde, der wie ein fliegender Schleier hoch oben dort an einem der Felsgipfel hing, bis er sich plötzlich losriß und über das Meer hinauszog. Hier unten folgte ein schwarzer Schatten hinterher, der für einen Augenblick ein paar Schlitten verschlang, um dann über das Eis hinzugleiten und zu verschwinden. Da stand der Mond wieder eiskalt und einsam oben am Rande des Gebirges.

Aber bald kam ein Windstoß zu uns herab — und noch einer. Und im nächsten Augenblick befand sich alles in einem wirbelnden, grauweißen Chaos.

Wir peitschten auf die Hunde los und lenkten dichter ans Land heran; und das verstanden sie selbst gut, die vernünftigen Geschöpfe. Wir hielten uns so dicht wie möglich zusammen und trieben die Hunde ganz nahe an die Schlittenstütze des Vordermanns heran.

Das Schneetreiben nahm zu. Glücklicherweise hatten wir es meistens im Rücken; nur bisweilen, wenn wir an einer tückischen Felsenschlucht oder an einem Landvorsprung vorbeifuhren, peitschte es uns gerade ins Gesicht. Es war, als wenn Hunde und Schlitten gegen eine Mauer anprallten; die feinen Eisnadeln bissen wie Säure ins Gesicht und blendeten uns vollständig, der Wind drang durch die Öffnungen in den Kleidern, und die Kälte riß uns in den Gliedern. Einmal über das andere mußten wir vom Schlitten und nachschieben, während wir auf die Hunde lospeitschten, und bisweilen mußten wir still halten, um die völlig verwickelten Stränge mit Zähnen und Fingern auseinanderzuwirren. Und dann ging es wieder vorwärts, indem wir uns durch die dicke Schneeluft laut zuriefen, um uns zusammenzuhalten.

Hakon Jarner.

Da verloren wir Jarner. Wir sahen uns zufällig um und entdeckten, daß sein Schlitten, der zuhinterst fuhr, nicht mehr mit dabei war. Wir riefen Brönlund, der vorauffuhr, und machten Halt und warteten lange, aber er kam nicht.

Der Schnee sauste vom Winde gepeitscht vorbei — vorwärts, vorwärts mit unaufhaltsamer Fahrt. Es war, als ob über, unter und neben uns weiße Decken vorbeigezogen würden, die das Auge blendeten und verwirrten.

Dann kam Brönlund zu uns hin.

„Ich muß zurückgehen und Jarner finden," sagte er, „wenn ich der Spur folge, werde ich schon bald zu ihm kommen."

Aber die Schlittenspur war verschwunden. In den wenigen Minuten, die wir hier gehalten hatten, war sie schon vollständig vom Schneegestöber ausgewischt. Brönlund besann sich einen Augenblick; dann ging er doch. Er verschwand bald in dem Schneetreiben.

Wir waren nicht sehr erbaut davon. Jarner hatte unser Zelt auf seinem Schlitten, und wir hatten den ganzen Proviant; wir konnten also eine Trennung nicht sehr lange vertragen. Wenn der Schneesturm ein paar Tage anhielt, konnte es beiden Parteien übel ergehen. Und was nun, wenn Brönlund vielleicht auch nicht zu uns sich zurückfand?

Während wir anderen bei den Schlitten Wache hielten und dem Sturm den Rücken zuwandten, rollten sich die Hunde zu runden Klumpen vor den Schlitten zusammen. Sie schliefen sofort ein und wurden in Schneehaufen verwandelt.

Aber schon nach zehn Minuten kam Brönlund zurück und brachte Jarner mit.

Jarners Schlitten war in einer Eisschraubung umgeworfen worden und stecken geblieben; Jarner hatte gerufen, ohne daß ihn jemand hörte, und als er schließlich mit eigener Hilfe klar geworden war, waren wir und die Schlittenspur verschwunden. Er war nun so vernünftig gewesen, ganz dicht am Strande weiter zu fahren, und Brönlund, der von der Vermutung, daß er dies tun würde, ausgegangen war, war trotz der fürchterlich dicken Luft dort bald auf ihn gestoßen.

Endlich kamen wir wieder in Gang. Wir drei Wartenden waren steif gefroren und glichen Schneemännern. Jetzt liefen wir uns neben den Schlitten etwas warm und brachten mit Peitsche und Zuruf die armen Hunde wieder ins Laufen. Aber der Sturm wurde immer schlimmer; hielt er so an, dann waren wir bald gezwungen, das Zelt aufzuschlagen. Doch eine Weile konnten wir es wohl noch aushalten.

„Nur noch um die nächste Ecke", wie es immer auf Schlittenreisen heißt. Hier, wo wir waren, war es außerdem unmöglich zu lagern, da die Küste hier nicht den geringsten Schutz bot. Doch endlich kamen wir um eine „nächste Ecke", hinter der wir Deckung fanden; dort schlugen wir in einer Felsenschlucht, wo die Windstöße und das Schneetreiben uns nicht erreichten, das Zelt auf.

Wir waren kaum damit fertig geworden, als einer von Brönlunds Hunden eine von einem großen Steine gegen den Wind geschützte Stelle aufsuchte, im Schnee ein Loch grub, dort hineinkroch und sich daran machte, Junge zu werfen. Die nassen, schreienden Hündlein, die in der Kälte dampften, machten einen tiefen Eindruck auf alle

„Monkey", Eskimohund reinen Typs.

anderen Hunde, denen der Speichel im Maule zusammenlief, und die voll Freßgier auf die „kalte Küche mit einem warmen Gericht" sahen, das nach den Anstrengungen des Tages jetzt nach und nach für sie angerichtet wurde.

Dann schleppte Brönlund seinen Schlafsack aus dem Zelte heraus und legte ihn dicht um die jungende Hündin herum, die so die Nacht verbrachte. Leider war die Dame am Morgen, als wir abfahren wollten, noch lange nicht mit dem Jungen fertig, so daß Brönlund gezwungen war, sie mit dem Versprechen zurückzulassen, am nächsten Tage die ganze Familie nachzuholen. Da wir nur drei bis vier Meilen vom Schiffe entfernt waren, ließ sich dies leicht ausführen, und die Hündin lag ausgezeichnet und befand sich gut.

Als wir abfuhren, hatte es aufgehört zu schneien. Der westliche Wind jagte noch andauernd Schneemassen dicht über das Eis hin, aber als am Nachmittag der Vollmond aufging, sahen wir sowohl ihn, als auch den klaren Sternhimmel über dem Schneegestöber, das bald darauf sich nur noch eine Elle über die Meeresfläche erhob. Der von der Seite kommende Wind war schneidend, und uns erfroren ab und zu Nasen und Wangen, so daß wir die ganze Zeit über die angegriffenen Stellen mit den Händen reiben mußten. Wir drehten dann um das Kap Helgoland und hielten nun geraden Kurs auf den Hafen zu. Wir hatten jetzt den Wind gerade im Rücken, und der Schnee jagte nur noch eine Viertelelle hoch, aber in einer vollständig dichten Schicht über das Eis hin, genau der Fahrtrichtung der Schlitten folgend.

Brönlunds Hunde, die zu ahnen begannen, daß wir nahe beim Hafen waren, schlugen jetzt ein rasendes Tempo ein, und Brönlund erhöhte es noch, indem er sie durch Schreie anfeuerte und die Peitsche klatschend neben sie hinsausen ließ. Es dauerte nicht lange, und ich, der hinter ihm kam, begann ihn aus den Augen zu verlieren.

Es ärgerte mich, daß ich ihm nicht folgen konnte; aber da hatte ich eine glänzende Idee. In meinem Gespann war eine Hündin, die gerade läufig war und daher auf der ganzen Fahrt mein Schrecken gewesen war. Die Hunde wollten nämlich immer mit ihr kokettieren, und da sie während der Fahrt doch nicht alle gleichzeitig neben ihr laufen konnten, einigten sie sich dahin, dies so gut wie möglich abwechselnd zu tun. Die Folge davon war, daß meine Zugstränge meistens so verwickelt waren, daß sie einer Fußmatte im Auflösungszustand glichen. Sie liefen in einander wie die Fäden an einem Webstuhl, und die Hündin war das Weberschiff dabei. Ich mußte fast jede halbe Stunde die Stränge ordnen, und dabei erfroren mir drei Finger so, daß sie noch vierzehn Tage danach schmerzten.

Jetzt fand ich einen Ausweg.

Brönlund war schon weit voraus, und die anderen waren eine schöne Strecke hinter mir zurückgeblieben. Da stieg ich vom Schlitten und ordnete meine Stränge zum letztenmal, und dann ließ ich die Hündin los.

Sie verschwand wie ein Strich in der Richtung nach Brönlunds Schlitten.

Meine Hunde erhoben ein fürchterliches Geheul. Ich hatte gerade noch Zeit, mich über die Schlittenladung zu werfen; im nächsten Augenblick wurde ich davongewirbelt, als wenn böse Geister vor den Schlitten gespannt wären. Die Hunde ahnten, welche Gefahr damit verbunden war, wenn die Hündin sich zu Brönlunds Gespann gesellte, die Eifersucht machte sie rasend. Ich hatte richtig gerechnet. Das waren die „Naturkräfte im Dienste des Menschen".

Dann löste ich einige Knoten in meinem Peitschenriemen, kletterte höher auf die Ladung hinauf und schaute mich um. Weit voraus erblickte ich im glänzenden Mondlicht Brönlunds Schlitten wie einen kleinen dunklen Punkt. Die Hündin war in derselben Richtung verschwunden.

Ich hatte den Wind jetzt gerade im Rücken, aber ich sauste mit solcher Geschwindigkeit dahin, daß ich nichts vom Winde merkte; es war, als ob vollständige Windstille herrschte. Der Mond erglänzte groß und rund über den Felsen der Koldewey-Insel, sandte einen flimmernden Lichtschein über Schnee und Steine und ließ die scharfen Bruchflächen der vorüberfliegenden Eisberge unaufhörlich aufblitzen. Er spiegelte sich in dem niedrigen Schneegestöber, das mit dem singenden Schlitten um die Wette über das Eis dahinzischelte.

Niedrig zog das Schneetreiben über das Eis hin, die Pfoten der Hunde verbergend, ihre Leiber aber sichtbar lassend. Und dann folgte es so genau der Fahrtrichtung des Schlittens, daß ich nicht sah, daß dieser sich bewegte. Die Erde wurde mit einem hohlen, knurrenden Laut unter mir fortgezogen. Aber das Zischeln des Schnees und der Mond, der entsetzt über die Berggipfel flüchtete, erzählten von der Fahrt. Und dann vor mir diese gespensterhaft fliehenden Hunde mit den schwingenden Schwänzen, denen die Brunst aus den Augen leuchtete. Es war, als ob ich auf einer Schneewolke säße und mit dem Nordwest als Vorgespann den Mond verfolgte.

Immer näher kam ich dem vordersten Schlitten, aber ehe ich ihn ganz erreichte, hatte Brönlund mich bemerkt. Ich sah, wie sein Peitschenriemen blitzschnell fünf bis sechs große S über ihm in der Luft beschrieb, und hörte, wie er abwechselnd zu beiden Seiten der Hunde aufs Eis fiel — dann wurde der Abstand zwischen uns wieder größer. Aber meine Hunde witterten die Hündin, die hinter seinem Schlitten lief, und wir erreichten kurze Zeit darauf in einem rasenden Spurt ungefähr gleichzeitig das Schiff.

Die anderen kamen erst eine halbe Stunde später nach Hause. Sie hatten nicht wie ich auf die Herrschaft des schwachen Geschlechts über die Männer spekulieren können.

Die Heimkehr hatte sowohl ihre guten, als auch ihre schlechten Seiten. Die Wärme im Schiffe kam uns kolossal vor, und zusammen mit dem Ofendunst genierte sie uns anfangs ungeheuer. Aber nach und nach wurden die Nerven betäubt, und das warme Essen, die trockenen Kleider und Kojen bewirkten, daß sich bald ein Gefühl behaglichen Wohlseins, ja ein Gefühl des Komforts über uns senkte, wie wir es nie zuvor gekannt hatten.

Am nächsten Tage waren wir schon wieder fast ganz verdorben.

Vor der Abfahrt.

Die Auskünfte, die wir Mylius über die Schlittenbahn längs der Inseln gaben, brachten ihn sofort zu dem Entschluß, längs der Festlandsküste südwärts zu ziehen.

In der Zeit um den 1. November herum wurde eine solche Unzahl von Schlittenreisen ausgeführt, daß es kaum möglich ist, zwischen ihnen hindurchzufinden. Tag und Nacht lärmten heimkehrende oder fortziehende Schlittenzüge an der Schiffsseite, Männer schrien, Hunde balgten sich, und Peitschen knallten zu allen Zeiten des Tages und der Nacht. Und unter der Decke der Messe hingen immer klatschnasse Schlafsäcke und saure Kamikken zum Trocknen in der Ofenwärme und machten die Luft dort und in den anstoßenden Kammern schwül.

Am 28. Oktober waren drei Schlittenzüge mit zusammen acht Schlitten gleichzeitig westwärts gezogen: Bistrup und Bertelsen, um nach dem Innern des Mörkefjords und dem großen See zu fahren und

Henning Bistrup.

dort Vermessungen vorzunehmen, Mylius und Wegener nach der Walroßspitze zur Jagd — es waren nämlich während unserer Abwesenheit vier Moschusochsen beim Sturmkap geschossen worden, was im Laufe des Winters neue Versuche, dieses Wild zu treffen, veranlaßte —, sowie Gustav Thostrup, Charles Poulsen und Hendrik nach der Gegend beim Teufelskap, um kartographische Arbeiten auszuführen und beim Kap

Peschel ein Depot anzulegen. Während die beiden zuletzt genannten Abteilungen schon nach drei bis vier Tagen zurückkehrten, kamen Bistrup und Bertelsen erst am 5. November nach einer äußerst beschwerlichen Reise nach Hause.

Bertelsen, dem während der Fahrt die Hälfte seiner Finger in einem solchen Grade erfroren war, daß sie vorläufig ganz unbrauchbar waren, erzählte mir die näheren Umstände der Reise.

In tiefer Dunkelheit waren sie am Nachmittag des zweiten Tages zum inneren Ende des berüchtigten Mörkefjords gelangt. Der Fjord endet, wie sie sahen, in ein eben ansteigendes Terrain, das von einem großen, bis auf den Grund gefrorenen Flußbett geteilt wird, auf dem sie ungefähr $^3/_4$ Meilen aufwärts fuhren. Sie hatten viele Widerwärtigkeiten mit dem spiegelglatten Süßwassereis, das ab und zu voll von breiten Rissen und tiefen Löchern war, in die die Schlitten mehrmals hineingerieten. Schließlich gelangten sie zu einem gefrorenen Wasserfall, der ihnen den Weg versperrte; sie lagerten unter ihm.

Am nächsten Morgen kletterten sie über den Wasserfall und kamen hinter diesem zu einem großen, beinahe vollständig seichten Fluß. Dieser erstreckte sich weit ins Land hinein und war auf beiden Seiten von einem flachen Talgrund umgeben, der im Süden von niedrigen Bergen, im Norden aber von einem hohen, steilen Berg begrenzt war. Sie beschlossen, auf diesen hinaufzusteigen, um einen Blick über das Inlandeis zu werfen. Sie nahmen Theodolit und Zeichengerät mit, um von dort oben Vermessungen vorzunehmen und das Panorama zu zeichnen. Bei dem Versuch, die schroffe Felswand zu ersteigen, wurden sie indessen von einander getrennt, und es gelang ihnen trotz aller Anstrengungen nicht, dort oben wieder zusammenzukommen. Die Bergwand wurde entsetzlich steil, sie mußten die Fausthandschuhe ausziehen und sich mit den bloßen Fäusten festklammern, und, da es 21 Grad kalt war, war das natürlich nicht gerade gut für die Finger.

Schließlich wurde es Bertelsen zu toll. Als er vor einem fast senkrechten Felsen stand, rief er Bistrup, den ein großer Felsblock ihm verbarg, zu: „Bistrup, wenn ich nicht glaubte, daß es jetzt noch schlimmer wäre, hinunter- als hinaufzukommen, würde ich umkehren." Bistrup sah sich um und kam zu derselben Überzeugung. Sie klommen noch eine Strecke aufwärts, aber sie kamen immer weiter voneinander. Ehe sie halb hinauf waren, mußten sie es aufgeben.

Sie gelangten gerade so hoch, daß sie das Inlandeis sehen konnten. Im Westen zeichnete es sich mit seinem obersten Rand scharf gegen den dunklen Himmel ab und schimmerte mit einer seltsamen, phosphorleuchtenden Farbe, die in ihrem zitternden Glanz an die fortgezogene Sonne erinnerte.

Während Bertelsen noch von dem großartigen Anblick ergriffen dastand, fühlte er heftige Schmerzen in seinen Fingern. Er sah da, daß sie vollständig erfroren und weiß waren, und daß Schnee und Gestein ringsherum, wo er hingefaßt hatte, mit Blut befleckt waren, das unter den Nägeln hervorgedrungen war.

„Bertelsen, sehen Sie, das Inlandeis!“ rief Bistrup.

„Ja, zum Teufel, ich habe es gesehen! Aber jetzt müssen wir umkehren.“

Bei dem Abstieg mußten sie mehrmals an den Händen hängend in der Luft schweben, während sie nach einem Halt für die Füße suchten. Bistrup verlor unterwegs ein Paar Handschuhe, er bekam sie nie wieder; obwohl sie nur wenige Ellen zur Seite gefallen waren, war es ihm nicht möglich, zu ihnen zu gelangen.

Später kamen sie, indem sie einen anderen Weg bei dem Abstieg einschlugen, zu einigen mit Schnee bedeckten Abhängen, auf denen sie der Gefahr, auszugleiten, nur dadurch entgingen, daß sie die Füße tief in den Schnee hineinbohrten. Als sie wieder unten angekommen waren, sahen sie plötzlich Bertelsens Hunde oben auf dem obersten Bergkamm stehen und zu ihnen heruntergucken. Bei dem Versuch, ihnen auf den Berg hinauf zu folgen, hatten die Hunde offenbar einen weit besseren Weg gefunden. Als sie nun die beiden Männer unten stehen sahen, heulten sie und verschwanden wieder von dort oben; sie kamen bald darauf herunter und wollten außer sich vor Freude über das Wiederzusammentreffen beinahe aus der Haut fahren.

Natürlich hatte man unter diesen Verhältnissen nichts ausrichten können. Bertelsens Finger waren entsetzlich mitgenommen, und erst im Zelt gelang es ihm, es durch Reiben so weit zu bringen, daß sie wieder Farbe bekamen. Aber bei fünf von ihnen war das äußerste Gelenk ganz von großen Frostblasen umgeben.

Es war ihre Absicht, am nächsten Tage aufs neue zu versuchen, den Berg zu erklimmen, um die erwähnten Vermessungen auszuführen; aber als sie am Morgen erwachten, war stürmisches Wetter eingetreten. Und der Sturm nahm zu, während sie das Zelt abbrachen, wozu sie sich nun entschlossen hatten, weil das Unwetter es ihnen unmöglich machte, zu arbeiten. Bertelsen mußte außerdem zum Schiffe zurück, da er an der Shannonreise teilnehmen sollte. Bald hatten sie regelrechten Schneesturm mit niedrigem Schneetreiben. Die Hunde, die bei dem Unwetter zu einem Haufen zusammengekrochen waren, wurden vor die Schlitten gespannt, und sie versuchten über das Flußbett zu fahren.

Die Luft wurde von heftigen Windstößen erschüttert. Durch die Öffnung zwischen den engen Felswänden sahen sie oben den klaren Dämmerhimmel, über den federleichte, leuchtende Wolken langsam dahinzogen; in der entgegengesetzten Richtung, wie der Sturm hier unten. Alles sah da oben so ruhig und friedlich aus, aber hier unten sauste der Schnee wie von Teufeln gepeitscht über Stein und Eis dahin, niedrig und zischelnd; sich nur wenige Zoll über den Boden erhebend kam er den Abhang auf der einen Seite des Flusses herabgefahren, ging gleich stechenden Nadeln zwischen den Beinen der Hunde hindurch und sauste über den Fluß und auf den anderen Abhang hinauf, wo er über den Rand hin verschwand. Während der Sturm ihnen um die Ohren pfiff, warf der Schnee die Hunde auf dem glatten Eise um und brachte schließlich Menschen und Schlitten und alles ins Treiben nach dem entgegengesetzten Ufer hinüber.

Dann warfen die Hunde sich nieder und wollten nicht weiter; die Köpfe zusammensteckend bildeten sie einen Klumpen und ließen das Schneetreiben über sich hinrasen. Scheltworte, Rufe, Peitschenschlag — nichts trieb sie aus der Stelle. Es galt, aus dem allerschlimmsten Sausen des Sturmes herauszukommen. Sie spannten die Hunde los und versuchten, die Schlitten mit dem Wind als Treibkraft den Fluß hinabzusteuern. Die Hunde blieben mit den Strängen zusammengebunden, damit sie nicht einzeln weggeblasen werden konnten.

In demselben Augenblick, als sie die Schlitten in Gang setzten, flogen sie mit reißender Fahrt davon, bis sie ans andere Ufer gelangten. Oder wenn der Wind und der Fluß dieselbe Richtung hatten, fuhren sie unaufhaltbar den Fluß hinab, bis er wieder umbog; und dann sausten die Schlitten zwischen den Steinen mehrere Meter aufs Land hinauf, während der Kutscher an der Stütze sich haltend hinterher flog. Die beiden Schlitten kamen schließlich mehrere hundert Meter auseinander, und auch diese Form für Schlittenreisen mußte aufgegeben werden. Sie krochen nun auf dem Bauch über das spiegelglatte Eis zueinander und beschlossen, einen Schlitten zurzeit zu nehmen und vorn und hinten einen Strang anzubinden, um den Schlitten von den Steinen der Ufer frei zu halten. Auf diese Weise ging es besser. Sie konnten jetzt, indem sie sich auf der Leeseite des Flusses hielten, Fuß für Fuß vorwärts kommen — bis Bistrup plötzlich umgeweht wurde. Der Strang, den er hielt, riß, der Schlitten jagte vom Lande weg und zog in sausender Fahrt Bertelsen, der nicht loslassen wollte, mit zu dem anderen Ufer hinüber und weit hinauf zwischen die großen Steine, wo er sich bei dem Versuch, den Schlitten zu bremsen, den einen Fuß verstauchte. Sie sahen ein, daß es so nicht weitergehen konnte. Sie waren noch eine Viertelmeile von der Mündung des Flusses in den Fjord entfernt, aber man mußte sich dazu entschließen, wieder das Zelt aufzuschlagen und bessere Zeiten abzuwarten. Doch erst mußten die Hunde geholt werden. Diese lagen mehrere hundert Meter zurück und bildeten mit den Strängen zusammengewickelt einen Haufen, der bald völlig verschneit war. Die Hunde hatten einige Male versucht, den Schlitten zu folgen, aber sobald sich einer aufrichtete, wurde er sofort vom Sturme umgeworfen; da gaben sie es auf, und erhoben nicht einmal die Köpfe mehr, wenn man sie rief. Auf Händen und Füßen kriechend, gelangten Bistrup und Bertelsen schließlich zu den Hunden und brachten mit den erfrorenen Fingern die verwickelten Stränge so einigermaßen auseinander, worauf sie zurückkrochen und dabei an den Strängen rissen und gleichzeitig die Hunde anlockten. Es ging langsam, aber es ging doch. Nur ein Hund, der vom Geschirr losgekommen war, wurde sofort vom Sturm erfaßt und geriet ins Treiben; er fuhr heulend über die Eisfläche hin und verschwand in einem Schneewirbel auf dem anderen Ufer.

Bei dem Versuche, das Zelt zu errichten, zerbrach der Sturm eine der Zeltstangen. Man behalf sich mit den drei übrig gebliebenen. Während Bertelsen sich nun entfernte, um den Hund, der vom Winde fortgeweht war, zu retten, sollte Bistrup Essen kochen. Bertelsen fand den Hund in einiger Entfernung vom Zelte eingeschneit, aber wohlbehalten. Er erzählte mir, wie hungrig er da war und wie er sich in Gedanken den Angriff auf all die soliden Gerichte ausmalte, die Bistrup währenddessen im Zelte bereit hielt. — Als er schließlich zurückkam und erwartungsvoll in den Kochtopf hineinspähte, der auf dem „Lux“ stand, fand er eine dampfende Flüssigkeit darin, die, wie sich zeigte, eine Abkochung von Zwetschen und Äpfeln, gut mit Wasser und Zucker vermischt, war.

„Bitte schön,“ sagte Bistrup und strahlte über das ganze Gesicht vor Schöpferfreude, „Obstsuppe!“

Tableau!

Nach dieser stärkenden Mahlzeit krochen sie in die Schlafsäcke. In der Nacht warf der Sturm das Zelt über sie, und die Hunde benutzten die Gelegenheit: sie legten sich allzusammen oben auf das Zelt, so daß die beiden Polarforscher bis zum Morgen unter Zelt und Hunden begraben lagen. Bequem war es gerade nicht gewesen, aber sie waren auf diese Weise ziemlich warm geblieben.

Sie erwachten am nächsten Morgen mit ganz zerschlagenen Gliedern. Der Wind hatte bedeutend nachgelassen. Sie beschlossen, schnell weiter zu reisen, bevor eine Wiederholung des gestrigen Tages möglich wurde. Sie packten die Schlitten, spannten in großer Eile vor und fuhren davon. Die Hunde waren guter Laune, sie hatten den Wind im

Alf Trolle.

Rücken, und als sie auf das Fjordeis kamen, ging es im Fluge zum Fjord hinaus. In der Fjordmündung schien der Wind seine letzten Kräfte gegen sie zu sammeln. In heftigen Stößen kam er von den Bergen herab, fiel ihnen in den Rücken und warf sie beinahe aus dem Fjord hinaus — wie der Kork aus der Flasche, so flogen sie hinaus.

Und plötzlich, fast ohne Übergang, befanden sie sich in vollständig stillem, herrlichem Wetter. Die Schlitten glitten lautlos hinter den trippelnden Hundepfoten her, die Luft war rein und still — aber hinter sich hörten sie vom Fjord her einen brummenden Laut; der Sturm knurrte hinter ihnen her, wie ein Raubtier, das einen Fehlsprung getan hat. —

Sie haben die Nacht über auf der Walroßspitze gelagert und sind aufgebrochen, um über den zugefrorenen „Lachsfluß" nach dem großen See zu fahren. Der Wind schlägt ihnen ins Gesicht, und bald fühlen sie einen stechenden Schmerz in der Nase. Bertelsen, dem die Vorsehung ein reichliches Quantum Nase zuerteilt hat, kann sie von beiden Seiten übersehen und ihre Farbe im Auge behalten. Schlimmer ist es für Bistrup, bei dem das Fleisch an ganz anderen Stellen sitzt. Als der Frost richtig anfängt, arg zu beißen, muß er alle Augenblicke zu Bertelsen laufen, um ihn zu fragen, ob seine Nase auch nicht weiß sei. Aber Bertelsen kommt ihm jedesmal mit der niederdrückenden Meldung entgegen, daß sie kohlrabenschwarz sei. Schließlich bekommt Bistrup das Fragen satt. Als er dann aber einmal zufällig Bertelsen vor die Augen kommt, hat er eine vollständig kreideweise Nase, über die dieser, der so etwas zum erstenmal sieht, zuerst ins höchste Erstaunen gerät und dann in laute Freudenschreie ausbricht.

Aber Bistrup bearbeitet entsetzt mit den bloßen Händen seinen kostbaren Stumpf, bis er wieder seine schöne schwarze Farbe annimmt.

Bistrup maß tags darauf den östlichen Teil des großen Sees auf. Während Bertelsen dann von Fritz Johansen, der von Brönlund dorthin gefahren war, abgelöst wurde und zum Schiffe zurückkehrte, kam Bistrup zusammen mit Johansen erst am Abend des 5. nach Hause. An demselben Abend kehrte Brönlund mit zehn Füchsen und zwei Bären heim, die er in zwei Tagen dort geschossen hatte.

Bertelsens Finger waren so arg mitgenommen, daß Mylius ihn nicht, wie geplant war, an der Shannonreise teilnehmen lassen durfte. Es dauerte auch etwa drei Wochen, bis die Finger wieder gesund wurden.

— —

Jetzt fängt es an dunkel zu werden. Da die Bärenbesuche in der letzten Zeit ziemlich häufig gewesen sind, dürfen wir das Schiff nicht unbewaffnet verlassen, nicht einmal, wenn wir nur die Feuerwake im Eise aufhauen wollen. Die „Häusler" von der „Villa" sind stets bewaffnet, wenn sie zu und von den Mahlzeiten an Bord kommen.

Und neulich bekam ich eine kleine Verwarnung.

Wegen einer alltäglichen Verrichtung hatte ich mich einige Augenblicke unten vor dem Bug des Schiffes aufgehalten. Als ich an Bord zurückkam, traf ich Brönlund, der von der Back herbeieilte und mir zurief, daß er unten auf dem Eise dicht bei dem Bug des Schiffes zwei

Bären gesehen hätte. Ehe wir zu unseren Büchsen kommen konnten, fielen draußen zwei Schüsse. Peter und Hendrik, die reisefertig an der Schiffsseite hielten, hatten auf die Bären geschossen, die um den Bug herum zu ihnen gekommen waren. Beide Bären fielen auf einen Schuß.

Als ich herunterkam, lag auf jeder Seite der Stelle, wo ich mich aufgehalten hatte, ein Bär. Mir zitterten die Knie ein wenig, als ich dies feststellte.

Achton Friis: Beim Nähen von Fellkleidern in der Messe.

G. Thostrup. B. Thostrup. Brönlund. Tobias

In der Winternacht.

Die Sonne war bereits seit vierzehn Tagen vom Himmel verschwunden, als Mylius am 13. November um neun Uhr morgens zusammen mit fünf anderen nach Shannon abreiste.

Die Reise hatte ursprünglich ausschließlich den Zweck, unsere Post für die Heimat und den Bericht über unsere Fahrten und unseren Aufenthaltsort an der vor der Abreise verabredeten Stelle, dem Depot auf Shannon, niederzulegen, und den Zustand dieses und des Baßrockdepots*) zu untersuchen, für den Fall, daß wir gezwungen würden, auf diese Depots zurückzugreifen. Nach dem ursprünglichen Plan sollten daher keine Wissenschaftler an der Reise teilnehmen, sondern soweit wie möglich die praktischsten Leute und die erfahrensten Hundekutscher; denn Mylius hielt die Reise zu dieser Jahreszeit sowohl für sehr beschwerlich, als auch für gefährlich. Da indessen Bertelsen, der eigentlich an der Reise teilnehmen sollte, um für die große Nordreise im Frühjahr zu trainieren, durch seine kranken Finger verhindert war,

*) Beide wurden von der Ziegler-Baldwin-Expedition errichtet.

und da Tobias böse an Gicht und sonstiger Gebrechlichkeit litt, wurden zwei Plätze frei. Dies veranlaßte Koch und Wegener, sich zur Teilnahme an der Reise zu melden.

Koch wollte gern die Zeit vom Germania-Hafen, der Station der Deutschen in den Jahren 1869 bis 1870, auf unsere Station im Danmarks-Hafen überführen, um dadurch den Längenunterschied zwischen der Lage dieser beiden Stationen zu ermitteln. Gelang ihm dies, was wahrscheinlich war, wenn die Chronometer nicht in Unordnung kamen, so würden ihm monatelange Berechnungen erspart bleiben.

Wegener hatte den Wunsch, nach der Stelle beim Germania-Hafen zu kommen, an der die Deutschen ihre ihm in ihren Ergebnissen bekannten magnetischen Messungen ausgeführt hatten. Dort wollte er dann mit dem magnetischen Theodoliten Messungen vornehmen, während gleichzeitig die Registrierapparate auf der magnetischen Station im Danmarks-Hafen in Tätigkeit waren, und auf diese Weise durch Vergleichung die Säkularvariation (Unterschied der Mißweisung usw.) vom Jahre 1870 bis jetzt finden.

Mylius willigte eigentlich nur sehr ungern ein. Beide waren keine geübten Schlittenfahrer, und die Jahreszeit war bereits soweit vorgeschritten, daß der größte Teil der über achtzig Meilen langen Reise — ganz derselben, die Koldewey im Jahre 1870 unternahm — bei vollständiger Dunkelheit zurückgelegt werden würde, da sie nur ganz kurze Zeit Mondschein hatten. Er bat sie, dies zu bedenken, und sagte, daß er diese Tour unter diesen Umständen für weit gefährlicher als die große Reise im Frühjahr ansähe. Aber da Koch und Wegener an ihrem Wunsche festhielten und meinten, daß die Reise das Risiko wert wäre, wurde bestimmt, daß sie daran teilnehmen sollten.

Von den sechs Teilnehmern an der Expedition sollten Mylius, Brönlund und Ring die Post nach Baldwin-Zieglers Depotschuppen — entweder auf Shannon oder auf Baßrock — bringen und von dort auf dem Heimwege nach dem Ardencaple-Inlet gehen, während Koch, Wegener und Gustav Thostrup behufs der erwähnten Observationen nach dem Germania-Hafen fahren sollten.

Bevor die Abreise, die wegen der rasenden Schneestürme andauernd hinausgeschoben wurde, endlich stattfand, war ein Schlittenzug, bestehend aus Jarner, Trolle, Weinschenck und Hendrik, nach der Koldewey-Insel gereist, um das von uns ausgelegte Depot durch ein paar Kisten zu vergrößern, für den Fall, daß die Shannonabteilung es vorziehen sollte, auf diesem Wege zurückzukehren. Die vier Männer sollten außerdem, wenn Jarner es als wünschenswert für seine geologischen Studien ansah, um die Südspitze der Insel herumgehen und längs der Ostseite heimkehren. Diese Abteilung war noch nicht zurückgekommen, als die Shannonreisenden am 13. abfuhren.

Wir hatten Sturm auf Sturm gehabt und heftige Schneegestöber, die die drückende Finsternis noch erhöhten. Aber am Tage der Abreise war schönes, stilles Wetter bei sternklarem Himmel. Im Südwesten zeichnete sich das feine Horn des abnehmenden Mondes bleich gegen den hinsterbenden Tagesschimmer ab, den man im Süden ahnte, und die Luft war mild und still bei nur 18 Grad Kälte.

Hagerup beim Automobil.

Wir stolperten draußen mit Laternen herum, legten die letzten Zurringe um die Schlittenladungen, suchten die Hunde und spannten sie vor. Dann gaben wir uns zum Abschied die Hand. Keine rührenden Redensarten, keine Sentimentalitäten, nur ein rascher, fester Handschlag und ein flüchtiger Blick ins Auge — dann zogen die Schlitten südwärts, in die Finsternis hinaus, mit unseren Briefen für die Heimat.

Ob sie je dorthin gelangen würden? — — —

Kaum waren sie gut weggekommen, da hatten wir schon wieder Sturm, krachenden, heulenden Schneesturm, der an der Takelung zerrte und riß, so daß wir an Bord kaum ein Wort verstehen konnten. Es war bei solchem Wetter kein Vergnügen, sich nur wenige Ellen vom Schiffe zu entfernen, und der Verkehr mit der „Villa" war mit Lebensgefahr verbunden. Lundager und Bertelsen, die jetzt allein dort drüben zurückgeblieben waren, zogen es bei solchem Wetter auch vor, nicht zu den Mahlzeiten zu kommen, sondern sich selbst etwas zusammenzumischen.

Hagerup bei seinem Leisten.

Unter diesen Umständen denken wir nicht gerade mit allzu großer Gemütsruhe an die, die draußen auf der Fahrt sind. Wir hier im Schiffe ziehen eine Masse Kleider an, zünden die Petroleumöfen in unseren Kammern an und machen es uns dort so gemütlich, wie wir vermögen. In der Messe kann man sich bei solchem Wetter nicht aufhalten; der Ofen raucht dort, weil das Rohr über dem Deck zu kurz ist. Der ganze Raum ist mit dichtem Kohlendunst angefüllt, wenn man versucht, in dem Ofen Feuer anzumachen. Wir haben jetzt ungefähr 25 Grad unter Null, und der Wind pufft hie und da durch die Außenwand unserer Schlafräume.

Am schlimmsten ist es des Nachts. Ich habe mit dem Thermometer gemessen, wie kalt es in meiner Koje zwischen den Decken und der Wand ist; es waren — 10° beim Kopfende und — 8° beim Fußende. Das Renntierfell, das ich an der Außenwand angeschlagen habe, ist mit einer zwei Zoll dicken Eisschicht an diese festgefroren, und die Decken am Boden der Koje sind mit den Brettern zusammengefroren. Trotzdem wird man einigermaßen warm in der Koje, wenn es nur nicht stürmt.

Tags über habe ich, wenn ich in meiner Kammer bei der Arbeit sitze, die Tür geschlossen ist und der Petroleumofen brennt, + 25° in der Höhe meines Kopfes und gleichzeitig — 12° bei meinen Füßen

Tobias wäscht sich.

gemessen. Das ist bisweilen fürchterlich unangenehm, aber dabei bleibt es auch. Wir werden niemals krank dadurch, ja bekommen nicht einmal Schnupfen. Hier gibt es keine Bakterien, die uns angreifen können.

Die meisten von uns werden große Schweinpelze. Aber es ist auch nahezu unmöglich, sich zu waschen. Das Holen des Süßwassereises erfolgt natürlich bei solchem Wetter wie jetzt nur sehr unregelmäßig und ist nie, auch nicht unter ruhigen Verhältnissen, ein besonderes Vergnügen. Das herbeigeholte Eis ist zum Essenkochen bestimmt.

Ab und zu kann man wohl ein kleines Stück ergattern, das man dann über seinem Petroleumofen in einer Blechdose schmilzt, um sich die Hände darin zu waschen. Aber zehn Minuten darauf sind sie wieder genau so unappetitlich anzusehen, wie vorher, da man in allerlei Schmutz herumwühlen muß. Ich habe es ganz aufgegeben, mein Gesicht mit Wasser zu bearbeiten. Bisweilen, etwa jeden zweiten Sonntag, behandle ich es mit Lanolin und mit einem leinenen Lappen, den ich sorgfältig aufhebe. Aber die Dose Lanolin, die ich habe, soll noch lange ausreichen, ich muß also sparsam sein.

Das Wetter wurde immer schlimmer. Kürzlich flog nachts die schwere Luke fort, die den Eingang zum Überbau verschließt; sie war aus den Haspen gerissen worden und lag weit weg in Lee, als wir sie fanden. Als Freuchen neulich zum Hause hinübergehen wollte, verirrte er sich vollständig im Schneetreiben und rannte nach einer Viertelstunde gegen unsere Boote, die etwa 500 Ellen vom Hause entfernt am Strande lagen. Er schlug nun von dort die richtige Richtung nach dem Hause ein und kämpfte wiederum eine Viertelstunde lang gegen den Wind, der ihm ins Gesicht und in die Hände biß, und gegen das Schneegestöber, das ihn blendete und allenthalben in seine Kleidung drang. Endlich erblickte er etwas Dunkles und ging darauf los. Es waren wieder die Boote! —

Bei einem dritten Versuche kam er zufällig dazu, einige aus dem Schornstein fliegende Funken zu sehen, und fand dann endlich zu dem Hause hin. Aber da hatte er eine halbe Stunde gebraucht, während der gerade Weg vom Schiffe zum Hause nur 200 Ellen lang ist.

Bei den Proviantschuppen, die dicht beim Hause liegen, traf er Lundager, der ganz irre war und nicht ahnte, in welcher Richtung er das Haus suchen sollte.

Der Sturm hatte an jenem Tage eine Geschwindigkeit von 16 Metern in der Sekunde; und dann 25 Grad Kälte — das ist gar nicht schön fürs Gesicht. Aber das waren wohl nur erst Kleinigkeiten.

Und wir dachten häufig an die Kameraden, die da draußen, wo kein Weg und Steg war, dahinzogen.

Am 18. November verzog sich das Unwetter. Es war, als ob es noch ein paarmal tief aufseufzte — dann erstarb es. Es trat völlige Ruhe ein, und der Himmel wurde sternklar. —

Ich öffne mein Ochsenauge und lasse die frische, kalte Luft über mein Gesicht und meine Hände hineinströmen. Wie herrlich! — Dieser warme Ofendunst, der alle reinen Luftarten frißt und Schwüle in den

Kammern erzeugt, stößt auf die Kälte, verdichtet sich zu Dampf und strömt hinaus, und herein kommt an seiner Stelle die eiskalte, frische Morgenluft, ein Bote vom Eise und von den Sternen da draußen. Sie rieselt wie kristallklares Wasser durch meine Kehle.

Manniche, der Vogelkundige.

Ich nehme meine Büchse und gehe hinaus. — Sieh, dort im Osten, steht wie eine ferne Ahnung der feine, blaßrote Dämmerungsschimmer. Langsam geht er nach Süden, zur Mittagszeit wird er den südlichen Himmel röten und dann im Westen verschwinden, während die Sterne immer droben stehen und wie feine Diamanten glänzen. Zur Mittagszeit sind die Sterne bleich und matt. Nur im Norden, wo der Himmel tiefviolett und finster ist, farbensatt, steht ein großer strahlender Stern, ruhig und immer leuchtend.

Das ist die Venus. —

Hoch oben über den Masttoppen hängt der Polarstern, weiß und kalt, und dreht sich in kleinen Kreisen um die Achse des Pols, und weit um ihn herum wandert der Große Bär seine mächtige Bahn. Tag und Nacht sehen wir sie jetzt. Aber als der Dämmerungsschimmer langsam nach Westen hin fortgleitet und verschwindet, wie ein großes Auge, in dem das Leben erlischt, leuchten auch die anderen Sternbilder auf. Eins kommt nach dem anderen hervor, strahlender, je mehr die Dämmerung sich senkt.

Und wenn dann die tiefe Finsternis auf der ganzen Erde liegt und die Silhouetten der Berge sich verwischen und in der blauschwarzen Farbe des Himmels verschwinden, dann beginnen zitternde Lichtschimmer weit unten im Südwesten am Himmel aufzutauchen. Eine schwache Flamme schleicht sich lauernd niedrig am Horizont entlang, steht dann plötzlich still und verdichtet sich zum Sprung — und das erste Morgenlicht jagt wie ein Messer quer durch die Nacht. Ertrinkt in dem tiefen Äther, sättigt sich an seinem Dunkel, erzittert — und verschwindet. Und der nächste Strahl schießt hervor, mehrere folgen — ein Bündel Strahlen, gleich funkelnden Klingen, schleicht sich langsam von Osten nach Westen, um plötzlich Feuer zu fangen und die Himmel in Brand zu setzen. Und schimmernde Bänder wogen unter den Strahlen wie Flüsse glühenden Metalls, von der einen Himmelsgegend zur anderen.

Die Polarnacht ist über uns. Ihr Griff ist sicher, und wir werden schon den Druck ihrer Finger spüren.

Aber hier, wo wir sind, so weit nach Norden, daß der Schein des Nordlichts vom Süden zu uns kommt — hier, nördlich vom Nordlicht — wo der Polarstern über unseren Köpfen steht und die Sonne unter uns gesunken ist, von hier wendet unser suchender Blick sich dir zu, du ruhig scheinende Venus, du Stern der Ferne, du Licht des Abends und der Erinnerungen.

— —

In dieser Einöde ist kein Leben zu sehen, kein Laut zu hören. Die ganze Landschaft lauscht und darf nicht atmen. Und ich stehe auf meiner Wanderung still und lausche mit, einsam mitten in der einsamen Wüste.

Der Felsen wirft einen schwarzen Schatten über den Schnee. Die Berge werfen sich in gewaltigen Linien gegen die dunkelblaue Luft auf, und die Kälte steht stumm zwischen Eisklippen und Steinen. Da läßt plötzlich ein fein klirrender Laut an der Strandkante mich zusammenfahren, und die Hand faßt um die Büchse — schleicht dort ein Bär umher?

Ach was! Der Seehund liegt ja jetzt seine fünfzig Meilen zur See, um sein zufrierendes Luftloch umherschleichend, furchtsam und blitzschnell ausweichend. Dort draußen muß der Bär sich wohl jetzt auch aufhalten! Hier kommt er wohl nur in den sonnenglänzenden Tagen mit offenem Wasser, wenn er größere Sicherheit hat, seine breiten

Knud, Hendrik, Gustav Thostrup und Ring schaufeln Schnee vom Verdeck.

Tatzen auf den Nacken seiner Untertanen setzen und seinen Tribut einziehen zu können.

Jetzt, wo der sichere, krachende Frost seine Tausendmeilenbrücke längs der Küste gelegt hat und das nahrunggebende Meer erstarrt und tot ist — da geht er fort in die Finsternis, einsam wie immer.

Und doch geschieht es, daß wir ihn hier drinnen treffen, die Spur seiner Tatzen in dem harten Schnee sehen. Auch nach den Bergen zu geht sein Weg, dorthin, wo die Schatten des Mondes wunderliche Bilder hinter den Felsen bilden, wenn das mondfunkelnde Land sich in phantastischer, träumender Ferne vor ihm ausdehnt. Stumm und einsam wie der Fels, auf den er loswandert.

Eine Zeit zum Fressen und eine Zeit zum Träumen! —

Und wenn eines Nachts das Nordlicht in wahnwitziger, verwirrender Pracht deine Sinne zum Himmeln bringt, wenn der Berg flimmernd schwankt und du den Blick zu dem Felsen an deiner Seite erhebst — dann steht er da, vom Meere gekommen, gewaltig gegen die leuchtende Luft.

Und das Nordlicht zersplittert über ihm seine Strahlen und jagt sie über seinem aufhorchenden Kopfe zu einer Krone zusammen.

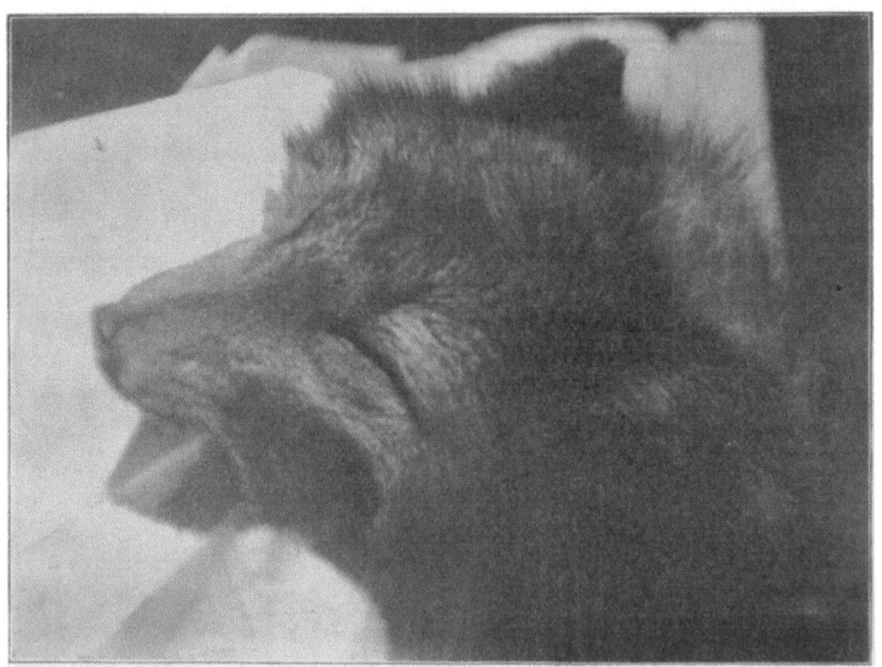

Kopf eines Blaufuchses.

Der König ist draußen, nicht weit von hier.

König Nanôk!

— —

Innerhalb der Schiffswände ging alles seinen gleichmäßigen Gang. Wir suchten die Nähe der Öfen und Lampen auf. Die Wissenschaftler ordneten und bearbeiteten das im Sommer und Herbst gesammelte Material, es wurden Stiefel und Fellkleider genäht, und mit einem höchst seltsamen, komplizierten Apparat, den Gustav Thostrup konstruiert hatte, wurden Hundegeschirre fabriziert. Derselbe Erfinder hatte eine Reiferbahn ausgeklügelt und mit Gundahls Hilfe hergestellt, auf der er Enden von bisher ungeahnter Länge spinnen konnte, die zu Strängen und Zurringen für die Schlitten verwandt wurden. Die Geschäftigkeit, die uns alle ergriff, machte uns vorläufig weniger für den Einfluß der Finsternis empfänglich.

Die tägliche Beaufsichtigung der Fuchseisen und Fuchsfallen — das ist der einzige Gang, zu dem wir hinaus müssen. Mehrere von uns machen jedoch täglich lange Spaziergänge, um sich Bewegung zu machen und nicht ganz aus der Übung zu kommen. Die Eisen und Fallen müssen jetzt bald hereingenommen werden, da ein heftiges Unwetter zu dieser Jahreszeit uns leicht mehrere Tage daran verhindern kann, sie auf Fang zu untersuchen.

Die Maschinenmeister Weinschenk (unten) und Koefoed.

Kürzlich hatte Hendrik mit diesen Fangeisen ein Abenteuer, das ihn eine Zeitlang die Erfindungen der Europäer mit Respekt betrachten ließ. Er hatte vorher noch nie ein Fuchseisen gesehen, da diese Fangmethode in Westgrönland nicht angewandt wird.

Als der Schlitten, auf dem er Manniche herumfuhr, sich der Stelle näherte, wo die Fangeisen aufgestellt waren, sahen sie, daß zwei weiße Füchse in ihnen gefangen saßen. Hendrik schäumte vor Entzücken und benahm sich, als ob er völlig toll wäre. Als der Schlitten hielt, rannte er zu den gefangenen Tieren. Manniche vermochte ihn weder einzuholen, noch durch Zurufe im Laufen aufzuhalten. Dann führte er einen wilden, phantastischen Tanz auf, ohne zu ahnen, daß der Platz ringsherum voll von gespannten Fangeisen war. Er ahnte ja außerdem auch nicht, was ein gespanntes Fangeisen war.

„Paß auf, Hendrik!" rief Manniche.

„Ja — paß uf!" sagte Hendrik. „Ajing*), mörderlich groß ajing!" Er drehte sich um sich selbst herum und verzog grinsend den Mund bis hinter beide Ohren, so daß dieser einer Kiesgrube glich.

„Manniki grooß Nalagak!"**)

Im selben Augenblick warf er sich nieder. Manniche, der jetzt herbeigelaufen kam, hörte ihn hinklatschen und dann laut aufbrüllen. Da saß er mit der Hand in einem Fuchseisen.

„Au — au! Manniki, sput' dich, sput' dich! Satan in der Hölle!" Hendrik zappelte mit den Füchsen um die Wette. Er wurde bald befreit. Sein dicker Fausthandschuh hatte den Schlag aufgefangen. Aber er hatte einen roten Kopf vor Schmerz und Schreck und betrachtete lange Zeit die Fangeisen mit großem Mißtrauen.

— —

Die vier Mann, die nach der Koldewey-Insel gereist waren, waren am Abend des 18. November zurückgekehrt nach einer Fahrt, die als Ergebnisse nur einige bittere Erfahrungen über Reisen zur Zeit der Polarnacht eingebracht hatte. Nachdem sie einige weitere Kisten bei dem Depot niedergelegt, waren sie um die Südspitze der Insel herumgegangen. Obschon sie auf der Ostseite noch weit schlechtere Eisverhältnisse vorfanden, als auf der Westseite, waren sie doch genötigt, auf dieser Seite die Heimreise zum Schiffe fortzusetzen, nachdem sie sich einmal soweit vorgewagt hatten. Wenn sie nämlich den längeren Weg zurückgegangen wären, würde ihnen leicht der Proviant sowohl für sie selbst, als auch für die Hunde ausgegangen sein, und sie würden gezwungen gewesen sein, von dem Depot zu nehmen, das sie selbst mit für die Rückzugslinie der Shannonabteilung ausgelegt hatten.

Das Unwetter und die zunehmende Finsternis bereiteten ihnen viele Scherereien in den fürchterlichen Eisschraubungen, mit denen ihr Weg angefüllt war. Am 15., nur eine Tagereise vom Schiffe, wurden sie schließlich noch von einem rasenden Unwetter aufgehalten, das sie zwei Tage ans Zelt fesselte. Sie waren durch die Beschwerden und die unzureichende Ernährung erschöpft und halb zusammengebrochen. Denn obwohl sie noch genügend Proviant für einige Mahlzeiten hatten, dachten sie in ihrer Unerfahrenheit als Schlittenreisende nicht an die goldene Regel: Kann man im Zelte nichts anderes machen, so kann

*) Das ist ausgezeichnet. **) Herr, Meister.

Hendrik und Tobias im Winterbalg.

man doch futtern. Die Kälte ist nicht so stark und das Unwetter selten so schlimm, daß man nicht aus dem Schlafsack herauszukriechen und ein bißchen Essen zu kochen vermag. Und ist man auch noch so ermattet, wenn man nach einem entkräftenden Tagesmarsch ins Zelt kommt, man muß seine letzte Willenskraft zusammennehmen, um eine ordentliche Mahlzeit zu bereiten und zu essen. Aber die Müdigkeit ist so überwältigend, man fühlt mehr das Bedürfnis zu schlafen, als zu essen, verlangt bloß danach sich hinzuwerfen und auszuruhen. Und dann kriecht man in die Schlafsäcke und begnügt sich mit einigen Stücken Fleischschokolade, die man in der Tasche findet, oder man knabbert ein wenig an einem harten Zwieback und schläft ein, ehe man ihn halb verspeist hat.

Als es ihnen am Abend trotz des wütenden Wetters endlich gelang, das Zelt aufzuschlagen, waren sie so schlapp, daß sie beim Gedanken ans Essen vollständig gleichgültig blieben. Sie krochen sofort in die Säcke und schliefen. In der Nacht brachen die Hunde durch die Öffnung ins Zelt herein und legten sich dort ringsherum hin, zum Teil auf die Schlafenden hinauf. Aber man war zu schlapp, um Notiz davon zu nehmen und sie hinauszujagen.

An den beiden folgenden Tagen dauerte das schlimme Wetter an. Niemand, weder Menschen noch Hunde, verließ das Zelt. Sie schliefen unaufhörlich oder lagen doch wenigstens in einer Art Winterschlaf in den Säcken, die sie nur verließen, wenn es unbedingt notwendig war. Tiere wie Menschen verrichteten alles im Zelte. Nur wenige Worte wurden gewechselt. Die Hunde hatten an Hendriks Kopf eine Art „Eckstein" gefunden, der ihnen nahe beim Ausgang eine besonders bequeme Scheibe bot, und benutzten ungestraft die gute Gelegenheit. Zuerst fluchte Hendrik wohl noch ein wenig darüber, aber nach und nach mit zunehmender Schlappheit wurde er gleichgültig und mehr und mehr schläfrig — und am Ende des zweiten Tages waren seine langen Haare am Zeltboden festgefroren.

In den elenden Schlafsäcken, die sie mitbekommen hatten, froren sie anfangs stark, aber später merkten sie auch davon nichts mehr. Weinschenck konnte, da sein Schlafsack quatschnaß war, nur seinen Unterkörper hineinkriegen und mußte um den Oberkörper eine alte Decke wickeln; diese wurde bald durch seinen Atem in einen vollständigen Eispanzer verwandelt.

Am Morgen des dritten Tages begann Hendrik zu fluchen. Er wollte sich im Schlaf auf die andere Seite legen, aber das ging nicht. Er versuchte es noch einmal und fühlte dann, daß es ihm in den Haaren zog. Ja — ja, er wollte aber doch zeigen, daß er der Mann dazu war, sich umzudrehen, wenn es ihm paßte. Und dann versuchte er es noch einmal mit einem ordentlichen Ruck.

„Satan in der Hölle!“ — da hatte er sich einen Büschel Haare ausgerissen. Nun wachte einer von den anderen durch den Lärm auf und half ihm schließlich nach manchen Beschwerlichkeiten los.

Hendrik.

Aber was war das? — Es war ja windstill geworden! Hendrik wurde jetzt ganz munter, er stieß mit den Füßen nach rechts und links, um sich von den Hunden zu befreien und aus dem Zelt hinauszukommen. Und draußen sah er jetzt über einer ruhigen, schneebedeckten Landschaft einen klaren, sternbesäten Himmel. Der Schneesturm hatte sich gelegt. Der Weg zur Heimreise lag offen und gut fahrbar da.

Da hörten die anderen, die noch im Zelte lagen, draußen einen sonderbaren Gesang; sie lauschten. Hendrik hatte in aller Bescheidenheit mit einem grönländischen Choral begonnen, von dem nur die Worte „Jesus Christus“ für die anderen verständlich waren. Aber bald stieg seine Stimmung so hoch, daß der Choraltext nicht mehr ausreichte. Er begann zu improvisieren, und Dinge vollständig weltlicher Art, die jetzt in dem Gesange vorkamen, fesselten die Aufmerksamkeit der Zuhörer und versetzten ihre Gemüter in starke Schwingungen.

„Krujarnarsuak*) — Jesus Christus! Umiarsumut!“**)

Und bereits beim dritten Vers riß er das Auditorium vollständig mit sich, indem er in einem Gemisch ihrer und seiner eigenen Sprache gerade das traf, was im Augenblick allein vonnöten war:

„Großi Sterne — Krujarnark!*)
Umiarsuak***) großi Esserei,
Strümpfe, Handschuh, trockni Hosen!
Jesus, Krujarnarsuak!“

Anfangs hatte er ganz sachte gesungen, aber mit der Stimmung stieg auch die Stimme. Schreiend wiederholte er einmal über das andere den letzten Vers, als er schließlich ins Zelt hereinkam und die Hunde mit den Füßen hinausstieß, um drinnen Platz zu schaffen.

Jetzt hieß es aufstehen. Man streckte die mürben Glieder und kroch mühsam aus den Schlafsäcken heraus, bereitete sich eine kleine Mahlzeit und setzte sich dann nach dem Schiffe zu in Bewegung.

Während Hendrik mit Trolle auf seinem Schlitten am Nachmittag zum Schiff gefahren kam, langten Jarner und Weinschenck erst mehrere Stunden später zu Fuß an. Die vier Mann waren mit drei Schlitten ausgezogen, aber zwei waren unterwegs zusammengebrochen. Die beiden zuletzt angekommenen waren durch den langen Marsch sehr erschöpft. Sie waren am Morgen um neun Uhr aufgebrochen und kamen erst abends um sieben Uhr nach Hause. Unterwegs hatten sie gefühlt, daß sie mehrere Tage keine ordentliche Nahrung zu sich genommen hatten.

Diese höchst merkwürdige Schlittenreise hätte leicht mit einer Katastrophe im Zelte enden können, wenn der Schneesturm noch einige Tage länger angehalten und die Schlappheit überhand genommen

*) Krujarnark: Dank! Krujarnarsuak: Vielen Dank!
**) Jetzt geht es zu Schiffe.
***) Auf dem Schiffe.

hätte. Das Abenteuer wurde eine ausgezeichnete Lehre sowohl für die Teilnehmer an der Reise selbst, wie auch für uns andere.

— —

Die Zeit geht einförmig und traurig dahin. Das einzige, was in diesen Tagen das Dasein unterbricht, sind die Ablösungen der Wache. Des Nachts wachen zwei Mann zusammen. Wir sitzen in der Messe und duseln, lesen ein wenig oder spielen Karten und gehen ab und zu unsere Runde im Schiff. Dann halten wir die Feuerwake offen; ist es Schneesturm, gehen wir immer zuzweit aufs Eis und wechseln, um uns warm zu halten, damit ab, die Hacke zu gebrauchen oder die Laterne zu halten. Am Morgen macht man in der Kombüse Feuer an und kocht die Hafergrütze, ehe man in die Koje kriecht. Lang sind diese Nächte, wenn man Wache hat, und der Tag darauf wird es auch, wenn man vergebens versucht, dicht neben der Messe zu schlafen, in der viele Menschen unaufhörlich durcheinander sprechen.

Die Zeit geht sonst eigentlich nicht langsam dahin; denn jeder hat seine notwendige Arbeit zu besorgen. Es fehlt uns nicht an Arbeit, aber uns fehlt, was zur Arbeit reizen kann. Wenn man den ganzen Tag über nur zwischen zwei Dingen die Wahl hat: Arbeit oder Müßiggang, dann endet es nach einiger Zeit damit, daß man weder bei dem einen, noch in dem anderen Ruhe findet. Eine ewige Unruhe im Körper macht einen reizbar und ungesellig. Sie wird noch dadurch erhöht, daß man in einen ganz unzeitgemäßen Futterstand gerät, weil man aus Langeweile frißt und seine Kräfte nicht gebrauchen kann.

Man greift schließlich zu den lächerlichsten Hilfsmitteln, um sich in der freien Zeit zu zerstreuen. Es fanden sich an Bord ein Paar Würfelbecher, die sonst vernünftigerweise niemand in die Hand genommen hätte, weil wohl alle sich darin einig sind, daß der einzige Reiz bei einem solchen Spiel in der Spannung des Gewinnens oder Verlierens liegt. Wir hatten keinerlei Wertgegenstände, die als Einsatz benutzt werden konnten; aber nach dem Eintritt der finsteren Zeit dauerte es nicht lange, da waren diese Würfelbecher jeden Abend im Gebrauch. Sobald der Arbeitstag beendet und das Mittagsessen zwischen sechs und sieben Uhr verzehrt war, spielten der Doktor und ich regelmäßig jeden Abend mehrere Stunden hindurch — um Streichhölzer. Wenn wir uns zum Essen setzten, wußten wir ganz genau, daß es wieder losging, sobald wir das Mahl verschlungen. Wir sehnten uns danach und freuten uns mächtig darauf. Wir beeilten uns, unsere Shagpfeifen in Brand zu setzen und nach den Würfeln zu suchen, und begannen dann eine vollständig kindische Diskussion über die Spielregeln des Tages. Die Tischplatte neigte sich nämlich etwas, weil das Schiff nach der einen Seite überlag; daher rollte bisweilen ein Würfel über die Kante und fiel zu Boden, so daß der Wurf wiederholt werden mußte. Man hielt nun den Würfel vor dem Hinunterrollen an, wenn die beiden anderen einen guten Wurf versprachen; dieses Spiel nannten wir im Gegensatz zu dem gewöhnlichen „Würfeln mit Ausnutzung der Terrainverhältnisse". Wir verhandelten oft sehr lange darüber, welche von den beiden Spielarten wir spielen wollten.

Und Dr. Lindhard untersuchte uns doch alle, Tag aus, Tag ein, um Studien über unseren körperlichen und seelischen Zustand zu machen, zapfte uns Blut aus den Ohren und maß es in zuverlässiger Weise. Er saß stundenlang in seiner Kammer und arbeitete ruhig und leidenschaftslos an seinen wissenschaftlichen Experimenten. Abgesehen davon, daß er sich bisweilen der merkwürdigen Angewohnheit hingab, durch ein Rohr, das er von seinem Schlafraum aus durchs Deck gebohrt hatte, Atem zu holen, was immer von einem Verschwenden mit Zahlen auf Papieren und in geheimen Büchern begleitet war, fand ich nie, daß bei ihm etwas nicht ganz richtig war.

Aber diese Geschichte mit dem Würfelspiel war belastend für uns.

Als wir es vierzehn Tage gespielt hatten, war die Zahl derer, die, nachdem sie anfangs geringschätzig auf uns herabgesehen hatten, sich als interessierte Zuschauer einfanden, immer größer geworden. Und bald fingen auch andere an, die Becher in die Hand zu nehmen. Nach einem Monat gab es nur wenige, die nicht mit der gleichen Gemütsbewegung ein Streichholz zum Mitspieler hinüber wandern sahen, die man daheim gefühlt hätte, wenn es sich um ein größeres Geldstück handelte.

Hagen und ich besaßen jeder ein Paar Binsenschuhe, von denen wir beide den einen abgetragen hatten. Eines Tages würfelten wir um den einen guten Schuh, den jeder von uns noch hatte; ein Wurf sollte entscheiden.

Es war das spannendste Erlebnis, das ich, soweit ich mich erinnere, gehabt habe. Als ich mit dem Vorschlag herauskam, sah Hagen mich mit einem so ernsten Gesicht an, daß ich natürlich so tun mußte, als ob ich nur gescherzt hätte. Wir sprachen dann eine Zeitlang nicht miteinander, bis Hagen zu mir kam und mich fragte, ob ich mein Angebot aufrecht halte. Ich sagte zitternd vor Aufregung „ja". Die Messe war voll von Leuten, als wir die Würfel warfen; und als ich gewann, flüchtete ich mit dem Binsenschuh, als wäre ich in Gefahr, gelyncht zu werden, eine solche Stille trat da ein. Da wir ohne Benutzung der Terrainverhältnisse spielten, hatte ich nicht mogeln können, was ich mir sonst zunutze gemacht hätte. Hinterher war es jedoch ein Trost für mich, daß ich es nicht getan hatte. Nichtsdestoweniger kam ich mir noch lange Zeit danach wie ein Verbrecher vor.

Lindhard.

Aber mit Binsenschuhen.

Dies war die wärmste Fußbekleidung für den Gebrauch im Schiffe, die wir mit hatten, und es waren für jeden Mann nur ein Paar da; daraus erklärt sich das Sensationelle bei dieser Begebenheit.

Das Sensationsbedürfnis machte sich auch bei der Auswahl der Literatur geltend, die wir zur Unterhaltung lasen. Die belletristische

Bibliothek der Expedition war mehr als dürftig. Wenn ich von den gesammelten Werken Frau Gyllembourgs*) absehe, war nicht viel Lesenswertes darin, und das Gemüt verlangt in der Zeit der Winternacht eher nach allem anderen als nach „Alltagsgeschichten".

Nein, Sherlock Holmes! Der machte sich. Zu ihm kehrten wir andauernd zurück, er setzte unsere Sinne in die rechten Schwingungen. Und überall, bei Matrosen, Wissenschaftlern und uns allen, grassierte er die ganze Zeit der Finsternis über. Das ist nicht so zu verstehen, als ob gar nichts anderes gelesen worden wäre, privatim hatten viele von uns eine kleine Bibliothek wissenschaftlichen, philosophischen und belletristischen Inhalts mitgebracht — aber diese Bücher lasen wir zur Veränderung, meistens weil wir meinten, daß wir uns sonst schämen müßten. Sherlock Holmes lasen wir zum Vergnügen. Er packte uns alle. Und diesem armseligen Burschen haben wir es zum großen Teil zu verdanken, daß die Zeit der Finsternis so verhältnismäßig leicht für uns dahinging, wie sie es tat.

Wir hatten, Gott sei dank, alles mit, was Conan Doyle geschrieben hat, und außerdem noch eine Anzahl andere Verbrecherromane, von denen der eine, der den Titel trug „Die Brüderschaft, die sieben Könige oder die Wissenschaft im Dienste des Verbrechens" lange die Gemüter stark erhitzte und uns das Surrogat für aufregende Erlebnisse bot, das uns so arg not tat.

Der Purzelbaum vom Menschen zurück zur Meerkatze kann weit schneller gemacht werden, als man geneigt ist, zu glauben. Wird man nur systematisch von der Umwelt abgesperrt, und hat man eine bestimmt abgesteckte Aufgabe, die eine große Anspannung von Energie und roher Kraft erfordert, so beruht der glückliche Ausfall so sehr auf einer rein physischen Kraftentfaltung, daß man die Sache durch eine Reinkultur des Magens angreifen muß. Es müssen einem so viele Nährstoffe zugeführt werden, wie man braucht — am liebsten noch ein wenig mehr — und diese müssen so schnell wie möglich in Muskeln umgesetzt werden, in durch harte Haut geschützte Muskeln. Die Verwandlung wird durch einen gewaltigen Appetit bewerkstelligt, den Produkte irgendeiner Konservenfabrik — im gegenwärtigen Falle dänische, also solide — befriedigen, ab und zu unterstützt durch soviel Bärenfleisch und Seehundsspeck, wie der Zufall und das Jagdglück einem in den Bereich seiner Raubtierinstinkte führt. Hat man etwas von seinem Beobachtungsvermögen bewahrt, wird man bald

*) Dänische Novellistin vom Anfang des 19. Jahrh., die u. a. „Eine Alltagsgeschichte" geschrieben hat. Anm. d. Übers.

bemerken, daß die Anzahl der Schwanzwirbel eine aufwärts gehende Tendenz hat, während das Gehirn einschrumpft. Man beobachtet besser am Nachbarn als an sich selbst. — — —

Mit unserer Physis war es wahrlich jetzt gut bestellt. Das Fleisch war willig, aber der Geist, Gott sei's geklagt, schwach.

Und als die Finsternis immer mehr zunahm und Unwetter uns oft daran hinderte, vor die Tür zu gehen, traten diese Erscheinungen

Junger Hund bei einem Bärenschädel.

natürlich in noch mehr übertriebener Form auf. Aber jetzt begannen unsere Gedanken sich glücklicherweise immer mehr mit der Shannonabteilung zu beschäftigen, deren Rückkehr wir, wenn alles gut gegangen war, bald erwarten konnten.

Am Abend des 4. Dezember saß ich mit einigen anderen drüben in der „Villa". Wir waren gerade mit einer Partie Karten fertig — ein Zeitvertreib, auf den wir uns jetzt auch gelegt hatten, und der uns viel Freude machte.

Hier drüben im Hause befand man sich immer wohl. Man war „fern vom Lärm der Welt“, und — was noch besser war — man hatte das Gefühl „in der Stadt zu sein“ und „zum Besuch zu kommen“, so daß man sich eigentümlich heimisch und recht gemütlich fühlte. Ich erinnere mich, daß wir nach dem ersten Abend, den wir auf diese Weise drüben zubrachten, uns die Hand zum Abschied gaben und sagten: „Vielen Dank für den heutigen Abend!“ Es war da etwa ein halbes Jahr verstrichen, seitdem wir Dänemark verlassen hatten, und die ganze Situation kam uns so lächerlich ungewohnt vor, daß wir beinahe verlegen dabei wurden.

Das Feuer bullerte in dem kleinen Ofen, der in der Mitte des gemütlichen Raumes stand. Die Wände wurden zum Teil von vier Kojen eingenommen, und ringsherum auf Borden und in Schränken befanden sich alle möglichen wissenschaftlichen Instrumente. Die Bretterwände waren, wo Platz war, mit Photographien bedeckt, meistens mit Landschaften aus der Heimat und Frauenbildern. Hier war es so rein und ordentlich und gemütlich; auch das bewirkte, daß wir Schiffsleute das täuschende Gefühl hatten, als wären wir in der Stadt. Der Tabaksrauch bildete drinnen so dichte Wolken, daß wir gerade noch den feinen abnehmenden Mond durch die zugefrorenen Fensterscheiben sehen konnten.

Just als wir aufbrechen und nach Hause gehen wollten, schallte vom Schiffe her Hundelärm zu uns herüber, es hörte sich an, als ob da eine große Balgerei stattfände, aber wir dachten nicht weiter darüber nach, das geschah ja täglich mehrere Male. Doch einen Augenblick darauf hörten wir laute Rufe und Schlitten, die auf dem Schnee angefahren kamen.

Wir stürzten zur Tür hinaus und liefen einer schwarzen, schmutzigen Gestalt gerade in die Arme, die uns durch die faustgroßen Eisklumpen, die Mund und Nase garnierten, freundschaftlich angrinste. — Es war Koch.

Alle Fragen, die über ihn herabhagelten, beantwortete er auf einmal mit: „Danke sehr, es geht uns sehr gut!“ Dann ließ ich mir keine Zeit mehr, sondern lief weiter zum Schiffe hinüber.

Von dort her hörte ich ein Geheul, das sich von einem einzelnen, langgezogenen Solo zu einem Chor im Allegro furioso-Takt erhob, wie wenn zehntausend von den berühmten schwedischen Teufeln sich in die Haare geraten wären. An Bord hatten alle hingeworfen, was sie gerade in den Händen hatten, und waren aus Messe und Kammern herausgestürzt, um zu sehen, was los war. Schlitten auf Schlitten schwang um den Steven herum; wir kamen gerade hinzu, als die beiden letzten Gespanne über den großen Schneehügel auf der Steuerbordseite zwischen die heulenden Kameraden hineinfuhren. Sofort entwickelte sich dort anläßlich der Heimkehr eine prachtvolle Hundebalgerei. Einer von den heimgekehrten Baasen hatte sich vom Geschirr losgerissen, und während er noch von der Anstrengung der Fahrt kochte und der Atem ihm in einem Dampfstrahl zum Halse herauspfiff, stürzte er sich wie Blitz und Donner über eine daheimgebliebene läufige Hündin.

Ein L'hombre in der Messe.

Im nächsten Augenblick stoben fünfzig Hunde um sie zusammen, ein von Bund Muskeln und haßerfüllter Energie, das nicht auseinander zu reißen war.

Wir arbeiten uns durch das Hundegewimmel nach den soeben angekommenen Kameraden hindurch. Handschlag wird gewechselt. Fragen kreuzen sich. In dem düsteren Zwielicht erkennt man nicht leicht die dunklen Gesichter, die unter eine Maske von Eis und Reif eingerahmt und verborgen sind — der Händedruck und die Stimmen müssen hier in der Finsternis die Erkennungszeichen sein. Dann schwingen endlich einige Laternen über die Reling, Schlafsäcke und

Zelte werden hinübergereicht, und die Hunde werden ausgespannt, wobei die Schlägerei und das Geheul fortgesetzt werden.

Dann drängen sich die Heimkehrenden einer nach dem anderen durch die enge Messetür. Und während die Eisklumpen ringsum vom Bart fallen oder, wenn sie den Ofen treffen, ins Zimmer hinausspritzen, sperren sie den Mund auf und erzählen. Kaum haben wohl bessere Erzähler andächtigere Zuhörer gehabt, als wir waren.

Das wurden die großen Winterfeste an Bord, wenn die Kameraden von Reisen heimkehrten, und wir rund um sie herum saßen und auf ihre seltsamen Erzählungen lauschten. Und wenn ihnen die dampfenden Schüsseln vorgesetzt wurden und sie erzählten, während die Augen vor Eßlust leuchteten und der langgewachsene Bart über den Rand des Löffels hinaushing, dann glichen sie, deuchte es mich, den alten Sagengestalten, die, wenn sie im Winter heimgekehrt waren, an der langen Tafel saßen und von den fremden und wunderlichen Dingen berichteten, die sie auf ihren langen Fahrten angetroffen hatten.

Diesmal saßen wir, nachdem Menschen und Hunde abgefuttert waren, noch bis lange in die Nacht hinein und hörten auf ihren Bericht. Und aus ihren Säcken zogen die Heimgekehrten die vom Zieglerdepot mitgebrachten Leckereien heraus, Rosinen in kleinen Päckchen und Shagtabak, und verehrten sie uns. Jeder bekam das Seine, und wir führten uns beim Empfang dieser seltenen Dinge wie große Kinder auf, etwa wie Bauernkinder, die von den Eltern Bonbons erhalten, wenn diese vom Markt nach Hause kommen.

Die Shannonfahrt war vorläufig ganz einzig in ihrer Art, sowohl weil sie wohl die erste Reise von solcher Ausdehnung war, die Europäer bisher überhaupt in der Zeit der Polarnacht ausgeführt hatten, aber am meisten wegen der Schnelligkeit, mit der sie vorgenommen wurde, obschon die meisten Teilnehmer ungeübte Leute waren. Die Hinfahrt, auf der man durch einen Schneesturm $2^1/_2$ Tage aufgehalten wurde, wurde in sieben Reisetagen zurückgelegt. Aber die Heimreise vom Germania-Hafen nach dem Schiffe, 315 Kilometer, wurde in fünf Tagen zurückgelegt, also mit einer Durchschnittsgeschwindigkeit von 63 Kilometern für den Tag, und an einem einzelnen Tage machte man 83 Kilometer. Leider war die Fahrt nicht in allen anderen Beziehungen ebenso wohlgelungen.

Die beiden Abteilungen fuhren vom Schiffe bis zur Südwestspitze der Shannoninsel zusammen, nachdem sie erst das beim Kap Peschel von Gustav Thostrup niedergelegte Depot besucht und mitgenommen hatten. Auf glänzender Bahn machte man die Fahrt bis „Haystack" in zwei Tagereisen. Das Eis war eben und glatt, nur hie und da mit einer dünnen Schicht harten Schnees bedeckt. Südlich von Haystack teilte ein heftiger Schneesturm den Schlittenzug auf der Fahrt in zwei Teile — glücklicherweise hatte jeder Teil ein Zelt bei sich. Sie mußten das Land aufsuchen, wo sie sich durch einen reinen Zufall wieder fanden. Der Sturm war so heftig, daß es beinahe unmöglich war, die Zelte aufzuschlagen. Ein Windstoß führte Wegeners Schlafsack hoch in die Luft an einem Felsabhang entlang, wo er einige Zeit herumflog, bis er wieder Grund unter sich hatte. Sie lagen dort $2^1/_2$ Tage in den Zelten, dann setzten sie die Reise fort und gelangten in einem Tage nach der Südostspitze Shannons. Während Mylius, Ring und Brönlund von dort ostwärts fuhren, um über die „Freedenbai" mit den Briefen nach dem Shannondepot zu gelangen, zogen Koch, Thostrup und Wegener südwärts, um durch die „Pendulumstraße" nach dem Germania-Hafen zu gelangen.

Die letzten drei merkten nach der Trennung gar bald, wozu eine Winternachtsreise auf jungem Eis führen kann, wenn man keine geübten Vorfahrer hat. Sie wechselten auf diesem anstrengenden Posten ab, aber kamen nur langsam vorwärts. Sobald Brönlund oder Mylius nicht mehr an der Spitze war, war es beinahe nicht möglich, die Hunde zum Laufen zu bringen; ihnen fehlte etwas, dem sie folgen konnten. Dieselben Hunde, deren Ungeduld, vorwärtszukommen, früher keine Grenzen kannte, waren wie verwandelt, wenn sie an die Spitze des Zuges kamen. Ihr ganzes Interesse war jetzt nach hinten gerichtet, sie sahen sich um, wollten nicht ziehen und konnten nur durch unbarmherzigen und anhaltenden Gebrauch der Peitsche vorwärts getrieben werden.

Es war so dunkel, daß sie nicht die Hand vor den Augen sehen konnten, als sie am Nachmittag des 22. in der Pendulumstraße nach vieler Mühe die letzten Schraubeneiswälle in dem von Norden bis zu ungefähr der Mitte der Straße reichenden alten Eis überschritten hatten. Es war so beschwerlich, in der Finsternis vorwärtszukommen, daß sie es für diesen Tag aufgegeben hätten, wenn nicht das Ziel, der Germania-Hafen, jetzt so nahe gewesen wäre. Diese eine lumpige Meile wollten sie sich noch durchkämpfen.

Sie zogen jetzt längs des Strandes der Sabine-Insel auf dem schmalen Eisfuß, der wenige Meter von ihnen links jäh zu dem dunklen, schneefreien jungen Eis abfiel. Schließlich konnten sie auf dem Eisfuß nicht mehr weiter kommen und mußten herunter auf das junge Eis. Sie konnten sich eines unheimlichen Gefühls nicht erwehren, als sie die entsetzten und widerstrebenden Hunde mit den Peitschenstöcken über die von Ebbe und Flut gebildeten Spalten, aus denen die Seetiere gespensterhaft hervorleuchteten, und auf das dünne junge Eis hinüber peitschen mußten. Als sie erst auf diesem waren, war keine Rede mehr von Sicherheitsmaßnahmen, denn der starke Wind, den sie jetzt im Rücken hatten, jagte Hunde und Schlitten in sausender Fahrt über die vollständig spiegelglatte Fläche. Durch ein Hindernis wurde Wegener von dem vorausfahrenden Koch und dem in größerer Entfernung seitwärts fahrenden Thostrup getrennt. Er war jetzt ganz allein in der Finsternis.

Plötzlich flogen die Hunde mit dem Schlitten über ganz dünnes Eis hin, er hörte den feinen Laut des unter den Schlittenkufen berstenden Eises und sah, wie darunter das Seewasser Funken sprühte, wo die Hundepfoten hintraten. Aber gerade als er dachte: „Jetzt breche ich durch!" — flog der Schlitten wie ein Blitz über die morsche Stelle. Einen Augenblick später hörte er Koch rufen, und unmittelbar darauf sah er, wie dieser in voller Fahrt auf seinen Schlitten zugelaufen kam und sich den Hunden in den Weg warf. Mit vereinten Kräften gelang es, die Tiere dicht vor einer Wake zum Stehen zu bringen, in die Kochs Schlitten hineingeglitten war. Seine Hunde, die die Wake entdeckt hatten, hatten sich im letzten Augenblick plötzlich nach links geworfen, während der Schlitten, der nicht mehr zu bremsen war, mit der rechten Kufe durchs Eis schnitt und auf der Seite im Wasser lag.

Sie riefen aus allen Kräften nach Thostrup, der bald herbeikam. Es galt jetzt, den Schlitten zu bergen, ehe alles, was darauf war, vom Wasser durchweicht wurde, und ohne daß das junge Eis unter ihnen allen zusammenbrach. Was dann aus ihnen geworden wäre, ist nicht schwer zu sagen. Das Eis begann bereits unter der Last zu sinken, und das Wasser strömte aus der Wake darüber und verwandelte sich auf Schlitten und Stiefeln zu Eis. Aber es gelang mit Thostrups Hilfe, ein Tau an dem Vorderteil des Schlittens zu befestigen, und jetzt spannten Hunde und Menschen alle Kräfte an, um den Schlitten aufs Trockene zu holen. Aber auf einer langen Strecke brach das Eis immer wieder vor dem Schlitten, bis es endlich stark genug wurde, ihn zu tragen. Natürlich hielten sie direkt aufs Land zu, sobald sie glücklich von jener Stelle fort waren, und mit einiger Anstrengung brachten sie die Schlitten wieder auf den Eisfuß hinauf, wo sie dann für die Nacht das Zelt aufschlugen.

Diese Begebenheit, die im Laufe von wenigen Sekunden ihre Reise hätte abschließen können, ging nicht ganz spurlos an ihren Nerven vorüber. Aber außer dieser recht ernsten Verwarnung erhielt Koch noch eine mehr „handgreifliche“, als er bei den Bemühungen, den Schlitten auf festes Eis zu ziehen, mit den bloßen Fäusten um eine Kufe griff. Als er losließ, blieb ein zollbreiter Hautstreifen der Innenfläche jeder Hand auf dem vom Frost ganz giftig gewordenen eisernen Beschlag zurück.

Koch mit „Svend“ und „Ove“.

Als sie am nächsten Tage oben von den Klippen bei dem schwachen Tagesschimmer nach Süden hinüberspähten, sahen sie in dem jungen Eise Wake neben Wake, soweit das Auge reichte. Der Weg war gesperrt. — Es blieb ihnen jetzt nichts anderes übrig, als zu versuchen, im Norden um die Insel zu kommen und fast ganz um diese herum zu gehen, um den Bestimmungsort zu erreichen. Nach einer ermüdenden Fahrt auf dem Eisfuße und durch hohe Eisschraubungen gelangten sie auf der Westseite der Insel wieder zu jungem Eis, das nur ein paar Zoll dick war. Sie konstatierten dies der Sicherheit halber immer wieder, indem sie mit ihren Messern hindurchschlugen. In stockfinsterer Nacht, in der die Infusorien, die unter den trippelnden

Hundepfoten aufblitzten und erloschen, noch das am Hellste waren, gelangten sie nach einem ermüdenden Tagesmarsch über eine anscheinend endlose Strecke nach dem Germania-Hafen, wo endlich die merkwürdigen burgartigen Ruinen des Observatoriums der Deutschen durch die Finsternis vor ihnen auftauchten und ihrer Reise ein Ziel steckten.

Um zwei Uhr nachts, nach einer Reise von ungefähr 30 Stunden, entdeckte Koch hier, daß seine beiden Chronometer stehen geblieben waren. Das bedeutete zu seinem großen Ärger, daß er seine Arbeit hier aufgeben mußte und an den folgenden Tagen nur als Assistent bei Wegeners Observationen tätig sein konnte.

Am nächsten Tage zwangen Kälte und Sturm sie, sich in den Schlafsäcken aufzuhalten und die Arbeit vorläufig aufzuschieben. Da hörten sie plötzlich Schritte vor dem Zelt, und im nächsten Augenblick steckte zu ihrer Überraschung Brönlund seinen Kopf in die Öffnung.

— —

Bald darauf dampfte der Kaffee auf dem „Primus", und dann erzählte Brönlund: Als sie sich am 20. auf Shannon getrennt hatten, war Mylius-Erichsens Abteilung über die Freedensbai gezogen, aber bereits drei Stunden später von vollständig offenem Wasser an der Weiterfahrt gehindert worden, etwa drei Meilen von dem Depot, in dem die Briefe niedergelegt werden sollten. Man war die ganze Zeit über auf altem, ungebrochenem Meereis gefahren. Dieses endete hier schroff im Meere, ohne daß sich eine Spur von jungem Eis gebildet hatte, obwohl das Thermometer seit mehreren Tagen unter 30^0 gezeigt hatte. Gleichzeitig stellte sich heraus, daß das Land vollständig schneefrei war, so daß auch dieser Weg zum Depot für die Schlitten gesperrt war.

Mylius-Erichsen hatte gerade das Depot auf Shannon dem Komitee als die Stelle bezeichnet, wo für den Fall unseres Ausbleibens Post von uns gesucht werden konnte. Mylius war daher, ebenso wie Ring, sehr ärgerlich darüber, daß man nicht bis dahin vordringen konnte. Denn dieser Platz wird jedes Jahr von Fangfahrzeugen besucht, während die Eisverhältnisse beim Kap Baß-Rock selten so günstig sind, daß dort Schiffe in die Nähe des Landes kommen können. Aber es blieb nun nichts anderes übrig, als die weniger günstige Gelegenheit zu benutzen und die Post an dem letztgenannten Platz niederzulegen.

Sie folgten nun dem Rande des offenen Meeres, bis dieses in einer Bucht im Eise aufhörte, und hielten von dort aus beständig auf altem, ungebrochenem Meereis fahrend, auf Baß-Rock zu, das sie schon am selben Abend erreichten. Während Mylius und Ring am nächsten Tage eine vorläufige Untersuchung des Zustandes des Depots vornahmen, wurde Brönlund, wie verabredet war, zum Germania-Hafen mit Hundefutter abgesandt.

Brönlund, der natürlich nichts von dem Zustand des Eises in der Pendulumstraße wußte, wo die anderen das unheimliche Abenteuer erlebt hatten, zog nun allein südwärts. Er wußte nur, daß sie nach dem Reiseplan diesen Weg benutzt hatten, und daß er jetzt dasselbe tun sollte.

Aber er kam natürlich doch nicht in dieselbe Lage, wie die anderen. Er reagierte zur rechten Zeit auf die verdächtigen Momente. Als die Hunde anfingen, sich vom Vorwärtsgehen zu drücken, hielt er den Schlitten an und untersuchte das Eis. Er bohrte sein Messer an mehreren Stellen hindurch, ging dann eine kurze Strecke vor den Hunden her und lockte sie hinter sich her, während er fortfuhr, Löcher ins Eis zu hauen. Das Eis wurde immer dünner. Es war nicht richtig gut mehr. Es war mit anderen Worten abscheulich schlecht, sagte er zu sich selbst. Aber die anderen! Wo waren sie geblieben?

Die Hunde winselten und witterten in der Finsternis nach Land. Ja — ja! Spuren, nach denen man sich richten konnte, gab's auf dem blanken Eis nicht mehr; er mußte sich jetzt auf andere Weise zu helfen suchen. Er machte den Baas vom Schlitten los, hielt den langen Zugriemen fest, an den dieser gebunden war, und ließ ihn dann vorangehen.

„Soo — oh, Baas! If — if!"

Der Baas streckte die Schnauze erst in die Höhe, dann aufs Eis hinab, schlug ein paarmal mit dem Schwanz hin und her und trottete dann voran; Brönlund folgte mit dem Zugriemen in der Hand; und hinter ihnen kamen die anderen Hunde mit dem Schlitten.

Erst ging es eine halbe Stunde lang auf dem Wege zurück, den sie eben selbst gekommen waren, dann stand der Hund unschlüssig still und witterte nach Land. Plötzlich wandte er sich nach links und ging dann in dieser Richtung weiter. Bald darauf stießen sie oben auf dem Eisfuß auf Spuren von Menschen und Hunden und fanden dort ein Stück Holz und einige erbrochene Blechdosen. Hier hatte in der letzten Nacht ein Zelt gestanden, sah Brönlund. Die Spuren führten von dort weiter nach Norden. Es waren drei, sie waren also alle zusammen glücklich davongekommen.

Ja, hatte er das nicht dem Baas da draußen gesagt, daß sie umgekehrt und nach Norden herum gefahren sein mußten ...

Dann folgte er ihrer Spur, und am Abend desselben Tages erreichte er sie beim Germania-Hafen.

— —

Brönlund blieb bis zum nächsten Tage. Als er dann reiste, begleitete Gustav Thostrup ihn nach Baß-Rock, um mehr Hundefutter zu holen.

Wegener und Koch hielten sich ungefähr eine Woche lang bei der alten Station der Deutschen auf. Während dieser Zeit führte Wegener die Arbeit, die er sich vorgenommen hatte, mit Kochs Beistand vollständig plangemäß aus. Auf der der Station gegenüberliegenden Halbinsel suchten sie dann nach dem von Koldewey niedergelegten Bericht über seine Expedition, aber vergebens. Nur die Warte fand man, aber sie war erbrochen, und ein Schriftstück lag nicht mehr darin. Die Stelle war ja übrigens später so oft in den vielen Jahren von anderen Expeditionen und von Fängern besucht worden, daß man nichts anderes erwarten konnte. Koch und Wegener unternahmen von dort einen Ausflug nach der Stelle, wo Koch während seiner Teilnahme an der Amdrup-Expedition Moschusochsen erlegt hatte; aber jetzt in der Winternacht wurde ihre Hoffnung, auf diese Weise den Hunden frisches Fleisch zu schaffen, getäuscht. Sie suchten ebenfalls vergebens nach der Stelle beim Germania-Hafen, wo man früher Fossilien gefunden hatte; die Finsternis machte jede Untersuchung der Landschaft unmöglich.

Sie dachten in diesen Tagen viel an die Koldewey-Expedition. Wenn man an eine einsame Stätte kommt, wo eine Expedition ein ganzes Jahr hindurch gelebt und gelitten hat, und wo noch überall Spuren ihrer Tätigkeit vorhanden sind, dann beschäftigen sich die Gedanken ganz von selbst viel mit dem Schicksal dieser Menschen. Hier aus diesem Becken haben sie ihr Trinkwasser geholt! Hier hat das Schiff gelegen, und dort hatten sie dicht über das Eis hin ein Tau gespannt, das ihnen bei den wütenden Winterstürmen den Weg zum und vom magnetischen Observatorium zeigte, dessen Ruinen in dem düsteren Zwielicht gleich alten Burgzinnen aus dem Fels hervorragen. Wie oft sind nicht ihre Blicke oben von diesem Aussichtspunkt sehnsuchtsvoll durch die feindliche Winternacht nach Süden geschweift, dorthin, wo der rotglühende Horizont wie ein freundliches Märchen von dem milden Sonnenschein ihres fernen Heimatlandes erzählte. —

Am 28. kam Thostrup zurück; aber infolge des herrschenden Schneesturmes konnten sie erst am 30. die Heimreise nach Norden antreten.

— —

Mylius, Ring und Brönlund hatten inzwischen ein Hundefutterdepot von Baß-Rock nach der Nordwestecke der Pendulum-Insel gebracht, damit beide Abteilungen es auf der Rückreise benutzen konnten. Die Post für die Heimat hatte Mylius zusammen mit dem offiziellen Bericht über den bisherigen Verlauf der Expedition in einer großen

Wegener.

zugelöteten Blechdose in dem westlichen Depotschuppen niedergelegt. Nachdem sie Thostrup noch eine Strecke südwärts zum Germania-Hafen begleitet hatten, wandten sie sich nach Norden, um, wie es in dem Reiseplan vorgesehen war, ins Ardencaple-Inlet hineinzugehen.

Es zeigte sich indessen, daß dies, wenn auch nicht gerade unmöglich, so doch jedenfalls im Verhältnis zu der zu erwartenden Ausbeute allzu gefährlich war. Die Zeit war so vorgeschritten, daß die Finsternis Beobachtungen beinahe unmöglich machte, und die Hunde hatten nicht genügend Futter. Die Schlittenbahn wurde außerdem nach der Fjordmündung zu immer schlimmer. Am 29. kamen sie im Dunkeln, während dicke Luft das schwache Mondlicht verbarg, zwischen große, aufgeschraubte Eisblöcke hinein, die sie zwangen, Halt zu machen und das Zelt aufzuschlagen. Vernünftigerweise beschloß Mylius tags darauf, unter diesen Verhältnissen diese Untersuchung vorläufig auszusetzen und weiter nordwärts nach Haystack zu fahren. Nach einem Tagesmarsch gelangten sie dorthin und lagerten dann dort, um die anderen, die von Süden her kommen sollten, zu erwarten.

Mylius hatte hier am Abend eine unangenehme Überraschung. Als er eine der großen Blechkisten öffnete, die er vom Depot mitgenommen hatte, in der Annahme, daß Hundefutter darin sei, zeigte sich beim Aufmachen, daß sie ungefähr fünfzig Pakete Shagtabak enthielt. Das war eine ärgerliche Entdeckung, da er nicht mehr Hundefutter mit hatte, als unbedingt notwendig war. Aber Brönlund, der das Depot vergeblich durchstöbert hatte, um ein bißchen Tabak zu finden, geriet vor Entzücken in den siebenten Himmel. Auf der Hinreise hatte man ein Paar Bären erlegt. Brönlund, der seinen Anteil an diesen Jagdergebnissen gehabt hatte, meinte, der eine oder andere Meister Petz würde wohl so rücksichtsvoll sein, ihnen in den Weg zu treten und sie für den Irrtum schadlos halten. Er rauchte an jenem Abend etliche Pfeifen Tabak und schlief mit der Pfeife im Munde ein.

Als am nächsten Morgen um acht Uhr Mylius beim Kochen war, während die anderen noch in den Schlafsäcken lagen, hörte er, wie plötzlich die Stille draußen durch rauhes Hundegebell unterbrochen wurde. Er weckte Brönlund.

„Ja — da haben wir Meister Petz", sagte Brönlund und — blieb ruhig im Schlafsack liegen. Aber als Mylius bald darauf erzählte, daß jetzt fünf Hunde in vollem Galopp zwischen die Eisblöcke hinausstürzten, fuhr er aus dem Schlafsack, steckte die Büchse unter den einen Arm und die bloßen Fäuste in die Tasche und lief den Hunden nach. Mylius und Ring glaubten lange, daß doch wohl nichts Ernstes los sei; aber plötzlich knallte nahebei ein Schuß — und noch einer. Da konnte Ring auch nicht länger an sich halten, er griff zum Winchester und lief Brönlund nach. Nachdem er eine Strecke gelaufen war, hörte er die Hunde anschlagen, sah aber in der dichten Finsternis nichts. Er lief nun dem Schalle nach und sah dann plötzlich vor sich einen Büchsenschuß aufblitzen. Das Hundegebell kam immer näher, und im nächsten Augenblick kam aus dem Dunkel eine Gestalt gerade auf ihn zu gesaust. Es war Brönlund.

„Ich habe keine Patronen mehr, ich muß zurück und welche holen!" pustete er heraus.

Brönlund war wie gewöhnlich mit drei oder vier Patronen in der Tasche auf die Bärenjagd gegangen. Aber jetzt lief er dennoch hinter Ring her zum Schauplatz zurück. Erst in einer Entfernung von fünf oder sechs Metern erblickte Ring den Bären, der leicht verwundet zwischen den Hunden herumtanzte, die ihm ins Fell bissen und schnappten und sich vor seinen Ohrfeigen duckten. Ring schoß einen, zwei — drei Schuß vorbei. Der Bär flog hin und her. Er konnte das Tier bei der Finsternis gar nicht aufs Korn nehmen. Endlich beim viertenmal traf er. Der Bär kollerte auf den Rücken und streckte alle viere in die Luft, wobei er rechts und links nach den Hunden schlug. Aber dann machten zwei Schüsse seinem Leben ein Ende.

Jensen in der Kombüse.

Jetzt waren Brönlunds Hunde daran gewöhnt, und ein Bär, der mit solch einem Rudel anbindet, entwischt dem Jäger nicht mehr; er kann sich in einer Entfernung von wenigen Schritten ruhig aufstellen und ihn abschlachten.

Als Ring einen Augenblick später beim Zelt stand und seine Hunde vor den Schlitten gespannt hatte, um den Bären zu holen, fuhr plötzlich der Teufel in das ganze Gespann, und es sauste in die Landschaft hinaus. Er warf sich auf den Schlitten und flog mit. Wohin die Reise führte, wußte er nicht, aber es ging ganz nach der verkehrten Richtung. Die Fahrt war so stark, daß es ihm unmöglich war, vom Schlitten zu kommen und ihn anzuhalten, und er hatte noch zu wenig Erfahrung als Hundekutscher, um die Hunde mit Hilfe der Peitsche lenken zu können. Fort flogen sie mit ihm, in die Finsternis hinaus. Ring saß mit trüben Gedanken da. Er dachte an die Familie und an die guten Freunde, die ihn nicht mehr sehen würden, als die Hunde plötzlich wie mit einem Schlage still standen. Ring sprang ab, die Büchse bereit haltend. Er sah, wie jetzt die Hunde sich eifrig um eine Stelle im Schnee zusammendrängten, an der dieser stark aufgewühlt war. Es sah so aus, als ob dort ein tiefes Loch gegraben und dann wieder sorgfältig mit Schnee gefüllt war. Im Schnee grabend fand er die Reste eines Seehundes, einen ganzen Rumpf, den ein Bär übrig gelassen und eingegraben hatte. Große Schneeklumpen waren aus dem Loch herausgeholt und dann weit weg zur Seite geworfen. Ring sagte, diese Klumpen hätten so weit weg gelegen, daß man wirklich glauben mußte, der Bär habe sie in den Armen fortgetragen.

Jetzt bekam er endlich die Hunde in seine Gewalt, und als er kurz darauf zum Zelte kam, hatte er einen Seehund und einen Bären auf dem Schlitten.

Als Koch, Thostrup und Wegener an diesem Tage zum Zeltplatz Mylius-Erichsens kamen, befanden sich die Hunde dort in einem Festrausch, an dem die Neuangekommenen bald teilnahmen. — Von jetzt ab blieben alle Schlitten bis zum Schiffshafen zusammen.

Als sie am nächsten Morgen gerade beim Vorspannen waren, entdeckte Mylius einen fremden Hund in seinem Gespann. Wie sich herausstellte, war es einer von Brönlunds Hunden, der vor sechzehn Tagen auf der Heimfahrt an dieser Stelle verschwunden war. Die lange Hungerkur hatte ihn, was ja nicht sonderbar war, so arg mitgenommen, daß er kaum auf den Beinen stehen konnte. Brönlund legte ihn auf seinen Schlitten und fuhr ihn zum Schiffe.

Zwei andere Hunde, „Kunuk“ und „Lady“, die bei derselben Gelegenheit Thostrup entlaufen waren, zeigten dagegen sich nicht wieder. Man nahm daher an, daß sie umgekommen seien.

Die Bärenjagd bei Haystack war nicht überflüssig gewesen, denn als sie am nächsten Tage Kap Peschel erreichten, wo Hagen, Peter und Charles, wie verabredet war, ein Depot für die Rückreise der Shannonabteilung niedergelegt hatten, waren Bären bei dem Depot gewesen und hatten den ganzen Vorrat an Dörrfisch gefressen. Dagegen hatten sie glücklicherweise in das dicke Blech der niedergelegten

Schlittenproviantkiste kein Loch machen können. Sie hatten sie herumgekollert und flach geschlagen und dann ihrem Ärger dadurch Luft verschafft, daß sie die Depotwarte dem Erdboden gleich gemacht und die darauf als Merkzeichen angebrachte Stange zerbrochen hatten.

Charles Poulsen.

Doch mit Hilfe des Bärenfleisches vermochten sie noch an diesem Tage die Hunde zu füttern, und am nächsten Tage erreichten sie nach einer Tagereise von $11\frac{1}{2}$ Meilen spät am Abend das Schiff.

Es ist interessant, zwischen dieser Reise und der Reise Koldeweys, die über ganz dieselbe Strecke ging, Vergleiche anzustellen. Ebenso wie die meisten anderen arktischen Reisenden wählte Koldewey für seine Hauptreise die erste Frühlingszeit, da dies die beste Reisezeit sein soll. Er mußte jedoch damals unter den entsetzlichsten Verhältnissen reisen — in tiefem weichen Schnee und bei anhaltenden Schneestürmen. An einem Tage kam er nur wenige hundert Meter vorwärts. Man vergleiche mit einer solchen Tagesleistung die 11 1/2 Meilen, die wir auf fliegenden Eskimoschlitten über das blanke Eis an einem Tage zurücklegten — in stockfinsterer Winternacht!

Jede Expedition, die einige Winterreisen in Polargegenden macht, kommt mit Theorien über die Wahl der Jahreszeit und der Reiseart nach Hause. Wir, die wir etwa siebzig Schlittenreisen machten, die zu allen möglichen Jahreszeiten ausgeführt wurden, und von denen die kürzesten sich über 80 bis 100 Kilometer, und die längsten, Kochs und Mylius-Erichsens Reisen im Frühjahr 1907, jede über etwa 2300 Kilometer erstreckten, — wir kommen mit der Theorie nach Hause: Verlaß dich nicht von einem Jahr zum andern auf Erfahrungen, benutze die günstigen Gelegenheiten, wenn sie da sind! Sie verändern sich von Jahr zu Jahr.

Aber das sollten wir ja selbst erst noch lernen.

— —

Finsternis — Finsternis!

Als unsere Kameraden von Shannon heimgekehrt waren, verblich der feine Bogen des schwindenden Mondes bald am Himmel — und jetzt herrscht überall die ewige, grauweiße Finsternis. Sturm und Stille wechseln ab — jeden dritten Tag. Sonst keine Veränderung in dieser unendlichen, leblosen Wüste.

Ja, so leblos, daß wohl sogar der Tod verschwunden ist. Er ist aus dem Spiel geschieden und hat das Land verlassen — hier gibt es für einen tätigen Mann nicht viel zu tun! Hat seine bleiche Fratze in mein Fenster hinein gestiert, bevor er ging — — —?

Und wir, die wir Licht und Wärme haben müssen, drängen uns um den Ofen und die Lampe zusammen. Die Lampe ist unser Freund, unsere Zufluchtsstätte, das Licht des Lebens, um das sich unser Dasein dreht.

Ich stand neulich im Laderaum und stülpte einige Kisten um, um meine Zeichengerätschaften zu finden. Da fiel aus einer Kiste ein kleines schwarzes Ding neben mir auf den Boden. Ich nahm es auf. — Es war eine Rose, eine welke, dunkelrote Rose.

Vorsichtig ergriff ich sie an dem zerbrechlichen Stengel und trug sie in meine Kammer hinauf. Dort hielt ich sie dicht an die Lampe heran und ließ das Licht durch ihre Blätter fallen. Sie war noch rot, warm und dunkel in der Farbe. Das Licht drang durch die feinen Blätter ganz in ihr kleines, totes Herz hinein ...

Bendix-Thostrup.

Wie weit weg sind wir doch jetzt, dachte ich.

Und da sehnte ich mich nach der Sonne, zum erstenmal. Ich stand da und träumte von der Wärme eines Sommertages, stellte mir vor, ich läge nackt in den saftigen Blumen eines Kleefeldes, während die Sonne mir auf den Leib brannte, und horchte auf die glucksenden Laute eines langsam nahe vorbei gleitenden Baches. Ich sehnte mich danach, mich im heißen Sonnenschein am Strande in den warmen, trockenen Sand hineinzugraben, mich langsam und faul in das laue Wasser zu rollen und wieder in der Sonnenwärme zu trocknen — dies einmal um das andere zu wiederholen.

Aber hier ist es finster und eisig kalt. Draußen jagen die 35 Grad Kälte durch den Körper, und schmutzig und schmierig ist man und hat langes Haar wie ein Feuerländer. Und wir werden fett, faul und bequem und können uns vor Überdruß und Langeweile nicht in die Augen sehen.

Zuwider ist mir mein Nachbar, wie ich ihm. Wir wirken durch unsere Unsauberkeit abstoßend aufeinander. Und wir stopfen uns dreimal am Tage den Bauch voll und quittieren mit der Stärke und Wärme der Überzeugung für gute Bewirtung. Aber niemand grinst mehr über diesen Witz, der bis zur Trivialität wiederholt ist. Es macht uns auch keinen Spaß mehr, Hundedreck unter den Fußsohlen herumzuschleppen und in die Messe und die Kammern hineinzutragen. Wir beachten es nicht mehr viel und finden es albern, darüber zu sprechen.

Jetzt ist bald der Weihnachtsabend da. Dann werden wir wohl die Unterhosen wenden. —

Die Rückkehr der Shannonabteilung gab eine Zeitlang unserem Dasein etwas Farbe. Wir hatten Mylius während seiner Abwesenheit stark vermißt. Es war, als ob uns — auch in gesellschaftlicher Beziehung — ein Mittelpunkt fehlte, um den die verschiedenen Elemente sich sammeln konnten. Mylius hatte wie kein anderer an Bord die Eigenschaft, eine behagliche Stimmung um sich zu verbreiten. Er war imstande, in der Messe ein Gespräch in Gang zu bringen, ein gemütliches Geplauder, an dem alle teilnehmen konnten, und das die Wirkung hatte, daß das Denkvermögen erwachte und man sich doch in dieser Umgebung wohl fühlte.

Bei einer Gelegenheit dieser Art kamen einige von uns zu dem Entschluß, daß etwas getan werden müsse, um die Einförmigkeit des Daseins ein wenig abzuschwächen. Und sozusagen unter Mylius-Erichsens Protektion wurden nach und nach verschiedene Formen von Zeitvertreib in der freien Zeit geschaffen. Es wurde ein Schreib- und Zeichenkursus errichtet, eine Turn-, Box- und Fechtschule, sowie — ein Gesangverein. Jeden Tag, eine Stunde vor dem Frühstück, klirrten in der Messe die Florette Lindhards und seiner Opfer gegeneinander, nach dem Mittagsessen verprügelten wir uns unter Hagens kundiger

Anleitung nach Noten mit den Boxhandschuhen, und am Abend holte ich, vor dem Notenpult stehend, mit Bistrups Beistand am Klavier, meinen musikbegeisterten Leidensgenossen ellenlange Tonleitern aus

Bistrup in arktischer Kriegsmalung.

dem Leibe. Es war charakteristisch für diese Sänger, daß das Atemholen nie verkehrt war, selbst wenn sie eben gespeist hatten.

Am frühen Morgen wurde unter dem Überbau geturnt, doch mußten wir dies bald aufgeben, da alles so mit Reif überzogen war, daß wir uns nicht dort aufhalten konnten. Die beiden mit Leder bezogenen eisernen Ringe, die Weinschenck angefertigt und unter dem Dach aufgehängt hatte, konnten wir in der Kälte nicht anfassen. Aber alle übrigen Formen des Zeitvertreibs waren von langer Dauer. Der Gesangverein wuchs allmählich zu einem Doppelquartett, in dem jede Stimme sorgfältig für sich durchgepaukt wurde. Ich weiß nicht recht, ob dies den Zuhörern ebenso gut gefiel wie uns selbst. Aber als ich den ersten Dreiklang hörte, geriet ich vor Entzücken in den siebenten Himmel. Natürlich mußten unsere Vaterlandslieder am meisten herhalten. Diese sind vielleicht früher schöner gesungen worden als hier — kaum aber mit größerer Begeisterung.

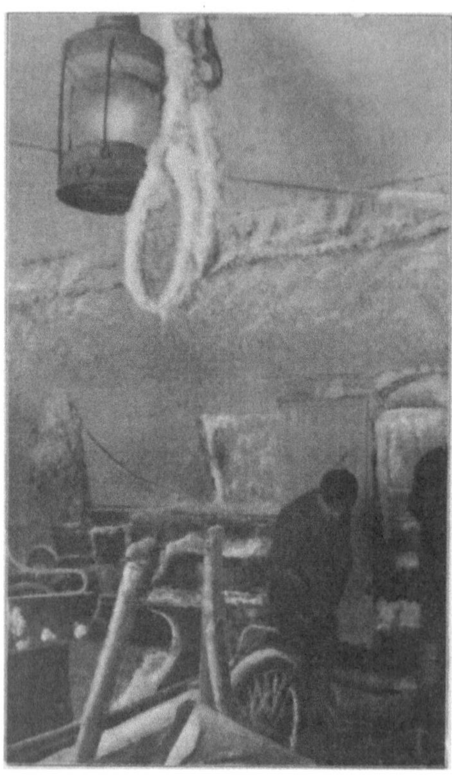

Die „Ringe" unter der Decke des Überbaus.

Solange die einzelnen Stimmen eingeübt wurden, war die Messe voll von Leuten, die bei den ganz neuen Melodien, die sie hörten, vor Lachen bersten wollten. Aber als der Chor sang, verschwanden diese Menschen anfangs still durch Luken und Türen und zeigten sich erst spät am Abend wieder. Später ging es jedoch besser; und als wir einmal das Lied „Der Jüte ist so stark und zäh" vorführten, gewannen wir bei den vielen Jüten große Popularität. Diese Menschen ließen sich sogar dazu hinreißen, mit den Sängern und dem Dirigenten um die Wette zu klatschen.

Natürlich hatten wir ebenso wie andere Polarexpeditionen unsere Zeitung. Sie behauptete, „freisinnig-konservativ" zu sein. Verantwortlicher Redakteur war Freuchen, der auch die literarische Hauptstütze des Blattes war und in dieser Eigenschaft unter seinem vollen nom de guerre: L. Peter E. Freuchen auftrat.

Es war ein Schandblatt.

Einige der harmlosesten Artikel, die vor dem Eintritt der Winternacht erschienen, veröffentliche ich hier als Proben.

Unter dem bereiften Überbau.

Unter der Decke über 1 1/2 Ellen lange Reifschwänze.

Grauenvolles Blutdrama!!

Zwei Mann in Lebensgefahr.

Darf es gestattet werden, daß Expeditionsteilnehmer ohne Grund ihr Leben in Gefahr bringen?

Am Sonnabend nachmittag spielte sich in Ostgrönland eine grauenvolle Tragödie ab, die beinahe zwei von unseren besten Leuten das Leben gekostet hätte.

Die Herren Trolle und Weinschenk waren nach Feierabend — um 11 Uhr vormittags — eine Tour an Land gegangen, um nach den Anstrengungen des Tages ein wenig frische Luft zu schöpfen. Über die friedlichsten Dinge von der Welt plaudernd spazierten sie sorglos umher und hatten kaum eine Ahnung von der drohenden Lebensgefahr. Welch Entsetzen ergriff sie da, als sie sich plötzlich von

drei großen Schneehasen

umringt sahen.

Das Blut wich aus ihren Wangen, sie hielten sich für rettungslos verloren. Aber in der Gefahr wird man stark; als guter Soldat nahm Trolle sich zusammen, ordnete Weinschenck und ließ ihn Karreeaufstellung einnehmen.

Lange verteidigten sie sich tapfer gegen die Übermacht. Massenhafte Löcher in der Luft zeigen noch, wie die Helden für ihr Leben kämpften. Aber wie lange würde es noch gedauert haben?

Trotz Trolles ausgezeichneter Leitung und Weinschencks Tapferkeit kamen die Hasen beständig näher, der Ausfall des Kampfes war nicht zweifelhaft. Aber wenn die Not am größten ist, ist die Hilfe am nächsten. Im letzten Augenblick, als alles verloren schien, kam

Jensen,

ein vorzüglicher Stratege, der sich auf die Kriegführung im Gebirge verstand. Er hatte sich in schiefer Schlachtordnung formiert, was augenscheinlich den Feind, der eine Phalanx bildete, überraschte. Die Hasen stutzten und stellten den Kampf ein, um zu beratschlagen. Bald hatten sie einen Entschluß gefaßt: sie zogen sich zurück. So wurden dank der unerwarteten Hilfe alle gerettet, und man kehrte zur „Danmark" zurück.

Von allen mit Begeisterung begrüßt, nahmen sie die Glückwünsche zu ihrer Errettung entgegen, und so wenig Nervosität zeigten sie nach den überstandenen Gefahren, daß sie beide imstande waren, ein wenig Essen zu sich zu nehmen und dann, als wenn nichts geschehen wäre, 18 Stunden ruhig zu schlafen.

Unsere Bilder.

Von dem Photographen der „Polarpost, Dr. A. Wegener, dessen Spezialität die Farbenphotographie ist, haben wir untenstehendes, besonders wohlgelungenes Bild vom Kohlenschleppen an Bord der „Danmark" erhalten. Das Bild, auf dem sich sämtliche Teilnehmer am Kohlenschleppen befinden, ist außerordentlich gut getroffen.

Kohlenschleppen.

Daß die Zeitung auch schon vor unserer Ankunft nach Grönland erschienen war, geht hervor aus folgender

Anzeige.

Die Dampfwäscherei „Danmark" empfiehlt sich zum Waschen und Plätten. Es wird unter allen Witterungsverhältnissen gerollt.

❦ ❦ ❦

Mitteilung der Expeditionsleitung.

Da ein bedauernswerter Mangel an Hundefutter eingetreten ist, wird morgen pünktlich um 9 Uhr ein Bootsmanöver abgehalten **).

Der Chef.

❦ ❦ ❦

Aus der Wissenschaft und der Praxis.

Die Theorie, daß die Erde bei den Polen abgeplattet ist, kann jetzt als ernsthaft erschüttert betrachtet werden, indem Herr Prof. gast., Schuhmachermeister Jensen in der Bäckerstraße die Entdeckung gemacht hat, daß die Erdoberfläche hier auf dem 77. Grad mindestens ebenso krumm wie daheim in Kopenhagen ist. Man sieht näheren Aufklärungen in dieser Angelegenheit überall mit Interesse entgegen. Herr Jensen scheint seiner Sache sicher zu sein, und er sagt, daß bereits sprechende Beweise vorliegen *).

*) Der Mann muß ja einen sitzen haben.
Anmerkung der Redaktion.

Endlich kam Weihnachten.

Die Vorbereitungen waren beendet, die Kisten mit Gaben aus der Heimat kamen aus dem Dunkel des Laderaums hervor und wurden von einem dazu gewählten Komitee ausgepackt. Das Klavier war mit dem elastischen Stimmschlüssel gestimmt worden, in der Messe war reingemacht, und wir — wuschen uns allzusammen. Dies führte zu einigen merkwürdigen Veränderungen in unserem Aussehen. Ich erinnere mich an ein paar Gespräche, die in jenen Tagen in der Messe geführt wurden.

„Mir scheint, du siehst so blaß aus. — Ist dir nicht wohl?"

„Blaß! — Nanu — oh, ich habe mich nur gewaschen."

Oder:

„Was zum Henker, willst du dich nicht auch zum Weihnachtsfest waschen?"

„Mich waschen? Du bist wohl verrückt! Ich hab mich bei Gott vor gut acht Tagen gewaschen."

Na, nach und nach wurden wir allesamt gut bürgerlich rein.

Am Tage des Weihnachtsabends war stilles, schönes Wetter. Durch den leichten Frostnebel schien der halbe Mond schwach auf

**) Boshafte Anspielung auf den Seite 50 erzählten Vorfall.

den Hafen und das ganze weiße Land herab. Rings um das Schiff herum war es so unendlich still. Die Hunde waren zur Feier des Tages gut gefüttert worden, sie lagen satt im Mondlicht und schliefen; einzelne schlichen umher und suchten schnuppernd herum, ohne zu wissen wonach. Die schwache Röte am Südhimmel ging eben in das feine, silberglänzende Mondlicht über. Es stand gar kein Nordlicht am Himmel; — es glich beinahe einem dänischen Weihnachtsabend.

Oder gaben die Erinnerungen gerade diesem Abend das heimatliche Gepräge?

In der Messe und in den Kammern sah es fein aus. Fahnen und Signalflaggen waren an den Wänden aufgehängt, Kronleuchter aus Bootsankern waren ringsherum in der Messe und in den Kammern aufgehängt, der Tisch erstrahlte im Glanze vieler Lichter und duftete von den unglaublichsten Gerichten, die Jensen zubereitet hatte. Wir aßen und tranken und erfüllten die Luft mit dem gleichgültigsten Geschwätz und durften von dem nicht reden, was uns am meisten am Herzen lag.

Denn wenn wir nur unsere Gläser erhoben und uns ansahen,. machten die Erinnerungen die Augen glänzend. Und jeder fürchtete, sich zu verraten.

Das, was wir alle an diesem Abend dachten und nicht sagen durften, hatte Mylius mit seinem Weihnachtslied richtig getroffen. Die Stimmen, die es sangen, waren von Wind und Wetter rauh geworden; es war gewiß lange her, daß sie weiche Worte gesprochen hatten; ihr Klang war hart und scharf. Aber welche Stimmung verlieh nicht gerade dies dem Lied. Und dann die Augen, die den Verszeilen folgten, — die vergesse ich nicht*):

Weiße Weihnacht, hehre,
Feierstille Nacht an ew'gen Winterborden!
Über Gletschermeere
Grüßen Glocken heimlich uns im öden Norden.
Fernes, kindheitsfernes
Licht des Weihnachtssternes
Flackerst uns so traumhaft wie die Nordscheinkerzen
Dort am Firmament im feierfrommen Herzen!

Komm, o Weihnacht, weiße,
Auch in unsres Heimes eisumstarrte Wände!
Leg auf Stirnen, heiße,
Sehnsuchtssieche, deine milden Trösterhände.

*) Im Versmaß des Originals. Übertragen von Heinz Hungerland.

Flüstre zu uns süße,
Traute Heimatsgrüße.
Bringe deinen Balsam für verborgne Schmerzen
Zu den tiefen Wassern in verlassne Herzen!

Einst am kerzenhellen
Weihnachtsabend sitzen wir im Freundeskreise,
Dann soll überquellen
Des Erinnerungsbornes traulich-schöne Weise
Froh vom winterweißen
Fernen sehnsuchtsheißen
Weihnachtsabend unter bunten Nordscheinkerzen!
Froh begegnen dann sich der Gefährten Herzen.

Wehmutsschwere, liebe,
Holde Weihnachtsfesterinnerungen,
Kommt, daß frische Triebe
Hier in Frost und Finsternis gedeih'n und jungen
Herzen stolz entlohe
Für die freie frohe
Tat Begeisterung, so daß wir sonder Sorgen
Weihnacht feiern einst im teuren Heim geborgen.

Weiße Weihnacht, hehre,
Feierstille, heil'ge Nacht an eis'ger Küste!
Über weite Meere
Grüßen Glocken heimlich uns in weißer Wüste.
Lauscht und laßt euch gerne
Leuchten von dem Sterne,
Wie der Mutter Liebe einst ihn uns beschieden:
Weihe sei im Herzen und auf Erden Frieden!

Als wir dies sangen, ahnten wir nicht, daß wir zum letztenmal vollzählig an Bord der „Danmark“ versammelt waren.

Nach dem Essen gingen wir zur Villa hinüber, wo Bertelsen einen Weihnachtsbaum aufgestellt hatte, und tranken dort Kaffee. Nur Jensen und seine Gehilfen blieben auf dem Schiffe und räumten die Reste der lukullischen Mahlzeit fort. Später erhielten wir unsere Pakete mit Geschenken, und mit ihnen zogen wir uns still auf unsere Kammern zurück. Dort hielt jeder für sich seine Weihnachtsfeier.

Doch der Abend endete in großer Fröhlichkeit, und daß Charles, dem es übertragen wurde, aus gefrorenem Champagner Punsch zu bereiten, in diesen Salz statt Zucker hinein gab, tat der Freude keinen Abbruch.

Erst spät in der Nacht suchten wir die Kojen auf. Und dann lag wohl noch mancher von uns und horchte dem leisen Hantieren der

Wache draußen in der Messe und dem Gelärm der Ratten, die unter uns tief unten im Lastraum Weihnachten feierten.

Bereits am 27. Dezember reiste Hagen mit Koefoed und Brönlund nach der Walroßspitze ab, um Nordlichtbeobachtungen zu machen. Drei bis vier andere Schlitten begleiteten sie, um den Rest der dort deponierten Walrosse aufzuhauen und zum Schiff zu bringen. Leider mißlang dies, da die Springflut das Depot überflutet hatte, so daß es vollständig mit einer mehrere Ellen dicken Eisschicht bedeckt war. Sie kehrten unverrichteter Sache nach Hause zurück.

Während Hagens Abteilung noch auf der Walroßspitze lag, wurde eine neue Abteilung, bestehend aus Bistrup, Peter Hansen und mir, dorthin abgesandt, um das nördlich davon gelegene Gebiet nach Moschusochsen abzusuchen. Aber wir kehrten nach zweitägiger Abwesenheit am Silvesterabend zurück, ohne das Geringste gesehen zu haben. Wir bekamen dicke Luft, die den Mond vollständig verbarg. In der dichten Finsternis trabten wir pflichtschuldig durch die alten Jagddistrikte, aber sahen nicht sicher auf zehn Ellen Entfernung und fanden nichts. Mehrere Marschabteilungen, die gleichzeitig mit demselben Zweck in verschiedene Richtungen vom Schiffe ausgesandt wurden, kehrten gleichfalls ohne Ergebnis zurück. Wir müssen uns nun mit dem bißchen Walroßfleisch begnügen, das noch beim Schiff übriggeblieben ist, und im übrigen mit dem Patentfutter füttern und uns mit der Hoffnung trösten, daß sich vielleicht Bären in der Nähe zeigen werden.

Der tägliche Verbrauch von 300 Pfund Futter reißt ja ein tüchtiges Loch in den Vorrat an Walroßfleisch. Wir fahren daher andauernd fort, diese verzweifelten Ausfälle in der Finsternis zu machen, um mehr Fleisch herbeizuschaffen, ganz gewiß ohne zu hoffen, daß wir etwas erlegen; mehr, um nichts versäumt zu haben.

Auf einem solchen Ausflug in der Mitte des Januars hätten die drei Grönländer beinahe das Leben eingebüßt. Brönlund hatte auf einem Ausflug nach Süden Waken im Eise gesehen. Mit der Möglichkeit rechnend, dort Bären zu treffen, brach er eines Tages zur Mittagszeit mit Hendrik und Tobias vom Schiffe auf. Die drei waren mächtig froh darüber, zusammen auf die Jagd zu gehen — kein Europäer sollte sie dabei stören, das war ausgezeichnet!

Der Ausflug mochte, soweit man berechnen konnte, sieben bis acht Stunden in Anspruch nehmen. Brönlund hatte Mylius versprochen, am frühen Abend zurückzukehren. Aber ihre Rückkunft zog sich in die Länge, die Uhr zeigte zehn, elf, und wir gingen in die Kojen, ohne daß sie zurückgekehrt waren. Mylius wurde ängstlich und verstand nicht, was Brönlund anfocht; er blieb zusammen mit der Wache auf und begann, als die Nacht weiter vorrückte, daran zu denken, Leute hinauszusenden, um nach ihnen zu suchen. Aber dann, gegen drei Uhr nachts, kamen Schlitten zum Schiff. Das waren sie — fürchterlich verkommen und hungrig, aber sonst in strahlender Laune.

Sie hatten folgendes erlebt:

Ein kleines Stück südlich von der Insel Maroussia waren sie richtig auf eine Bärenfährte gestoßen. Sie folgten dieser, bis sie schließlich eine Spalte im Eise kreuzte, die zu breit war, um mit dem Schlitten hinüberzukommen. Sie hielten also diese an, brachten die Hunde zur Ruhe und gingen längs der Spalte, bis sie eine Stelle fanden, wo sie hinüberspringen konnten. Sie fanden die Fährte wieder und verfolgten sie ein paar Stunden lang, ohne auf den Bären zu stoßen, und schließlich mußten sie umkehren, weil es zu dunkel wurde. Als sie wieder an die Stelle kamen, wo sie hinübergesprungen waren, war das Eis mit ihnen ins Treiben geraten und die Spalte war jetzt eine 300 bis 400 Ellen breite Fläche, auf der sich trotz der starken Strömung junges Eis zu bilden begann. Weit weg auf der anderen Seite erblickten sie die Umrisse der Schlitten, bei denen die Hunde lagen und ruhig schliefen.

Sie wußten, was ihnen bevorstehen konnte, und daß es galt, um jeden Preis und so schnell wie möglich über die Spalte zu kommen. Nach einigem Suchen hatten sie das Glück, auf eine Eisscholle zu stoßen, die sie alle drei gerade trug. Sie gingen hinauf und machten sich dann daran, mit Hilfe ihrer Büchsenkolben über die Spalte zu rudern. Es ging nur langsam. Nach Verlauf von zwei Stunden waren sie jedoch bis auf etwa 50 Ellen an die andere Seite der Spalte herangekommen. Das junge Eis wurde jetzt so stark, daß sie es mit den Büchsen zerschlagen mußten, um hindurchzukommen. Aber als sie noch 20 Ellen zurückgelegt hatten, gelang ihnen auch dies nicht mehr.

Bei diesen Manövern war nach und nach soviel von ihrem zerbrechlichen Fahrzeug abgebröckelt, daß es sie kaum noch trug und seine Oberfläche meistens ganz unter Wasser stand. Sie mußten auf ihm herumspringen, um es im Gleichgewicht zu halten.

Da fand Hendrik in seiner Tasche ein altes, zerfetztes Taschentuch — Gott mag wissen, wozu er es sonst gebrauchte —, riß es in schmale Streifen und band diese untereinander und mit einigen Stücken Garn zusammen, die einer von den beiden andern in der Tasche gefunden hatte. Auf diese Weise fertigte er eine Leine an; und da er der Leichteste war, banden die anderen diese Leine an seinen einen Hacken, dann legte er sich auf den Bauch und kroch, alle Glieder so weit wie möglich von sich spreizend, über das dünne Eis zu dem Rande des festen Eises.

Das Eis bildete krachend eine Beule unter ihm, wo er hinkam; aber es ging. Er gelangte gerade so weit, daß er das feste Eis mit den Händen erfassen und sich hinaufziehen konnte, als die Schnur so straff war, daß die beiden anderen sie loslassen mußten. Dann band er einige Hundezugriemen zusammen, warf dieses Tauende den beiden anderen zu und holte sie dann einen nach dem anderen auf dem Bauch zu sich heran. Sie kamen alle drei glücklich in Sicherheit, waren aber von der Fahrt auf der Eisscholle fürchterlich durchgeweicht, das Wasser war auf Kamikken und Hosen festgefroren, und völlig durchfroren gelangten sie erst zwei Stunden später zum Schiffe zurück. Sie waren bei der Heimkehr etwas mitgenommen, und nach der Beschreibung, die sie selbst von der Situation machten, waren wir klar darüber, daß sie so ernst wie nur möglich gewesen war. Sie übertrieben ja nie in ihrer Darstellung. Aber ihre gute Laune hatte nicht darunter gelitten. Als Hendrik sich am nächsten Tage mit seiner sonderbaren Leine am Hacken auf dem Fußboden der Messe auf den Bauch legte und die Szene von da draußen zum besten gab, hätte ein Walroß vor Lachen platzen können.

— —

Die Kälte nimmt jetzt stark zu. Die niedrigste Temperatur, die der Januar aufweisen konnte, war —36,6 C. Aber an ein paar Tagen brachte ein schwerer, föhnartiger Sturm, der aus nordwestlicher Richtung kommend über das Meer hin wehte, das Thermometer so heftig zum Steigen, daß es bis zu —3,4 C. hinauf gelangte, was uns ganz entsetzlich genierte. Allmählich waren ja unsere Körper, hauptsächlich durch die kräftige Ernährung und die vielen fetten Speisen, auf die starke Kälte „eingestellt“ worden, so daß wir sie fast wie etwas Natürliches ertrugen. Die —3° wirkten auf uns wie mächtige Hitze. Wir heizten nicht und warfen, wenn wir im Schiffe waren, das meiste von unseren Kleidern ab, und waren doch noch nahe daran, vor Wärme zu schmelzen.

Das stimmte unsere Gemüter eigentlich nicht freundlicher...

Dann fiel glücklicherweise das Thermometer wieder, und Anfang Februar stand es wieder um —35° herum. — — —

Die Weihnachts- und Neujahrsfeiern waren kaum vorüber, als anläßlich der nahe bevorstehenden Nordreise, die nach dem Reiseplan Mitte März ihren Anfang nehmen sollte, große Geschäftigkeit an Bord entstand. Alle Mann waren mit Vorbereitungen für diese Reise beschäftigt. Es war Ernst jetzt, wir wußten, daß wir uns den Hauptereignissen in der Geschichte der Expedition näherten, und

Charles arbeitet an der Thostrupschen Reiferbahn.

alle legten sich ins Geschirr in dem Bewußtsein, daß das notwendig sei, wenn ein glücklicher Ausgang herbeigeführt werden sollte.

Alle machten sich an die Fabrikation der gemeinschaftlichen oder persönlichen Aussteuer für die Reise. Schlafsäcke wurden genäht, Schuhzeug gelappt, Renntierfellpelze angefertigt, Schlitten fabriziert, gezurrt und beschlagen, und die Herstellung von Peitschen und allen möglichen Geräten wurde in Angriff genommen.

In der letzten Hälfte des Januar begannen verschiedene Ziehschlittenabteilungen Depots vom Schiffe über die große Landzunge nach der äußeren Küste zu schleppen, wo sie vorläufig niedergelegt wurden, um später mit Hundeschlitten weiter nach Norden geschafft zu werden. Es war nämlich notwendig, noch vor der großen Reise einige Depots auf der Strecke vom Kap Bismarck nordwärts mindestens bis zur „Nördlichen Depotinsel“ zu verteilen.

Obwohl wir so in voller Tätigkeit waren, obendrein zur Lösung einer Aufgabe, die uns alle interessierte, und obwohl wir anfingen, zu kleinen, recht anstrengenden Ausflügen hinauszuziehen, hatte die Zeit der Finsternis noch keineswegs aufgehört, uns mit ihren Spuren zu zeichnen. Diese Touren in der frischen Luft brachten nur vorübergehend Erfrischung; bald sank man wieder in die Einförmigkeit zurück, die draußen einsetzte, wo Tag und Nacht, noch vereint, als blöde machende Dämmerung über uns hingen, und hier drinnen in den engen, schlecht erleuchteten Räumen endete, wo man immer die Arme am Nachbarn scheuerte, ob man nun am Futtertrog oder am Arbeitstisch saß.

In einer solchen Zeit konnten kleine Begebenheiten als Aufmunterung Bedeutung erhalten und ellenlange Diskussionen nach sich ziehen.

An einem der letzten Tage des Monats trat das merkwürdige Ereignis ein, daß ein fremder Hund, den niemand kannte — und sonst waren wir ja mit so gut wie allen unseren hundert Hunden persönlich bekannt — durch die Luke hereinschlüpfte und sich auf dem Verdeck zwischen den Hundemüttern zeigte, wo er Bestürzung und großes Geheul hervorrief. Er war rund und fett und hatte einen herrlichen, reinen Pelz, der sich wie ein Muff um ihn sträubte. Wir schleppten ihn in die Messe ans Licht.

Es war „Lady“!

Lady, die zusammen mit „Kunuk“ zwanzig Meilen vom Schiffe der Shannonabteilung entlaufen war und jetzt zwei und einen halben Monat draußen in Kälte und Finsternis zugebracht hatte. Wie, in aller Welt, hatte das Tier sich doch durchgeschlagen?

Das war eine Freude! Jeder Hund mehr ist eine Chance mehr, und Lady war ein ausgezeichneter Schlittenhund. Ich lud sie sofort auf mein Sofa und zeichnete sie. Sie verstand sehr gut, daß es eine Auszeichnung war, auf dem Sofa liegen zu dürfen; geschmeichelt, aber mit beherrschten Mienen, bewahrte sie zehn Minuten lang die Stellung. Aber dann verlangte sie plötzlich hinaus. Sie führte sich durchaus nicht ladylike auf; und dann fing auch die Hitze an, ihr lästig zu werden, so daß ihr die Zunge eine Viertelelle zum Maule heraushing.

Dann wurde sie hinausgeschmissen.

Am Nachmittag des nächsten Tages kam Kunuk, ebenso strahlend, satt und zufrieden, wie die Dame. Das war höchst sonderbar! Allerdings wußten wir, daß Lady mit Jungen ging, als sie verschwand; die hatten die beiden natürlich sofort verspeist, als sie zum Vorschein

Lady läßt sich verewigen.

kamen. Aber auf diese Weise konnten sie sich doch nicht, auch wenn sie sich sehr anstrengten, zwei und einen halben Monat hindurch verproviantieren.

Später löste sich das Rätsel, als wir einmal zum Bärendepot auf der Koldewey-Insel kamen, dieses halb aufgefressen fanden und viele Hundespuren ringsherum sahen. Sie waren also die 12 bis 13 Meilen von Haystack über das Meereis gelaufen, hatten das Depot gefunden und die Stelle nicht eher verlassen, als bis sie nichts mehr von dem Fleisch fassen konnten.

Aber ein paar Tage nach der Heimkehr der Hunde mochten wir auch diese Begebenheit nicht mehr erörtern.

Ich glaube, daß die Polarnacht uns mehr gepackt hatte, als wir bei der starken Beschäftigung Zeit fanden zu bemerken. Es ist sehr schwierig, Beobachter zu sein, wenn man selbst in allerhöchstem Grade in die Sache verwickelt ist. Ich glaube nicht, daß wir im Inneren am Schlusse der finsteren Zeit einander besser ertragen konnten, als früher, im Gegenteil. Aber scheinbar taten wir es.

Unter anderem, weil wir, um die Neutralität zu bewahren, uns nach und nach einen bestimmten Jargon zugelegt hatten, eine unschädliche, alberne Witzhascherei, die, ohne den Charakter eines Gesprächs — und absolut nicht den eines Meinungsaustausches, Gott bewahre uns! — zu bekommen, doch eine Art Verbindung zwischen den Großmächten aufrecht erhielt. Die meisten von uns erwarben sich große Übung darin, und die, deren Technik am höchsten entwickelt war, genossen den größten Frieden. Wenn man dann die Gesellschaft verlassen hatte und allein in seiner Kammer saß, stand es einem immer frei, sich selbst vor Ärger aufzufressen.

Niemand macht sich einen Begriff davon, wie schon das irritierend wirkte, daß man am Morgen beim Frühstückstisch auf ein Haar voraussagen konnte, wie jeder einzelne sein Entree machen würde. Von dem einen wußte man, daß er absolut immer mit seinen mächtigen Holzschuhen über die Türschwelle zum Kambüsengang stolperte. Ein anderer hatte immer etwas am Essen auszusetzen und fraß doch ungeheure Ladungen, während er unaufhörlich faselte. Einer mußte jeden Morgen genau beim dritten Mundvoll Hafergrütze so husten, daß er dem Ersticken nahe war. Er brachte es nie so weit, einzusehen, daß das Husten dadurch hervorgerufen wurde, daß er allzuviel Kaneel über die Grütze schüttete. Ich hatte übrigens den Eindruck, daß es ihm eine Befriedigung war, zu husten, so daß ihm die Augen aus dem Kopf traten und er eine Elle länger wurde, als er schon so war, — bloß weil er sah, daß es andere irritierte.

So wirkt man schon vom Morgen an als Akkumulator und ist schließlich dem Zerplatzen nahe, weil man nicht in einer Entladung schwelgen darf.

Wir waren gewiß eigentlich selten, was man schlecht gelaunt nennt; jedenfalls meine ich, es war ein starkes Stimulans, wenn einem nur die Galle gut überlief. Aber es endete schließlich hartnäckig damit, daß man die einzelnen Personen entweder stark anziehend oder absolut abstoßend fand.

Aber wie schwierig war es, nicht nach seinen Sympathien wählen zu können. Unter solchen Verhältnissen wie hier, wo ohne Rücksicht auf die persönlichen Eigenschaften oder Arbeitsarten alles für alle gemeinschaftlich sein sollte, wo die Kameradschaft zwischen ganz verschieden gearteten Menschen mit höchst verschiedenartiger Tätigkeit diktiert war und daher sich schwerer zwischen einzelnen verwandten Seelen natürlich entwickelte, ohne daß es nicht gleich wie

Interieur aus der Messe. Nach dem Frühstück.

Cliquenbildung ausgesehen hätte — hier isolierte man sich vorsichtigerweise und wurde Eremit.

Eine Ausnahme hiervon machten die vier „Häusler“, die, wie die Verhältnisse es mit sich gebracht hatten, gleichsam einen Kreis für sich bildeten. Gewisse Seiten des Lebens auf einer Polarexpedition sind ihnen bis zum heutigen Tage noch fremd. Und wären wir imstande gewesen, noch ein paar Holzhäuser zu bauen und uns auf sie nach Arbeitsart und Sympathie zu verteilen, dann wäre niemals von einem solchen täglichen Erdrosseln der eigenen Persönlichkeit die Rede gewesen — und wir würden mit Freuden miteinander verkehrt haben.

Was den Einfluß der Finsternis auf unseren rein physischen Zustand angeht, so sind sicher interessante Aufschlüsse darüber zu erwarten, denn Dr. Lindhard führte seine Untersuchungen, unter anderem hinsichtlich der Blutproben, systematisch durch.

— —

Ich war an einem der ersten Tage des Februar, noch ehe die Sonne über den Horizont gekommen war, mit Lindhard auf einem Spaziergange. Längere Zeit hindurch hatte heftiges Schneetreiben geherrscht, so daß wir nicht vor die Tür gekommen waren. Es war inzwischen erstaunlich hell geworden, und jetzt, zur Mittagszeit, hatte das Unwetter sich gelegt, der Himmel war mit einem leichten, gräulichen Wolkenschleier bedeckt — trübes Wetter, das daheim alle Farben so rein und intensiv macht. Nach einer langen Tour über das weiße Meereis näherten wir uns wieder dem Schiffe. Da stutzten wir beide unwillkürlich. Was war doch das — der Schornstein war ja brandgelb und die Masten ganz dunkel-orangenfarben. Es überraschte uns beide. Wir zeigten gleichzeitig hinauf, um uns darauf aufmerksam zu machen. Und je näher wir dem Schiffe kamen, desto mehr fanden wir, es war G e l b unter allen den Gegenständen, auf die unsere Augen fielen, und wir machten uns eine Freude daraus, danach zu suchen, jedesmal wenn wir etwas Neues fanden, so war es eine Augenweide für uns. Ich erinnere mich, daß die Flecken, die die Hunde an den Schneehügeln hinterlassen hatten, uns durch ihre ganz zitronengelbe Farbe hinreißend schön vorkamen. Wir standen lange da und sahen sie an. Aber als wir am Schiffe vorbei und aufs Land hinaufgekommen waren, bot sich uns ein Anblick, daß wir vor Erstaunen stille standen. Nur einen Augenblick, dann eilten wir vorwärts, um deutlicher sehen zu können.

„Nein, sehen Sie," sagte Lindhard, der neben mir ging, „das ist ja bei meiner Seele g r ü n!

Ein wunderbares Gefühl der Zufriedenheit ergriff uns, wir sahen und sahen und konnten nicht satt werden. Die grünen Buchstaben auf unseren Proviantkisten waren uns in die Augen gefallen. Und jetzt hatten wir mit den Kisten zu tun gehabt, seitdem wir Dänemark verließen, und es war uns nie eingefallen, daß die Buchstaben grün waren. Sie waren sonst so schmutzig in der Farbe, daß sie grau erschienen. Aber jetzt! Wir sahen, es waren ganz gelbe Kisten mit vollständig funkelnden grünen Buchstaben. Ein Gefühl der Freude stieg plötzlich in uns auf. Wir empfingen einen Stoß, der durch die Sehnerven bis in die fernsten Fibern unseres Körpers drang. So muß

Einer der ersten hellen Tage beim Hafen.

Im Vordergrunde die Villa.

ein ehemaliges Dragonerpferd sich fühlen, wenn ihm nach Verlauf von Jahren eines von den alten Signalen gerade ins Ohr geschmettert wird.

Wir zeigten es einigen von den anderen, und die Farben wirkten beinahe auf alle gleich. Unsere Augen hatten wohl in der langen Finsternis alle diese graublauen und violetten Farben in sich aufgesogen und die gelben und grünen Strahlen vergessen, die sich offenbar nur sehr schwach vorfanden oder fast ausgeschlossen waren. Jetzt kamen sie wieder und brachten Botschaft von der Sonne, die bald kommen sollte.

Ja, die Sonne! Wir sehnten uns nach ihr, und wir gingen oft über Gletscher und Gestein in die Berge, um nach dem Tagesschimmer im Süden Ausschau zu halten und ihm gleichsam etwas näher zu sein, als wir es hier unten waren.

Sonne über der Südspitze des Hasenberges.

Es wird hell.

Eines schönen Tages kam die Sonne, endlich!

Wie bleiche Pflanzen, die im Dunkel eines Kellers gelegen und gekeimt haben, krochen wir langsam aus Türen und Luken heraus, heraus ins Licht. Wir streckten die mürben Glieder und schüttelten uns in der Kälte schauernd. Und alle standen wir da und stierten nach Süden — dorthin, wo die Sonne kommen sollte.

Niedriges, rauchendes Gestöber liegt über dem Eis, bläuliche und violette Farben wirbeln durcheinander, die zunehmende Röte des Himmels spiegelnd.

Da verdichtet sich die rote Farbe am Südhimmel, hinter den niedrigen, fernen Landspitzen glüht und lodert es, und plötzlich schlägt eine rasende Flamme hinter den Steinen da draußen empor und zündet im Schneerauch, der gleich Rauchsäulen eines Kraters nach oben steigt. Es ist, als ob die Hölle eine ihrer Bodenluken öffne, um den Teufel nicht im Feuer umkommen zu lassen.

Niedrig im Äther wälzen sich durcheinander die roten, brandgelben und blutigen Farbentöne gegen ein grünspanfarbiges, frierendes

Himmelsgewölbe. Die Wolken verkohlen und verbrennen, sie werden unter Geprassel in die Glut hinaufgehoben und machen anderen Platz. Es kommt, wie siedende, sausende Töne in der Luft, es kommt, wie ein Schrei des Jubels und der Pein — und die Sonne wälzt ihren rotglühenden Bug über den Erdrand hinauf. Da fangen die Berge hinter uns und rings herum Feuer und zünden. Der eisenfarbene Stein funkelt mit Ocker und Mennig, der Schnee flimmert in Streifen von flüssigem Gold.

Und die Erde liegt da, unter dem Angesicht ihres Buhlen errötend und zitternd.

— —

Eines Tages kommen dann zwei Schlitten an der Hafenspitze vorbei auf das Schiff zu, zwei Mann sind auf dem vordersten. Auf dem letzten sitzt nur ein Mann, hoch oben auf einer großen, gelben Masse, die auf dem Schlitten festgezurrt liegt. Er ist kleiner als die beiden anderen, schwarzbraun ist seine Haut, und geschwind sind seine Bewegungen, wenn er ab und zu vom Schlitten hinunterfährt, um die lange Peitschenschnur über die Rücken der Hunde sausen zu lassen. Wir sehen seinen Arm sich erheben — und gleich darauf durchschneidet ein Jammergeheul die Luft. Dieser Schlitten gleitet schwer und kreischend über die harte Fläche hinter dem anderen hin, obwohl der Mann häufig abspringt, um den Hunden die Mühe zu erleichtern. Die Sonne steht gerade am Erdrand und brennt in den gelben Haufen auf dem Schlitten. Langsam und mühsam geht es auf das Schiff zu.

Es ist der erste Bär des Jahres, der dort gefahren kommt.

Mit der Sonne ist das Leben zurückgekehrt. Oben von den Bergen her hören wir das Rufen des Schneehuhns; in den glühenden Schneehängen sehen wir die Spuren des Hasen in geraden Linien auf und nieder laufen; in der Entfernung gleichen sie feinen Steppnähten einer Nähmaschine. Der Fuchs steht einsam auf einem Stein im Gebirge und heult die Sonne an, und der erste Rabe kommt von Süden her gerauscht.

Jetzt kriechen wir aus der Winterhöhle.

Vom 29. Januar bis zum 21. März wurden drei Depotreisen nach Norden gemacht. Nur eine von ihnen kam so hoch hinauf längs der Küste, wie die große Depotreise im Herbst.

Die erste, die vom 29. Januar bis zum 4. Februar dauerte, wurde schon ein paar Meilen südlich vom Kap Marie-Valdemar von einem heftigen Schneesturm aufgehalten. Die Zelte wurden zum Teil und die Hunde völlig in den Schneemassen begraben. Die Bewohner der verschiedenen Zelte sahen in den drei Tagen und drei Nächten, die das Unwetter anhielt, nichts voneinander, obwohl die Zelte nur wenige Ellen von einander lagen. In den drei Tagen verbrauchte man fast den ganzen Proviant, der für die Reise berechnet war, und mußte daher am Morgen des vierten Tages zum Schiffe zurückkehren, nachdem man vorläufig das Depot dort niedergelegt hatte.

Aber jetzt hatten selbst die am wenigsten Erfahrenen gelernt, einen Schneesturm im Zelt auszuhalten. Man hatte in den Zelten ge-

„Danmark“ in Schnee und Kehricht begraben.

speist und getrunken und die gute Laune aufrecht erhalten — und dann im übrigen geschlafen. Als am Ende des dritten Tages sich einige aus den Zelten hinausgewagt hatten, sah man, daß die Riemen, mit denen man die Hunde an die Schlitten festgebunden hatte, zu kurz gewesen waren, so daß die Tiere nicht oben aus dem Schnee herauskriechen konnten; nun machte man sich eiligst daran, sie auszugraben. Brönlund, der mit Mylius und Hagen im Zelte wohnte, hatte diese Arbeit für seine Abteilung allein besorgt. Er war nun zurückgekommen und saß und kochte Essen, während die anderen noch in den Schlafsäcken lagen.

Er hatte schon ziemlich lange dagesessen, ohne ein Wort darüber zu verlieren, wie es draußen aussah, da wandte er sich um und sagte ganz trocken zu Hagen:

„Hagen, die Hunde haben deine Peitsche gefressen."

Hagen fuhr im Schlafsack in die Höhe und wollte seinen eigenen Ohren nicht trauen.

„Ist das wirklich wahr?" sagte er.

„Ja, sie ist ganz weg, es ist höchstens noch der Stock zurück."

Lange Pause.

Dann sagte Brönlund wieder ganz ruhig:

„Sie haben meine Peitsche auch gefressen."

„Da soll doch der...!" Mylius fuhr entsetzt halb aus seinem Schlafsack heraus und starrte, in seinem Innersten erschüttert, Brönlund an. Es hat etwas zu bedeuten, wenn man auf Schlittenreisen seine Peitsche verliert, das einzige Gerät, mit dem man die Hunde lenken und vorwärts treiben kann. Und jetzt hatte das doppelte Unglück dieselbe Schlittenabteilung betroffen.

Mylius kroch wieder in seinen Schlafsack, um darüber nachzugrübeln, wie man die Geschichte ordnen sollte. Aber nach einer langen Pause öffnete Brönlund wieder den Mund und sagte — ganz ruhig wie vorher —:

„Der ‚alte Jim' ist tot!"

„Nein, da mag der Teufel hier länger liegen bleiben!" Mylius stürzte aus dem Schlafsack und zum Zelt hinaus, um nicht noch mehr Hiobsbotschaften auf diese Weise zu erhalten, sondern Gelegenheit zu bekommen, das ganze Unglück auf einmal zu überschauen.

Ja, es war richtig: beide Peitschen waren gefressen, und der „alte Jim" lag leblos auf dem Schnee neben dem Loche, aus dem er herausgegraben war. Der Besitzer Peter Hansen wurde herbeigerufen. Er sah das Tier an. Ja, dort lag ja anscheinend nur der Leib des „alten Jim"; die Seele war zu den glücklichen Jagdgefilden geflogen. Aber — der Sicherheit halber gab man Jim einige Fußtritte zwischen die Rippen; da erhob er sich langsam auf seinen steifen Stelzen, schüttelte sich und schickte sich an, sich wieder hinzulegen.

„Nimm ihn mit ins Zelt, den alten Esel," sagte Mylius, „und wärm' ihn ein wenig auf!" — Dazu war Peter mit dem größten Vergnügen bereit. Er zog Jimmy, der sich aus Leibeskräften dagegen sträubte, ins Zelt hinein, wo er sich in einer Ecke zusammenrollte und bald wieder ruhig schlief, zusammen mit allen anderen.

Aber bald darauf wurde Hagerup durch ein heftiges Klirren geweckt, das von der Proviantkiste herkam. Er steckte den Kopf aus dem Schlafsack heraus.

„Nein, da brat und koch und pöckle doch der Teufel mir was!" Jim stand mit dem Kopf tief in der Kiste und fraß Butter und Eingemachtes und alles, was sonst an guten Sachen da war. Er wurde sofort „als geheilt entlassen" und erhielt an der Türöffnung einen Fußtritt als Quittung.

In demselben Zelt lag Freuchen. Er hatte erfrorene Finger, die er mit Lappen bewickelt hatte. Niemand von den anderen ahnte, daß er schlimme Finger hatte, aber als er an diesem Tage Essen gekocht hatte und die anderen in ihrem Pemmikan sonderbare Klumpen fanden, die, wie sich herausstellte, verlorene Fingerlinge waren, wurde es entdeckt, und er legte ein Geständnis ab. Da die Fingerlinge ungefähr dieselbe Farbe wie der Pemmikan hatten, war es nicht leicht, sie herauszufischen.

Das hier niedergelegte Depot wurde, zusammen mit weiterem Proviant, von einer Abteilung weiter nach Norden gebracht, die am 20. Februar das Schiff verließ und am 28. zurückkehrte. nachdem sie ungefähr bis zum „Nördlichen Depot" gelangt war. Während man sonst auf dieser Reise vom Wetter recht begünstigt worden war, stellte sich starker Nebel mit heftigem Schneetreiben ein, als man sich dem Depot näherte. Man mußte die Sachen in der Nähe auf dem Meereis abladen und heimkehren. Aber die Schlittenbahn war auf der ganzen Reise infolge der vorausgegangenen heftigen Schneefälle entsetzlich. Diese beschwerliche Reise gab den Anlaß, daß wir es lernten, Skis unter die Eskimoschlitten zu setzen, was auf den späteren Reisen von ungeheurer Bedeutung war. Die sogenannten „Nansenschlitten", die breite, skiähnliche Kufen haben, sind gut auf weicher Schneebahn, aber unmöglich in Eisschraubungen, wo sie wegen ihrer geringen Breite unaufhörlich umschlagen. Die breiten Eskimoschlitten bewahren ausgezeichnet das Gleichgewicht; aber während ihre schmalen, eisenbeschlagenen Kufen vorzüglich auf Eis und hartem Schnee sind, schneiden sie oft zu tief in den weichen Schnee ein. Durch die obenerwähnte Kombination gelang es uns, den Eskimoschlitten zu einem idealen Verkehrsmittel unter allen Verhältnissen zu machen, da die Skis lose mitgenommen wurden und dazu eingerichtet waren, unter die Kufen gespannt zu werden, wenn die Schlittenbahn sich dazu eignete.

Auf dieser Reise hatte Tobias sein berühmtes Abenteuer mit einem Bären, den man eines Tages entdeckt hatte, als man beim

Aufbruch war. Er und Brönlund verfolgten ihn auf leeren Schlitten. Brönlund, der einen Teil seiner Hunde losgemacht hatte, damit sie den Bären stellten, kam hinterher, während Tobias mit seinem Gespann dem Bären näher und näher rückte. Schließlich holte er das von den losen Hunden gestellte Tier mit einem solchen Schupps ein, daß sein Gespann sich in zwei Haufen teilte, die zu jeder Seite des Bären weitersausten. Dieser bekam die Zugriemen um die Hinterbeine und rollte rücklings auf den Schlitten, wo er rasend in die Proviantkisten biß. Im letzten Augenblick hatte Tobias sich vom Schlitten wälzen können; und jetzt gab er mit seiner Winchesterbüchse, von der er am Tage vorher den ganzen Schaft abgebrochen hatte, zwei Schüsse auf den Bären ab, so daß dieser tot quer über den Schlitten fiel.

Die Bärenjagd begann sich jetzt zum Sport zu entwickeln!

Als die Grönländer mit dem Bären zurückkamen, hatte man bereits für diesen ein Depot aus Steinen erbaut. Es wurde später Brauch, daß, wenn die Grönländer einen Bären sahen und ihm nachsetzten, die Zurückbleibenden inzwischen ein Depot zurecht machten. Sie wurden niemals enttäuscht. Der Bär endete jedesmal im Depot.

Die dritte und letzte Reise fand in den Tagen vom 15. bis zum 21. März statt und drang bis zum Depot auf der „Bärenschäre" vor. Dies war die einzige von diesen Reisen, an der Mylius nicht teilnahm.

— —

Die letzte Hälfte des Februar war beinahe ein einziges, ununterbrochenes Unwetter, reißender Sturm, in dem die Kälte in Nasen und Backen biß, abwechselnd mit heftigem Schneefall oder Gestöber bei klarem Wetter. Ein paar Bären, die bei diesem Wetter zum Schiffe kamen, wurde der Garaus gemacht, worauf sie sofort als Hundefutter Verwendung fanden; aber sie reichten nicht weit.

Um noch vor der Nordreise einen letzten Versuch zu machen, Moschusochsen aufzuspüren, reisten Mylius, Ring, Manniche, Lindhard und ich am 9. März nach der Walroßspitze ab, um das alte Jagdgebiet abzusuchen. Wir machten die Tour auf drei Schlitten, indem Manniche mit Mylius und Lindhard mit mir den Schlitten teilte.

Die Reise, die drei Tage dauerte, wurde nur dadurch bemerkenswert, daß wir auf ihr unsere Minimumstemperatur erreichten. Daheim beim Schiffe zeigte das Thermometer an einem dieser Tage —40,6 C.; aber wahrscheinlich ist es, wie es gewöhnlich der Fall war, näher beim Inlandeis ein paar Grade kälter gewesen.

Das Sonnenlicht war bereits jetzt mitten am Tage so stark geworden, daß wir zu Schneebrillen mit rauchfarbenen Gläsern greifen

Stiller Frühlingstag beim Hafen.

mußten, um die Reflexe vom Schnee aushalten zu können. Bei windstillem Wetter und wolkenlosem Himmel suchten wir das Terrain gründlich ab, ohne auch nur die geringste Spur von Großwild zu finden. Ein paar Hasen und Schneehühner, drei Füchse und zwei Raben waren unsere ganze Jagdbeute.

Während Ring und Manniche nach Westen gingen, wanderten Mylius, Lindhard und ich am ersten Tage nach Norden und kamen zu der alten „Aussichtshöhe", von der aus Peter im Herbst die Moschusochsenherde entdeckt hatte. Wir standen hier wohl eine Stunde und starrten durch die Ferngläser nach allen Seiten herum, jeden Fleck, jeden Felsblock, jeden Stein untersuchend — aber kein Leben war zu sehen, kein Tier auf der weißen Fläche zu erblicken, die sich meilenweit nach den Seiten hin erstreckte.

Wir waren tüchtig warm geworden, als wir das hier am Fuße des Gebirges stetig ansteigende Gelände erstiegen, und wir waren ordentlich in Schweiß gebadet nach dem Aufstieg auf den letzten steilen Felsabhang, auf dem hie und da knirschend trockener Sand lag, der nicht mit Schnee bedeckt und so weich war, daß man beim Gehen einsank. In der starken Kälte dampften wir wie drei Kessel, als wir oben ankamen, und hatten ganz schrecklichen Durst. Den Hunger konnten wir mit einigen Stücken Fleischschokolade stillen, die wir in der Tasche hatten. Aber das Zeug war süß und machte den Durst nur noch schlimmer.

Das anhaltende Starren durch die Ferngläser machte die Augen empfindlich, und als die Sonne am Himmel emporstieg, wurde das Licht uns sehr lästig. Aber — trotz allem — hier war es prachtvoll! Wir konnten uns von diesem Anblick nicht losreißen.

Ringsherum vor unseren Füßen liegt die mächtige, schimmernde Ebene, die von Höhenrücken oder steilen Bergen begrenzt wird, deren phantastische Umrisse sich gegen die in metallischem Glanze leuchtende Luft zart abheben. Von dem Schnee auf der Ebene schießen Kaskaden von Lichtpfeilen zu uns hinauf, und im Süden steht die blendende Sonne und zittert in ihrem alles verzehrenden, lodernden Licht.

Die Farben des Prismas spielen sogar ganz in die wenigen, scharfen Schatten im Schnee hinein, die beinahe nicht dunkler als die Lichtflächen sind, nur andere, kühlere Farben haben. Auch der Schatten blendet das Auge; nirgends findet es Ruhe. Es ist eine Qual, auf die Erde zu sehen; erhebt man den Blick, ist es, als wenn mächtige, weiße Fittiche vor den Augen flackern — es ist eine Lichtfanfare, paradiesisch und teuflisch!

Schnee auf der Leeseite eines Berges. März.

Ja, — wenn man den Blick nach dem fernen Horizont im Südwesten wendet, findet er dort eine Weile Ruhe in den sanften Farben auf den Seiten der Klippen, Linderung in den roten und violetten Tönen der Schatten, gleitet verwundert suchend über die feinen, wallenden Umrisse hin — und verliert sich schließlich in dem betrügerischen Flimmern einer Fata morgana. Sieh, Schlösser bauen sich da draußen neben Schlössern auf — und zerfallen in Trümmer. Mächtige, tausende von Fuß hohe Berge lüften den Hut, werfen ihn himmelhoch in die Höhe — und sehen wieder aus wie vorher. Und weit im Süden steht das Teufelskap auf hunderten roten Pfählen.

Alle Herrlichkeiten der Welt ringsherum zu deinen Füßen...

Hebe dich weg von mir, Satan! Ich gebe dir all dein Gaukelwerk für ein Glas Bier vom Faß!

— —

Wir trabten den ganzen Tag herum und den nächsten auch. Nichts!

Lindhard kehrte am Morgen des folgenden Tages zum Schiffe zurück. Er hatte zwei Nächte hindurch die fürchterliche Kälte im Zelt in einem Schlafsack aushalten müssen, der so eng war, daß er seinen Körper nur bis zum Unterleib hineinpressen konnte. Während Mylius ihn eine Strecke fuhr, machten wir drei anderen noch einen Ausfall — diesmal alle drei nach Westen — der nicht einmal zu einer Spur führte.

Am Morgen des nächsten Tages kehrten wir alle drei zum Schiffe zurück. Bei unserer Heimkehr empfing uns außer den Hunden nur Peter Hansen, der mit blaßgrünem Gesicht die Fallreepstreppe herunterkam und uns mitteilte, daß die ganze Besatzung an einer durch den Genuß von Bärenleber hervorgerufenen Vergiftung krank daniederläge. Von einem am Tage vorher beim Schiffe geschossenen Bären waren Nieren, Herz und Leber beim Mittagstisch serviert worden. Lindhard war so früh heimgekehrt, daß er gerade noch etwas abbekommen hatte, aber glücklicherweise aß er nicht so viel, daß er sich nicht der Kranken hätte annehmen können, die bald darauf sich haufenweise legten. Fritz Johansen hatte es am schlimmsten gepackt, Lindhard war eine Zeitlang sehr bedenklich bei seinem Zustand. Aber auch die anderen waren hart mitgenommen; Kopfschmerzen, Erbrechen, Schwindelanfälle und lokale Krämpfe begleiteten die Krankheit, und wenn diese Symptome vorüber waren, begann bei den meisten eine stärkere oder schwächere Abschilferung der Haut, besonders an den Händen und im Gesicht.

Niemand von uns hatte die alte Fabel geglaubt, die die Walfisch-

Sonne über einem zugeschneiten Berge.

fänger erzählen, daß die Leber des Bären giftig sein soll; aber jetzt hatte sie sich leider bewahrheitet. Einige, unter ihnen der Doktor, kamen mit mächtigen Kopfschmerzen davon. Jarner und Johansen kamen erst nach Verlauf von drei bis vier Tagen wieder auf die Beine und waren noch lange Zeit danach sehr schlapp. Welcher Art das Gift war, wußte Lindhard nicht. Die Leber war ganz frisch und in der üblichen Weise zubereitet.

Später waren wir vorsichtiger. Übrigens habe ich öfter bemerkt, daß die Hunde keine Bärenleber fressen, sondern ausspucken, wenn

Auf der Aussichtshöhe.
Links Mylius-Erichsen.

sie aus Versehen ein Stück in den Mund bekommen.

Wir vier, die wir auf der Walroßspitze gewesen waren, beglückwünschten uns selbst dazu, daß wir nicht an der fatalen Mahlzeit teilgenommen hatten.

Während unserer dreitägigen Abwesenheit war noch ein Bär beim Schiffe geschossen worden. Wir waren daher imstande, unsere Hunde einige Tage lang kräftig und reichlich zu füttern, was jetzt unmittelbar vor der langen Reise von großer Bedeutung war.

Einige vollständig wilde Hunde, die früher niemand hatte gefaßt kriegen können, wurden durch eine besondere Kraftanstrengung in diesen Tagen gefangen. Den letzten von ihnen, einen großen, wilden

Köter mit ganz wahnsinnigen Augen, fing Hendrik einige Tage vor der Abreise. „Myre“, wie der Hund hieß, ging immer in großen Kreisen um das Schiff herum, bloß auf eine Gelegenheit lauernd, etwas zu fressen zu bekommen. Bot sich eine solche Gelegenheit, so machte er einen Angriff, zog sich aber immer blitzschnell mit der Beute zurück. Hendrik hatte viele vergebliche Versuche gemacht, ihn zu fangen.

Ein aufs Deck geheißter erlegter Bär.

Aber eines abends nahm er eine läufige Hündin mit, band sie in einiger Entfernung vom Schiffe fest und hielt die anderen Hunde fern von dieser Stelle. Dann legte er sich in der Nähe auf die Lauer, bis Myre zu der Dame kam. Und einen Augenblick darauf stürzte er vor und warf sich über sein Opfer, das heulte und rasend um sich biß. Aber eine Schlinge um den Hals und ein tüchtiger Schlag auf die Nase brachte ihn bald einigermaßen zur Ruhe, und Hendrik schleppte ihn an Bord, wo er ihn festband, ihm gutes Futter gab und ihn hätschelte. Aber er wollte doch auch gleichzeitig seine Überlegenheit ein wenig deutlich dem Hunde gegenüber dokumentieren, der scheu und drohend sich in gemessenem Abstande von ihm hielt und knurrte, sobald er sich näherte, auch wenn er einen Bissen in der Hand hatte. Als Knud eines Abends auf Deck kam, sah er nämlich, daß Hendrik dabei war, sich Myre vorzustellen, indem er gleichzeitig einige Warnungen mit der Vorstellung verband.

Erst zeigte er mit überlegener Miene auf den Hund und sagte: „Du — Myre!"

Hendrik mit jungen Hündchen.

Und dann klopfte er sich selbst mit dem Zeigefinger auf die Brust und fuhr fort:

„Ich — Hendrik Olsen! Morderlich groß paß uff!"

Und er wiederholte dies wieder und wieder, damit der Hund weder vergessen sollte, wer er selbst war, noch, wie sein Meister und Herr hieß.

Frühling und Sommer 1907

„Danmark“ im Hafen. März 1907.

Der Frühling.

Es ist ein sonniger Tag in der letzten Hälfte des März. Alles ist zum Aufbruch bereit.

Rings um das Schiff herum liegt ein Heer starker, trainierter Hunde, die fertig sind, hinauszugehen. Die Schlitten sind längs der Schiffsseite auf den Enden aufgestapelt, drinnen in den Kammern hängen aufgerollt, bereit zum Gebrauch, die Peitschen mit den langen, fettschwitzenden Seehundsfellriemen. Vom Deck schallt ein letztes Bumsen der Axt des Zimmermanns, der Klang des Ambosses ist verstummt, während der feine Rauch von der letzten Glut auf der Esse senkrecht in die stille Luft emporsteigt. Die Vorbereitungen sind beendet.

Unsere Schlitten haben im Norden und im Süden Fahrten unternommen, Wunder auf Wunder haben wir hinter den fernen Landspitzen gesehen, als wir die langen, ermüdenden Reisen machten, um Depots anzulegen, oder wenn wir auf den leeren Schlitten liegend über die glatt gefrorene Fläche dahinflogen, während des Schlitteneisens ewiger Gesang in unseren Ohren klang. Wir sind stark und trainiert, die Haut ist von der Sonne verbrannt und das Auge scharf, die Hände hart und arbeitsgewohnt.

Es ist still und erwartungsvoll an Bord. Denn morgen geht es los!

Es friert hart. Das Eis bedeckt hunderte von Meilen längs der Küste im Norden und im Süden. Aber hier auf Deck, hinter der Reling, bringen die Sonnenstrahlen die Planken zum Schwitzen, und ringsum auf dem Deck laufen Dutzende von jungen Hunden herum und spielen, einander über die Köpfe schnappend, während die Mütter sich träge auf ihren Lagern flöhen. Und rund herum um das Schiff liegen die Hunde und jappen in der Sonnenwärme in ihren dicken Winterpelzen.

Sie sind eben gefüttert, noch gehen ab und zu die Wogen hoch nach dem Kampf um den letzten Bissen. Ein paar Köter wandern auf steifen Beinen mit giftigen Blicken und bebenden Oberlippen langsam umeinander herum, und eine Balgerei scheint in der Luft zu hängen. Aber dann gleiten sie wieder langsam voneinander, indem sie bei jedem Schritt vorsichtig nach dem Feinde zurückschielen, ob er auch nichts Heimtückisches im Sinne hat.

Es ist Ruhe im Hundelager. Und es ist Frühling in der Luft.

Oben auf dem flachen Dach des Überbaues liegt ein einsamer Hund, satt und dick. Es ist Nanôk, der stumpfschwänzige. Er soll morgen mit allen den anderen nordwärts reisen. Er sieht recht zufrieden aus, denn er weiß nicht, was ihm bevorsteht. Wüßte er es, dann würde er vom Dach herabspringen und in vollem Galopp vom Schiffe weglaufen, hinaus auf das Meereis; er würde Stunde auf Stunde weiterlaufen, tagelang — bis er zusammenstürzte, und sich dann hinlegen, um da draußen friedlich und ruhig zu krepieren und sich den Teufel auch um den Nachruhm kümmern.

Nanôk weiß nichts und genießt das Glück des Augenblicks. Aber ich stehe hier und denke daran, daß ich jetzt von ihm scheiden soll, und das tut weh; denn er war ein guter Freund. Trotz der Trennung haben wir auf unsere Weise weiter zusammengehalten und einander gehätschelt. Ich stecke ihm ab und zu einen Bissen zu, und er kommt immer noch zu mir hin und scheuert den Kopf gegen meine Hosen, um sich die Augenwinkel rein zu reiben.

Er ist sonst überall allein. Er ist der einzige Hund, der keinen Umgang mit den anderen im Gespann hat, noch mit ihnen auf dem Grüßfuß steht. Die Liebe hat keine Anziehungskraft mehr für ihn; er liebt nur das Fressen. Das einzige, das „seinem Leben Inhalt gibt“, ist Fressen.

Daher frißt er immer und alles mögliche.

Augenblicklich ist er schwellend rund vom Futter, satt. Aber

Hunde und Schlitten an der Schiffsseite 1907.

vor ihm unter seinem rechten Vorderbein liegt ein Stück Dörrfisch, das er sich aufgehoben hat. Jetzt will er zu seinem Vergnügen fressen.

Er fängt soeben an, an dem Fisch herumzuzupfen. Die Vorderpfote hebt er ab und zu tappend in die Luft und packt den Fisch besser, damit er ihm nicht entwischt. Mit schiefem Kopf, das eine Ohr schräg gestellt, blinzelt er in die Sonne, während der Speichel ihm aus dem untersten Mundwinkel läuft.

Da kommt plötzlich über dem Vordach neben ihm ein Hundekopf zum Vorschein. Vorsichtig stieren ein paar runde Augen über die Bretter auf ihn. Einen Augenblick verhält der Kopf sich ganz ruhig.

Nanôk hat ihn sofort gesehen; folglich stiert er gerade vor sich hin und tut, als ob nichts los sei. Aber er hört auf zu kauen und bleibt ganz mäuschenstill mit dem Maul über dem Fisch liegen, auf den er die Vorderpfote fest hinabdrückt.

Dann kommt der andere ganz hervor; langsam gleitet er über die Kante hinauf und steht jetzt ein paar Schritte von Nanôk auf dem Dach.

Es ist „Jungfrau Zeitvertreib", eine Dame von absolut unzweifelhaftem Ruf. Sie hat eine Vergangenheit, die gut durch das sonderbare Stirnhaar gekennzeichnet wird, das sie trägt ; es hängt ihr ganz in die Augen herab. Mehr Zeitvertreib als eigentlich Jungfrau, hat sie immer verstanden, die Köter in Schach zu halten; aber sie hat es nie vorher auf den tugendsamen Nanôk abgesehen gehabt.

Doch jetzt lag er ja mit diesem Fisch da. Die Jungfrau steht sich schlecht bei den Mahlzeiten, sie kann sich nie zu den guten Bissen durchkämpfen. Daher nimmt sie bisweilen zu anstößigen Künsten ihre Zuflucht und setzt ihre Reize gegen den Fisch ein.

Sie macht einen Versuch mit ein paar Tanzschritten auf ihn zu; aber Nanôk, der andauernd nach der anderen Seite sieht, hebt Nase und Oberlippe zu einem unheilverkündenden Grinsen von den Zähnen. Er ist ja so wenig erfahren in solchen Sachen und gar nicht recht klar über die Situation. Aber die Jungfrau windet in stoßweisen Sprüngen ihren armseligen Leib auf ihn zu, legt die Ohren zurück und leckt sich die Schnauze.

Schließlich kommt sie dicht neben ihn, und mit einem plötzlichen Satz streckt sie das eine Vorderbein vor und über seinen Rücken hin und sieht mit sich sträubenden Ohren und den wildesten Verheißungen in den Augen auf ihn herab.

Was zum Teufel ist das hier!

Nanôk kommt aus dem Konzept. Halbvergessene Freuden tauchen in seinem Hirn auf und wirbeln dort herum. Seine Vorderbeine fahren auseinander und lassen den Fisch los, mit erstauntem Ausdruck dreht er sich um und sieht der Jungfrau in demselben Augenblick ins Gesicht, als sie das andere Vorderbein auf seinem Rücken anbringt.

Da fahren Funken durch seinen Körper, und die Haare sträuben sich auf seinem Rücken. Dann fliegt er auf und steht mit einem Sprung auf allen vieren vor ihr. Sein Schwanzstumpf rast in der Luft hin und her, wie ein losgelassenes Pendel.

„Stine" (zu Kochs Gespann gehörend): Eskimohund reinen Typs.

So stehen sie einen Augenblick. —

Plötzlich machen sie gleichzeitig einen Sprung umeinander herum und bleiben dann wieder wie erstarrt in der Stellung stehen, in die sie gefallen sind. Und eine ganze Reihe von Sprüngen führen sie jetzt um einander herum aus; bald ruht der Vorderleib auf der Erde und der Kopf liegt zwischen den Vorderbeinen, bald stehen sie mit steifen Beinen still und tragen den nach der Seite gewandten Kopf hoch, und die Augen funkeln.

Bis die Jungfrau plötzlich fühlt, daß sie *jetzt* auf den Fisch tritt. Dann legt sie sich ganz still hin, mit der einen Vorderpfote oben darauf.

Es kommt Ruhe über sie, und ihr Schwanz sinkt langsam an der Seite herab. Sie leckt sich gedankenvoll ums Maul und schaut in die Landschaft hinaus.

Da sank Nanôk das Herz in die Hosen. Er ahnte die Gefahr und fing an zu pfeifen. Na, wenn schon, dann etwas für etwas — —

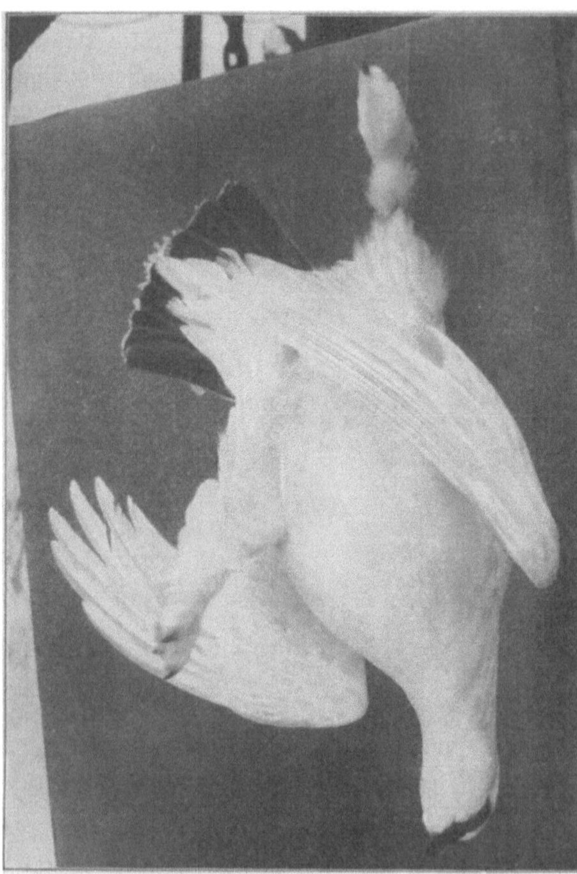

Frühlingszeichen auf Deck: Schneehuhn im Winterkleid.

Aber die Jungfrau ist wie verwandelt. Sie hat alle Versprechungen vergessen und nähert zerstreut die Schnauze dem Fisch. Da fährt ein Gefühl der Angst in Nanôk, der Atem kommt stöhnend aus seiner Kehle, und er stürzt sich auf sie. Aber mit scharfem Gebell packt sie ihn vorn an — und behält einen großen Büschel loser Haare im Maule, als er zurückfährt.

Er steht einen Augenblick ganz still; dann dreht er ihr den Rücken zu und geht langsam fort. In einiger Entfernung bleibt er jedoch stehen, streckt die Schnauze in die Luft empor und wittert den Fisch. Dann dreht er den Kopf, umfaßt den Fisch und die Jungfrau mit einem langen Blick — und springt vom Dach herab. Er schleicht vorn auf die Back, wo ich stehe, gähnt einmal, setzt sich dann auf den Schwanz und sieht über die Reling hinaus.

Er vergaß ganz, zu mir zu kommen und sich den Schmutz aus den Augen zu reiben, als er an mir vorbeiging.

Ich starrte einen Augenblick in dieselbe Richtung wie der Hund und begann ein wenig über das Gesehene zu philosophieren. Das, wovon ich eben Zeuge gewesen war, war eine Art Anschauungsunterricht gewesen; das war allerdings eine Predigt, von der man „etwas mit nach Hause bringen" konnte.

Aber ich wurde bald aus der Stimmung gerissen. Auf einmal schallte aus einem offenen Ochsenauge Gesang heraus. Es war Peters Stimme. Es war eine bekannte, sentimentale und langsame Walzermelodie, die der Wind zu mir hinübertrug, und die Worte waren folgende:

„Flieg aus deinem Neste,
Lieber Schmetterling,
Ich zeig dir aufs beste,
Was die Lieb' für
'n Ding...."

Ach Gott! Was sind wir Menschen?

— — — — — — — —

Gundahl, unser Schlittenkonstrukteur.

Das Bild wechselt. Am Morgen des nächsten Tages — es ist Gründonnerstag, der 28. März — halten die bepackten Schlitten in langen Reihen längs der Schiffsseite. Die Morgenmahlzeit ist hastig hinuntergeschluckt; wir eilen mit Laternen aus und ein und legen die letzte Hand an die Zurringe; dann fangen wir an, die Hunde vorzuspannen. Wir führen alles so sorgfältig wie möglich aus; zum letztenmal auf lange Zeit hinaus helfen wir einander, und daher tut es gut, die Geschäftigkeit zu verstärken, dann gibt man sich nicht unnützem Geschwätze hin.

Wir sind nun zuguterletzt gut gegeneinander gewesen! Keine harten Worte, nur freundliche Blicke, manch eine Rechnung ist durch einen einzigen Wink mit den Augen ausgeglichen worden — auch zwischen uns, die wir zurückbleiben. Wir begegneten uns einmütig in dem einen Gedanken: Werden wir zum Ziele gelangen und ausrichten, was wir wollen; und daneben machte sich noch ein anderer Gedanke geltend: Unsere kleine Gesellschaft ahnte eine von außen drohende Gefahr; und wir fühlten uns sofort wie ein Körper, der nicht an einer einzelnen Stelle getroffen werden konnte, ohne daß das Ganze Schmerz empfand. Vielleicht war der letzte Gedanke überwiegend bei uns Zurückbleibenden vorherrschend.

Aber wie gewöhnlich sprachen wir so gut wie gar nicht über dergleichen. In den letzten Tagen vor der Abreise konnte es geschehen, daß der eine oder andere von den Fortziehenden in einem Gespräch

Der große Schlittenzug passiert die „17 Kilometer-Spitze".

unter vier Augen, das sich um ganz andere Dinge drehte, plötzlich ganz beiläufig eine Äußerung fallen ließ, wie:

„Oh, hör'! Hier ist ein kleines Paket, nimm es mit und bewahr' es auf. Es steht übrigens eine Adresse drauf — wenn ich nicht zurückkommen sollte..."

Aber meistens glaubten wir wohl alle an das, was Mylius am Tage vor der Abreise in der Messe sagte. Denn er sagte es mit dem ansteckenden Optimismus, der oft uns andere Hoffnung fassen ließ und beinahe immer für den Augenblick stimulierte. Die für ihn in dieser Beziehung charakteristische Äußerung lautete:

„Es ist so gewiß, wie ich hier stehe, daß wir die Nordspitze Grönlands erreichen und im Sommer zurückkehren — alle!"

Die halbwüchsigen Hunde, die zurückblieben.

Jetzt, als die Schlitten mit vorgespannten Hunden reisefertig draußen hielten und wir uns zum Abschied die Hand reichten, da wurde wohl mancher von uns im Innersten seines Herzens schwach. Aber dann zerrissen die Bande, schnell; der erste Schlitten schwenkte um den Steven der „Danmark" — und dann sahen wir, wie sie, einer nach dem anderen, über die Bucht nach Osten glitten, bis sie drüben am Lande, wo der Schnee in einer Talsenkung sich in einem breiten Streifen über die Landspitze schiebt, sich dicht beieinander über diese schlängelten und unseren Blicken entschwanden.

Es wurde so still nach ihrer Abfahrt. Wir anderen standen in kleinen Gruppen und starrten auf den Weg hinaus, den sie gezogen waren. Dann ging einer zum anderen und versuchte irgend eine Phrase oder ein Lächeln; aber wie wenn uns jetzt eigentlich erst die Augen für das Ganze aufgingen, mißlangen sowohl die Phrasen als auch das Lächeln, und übrig blieb nur der ehrliche Schimmer in den Augen; der sagte nicht mehr, als er halten konnte.

Als die Sonne mit ihrem Rand über den Horizont kam, zündete sie draußen auf dem Meere in dem Dampf und Schneerauch, der von den zehn Schlitten herrührte. Sie fuhren jetzt in einer geraden Linie direkt nach Norden zu. Wenige Stunden später waren, soweit das Auge reichte, nur die tiefen Spuren im Schnee von ihnen zu sehen.

Die Fortziehenden waren, wie folgt, in vier Abteilungen geteilt:

1. Abteilung: Mylius-Erichsen, Hagen und Brönlund;
2. „ : Koch, Bertelsen und Tobias;
3. „ : Bistrup und Wegener;
4. „ : G. Thostrup und Ring.

Nach dem Reiseplan Mylius-Erichsens sollten die beiden letzten Abteilungen Hilfsabteilungen sein, d. h. ihre hauptsächliche Aufgabe bestand darin, Reiseproviant für die anderen soweit wie möglich nach Norden zu bringen. Auf ihrer Rückreise sollten diese beiden Abteilungen nach einem im voraus mit Koch verabredeten Plan längs der Küste Vermessungen ausführen. Die erste und die zweite Abteilung sollten die Reise nach Norden bis zum Eingang des Independence-Sundes zusammen fortsetzen; dort sollten sie sich trennen: die erste Abteilung sollte westwärts durch den Sund bis zum Kap Glacier vordringen, während die zweite zum Pearyland hinüber und an dessen Ostküste entlang nach Norden bis zu Pearys Warte vorging. Gelangen diese beiden Reisen, so würde die Verbindung mit den beiden

Unsere mit Schnee bedeckten Proviantschuppen. März.

von Peary von Westen her erreichten Punkten hergestellt und die Küste Grönlands in ihrer Gesamtheit bereist worden sein.

Um die Rückzugslinie aller dieser Abteilungen zu sichern, war es notwendig, noch ein paar Depots anzulegen, von denen gemäß dem Reiseplan das eine auf „Hagens Insel", das andere auf Isle de France anzubringen war. Die zehn Hundeschlitten, die jetzt mit allen brauchbaren Hunden bespannt nach Norden gereist waren, konnten nicht mehr Proviant mitführen, als sie hatten, mußten sogar mehrere Rückreisen machen, um das nötige Quantum mitzubekommen. Es war daher notwendig, daß einige Abteilungen vom Schiffe sich mit diesem Restproviant so schnell wie möglich nach Norden auf den Weg machten und ihn an den verabredeten Stellen niederlegten. Unser Hundebestand beim Schiffe beschränkte sich jetzt auf ein einziges schlechtes Gespann und etwa zehn halbwüchsige und einzelne ganz kleine Junge. Von ihnen konnten wir keine Hilfe erwarten; wir mußten die Schlitten selber ziehen.

Wir waren zwölf Mann, die zu dieser Tour ausersehen waren; in drei gleich große Abteilungen, von denen jede ihren Schlitten hatte, wurden wir eingeteilt. Außer dem Proviant, der für die Depots bestimmt war, lagen auf diesen Schlitten unser Zelt, unsere Schlafsäcke und Gerätschaften, sowie Proviant für den eigenen Gebrauch unterwegs. Das Gesamtgewicht betrug für jeden Schlitten zwischen 600 bis 700 Pfund. Der ganze Weg hin und zurück war etwa 50 dänische Meilen lang.

Was das sagen wollte, bei allen möglichen Wetter- und Wegverhältnissen eine solche Last über eine so lange Strecke hinter sich her zu schleppen, davon hatten wir uns natürlich auf den kleinen Ziehtouren nach der Küste nur eine schwache Vorstellung machen können. Wir wußten nur, daß wir nach einer solchen eintägigen Tour am Abend todmüde waren, und daß uns am nächsten Tage die Glieder tüchtig weh taten. Wir freuten uns eigentlich nicht besonders darauf, zu untersuchen, wie dies Tag für Tag, vielleicht einen ganzen Monat hindurch, auf uns wirken würde. Aber die Reise war ja auch nicht als Vergnügungstour geplant.

Nach einer Ziehtour nach der äußeren Küste hatten wir vor einiger Zeit einen Vorgeschmack davon bekommen, was das bedeutet, bei starker Kälte in windigem Wetter draußen zu sein. Auf einer Wanderung von höchstens $1^1/_2$ Meilen nach einem der Depots bekamen wir auf dem Rückweg starken Wind und etwas Schneetreiben gerade von vorne. Das Thermometer zeigte an dem Tage -33^0. Die meisten von uns kehrten mit stark verfrorenen Gesichtern, einzelne mit großen Frostblasen oder offenen, blutigen Wunden auf den Backen heim. Es dauerte etliche Tage, bis sie wieder geheilt waren. Solche Extravaganzen mögen ja noch angehen und recht unterhaltend sein, wenn man am Abend zum Schiff zurückkehren und gepflegt werden kann, aber auf einer längeren Tour wird es leicht zu vielen Unannehmlichkeiten führen und wird daher gern entbehrt.

Thermometerberg. Frühling.

Na, wir mühten uns redlich ab, um mit den Vorbereitungen fertig zu werden; vierzehn Tage hintereinander nähten wir Zeug und fertigten Stiefel an, fabrizierten Schneebrillen, machten Schlafsäcke und stopften Strümpfe, und endlich, am Morgen des 8. April, standen auch wir reiseklar an der Schiffsseite, fertig, zur langen Tour hinauszugehen, im ganzen drei Schlitten, von denen jeder mit vier Mann bespannt war. Das Gespann des ersten Schlittens hieß: Hagerup, Peter Hansen, Hendrik und Trolle; das des zweiten: Gundahl, Fritz Johansen, Charles Poulsen und Bendix-Thostrup; das des dritten: Freuchen, Koefoed, Lundager und Friis. Während die Schlitten Nr. 1 und 3 den Proviant bis zu „Hagens Insel" bringen sollten, sollte Nr. 2 sich beim Kap Amélie von uns trennen und ostwärts nach Isle de France gehen, um beim Kap Philippe ein Depot für die dritte Hundeschlittenabteilung anzulegen, die gemäß den getroffenen Bestimmungen auf diesem Wege zum Schiffe zurückkehren sollte.

— —

Als wir am Morgen davonzogen, blieben nur sechs Mann von der ganzen Expedition zurück. Dies waren Jarner, Jensen, Knud, Manniche, Lindhard und Weinschenck.

Uns Davonziehenden wurde der Abschied leicht; wir waren in glänzender Laune und nur ungeduldig, fortzukommen. Dann legten wir die Sielen über die Schultern, kehrten uns noch ein letztes Mal um und sahen das Schiff, den Danebrog, der in der funkelnden Sonne am Besanmast flatterte, die sechs Mann, die uns Lebewohl zuwinkten; und dann legten wir uns in die Sielen, mit einem Ruck kam der Schlitten los und glitt in unserer Spur ostwärts über den Hafen.

Ein ödes, trauriges Land, verlassen von Göttern und Menschen! Mächtige graue Steinflächen, aus denen sich hin und wieder eine Erhöhung erhebt, die einem Schutthaufen gleicht. Hier und da ein einsamer Felsblock, der durch den Kies hervorragt, oder vielleicht ein paar vereinzelte Eskimoruinen, dicht am sandigen Strand, die das niederdrückende Bild des Todes und der Vernichtung noch unerträglicher machen — so sieht die Küste vom Kap Bismarck bis zur Südseite des Skärfjords hinauf aus.

Diesem Lande muß Gott an jenem Tage den Rücken zugewandt haben, als er sich selbst applaudierte, nachdem er die Welt geschaffen hatte. Es sind die Abfallshaufen von seiner Werkstatt.

Aber dort, wo das Land ins Meer endet, wo das gewaltige Eis in seiner Allmacht mit Gepolter und Gekrach in aller Ewigkeit längs der Küste zieht, — da draußen ist es, als wenn eine gewaltige Schöpferphantasie mit dem Stoff gewirtschaftet und ihn aus ihrem Überfluß heraus geformt hat, als wenn ein Gott in einer Laune einen Abglanz der Pracht hervorgezaubert hat, die er allein kennt und das Menschengesindel niemals schauen soll; — als wenn er nach der trägen, langweiligen Arbeit der Woche in einem genialen Einfall ausgeruht, nur zu seiner eigenen Freude geschaffen und schließlich mit dem gigantischen Wollen des Meisters gerufen hat:

Es werde Licht!

Diese Welt ist blendend wie der Gedanke in Dantes „Paradies";

sie ist eisig wie die Hölle des Eskimos; sie ist allmächtig und fürchterlich wie das Großeis.

— —

Längs dieses Landes, auf der schmalen glatteren Meeresfläche zwischen dem Strande und dem Schraubeneis, bewegen sich drei Schlitten hintereinander langsam nach Norden. Der dritte Marschtag geht seinem Ende entgegen, der Morgen ist herangebrochen. Trotz der harten Kälte der Nacht hat man sie längst statt des Tages als Reisezeit gewählt, da das Tageslicht in den Augen schmerzt und man außerdem das bißchen Wärme, das die Sonne mitten am Tage

Die große Ziehschlittenabteilung.

erzeugt, gut brauchen kann, um während der Rast die nassen Kleider und die übereisten Fellstiefel zu trocknen. In der Nacht ist zehn Stunden hindurch marschiert worden, aber noch ist eine Strecke Weges bis zum Ziel zurück, noch schieben einige Landspitzen lange graue Zungen zwischen die Schlitten und den Endpunkt der Tagereise.

Trotz der Kälte von gut dreißig Grad haben die Männer die meisten Kleider abgeworfen und auf den Schlitten gelegt; der Dampf des Schweißes, der durch Wollhemd und Weste und durch die wollene Mütze dringt, verdichtet sich auf der Außenseite der Kleider zu einer dicken Reifschicht; das Gesicht ist überreift, der Bart so zu einem Kuchen zusammengefroren, daß man den Mund kaum noch öffnen kann. Die Kamikken hängen infolge der Wärme wie nasse Scheuerlappen an den Füßen, verwandeln sich aber, wenn man einen Augenblick still steht, zu Eisumschlägen.

Die vier Männer vor jedem Schlitten gehen in einer Reihe nebeneinander; die langen Zugriemen führen von dem Vorderriemen des Schlittens zu über die Schultern gelegten Sielen. Sie sprechen nicht mehr miteinander, liegen nur weit vornüber in den Sielen und starren stumpfsinnig vor sich hin auf den Schnee herab. Sie wackeln ab und zu ein bißchen auf den Beinen, der Kopf nickt auf und ab, wie bei Pferden, die eine schwere Last ziehen.

Dann hält der vorderste Schlitten; die anderen, die hinterher folgen, bleiben auch mechanisch stehen. Die Leute bewegen sich langsam von ihrem Platz vor dem Schlitten zu diesem und werfen sich erschöpft auf ihn, um die wenigen Augenblicke auszuschnaufen, die die Kälte ihnen vergönnt, sich ruhig zu verhalten. Es sind nur Minuten, — dann erhebt man sich wieder, legt die Sielen auf die andere Schulter, obschon man weiß, daß diese nach fünf Minuten genau so schmerzt, wie die, mit der man zuletzt gezogen hat, und wirft sich vornüber. Nach drei, vier Rucken kommt der Schlitten plötzlich los und gleitet vorwärts; man strauchelt, hat kaum mehr Kräfte genug, sich auf den Beinen zu halten. Bald darauf ist man wieder in dem gleichmäßigen Tempo, und der Schlitten gleitet, knarrend und kreischend und so hoffnungslos langsam, über die unendliche Fläche dahin.

Die Männer sehen jetzt, wie sie da gehen, nichts anderes als den Schnee vor sich. Aber dort vor ihren Füßen wimmelt es von Spuren, Spuren von Hunderten von Hundepfoten und Abdrücken vieler Männerfüße, die alle nach Norden zeigen. Drei Tage lang haben sie dasselbe gesehen, und sie wissen, daß es auch weiterhin so bleiben wird.

Es ist der Weg der anderen; der große Landweg, von dem niemand weiß, wo er endet...

— —

Das Gewicht der Hunde und Menschen hat den Schnee in den Spuren fest zusammengedrückt, der Wind hat dann den loseren Schnee um sie herum fortgeführt, oder er ist in der Sonne verdampft, so daß sich jetzt alle Spuren stark über die Fläche ringsherum erheben. Die Spuren der Hundepfoten sind oben am breitesten und gleichen mit ihren dünneren Stengeln kleinen Pilzen, die tausendfach durcheinander hervorgewachsen sind. Die Schlittenspuren liegen wie einander kreuzende Eisenbahnschienen dazwischen.

Von diesen Spuren erheben die Männer selten den Blick, aber

Eisberg im Danmarkshafen.

sie denken auch nicht mehr darüber nach, woran diese Spuren jetzt das letzte Andenken sind. Sie denken überhaupt nur wenig, brauchen es auch nicht — nicht einmal um den Weg zu finden: sie brauchen nur stumpfsinnig auf diese Spur herabzustieren und ihr zu folgen. Und tauchen dann und wann einmal Gedanken in ihnen auf, so sind sie von der allerprimitivsten Art; die Sehnsucht nach Essen und Schlaf erfüllt sie und verdrängt alles andere. Diese Gedanken können am Schlusse des Marsches unwillkürlich das Tempo ein klein wenig be-

Ein mißglückter Versuch — der zweite Schlitten mit Segel.

schleunigen und einem für einen Augenblick ein Gewieher entlocken — Huftiergedanken an Futter und Stall.

Erst wenn man ans Ziel gelangt ist und die letzte Willenskraft gebraucht hat, um die Schlitten abzuladen, die Zelte aufzuschlagen und in die Schlafsäcke zu kriechen, erwacht man einen Augenblick zum Bewußtsein als Mensch, während man liegend den Unglücklichen betrachtet, der Törn als Koch hat und das Pemmikangericht des Tages herstellen soll. Inzwischen praktiziert man eine Shagpfeife zu sich in den Schlafsack hinein, taut ihren Jaucheninhalt in der Tasche auf, um Luft im Rohr zu kriegen, stopft sie und raucht, in stummer Erwartung daran denkend, wie man fressen will, wenn das Essen schließlich einmal fertig wird. Und endlich werden die dampfenden Teller mit ihrem schmutzigen Inhalt durch die dampferfüllte Atmosphäre an die Bewohner der Schlafsäcke herumgereicht, die mit vor Wohlsein halbgeschlossenen Augen den einen mächtigen Löffelvoll nach dem anderen in sich hineinschaufeln, während der Kaffeekessel auf dem „Lux" bereits seinen herrlichen Geruch auszusenden anfängt. Und wenn dann der Kaffee, dieses Lieblingsgetränk aller Nomaden, in glühend heißen Wellen durch die Kehle herabströmt und für einen Augenblick den entsetzlichen Durst löscht, der einen Stunde auf Stunde während des langen Marsches gequält

Nordwärts mit Ziehschlitten.

hat, dann dünkt es einen, daß das Leben sich nie schöner gestaltet hat als gerade jetzt.

Aber leider, — dieses Gefühl währt nur so kurze Zeit. Die Reaktion stellt sich geschwind ein — und man sinkt in einen todähnlichen Schlaf, aus dem man, wenn die Rast ihrem Ende entgegengeht, dann und wann aufwacht, indem man in dem schon triefend nassen Schlafsack vor Kälte zusammenschauert. Schließlich wird dies so unerträglich, daß man nur den einen Wunsch hat, auf- und hinauszukommen und sich abzumarachen, um warm zu werden, obwohl man bei weitem noch nicht ausgeruht hat und die Müdigkeit überall im Körper schmerzt. Sobald die erste Mahlzeit eingenommen ist, steht man auf, zieht das steifgefrorene Zeug an, wringt und bricht die Eisklumpen, die wir unsere Stiefel nennen, solange zwischen den Fingern, bis man imstande ist, die Füße in sie hineinzupressen, und fängt dann mit schmerzenden Gliedern den Tag an — eine Wiederholung des gestrigen!

Als wir am Morgen des 11. April bei dem Depot auf dem Kap Marie-Valdemar lagerten, hatten wir zehn dänische Meilen zurückgelegt, zum größten Teil auf entsetzlicher Schlittenbahn. Auf einer großen Strecke reicht nämlich das Schraubeneis so dicht an die Küste heran, daß wir mit den Schlitten durch dieses hindurch mußten, um vorwärts zu kommen. Diese schlugen einmal über das andere um, schließlich mußte einer von uns neben dem Schlitten hergehen, um ihn zu stützen. Auf diese Weise wurde die Zugkraft erheblich vermindert, und wir waren ziemlich erschöpft und mitgenommen, als wir das Depot erreichten. Wir beschlossen daher, ein paar Tage Rast zu halten, um auszuruhen und unsere nassen Kleider zu trocknen.

Wir wußten, daß wir jetzt für den Rest der Reise keine Eisschraubungen mehr zu erwarten hatten, da diese sich vom Kap Marie-Valdemar schräg über das Meer in einer Linie nach Nordosten zogen. Vor uns lag, so weit wir sehen konnten, glattes Eis auf dem fünf Meilen breiten „Skärfjord" bis zum Kap Amélie; also konnten wir hinsichtlich der Schlittenbahn der Zukunft vertrauensvoll entgegensehen.

Obwohl wir nachts —32° hatten, war tagsüber die Sonnenstrahlung so stark, daß wir all unser Zeug vollständig trocken bekamen. Am Abend des 13. April verließen wir nach der ausgezeichneten Rast mit frischen Kräften das Depot und marschierten auf den Fjord hinaus.

Die Sonne verschwindet jetzt nur eine Stunde lang im Norden unter dem Horizont, Tag und Nacht ist es strahlend hell. Die Landschaft um uns herum verändert plötzlich den Charakter; während wir bisher das graue, traurige Land auf der einen und die mächtigen Eisschraubungen auf der anderen Seite hatten, ziehen wir jetzt über eine beständig ebene, weiße Fläche dahin, die in weiter Ferne von hohen, prachtvollen Felskolossen begrenzt wird, gerade im Norden von dem mächtigen, breiten Kap Amélie, unserem vorläufigen Ziel, und im Westen von dem strahlend schönen, scharfgezeichneten Kap Recamier, das mit Glanz seinen anspruchsvollen Namen trägt. Hier ist es wunderbar schön; hätten wir hier auf einem leicht dahinfliegenden leeren Hundeschlitten sitzen und über diese ebene, glatte Fläche dahinfliegen können, dann hätten wir wohl in dieser märchenhaften Umgebung den Gipfel des Glücks erreichen können. Und selbst jetzt war dieser Anblick ein Reizmittel, obgleich wir bald wieder mitten in den ungeheuren Anstrengungen steckten, die wir von den vorhergehenden Tagen kannten. Das Meereis war hier draußen auf der Bucht allerdings glatt, aber es war überall mit einer dicken Schicht losen Schnees bedeckt, die noch kein Sturm festgefegt hatte. Die Füße traten tief durch diese weiche Kruste, die die Oberfläche bedeckte; bei jedem Schritt brach diese Decke, und wir sanken mit einer Erschütterung hindurch. Die Schlittenkufen schnitten so tief ein, daß die Querhölzer jeden Augenblick die Oberfläche des Schnees berührten und bremsten. Aber trotz der Anstrengungen konnten wir uns nicht der Einwirkung dieser wunderbaren Landschaft verschließen. Und bald kam noch etwas anderes dazu, das uns wach und aufmerksam erhielt.

Als die Sonne an diesem Tage über den Horizont kam, stieg feiner, flimmernder Nebel vom Meere auf und legte sich, nur ein paar Meter hoch, über die ganze weite Fläche um uns herum, — und im nächsten Augenblick waren wir auf allen Seiten von den prachtvollsten, phantastischsten Luftspiegelungen umgeben, die wir bisher gesehen hatten. Inseln standen oben über sich selbst auf dem Kopfe, mächtige Vorgebirge des Festlandes machten sich gegenseitig über dem Nebel von Norden nach Süden lange Nasen zu; die kleinen Eisblöcke hoben sich und verlängerten sich nach oben, so daß sie unendlichen Gliedern von Soldaten glichen, Schützenketten, die sich in größter Hast nach den Seiten entfalteten und hin und her bewegten; und weiter draußen, gegen die offenen Waken, hoben sich die mächtigen Schraubeneiskolosse übereinander, gleich großen Städten mit hohen Fabrikschornsteinen, Türmen und mächtigen Kasernen. Eine einzelne Stelle erinnerte mich in der Form auffallend an die äußersten Quartiere auf Nörrebro*). Und alle Farben des Prismas spielten in der Luft, im Nebel und im Schnee über und um uns herum.

Plötzlich sahen wir von unserem Schlitten aus durch den feinen Nebel einen dunklen Punkt. Schlitten Nummer zwei, der den Zeltplatz eine halbe Stunde vor uns verlassen hatte, war längst in jener Richtung verschwunden. Daher konnte er es kaum sein; er mußte viel weiter fort sein. Der Nebel, der andauernd nur ein paar Meter über der Meeresfläche lag, flimmerte im Sonnenlicht. Durch diesen Nebel zeigte sich die Erscheinung zuerst als ein großer, dunkler Körper, länglich in vertikaler Richtung, der langsam der Fahrt unseres Schlittens folgte und weder näher kam, noch sich entfernte. Aber plötzlich dehnte die Erscheinung sich nach oben aus, schoß noch einen Stamm von sich aus, der senkrecht über dem untersten stand und genau dieselbe Größe wie dieser hatte. — Na, dachten wir, selbst-

*) Stadtteil Kopenhagens.

verständlich eine Luftspiegelung; aber wovon? Die Erscheinung glich am meisten einem einzelnen Manne, der den Schlitten da vorne verlassen haben mochte und uns mit irgend einem Bescheid entgegenkam. Aber dann mußte er doch näher kommen!

Aber die Erscheinung hielt sich, mehr oder weniger deutlich, in derselben Entfernung, und plötzlich teilte sie sich in drei Teile, indem sich zu jeder Seite der Doppelfigur eine neue bildete, so daß sechs Gestalten von derselben Form und Größe wie die erste zu sehen waren. Aber das Merkwürdigste bei dem Ganzen war, daß die Erscheinung sich schüttelnd hin und her bewegte und sich im Takt mit unseren Schritten auf und nieder schob; schon das schwache Heben und Senken des Kopfes, das unser vornübergebeugter Gang mit sich führte, war bei jedem Schritt, den wir machten, vom Anwachsen neuer Glieder oder ihrem Verschwinden begleitet. Als wir einmal Halt machten, entdeckten wir, daß, wenn wir uns auf die Zehenspitzen hoben, nur eine Reihe Figuren da war — die unterste; kauerten wir uns aber nieder, so kam sofort die oberste Reihe hinzu. Nach der Seite hin vermochten wir dagegen nicht die Anzahl der Figuren im Bilde zu verändern. Von jetzt ab waren es beständig drei in der Reihe, bis das Bild plötzlich zusammenschrumpfte, undeutlich wurde und schließlich verschwand, als die Sonne höher am Himmel heraufkam.

Als der Nebel ganz vor der Sonne verschwunden war und wir etwa eine halbe Meile vor uns die zweite Schlittenabteilung als einen ganz kleinen, feinen Punkt auf dem Eise erblickten, wurde es uns klar, daß sie es doch gewesen sein mußten, die sich uns, von der Spiegelung so viel näher gerückt, in sechsfacher Gestalt gezeigt hatten.

Wir wußten da noch nicht, daß man von jenem Schlitten aus uns ungefähr in derselben Weise beobachtet hatte. Als man dort auf die Erscheinung aufmerksam geworden war, hatte man im ersten Augenblick geglaubt, es wäre ein großer Bär, der nicht sehr weit vom Schlitten wäre. Man hatte daher schleunigst gehalten und die Büchsen zu seinem Empfang schußfertig gemacht. Aber bald darauf erkannten auch sie die Ursache des Blendwerks und marschierten ruhig weiter. Dies erfuhren wir, sobald wir den Zeltplatz erreichten.

Die anderen hatten schon längst Zelte aufgeschlagen, als wir zu ihnen gelangten. Schon aus der Ferne hatten wir gesehen, daß Fest im Lager war. Eine kleine Danebrogflagge war an einer Stange vor einem Zelt angebracht — es war Bendix-Thostrups Geburtstag. Er kochte Kakao und bewirtete uns alle damit. Ringsherum auf unseren Schlittenkisten im Schnee sitzend, genossen wir den wunderbaren Trank und hielten die hier oben gewöhnliche Geburtstagsrede, die in ihrer ganzen Knappheit lautete: Herzlichen Glückwunsch!

Obgleich wir von dem langen Marsch in dem tiefen Schnee todmüde waren, wurde es uns schwer, uns von dem prachtvollen Anblick des Landes um uns herum loszureißen, das jetzt wie ein strahlendes Panorama die Bucht umgab. Aber um acht Uhr krochen wir endlich in die Schlafsäcke.

Wir hatten schon einige Zeit gelegen, ich war kurz vorm Einschlafen, da hörte ich plötzlich Koefoed mit jemand vor dem Zelt reden.

„Hallo, da draußen! Wer ist es?"

Keine Antwort, und Koefoed rief noch einmal, mit demselben Ergebnis. Dann hörten wir schwerfällige Schritte draußen im Schnee, und Koefoed, der aus dem Schlafsack gesprungen war und zur Zeltöffnung hinausguckte, stieß ein fürchterliches Gebrüll aus.

„Friis! Hier gerade beim Schlitten steht ein großer Bär! Beeilen Sie sich! Kommen Sie und sehen Sie!"

Ich fuhr in die Höhe, ging hin zu ihm und guckte auch hinaus.

Ja, Tod und Teufel, da war er! Und er stand ganz ruhig da und beschnupperte unsere Kamikken, die an den Läufen der beiden einzigen Büchsen, die unsere Abteilung bei sich hatte, zum Trocknen aufgehängt waren. Die Büchsen waren mit den Kolben in den Schnee gesteckt und dienten als Zeugstangen.

Da saßen wir!

Programmäßig hätten wir nun wohl erschrecken müssen, aber wir kamen nicht so weit. Der Anblick, der sich uns bot, war so schön, daß wir nur zur Bewunderung Zeit hatten. Vorsichtig und flüsternd weckten wir die beiden anderen, so still wie möglich, damit wir den Bären nicht verjagten, sondern lange bei uns behielten und anschauen konnten.

Zum erstenmal sahen wir in solcher Nähe einen Eisbären. Ich rechne die armen schwindsüchtigen Exemplare nicht mit, die man in den zoologischen Gärten findet. Mit denen haben diese prächtigen Kerle nicht viel anderes als den Namen gemeinsam. Er stand ungefähr gerade zwischen der Sonne und uns und war eine einzige Lichtquelle. Büschel von Sonnenstrahlen wurden von seinem wunderbaren Pelz zurückgeworfen, durch den der Morgenwind hindurchblies, so daß die Haare beinahe einen Glorienschein um seinen mächtigen Rumpf bildeten. Seine kohlschwarze, feuchte Schnauze schnupperte prüfend auf unseren Kamikken herum und an den Büchsen hinab bis zum Schlitten hin; seine Augen blinzelten vor Freude. Er war nahe daran, vor Neugierde und Erstaunen zu bersten. Stoßweise holte er Luft und stieß sie in Explosionen wieder aus. Seine Flanken bebten vor Eifer, und die kleinen Ohren waren flach an den Kopf gedrückt. Durch die große, empfindliche Schnauze nahm er Eindrücke in sich auf, fremdartige und merkwürdige; das eine ungeheure Rätsel nach dem anderen hielt durch sie seinen Einzug und fuhr in seinem Kopf herum, so daß er schwindlig wurde. Ein Rausch war im Anzuge; im nächsten Augenblick würde er sich vor Vergnügen auf die Hinterbeine erheben — —

Aber auf einmal machte seine Schnauze auf eigene Faust eine schnelle Wendung um 45 Grad nach unserem Zelt hin, ein plötzliches Aufblinken in den Augen besagte, daß er „verstanden hatte", er sank aufs Hinterteil, drehte sich herum und setzte dann in langen Sprüngen davon, aufs Eis hinaus.

Wir stürzten ganz mechanisch hinaus und ergriffen unsere Büchsen; aber ehe wir sie schußfertig hatten, war er glücklicherweise so weit weg, daß wir es verantworten konnten, nicht zu schießen. Es würde außerdem mit allzu großen Schwierigkeiten verbunden gewesen sein, ihn von hier draußen ans Land zu transportieren, um ihn dort zu deponieren.

Wir ließen ihn laufen. Ab und zu blieb er stehen, drehte sich halb um und witterte. Und das, was er roch, brachte ihn jedesmal dazu, seinen Lauf noch zu beschleunigen, bis er im Galopp aufs Meer hinaus verschwand, dorthin, wo über den großen offenen Waken der Meernebel in der Sonne flimmert.

— —

Hier lagerten alle drei Abteilungen zum letztenmal zusammen. Als wir am folgenden Tage nach dem beschwerlichsten Marsche der ganzen Reise Kap Amélie erreichten, trennte sich die zweite Schlittenabteilung von uns und kehrte nach dem Kap Marie-Valdemar zurück, von wo sie, wie bestimmt war, die Richtung nach Isle de France einschlug.

Die beiden anderen Abteilungen wurden jetzt auch voneinander getrennt, da die unsrige Abteilung beim Kap Amélie einen Tag länger Rast hielt als die andere, damit Lundager botanisieren und ich eine Skizze des Landes malen konnte. Wir marschierten nun nicht mehr zusammen, doch zogen wir noch ein paarmal auf den Zeltplätzen aneinander vorbei, bis unsere Abteilung auf dem Heimwege aus den obengenannten Gründen wieder ein paar Tage länger Rast hielt, als die andere, worauf wir uns ganz aus den Augen verloren.

Eskimograb an der Küste vom „Germania-Land".

Wir vier Mann, die jetzt allein an der Küste entlang trabten, wurden allmählich ein ausgezeichnet eingefahrenes Gespann. Wenn wir nach den ochsigen Anstrengungen der Nacht zum Lagerplatz gelangt waren und unser Zelt in der strahlenden Morgensonne aufgeschlagen hatten, wenn Kamikken und Fellkleider umgekrempelt und zum Trocknen an die Zelttaue gehängt waren und wir todmüde, aber mit überladenem Magen, mit einer qualmenden Shagpfeife im Munde, in dem warmen Schlafsack begraben lagen — dann waren wir mit uns selbst und mit der ganzen Welt um uns herum so unendlich zufrieden. Uns beschlich dann solch ein molliges Wohlsein, wie wir es nie vorher gekannt hatten. Wenn die Sonne sich draußen in all ihrer Macht langsam erhob und auf die Seiten der mächtigen Berge herabglühte, wenn das schöne Kap Recamier seine Nacktheit in den herabwallenden Sonnenstrahlen badete, als wären diese allein um seinetwillen da — und wenn die Sonne sogar unsere elende Zeltwand zu vergolden und zu erwärmen vermochte, die langsam in die klare Luft hinaufdampfte, — dann schliefen wir drinnen und waren dem Zustand des Glücklichseins wohl so nahe, wie es Menschen in dieser Welt überhaupt sein können.

Während der Einförmigkeit des Marsches sprachen wir natürlich nicht viel miteinander; es blieb einem nicht Luft genug übrig, um ein Gespräch zu führen, und die einzelnen Sätze, die fielen, vermochten im allgemeinen nicht, den Zuhörern Leben einzublasen, — es sei denn daß sie sich am Schluß des Marsches um Essen und Trinken drehten. Aber wir befanden uns wohl in unserer Gesellschaft und bei unserer gegenseitigen Schweigsamkeit. Und wir gewöhnten uns daran, in ganz bestimmter Ordnung, die niemals durchbrochen wurde, zu gehen und zu schlafen. Wenn ich strauchelte und ein wenig nach links taumelte, stieß ich immer gegen dieselben soliden Schultern, nämlich Lundagers; machte ich zu lange Schritte, karambolierte ich mit Freuchens Rücken. Freuchens Zugriemen war nämlich eine Elle länger als die unsrigen, warum, das wußte niemand von uns; aber als wir eine Woche so gegangen waren, ohne daß es verändert worden war, fanden wir es praktisch und ließen es aus demselben Grunde so, wie es war, aus dem man die meisten Traditionen aufrecht erhält. Von Koefoed sah ich nie etwas, solange wir auf dem Marsche waren; aber ich wußte, daß er auf der anderen Seite von Lundager ging.

Wenn ich mich darüber äußern soll, was für mich der sicherste, unauslöschlichste Eindruck von diesen Wanderungen ist, der Eindruck von dieser ganzen Reise, den ich zuletzt vergessen werde, so muß ich antworten: Freuchens Hosenboden. Ich hatte ihn während des Marsches immer vor mir, etwa drei Striche Backbord, und ich konnte es nicht vermeiden, ihn immer zu sehen; ich kenne ihn aus und ein. Er gab, von meinem Platz aus gesehen, auf dem Marsche

Sternberg im Mörkefjord.

Freuchen Physiognomie. Er hing länger herunter, als es im allgemeinen dem Körperteil vergönnt ist, den er diskret so markieren sollte, daß man seine Formen ahnen kann, und dann hatte er eine

Falte, die sich wie ein breites, entstellendes Lächeln von der einen Seite schräg nach der anderen hinüber zog. Wenn wir uns in Bewegung setzten, begann Freuchen immer mit dem rechten Bein — dies paßte zu dem in ihm wohnenden Drang, anders zu sein als andere Menschen —, und in demselben Augenblick fuhr das Lächeln über seinen Hosenboden, von der südöstlichen nach der nordwestlichen Ecke. Beim nächsten Schritt wechselte es die Richtung; es flog hin und her und winkte und lockte da vor mir. Und ich folgte, wenn auch widerstrebend. Nach Verlauf von vier bis fünf Tagen hätte ich diese Aufmunterung nicht mehr entbehren mögen.

Wenn der Marsch seinem Ende entgegenging, kam noch am ersten ein kurzes Gespräch zustande. Sehr oft wurde dies dadurch hervorgerufen, daß die fürchterlichen Phantasien über Essen und Trinken uns immer so heftig plagten. Kamen sie erst, so ließen sie uns nicht in Frieden. Je mehr wir ihrer bedurften, desto deutlicher sahen oder rochen wir solche unerreichbaren Herrlichkeiten, an die wir uns von der Heimat her erinnerten, und die schließlich alle Vorstellungen von etwas anderem aus dem Gehirn verdrängten. Bei mir kehrte namentlich eine Illusion beständig wieder; wenn ich stundenlang mit vor Durst brennender Kehle gegangen war, tauchte das Bild eines kühlen, schattigen Gartens vor mir auf, in dem unaufhörlich vor meiner Nase helles Bier vom Faß verschenkt wurde. Unaufhörlich schäumte das kalte Bier in reißenden Strömen aus den Hähnen in viele klare Gläser, die infolge seiner Kälte beschlugen, während Myriaden von Perlen vom Boden aufstiegen und an der Oberfläche zersprangen; Mädchen mit bloßen Armen trugen in unendlicher Zahl Gläser fort, aber kamen nie zu mir. Es brannte tiefer und tiefer in meinem Schlund, während die Phantasien an Deutlichkeit zunahmen. Schließlich bückte ich mich dann, sammelte einen Klumpen Eis oder Schnee auf und steckte ihn in den Mund; das wirkte für einen Augenblick lindernd, unterbrach jedenfalls die Illusionen, so daß ich wieder fünf Minuten lang ungestört Freuchens hintere Partie beobachten konnte.

Aber bald kehrten die Qualen mit verstärkter Heftigkeit wieder, und nach und nach wurde man so stumpfsinnig, daß man an nichts anderes als an Essen und Trinken zu denken vermochte. Man sehnt sich nicht mehr nach irgend etwas anderem; Heimat und Freunde verschwinden uns aus dem Bewußtsein und melden sich nur als vollständig gleichgültige Dinge, — alles ist Tand und eitler Kram außer dem einen: warmes, gutes, fettes Essen und viel, ungeheuer viel Getränk — und dann ein Bett.

Gespräche dieser Art können stundenlang dauern und werden oft durch reine Zufälligkeiten eingeleitet. Eines Tages sahen wir einen seltsamen Berg, der in Form und Farbe auffallend an einen mächtigen, mit Zucker bestreuten Napfkuchen erinnerte. Sobald einer die anderen darauf aufmerksam gemacht hatte, war schon das Gespräch im Gange, und sie redeten sich nach und nach in eine wahre Raserei hinein, die nicht aufhörte, bevor wir ins Zelt gekommen waren und den Hunger gestillt hatten.

Wenn dann Lundager zufällig Koch war und allein in voller arktischer Kriegsmalung beim „Lux“ saß und alle seine Künste entfaltete, dann freuten wir uns im Inneren unserer Seele; denn wir wußten, hier war er auf seinem Platz. Bald ergossen sich aus den Kochtöpfen lukullische Einfälle; und wir sahen die sonderbarsten Kombinationen der fünf bis sechs Gerichte, die uns zur Verfügung standen. Während und nach einer solchen Mahlzeit sanken wir in einem Zustand des Entzückens, in den uns daheim kein Raffinement auf dem Gebiet der Gastronomie je bringen wird.

— —

Am 19. April erreichten wir etwa zehn Kilometer südlich von „Hagens Insel“, dem Endziel unserer Reise, unseren nördlichsten Lagerplatz. Auf dem letzten Tagesmarsch hatten wir das Zelt der ersten Abteilung passiert; aber während wir jetzt Rast hielten, zogen sie mit ihrem Proviantteil für das Depot an uns vorbei und passierten uns wieder am Nachmittag auf dem Rückweg mit leeren Schlitten. Bevor sie jedoch nach ihrem Zeltplatz weiterzogen, nahmen sie erst eine Mahlzeit bei uns ein, was ihnen in hohem Grade nottat.

Auf unserer letzten Tagereise waren wir mehrere Stunden lang einer frischen Bärenfährte nachgegangen, die der Spur der Hundeschlitten eine lange Strecke folgte. An einer Stelle war der Bär ein kleines Stück nach der Seite hin ausgebrochen und unter einen Eisberg gegangen, wo er ein breites, tiefes Loch gegraben hatte, das zuerst schräg hinein auf den Eisfuß zuführte und dann in ungefähr wagerechter Richtung verschwand.

An der obersten Wand dieser Höhle hingen lange Reifzotteln. Da diese durch die Wärme des Tieratems entstehen, hatte sich also der Bär wahrscheinlich eine Zeitlang in der Höhle aufgehalten. Es führte nur eine Spur zu und von dem Loche.

Es handelte sich hier wohl um einen der gewöhnlichen Versuche des Bären, den Seehund bei seinen Luftlöchern zu fangen, die dieser im Winter häufig in der Nähe der Küste am Rande festgefrorener gestrandeter Eisblöcke hat, bei denen die Gezeiten andauernd das Eis aufbrechen. Wir hatten keine auffallend große Lust, hinunterzusteigen und zu untersuchen, ob sich am Boden dieser Höhle solch ein schreckliches Drama abgespielt hatte, da wir nicht ganz sicher waren, ob der Bär nicht noch da unten sich aufhielt.

Doch der Bär hatte die Schlittenspur wieder aufgenommen, hatte hier und da die stark talghaltigen Hundeexkremente aus dem Schnee herausgegraben und verspeist, und war dann weiter geschlendert. Er hatte ein neues tiefes Loch gegraben und dann unsere Pfade verlassen.

Wir trafen eine Masse Bärenspuren hier oben an. Ein einzelner Bär besuchte uns noch auf unserem Lagerplatz, aber ebenso wie der vorige, während wir schliefen, und erst am Tage darauf fanden wir seine Spuren am Strande. Sie bewegten sich in einer Entfernung von ungefähr 25 Ellen um das Zelt herum. Aber er hatte das Glück gehabt, uns nicht zu wecken; diesmal hatten wir nämlich die Büchsen im Zelte.

Am folgenden Tage ließen wir unser Zelt stehen und machten mit leichten Schlitten den letzten Marsch nach Norden. Wir hatten starken Gegenwind und Sonne. Ein bißchen Nebel zerstreute sich allerdings nach und nach etwas, behinderte aber doch die freie Aussicht in dem Grade, daß wir keinen deutlichen Einblick in das Reich bekamen, das nördlich von uns lag, und das wahrscheinlich das nördlichste blieb, das wir je zu sehen bekamen. Wir sahen jedoch, daß die Inseln im Osten sich, so weit das Auge im Sonnennebel reichte, nach Norden fortsetzten, und weit draußen im Nordwesten sahen wir an der inneren Seite der Gletscherbucht mächtige Berge sich über dem Nebel erheben.

Wir hatten einige Mühe gehabt, die Schlittenladung über das Schraubeneis zu bringen, das die Depotinsel umgab. Jetzt standen wir, nachdem der Schlitten abgeladen war, einige Zeit da und starrten nach Norden, nach der Richtung, in der die anderen verschwunden waren. Aber der Wind, der uns doch tüchtig in die Nase biß, zerstreute die Nebel nicht, und wir bekamen nichts mehr zu sehen.

Die kleine Insel, auf der wir standen, war öde und leer. Der Wind pfiff in den Felsspalten, und an den grauen Gesteinswänden hinab schlich sich der Schnee vor dem Wind her, gleich kleinen, behenden Nattern, verschwand hier und da in Rissen und Spalten und raschelte hin und her, ohne Ruhe finden zu können. Die Klippen werfen lange Schatten über das Durcheinander der Eisschraubungen; aber vor der blaukalten Farbe des Schattens liegt das glühende Meereis — und da draußen können wir mit dem Auge eine kurze Strecke lang ihre Spuren erblicken, denen wir jetzt nicht mehr folgen werden. Beständig weisen sie nach Norden, wie eine kleine leuchtende Linie — bis sie in dem flimmernden Nebel den Blicken entschwinden.

Wie mag es ihnen jetzt gehen, denen da oben — auf der anderen Seite des Windes und der Berge und allen Wissens . . .

— —

Berge im Mörkefjord.

Wir empfanden ein seltsames Gefühl der Sicherheit, als wir die ersten Schritte nach der anderen Richtung machten. Jetzt geht es heimwärts, zu dem herrlichen Schiff, wo ein bequemeres Leben und die Arbeit uns winkt. So dachten wir jetzt. Und mit langen Schritten begannen wir den Rückmarsch.

Im Vergleich mit dem Hinmarsch wurde die Rückreise beinahe ein Vergnügen. Wir waren besser trainiert, und das Gewicht des Schlittens war bedeutend geringer geworden. Wenn wir die Reise trotzdem nicht schneller machten, so lag dies daran, daß wir meinten, wir dürften es uns jetzt ein wenig bequem machen und bei den Depots, an denen wir vorbeikamen, eine schöne Mahlzeit einnehmen. Beim Kap Amélie und beim Kap Marie-Valdemar feierte unsere Abteilung auf der Heimreise große Feiertage, an die wir lange denken werden.

Beim Kap Amélie, wo wir die erste größere Rast machten, trafen wir noch einmal die erste Schlittenabteilung, die beim Aufbruch war, als wir ankamen. Wir erfuhren hier, daß das eine Bein Hagerups, mit dem es schon während der ganzen Hinreise nicht gut gestanden hatte, jetzt so schlimm geworden war, daß er nur mit großer Mühe gehen konnte. Das Knie war dick und steif, es hatte sich wahrscheinlich Wasser darin angesammelt. Nichtsdestoweniger setzte die Abteilung den Marsch nach Süden ohne größere Rast fort und ließ uns in der Gesellschaft einer halbvollen Proviantkiste allein zurück. Als wir am Morgen, ehe wir in die Kojen krochen, eine mächtige Portion Hackfleisch mit Braunkohl, sowie Schiffszwieback und Kaffee zu uns genommen und am Abend um sechs Uhr Erbsensuppe mit Preßsülze gespeist und Kakao getrunken hatten, da war — natürlich nur rein vorläufig — ein guter Grund in unseren Magen gelegt. Nachdem wir uns noch eine Nacht und einen Tag bei dem Depot aufgehalten hatten — ich malte während dieser Zeit eine Skizze —, war auch nichts Eßbares mehr in der Kiste zurück, die für uns bestimmt war, und jetzt gab es nichts, bevor wir die fünf Meilen über den Fjord zum Kap Marie-Valdemar zurückgelegt hatten. Da brachen wir endlich auf.

Das Wetter hat uns bisher auf der ganzen Reise in unglaublicher Weise begünstigt, doch jetzt beginnen sich Anzeichen eines heraufziehenden Schneesturms bemerkbar zu machen. Das Barometer fällt schnell. Wir müssen über den Fjord zum Depot, bevor der Sturm kommt. Da gilt es, sich mit unserem Reisemeteorologen Lundager gut zu stellen, damit er uns so lange Frist schaffen kann. Wir haben noch Pemmikan für eine knappe Mahlzeit, aber beinahe kein Petroleum zum Kochen mehr. Wenn wir vom Unwetter gezwungen werden, ein paar Tage mitten auf dem Fjord zu liegen, so kann es ungemütlich genug werden. Darum vorwärts!

Wir legten uns nach der Rast mit ausgezeichnet frischen Kräften ins Geschirr und zogen wie kleine Nordlandspferde. Hinter uns stand jetzt ein feuerroter, unwetterdrohender Himmel mit allen Schreckensfarben der Hölle. Kalte Windstöße pfiffen uns um die Ohren, so daß diese zu schmerzen begannen. Bald vernahmen wir den klirrenden Laut des über den Boden dahinzischelnden Schneegestöbers; in feinen schlangenartigen Streifen wand es sich zwischen unseren Füßen hindurch und wurde über die rauhe Fläche vorwärts geschleudert. Über den Bergen an der Küste im Süden wurde das Licht immer mehr mattrötlich und verblich schließlich, während die Schneewolke im Norden wuchs.

Langsam verschwand die Sonne hinter den Nebeln und vollendete ihren Bogen bis zum Horizont; langsam erhob sie sich nach Mitternacht wieder und zeigte ihre dunkelrote Scheibe durch die Nebelluft. Der Morgen glich nicht denen, die wir sonst von dieser Reise her kannten, kein festliches Licht, keine von all diesen Prismenfarben, die sonst oben und unten strahlten. Das Licht war unheimlich düster, tot. Wenn wir uns umwandten und zurückschauten, sahen wir am Himmel einen unerschöpflichen Reichtum tiefer Farben, die in wahnsinnigen, unlösbaren Dissonanzen aufeinander stießen, Wolken, schwer wie die Todsünden, wälzten und wrangen sich durcheinander, wie Töne eines Weltgerichtspräludiums, und der Wind stimmte hinter den mächtigen Kulissen der Berge ferne Instrumente.

Wir hielten keine richtige Rast in dieser Nacht, wir flüchteten nur. Am Morgen kamen wir an Küchenabfällen von unserem früheren Lagerplatz auf dem Fjord vorbei; aber wir zogen weiter, nach Süden, nach dem sicheren Kap, das dort so zum Greifen nahe lag, aber doch trotz all unserer sehnsuchtsvollen Blicke und unserer Anstrengungen beständig weichend sich langsam und höhnisch lächelnd zurückzog. Einen Augenblick sprachen wir von der Möglichkeit, in einem Schlage quer über den ganzen Fjord zu gehen. Aber fünf Meilen in einem Zuge mit dem verdammten Schlitten, das wurde uns doch zu viel. Als wir uns noch eine Stunde weit südlich von unserem früheren Lagerplatz geschleppt hatten, machten wir Halt nach dem längsten Tagemarsch, den wir bisher ausgeführt hatten. Nach meiner Schätzung hatten wir etwa 28 km zurückgelegt.

Dann schlugen wir das Zelt auf und ergaben uns in die Gewalt des Wetters. Die Stimmung war mäßig; wir speisten den letzten Rest Pemmikan und gingen zur Ruhe; aber der Schlaf wurde unruhig, weil wir beständig dem an den Zeltwänden rüttelnden Wind und dem über das Eis fegenden Schneegestöber lauschen mußten. Es war schändlich kalt hier, wir schliefen nicht viel.

Und dann blieb dieser ganze Lärm nur eine Drohung. Als wir nach zehnstündiger Ruhe aufstanden, hatte der Wind noch nicht weiter zugenommen, und es deutete nichts mehr auf Schneefall. Die Wolken hatten sich ein wenig zerstreut, und das Thermometer war um einige Grad gefallen — gute Anzeichen stillen Wetters.

Wir flüchteten weiter, nachdem wir einige Krumen Brot und ein wenig Fleischschokolade — alles, was wir hatten — gespeist hatten, und eilten über Hals und Kopf auf das Land zu. Der Wind kam andauernd von hinten und hemmte den Marsch nicht. Nach Verlauf von nur fünf Stunden erreichten wir am Nachmittag — es war der 24. — das Depot.

Jetzt haben wir genug zu essen, und nur noch zehn Meilen bis zum Schiffe — laßt nun die Fiedel klagen!

Welche historischen Augenblicke wir an dem Tage erlebten, als wir bei dem Depot auf dem Kap Marie-Valdemar lagen, das kann nur der verstehen, der drei Wochen lang fast ausschließlich von Pemmikan gelebt hat. Dieses Nahrungsmittel ist für längere Schlittenreisen außerordentlich praktisch, weil sein Gewicht im Verhältnis zu seinem Nährwert so gering wie nur möglich ist und weil seine Zubereitung so wenig Umstände macht. Eine Vierpfunddose enthält zwölf reichliche Mahlzeiten für einen Mann oder drei Mahlzeiten für die ganze Schlittenmannschaft. Insofern ist ja alles sehr gut. Aber den, der behauptet, daß er Pemmikan gern mag, halte ich für einen widerlichen Polarsnob. Soviel ich weiß, besteht dieses Gericht, dessen Name indianischer Herkunft sein soll, aus einem Gemisch von Talg (und anderen Fettstoffen) und Fleischmehl. Es steht in meiner Erinnerung mit den dunkelsten Augenblicken meines Lebens in Verbindung. Auf der Reise erzeugte es Schwermut und lag schwer im Magen. Erst nach langer Zeit gewöhnte ich mich daran und vertrug es.

Kein Wunder, daß wir jetzt beim Depot einer Schlittenkiste, die dort auf uns wartete, in die Flanken fielen, und im Laufe eines Tages tüchtig in ihr aufräumten. Abwechselnd speisten wir zwei Stunden und schliefen wir zwei Stunden, und Hafergrütze, Blutpudding, Makkaroni, Eingemachtes, Zwetschen und Äpfel verschwanden pfundweise durch unseren Schlund. Das war eine Last, die tüchtig und gut füllte. Es war auch keiner von uns, was man in der Seemannssprache „topheavy" nennt, als wir am nächsten Tage die Heimreise antraten.

Die zehn Meilen bis zum Schiffe legten wir in drei Tagen zurück. Das waren die langweiligsten Tage der ganzen Reise. Es gab nichts Neues mehr für uns; das traurige Land, an dem wir uns auf dem Hinmarsch entlang geschleppt hatten, lag jetzt auf der rechten Seite, — das war der ganze Unterschied. Und man gab sich wieder Grübeleien über den Hosenboden seines Vordermannes hin.

Ab und zu wachte ich auf, wenn die Einförmigkeit dadurch unterbrochen wurde, daß Lundager die Nase putzte, was er ohne Anwendung künstlicher Hilfsmittel ausführte, nur mit den Lungen, durch einen kräftigen, explosionsähnlichen Trompetenstoß. Von Koefoed hatte ich jetzt während des Marsches gar keine Vorstellung mehr, aber ich freute mich immer stark darauf, ihn, wenn wir Rast machten, im Zelt zu begrüßen. Wir waren nämlich beide Flügelmänner und brachten es nie fertig, vor dem Schlitten in irgend welche Verbindung miteinander zu treten.

Berge beim „Großen See".

Auf dem Lagerplatz ging alles immer automatischer vor sich, ohne erschütternde Begebenheiten. Nach der Mahlzeit fällt man in einen tiefen und doch zugleich unruhigen Schlaf, die unbedeutendsten Erlebnisse des Tages bilden die Grundlage für alberne Träume, die den heftigen Verdauungsprozeß begleiten.

So duseln wir oft während des Marsches hinter der Fährte eines Bären oder hinter den Spuren her, die er beim Aufwühlen des Schnees hinterlassen hat; und dies, dem wir keinen Gedanken mehr schenken mögen, wärmt jetzt im Schlaf das Gehirn auf. Ohne viel Sentimentalität flechten wir dann diese Dinge mit den ständigen Träumen von der Heimat zusammen.

Eines Nachts träumte ich:

Ich bin plötzlich mitten auf der Östergade*) auf der Jagd nach einem Bären. Die entsetzte Menge flüchtet nach allen Seiten — bis Meister Petz und ich allein zurück sind. Er steht auf dem einen, ich auf dem anderen Bürgersteig, und wir sehen einander verständnisvoll in die Augen: „Tust du mir nichts, tue ich auch dir nichts.“

Aber die Situation wird bald unhaltbar. Die Fenster sind gedrängt voll von Damen meiner Bekanntschaft; ich muß mich bei Gott ganz programmäßig als Held zeigen. Schließlich stecke ich denn einige höchst seltsam aussehende Patronen in die Büchse, eine nach der anderen, bis der Lauf voll ist, fasse mir ein Herz und schieße die Büchse auf den Bären ab. Einige schwache Knalle, und aus dem Büchsenlauf kommt eine ganze Reihe kleiner Kugeln herausgepurzelt, die langsam und feierlich vor die Pfoten des Bären rollen. Der sieht sie einen Augenblick erstaunt und kopfschüttelnd an, spielt mit den Vordertatzen ein wenig mit ihnen, wendet sich dann ab und geht mit drei, vier langen, bodengewinnenden Schritten gerade auf „Das Pferd“**) auf dem Kongens Nytorv zu. Dort hebt er in nicht mißzuverstehender Weise das eine Hinterbein in die Höhe — alle Damen verschwinden von den Fenstern —, worauf er dem Dienstmann an der Ecke einen warnenden Blick zuwirft und in die Lille Kongensgade***) einbiegt...

Plötzlich wachte ich durch einen fürchterlichen Gestank auf. Lundager hatte seine Shagpfeife angezündet und angefangen, die Morgenmahlzeit zu bereiten.

Ich hatte vor einigen Tagen den Tabak, von dem er und ich gemeinsam rauchten, in den Sack verschüttet, in dem ich das Nardenheu aufbewahrte, das ich in meine Komagen legte. Als ich den Tabak wieder aufgesammelt hatte, war es mehr als doppelt so viel wie vorher.

„Ja — das hält lange vor!“ sagte Lundager.

— —

Am Abend des 27. April gelangten wir nach Hause. Wir empfanden ein Gefühl ungestümer Freude, als wir nach dem trägen Marsch dieser letzten Tage das Schiff wieder sahen. Die Sehnsucht danach war während der ganzen Heimreise stark gewesen; sobald das Ziel erreicht

*) Enge Hauptverkehrsstraße Kopenhagens, die zum Kongens Nytorv (Königsneumarkt) führt.

**) „Hesten“: Volkstümliche Bezeichnung für das Reiterdenkmal Christians V., das mitten auf dem Kongens Nytorv steht.

***) Kleine Königsstraße.

und unsere Aufgabe gelöst war, interessierten wir uns für nichts anderes als für die glückliche Rückkehr. Aber ein solches Gefühl, „heimzukehren", wie es mich jetzt ergriff, als ich endlich über dem letzten Höhenrücken erst die Tonne des Schiffes, dann seine Takelung, den Schornstein und schließlich den ganzen alten Rumpf sah, — das hatte ich mir doch nicht vorgestellt und nie vorher gekannt. Unser Tempo wurde geschwinder, wir liefen fast den Abhang zum Hafen hinab. Aber wir hatten uns kaum auf dieser Seite des Höhenrückens gezeigt, noch anderthalb Kilometer vom Schiffe, als wir schon Leute von diesem auf uns zu gelaufen kommen sahen.

Bald drückten wir uns froh und kräftig die Hände. Uns Heimkehrenden wurde gar nicht gestattet, daß wir selbst den Schlitten auf der letzten Strecke des Weges zogen; die Sielen wurden uns fortgerissen, jeder der Daheimgebliebenen wollte seinen Anteil an dem Schleppen der Last haben.

Wir erfuhren sofort, daß die erste Abteilung am Tage vorher heimgekehrt war und daß Hagerup wegen seines schlimmen Beines in ärztlicher Behandlung stand. Sonst befanden sich alle wohl.

Die zweite Schlittenabteilung war dagegen noch nicht zurückgekehrt; aber wir wußten, daß wir sie jetzt, wenn alles gut gegangen war, jeden Augenblick erwarten konnten.

Und es tat uns gut, heimzukehren. Unsere Freude, die Kameraden wiederzusehen, wurde, wie wir merkten, von ihnen in vollem Maße erwidert. Und wie gemütlich war es an Bord! Wir befanden uns herrlich, als wir in der schönen Messe zusammenrückten, uns an Jensens ausgezeichnetes Essen machten, drauf los aßen und Willkommswein dazu tranken.

Den sechs beim Schiffe Zurückgebliebenen war es während unserer Abwesenheit ausgezeichnet gegangen; aber leider empfingen sie uns mit der Nachricht, daß seit unserer Abreise sich kein Bär beim Schiffe gezeigt hatte und daß seitdem überhaupt keinerlei Großwild gesehen war. Wenn nun nur nicht ein höchst unangenehmer Mangel an Hundefutter eintrat, sobald sie mit allen Gespannen von der großen Nordreise zurückkehrten.

— —

Die zweite Schlittenabteilung kehrte erst am 1. Mai nach einer beschwerlichen, aber wohlgelungenen Reise zum Schiffe zurück. Nachdem sie am 14. April von uns Abschied genommen hatten, waren sie erst nach dem Kap Marie-Valdemar zurückgegangen, um einige dort zurückgelassene Sachen zu holen, und dann auf die Insel Isle de France losmarschiert. Auf dem Marsche dorthin kamen sie in eine unangenehme Lage, die vielleicht ernste Folgen hätte nach sich ziehen können, wenn sie nicht beizeiten darauf aufmerksam geworden wären.

Am zweiten Tage nach dem Abmarsch von Kap Marie-Valdemar waren sie in die gewaltigen Eisschraubungen hineingekommen, die hier die Grenze zwischen dem alten festen Eis und dem Treibeis bezeichneten. Der Schlitten schlug einmal über das andere um, und es ging nur beschwerlich und langsam vorwärts, bis sie, indem sie mehr nach Osten hinüber hielten, aus diesem Gürtel herauskamen und sich plötzlich auf ebenem, glattem jungen Eis befanden, über das der Schlitten leicht und schnell hinglitt. Als sie in der Nacht mitten auf dem jungen Eise bei einem Eisblock lagerten, frischte der von Westen kommende Wind auf und wurde bald zum Sturm, was sie jedoch im ersten Augenblick nicht besonders beunruhigte. Sie setzten am nächsten Tage die Reise fort. Nachdem sie bereits mehrere Stunden gewandert, entdeckte Thostrup, daß sie, obwohl sie sich beständig nach denselben Merkmalen auf dem Eise und am Lande richteten, häufig aus ihrem Kurs herauskamen, — und es dauerte nicht lange, da entdeckten sie, daß sie mit dem Eise trieben.

Der Wind, der in der Nacht aus Westen geweht hatte, war nach Süd-Südwest gesprungen. Ungefähr 20 km in nordöstlicher Richtung von ihrem Platz sahen sie jetzt deutlich Wasserhimmel, der immer näher kam, während das Land, dem sie jetzt aus Leibeskräften zustrebten, anscheinend gleich weit entfernt blieb. Auf Thostrups Rat veränderte man nun den Kurs, ging nicht mehr auf das nächstgelegene Land zu, vor dem der Wasserhimmel beständig wuchs, und wo die Strömung jetzt sicher dicht unter der steilen Küste lief, sondern hielt westlich auf das Kap St. Jacques zu, um aufs feste Eis zu gelangen, das hier wahrscheinlich längs der niedrigen Landspitze lief.

Rast hielt man so wenig wie möglich, dachte nur daran, vorwärtszukommen. Über das dünne junge Eis, das an vielen Stellen nur 7 bis 8 cm dick war und anfing, von den ganz frischen Eisschraubungen durchbrochen zu werden, erreichten sie schließlich nach zehnstündigem forcierten Marsch den Rand des rettenden festen Eises, das, wie man vermutet hatte, an der erwähnten Landspitze entlang lief.

Am nächsten Tage gelangten sie zum Kap St. Jacques und sahen von dort, daß das offene Wasser dicht an die Küste heranreichte und nur 5 km von ihrem Lagerplatz in der Nacht entfernt lief. Unter diesen Umständen war es unmöglich für sie, das Depot, wie bestimmt war, auf dem Kap Philippe niederzulegen, es sei denn, daß sie den unverhältnismäßig langen Umweg nördlich um die Insel herum machen wollten. Sie beschlossen daher, das Depot hier niederzulegen und dann ohne Schlitten über Land nach Kap Philippe zu gehen, so viel Proviant, wie sie tragen konnten, mitzunehmen und einen Bericht darüber beizulegen, wo der Rest zu finden war.

Während ihres Aufenthalts beim Kap St. Jacques fanden sie einen Steintisch — einen flachen Stein, der auf einige kleinere Steine gelegt war — und dicht dabei einige abgeriebene Streichhölzer. Sie waren sofort klar darüber, daß diese Dinge von den Leuten der „Belgica" herrührten, die im Jahre 1905 auf der Insel an Land gewesen waren. Als sie etwa hundert Meter genau westlich von dem Steintisch einen kleinen Steinkegel fanden, schlossen sie daraus, daß das, was sie gefunden hatten, die beiden Endpunkte der „Basis" des Kartographen sein mußten. Ringsherum auf der Landspitze fanden sie viele Eskimoruinen (Zeltringe, Fleischgruben usw.).

Sturm und Schneegestöber hielt sie zurück, so daß sie sich erst am 23. April nach dem Kap Philippe begeben konnten. Sie erreichten es und kehrten bereits an demselben Tage zu dem Punkte zurück, wo sie ihren Schlitten gelassen hatten. Am nächsten Tage traten sie dann den Heimmarsch nach dem Schiffe an.

Jetzt hielten sie sich auf der ganzen Strecke vorsichtig innerhalb der Grenze des sicheren, festen Eises.

Von den Höhen der Insel hatten sie gesehen, daß das Meereis im Süden und Osten überall von offenen Waken unterbrochen war, die als dunkelblaue Flecken, soweit das Auge reichte, dalagen. Thostrup, der während des Aufenthalts auf der Insel eine Anzahl Messungen ausgeführt hatte, fand eine kleine Warte mit Kapitän Bergendahls Bericht über seine Landung auf der Insel. Er nahm nach altem Brauch das Dokument mit und legte einen Bericht über ihre eigene Reise an seine Stelle.

Am 1. Mai gelangten sie wohlbehalten zum Schiffe zurück.

Daß unser Appetit auf der Reise so enorm gewesen war, war kein Wunder. Als wir nämlich, wie gewöhnlich, bei der Heimkehr gewogen wurden, zeigte sich, daß wir etliche Pfund von unserer irdischen Hülle unterwegs gelassen hatten. Thostrup hatte in den drei Wochen 14 Pfund abgenommen, ich 12, Lundager 8 usw. Aber die Zeit der Finsternis hatte auch im voraus eine gute Speckschicht auf uns abgelagert. Nachdem diese jetzt wieder abgeschält war, zeigten wir uns wohl ungefähr in normaler Gestalt.

Wenige Tage nach der Heimkehr glitt jeder wieder so sachte in seine spezielle Arbeit hinein.

Während alle anderen hier oben mit Hilfe der Schneebrillen ihrer Arbeit obliegen konnten, ohne allzu sehr von dem starken Sonnenlicht belästigt zu werden, standen die Dinge für einen armen Maler so verzweifelt wie nur möglich. Man muß überhaupt bis zu den zehn Plagen Ägyptens zurückgehen, um ein Seitenstück zu den Widerwärtigkeiten zu finden, die wir hier oben ertragen mußten. Sechs Monate, vom Oktober bis zum Mai, herrscht die Kälte; die Farben werden steif und hart wie Kitt; wir tauen sie in der Tasche auf oder nehmen einen „Lux" mit, um ab und zu die Palette darüber zu erwärmen — und doch mußten wir meistens zum Spatel greifen und mit ihm die Farben ausrühren. Von Mitte November bis in den Februar hinein kommt noch die Finsternis hinzu. Bertelsen hat ein einziges Mal in einem kleinen Schuppen sitzend mit einem angezündeten „Lux" und einer brennenden Lampe als Bundesgenossen der Finsternis und der Kälte zugleich getrotzt. Es fror einige dreißig Grad damals; er malte ein ausgezeichnetes Bild — aber nur eins!

Jetzt ist die Finsternis verschwunden, und es friert nur 14—15 Grad — herrliches Wetter! Aber jetzt kommt das Licht.

Im Mai ist hier oben durchaus nichts mit dem Sonnenlicht aufzustellen. Sobald man nur den Kopf aus der Tür des Überbaus hinaussteckt, ist es, als ob weißglühendes Eisen dicht vor den Augen vorüber gezogen würde. Vom Sehen kann keine Rede sein, weil man überhaupt die Augen nicht ganz öffnen kann. Zwischen den dicht zusammengekniffenen Augenlidern dringt nur ein schwacher Schimmer hindurch. Es sind keine Farben mehr, nur ein blendendes gelbweißes Licht, das einem das Gehirn schwindeln macht. Alles geht in weißem Glanz auf.

Aber wenn die Mitternacht kommt und die Sonne niedrig am Nordhimmel steht, dann erwachen ringsherum auf den Klippen und auf dem Schnee die Farben wieder, und der Himmel steht in milden, rötlichen Tönen ruhig da. Dann schleiche ich zu „meinem Platz" hinaus.

Oben auf einem Bergknollen stehen meine Staffelei, mein Malkasten und mein Bild und warten auf mich; nur meine Büchse bringe ich mit — es könnte mir ja einmal „Hundefutter" in den Weg kommen — und dann einen ganzen Laden voll Kleider. Denn in den Nächten ist es noch kalt, vier-, fünfundzwanzig Grad, und die letzte Stunde da draußen kann bissig genug werden. Ich habe daher mehrere Paar

Stiefel mit, die übereinander gezogen werden und innen mit trockenem Nardengras angefüllt sind. Es sind wahre Heukisten.

Wie sind doch diese Nächte wunderbar! Die Stille und die Einsamkeit verschlingen mich. Die Kameraden schlafen jetzt alle, ich bin aus ihrem Bewußtsein gestrichen; ich bin der einzige wachende lebende Mensch in der ganzen Welt. — —

Aber vor mir auf einem Felsblock, wo die Sonne auf den rostroten Stein glüht, schimmert ein kleiner, weißer Punkt, auf den ich ab und zu meine Blicke richte. Es ist ein Schneesperling, der hier zusammen mit seinem Weibchen wohnt.

Nachthimmel.

Er sitzt da draußen und gibt acht auf mich, während sie drinnen auf dem Nest Eier ausbrütet. Dieses befindet sich in einer Ritze auf der anderen Seite des Felsblocks, nach Süden zu; denn sie wollen natürlich soviel Sonne und Wärme mitnehmen, wie sie nur kriegen können.

Als ich zum erstenmal hier war, waren sie mit meiner Anwesenheit sehr unzufrieden, flatterten umher und schalten mich mit großem Spektakel aus. Jetzt nehmen sie mich allmählich als eine kleine Unannehmlichkeit hin, der man nicht entgehen kann, als etwas ganz Selbstverständliches, das jede Nacht zur bestimmten Stunde eintrifft. Sie zeigt sich gar nicht mehr; nach einem kleinen Wortwechsel erklärte sie neulich beleidigt, daß sie wirklich so ausgezeichnet allein auf dem warmen Neste brüten könnte — ach Gott, daran sei sie wirklich so gewöhnt — während er draußen säße und auf mich paßte und sich amüsierte. So sind die Schneesperlinge!

Und jetzt sitzt er dort, geschwollen vor Kälte und Langeweile; die Federn sträuben sich nach allen Seiten, der Kopf ist ganz in ihnen verschwunden. Aber ab und zu kommt er hervor, und ein kleines, schwarzes Auge blinzelt wachsam zu mir hinüber: Ja, er steht da noch! Dann macht er wieder ein kleines heimliches Schläfchen. Und er sitzt so still, daß er einem der vielen weißen Steinchen gleicht, die rings um ihn herum auf dem Felsen liegen. Wüßte ich nicht, daß er da wäre, so würde ich dicht an ihm vorbeigehen können, ohne ihn zu bemerken.

Er ist meine einzige Gesellschaft hier in der Nacht; und ich habe meine Freude an ihm, möchte ihn nicht entbehren. Ich habe ihn gern gehabt, gleich von dem Märztage an, als er mit seinem hüpfenden Flug zum erstenmal von Süden her über das Schiff geflogen kam und durch einen einzigen, kurzen Spatzenpfiff uns aufsehen und zusammenfahren ließ. Da war es einen Augenblick, als ob alles Land verwandelt würde und das Leben über den Schnee und die grauen Steine zurückkehrte.

Es hatte sich ja nur aus Scherz vor uns versteckt und still geschwiegen, um uns zu necken. Jetzt kam es wieder und offenbarte sich als ein winziges Vöglein mit gespreizten Flügeln, das mit hellem Pfeifen gleich einem Sonnenstreifen durch die Luft zog.

Neulich ist hier auf dem Platze, während ich fort war, großer Besuch gewesen. Ein Bär ist hier herumgeschlichen und hat alle meine Sachen beschnuppert, hat Staffelei, Malkasten, Bild usw. sorgfältig, aber vorsichtig untersucht. Er hat alles schonend behandelt und nichts beschädigt. — Es war nichts Freßbares!

Nur von einem Stück Pappe, das ich hinter das Bild zu setzen pflegte, hatte er eine Ecke abgenagt, aber sofort wieder ausgespuckt und war dann auf seiner eigenen Fährte wieder von dannen gewatschelt. Ich folgte dieser und sah, daß sie 500 bis 600 Meter aufs Meereis hinausführte. Er war parallel mit der Küste gelaufen gekommen, hatte dann auf einer Entfernung von einem halben Kilometer gerochen, daß da oben in den Felsen etwas Ungewöhnliches los war, und war sofort hinaufgegangen.

Wäre er nur gekommen, während ich hier war! Aber das Unbekannte erschreckt ihn; er kennt den Geruch des Seehundes, aber nicht den des Menschen. Er ist ein vorsichtiger Mann, nervös wie ein Selbstherrscher; — er nimmt sich vor Sprengstoffen in acht.

Aber jetzt gehe ich hier herum und gebe acht, daß ich seine Fährte nicht verwische; es ist für mich ein Vergnügen, sie anzusehen, es reizt meine Nerven, diesen unmittelbaren Ausschlag brutaler Kraft in meiner Nähe zu haben, zu wissen, daß diese Bestie sich in aller Ruhe auf meinem Platze aufgehalten und meine Geräte beschnuppert hat.

Als ich in dieser Nacht heimging und den Hafen erreichte, sah ich, daß da Leben an der Schiffsseite herrschte. Ein Schlitten war heimgekehrt, und mehrere Mann waren draußen, um ihn in Empfang zu

Hendrik mit seinem Schlitten, nach Seehunden Ausschau haltend.

nehmen. Es zeigte sich, daß es Hendrik war, der mit unserem einzigen zurückgebliebenen Hundegespann eine sechstägige Fahrt zur „Hagens Insel" gemacht und dort Schuhzeug und Skis für die nach Norden Gefahrenen niedergelegt hatte. Als er in der letzten Nacht beim Kap Marie-Valdemar gelagert hatte, war er von einem Bären überrascht worden, der ins Zelt eingebrochen war, während er schlief. Er erzählte, daß er wohl vorher fürchterliches Hundegeheul gehört, aber geglaubt hätte, es sei eine gewöhnliche Rauferei. Schließlich wurde der Lärm ihm aber doch zu verdächtig, er öffnete die Augen und sah nach der Zeltöffnung hin. Das erste, was er gewahr wurde, nachdem er richtig wach geworden, war ein mächtiger Bärenkopf, der in die Öffnung hineinguckte. Die Büchse, eine Büchsflinte, die er geliehen hatte, lag glücklicherweise neben ihm, er ergriff sie ganz automatisch und feuerte den Hagellauf, der allein geladen war, dem Bären gerade in die Schnauze. Dieser nieste und prustete fürchterlich und rannte hierhin und dorthin, um zu entwischen.

Jetzt war aber an Hendrik die Reihe, zu erschrecken; denn er hatte vergessen, wo er die Kugelpatronen gelassen hatte, und Meister Petz raste wenige Ellen vor ihm herum; er konnte jeden Augenblick ihm zu nahe kommen. Hendrik zitterte am ganzen Körper, während er in den Taschen herumwühlte und auf Dänisch und Grönländisch fluchte. Er schilderte die Situation selbst mit folgenden malenden Worten:

„Imera Pjörn Hendrik stor Spisemik! Namik Batroner, ajokbatdlakraak! Den er gall! Sateniheleve!!."*)

Dann fand er sie natürlich in der Hosentasche, wo er zuletzt suchte, und einen Augenblick darauf flog erst eine, dann noch eine Kugel durch den Kopf des Bären, der ganz verwirrt geworden war, und das beruhigte sowohl diesen als auch Hendrik.

Nach diesem Abenteuer ließ er sich keine Zeit, weiter zu schlafen, sondern zerwirkte den Bären sofort, lud das Fell und den größten Teil des Fleisches auf den Schlitten und war noch in derselben Nacht wieder beim Schiffe.

Sonst hatten wir andauernd kein Glück auf der Jagd. Eines Nachts waren drei Bären, eine Bärin mit zwei beinahe ausgewachsenen Jungen, über den Hafen auf das Schiff zu gekommen. Peter Hansen und Manniche, die hinausgingen, um sie zu jagen, konnten nur das eine von den Jungen anschießen, das aber leider zusammen mit den anderen entkam.

Ich sah vom Deck durch mein Fernglas, wie diese drei Bären gegen die Jäger vorrückten, die hinter einem kleinen Eisblock verborgen lagen. Die Bärin, die ihr Herankommen bemerkt hatte, hielt andauernd die neugierigen Jungen vorsichtig zurück, indem sie ihnen mit den Tatzen Klapse versetzte. Schließlich erhoben sie sich alle drei auf die Hinterbeine und gingen so, andauernd witternd, vorsichtig auf die beiden Männer los. Aber plötzlich schöpften sie Verdacht und flüchteten.

*) Die hervorgehobenen Wörter sind grönländisch, die übrigen entstelltes Dänisch. Übersetzt lauten die Worte etwa: „Jetzt frißt der Bär wohl Hendrik! Keine Patronen, das ist schrecklich! Das ist 'ne schlimme Geschichte! Satan in der Hölle!!"

Manniche schoß, aber verwundete nur das eine Junge. Eine Verfolgung auf dem Hundeschlitten mißlang. Sie entwischten alle drei.

— —

Beim Schiffe hatten wir in diesen Tagen nur ein ziemlich mäßiges Gespann ausgewachsener Hunde, das aus verschiedenen Gründen da-

Der „Rote Berg" in der Schlucht auf der Koldewey-Insel.
Im Vordergrunde rechts Jensen.

heim bei der Station bleiben mußte. Doch unternahmen wir vom Schiffe aus etliche Ausflüge nach verschiedenen Richtungen, meistens zu wissenschaftlichen Zwecken, und benutzten dabei immer Ziehschlitten. Eine größere Reise, die schon lange geplant war, wurde am 9. Mai unternommen. Das war Jarners Ziehschlittenreise zu geologischen Untersuchungen, die über die Walroßspitze bis zum Teufelskapgebiet und von dort über die Koldewey-Inseln zum Schiffe zurückführen sollte.

Aber bevor diese Reise stattfand, unternahm Jàrner zusammen mit Lindhard, Weinschenk und Jensen eine Reise nach der Ostseite der Großen Koldewey-Insel, um die dortigen großen Sedimentschichten zu untersuchen. Sie verließen das Schiff am 28. April und kehrten am

Weinschenk. B. Thostrup.

Bei Koldeweys Warte.

4. Mai nach einer ausgezeichnet gelungenen Tour zurück. Das vorzüglichste Wetter begünstigte sie auf der ganzen Reise.

Ihr südlichster Lagerplatz lag bei der Warte, die wir bei unserer ersten Landung auf der Insel errichtet hatten. Von dort unternahmen Lindhard und Jensen an einem Tage einen Ausflug nach Westen quer über die Insel durch eine von den großen Schluchten, die die „Bastionen" auf der Ostseite trennen. Über ein ungefähr 150 Meter hohes, beinahe eine halbe Meile breites, flaches Sedimentplateau gelangten sie zu den mächtigen Urgebirgsformationen und kamen über einen großen, eben ansteigenden Schneefirn hinauf auf eine Höhe, von wo sie eine neue Schlucht übersahen, die sich von dort bis ganz zur Westseite der Insel erstreckte. Lindhard erzählt, es sei eine der wildesten Landschaften, die er hier oben gesehen habe. Im Norden erhoben sich auf der entgegengesetzten Seite der Schlucht zwei senkrechte, wohl ungefähr 2000 Fuß hohe spitzzackige Felswände aus dunklem, rotfunkelndem Feldstein. Das ganze war eine ausgeprägte Alpenlandschaft, die besonders wohltuend auf das Auge wirkte, da sie eine Abwechslung gegenüber dem langweiligen, moutonnierten Gelände bot, auf das wir in der Umgegend des Danmarkshafens zu sehen gewohnt waren.

Koldeweys „Dokument".

Zwei Tage nach der Heimkehr von dieser Reise verließen Lindhard, Weinschenck und Bendix-Thostrup das Schiff, um die Warte aufzusuchen, die die Koldewey-Expedition im Jahre 1870 am nördlichsten Endpunkt ihrer Reise errichtet hatte. Obwohl sie keine anderen Anhaltspunkte hatten als die recht unbestimmten Angaben in Koldeweys Reisebeschreibung, gelang es ihnen doch, innerhalb zwei Tagen das Gesuchte zu finden.

Sie gingen von dem von Koldewey angegebenen Punkt an der Küste der Sturmbucht aus, lagerten die erste Nacht etwa drei Kilometer aufwärts auf dem Flußbett des „Stormelfs" (Sturmflusses) und setzten am folgenden Tage mit Karte und Kompaß als Hilfsmittel die Reise nach Norden fort. Aber die Peilungen, die sie benutzen konnten, waren mangelhaft, die Karte über die Gegend noch ganz unvollkommen. Sie suchten alle Stellen ab, die sich für die Errichtung einer Warte am meisten eigneten, eine Reihe Höhen, die die Ostseite einer großen Hochebene begrenzten, aber fanden nichts. Erst als sie es schon aufgegeben hatten, die Warte zu finden, und sich vereinigten, um heimwärts zu ziehen, fanden sie auf einer unbedeutenden Erhöhung des fast ebenen Höhenzuges einen kleinen, nur zwei Fuß hohen Steinhaufen, der eher allem anderen als einer Warte glich. Die von uns erbauten Warten pflegten drei Meter hoch zu sein und unten einen Durchmesser von zwei Metern zu haben.

Aber es zeigte sich, daß sie das, was sie suchten, vor sich hatten. Als sie den obersten Stein entfernten, kam eine kleine Fayencedose zum Vorschein, in der sie die verwitterten Reste eines Stückes Papier fanden. Vom Propfen war nichts zu sehen, er war wahrscheinlich ganz verwittert.

Hier war also wirklich das Dokument, das Koldewey vor 37 Jahren an dieser Stelle niedergelegt hatte!*)

Dicht neben der Warte fanden sie auf der Erde eine alte Messingpatronenhülse, auf deren Grundfläche ein großes „W" stand (System Wänzl).

Die drei Heimgekehrten erzählten, daß die Warte auf einer der unansehnlichsten Stellen der ganzen Umgegend lag; es sah so aus, als ob der Platz ganz zufällig gewählt worden war, ohne irgend welches Interesse dafür, daß er wieder gefunden werden sollte. Dies in Verbindung mit dem Umstand, daß man sich so geringe Mühe gegeben hatte, den Bericht ordentlich zu verpacken, mag vielleicht besser als viele Worte ein Bild von dem Zustand geben, in dem die Leute der Koldewey-Expedition sich befanden, als sie ihren nördlichsten Punkt erreichten und zur Umkehr gezwungen wurden.

— —

Am 9. Mai fuhren dann Jarner, Gundahl und Freuchen ab. Nun sollten die drei zeigen, wie weit sie mit dem schweren Schlitten auf den Hacken kommen konnten. Zwei von ihnen waren Studenten, die, bevor sie nach Grönland kamen, wohl kaum ein anderes Training gekannt hatten, als das die Entfernung von der Haustür bis zum vierten Stock bieten kann. Sie sollten jetzt hinaus und eine Strecke

*) Die Reste des Dokuments sind von der Danmark-Expedition dem Deutschen Kaiser überreicht und von diesem in einer wertvollen silbernen Dose dem Geographischen Institut der Berliner Universität überwiesen worden.

zurücklegen, die etwa dieselbe Länge hatte, wie die große Reise Koldeweys, und zwar zu einer Jahreszeit, in der der Taubruch (plötzliches Tauwetter) vor der Tür stand und ihnen viele Schwierigkeiten bereiten konnte. Vor ihrer Abreise wurde aber mit ihnen verabredet, sie sollten, wenn sie am Schlusse ihrer Reise nach der Koldewey-Insel kamen und das weitere Vordringen nach dem Schiffe durch offenes Wasser gesperrt fanden, die Warte auf der Großen Koldewey-Insel niederreißen, die vom Schiffe aus mit dem Fernglas zu sehen war. Dann würden wir so schnell wie möglich versuchen, eine Verbindung mit ihnen herzustellen und ihnen zu Hilfe zu kommen.

— — — — — — — —

Freuchen. Jarner. Gundahl.

Jarner fertig zum Aufbruch.

Tag für Tag gewinnt die Sonne an Macht. Der Schnee verdampft und schwindet hin, ohne erst zu Wasser werden zu können. Er verduftet spurlos in der Sonne. Drinnen auf dem Lande kommen die Steine nach und nach hervorgekrochen; ringsherum sieht man ihre großen, dunklen Leiber, graue, rote und grüne, sich durch die Schneeschicht emporrecken. Die meisten Ebenen sind fast ganz schneefrei, und der Lehmboden fängt an, in der Sonne Risse zu werfen. Draußen auf dem Fjord flimmert und glitzert es; große Flecken blanken Eises zeigen sich und senden uns böse Blitze in die Augen, und drinnen am Strande verbreitern sich die Gezeitenspalten krachend in der Sonne.

Weit draußen auf dem Fjord sehen wir eines Tages einen kleinen, schwarzen Punkt. Ein kleiner Haufen liegt im Sonnenschein ganz still auf dem Eise. Man eilt hinein, um das Fernglas zu holen; aber wenn man zurückkommt, ist der Punkt verschwunden. Bald darauf kommt wieder einer und noch einer, noch zwei, mit langen Zwischenräumen.

Die Seehunde stellen sich ein.

Überall tauchen sie aus ihren Luftlöchern oder aus Spalten und kleinen Waken auf und legen sich hin, um in der Sonnenwärme nach Luft zu schnappen, in ihrem eigenen Speck zu braten.

Hendrik und Peter Hansen wittern Hundefutter. Sie takeln kleine Schlitten mit „Schießsegeln"*) und kriechen mordgierig Tag und Nacht auf dem Fjord herum. Sie riechen nach Pulver und erzählen garstige Geschichten, wenn sie heimkehren. Das ist fast ebenso spannend, wie wenn man von dem ersten Schnepfenstrich des Jahres hört. — —

Jensen mit einem erlegten Seehund.

Droben auf dem Lande ist es so friedlich. Dort wohnt Lundager ganz allein als „Witwer" in der „Villa". Er kommt zur Tür heraus und betrachtet prüfend den feinen Sonnenschein. Dann verschwindet er wieder und kommt bald darauf mit dem ganzen Bettzeug des Hauses zurück, das dann nach kurzer Zeit auf dem Telephondraht hängt oder auf dem Dach des Hauses liegt und „auslüftet". Und als er sieht, daß alles sehr gut ist, hängt er seine große Botanisiertrommel über die Schulter und wandert mit langen Schritten auf der Jagd nach Moosen und Flechten dem Gebirge zu.

Dort oben auf der Südseite der Berge ist der Schnee fast ganz verschwunden, die Sonne brennt, dort ist es warm und gut; kleine welke Grashalme vom vorigen Jahre stehen als senkrechte gelbe Striche gegen den grauen Boden. Dort auf einem großen, flachen Stein schimmert plötzlich etwas in einer hellen, blauen Farbe. Wahrhaftig! Dort

*) Die Büchse wird durch ein Loch dieser „Schießsegel" gesteckt, hinter denen der Seehundsjäger auf dem Anstand liegt. Anm. d. Übersetzers.

auf dem dunklen Stein ist eine kleine, winzige Wasserpfütze! Ihre Oberfläche bewegt sich leise in dem schwachen Wind, sie blinkt wie ein frohes Äuglein in die blaue Luft hinauf.

Zu zweien oder in kleinen Schwärmen trippeln die Schneehühner herum und picken Samenkörner vorjähriger Pflanzen zwischen den Steinen auf; ihr Gurren wird weit weg in den Bergen gehört. Die Hasen versammeln sich und halten Massenhochzeit und scheren sich den Teufel

Schneehühner am Strande.

um den Zoologen, der mit Fernglas und photographischem Apparat zwischen ihnen herumläuft und schmähliche Indiskretionen begeht. Sie freien und heiraten, daß es nur so seine Art hat, ihm direkt vor der Nase, und schämen sich nicht im geringsten. Nachher setzen sie sich noch obendrein vor ihm hin, putzen die Nase und lassen sich photographieren.

Der Hase, der sonst fürchterlich vorsichtig und scheu ist, benimmt sich natürlich nur so verrückt, wenn er Heiratsgedanken im Kopfe hat.

Nach einem Monat läuft er wieder über alle Berge, sobald er nur ahnt, daß jemand kommt. Aber jetzt ist es Frühling.

— —

An einem solchen Tage — es war der 13. Mai — kamen die ersten Schlitten aus dem Norden zurück. Irgendwo erscholl der Ruf: „Schlit-

Schneehasen in den Bergen.

ten auf der Überfahrt!" — und im nächsten Augenblick waren alle draußen und sahen, wie sie schnell über die Böschung herab auf den Hafen zukamen. Es waren zwei Mann.

Es waren Bistrup und Ring.

Als die Freude des Wiedersehens sich ein wenig gelegt hatte, so daß wir vernünftig miteinander reden konnten, fingen sie an zu erzählen. Es war nicht lauter Gutes, was wir zu hören bekamen. Die Reise war insofern bisher glatt und gut gegangen, als kein größeres Unglück sie betroffen hatte; aber die Schlittenbahn war meistens schlecht gewesen, was zusammen mit den Rückreisen, die gemacht werden mußten, um die Depots mitzuführen, sie sehr aufgehalten hatte. Auf dem unebenen, steinharten Eis der Gletscherbucht hatten die Schlitten manche Havarie erlitten, und breite Spalten hatten sie zu weiten Umwegen gezwungen. Weiter nach Norden stießen sie auf starke Eisschraubungen im Meereis,

Siesta.

die nur ganz kurze Tagereisen möglich machten und Menschen wie Hunde erschöpften.

Hierzu kam, daß die Küste gar nicht, wie erwartet, beim 79. Grad nach Nordwesten umbog. Im Gegenteil, sie bog, je mehr man nach Norden kam, desto mehr nach Nordosten hinüber. Auf 80 Grad 5 Minuten, wo Bistrup und Ring die anderen am 22. April verlassen hatten, reichte offenes Wasser beinahe ganz bis zur Küste, die beständig ihre Richtung beibehielt.

Diese Dinge hatten die gute Laune der Reisenden stark gedämpft;

aber doch war die Hoffnung, zum Ziele zu kommen, noch nicht bei ihnen erloschen. Sie hatten glücklicherweise etwas Jagd gemacht. Wie sie uns erzählten, wurden auf der Hinauffahrt elf Bären, sieben ausgewachsene und vier junge, geschossen. Aber das reichte doch nicht weit bei dem großen Hundehaufen, und das Patentfutter, das beständig das Hauptnahrungsmittel der Hunde war, vertrugen diese schlecht und fraßen nur ungern davon.

Auf der Heimfahrt hatten Bistrup und Ring gar keine Jagd gemacht, und ihre Hunde waren daher von Hunger und Anstrengung

Das Inlandeis der Gletscherbucht.

sehr mitgenommen. Glücklicherweise hatten wir Bärenfleisch für ein paar Fütterungen, und die Aussichten, Seehunde zu erlegen, stiegen mit jedem Tage.

Bistrup, der nach dem ursprünglichen Plan den Schlittenzug eine Strecke weiter nach Norden begleitet haben und zusammen mit Wegener zurückgekehrt sein sollte, war aus praktischen Gründen von Mylius mit Gustav Thostrup vertauscht worden, so daß Ring und Thostrup, die zu unseren besten Schlittenfahrern gehörten, jeder seine Abteilung nach Süden führten. Auf der Heimfahrt waren Bistrup und Ring plangemäß außen um die Inselreihe der Gletscherbucht herumgefahren. Bistrup hatte dort eine Reihe kartographischer Messungen vorgenommen.

Natürlich warteten wir alle nach der Heimkehr dieser beiden Männer voll Unruhe und Spannung darauf, weitere Neuigkeiten von der Nordreise zu hören, und sahen jetzt mit Sehnsucht der Heimkehr Thostrups und Wegeners entgegen.

Man sieht ja bisweilen sonderbare und schreckliche Erscheinungen in dieser Welt und fragt oft sich selbst, warum so etwas stattfindet.

Zeltlager bei einer Spalte in der Gletscherbucht.

Ist es ein Weg, auf dem die Vorsehung die Menschen warnt, sie dazu bringt, in sich zu gehen und sich zu bessern?

Niemals hat mich etwas in dem Grade ergriffen, wie der Anblick Bistrups am Tage seiner Heimkehr. Ich vermute, daß er an diesem Tage der häßlichste Mann der Welt war, wenn man ein paar vereinzelte Individuen im dunkelsten Australien ausnimmt. Er, der sonst Mittel und Wege fand, mit seinem Äußeren Kunststücke zu machen, und es durch Experimente beim Haar- und Bartschneiden dahin bringen konnte, daß er abwechselnd jeden zweiten Tag an untereinander so verschiedene Wesen, wie Napoleon den Großen und einzelne von den oldenburgischen Königen Dänemarks, Beethoven und Tippu-Tip erinnerte, er war jetzt anderthalb Monate vollständig ungepflegt herumgelaufen. Er war eine Wildnis. Die Phantasie ging einem durch und verlor sich auf den dunkelsten Wegen, wenn man ihn ansah. Es war, wie Mark

Zeltlager bei einer Spalte in der Gletscherbucht.

Twain sagt, eins von den Gesichtern, von denen man nachts träumt, und die man tags darauf auf einem Pfeifenkopf auszuschneiden versucht.

Wir gewöhnten uns nicht an seine Nähe, bevor er — Gott sei Dank, bald — mit einer Schere in Berührung kam und wieder in einer seiner anziehendsten Nummern auftrat.

— —

Die Tage gehen einförmig und langsam dahin, wie es trotz aller Geschäftigkeit leicht geschieht, wenn man wartet.

Wir benutzten einige Tage dazu, um die um das Schiff herumlaufende Schneemauer niederzureißen, da sie anfing, ein wenig unsicher auf den Beinen zu stehen, und gruben längs der Backbordseite und um den Steven herum eine etwa zwei Meter breite Rinne durch die harte Schneeschicht, die ganz bis zur Reling hinaufreichte, bis zum Eise hinab.

Dann machten wir uns eines Tages daran, die Messe zu scheuern; Decke, Wände und Fußboden wurden gründlich gesäubert, und es wurde ganz gemütlich und schön da drinnen. Alle Hunde waren jetzt

Bistrup als König Menelik.

vom Deck entfernt, so daß die Schmutzzufuhr von draußen bedeutend eingeschränkt war.

Die erste, eigentliche Reinigung der Messe hatte übrigens bereits im April stattgefunden, bei welcher Gelegenheit das Deck unter dem Überbau mit vorgenommen war. Dort war der Hundestall gewesen.

Was bei dieser Gelegenheit auf dem Messeboden und auf dem Deck an verloren gegangenen Sachen gefunden worden ist, läßt sich nicht beschreiben; die Liste der Gegenstände würde zu lang werden, und niemand würde es glauben. Ich will nur kurz erwähnen, daß wir unter der Schmutzschicht, die auf dem Messeboden lag, alte Binsenschuhe, Hosenträger und Westen, sowie viel nützliches Hausgerät fanden, das wieder im Haushalt zur Anwendung kam. Und auf dem Deck fand man einen ganzen Ofen, das Stativ eines photographischen Apparats, sowie verschiedene Gerätschaften, die wieder zu sehen man längst aufgegeben hatte. Unter dieser Lage Mist hatte das Deck allmählich die tiefe, saftig braunrote Farbe angenommen, wie man sie zuweilen bei Brettern sieht, die lange Zeit am Boden eines alten Schweinestalls gelegen haben. Und da sage noch einer, daß wir nicht

Die Schneemauer wird heruntergerissen.

auf einer Polarexpedition nach den besten norwegischen Mustern gewesen sind!

Jetzt gingen wir gründlich zu Werke. Es tat gut, wieder einmal in einigermaßen menschliche Verhältnisse zu kommen. —

„Die Wissenschaft" arbeitet, daß es nur so Art hat. In den Tagen vom 17. bis zum 28. Mai unternahmen Manniche, Johansen, Bistrup und Peter Hansen eine Ziehschlittenreise nach der Walroßspitze und dem umliegenden Gelände. Außer einem einzelnen Falken und einer Schneeeule sah Manniche zu dieser Jahreszeit noch nicht viel Neues. Nur Schneesperlinge fand man dort ringsherum, und eine einzelne

Ringelgans zog eines Tages über ihnen hin, leider in solcher Höhe, daß sie nicht auf sie schießen konnten.

Aber die Reise wurde dadurch bemerkenswert, daß die Teilnehmer einen bunten Fuchs fingen. Als sie eines Tages bei den aufgestellten Fangeisen vorbeikamen, sahen sie eine Fuchsfährte, und eines der Fangeisen war am Strande entlang in der Richtung nach dem „Schneehuhnberg" (Rypefjäld) fortgeschleppt. Nach halbstündigem Suchen fanden sie den Fuchs hinter einem Stein, wo er in seine Höhle hineingekrochen war; aber das Ende der Kette an dem Fangeisen war noch draußen. Reineke wurde ans Tageslicht hervorgeholt und getötet.

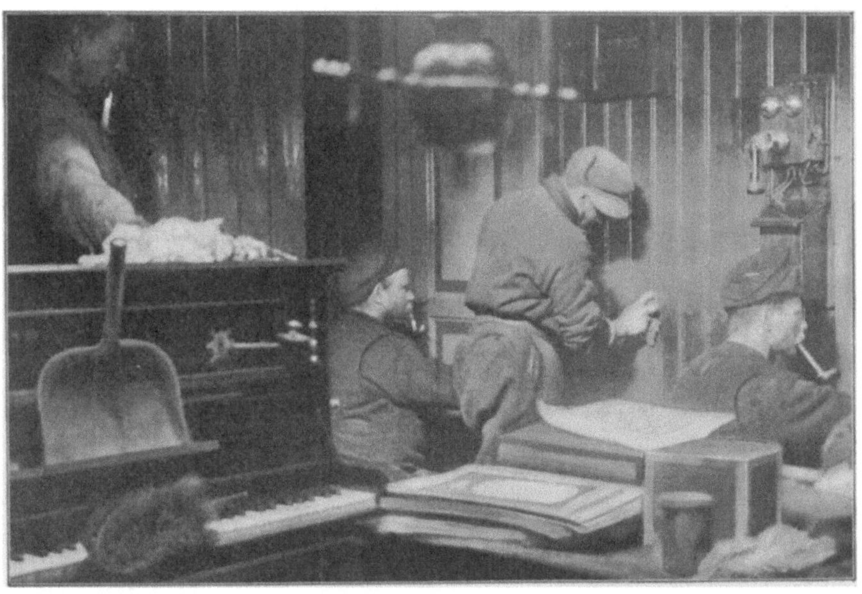

Weinschenk. B. Thostrup. Bistrup. G. Thostrup.

Großes Reinmachen in der Messe.

Dies war der erste bunte Fuchs, den die Expedition fing. Er hatte blaue, kurze, neue Haare am Vorderleib und Kopf und lange, schmutzigweiße Reste des Winterpelzes auf dem hinteren Körper und Schwanz. Payer hielt den Fuchs in dieser Übergangstracht irrtümlich für eine Kreuzung des blauen und weißen Fuchses. Der bunte Fuchs ist wohl noch nie zuvor mitgebracht worden.

Sie sahen frische Spuren von Moschusochsen und Spuren eines Wolfes, der ganz nahe ans Zelt herangekommen war, wahrscheinlich herbeigelockt von dem Geruch der Eingeweide der 14 Hasen, die sie dort geschossen hatten und die beim Zelte lagen. Von den Tieren selbst sahen sie aber nichts, trotz eifriger Nachforschung. Auf dem Heimwege nach dem Schiffe stießen sie beim Sturmkap auf einen Bären, der Reißaus nahm, nachdem Manniche ihn angeschossen hatte. Obwohl Ring und Hagerup sofort nach der wenige Stunden später erfolgenden Heimkehr der Abteilung auf Skis davoneilten und lange der Spur des Bären folgten, gelang es ihnen doch nicht, ihn einzuholen. Sie mußten leider umkehren, ohne ihn vor die Büchse bekommen zu haben.

— —

Peter Hansen und Fritz Johansen beim Zelt auf der Walroßspitze.
Auf dem Zelt ein Rabe und Schneehühner.

Dann geht die Zeit wieder einförmig und langsam dahin. Wir sehen, wie mit jedem Tage der Schnee drüben auf dem Lande schwindet; jetzt sind nur noch hie und da in den Niederungen oder in den tiefen Schluchten weiße Flecken zu finden. Die Seen und Flüsse sind noch unter einer harten Eisdecke gefesselt. Aber das Meereis fängt an morsch zu werden, und die Schneeschicht darüber ist mürbe und weich. Es muß jetzt für die da oben ein hartes Stück Arbeit sein, auf solcher Bahn vorwärts zu kommen.

Und wo bleiben Thostrup und Wegener? Sie müssen sich ja längst von den anderen getrennt haben und südwärts gezogen sein.

Dann endlich eines Tages — es war am Nachmittag des 31. Mai — kamen auch sie nach Hause, frisch und kräftig, mit gebleichtem Haar und gebräuntem Gesicht. Sie brachten Grüße und Aufträge mit, und wir fragten und fragten — sie wurden mit dem Antworten weder an diesem noch am nächsten Tage fertig. In schlichten, ernsten Worten erzählten sie von der Reise und machten nicht viel Lärm wegen der Geschichte.

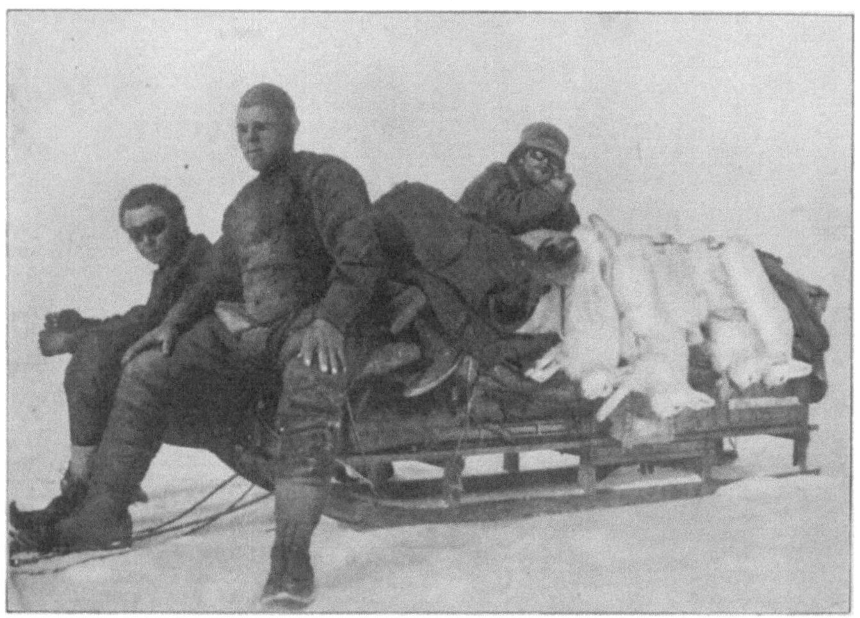

Fritz Johansen, Peter Hansen und Bistrup auf dem Heimweg von der Walroßspitze.

Aber aus ihren Augen leuchteten Erlebnisse und rasche Entschlüsse; ihre harten, geschwärzten Hände, die so linkisch am Handgelenk saßen und sich gleichsam langweilten, weil sie nichts hatten, womit sie ringen konnten, diese Hände erzählten von strammem Zugreifen und raschem Handeln.

Eins betrübte sie: daß sie umkehren mußten und nicht den anderen folgen konnten. Aber es k o n n t e nicht so sein, und da kehrten sie denn um.

Nach der Trennung von Bistrup und Ring waren die übrigen Schlitten zusammen weiter nach Norden gezogen. Die Schwierigkeiten, die die letzten Tage ihnen gebracht hatten, wurden schließlich derart, daß sie die Empfindung hatten, als wenn sie jetzt nicht mehr weiter kommen sollten. Längs eines öden Landes, das, soweit sie sahen, mit unübersteigbaren Felsböschungen zum Meere abfiel, hatten sie sich Tag für Tag durch Eisschraubungen schlimmster Art durchgearbeitet, da endeten diese in breiten Waken und schließlich — im offenen Meere.

Hier schiebt sich das Land ins Meer hinaus, gewaltig und scharf, und es hört plötzlich auf, in einem steilen Felsknoten endend, dessen

Peter Hansen mit erlegten Ringelgänsen.

gewaltige, senkrechte Zinnen Tausende von großen Seevögeln umschwärmen, Nester bauend. Ein mächtiger Sedimentfels, bedeckt mit den Ablagerungen von Jahrtausenden. Er streckt sich wie ein sehniger Arm gegen das Meer und endet in einer geballten Faust, die auf keinen Widerstand achtet, eine rohe Drohung gegen die gewaltigen, wandernden Massen des Eismeeres.

Das ist der „Mallemukfels"*).

Tagelang lagen sie hier in stürmischem Unwetter und suchten vergebens an der inneren Seite des Felsens herumzukommen, in dem

*) Mallemuk ist eine holländische Bezeichnung für den Sturmvogel.

Glauben, daß er auf einer Insel läge, bis sie schließlich einen engen Weg zwischen dem Lande und dem offenen Meere fanden und sich dort über Schraubeneis und Jungeis hindurchzwängten. Vier von ihren Schlitten brachen auf dieser Fahrt völlig zusammen, und es kostete ihnen viel Arbeit, sie wieder in brauchbaren Zustand zu versetzen.

Als sie von hier weiter nach Norden reisten, wußten sie, daß einige von ihnen vielleicht erst nach Monaten zu dieser Stelle zurückkehren würden. Und sie sahen am Eise, daß hier in jedem Sommer offenes

Ring und Hagerup nach der Rückkehr von einer Skitour.

Meer bis ganz an die steile Küste heranreichte. Sie wußten, was das bedeutete. Würden sie je lebend zurückkommen und aus dieser Falle herausschlüpfen?

Das war ungewiß. Das war der dunkle Punkt der Reise, eine Drohung, die sie immer im Rücken hatten.

Sie hatten — ach, wie so manches Mal vorher — gehofft, daß sich hier im Norden vom Mallemukfels endlich das Land nach Westen wenden würde; aber sie wurden wieder enttäuscht. Die Küste, die sie auf der anderen Seite des breiten Fjords erreichten, ging andauernd nach Nordosten weiter.

Dann kam endlich der Zeitpunkt, wo auch Thostrup und Wegener umkehren mußten. Es war jetzt nur noch Proviant für die beiden letzten Abteilungen mit ihren Hunden für 17 Tage da — neun Tage vorwärts und acht zurück — und das wurde vielleicht auch nur magere Kost. Mylius durfte die Hilfsabteilung nicht weiter mitnehmen. Ein von ihm und Brönlund unternommener Versuch, auf dem Lande Moschusochsen zu finden, hatte keinen Erfolg. So wurde die Hilfe der beiden für den Weitertransport überflüssig. Sie hatten sich beide an diese Jagd als die letzte Hoffnung geklammert; jetzt mußten sie

Aufbruch vom nördlichen Depot.

umkehren. Am 27. April, auf 80 Grad 45 Minuten, nahmen sie Abschied von den Kameraden.

Sie gaben diesen ein Paar ihrer besten Hunde für ein Paar schlechtere und tauschten in derselben Weise einen Schlitten aus. Dann hielten sie im Zelte das letzte kleine Abschiedsfest. Mylius, der zusammen mit Brönlund von einem Berggipfel das Land rekognosziert hatte, suchte alle in guter Stimmung zu erhalten. Jetzt, sagte er, jetzt endlich wären sie beim Eingang zum Independence-Fjord. Hier nördlich von dieser Landspitze ginge die Küste nach Westen, jetzt könne kein Zweifel mehr darüber sein. Aber wie oft waren nicht

Zeltlager unter dem Sedimentfelsen auf Amdrupsland am 20. April.

Im Hintergrund der Mallemukfels.

dieselben Worte ausgesprochen und zuschanden geworden. Er glaubte wohl kaum selbst mehr stark daran. Für sie alle klangen sie nur wie ein wohlgemeinter Trost.

Thostrup und Wegener hatten auf dem Heimwege die Aufgabe, die Fjorde auf 80 Grad 30 Minuten und 80 Grad 5 Minuten, sowie den inneren Teil der Inselreihe zu vermessen und aufzunehmen, die die Gletscherbucht begrenzt, — längs der äußeren Seite waren Bistrup und Ring heimgereist —, sowie an diesen Stellen ethnographische und geologische Untersuchungen vorzunehmen.

Die Abteilungen am 27. April vor der Trennung.

Ihre erste Reise galt den kleinen Schären, die östlich von dem Depot auf „Amdrupsland" liegen, bei dem sie sich von den Nordwärtsreisenden getrennt hatten. Sie führten eine Anzahl Messungen aus. Von den Höhen auf den Schären sahen sie in einer Entfernung von ein paar Kilometern draußen im Osten vollständig offenes Wasser, das sich so weit nach Norden und Süden erstreckte, wie sie sehen konnten.

Bereits am nächsten Tage waren sie im „Ingolfsfjord". Hier waren sie in der Nähe ihres ersten Zeltplatzes so vom Jagdglück begünstigt, daß ihr ziemlich knapper Hundefuttervorrat tüchtig aufgebessert wurde.

Wegener, der einen geologischen Ausflug ins Land hinein machte und einem kannonartigen Flußbett folgte, das weit in die flache Sedimentlandschaft hineinschnitt, sah am Rande der Schlucht ganz frische Spuren von Moschusochsen. Er folgte der Spur und stieß bald darauf auf die Tiere, drei ausgewachsene und ein Kalb, die indessen die Flucht ergriffen, sobald sie ihn sahen. Auf dem Bauche kriechend kam er jedoch später auf Schußweite an sie heran, und durch einen kleinen Steinhaufen gedeckt eröffnete er ein Bombardement auf sie, ohne daß sie im geringsten durch das Knallen beunruhigt wurden — leider auch nicht durch die Kugeln, denn die Entfernung war zu groß. Wegener

Der Sedimentfels auf der Südseite vom Amdrupsland.

Gustav Thostrup beim Theodoliten

konnte jedoch jeden Treffer sicher konstatieren, dann brüllten sie ebenso wie automatische Scheiben in einer Salonschießbude. Eins von den Tieren fiel endlich; aber als Wegener sich aufrichtete, stürmte der Rest sofort davon.

Er holte jetzt Thostrup, da er seine Munition aufgebraucht hatte. Thostrup, der in der Nähe mit dem Theodoliten arbeitete, hatte die Kanonade und einen einzelnen Pfiff einer Kugel gehört, aber er glaubte, es handelte sich um eine Hasenjagd. Mit einer frischen Ladung Patronen versehen, fanden sie bald die drei anderen Tiere und erlegten zwei von ihnen, während das dritte Reißaus nahm und ihren Blicken entschwand.

Diese Jagd gab Hundefutter für fünf Tage und ermöglichte die Vermessung und geologische Untersuchung des Ingolfsfjords.

Am 5. Mai brachen sie von ihrem Zeltplatz auf der „Eskimohalbinsel" auf, — dem östlichsten Ausläufer von „Holms Land", wo es von Eskimowohnplätzen wimmelte, — und drehten nach Südosten, um in die Sunde zwischen „Hovgaards Ö" (Hovgaards Insel) und dem Festlande hineinzugehen. An demselben Tage fuhren sie am Mallemukfels vorüber, wo ihre Schlitten natürlich wieder im Schraubeneis in einen

Zeltlager an der Küste von „Hovgaards Ö".

jämmerlichen Zustand gerieten und von Thostrups flinken Fingern in Behandlung genommen werden mußten, ehe sie wieder gebraucht werden konnten.

Während sie jetzt einigermaßen gut mit Proviant für die Hunde versehen waren, war es andererseits für sie selbst nur schlecht damit bestellt. Bei der Ankunft beim Depot südlich vom Mallemukfelsen hatten sie nicht viel mehr als eine Erbswurst übrig behalten, zu der sie ein Gebräu aus Fleischschokolade, vermischt mit Kaffeesatz, getrunken hatten. Aber hier versorgten sie sich jetzt für zwei Tage und zogen dann weiter westwärts an der Südküste von Holms Land entlang. Sie fuhren um die Insel „Lynn Ö" herum und nahmen den „Hekla-Sund" und den „Djimphna-Sund" auf.

Aber um hier ihren Zweck zu erreichen, mußten sie auf der Reise durch den Djimphna-Sund sich so weit nach Süden hinüberwagen, daß der Rückzug nördlich um „Hovgaards Ö" nach den Depots durch Proviantmangel unmöglich gemacht wurde. Sie mußten den kühnen Entschluß fassen, sich über den ganz unbekannten Gletscher zu wagen, der die Strecke zwischen dem Südende des Sundes und „Lamberts Land" bedeckt, um so schnell wie möglich zu dem dort angebrachten Depot zu gelangen. Als sie am 19. auf den Gletscher hinauffuhren, waren sie bereits ziemlich mitgenommen. Wegener erzählt, daß Thostrup beinahe unkenntlich vor Magerkeit war (und Thostrup erzählt etwas Ähnliches von Wegener). — Trotzdem mußten sie fast unglaublich forcierte Tagesmärsche machen, um zum Ziel zu gelangen. Dabei war es ungeheuer problematisch, ob sie überhaupt mit den Schlitten über den Gletscher kommen würden, der hier etwa 5 bis 6 Meilen breit sein mußte; und endlich bürgte ihnen niemand dafür, daß das Land, von dem sie im Süden einen Schimmer sahen, überhaupt Lamberts Land war.

Aber der Versuch mußte gewagt werden. Und es ging.

Am dritten Tage, nachdem sie auf den Gletscher hinaufgefahren waren, erreichten sie das Land. Aber sie kannten es nicht von dort aus, und der Abstieg zum Meereis, vorbei an den gewaltigen Spalten im Gletscher, bereitete ihnen ungeahnte Schwierigkeiten. Erst in der Nähe des Depots waren sie ganz im klaren darüber, daß sie auf dem richtigen Wege waren.

Sie ahnten nicht, daß gerade über diesen Gletscher Mylius, Hagen und Brönlund ein halbes Jahr später am Schlusse ihrer letzten Wanderung durch die Finsternis tappen würden, um zum Depot zu gelangen.

Bei dem Depot kamen Wegener und Thostrup wieder zu Proviant und gewannen bald ihre Kräfte zurück.

Den Hunden war es die ganze Zeit über brillant gegangen. Eine Bärenjagd — die großartigste der ganzen Expedition — hatte sie südlich vom Mallemukfels mit mehr Hundefutter versorgt, als sie mit sich schleppen konnten. Ein großer Teil davon wurde für die Heimkehr der Kameraden beim Depot niedergelegt.

Sie stießen nämlich am Abend des 9. Mai kurz nach dem Aufbruch auf eine ganz frische Bärenfährte. Als sie die Hunde anhielten, sah Thostrup zwei Bären sich nähern, die anscheinend so stark miteinander beschäftigt waren, daß sie die Schlitten gar nicht bemerkten. Thostrup und Wegener entschlossen sich, ihnen entgegenzufahren, und als sie nahe genug gekommen waren, machten sie die Hunde los und gingen auf die Bären zu.

Aber noch ehe die Hunde eine Ahnung von diesen bekommen hatten, bemerkte Wegener plötzlich ganz in der Nähe einen dritten Bären, der auch gerade auf sie zusteuerte. Diesen entdeckten die Hunde sofort und stürzten auf ihn los. Der Bär flüchtete mit großer Geschwindigkeit über das ganz ebene Terrain, bis er an eine Stelle kam, wo der Schnee sehr tief war und er daher wegen seines großen Gewichts weit tiefer einsank als die Hunde. Da stellten sie ihn.

Mit dem Rücken gegen einen Eisblock machte der Bär sofort Front gegen die Hunde und schlug unaufhörlich brummend und schnaubend nach rechts und links um sich. Die Hunde schwärmten so dicht um ihn herum, daß es für die Jäger beinahe unmöglich war, zum Schuß zu kommen. In einer Entfernung von 20 Meter mußten sie lange stehen und auf eine Gelegenheit zum Losknallen warten. Inzwischen war der Bär mit riesigem Eifer dabei, sich die Hunde vom Leibe zu halten, was er mit unglaublich schnellen Schlägen seiner Vordertatzen tat, während Hals und Kopf die eigentümlich steife Haltung beibehielten, die ihm das Aussehen gibt, als wenn er schlafwandle; es war unmöglich, seinen Blick aufzufangen.

Endlich fand Thostrup eine Gelegenheit, ihm eine Kugel in den Kopf zu schicken. Er stürzte tot zwischen den Hunden um.

Inzwischen waren die beiden anderen Bären ganz nahe an den Jagdplatz herangekommen, ohne daß sie der Handlung oder den Auftretenden die geringste Aufmerksamkeit schenkten. Es zeigte sich später, daß es ein Liebespaar war, ein alter, fetter Herr und eine bedeutend kleinere, jüngere Dame. Mit großer Mühe lenkte man die Aufmerksamkeit der Hunde von dem erlegten Bären, an dem sie zerrten und rissen, auf die beiden Neuangekommenen. Aber als sie endlich diese gewahr wurden, gingen sie sofort zum Angriff über. Die Bären blieben erst, über alle Maßen erstaunt, stehen und wußten nicht, was sie von der Sache denken sollten. Aber plötzlich wurden sie bedenklich und eilten in gestrecktem Galopp davon. Die Hunde teilten sich, wie auf Verabredung, in zwei Abteilungen, von denen jede einen Bären stellte und umringte.

Aber einen Augenblick darauf schaffte das Männchen sich durch einen energischen Angriff auf die Hunde Luft und setzte der Bärin nach. Plötzlich und unerwartet fiel er ihren Verfolgern in den Rücken und verwundete mehrere von ihnen. Einen von Thostrups Hunden sandte er mit einem Schlage hoch in die Luft hinauf und richtete ihn übel zu; noch drei andere wurden verwundet, während die Jäger zum Kampfplatz stürzten. Die Bären benutzten die Verwirrung zwischen den Hunden, um nach der Seite zu entweichen, und nahmen dann neben einander mit den Rücken gegen einen Eisberg Aufstellung. Hier wurde der kleinste von ihnen bald von Thostrup schwer verwundet; er sank zusammen und verteidigte sich sitzend noch rasend gegen die Hunde, die jetzt wieder von allen Seiten herankamen, sowohl die Unverletzten,

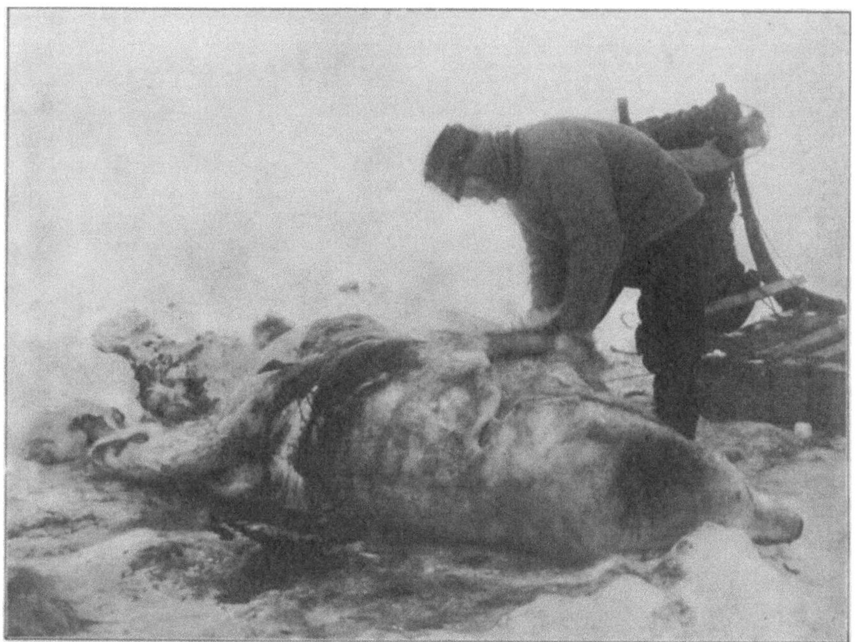

Gustav Thostrup mit dem vierten Bären.

als auch die Verwundeten. Es war ein Lärm, daß man kein Wort verstehen konnte.

Dann wurde endlich auch der andere Bär schwer verwundet, — und im nächsten Augenblick stürzte er sich rasend und wild vor Schmerz auf die Bärin. Da sprang diese auch auf die Hinterbeine, ihre Zähne funkelten gegeneinander und die mächtigen Tatzen erhoben sich zum Schlag. Aber plötzlich sanken sie beide hin; sie wendeten die Köpfe ab. Es sah aus, als ob sie sich erkannten und sich über das schämten, was sie getan hatten. Bald darauf gaben zwei Kugeln ihnen den Rest.

Sie luden die Bären auf die Schlitten, um sie zum Depot beim letzten Lagerplatz zurückzubringen. Aber während sie noch damit beschäftigt waren, entdeckten sie einen vierten Bären, der offenbar voll rasender Neugier auf sie losgewatschelt kam.

Jetzt fing es bei Gott an zu viel des Guten zu werden. Sie sahen sich an: Sollten sie wirklich den auch schießen?

Dann spazierte der Bär an ihnen vorbei und verschwand bald darauf zwischen den Eishöckern.

Aber er blieb nicht lange weg. Er konnte doch der Versuchung, das Neue und Merkwürdige kennen zu lernen, nicht widerstehen. Kurz

Vom Lamberts-Land südwärts auf dem Landweg.

Vom Schlitten nach hinten gesehen.

darauf kam er in vollem Galopp zurück, augenscheinlich darauf versessen und vorbereitet, die Sache von Grund aus zu untersuchen.

Sowohl Thostrup als auch Wegener waren so müde, daß sie wirklich nicht mehr mit ihm zu tun haben mochten. Aber die Rücksicht auf das Depot gewann schließlich die Oberhand, und überdies — die unbändigen Hunde waren bereits hinter dem Bären her, die ganze Meute warf sich mit aus dem Maule hängenden Zungen auf den Erbfeind.

Der Bär war ungewöhnlich frech. Er stand erst ein wenig da und grübelte; dann ging ihm ein Licht auf: an der ganzen Küste Grönlands gab es kein einziges lebendes Wesen, das nicht zu fressen war. Und da kam er mit langen Sprüngen den Hunden entgegen — —

Es dauerte etwas, ehe er klar über die Situation wurde. Erst als die Zahnreihen des vordersten Hundes in seinem Fleische zusammen-

Gustav Thostrup und Wegener bei der Heimkehr.

schlugen, nahm er wieder Reißaus — aber diesmal mit weit geringeren Aussichten als beim erstenmal.

Wegener, der allzu müde war, um hinter ihm herzulaufen, sandte ihm auf eine ganz tolle Entfernung eine Kugel nach — und sie traf. Der Bär blieb dort sitzen und erhielt dann ebenso wie die anderen den Todesschuß.

Es war ein riesiger Kerl; als sie ihn später zerwirkten, waren sie einig darüber, daß sie vorher nie einen so großen Bären gesehen hatten.

Sie waren 36 Stunden aufgewesen, als sie endlich, nachdem sie die drei ersten Bären zerwirkt hatten, in die Schlafsäcke krochen. Erst nach Verlauf eines weiteren Tages setzten sie die Reise fort, nachdem sie auch den vierten zerwirkt und das Fleisch, für das sie selbst keine Verwendung hatten, deponiert hatten.

Gebirgsbach.

Dem Reiseplan gemäß folgten sie vom Kap Bergendahl*) der Westseite der großen Inselreihe und nahmen diese auf, und ohne größere Widerwärtigkeiten erreichten sie in gut acht Tagen das Schiff, gründlich gestärkt durch den Besuch der südlichen, dicht beieinander gelegenen Depots.

„Ich hatte einen großen Kummer," erzählte Wegener, „der ‚alte Ajórkpok' starb auf dem Wege von Lamberts Land hierher. Ich hatte ihn bei Hagen gegen einen besseren Hund eingetauscht, als wir uns trennten. Er war mager, taub und blind, und ihm fehlten alle Zähne, als ich ihn bekam. Und nun konnte er die forcierte Heimreise

*) Die Stelle auf „Lamberts Land", wo das Depot liegt.

durch die Sunde südlich vom Mallemukfelsen nicht vertragen. Eines Tages brach er zusammen. Wir machten seinetwegen Halt und schlugen das Zelt auf. Aber es war nichts mehr dabei zu machen, es war zu spät. Am nächsten Tag versuchte er vergebens, dem Schlitten zu folgen, indem er in der Spur nachlief. Er suchte die ganze Zeit über zu seinem alten Platz im Gespann zu kommen, aber er konnte es nie soweit bringen. Dann legte ich ihn auf den Schlitten; aber dort fühlte er sich nicht wohl, er wollte immer hinunter und zu den anderen hin. Und am dritten Tage starb er neben mir auf dem Schlitten.

Bach auf dem Firn.

Wie viele Meilen hat dieser Hund sich nicht im Dienste des Menschen abgearbeitet? Man konnte es ihm ansehen, daß er einmal vor vielen Jahren ein starker, guter Hund gewesen war. Jetzt war er fertig, taugte er zu nichts mehr — und wurde dann endlich von dem anstrengenden Dienste befreit, indem er daran krepierte.

Wir senkten ihn dicht bei dem nördlichen Depot, wo er starb, in eine Spalte des Meereises hinab ....“

— — — — — — — — — — — — — — — — — — — —

Jetzt stehen wir in der letzten Hälfte des Juni. Die Sonne schwingt ihre glühende Kugel über den ganzen Horizont und schmilzt den Schnee, der tröpfelnd über die Felswände herabfällt.

Winzige Wasserfälle kommen schimmernd von allen Seiten her,

laufen zusammen und bilden Bäche, die glucksend herumhüpfen, bis sie über den Sumpfboden hinausfließen und sich schließlich unter den großen Schneemassen verstecken, die noch die tiefen Flußbetten bedecken und die Böschungen der Küste mit dem Meere zu einer Fläche zusammengleiten lassen.

Unten auf dem Grunde des Flußbettes beginnen die Bächlein ihre stille, aber sichere Arbeit. Tief unten unter dem großen Firn geht irgend etwas Verdächtiges vor, Tag und Nacht wird dort gezischelt und getuschelt. Die Sonne, die diese gewaltigen Schneemassen gar nicht von oben her treffen kann, hat sich nach Hilfe umgesehen. Sie hat Boten auf Boten hinauf ins Gebirge zu den Bächlein gesandt. Sie kamen alle, ein ganzes Netz kleiner, schimmernder Bänder; und die Sonne wärmt sie auf ihrem Weg über die Steine und die braunen Sumpfflächen und sendet einen nach dem anderen hinein unter den Firn.

Wo der Elv durch den Firn bricht.

Sie sammeln sich und wachsen, sie werden zu einer Großmacht. Ihr Tuscheln dort unten steigert sich zu einem Brummen. Legt man sich auf den Schnee nieder, so hört man ein tiefes, drohendes Murmeln dort unten. Es schallt aus der Tiefe herauf gleich Stimmen vieler Leute, die vorbeiziehen — unaufhörlich.

Ohne eigenen Willen wandern die gewaltigen Massen — nur weil sie *müssen*. Es zittert und kracht in der starken Decke, die sich darüber von Ufer zu Ufer erstreckt und Licht und Leben aussperrt. Aber oben vom Gebirge her, wo sie geboren wurden, haben sie die Erinnerung an die Sonne und den weiten Himmel mitgebracht, und sie werden stark vor Verlangen, wieder ans Licht hervorzukommen — —

Eines Tages schallt dort oben von den Bergen ein Gepolter zu uns herab. Es dröhnt wie Kanonenschüsse — und rumpelnd wie große Wagen kommt das Echo von allen Seiten über den Hafen herabgerollt.

Der Damm ist gebrochen!

Jetzt rasen die Wassermassen durch die Öffnung dort oben, stürzen

Wasserfall im Gebirge.

über die holperigen Felsen und die flachen Sümpfe herab, wälzen sich in das Flußbett hinab und gehen singend zusammen mit den Bächen zur Arbeit in den Tiefen des Firns. Und die Stimmen dort unten steigen und heben sich schließlich zu einem Ruf, einem Siegeslied — und herab kracht die alte Schneemauer, Loch bildet sich neben Loch, die schweren Massen stürzen in gewaltigen Blöcken in das brüllende Chaos hinab, werden zermahlen und stürzen ins Meer hinaus.

Jetzt ist da Luft!

Das Eis in den Seen schmilzt, immer mehr Nahrung strömt dem

Fluß von allen Seiten zu, — bis er zu einer großen, tanzenden Masse wird, die unwiderstehlich ihren sicheren Weg aufs Meer zugeht.

Am flachen Strande breiten sich die Wasser nach den Seiten hin aus, fließen ruhig über und unter dem Eise und bilden eine Wake, die von Tag zu Tag wächst, und große Spalten entstehen längs des Landes im Ebbestrand.

Jetzt wird der Sommer bald kommen. — Draußen vom Meere her wogen die Dämpfe der großen offenen Waken mit östlichem Winde

Die erste Bresche.

als dichte Nebelmassen über das Land hin, lassen ihre Feuchtigkeit auf Felsen und Steine fallen und schwellen die Flußläufe an; bis der Westwind kommt, den Nebel zu großen Büscheln zusammenrollt, an die Böschungen hinauf fegt und lustig wieder empor über das Meer hinaus schickt. Und die Sonne kommt wieder zur Macht. —

Jetzt sind alle Zugvögel gekommen. Im Sonnenschein haben wir sie vorbeiziehen sehen, einzeln oder in Schwärmen, je nach ihrer Gewohnheit. Vor gut zwei Monaten waren die ersten Schneesperlingsmännchen über das Schiff hingeflogen, und wenige Tage später kamen in kleinen Schwärmen Weibchen und Männchen durcheinander. Sie hatten längst sich häuslich niedergelassen und Hochzeit gemacht. Und jetzt warteten wir auf alle die anderen.

Dann zeigten sich endlich die ersten Plänkler. Und eines Nachts im Anfang des Juni kamen alle die kleinen Watvögel mit großem Hallo. Die Luft wurde lebendig von schwirrenden Vogelschwärmen; Strandläufer, Steinwender, Sandläufer, isländische Strandläufer und Thorshähne flogen über den Hafen und dicht über die Steine am

Das Wasser siegt.

Strande hin, pfiffen, piepten und schrien, jeder mit seinem Laut, und ließen sich in kleinen Pfützen und Teichen im Sumpfe nieder, oder wo nur eine Handvoll Wasser zwischen den Steinen war.

Sie sind alle in ihrem allerfeinsten Staat; denn sie gehen auf Freiersfüßen jetzt. Bei schönem Wetter sehen wir sie da oben am Strande herumfahren, sich vor einander verbeugen und den Hof machen, wir sehen ihren sonderbaren Paarungsflug und hören ihr zärtliches Flöten.

Und dann kamen die großen Vögel.

Den Ringelgänsen und Sturmmöwen folgten Eisenten und Eiderenten, Raubmöwen und die großen rotkehligen Lummen. Und zu allerletzt kamen die Seeschwalben.

Wir sehen sie vorbeiziehen, unermeßlich hoch oben unter dem strahlenden Himmel. Die großen Vögel drehen ihre Köpfe nach rechts und links, aber der Flug geht nur in einer Richtung — und sie verschwinden hinter den Bergkämmen im Norden.

Doch einzelne schwenken plötzlich, senken sich in großen Kreisen

Wo der Elv ins Meer tritt.

über den Hafen herab und lassen sich mit Geschnatter und Geschrei in den Seen nieder.

Aber wenn der dicke, weiße Meernebel seinen schweren Deckel über uns legt, dann sehen wir die hoch oben ziehenden großen Vögel nicht. Wir hören nur ihren pfeifenden Flügelschlag über uns, der ferne Laut läßt uns den ewigen Flug der Vögel über unseren Köpfen ahnen — nordwärts, nordwärts!

— —

Am Nachmittag des 20. Juni kamen Jarner, Gundahl und Freuchen endlich von ihrer Reise zurück. Wir waren lange Zeit unruhig gewesen,

Der Elv ist los.

Isländische Strandläufer. Schneesperling. Steinwender. Junge Eisenten. Rotkehlige Lumme. Thorshahn. Junge und alte Sandläufer. Thorshähne. Alte und junge Schneehühner im Sommerkleid.

weil ihre Heimkehr sich so in die Länge zog, und vor einigen Tagen war Gustav Thostrup mit einem Hundeschlitten über den Sund längs der Ostseite der großen Koldewey-Insel hinabgefahren — auf diesem Wege mußten sie, wie wir meinten, zurückkehren —, ohne jedoch etwas von ihnen zu sehen. Das Meereis war da bereits sehr aufgeweicht und morsch gewesen, und wir waren im Klaren darüber, daß sie, wo sie sich auch befanden, jetzt große Schwierigkeiten haben mußten, mit dem Schlitten vorwärts zu kommen.

Wir waren froh, als sie kamen. Wir waren in den letzten Tagen fast mehr um sie als um die Nordreisenden besorgt gewesen.

Jarner war mit der Ausbeute der Reise sehr zufrieden. Sie war nicht ohne große Widerwärtigkeiten verlaufen, die meistens in der vorgerückten Jahreszeit ihren Grund hatten, aber sie war doch in allem Wesentlichen plangemäß vor sich gegangen. Über die Orientierungsinseln, die Walroßspitze und die Mörkefjordgebiete waren sie in südwestlicher Richtung an der Festlandsküste entlang gezogen, hatten etwas südlich vom Mörkefjord einen neuen Fjord gefunden und waren schließlich in ein mächtiges System von Sunden hineingekommen, die das Land hinter dem Teufelskap in eine Menge von Inseln teilten.

Freuchen, Gundahl und Jarner bei der Heimkehr.

Erst 7 bis 8 Meilen innerhalb der äußersten Reihe dieser Inseln stieß man auf die Festlandsküste, die an mehreren Stellen kolossale Gletscher hatte. Von diesen waren die Sunde beinahe überall so mit mächtigen Eisbergen angefüllt, daß es schwierig war, dort vorwärts zu kommen, ja daß man oft sich zwischen ihnen gar nicht orientieren konnte, da sie jeden Ausblick nahmen.

Diese Eisberge zeigen also, daß die Sunde hier bisweilen im Sommer aufbrechen müssen. Überall stießen sie dort auf Luftlöcher der Seehunde und bei diesen natürlich auf ein Gewimmel von Bärenfährten, die den Schnee nach allen Richtungen durchkreuzten. Bären selbst trafen sie auch mehrmals, aber da sie keine Hunde hatten, gelang es ihnen nur ein einziges Mal, zum Schuß zu kommen. Freuchen und Jarner lauerten eines Tages zusammen auf einen Bären, der erstere mit einer Büchse, der andere mit einem photographischen Apparat. Als der Bär auf 20 Ellen heran war, „schossen" beide. Während der Photograph vorbeitraf, streifte der Jäger das Tier, worauf es sich in wildem Galopp davonmachte.

Das „Danmarks-Monument" am Eingang zum Mörkefjord.

Nach einer sorgfältigen Untersuchung der Festlandsküste und der Inseln hinter dem Teufelskap erreichte die Expedition am 27. Mai die Westecke der Insel, auf der das Teufelskap liegt. Freuchen war drei Tage lang schneeblind gewesen, befand sich aber jetzt auf dem Wege der Besserung und hatte Muße zur völligen Erholung, als sie am folgenden Tage unter den „Orgelpfeifen", einer Felsenpartie auf der südlich vom Teufelskap liegenden länglichen Insel, von einem Schneesturm überfallen wurden, der sie drei Tage lang ans Zelt fesselte.

Von jetzt ab begegneten ihnen manche Widerwärtigkeiten. Nach einem Marsch über ein fürchterlich unwegsames Terrain, das durch den Niederschlag während des Schneesturms der letzten Tage noch verschlimmert worden war, schleppten sie sich, fast ganz ohne Proviant, bis zu einem von Gustav Thostrup und Charles Poulsen für sie ausgelegten Depot.

Aber als sie dorthin gelangten, zeigte es sich, daß das Depot von Bären zerstört war. Es war nichts davon zurückgeblieben, nicht ein Bissen — eine Schlittenkiste war zerschmettert und der ganze Inhalt war aufgefressen. Nur eine Dose Tee, die mehrere hundert Ellen fort

Aage Bertelsen: „Die Orgelpfeifen," von Norden gesehen.

auf den Strand herabgerollt war, ein wenig Pfeffer und Curry hatten die Bären übrig gelassen; alles andere war weg. Blechdosen waren zerkaut, als wären sie aus Papier, und dann wieder ausgespuckt, wenn der Inhalt aus ihnen herausgeschleckt war. In einem Umkreis von ein paar hundert Ellen war der Schnee mit Holz- und Blechstücken von der Schlittenkiste bedeckt.

Ihr nächstes Depot lag mehr als drei Meilen von dort entfernt drüben auf der großen Koldewey-Insel — es war dasjenige, das wir im Herbst 1906 ausgelegt hatten. Es blieb für sie nichts anderes übrig, als zu versuchen, so schnell wie möglich dort hinüberzugelangen, und zu hoffen, daß dieses Depot nicht dasselbe Schicksal gehabt habe, wie das andere. Sie mußten sich nun mit halben Rationen begnügen, und am nächsten Morgen machten sie lange Beine, um über die Straße zu kommen.

Erst nach einem fünfzehnstündigen Marsch gelangten sie am 30. Mai zur Insel hinüber. Hier wurden sie sofort von einem Schneesturm überfallen, der sie an diesem Tage daran verhinderte, nach dem Depot zu suchen. Aber am nächsten Tage legte sich das Unwetter soweit, daß Jarner, der selbst bei der Auslegung des Depots mit dabei gewesen war, im Laufe von zwei Stunden zu ihm hin finden konnte. Es war glücklicherweise unbeschädigt, — aber nicht unberührt.

Es waren auch dort Bären gewesen und hatten mit den Schlittenkisten herumgewirtschaftet, von denen die eine die Böschung herabgekollert war und in einem Loch zwischen den Klippen gefunden wurde. Die andere trug Schrammen von Zähnen und Krallen, hatte aber glücklicherweise gehalten; und dann war der Dörrfischvorrat natürlich gefressen.

Aber jetzt waren sie geborgen. Sie nahmen eine Schlitten- und eine Bootskiste mit sich zum Zelt und hatten nun Proviant für 16 Tage, hinreichend für den Rest der Reise, wenn nicht die schlechte Beschaffenheit des Weges sie allzusehr aufhielt.

Der Schneesturm nahm wieder zu und hielt sie dort bis zum 2. Juni zurück. Dann konnten sie aufbrechen, und durch eine von den großen Senkungen, die dort die Insel von Westen nach Osten durchschneiden, zogen sie in einem Tage nach der Ostseite hinüber. Aber die schlimmste Tour stand ihnen noch bevor.

Das Eis war längs der Ostseite der Insel überall mit einer meterdicken Schicht weichen Schnees bedeckt, unter der mehrere Zoll Schmelzwasser standen, das in den Senkungen zusammenlief und ganze Teiche bildete. Die drei Männer waren immer bis über die Knie hinauf klatschnaß und plumpsten häufig bis an den Gürtel in Spalten und Waken. Stürme mit starkem Niederschlag von Tauschnee hielten sie tagelang im Zelt zurück, die Bäche begannen zu springen und ihr lehmiges Wasser über den Strand herab und aufs Meer hinaus zu senden. — Es war gerade kein reines Vergnügen, auf einer solchen Tour das Kommen des Frühlings zu erleben.

Trotz dieser Hindernisse hielt die Expedition sich doch an den Reiseplan, ging südwärts zur südöstlichen Ecke der Insel, damit Jarner seine geologischen Untersuchungen zu Ende führen konnte, und kehrte erst am 6. Juni um und trat den Heimweg zum Schiffe an. Nach ermüdenden, fürchterlichen Anstrengungen, unter denen dichter

Nebel sie fast immer umgab und oft zum Stilliegen zwang, erreichten sie 14 Tage später das Schiff.

Wenn Freuchen trotzdem in der Weise Tagebuch geführt hat, wie die jetzt mitzuteilenden Proben zeigen, so muß dies wohl wieder als ein in ihm wohnendes Bedürfnis, anders zu sein als andere Menschen, erklärt werden. Freilich behauptet er, daß das Tagebuch als Ausdruck für die allgemeine Stimmung auf der Reise gelten könne:

„....... In der Zwischenzeit hatte der Ebbestrand, auf dem wir lagerten, Risse bekommen, und unsere Schlafsäcke hatten sich

Wenn das Meereis schmilzt.

tief in den Schnee hineingeschmolzen und waren naß geworden, weshalb wir beschlossen, nach der nächsten Landspitze nach dem Gletscher zu umzuziehen. Dorthin gelangten wir in ein paar Stunden und zankten uns dann längere Zeit über den Zeltplatz. Ich blieb Sieger, und wir kriegten den schlechtesten. Wir mußten dort über den Ebbestrand, wo dieser in ganz kleine Stücke zerbröckelt war. Ich ging, wie ich es zu tun pflege, mit dem längsten Zugriemen voran und fiel in eine Spalte, in der Wasser bis über die Knie hinauf war. Der Schlitten schlug um, Jarner schalt mich aus, ich Gundahl und schließlich Gundahl Jarner. Es zeigte sich, daß der Schlitten sich durch das Gezänk nicht aufrichtete, wogegen das Petroleum vom „Lux" über unsere Fleischschokolade auslief; wir schlossen darum einen vorläufigen Frieden, richteten den Schlitten auf und zogen ihn an Land. Wir mußten hier das Gepäck etwa 20 Meter auf eine steile Felsböschung hinauftragen, wobei wir denn auch erreichten, daß die Rückenstange des Zeltes brach. Leisteten jeder drei Eide und machten uns daran, sie wieder zusammenzuzurren, säuberten dann alle drei jeder seinen Zeltplatz von Steinen, worauf wir einen

Aussicht nach Süden von Jarners Zeltplatz unter den „Orgelpfeifen".

vierten wählten. Darauf entstand die Streitfrage, nach welcher Himmelsrichtung unsere Zeltöffnung liegen sollte. Bekanntlich gibt es vier, um die man sich streiten kann, weshalb wir die Hähne unserer Büchsen untersuchten. Doch ehe der Bürgerkrieg ausbrach, zerschlugen wir eine Flasche mit Spiritus und vereinigten uns in schöner Eintracht, um den Verlust zu beweinen und zu retten, was noch zu retten war . . . . . ."

An einer anderen Stelle heißt es:

„Ich gehe jetzt mit meinen schwarzen Hosen von zuhause, nachdem ich über ihre größte Fläche einen Flicken gesetzt habe.

J. P. Koch.

Ja, so geht es! Mit diesen Hosen bin ich zum Schulball gewesen, sie haben in Lungholm und Engestofte getanzt, sind zu Mittag in Oreby und in den verschiedenen anderen von mir besuchten Lalland-falsterschen Salons gewesen, bevor meine Frackhosen, die mehrere hundert Meilen von hier sind, sie ablösten.

Später wurden sie zu Schützenhosen. Unter Zugführer H.s Leitung nahmen sie den „Flaschenkrug“ während der Nachtmanöver 1904 ein. Halbkompagnieführer B. führte sie bei Asminderöd Kro zum Siege über die Kronborger Sekondeleutnantsschule. Auf Amager fielen sie unter dem Jubel der Bevölkerung in eine Mergelgrube bei dem Versuch, eine aus sieben Mann bestehende Armee zu umringen, wurden auf dem Felde getrocknet, während ich lag und mich sonnte; kurz gesagt, sie haben ein wechselreiches, aber ehrenvolles Dasein geführt.

Jetzt sitzt hinten auf ihnen ein Segeltuchflicken, auf einer Nähmaschine mit schwarzem Zwirn draufgenäht, der fünfmal auf Baß-Rock überwintert hat. Langsam und bedächtig bewegen sie sich über das Eis, der Lappen zeigt gerade auf den Schlitten hin, auf dem sich alle unsere Lebensbedürfnisse befinden. Ach, als sie Schottisch tanzten — und Quadrille! . . .“

An einem Festtag im Zelte ist folgendes ins Tagebuch geschrieben:

„Um dem Tag vom Morgen an ein so festliches Gepräge wie möglich zu geben, zündete Gundahl eine Zigarre an und versuchte mit einem Messer etwas von dem Schmutz auf den Backen abzukratzen. Ich hatte daran gedacht, meine Hände unten auf dem Eise in einem Seehundsluftloch zu waschen, entdeckte aber, daß ich imstande war, die Wirkung mit geringeren Mitteln hervorzubringen: ich putzte sie mit einem Kamikstrumpf, so daß sie einem frisch geputzten Ofen glichen.

Auch Jarner wollte es nicht unterlassen, das Seine zur allgemeinen Verschönerung zu tun. Er verschwand . . . . .“

Die Schilderungen, die die Heimgekehrten von den Reiseverhältnissen längs der Küsten machten, vermehrten unsere Besorgnis wegen des andauernden Ausbleibens der Nordreisenden bedeutend. Am meisten fürchteten wir die Passage beim Mallemukfels. Wie würden die Verhältnisse sich dort im Juni gestalten, wenn schon im April offenes Wasser bis ganz an die Küste heranreichte? — Jetzt konnte man nicht mehr erwarten, daß Jungeis eine Brücke über die Waken bilden würde.

Sollten wir glauben, daß sie auf der andern Seite lagen und zu einer Übersommerung gezwungen waren? — —

Dann vergingen noch ein paar Tage. Wir waren nervös, wir warteten; irgend ein Ruf beim Schiffe oder ungewöhnlicher Lärm zwischen den Hunden ließ uns erschreckt auffahren, und wir wandten uns dann ganz mechanisch nach der Landzunge dort drüben hin, wo wir zuerst etwas von ihnen zu sehen erwarteten: waren das jetzt endlich die Schlitten?

— —

AAGE BERTELSEN

„DANMARKS MONUMENT“
GESEHEN VON PUSTERVIG

Am 23. Juni — der letzte Tag, den wir vor einem Jahre in Dänemark verbrachten — wurde ich dann morgens um 2 Uhr von lautem Hundegeheul geweckt. Einen Augenblick darauf hörte ich, daß man in der Messe vor meiner Tür mit leiser Stimme miteinander sprach. Das letztere war auffallend. Man pflegte nämlich niemals in der Messe zu flüstern, selbst nicht nachts. Und kamen Leute von den Schlittenreisen, selbst von den kürzesten, nach Hause, so pflegte man viel Wesens von ihnen zu machen und vor ihnen aufzutischen, was das Haus vermochte. Bei solchen festlichen Gelegenheiten wurden immer die geweckt, deren Quartier an die Messe stieß, sie nahmen an der Unterhaltung, bisweilen auch an der Mahlzeit teil.

Koch bei der Heimkehr.

Ich horchte einen Augenblick und hörte dann, daß der eine von den Sprechenden Lindhard war. Aber plötzlich flog ich völlig wach aus der Koje; — ich hatte Kochs Stimme erkannt.

Ich zögerte ein wenig, ehe ich die Tür öffnete. Die Spannung war zu groß. Was würde ich jetzt erfahren? Dann machte ich endlich auf und guckte hinaus.

Es stand jetzt nur ein Mann da draußen, dicht bei meiner Tür. Als er sich nach mir umwandte, sah ich, daß alles an ihm grau war, Kleider, Gesicht, Bart und Hände hatten dieselbe graue Farbe.

„Nein — sind Sie es? Willkommen!“

„Was zum Teufel, sind Sie wach, Friis? — Wecken Sie jetzt nur keinen von den anderen!“

„Lassen Sie mich doch wenigstens Jensen wecken; Sie müssen doch was zu essen haben!“

Johannisfeuer.

„Nein, nein! St! — Seien Sie bloß still, wir werden uns schon selbst zurechtfinden! Ich habe nur Lindhard geweckt; wir sind nämlich so unheimlich voll von Läusen; die müssen wir erst loszuwerden suchen.“

„Wer ist mit Ihnen?“

„Bertelsen und Tobias.“

„Und Mylius und die anderen?“

„Ja, die sind uns dicht auf den Hacken; sie kommen in ein paar Tagen.“

Es fing an, mir leichter ums Herz zu werden.

Wir standen einen Augenblick; dann fragte ich:

„Und wie weit sind Sie gekommen?"
„Ja," sagte er ganz ruhig, „wir kamen so weit, wie wir sollten."
„Ganz . . bis . . . . ."

Bertelsen bei der Heimkehr.

„Ja, Grönlands Nordspitze."
„Da soll doch . . . . ."
„Hören Sie, Friis, jetzt machen Sie, daß Sie ins Bett kommen!"
In demselben Augenblick kam Lindhard in die Messe zurück. Er

24*

hatte ein Paket Läusepulver und verschiedene Heilmittel in den Händen. Die Vorbereitungen für die Festlichkeiten bei der Heimkehr waren getroffen — in aller Bescheidenheit.

— —

Tobias bei der Heimkehr.

Nach einer ausdrücklichen Warnung, ihnen zu folgen, entfernten Koch und Lindhard sich und gingen nach dem Hause hinüber.

Am Strande spielte sich nun ein fürchterliches Drama ab, indem alle Kleidungsstücke Kochs, Bertelsens und Tobias', die voll von Läusen waren, auf einen Haufen geworfen, mit Benzin übergossen und angezündet wurden. Mehrere hundert Läuse kamen bei dieser Gelegenheit ums Leben, Nordostgrönland hatte sein charakteristisches Johannisfeuer erhalten. Die drei Heimgekehrten scheuerten sich in einer Bütte, wurden mit Insektenpulver besprengt und zogen von oben bis unten reines Zeug an.

Ich schlief nicht mehr in dieser Nacht. Als ich am nächsten Morgen zum Frühstückstisch kam, war Bertelsen der erste, der mir in die Hände fiel. Aber was für ein Bertelsen!

Die Abteilung Koch.

Von dem Bertelsen, der von hier mit heller Gesichtsfarbe und fast schwarzem Haar und Bart gereist war, war nur die Zeichnung noch da; er war buchstäblich umgefärbt worden. Die helle Haut war ganz dunkel geworden, hatte eine seltsam fremdartige, braungraue Farbe. Haar und Bart — namentlich der Bart um den Mund herum, der der Sonne am stärksten ausgesetzt gewesen war — hatten eine helle graugelbe Farbe. Es sah aus, als ob auch die Farbe der Regenbogenhaut der Augen heller geworden wäre; in seinem Blick erinnerte etwas an den Lichtschimmer in den staubigen Fenstern alter Häuser, etwas Gebleichtes, das ich nie zuvor in den Augen eines Menschen gesehen hatte. Das Haar glich, auch in der Farbe, einem vom Winde zerzausten Dachfirst eines alten Gebäudes.

Koch kam bald darauf. Er hatte jetzt die gleichmäßige graue Farbe durch eine gründliche Abseifung entfernt und zeigte auch eine höchst merkwürdige Farbenveränderung; Haar und Bart, sonst blond, waren ganz strohgelb, beinahe weiß, und hoben sich strahlend von der dunklen, braunroten Haut ab; die Augen waren von ganz heller Farbe. Tobias dagegen, den ich kurz darauf begrüßte, hatte anscheinend keine Veränderung durchgemacht. Übrigens erzählte Bertelsen mir, daß Tobias sich am Tage vor der Heimkehr die Haare geschnitten und frisiert hätte, da er doch nicht so, wie er aussah, mit bis in die Augen hinabhängenden Haaren zum Schiff kommen wollte.

— —

Die Hauptaufgabe der Expedition war gelöst, Grönlands äußere Küste war in ihrer Gesamtheit auf der Karte abgesetzt. Ich will andere das Stück Arbeit beurteilen lassen, das Koch hier ausgeführt hatte; ein Blick auf die Karte kann nur oberflächlich zeigen, welche Bedeutung es hat. .

Wieviel es in moralischer Beziehung für uns alle auf der Expedition bedeutete, ist auch schwer anderen verständlich zu machen. Man muß die drei Männer gesehen haben, als sie heimkehrten, um einen Begriff davon zu bekommen, was sie durchgemacht und ausgestanden hatten, bevor sie soweit kamen. Selbst sprachen sie nicht viel davon. —

Um den Verlauf der Reise zu schildern, kann ich nichts besseres tun, als hier einen Teil eines Vortrages zu veröffentlichen, den Koch darüber nach der Rückkehr nach Dänemark gehalten hat.

Kochs Schilderung der großen Schlittenreise nach Norden.

„Wir hatten von Bistrup und Ring beim Mallemukfelsen Abschied genommen; wir hatten die großen eskimoischen Wohnplatzruinen auf der „Eskimospitze“ und auf „Amdrups-Land“ passiert; wir hatten schließlich Thostrup und Wegener Lebewohl gesagt, als sie uns auch keine Hilfe mehr leisten konnten. — Jedesmal, wenn wir um eine Ecke oder Landspitze schwenkten, hatten wir gehofft, daß die Küste sich nun nach Westen, dem „Academy-Land“ zuwenden würde, und jedesmal hatten wir eine Enttäuschung erlitten — die Küste zog sich beständig länger und länger nach Osten.

Endlich erreichten wir am 29. April die Nordostrundung, Grönlands östlichsten Punkt, einen breiten, flachen Landvorsprung, der ohne scharfe Übergänge sozusagen ins Meer ausfließt. Von dort wandte sich die Küste in einem sanften Bogen mehr und mehr nach Westen; der Weg nach dem Academy-Land schien jetzt endlich gerade, ohne allzuviele Schnörkel und Windungen, vor uns zu liegen; jetzt kam es eigentlich nur auf eine glückliche Jagd an, dann konnte es als recht sicher angesehen werden, daß wir unser vorläufiges Ziel erreichen würden.

Leider waren die Jagdaussichten im Augenblick nur gering, das Land war überall mit Eis bedeckt, und das Meereis war alt und zu solide, als daß man erwarten konnte, dort Seehunde oder Bären anzutreffen. — Die Aussichten waren daher nicht die besten, als wir am 1. Mai von „Nakkehoved" nach Westen fuhren, wo das Inlandeis sich auf das zugefrorene Meer hinausschob und Spalten und tiefer Schnee das Vorwärtskommen schwierig machten. — Unter diesen Verhältnissen war es kaum richtig, daß die sechs Schlitten noch länger beieinander blieben. Mylius-Erichsen sollte nach Westen längs der Küste zum Academy-Land, während Tobias, Bertelsen und ich zum Peary-Land hinüber sollten; unser Weg lag gerade vor uns, er führte über das Meer nach Nordwesten. — Wir beschlossen, uns zu trennen, und verteilten daher unsere Vorräte gleichmäßig zwischen die beiden Schlittenzüge. Als wir einander Lebewohl sagten, überreichte Mylius-Erichsen unserer Abteilung eine kleine seidene Flagge; er bat uns, damit bei allen feierlichen Gelegenheiten zu flaggen. Das versprachen wir und befestigten sie daher sofort auf einem Reservepeitschenstock an einem Schlitten.

Dann schlug die Scheidestunde; wir wünschten uns gegenseitig glückliche Reise, schwenkten die Mützen, und bald verschwanden unsere Kameraden nach Westen in dem holperigen Inlandeis, während wir übers Meer nach Nordwesten zogen.

Das war einer der vielen feierlichen Augenblicke der Reise. Bertelsen, der so oft das rechte Wort fand, um die Stimmung auszudrücken, traf auch hier den Nagel auf den Kopf, als er zu mir kam und sagte: „So, Koch, jetzt fängt das Abenteuer an."

Ja, das Abenteuer fing an, aber der Anfang war nicht gut. Mit ausgemergelten, kraftlosen Hunden trieben wir uns sechs Tage lang in Eisschraubungen schlimmster Art herum. Elendes, kärgliches Futter boten wir unseren Hunden auf den Lagerplätzen und mit Peitsche und Fußtritten trieben wir die erschöpften Tiere auf dem Marsche vorwärts; die Tour wünschen wir wahrlich nicht noch mal zu machen. Die Hunde wurden zu wilden Bestien. Sie fraßen alles: Schlittenbänder, Zurringe, Zelttaue, nichts war ihnen heilig; ja sogar ihre eigenen Exkremente verachteten sie nicht. — Eines Nachts fielen sie über einen ihrer Kameraden her und bissen ihn tot, ehe wir zu Hilfe kommen konnten.

Am 7. Mai erreichten wir die östliche Ecke von Peary-Land. Das Land war niedrig und flach und schneebedeckt. Hier und da gab es jedoch vom Schnee entblößte Flecken, wo man sah, daß der Boden aus Strandkies und feinem Lehm bestand. Erst ein paar Meilen von

Ein Eiswall.

der Küste erhoben sich die Berge; sie waren ziemlich niedrig, kaum über 500 Meter. Inlandeis, wie wir es von Grönland her kannten, sahen wir auf Peary-Land nicht, nur hier und da kleine Gletscher.

Sofort bei der Ankunft am Land legten wir in einem Depot soviel Proviant und Petroleum nieder, wie wir für unsere Rückreise über das Meer brauchten, sowie eine Anzahl Kleidungsstücke. Auf den Schlitten behielten wir nur das Zelt, Schlafsäcke, Instrumente, Hundefutter für fünf Tage, Proviant und Petroleum für acht bis neun Tage. Indessen waren sowohl wir als auch die Hunde auf halbe Rationen gesetzt, so daß die Vorräte nicht viel wogen, im ganzen wohl kaum über 150 Pfund für den Schlitten. Bei einer so geringen Schlittenlast sollte man auf eine Tagereise von acht bis neun Meilen rechnen können; jetzt konnten wir kaum erwarten, daß wir mit unseren ausgemergelten Hunden eine halbsolange Strecke zurücklegen würden.

Eine Chance gab es indessen, die Jagd, und die suchten wir sofort zu erproben, indem wir über das niedrige, schneebedeckte Land hinauf zu den Bergen zogen.

Lockwood und Peary haben die westliche und nördliche Küste des Peary-Lands bereist; Peary war sogar im Jahre 1900 eine Strecke an der Ostküste herabgekommen; aber keiner von ihnen hatte Großwild getroffen, weder Bären noch Moschusochsen; in diesem nördlichsten Land unseres Erdballs kannte man nur Hasen. Die Aussicht auf eine Jagdbeute, die irgendwelche Bedeutung für uns haben konnte, war also im voraus nicht besonders gut — aber das Land konnte ja besser als sein Ruf sein.

Auf dem letzten Lagerplatz vor unserer Ankunft auf Peary-Land hatten wir eine Aufrechnung unseres Proviantvorrates vorgenommen. Ja, das hatten wir in der letzten Zeit jeden Tag getan, wir waren also vertraut mit dieser Aufgabe. Aber diesmal mußte die Aufrechnung mit besonderer Sorgfalt ausgeführt werden. Sobald wir nämlich an Land kamen, mußten wir die Vorräte deponieren, die wir notwendig brauchten, um die Rückreise über das Meer nach unserem Depot im Amdrups-Land machen zu können — als Stütze für diesen Teil der Reise hatten wir nur eine knappe Tagesration bei der Nordostrundung.

Das Ergebnis der Untersuchung war folgendes: Auf den Schlitten hatten wir Vorräte für sieben Tage und bei der Nordostrundung Vorräte für einen Tag, also im ganzen Furage und Proviant für acht Tage. Daß dies etwas knapp für eine Reise nordwärts bis zu Pearys Warte und zurück bis zum Amdrups-Land werden würde, darüber waren wir bereits längst im klaren gewesen, und wir hatten uns daher auch auf halbe Rationen gesetzt, seitdem wir von Mylius-Erichsen geschieden waren.

Bei halben Rationen reichen achttägige Vorräte ja für sechzehn Tage aus, und wenn wir außerdem bei jeder Mahlzeit einen Bissen für jeden Mann zur Seite legen würden, dann würden wir, so meinten wir, auf diese Weise uns selbst um eine weitere Ration für den siebzehnten Tag betrügen können.

Danach stellten wir eine Aufrechnung über die Tagereisen an, und es zeigte sich dabei, daß wir, wenn wir Glück hatten — wenn wir nicht durch Nebel, Schneesturm oder Unfälle irgend welcher Art aufgehalten wurden —, nach Pearys Warte und wieder zurück zum Amdrups-Land in zwanzig Tagen kommen konnten.

Also siebzehn Tage halbe Rationen und drei Tage nichts: das waren keine guten Aussichten; aber das war doch nicht schlimmer, als das, worin sich so mancher arktische Reisende hat finden müssen; und es ist nicht schlimmer, als daß man es aushalten kann, ohne alle Kräfte zuzusetzen.

Bertelsen. Tobias.

Nordwärts, trotz allem. Durch eine der fürchterlichsten Eisschraubungen.

Das war also vorläufig kein hinreichender Grund, um von unserem Programm abzuweichen, um so weniger, da es ja möglich war, daß wir Jagdglück hatten. Aber auf der andern Seite mußten wir auf Schneesturm gefaßt sein und auf etwas noch Schlimmeres: auf die schlechte Schlittenbahn, die der Sturm meistens im Gefolge zu haben pflegt. Ja, dann konnte es schlimm genug werden; wir mußten dann wohl zu dem zweifelhaften Ausweg greifen, unsere Hunde zu schlachten.

Daß wir unter diesen Verhältnissen starkes Interesse für Jagd hatten, ist selbstverständlich. Wir zogen daher über das flache Vorland auf die fernen Berge zu. Wir dachten, daß wir vielleicht an deren Fuß Moschusochsen treffen könnten. Jedes Lebenszeichen war für uns ein günstiges Vorzeichen, und im übrigen hielten wir Ausschau nach jeder Spur, die darauf deuten konnte, daß hier Wild war

Ganz unten am Strande hatte ein Schwarm Schneesperlinge uns zwitschernd willkommen geheißen; etwas weiter hinauf flatterte eine Schneeeule an uns vorüber; die Hinterlassenschaften der Hasen lagen überall verstreut; hier war doch wenigstens Leben. — Dann kamen

Die letzten Schüsse.

wir an dem Skelett eines Moschusochsen vorbei; das gab uns frischen Mut; aber das Skelett brauchte ja nur zu bedeuten, daß Moschusochsen hier gewesen waren, vielleicht vor vielen Jahren. Dann fanden wir zusammengefrorene Urinmasse im Schnee. Noch glaubten wir jedoch nicht recht daran; aber es dauerte jetzt nicht mehr lange, und wir fanden Exkremente, die häufiger und häufiger wurden, je mehr wir uns dem Fuße der Berge näherten. Dann hielt Tobias plötzlich seinen Schlitten an, drehte sich nach uns anderen um und sagte: „Zwei Moschusochsen". Sein scharfes Auge hatte sie in einer Entfernung von einer halben Meile entdeckt, wo sie friedlich grasten.

Jetzt wurde klar zur Jagd gemacht. Bertelsen war so liebenswürdig, zurückzubleiben, um auf die Hunde zu passen, während Tobias und ich mit sechs Hunden davonzogen, — die Hunde waren so müde, daß sie sich jeden Augenblick niederlegten; wir mußten sie förmlich an den Zugriemen hinter uns her ziehen. Noch als wir auf 30 Meter an die Ochsen herangekommen waren, hielten die Hunde sich hinter uns zurück. Wir machten sie los und eröffneten darauf das Feuer auf die Tiere: vier ausgewachsene Kühe und zwei Kälber. Jetzt erst kam Leben in

Das Moschuskalb, Tobias und die Hunde.

die Hunde; sie stürzten vor und fielen von allen Seiten über die Ochsen her. Die armen Kühe mußten still stehen und sich gegen die Hunde wehren und wurden so leicht eine Beute für unsere Kugeln. Sie befolgten die gewöhnliche Taktik der Moschusochsen: Sie stellten sich in einem Karree mit den Kälbern in der Mitte auf und machten ab und zu gegen die zudringlichsten Hunde Ausfälle — eine Taktik, die unzweifelhaft vorzüglich gegenüber Wölfen und Bären ist, die aber gegenüber riffelbewaffneten Schützen nicht viel taugt.

Als die vier Kühe erlegt waren, stürzten die Hunde sich sofort auf das eine der Kälber, zerrissen es und fraßen es an Ort und Stelle auf. Als ich dies sah, hob ich die Büchse, um das andere sofort zu erschießen; aber in demselben Augenblick kam es so fröhlich auf mich zugesprungen; ich mochte es nicht kaltblütig hinmorden und senkte die Büchse wieder.

Als Tobias und ich zu Bertelsen zurückgingen, wollten die sechs Hunde nicht mit; sie schwelgten in den Eingeweiden der Tiere und konnten es nicht übers Herz bringen, das herrliche Futter zu verlassen. — Das Kalb dagegen begleitete uns; wir hatten schnell dadurch sein Zutrauen gewonnen, daß wir es gegen unsere Hunde beschützten;

Tobias mit dem Kalb.

jetzt ging es ganz vergnügt zwischen uns die halbe Meile bis zu den Schlitten, wo es photographiert und — geschlachtet wurde.

Wir fuhren natürlich sofort zu den Ochsen und ließen alle Hunde auf sie los. Jetzt gab es eine Festmahlzeit eigentümlicher Art. Die Hunde zerrten und rissen an den erlegten Tieren, während wir drei Männer dastanden, große Stücken schieres Fleisch herausschnitten und unseren Hunden ins Maul warfen. Nach und nach half es; die Hunde nahmen nichts mehr vom Fleisch, sondern rissen hier ein wenig vom Talg, dort ein wenig Haar ab und blieben offenbar nur beim Fressen, weil sie es nicht übers Herz bringen konnten, aufzuhören.

Einzelne lagen jedoch bereits jetzt geschlagen auf der Walstatt — sie lagen lang auf der Seite, alle vier Pfoten von sich gestreckt, und schnappten vor Übersättigung nach Luft.

Es war ein köstlicher Anblick. Wir lachten laut vor Vergnügen, gingen herum, redeten leise mit den Hunden und trommelten auf ihrem gespannten Bauchfell.

Eigentlich wurde es uns erst bei dieser Gelegenheit klar, wie schlimm es mit unseren Hunden stand. Gerade dadurch, daß die Haut sich

Bertelsen und Tobias beginnen die Jagd.
Im Hintergrunde die Moschusochsenherde, umgeben von den Hunden.

um den überfüllten Bauch herum anspannte, kam die Magerkeit entsetzlich zutage; trotz des dicken Pelzes traten Rückgrat und Hüftknochen mit allzu unheimlicher Deutlichkeit hervor. Und das waren die Hunde, die sich für uns abgeschleppt und abgerackert hatten, und die wir mit der Peitsche und mit Fußtritten bearbeitet und beinahe verhungern lassen hatten, — es war nicht zu begreifen.

Na, wir mußten auch ein wenig an uns selbst denken; wir schlugen das Zelt auf, kochten Moschusochsenfleisch und aßen uns gründlich satt. Wir waren jetzt 26 Stunden hintereinander auf den Beinen gewesen, waren 5½ Meilen gereist, d. h. gegangen und hatten auf drei Stationen gemessen. Uns mochte es schon not tun, in die Schlafsäcke zu kommen, aber erst mußte eine Arbeit verrichtet werden: die Ochsen mußten zerlegt werden, da sie bereits am nächsten Morgen steifgefroren sein würden. Erschöpft und schläfrig, aber bei guter Laune, machten wir uns an diese gerade nicht sehr angenehme Beschäftigung. Als wir endlich in unsere Schlafsäcke krochen, hatten wir 30 Stunden hintereinander stramm gearbeitet. — Es waren damals 17 Tage vergangen, seit wir zuletzt einen Rasttag gehalten hatten.

Nach beendeter Jagd.

Am nächsten Tag schossen Bertelsen und Tobias elf Moschusochsen; aber ehe wir dazu kamen, die Magen aus ihnen herauszunehmen, wurden wir von einem Schneesturm überrascht und mußten uns schleunigst in unser Zelt zurückziehen. Der Sturm zwang uns, zwei Tage im Zelt zu bleiben, und ein Tag ging damit hin, die elf Ochsen zu zerwirken und Fleisch als Depot niederzulegen. Erst am 11. Mai, zur Mittagszeit, waren wir fertig, die Reise nach Norden fortzusetzen. Die Hunde hatten sich ausgeruht; sie kommen erstaunlich schnell zu Kräften, wenn sie soviel zu fressen bekommen, wie sie mögen; aber mit uns anderen hielt es schwer; die Beine wollten gar nicht recht mit, als wir nordwärts durch den tiefen Schnee wateten, den der Sturm mit sich gebracht hatte.

Als wir am Abend des 12. Mai an der Küste entlang gefahren kamen, erblickten unsere Hunde auf dem niedrigen schneebedeckten Strand vorn einen kleinen dunklen Punkt. Wie gewöhnlich liefen sie auf das für sie Auffällige zu und beschleunigten die Fahrt, und wir ließen ihnen ihren Willen. Bald wuchs der Punkt und erhielt die Gestalt eines Kegels, und als wir auf den Strand hinaufschwenkten und zu dem Platz fuhren, auf dem geleerte Konservenbüchsen herumlagen, gab es keinen Zweifel mehr: wir standen vor Pearys Warte.

Hier standen wir also auf der Stelle, auf der der berühmte amerikanische Forscher vor sechs Jahren auf seiner Reise im Norden von Grönland, von Westen kommend, Halt gemacht hatte. — Unser Ziel war erreicht; der Anschluß an die Entdeckungen des amerikanischen Entdeckers war gelungen; Grönlands äußere Küste war jetzt in ihrer ganzen Ausdehnung bereist.

Aus dem Bericht, den Peary in der Warte deponiert hatte, ersahen wir, daß er zusammen mit dem Kap-Yorker Eskimo Ahngmalokto und dem Mulatten Matthew Henson mit drei Schlitten und sechzehn Hunden hierher gelangt war. Er hatte sich hier des Nebels wegen zwei Tage lang aufgehalten und war dann durch Proviantmangel zur Umkehr gezwungen worden. Der Bericht hat folgenden Wortlaut:

„Record deposited May 22. 1900, by R. E. Peary. U. S. N. May 22. 1900.

Arrived here 10^{30} p. m. May 20th from Etah via F^{t} Conger & north end of Greenland. Left Etah Mar. 4th Left Conger Apr. 15th. Arrived north end of Greenland May 13th. Reached point on sea ice Lat. 83° 50′ N. May 16th.

On arrival here had rations for one more march southward. Two days of dense fog have helf me here. Am now starting back.

With me are my man Matthew Henson; an Eskimo Ahngmalokto; 16 dogs, & 3 sledges.

This journey has been mode under the auspices of & with funds furnished by the Peary Arctic Club of Newyork City.

The memberskip of this club includes Morris K. Jesup, Chas. A. Moore, Henry W. Cannon, Herbert L. Bridgman, John H. Flagler, E. C. Benedict, Jas. W. Hill, H. H. Benedict, Chas. P. Daly, Alfred Harmsworth of London, Dr. Hyde, E. L. Bliss, — Sands, — Constable, — Parrish, — Raven, & others.

R. E. Peary. Civil Engineer, U. S. N.“

Ich nahm diesen Bericht heraus und legte folgenden an seine Stelle:

„A Sledge party of the Mylius-Erichsens Danmark-Ekspedition — lieutnant Koch, artist Bertelsen and the Eskimo Tobias Gabrielsen — arrived here May 12th 1907, 10 p. m. on journey northward.

I have taken R. E. Pearys record, which was deposited here in this cairn.

J. P. Koch."

Die Warte steht auf 82° 59′.

Der Nebel hatte Peary an der Vermessung der Strecke zwischen Kap Bridgman und der Warte gehindert. Wir beschlossen daher, die Reise nach Norden fortzusetzen, um die amerikanischen Messungen zu vervollständigen, was übrigens nur zum Teil gelang, da auch wir von Nebel stark belästigt wurden.

Früh morgens am 15. Mai machten wir vor dem Kap Bridgman Halt. Der Nebel war so dicht, daß wir nichts sahen.

Wir hatten Proviant und Hundefutter genug, um die Reise zwei bis drei Tage fortsetzen zu können, nach Westen längs der Küste oder über das Meereis nach Norden; aber weder im Westen noch im Norden gab es bedeutende Aufgaben für uns. Es war jedoch unsere Absicht, wenn das Wetter sich aufklären würde, eine Tagereise westwärts zu fahren, damit Bertelsen Gelegenheit erhielt, einige Skizzen von der scharfen, felsigen Küste zu malen, die hier beginnt; aber der Nebel wollte sich nicht zerstreuen; es klärte sich nur soviel auf, daß wir gerade noch die notwendigsten astronomischen Beobachtungen machen konnten.

Hier, auf dem nördlichsten Punkt Grönlands und dem Endziel unserer Reise, bauten wir eine Warte, und ich legte in dieser folgenden Bericht über den Verlauf der ,,Danmark-Expedition" nieder:

„J. P. Koch, Führer der zweiten Schlittenabteilung.

Die Danmark-Expedition nach der Nordostküste Grönlands 1906/08.

K. Bridgman, d. 15./5. 1907.

Die Danmark-Expedition erreichte im August 1906 zu Schiff Kap Marie-Valdemar und ging im September ds. Js. beim Kap Bismarck ins Winterquartier.

Am 28. 3. 1907 zog eine Schlittenexpedition, bestehend aus 10 Mann, 10 Schlitten und etwa 85 Hunden, nordwärts. Die gesamte Schlittenexpedition wurde von Mylius-Erichsen geführt. Auf 80 Grad 9 Minuten kehrten 2 Mann und 2 Schlitten um, auf 80 Grad 44 Minuten wieder 2 Mann und 2 Schlitten. Die Reise verlief gut, wurde aber über das erwartete Zeitmaß hinaus verlängert, weil die Küste Grönlands, wie es sich herausstellte, sich weit länger nach Osten erstreckt, als angenommen war. Nach einer vorläufigen Schätzung liegt der östlichste Punkt auf 81 Grad 24 Minuten n. Br. und zirka 12 Grad w. v. Grw.

Am 1. Mai auf 81 Grad 53 Minuten und ca. 18 Grad w. v. Grw., trennte sich die zweite Schlittenabteilung — Koch, Bertelsen und Tobias Gabrielsen — von der ersten. Diese — Mylius-Erichsen, Hagen und Brönlund — zog westwärts nach der Independence-Bai und Peary-Channel, während die zweite Abteilung nach Nordwesten über das Meer zum Peary-Land zog.

Die zweite Abteilung erreichte Peary-Land am 7. 5. vorm. auf ca. 82 Grad 30 Minuten. Am selben Tage schossen wir 4 Moschusochsen und 2 Kälber, am nächsten Tage 8 Moschusochsen und 3 Kälber. Wir wurden vom Schneesturm drei Tage aufgehalten und zogen darauf nordwärts. Pearys Warte fanden wir auf ca. 82 Grad 59 Minuten am 12. 5. 10 Uhr nachm. Am 15. 5. 5 Uhr vorm. kamen wir in dichtem Nebel hierher — 3 Mann, 3 Schlitten und 25 Hunde — mit Vorräten für 5 Tage, und im übrigen die Heimreise durch Depots gesichert. Wir kehren jetzt um, reisen in den Fr. Hyde-Fjord hinein und werden darauf längs der Ostküste und Südostküste des Peary-Landes zu den Academy-Gletschern zu gelangen suchen, um von dort zum Expeditionsschiff beim Kap Bismarck zurückzukehren.

Als wir das Schiff am 28. 3. verließen, war alles wohl.

J. P. Koch.“

— —

Da entschlossen wir uns denn zur Umkehr; aber auf dem Heimwege wollten wir einige Tage in dem nördlichsten Fjord des Erdballs, dem Hyde-Fjord, zubringen, um zu sehen, wie es dort aussah.

In einer langen, schwach gebogenen Linie schiebt sich der Fjord 10 Meilen lang nach Westen zu in das Land hinein. 500 bis 1000 Meter hohe steile Felshänge rahmen ihn auf beiden Seiten ein, und über den Abhängen und drinnen über dem Lande erhebt sich ein gen Himmel strebender Gipfel neben dem anderen, kantige, zugespitzte Kuppen, deren dunkle Farbentöne braun, rot und grün schillern. Inlandeis sieht man nicht, nur hier und da einen armseligen Gletscher; aber die Täler und Schluchten sind noch mit Schnee gefüllt, der in dem scharfen Sonnenlicht des Frühlings funkelt und glitzert.

Majestätische, erhabene Ruhe liegt über der Landschaft. Der Hase hüpft über die weißen Felder hin und zeichnet sie mit seiner wohlbekannten Fährte. Der Schneesperling zwitschert am Abhang, das Schneehuhn scharrt im Schnee und pickt die frisch ausgesprungenen, fetten Weidenknospen weg. Die Eule sitzt tückisch-unschuldig auf dem Stein und blinzelt mit den Augen, der Falke schwebt von Fels zu Fels; beide lauern sie auf den kleinen, biederen Lemming, die arme Ratte, die sich aus ihrem unterirdischen Bau herauswagt, um etwas zu nagen zu finden. Der Fuchs und der Wolf streifen weit umher; sie müssen hart arbeiten, um sich den Lebensunterhalt zu verdienen. Aber die Moschusochsen ziehen langsam von einem Ort zum anderen;

Berg an der Nordküste des Hyde-Fjords.

Die Hunde schlafen am Strande.

mit Hufen und Hörnern durchbrechen sie die Schneekruste und füllen den Wanst mit getrockneten Pflanzen des vorigen Sommers

Das Eis, das die Fläche des Fjords bedeckt, bricht niemals auf. Aber wenn im Juli der Schnee in den warmen Tälern schmilzt und die Flüsse springend ihren kurzen Tanz aufführen, dann löst sich das Eis vom Ufer. Ein grundloser Schneemorast mit tausenden von kleinen Seen und Teichen bildet sich draußen auf dem Fjord. Weh dem Reisenden, der über den Fjord muß! Aber drinnen im Lande lächelt uns der Frühling zu. Das Gras sprießt schon im Talgrund hervor, und die gekrümmten Weidenzweige, die auf dem Erdboden hinkriechen, stehen voll von grünen Blättern. Der Mohn färbt den sonst so nackten Felsboden mit gelblichem Schimmer, und in langen, geraden Rabatten steht der weiße Dryas, Blume neben Blume, und trinkt den strahlenden Sonnenschein. Doch am meisten freut sich das Auge über die Perle unter den arktischen Blumen: Saxifraga. Ihr sanftes, warmes, violettes Häuflein wirkt wie ein starkes Reizmittel, wenn man müde und abgehetzt über das Gebirge stolpert. Man nickt ihr zu, wie einem alten Bekannten; man wird froh, richtet sich auf und streckt die Beine und schaut vergnügt nach der nächsten Blume.

Ja, so ungefähr sieht der Hyde-Fjord aus.

Hier begann eine Zeit des Drangsals für uns. Zuerst hatten wir das Unglück, daß Bertelsen fünf von seinen Hunden verlor. Sie verfolgten einen Moschusochsen allzu eifrig über einen Abhang hinaus, der, wie wir gemessen hatten, 550 Meter hoch war. Merkwürdigerweise kam ein sechster Hund, der brave, dicke, plumpe Pedersen, bei dieser Luftfahrt gut davon, Gott mag wissen wie. Der Ochse mußte den dreisten Sprung mit dem Leben büßen. Er diente dann unseren Hunden als Futter.

Schlimmer war es, daß Bertelsen und ich krank wurden. Wir konnten das rohe oder halbrohe und zum Teil verdorbene Fleisch, das beinahe ausschließlich unsere Nahrung war, auf die Dauer nicht vertragen. Eine bösartige Verstopfung war die Folge; die Krankheit beraubte uns unserer physischen Kräfte und schwächte unsere Willenskraft. Wir haben Tobias dafür zu danken, daß dies gut ging; er arbeitete für drei; wir anderen, wir folgten nur mit.

Als wir auf dem Rückwege am 21. Mai an der Warte Pearys vorbei kamen, fügte ich auf dem früher von mir niedergelegten Schreiben folgendes hinzu:

„May 21. 07, a. m.

Reached C. Bridgman; stayed 3 days in the Hyde Fj., lost here 5 dogs going down ower a precipice in pursuit of a musk-ox. We are now going southward to Academy Land, 3 men, 3 sledges and 20 dogs. Bertelsen and I suffer from not beeing able to disgest the musk-oxen meat; for several days we have had almost no other food. I think we shall be allright again, when we 23, shall reach our cache at 82° 30'.

J. P. Koch."

Es wehte ein scharfer Wind, und der Schnee trieb in dichten Schwaden über die einförmigen Flächen hin, als wir in der Nacht zum 23. Mai zum Herlufholms-Strand zurückgelangten. In der Schneeluft verfehlten wir unsere Depots und mußten schließlich das Zelt aufschlagen, da wir nicht mehr wußten, wo wir waren. Rohes gefrorenes Fleisch und rohes Mark war unsere Abendmahlzeit; wir hatten in den letzten 36 Stunden nichts anderes bekommen. Wir hatten kein Feuerungsmaterial mehr; nicht einmal Wasser konnten wir erhalten, sondern mußten uns damit begnügen, wie die Hunde Schnee zu essen. Am nächsten Morgen war ich ganz erschöpft. Ich mußte eine ganz unsinnige Willensanspannung aufbieten, um aus dem Schlafsack herauszukriechen, und diese unbedeutende körperliche Arbeit war hinreichend, um Fieber hervorzurufen. Bertelsen war wohl nicht ganz so angegriffen, wie ich, doch ging es ihm nicht viel besser.

Hier mußten wir also unsere stolzen Hoffnungen begraben, die darauf ausgingen, die Schlittenreise längs der Südküste des Peary-Landes bis zum Academy-Land und möglicherweise noch weiter nach Westen durch den Peary-Kanal fortsetzen zu können. — So ungern wir es auch taten, wir mußten den Gedanken aufgeben, den Sommer über hier oben zu bleiben; die Krankheit zwang uns, den Kurs zum Schiffe einzuschlagen.

Zwar half es uns, daß wir unser Depot mit Petroleum und Konserven fanden; aber an der Sache konnte dies nichts ändern. Unsere Kräfte waren zerrüttet; wir fanden völlige Genesung erst, als wir zum Schiffe zurückkehrten.

Wir zogen also heimwärts. Vorläufig hielten wir jedoch den Kurs gerade nach Süden auf ein fernes Land zu, das wir für eine Jnsel in der Independence-Bai hielten — es war Kap Rigsdagen.*)

Als wir am Abend des 27. Mai dort am Lande entlang fuhren, stießen wir ganz unerwartet auf Mylius-Erichsens Schlittenzug, der uns entgegengefahren kam.

Nachdem wir uns am 1. Mai bei Nakkehoved von Mylius-Erichsen, Hagen und Brönlund getrennt hatten, waren sie längs einer völlig eisbedeckten Küste gerade nach Westen gezogen. Die Schlittenbahn war schwierig, die Hunde entkräftet, sie rückten nur außerordentlich langsam vor. Erst am 11. Mai kamen sie zur Westküste des Danmark-Fjords, zu einem Lande, das sie damals für Peary-Land hielten. Sie konnten diesem Irrtum nicht gut entgehen. Den Independence-Sund konnten sie nicht sehen. Als Peary im Jahre 1892 auf seiner Reise über das Inlandeis bei Navy Cliff Halt machte, hatte er gemeint zu sehen, daß die Küste vom Academy-Land nach Südosten abfalle. Mylius-Erichsen mußte daher glauben, daß er von Südosten zum Academy-Land hinaufkommen würde, und hiermit stimmte es gut,

*) Rigsdagen = Der Reichstag.

daß das Fahrwasser, auf dem er sich jetzt befand, nach Süden fiel und dann nach Westen bog. Er zog daher nach Süden in den Fjord hinein. Dort schoß er außer Hasen und Schneehühnern 21 Moschusochsen. Vorläufig hatte er also Proviant und Futter genug.

Am 21. Mai erreichte man den innersten Teil des Danmark-Fjords, wo eskimoische Zeltringe, Fleischgruben und Fuchsfallen gefunden wurden.

Sie mußten jetzt also umkehren und wieder aus dem Danmark-Fjord hinausfahren.

Der Sommer näherte sich in bedenklicher Weise; sie mußten an die Heimreise denken. Aber Gesundheit und Stimmung waren gut, die Hunde waren frisch, die Vorräte noch nicht aufgebraucht und — die Frage, wie der Peary-Kanal im Osten endete, war noch immer ein ungelöstes Problem. Einige wenige Tage konnten noch geopfert werden, um Klarheit in diese Sache zu bringen. Sie deponierten daher die Vorräte, die sie zur Heimreise brauchen sollten, in dem äußeren Teil des Danmark-Fjords, fuhren nordwärts um Kap Rigsdagen und schwenkten gerade um die Ecke, um nach Westen abzubiegen, als sie uns trafen.

Unser Zusammentreffen sollte und mußte mit einem Fest gefeiert werden; außerdem war es klar, daß wir uns nicht so im Handumdrehen draußen auf dem Eise ausschwatzen konnten. Wir fuhren daher zusammen an Land und lagerten. Da Bertelsen, Tobias und ich wegen unserer unfreiwilligen Fleischdiät auf Peary-Land am besten mit Leckereien versehen waren, gaben wir den Schmaus, bei dem die Festmahlzeit aus Kaffee (ohne Rahm und Zucker) und Schiffszwieback mit Butter bestand. Nach dem Kaffee traktierte Tobias mit Tabak und Brönlund mit Zigaretten.

Es war gemütlich drinnen in dem kleinen schmierigen und zerfetzten Zelt, als wir dort saßen und uns gegenseitig unsere Erlebnisse erzählten und Pläne für die Zukunft schmiedeten. Hagen sollte jetzt nur noch seine Vermessungen auf dem Berge gegenüber dem Kap Rigsdagen abschließen, dann wollten wir am nächsten Tage alle zusammen heimwärts zum Schiffe fahren.

In der Nacht gingen Mylius-Erichsen und Hagen auf den Berg, um Vermessungen anzustellen, und als sie am nächsten Morgen zurückkamen, hatte Mylius seinen Entschluß geändert. Er hielt jetzt an seiner ursprünglichen Absicht fest, die Reise noch ein paar Tage westwärts fortzusetzen, was er jetzt um so sicherer tun konnte, da wir einen Teil unserer Vorräte an ihn abgeben konnten. Am Abend des 28. Mai trennten wir uns wieder; Mylius-Erichsen, Hagen und

Brönlund zogen nach Westen in den Independence-Sund hinein, und Bertelsen, Tobias und ich fuhren nach Osten, heimwärts.

Über unsere Heimreise will ich mich kurz fassen. Sie war unglaublich forciert und unglaublich ermüdend. Nebel und wiederum Nebel herrschte, als wir davon jagten, zuerst um uns um den gefürchteten Mallemukfelsen herum zu retten — Tobias führte hierbei ein Meisterstück verwegener eskimoischer Fahrkunst aus — und später, um überhaupt durch diesen meterhohen Schneemorast zu kommen, den der arktische Reisende mehr als sonst etwas fürchtet.

Als wir heimkehrten, war der Sommer da .....“

Sommer am „Kleinen See".

Der Sommer.

Der Sommer ist gekommen. Er kam so plötzlich über uns. Ehe wir es gedacht, war er da.

Oben im Sumpfe fing es an. Aus dem grauen Lehmboden schossen große Polster der üppigen Moose empor; rote, gelbe und grüne Farben quollen überall zwischen den welken Grashalmen vom vorigen Jahre hervor. Und das steckte an! Die Gräser fingen auch an, sich einzustellen; es gor und glomm überall in dem sumpfigen Boden. Das Rispengras kam in großen üppigen Haufen und setzte steife Ährchen an den langen Halmen an; in kleinen Häuflein wimmelte rings herum das Riedgras hervor und trieb kleine, braune Büschel, die herabhingen und leise im Winde flackerten. Ein feiner, grünlichbrauner Farbenton zog sich über die Täler und Hügel zwischen den felsigen Bergen.

Und dann kamen die Blumen, eine nach der anderen. Sie sproßten aus dem Sumpf empor; sie marschierten in großen Kolonnen über die steinigen Hügelrücken hinaus, sie steckten die Köpfe hervor aus jeder kleinen Ritze in den Felsen, wo es auch nur den geringsten Schimmer Sonnenschein zu trinken gab.

Sommer. „Monkey“ und „Svarte“ gehen spazieren.

Saxifragas violettrote, leuchtende Farben fahren wie ein Lauffeuer über das Land. Sie ruft alle anderen heraus: Sputet euch, es ist Sommer! Er ist kurz, aber freuen wir uns des Lebens, solange es währt — und unten in der Erde horchen sie auf, vorsichtige Köpfe kommen hervor, um hinauszuschauen. — Ja, es ist wahr! Laßt uns dann doch nur nicht zu spät kommen! — Saxifraga flagellaris treibt ihre kleine grüne, kohlkopfähnliche Knospe über den Erdboden empor; es rummelt und keimt darin, und lange dünne Fäden gleich Schnakenbeinen schießen

Saxifraga. (Steinbrech.)

nach allen Seiten daraus hervor. Eines schönen Tages fängt es an, ihnen in den Zehen zu jucken, in den äußersten Spitzen stockert und pocht es; und der Klumpen drinnen in der Mitte sieht zu seinem Erstaunen, daß andere kleine Klümpchen da draußen hervorwachsen, die sich in dem harten Boden festhaken, wo sie zu neuen Pflanzen werden, und aus lauter Überraschung schießt er eine kleine Blume gerade empor.

Das Läusekraut steckt seinen schmierigen Hut aus dem Erdreich, vorsichtig und zögernd, als ob es lichtscheu wäre. Erst gleicht es mit den spitzen Ärmlein einem kleinen, roten Seestern. Aber bald kommt es ganz hervor, und der Hut glänzt wie frisch geputzt in der Sonne; und sieht man näher zu, so entdeckt man in Kreisen um den Stengel herum eine Reihe kleiner, fetter Blätter unter der anderen.

Die Rosmarinheide ringelt sich mit ihren weißen Glöckchen, die prachtvollen Kelche der Eisranunkel strahlen in blaßroten und grünlichweißen Farben an den Abhängen, und der gelbe arktische Mohn nickt und schwankt mit dem schweren Kopf auf dem langen, feinen Stengel. Hahnenfuß und Fingerhut blinken längs der Wasserläufe und Pfützen mit ihren gelben Farben wie kleine Lichter, während das Hungerblümchen sich ängstlich im Gras versteckt.

Rosmarinheide.

Und unten am Seeufer sprießt das Wollgras in großen Haufen hervor; es sieht aus, als ob Herden weißer Lämmchen dort hinunter gelaufen sind, um zu trinken.

Altes Hornkraut vom vorigen Jahr steht ringsherum. Diese Pflanze findet sich überall in jedem Boden, jeder Gesellschaft. Sie kommt als letzte ins Wochenbett, daher ist sie gelb vor Neid; sie weiß nicht, daß ihre Zeit auch noch kommt.

Aber überall läuft über die armseligen Hügel die arktische Weide hin, die schönste von ihnen allen. Sie kriecht demütig, von den Stürmen in Zucht gehalten, über den steinigen Boden hin; aber die neuen Kätzchen von diesem Jahre strecken sich fein und stolz gerade gegen das Licht. Das männliche Kätzchen wurde zuerst fertig. Das kleine, braune Band zu seinen Füßen hat sich geteilt und zwei allerliebste, hellgrüne Blättchen mit behaarten, silberweißen Rückseiten ausgesandt. Und darauf steht jetzt das Kätzchen in seinem glänzenden grauen Mantel mit den dunklen, tiefroten Knöpfen, die von der Spitze ab sich in gelbe Blümlein verwandeln. So standen sie da und warteten auf die Weibchen, vor Sehnsucht dem Bersten nahe. Und schließlich kamen diese auch hervor; jungfräulich und zart glitten sie aus ihren

Weißblühender Löwenzahn.

Hüllen heraus. Und da stehen sie jetzt mit ihrem feinen, silbergrauen Schleier über sich, der das zarte, grünliche Kleid fast ganz verhüllt; schüchtern und erwartungsvoll schlagen sie die Augen nieder und starren auf ihre kleinen, feinen braunen Schuhe hinab.

Im Sumpf und in den Wasserpfützen krabbelt und wimmelt es. Es brodelt aus dem Wassergrunde herauf, wunderliche Wesen wachen dort unten aus dem langen Schlafe zum Leben auf, verwandeln sich und kriechen ans Licht hervor. Kleine Krustentiere und Milben schwirren im Wasser herum und rennen mit dem Kopf gegen alles mögliche, und große säbelbeinige Borstenschwänze stehen auf dem

Kopf und graben am Grunde im Schlamm oder sie sausen herum, stoßen alles um und stiften Panik unter dem kleinen Gewürm.

Wie feine Dampfwolken liegen Mückenschwärme über den Wasserlöchern und spielen im Sonnenschein Violine! Fliegen schwärmen über die Hügelchen, wo unten am Boden die Spinnen lauern; graue Motten taumeln dicht über der Erde dahin. Ab und zu kommt eine große Schnake, willenlos vom Sommerwind über den Sumpf davongeführt

Eisranunkel.

und vergebens versuchend, in den Spitzen der Grashalme Anker zu werfen. Schmetterlinge und Nachtfalter flattern umher, und große Hummeln kommen angesummt, vom Honig berauscht, und probieren den Haustürschlüssel bei all den Blumen, gegen die sie auf ihrem Wege anrennen — —

Der kurze arktische Sommer ist gekommen.

Das ganze erstarrte Land erwacht einen Augenblick zu einem glückseligen Lächeln, froh des Lebens — so kurz es auch ist.

Oben im Sumpf dicht bei dem „Kleinen See“ stehen nahe beieinander Bertelsens und meine Staffelei. In den Ruhepausen kommen

Wollgras am „Kleinen See“.

wir zusammen und plaudern. Wir liegen auf dem Bauch im Gras, und er erzählt von der langen Reise.

Die Ruhepausen werden oft lang; Bertelsen erzählt ausgezeichnet, und ich liege und lausche und lausche, während der Rauch unserer Pfeifen langsam über das Wasser hinzieht. Meistens erzählt er von den grandiosen, prachtvollen Landschaften, die sie als die ersten sahen, von der Freude am Augenblick, die alle Gedanken an die monatelangen

Der von den Elven überschwemmte Sumpf. Juli.

Entbehrungen und Anstrengungen zu ersticken vermochte, von den Kameraden und dem Leben in den Zelten. Und seine Augen leuchten vor Begeisterung.

Er erzählte von dem Mallemukfelsen, der Stelle, wo das Land zum erstenmal sein falsches Gesicht vor ihnen enthüllte und seinen feindlichen, schnell zu Haß und Tücke bereiten Sinn ihnen zeigte, und wo sie alles dies über seiner Schönheit vergaßen, als sie über das schwankende Jungeis daran vorbei nach Norden fuhren.

„Es war ungefähr Mitternacht, als wir am Mallemukfelsen vorüberfuhren, und die Sonne stand niedrig. Ich fühlte den Fels über mir und sah hinauf: eine Reihe Eisblöcke von runder Gestalt lag an seinem Fuß

Am „Kleinen See". Jarner nimmt ein Fußbad.

entlang, oben blendend gelb, aber unten, wo das Wasser geleckt hatte, stark grün gefärbt, wie saftige Wasserpflanzen. Die Schatten unter dem Felsen sahen dunkelviolett aus, und in ihnen lagen große, graue herabgestürzte Felsblöcke. Zur Felsenmauer hinauf führte eine Böschung, gebildet aus Milliarden von herabgerollten Steinen, und darüber erhob sich der senkrechte Bergfelsen. Von seinen vielen Absätzen herab hörte ich die Stimmen Tausender von Mallemucken.

Aber war dieser Bergfelsen wirklich aus Stein? Ja, ich wußte es ja, aber sehen konnte ich es nicht. Es war, als ob selbst die Schatten

Zeltlager auf dem Meereis nördlich vom Lamberts-Land.

darin leuchteten. War nicht alles, was ich sah, ein selbstleuchtender Stoff? Ein paar gewaltige Gletscher schoben sich in schrägen Linien über das Meer hinaus; alle Linien waren groß und ruhig. Viele Meilen weit sah ich Fels neben Fels sich erheben; sie schwammen gleichsam im Glanz der Mitternachtssonne.

Selbst wenn man gar kein Interesse an dem Entwerfen von Karten über unbekannte Gegenden, keinen Respekt vor Rekords hat, kein wissenschaftlicher Forscher oder Jäger ist, selbst wenn man körperliche Anstrengungen, Hunger, Schweinerei und Hunde haßt, selbst dann bereut man in solchen Augenblicken nicht, hier herauf gekommen zu sein. Ich bin überzeugt, daß es unter denen, die ihr Leben hier oben gelassen haben, Männer gibt, die bis zuletzt Augenblicke gehabt haben, in denen sie nichts bereuten, in denen sie freudig über das Land und das Eis hinausschauten, das ihnen den sicheren, unvermeidlichen Tod brachte."

Er erzählte von einem Abend aus der Zeit, wo sie noch alle vereint waren, einem Abend, an dem irgendeine kleine Festlichkeit alle Mann in einem Zelte zusammenkriechen ließ. Auf dem Boden stand ein brennender „Primus" mit kochendem Wasser, ringsherum lagen schmierige Teller, die niemals gewaschen wurden, Schlafsäcke, Renn-

Die erste Wake beim Schiffe.

tierhäute, Kamikken und Strümpfe, Nardenheu voll von Eisklumpen, das aus den Kamikken herausgezupft war, Butter und Sülze; und über dem ganzen eine dicke Schicht Schmutz und Renntierhaare. Sie hatten ihr gutes warmes Essen gekriegt und konnten sich Kaffee leisten. Einer von ihnen mußte seine Freude über das Dasein in einem Lied zum Ausdruck bringen, und bald hatten sie von den anderen Zelten geantwortet; einer nach dem anderen kamen sie in die Türöffnung hineingekrochen, und das an Bord gebildete Quartett legte los.

Ein Lied wurde auch jetzt gesungen, das so oft an Bord vorgetragen war, und dessen Worte auch oben von der Schlittenfuhre herab erklungen waren, wenn die gute Laune hoch im Kurse stand und der Schlitten hinter den Hunden her leicht über das blanke Eis dahinfuhr. Es war Franzèns prächtiges Trinklied, dessen Text so wunderbar in die Stimmung hineinpaßte. Einer sang vor, und alle fielen mit dem Refrain ein:*)

Wie Blumen sind Freuden, die heute erblüh'n
Und welken am kommenden Morgen.
Just nun sei du froh, wenn die Sinne dir glüh'n,
Und denke nicht künftiger Sorgen!

— —

Die Moschusochsen werden zum Zelt geschleppt.

Aber dann kam die Zeit, in der der Proviantmangel die Kameraden der Hilfsabteilungen zur Umkehr zwang und die großen Anstrengungen und Entbehrungen anfingen. Und schließlich der Tag, an dem sie sich von Mylius' Abteilung trennten.

„Es sah durchaus nicht so aus," sagte Bertelsen, „als ob beide Abteilungen mit dem bißchen Proviant, das wir damals übrig hatten, ihr Ziel erreichen würden. Vor der Trennung hatte Koch in einer langen Unterredung Mylius inständig aufgefordert, den ganzen Proviant, über den unsere Abteilung verfügte, zu nehmen und uns umkehren zu lassen,

*) Übertragen von Heinz Hungerland.

damit doch wenigstens er zum Ziele vordringen könnte. Wir wollten dann nur soviel Proviant behalten, daß wir gerade die Depots erreichen und uns bis zum Schiff durchhelfen konnten. Wir, die wir Koch kennen und wissen, welche Bedeutung er seiner besonderen Aufgabe beilegte, und welche Kraft und Energie er zu ihrer Lösung einsetzte, wir wissen, welches Opfer dies für ihn gewesen sein würde.

Mylius-Erichsen wurde sehr gerührt darüber, aber lehnte es bestimmt ab. Und als Koch dringend bei seiner Aufforderung beharrte, sagte Mylius schließlich, er hielte Kochs Aufgabe, die Aufnahme des südlichen und östlichen Teils vom Peary-Land, für die bei weitem wichtigste; er wünschte, daß wir solange wie möglich nach dem Reiseplan vorgingen. Da trennten wir uns. Und für uns sechs wurde dies erst der endgültige Abschied von allem. Jetzt fühlten wir, daß uns der feste Boden unter den Füßen fortglitt. Wir gaben uns die Hände, und wenige Augenblicke darauf verbargen die Eisbarrieren uns voreinander."

Dann erzählte er von der fürchterlichen Fahrt über das Meer nach dem Peary-Land, auf der die armen, ausgehungerten Hunde über Eisschraubungen und Risse vorwärts geprügelt werden mußten, Fuß für Fuß, während der Proviantvorrat von Tag zu Tag abnahm und der Hunger Menschen wie Tiere beständig quälte. Und schließlich von ihrer Ankunft an der Küste und von der rettenden Moschusochsenjagd.

Eines Tages hatten sie notwendigerweise die Reise fortsetzen müssen trotz eines sehr heftigen Schneetreibens, in dem Koch und Bertelsen ohne Zuhilfenahme des Kompasses vollständig im unklaren über die Himmelsrichtungen waren. Da Tobias wie gewöhnlich an der Spitze fuhr, meinte Koch, daß es doch vielleicht das beste wäre, ihm seinen Kompaß zu überlassen. Er rief ihn herbei, gab ihm den Kompaß und hielt ihm einen kleinen Vortrag über seine Anwendung. Tobias nickte; er verstand das ganze so ausgezeichnet: „Ajing! Herrlich!" Er war augenscheinlich überrascht.

Dann wickelte er den Kompaß sorgfältig in ein Tuch ein und steckte ihn in die Tasche.

Bertelsen fragte ihn später, ob er den Kompaß denn nicht gebrauchen wollte. Tobias lächelte: „Imera namik!"*) sagte er. Tobias drückte sich immer in vorsichtigen Wendungen aus. Wenn er von einer Sache sagte, daß sie „vielleicht gut" wäre, dann wußten sie, daß es ganz verteufelt schlecht damit stand.

„Dann ließen wir ihm seinen Willen", sagte Bertelsen, „und er fand den Weg mit Hilfe der Windrichtung, der Treibstreifen im Schnee und

*) Vielleicht nicht.

anderer Merkmale, auf die der Kompaß nicht zeigt, die aber der Zugvogel auf seiner Wanderung benutzt."

Dann hörte ich von der fürchterlichen Rückreise längs der Küste des Peary-Lands. Koch und Bertelsen waren von dem ewigen trockenen Moschusochsenfleisch, das sie wegen ihres knappen Petroleumvorrats halbroh essen mußten, krank geworden. Der Mangel an Fettstoffen machte sich schrecklich fühlbar für sie. Bertelsen litt 14 Tage lang an Verstopfung; er wurde nur durch eine äußerst brutale Kur — ein

Tobias bei Pearys Warte.

rostiger Blechtrichter und ein Liter warmes Wasser wurden dazu gebraucht — wieder auf die Beine gebracht. Er lag ein paarmal krank im Zelt und konnte mehrere Tage lang vor Erschöpfung kaum aufrecht stehen. Um ein Gewicht von 20 Pfund vom Zelt zum Schlitten zu tragen, mußte er unterwegs ausruhen. Koch war auch sehr stark mitgenommen. Er hatte bei der Ankunft auf den Zeltplätzen oft hohes Fieber.

Tobias war wie immer ein ausgezeichneter Kamerad, der alle Schwierigkeiten überwand und die Arbeit für die anderen tat.

Obendrein kam nun noch die Katastrophe hinzu, bei der die Abteilung fünf von ihren Hunden verlor. Trotz Krankheit und Erschöpfung mußte Koch unter Bertelsens Beistand viermal am Tage seine Beobachtungen ausführen. Bei einer solchen Gelegenheit hatten sie eines Tages unter Anspannung aller ihrer Kräfte ein Plateau beim Hyde-Fjord bestiegen. Bertelsens sämtliche Hunde waren ihnen dort hinauf gefolgt und hatten sich nicht zurücktreiben lassen. Als sie das Plateau erreichten, fanden die Hunde eine frische Fährte eines Moschusochsen, verfolgten diese und verschwanden bald nach einem Abhang zu, der von dem Plateau steil zum Meere abfiel. Erst eine Stunde darauf kamen drei von den Hunden zurück, die anderen sechs blieben verschwunden.

Als sie zum Zelt hinabkamen, war Bertelsen so krank, daß er sich legen mußte, und Koch fühlte sich gleichfalls elend. Da wurde denn Tobias ausgesandt, um nach den Hunden zu suchen. Nach 2½ Stunden kehrte er zurück und erzählte, daß er ihre Spur gefunden und bis zum Abhang verfolgt hätte. Sowohl die Spur des Moschusochsen als auch die der Hunde bewegte sich dort durch eine Spalte im Felsrand eine kleine Strecke abwärts bis zur Kante einer vollständig senkrechten Felswand. Über diese führten alle Spuren hinaus. Tobias hatte in die Tiefe hinuntergeguckt, aber nicht das Geringste von den Tieren gesehen.

Sie brachen sofort das Zelt ab und fuhren heimwärts am Fuß des Abhangs entlang, um nach den herabgestürzten Tieren zu sehen. Die Höhe des Felsens betrug an dieser Stelle, wie Koch gemessen hatte, 1600 Fuß. Er war voll von scharfen Absätzen. Die Leiber der toten Hunde waren daher wohl kaum ganz bis zum Fuß des Felsens herabgefallen. Selbstverständlich konnte man nicht erwarten, eines der Tiere am Leben anzutreffen.

Als sie eine halbe Stunde unten an dem Abhang entlang gefahren waren, sahen sie plötzlich einen Hund vom Strande her vorsichtig auf sie zugetrabt kommen; er trug den Schwanz zwischen den Beinen, als ob er auf Prügel gefaßt sei. Er hatte ein fürchterlich schlechtes Gewissen.

Es war wahrhaftig der große „Pedersen". Er war unter den Verfolgern gewesen und hatte die Reise über den Felsrand zusammen mit den anderen gemacht, das war ganz klar. Von hier draußen führte keine Hundespur hinein zum Felsplateau; und unten am Fuße des Felsens lag ein toter Moschusochse, zerschmettert. Spuren seines Falls und des Absturzes der Hunde sah man hie und da oben an der Felswand im Schnee, gleich wie Pedersens Pfoten bei seinem Versuch, wieder hinaufzukommen, tiefe Merkmale in den Schnee gekratzt hatten.

Da dies nicht geglückt war, hatte er sich in Geduld gefaßt, war dort geblieben und hatte eine solche Portion vom Moschusochsen gefressen, daß sein Magen unter ihm buchstäblich auf dem Schnee schleppte. Und jetzt kam er also und wollte sich seine Tracht Prügel holen, weil er unartig gewesen war.

Aber da irrte er sich ja gewaltig. Er wurde sozusagen bei lebendigem Leibe kanonisiert; wie er da zwischen den erstaunten Hundekutschern stand, lag der Glanz des Wunders über seinem armseligen Leibe; es dauerte eine Zeitlang, bis sie sich erdreisteten, ihn zu klopfen und zu liebkosen. Und er fühlte sich bald so wichtig, daß er die gemeinen Hunde, die hinkamen und ihn beschnupperten, kaum noch kannte.

Aage Bertelsen: Landschaft am Hyde-Fjord.
Rechts der „Hundeabhang".

Von den anderen Hunden sah man keine Spur; sie müssen alle an den Absätzen der Felswand zerschmettert worden und dort oben hängen geblieben sein. Tobias fuhr noch eine Strecke, um nach ihnen zu suchen, ohne jedoch das Geringste zu hören oder zu sehen. Das war ein unangenehmer Verlust für die Schlittenabteilung, die jetzt die übrig gebliebenen Hunde, so gut es ging, verteilen und mit dieser stark verminderten Zugkraft ihren beschwerlichen Weg nach Süden fortsetzen mußte.

Dann erzählte Bertelsen von der letzten Begegnung mit Mylius, Hagen und Brönlund, von dem kleinen Fest im Zelt, von Mylius' Begeisterung für Kochs Reiseergebnisse und von Hagens Befriedigung über die Arbeit, die er selbst im „Danmarks-Fjord" ausgerichtet hatte.

„Ja — und jetzt kehren wir bald alle heim!" hatte Bertelsen da gesagt.

„Das tun wir, und das wird herrlich!“ sagte Hagen. „Aber zum Henker! Eigentlich kommt es ja weniger darauf an. Wenn ich jetzt z. B. die Wahl hätte, ob die Ergebnisse meiner Arbeit oder ich selbst heimkehren sollten, ja ich bin nicht im Zweifel darüber, was ich dann wählen würde. Ich möchte nur ungern zurückkehren, ohne sie mit zu haben — dann doch lieber umgekehrt!“ — —

Bertelsen und Koch waren von dem brillanten Aussehen der Drei, das einen in die Augen fallenden Gegensatz zu ihrem eigenen bildete, überrascht; sie waren gesund, trainiert, kräftig und in strahlender Laune, während Bertelsen und Koch noch von den Entbehrungen und der Krankheit stark mitgenommen waren. Und als sie sich am nächsten Morgen trennten, nachdem Mylius sich entschlossen hatte, noch ein paar Meilen westwärts nach dem Academy-Gletscher zu ziehen, wurde kein feierlicher Abschied genommen; sie meinten, sich bald wieder zu sehen.

Als Bertelsen Mylius fragte, ob er daran denke, wenn er besonders gute Jagd machte, die Reise noch weiter westwärts als die paar Tage auszudehnen, antwortete Mylius:

„Nein, mein Lieber, wie können Sie doch so etwas glauben? Wir können ja doch nicht den ganzen Sommer hier oben herumtraben! Mich erwartet sehr wichtige Arbeit daheim beim Schiffe, ich muß zum Schiffe. Und denken Sie doch an den Mallemukfelsen!“ — —

Dann trennten sie sich.

— —

Obwohl die drei, die jetzt südwärts reisten, Tag für Tag mehr zu Kräften kamen, war die Reise doch eine ununterbrochene Reihe von Mühen und Leiden für sie. Die Sonnenwärme verwandelte den Schnee auf der Oberfläche des Meereises in einen vollständigen Morast, durch den sie sich nur mit der äußersten Anstrengung vorwärts schleppten. Sie mußten am Tage, wenn sie schliefen, die Skis unter den Zeltboden legen, um nicht in dem Schneeschlamm zu versinken. Auf dem Marsche öffneten sich vor ihnen breite Spalten und Waken, und die Sommernebel zogen unaufhörlich vom Meere herein und nahmen ihnen jede Aussicht. Und schließlich kamen dann noch die Läuse hinzu und peinigten sie, so daß sie fast gar keinen Schlaf kriegten.

Erst hatten sie geglaubt, dieses entsetzliche Jucken, an dem nur Bertelsen und Koch zu leiden schienen, sei eine Hautkrankheit, die mit ihrem Magenleiden in Verbindung stehe. Es verging lange Zeit, ehe sie darauf verfielen, die Sache zu untersuchen. Aber als es schließlich eines Tages Koch zu heiß im Schlafsack wurde, schöpfte er Verdacht und sah nach. Bald darauf hatte er die Diagnose gestellt.

An dem Abend fanden er und Bertelsen jeder 500 bis 600 Läuse in ihrem Unterzeug.

„Wir schaufelten die Läuse aus dem wollenen Unterhemd heraus, wo sie in großen Scharen längs der Nähte und Falten, wie Rebhühner längs der Zäune, saßen und sich deckten“, sagte Bertelsen. „Wir töteten ohne Schonung, es war vollständige Raubjagd. In dem wollenen Unterhemd fanden wir immer das beste Revier; jeden Abend jagten wir, ehe wir einschliefen, eine Stunde lang, in den Schlafsäcken sitzend, und nach Verlauf von wenigen Tagen war der Bestand sichtlich im Abnehmen begriffen, und der Fang jedes Abends belief sich nur auf ein paar Hundert, schließlich wurden es noch weniger. Als wir nach der ersten Jagd Tobias fragten, ob er denn keine hätte, antwortete er lächelnd: „Imera ein klein wenig!“ Aber er machte keine Anstalten, unserem Beispiel zu folgen, der Bestand starb also nicht aus. Er blieb weiter ein Schonrevier!“

Andere Jagd machten sie genug, als sie wieder in die Gegend der Nordostrundung zurückkamen. An einem Tage schoßen sie zwei Seehunde, ein Walroß und einen Bären.

Bei der Verfolgung des Bären hatte Koch dasselbe Erlebnis wie Tobias auf der Hinauffahrt. Seine Hunde rannten den flüchtenden Bären mit dem Schlitten von hinten um, so daß er hinaufflog und auf Kochs Platz zu sitzen kam, als dieser sich kaum vom Schlitten geworfen hatte. Koch setzte den Büchsenlauf gerade auf das Blatt des Bären, drückte los und tötete das Tier auf der Stelle.

Ein merkwürdiger Vorfall ereignete sich bei der Jagd auf das Walroß. Bereits aus sehr weiter Entfernung sahen sie, daß das Tier eifrig damit beschäftigt war, einen Klumpen, der auf dem Eise vor ihm lag, zu bearbeiten. Als sie näher kamen, sahen sie, daß es ein Seehund war. Einmal über das andere hob das Walroß seinen mächtigen Kopf in die Höhe und hieb dann seine Stoßzähne mit aller Kraft in den Seehund hinein. Dieser war noch nicht ganz tot, als sie hinkamen und das Walroß schossen. Dieser seltsame Überfall fand etwa 50 Ellen von dem Loche statt, durch das der Seehund aufs Eis hinaufgekommen war. Das Walroß war, nach den Spuren zu schließen, aus demselben Loch heraufgekommen, hatte ihm so den Rückweg abgeschnitten und ihn über das Eis hin verfolgt.

Es ist unmöglich, den Grund für das Vorgehen des Walrosses zu verstehen, da die Walrosse ja nach allem, was man von ihnen weiß, nie Seehunde oder andere größere Tiere fressen. Ihre Nahrung bilden Schaltiere. Es muß der Ausschlag einer reinen Strolchenlaune gewesen sein;

ihm juckte plötzlich ohne irgendwelche nachweisbare Ursache die Speckschwarte, als er den Seehund vor sich auf dem Eise sah. Und da es vielleicht gerade im Augenblick nichts anderes zu tun hatte, machte es sich daran, den Seehund zu verhauen.

Während sie das Walroß schlachteten, legte sich ein dichter Nebel über das Meer. Die Hunde lagen herum, wälzten sich im Blut und fraßen Därme, meterweise. Als Bertelsen dies eine Zeitlang mit angeschaut hatte, bekam er plötzlich Lust, zu untersuchen, wie lang so ein Walroßdarm wohl sein mochte. Er ergriff das Darmende und lief damit in die Landschaft hinaus. Er entschwand im Nebel den Blicken der anderen; aber er hatte ja ebenso wie Theseus die Hoffnung, mit Hilfe des „Fadens" sich zurückzufinden. Schließlich bekam er aber doch Angst, daß er vielleicht die Verbindung mit dem Walroßmagen zerrissen haben möchte — der Darm wurde ihm verdächtig lang —; und dann konnte man sich ja im Nebel verirren. Er eilte zurück, ohne die Leine ganz auszulaufen, und glücklicherweise zeigte es sich, daß die Leitung in Ordnung war, so daß er bald wieder bei seinem Ausgangspunkt landete. Die Welt aber muß auf die Lösung der interessanten Frage, wie lang so ein Walroßdarm sein mag, noch warten.

Bertelsen ist absolut kein Jäger, man hätte also seinem Bericht mit ziemlicher Sicherheit trauen können.

Dann näherten sie sich endlich der Entscheidung: der Mallemukfelsen lag unten im Süden vor ihnen. Jetzt würde es sich zeigen, ob sie im Sommer heimkommen sollten.

Bertelsen las mir vor, was über diese Tage in seinem Tagebuch steht:

„In der Nacht zwischen dem 8. und 9. Juni erreichten wir die Eskimohalbinsel. Als wir um die Ecke herumschwenkten, sahen wir das offene Meer vor uns liegen.

Seitdem wir zuletzt hier waren, hatte sich das Meer immer mehr auf das Land zu gefressen, und hier reichte es jetzt fast ganz bis unter die Küste. Meer überall im Süden und Osten, das blaue, nur von schwimmenden Eisbergen unterbrochen. Am Lande lag hier noch viel Schnee, über den wir fahren konnten; aber wir wußten, daß der Schneegürtel bald schmal werden würde, vielleicht nur wenige Meter breit. In meinem Gedanken stand beständig der furchtbare Mallemukfels dort unten — ganz vom offenen Meer umgeben!

Lange konnte ich jedoch nicht mit ungemischtem Entsetzen an dieses Meer denken, diese große, lebende Masse, die so heimatlich plätscherte und an den Eisschollen hinaufleckte, die draußen umher trieben, oder an der Küste gestrandet lagen. Mengen von Vögeln schwebten unablässig längs dem Lande hin, der Mallemuk kam schnell und lautlos, auf steifen Flügeln zwischen den Eisblöcken vorwärts kreuzend. Elfenbeinmöwen und große Silbermöwen suchten ihm im Fluge zu folgen, Schwärme von Ringelgänsen und Eiderenten klatschten mit großem Spektakel vorbei. Einzelne Seeschwalben, Lummen und Alke kamen wie aus Versehen in diese Gegend und flogen sofort wieder aufs Meer hinaus.

Aage Bertelsen: Der Mallemukfels, von Norden gesehen.

Nach einer Fahrt von 40 km meinten wir, es möchte genug sein für diesen Tag; am nächsten Tage sollte sich unser Schicksal entscheiden. Wir lagen in der Nähe eines Tales, das die Vogelfelsen trennt; durch dieses konnten wir wahrscheinlich über die Felsen kommen und zum Depot gelangen. Aber wie lange Zeit wir hierzu brauchen würden, konnten wir unmöglich wissen, und vielleicht wurden wir zur Übersommerung gezwungen . . . .

Als wir am Tage darauf aufbrachen und weiter reisten, sahen wir, daß der Fluß unten im Tal durchgebrochen war und über der schmalen Eisbrücke an der Küste einen breiten, reißenden Strom bildete. Schnee und Eis waren ein Morast. Tobias und Koch schlüpften auf den Schlitten sitzend hinüber, aber das Eis war nicht besser davon geworden, daß die beiden Schlitten hinübergefahren waren. Plötzlich saß mein Schlitten an der allerschlimmsten Stelle fest, ich mußte hinunter und gerade bei dem offenen Strom ins Wasser hinein. Das Wasser wirbelte um mich herum und ging mir bis über die Komagen und Hosen. Die Hunde wollten nicht vorwärts, sie kriegten Prügel, Scheltworte und Schläge hagelten auf sie herab; ich verfluchte Hunde, Fluß und die ganze Polarfahrt und — kam hinüber.

Die Schlittenbahn wurde wieder gut, und ich saß wieder oben auf dem Schlitten. Ein Seehund steckte den Kopf aus dem Wasser heraus und sah uns mit großen, erstaunten Augen an, Hunderte von Königsenten machten sich in ihrem farbenprächtigen Paarungskleid die Kur — diese Wesen standen gut zu dem Schnee und den abenteuerlichen Felsen. Ach Gott! Es würde ja herrlich sein, hier einen Sommer zu verleben! Ich sang vor Freude über das Leben hier oben, und als Koch mir von seinem Schlitten zurief, ob ich eigentlich meinte, daß es je anders gewesen wäre, erinnerte ich mich ja an einige Unannehmlichkeiten; aber sie schienen weit, weit zurückzuliegen.

Bei einer kleinen Bucht saßen auf dem Eise über hundert Königsenten nebeneinander in einem Kreise, wie ein braungraues Band, in das Smaragden — die grünen Köpfe der Männchen — eingesetzt waren. Koch und ich wären am liebsten vorbeigefahren, vielleicht würde unser Schicksal in wenigen Stunden entschieden werden; aber Tobias war doch ein allzu leidenschaftlicher Jäger. Er hielt an und machte klar zur Jagd, und wir übten uns eine halbe Stunde lang in Geduld. Er fuhr fort zu schießen, nachdem die Vögel aufgeflogen waren und einmal über das andere über seinen Kopf hinflogen. Schließlich kam er wieder, und wir fuhren weiter.

Von dort, wo wir waren, konnten wir nur offenes Wasser sehen. Wie es ganz drinnen unter dem Vogelfelsen war, konnten wir nicht sehen, bevor wir über das hügelige Vorland gelangt waren, das jetzt vor uns lag. Dann fing Tobias an hinaufzufahren. Jetzt kam er auf den Kamm hinauf, und ich starrte auf ihn; aber sein Rücken war unbeweglich. Nur wenn Jagd in Aussicht steht, wirkt dieser als Barometer. Dann gelangte Koch hinauf — und im nächsten Augenblick sah ich, daß sein Rücken gerader wurde. Aha, ein gutes Zeichen! Als ich schließlich selbst den Kopf über den Hügel steckte, brach ich in lauten Jubel aus: es lag Eis in der Bucht. Wir mußten auf die eine oder andere Weise vorwärts kommen können.

Die ersten 500 m würde es wohl schwer werden; hier war es eisfrei, und das Wasser hatte soviel von dem Eisfuß mitgenommen, daß dieser mit einem steilen Abhang von 10 m Höhe zum Meere abfiel. Der

Eisfuß war wohl auch an dieser Stelle zu steil, um hinaufzufahren; wir mußten uns wohl einen Weg für die Schlitten graben, um nicht mit ihnen auszugleiten und ins Meer zu stürzen.

Tobias fuhr ruhig vorwärts. Sein Schlitten glitt mehrere Ellen unterhalb der Hunde dahin, aber preßte sich doch so tief in den Schnee hinein, daß er nicht darüber hinausglitt. Aber kurz bevor wir die steilste Stelle erreichten, machte Tobias Halt, und er und Koch gingen

Am Eisfuß unter dem Mallemukfels.

zusammen über den Eisfuß, um die Verhältnisse zu untersuchen. Ich sah, daß sie bei jedem Schritt sich eine Stufe stampfen mußten, in der sie sicher stehen konnten. Fielen sie, so würden sie wahrscheinlich verschwinden.

Als der Weg untersucht war, beschloß Tobias zu versuchen, mit voller Ladung hinüberzufahren. Wir hatten den schroffen Abhang auf unserer linken Seite. Er befestigte die Zugriemen links am Vorriemen. Wenn die Hunde nun anzogen, glitt der Schlitten schräg nach rechts hinauf. Tobias fuhr alle drei Gespanne vom Schlitten aus, während wir anderen hinten nachschoben und hinter den Schlittenstützen steuerten. So brachten wir einen Schlitten nach dem anderen über die

Böschung. Wenn die steilste Stelle passiert war, ließen wir anderen den Schlitten los, Tobias beschleunigte die Fahrt und flog an der anderen Seite der Wake aufs Meereis. Es war ein schreckliches Stück Arbeit — aber wie herrlich war es nicht! Wir sollten das Schiff und die Freunde an Bord jetzt in diesem Sommer wiedersehen ...“

Man erzählt, daß ein Grönländer einmal Blasen an seinen Schlitten band und mit ihm ins Meer hinausfuhr, um zu zeigen, daß er auch da draußen seine Hunde zu lenken vermöchte, wohin er wollte. Er gewann die Wette, die er eingegangen hatte: die Hunde gehorchten im Wasser der Peitsche genau so gut, wie auf dem Eise oder auf dem Lande. Diese Geschichte wurde Bertelsen glaubhaft, als er sah, wie Tobias während des letzten Monats auf der Heimfahrt fuhr. Es war gut, daß sie alle, Hunde wie Menschen, wieder zu Kräften gekommen waren, denn dies wurden die härtesten Tage auf der ganzen Reise.

Eine Raubmöwe im Fluge.

An der ganzen Küste entlang lag jetzt ein einziger Schneemorast auf dem Eise, das überall von Spalten und offenen Waken durchbrochen war. Am schlimmsten war es vor den Flüssen, die jetzt allenthalben sprangen und das Eis vor ihren Mündungen überschwemmten. Die Reisenden waren immer klatschnaß, trotz der Skis sanken sie oft bis an den Leib ein. Morast und Schmelzwasserteiche beachteten sie gar nicht mehr, ebenso wie die Hunde sich daran gewöhnten und nur immer drauflosliefen. Die Schlitten kenterten einmal über das andere, so daß Zelt und Schlafsäcke fast immer durchweicht waren. Die letzte Strecke Weges war eine Wasserfahrt zu Schlitten.

Endlich erreichten sie dann den Thermometerberg und sahen über den Hafen hinaus, sahen das Schiff, das Haus, sahen das Ganze wieder. Wie sah doch nach dem Anblick der farbenreichen, mächtigen Felsen und der großartigen Landschaften dort hoch im Norden hier herum alles so ärmlich und klein aus!

Die Freude an der Heimkehr war nach all diesen Erlebnissen nicht ungemischt. Hier, wie so oft, war das, wonach man sich gesehnt hatte,

Das Eis im Hafen schmilzt.

am begehrenswertesten, bevor man es erreicht hatte. Jetzt waren sie in Sicherheit, — und jetzt wirkte das Gefühl des Geborgenseins beinahe lästig und unangenehm.

Das war jedenfalls der Gedanke, dem Tobias, als er von der Überfahrt aus das Schiff erblickte, in folgenden Worten Ausdruck gab:

„Kleine Reise — klein ajing! Große Reise — gro-oß ajing! Schiff no good!“ — —

Manniche bei der Arbeit.

Die Tage vergingen, während wir auf die Heimkehr der drei Letzten warteten. Aber die drei bis vier Tage schwanden dahin — und eine Woche verstrich, und noch eine, ohne daß sie kamen. Noch bis weit in den Juli hinein hofften wir auf ihr Kommen. —

Aber da war die Sicherheit bei uns verschwunden; an ihrer Stelle kam die Ungewißheit und quälte uns immer mehr.

Und doch — wir kannten ja die drei, auf die wir hier warteten. Wir kannten Mylius' Energie und Ausdauer, Hagens trainierte Zähigkeit. Und sie hatten Jörgen Brönlund bei sich.

Konnten die drei Männer nicht durchkommen, wer konnte es dann? Da gehörte etwas Ernstes zu, um sie aufzuhalten; aber was war es? — —

Wir kramten in ihren Zimmern herum und machten zu ihrer Heimkehr alles gemütlich drinnen, während wir das Land dort drüben im Auge behielten, auf dem ihre Schlitten sich doch eines Tages zeigen mußten.

Aber sie kamen nicht!

Und schließlich zerriß dann die Hoffnung, daß wir sie im Sommer wieder sehen würden. Jetzt wußten wir es, jede Aussicht war ver-

Fritz Johansen.

schwunden: das Land war schneefrei und das Meereis längs der ganzen Küste unfahrbar.

Hatte der Mallemukfels sie erst aufgehalten? Und lagen sie jetzt hinter dem offenen Meer und warteten auf das Kommen des Winters? Das war wahrscheinlich; aber wir wußten nichts, nichts außer dem, daß es hoffnungslos war, sie zurückzuerwarten, bevor die neue Eisdecke kam, — und vor dieser Zeit war es uns auch unmöglich, ihnen zu Hilfe zu kommen.

Der traurige Sommer schleppte sich langsam dahin und brachte keine Kunde von denen da oben.

Und das Eis draußen auf dem Meere blieb liegen. Drinnen im Hafen und auf dem Fjord vor diesem wurde es von Wind und Strömung hin und her getrieben; aber draußen blieb das alte Eis wie eine Mauer liegen. —

Bisher war alles fast wie ein Spiel für uns gewesen, so dünkte uns. Aber jetzt packte uns ein unheimliches Gefühl der Unsicherheit. Das kurze Lächeln des Sommers verbarg uns nicht den ungastlichen Sinn des Landes; es wirkte kalt und unheilverkündend. Die Ungewißheit über das Schicksal der Kameraden, das Meereis, das drohend da draußen

Raubmöwe beim Zelt am Sturmkap.

lag — war das jetzt die Einleitung zu einer neuen Zeit, in der alles anders werden würde?

— —

Am 7. Juli waren Bistrup und Hendrik von einer kleinen dreitägigen Vermessungsreise nach den Orientierungsinseln abends zum Schiffe zurückgekehrt. Es wurde für diesmal die letzte Schlittenreise. Nur mit großer Mühe waren die Schlitten nach der Schiffsseite gelotst worden; dort fanden wir sie am nächsten Morgen durchs Eis gesunken, zusammen mit ihrer aus drei Bären bestehenden Last, die auf dem Heimwege zum Schiffe geschossen worden waren. Das ganze schwamm schön in einer großen Wake, die die Strömung und das

Flußwasser im Laufe der Nacht gebildet hatten. Das Eis im Hafen und auf dem Fjord war da bereits mürbe.

Aber jetzt geht der Juli seinem Ende entgegen, und noch immer bietet sich keine Aussicht, daß eine einzige der von den Forschern geplanten Bootsreisen stattfinden kann. Sie werden, soweit man nach allem bis jetzt urteilen kann, in diesem Sommer kaum ausgeführt werden können. Die Fahrt mit dem Schiff an der Küste entlang zum Franz-Josephs-Fjord ist selbstverständlich undurchführbar. Das Ausbleiben der drei Männer und der Umstand, daß das Meereis nicht aufbricht — jedes für sich genügte allein schon, um diese Reise und die damit in Verbindung stehenden Pläne zunichte zu machen. Aber hier gibt es auch genug für uns alle zu tun.

Brütende Raubmöwe.

Beim Danmarkshafen und in der Umgegend werden die wissenschaftlichen Arbeiten mit ungeschwächter Kraft fortgesetzt.

In dem weiten Gelände, das sich vom Hafen bis zur Mündung des Mörkefjords erstreckt, und das durch seine Verschiedenartigkeit so gut wie allen Tieren, die es in Nordostgrönland gibt, Lebensbedingungen bietet, haben die Zoologen, Manniche und Johansen, das ganze Jahr hindurch systematische Untersuchungen der Tierwelt vorgenommen, Exemplare der verschiedenen Tierformen in den verschiedenen Jahreszeiten und Entwicklungsstufen gesammelt und biologische Beobachtungen über sie gemacht. Jetzt haben sie ihre Tätigkeit nach dem Lande an der Mündung des Sturmflusses verlegt, wo sie für den Sommer ihr Zelt aufgeschlagen haben.

Über dasselbe Gelände wandert Lundager den Sommer über mit seiner Botanisierkapsel auf dem Rücken und gibt Gastrollen in den

Zelten, die er auf seinem Wege trifft. Es ist seine unruhige Zeit, nirgends ist man sicher vor ihm. Den einen Tag hat man ihn beim Lachsfluß zusammen mit Jarner gesehen, der mit einem Sack voll Steine auf dem Rücken herumtrabt; am nächsten steht er vielleicht vor der Haustür und raucht die lange Pfeife oder sitzt drinnen am Tisch mit einem Gewimmel von Pflanzen vor sich, die nach und nach seine forschenden Blicke passieren und in Büchsen und Gläser wandern. Tags darauf ist er wieder über alle Berge.

Eismöwen und verschiedene kleine Watvögel.

Lindhard und Bendix-Thostrup, die als Hilfsarbeiter Kochs an der Detailvermessung des Hafengeländes und der Umgegend arbeiten, ziehen im Lande von Steinkegel zu Steinkegel herum. Koch verhält sich am ruhigsten im Sommer. Die Ordnung und Bearbeitung seines umfangreichen Materials von der großen Nordreise macht ihm genug Hausarbeit. Nur ein paarmal am Tage wandert er, regelmäßig wie ein Pendel, zwischen dem Hause und dem astronomischen Observatorium hin und her. So oft man an dem Fenster des Hauses vorbeigeht, sieht man sein über das Papier vor ihm gebeugtes Profil. Er raucht siebenundvierzig Pfeifen Tabak am Tage und stellt sich zu den Mahl-

Wegeners Fesselballon.

zeiten an Bord offenbar nur deshalb ein, weil sie notwendig sind, und weil sie ihn zu fortgesetzter Arbeit „aufziehen".

Mit Wegeners Arbeit geht es, soweit sie an seine Ballons und Drachen geknüpft ist, auf und ab. Diese merkwürdigen Wesen schweben früh und spät über uns, und wir haben uns allmählich an sie gewöhnt, wie an etwas, das beinahe die Landschaft hier um uns herum charakterisiert. Welche Geduld dazu gehört, diese Untersuchungen bei so ungünstigen Witterungsverhältnissen wie hier und fast zu allen Jahres-

Der Drachen wird eingeholt.

zeiten fortzusetzen, davon kann man sich nur eine Vorstellung machen, wenn man Wegeners Observationsjournale durchblättert, in denen er auch alle Havarien aufgeführt hat. Aber Finsternis, Frost und Sturm haben weder ihn noch seine Assistenten, Weinschenck und Koefoed, entmutigen können.

Nur einmal habe ich Wegener etwas aufgeben sehen; das geschah eines Tages, als er versuchte, den „Misanthropen" zu necken. Da stieß er auf gewisse Eigenschaften bei dem Hunde, die diesen zu dem überlegenen machten.

Misanthropos saß eines Nachmittags vor der Villa, schlummerte halbwegs und träumte von den frohen Tagen, als es hier Walroßfleisch in Fülle gab und man den ganzen Tag über mit gespanntem Bauch ging. Jetzt war alles anders geworden; jetzt wurde man nie satt; denn Jagd gab es hier nicht, und das Ganze war belämmert! Man erlebte weiter nichts, als daß man Tag und Nacht hindurch schlief und dann vielleicht ab und zu durch einen Ruf und ein Geschrei von der Schiffsseite her aufgescheucht wurde, wenn ein bißchen Abfall

Hunde auf einer Eisscholle treibend.

über die Reling geschmissen wurde. Man trottete pflichtschuldigst quer durch den Morast hinaus, um einen Bissen zu erwischen, erreichte dabei aber nur, daß man klatschnaß wurde, da die anderen natürlich alles weggeschnappt hatten, ehe man schließlich an Ort und Stelle kam.

Trotz dieser ärgerlichen Gedanken zeigte der Misanthrop einen Ausdruck vollendeter Selbstbeherrschung und Gemütsruhe und sah völlig apathisch aus, als Wegener an ihm vorbeikam und ihm ins Gesicht sah. Und diesen Gesichtsausdruck zu verändern, das war die Aufgabe, die Wegener sich stellte.

Er brauchte alle erdenklichen Künste, um den Misanthropen in Affekt zu setzen, aber vergebens. Er zog ihn an der Schnauze: das Tier öffnete nicht einmal die Augen. Er schlug ganz plötzlich das eine Vorderbein unter ihm weg: der Hund setzte es ruhig wieder hin. Er tutete ihm ins Ohr: nein — das Tier beachtete ihn nicht einmal. Es blieb sitzen, die Augen halbgeschlossen und im Gesicht diesen seltsamen Ausdruck, den die Hunde haben, wenn sie sitzend mit dem Oberkörper hin und her schwanken und nahe daran sind, einzuschlafen.

Schließlich fand der Mensch eine Feder, die er einige Zoll weit in das eine Nasenloch des Tieres hineinsteckte. Der Misanthrop saß ganz still und ließ es kitzeln; nach Verlauf von einigen Minuten zeigte sich Wasser in seinem einen Auge, in dem, das der Feder am nächsten war.

War das eine Träne des Mitleids? Nein! Als noch eine Minute verstrichen war, gähnte der Misanthrop....

Da konnte Wegener nicht mehr; er gab die Sache als hoffnungslos auf.

Von dem Hunde konnten wir wahrhaftig viel für die Zeit der Finsternis lernen. —

— —

Den armen Hunden geht es nicht gut; denn das Futter ist jetzt knapp, und es sieht schlimm aus für die Zukunft. Hendrik und Tobias, die immer draußen auf der Seehundsjagd liegen, verrichten Wunder auf diesen Fahrten; aber die Seehunde sind zu klein, sie reichen nicht weit bei dem mächtigen Haufen Hunde, den wir für die bevorstehenden Schlittenreisen auf den Beinen halten müssen.

Walrosse tun uns nötig. Und jetzt warten wir darauf, daß das Eis wenigstens soweit aufbricht, daß sie hierher kommen. Sie sind die einzige Rettung für die Hunde.

Da die Hunde jetzt andauernd halbwegs hungern, tun sie alles, um sich so nahe wie möglich beim Schiffe aufzuhalten. Von dort kam ja das Futter; man mußte wirklich aufpassen, ob nicht etwas in Aussicht stand. Als das Eis um uns herum aufbrach, kamen sie oft zu uns herausgeschwommen und waren häufig nahe daran, an der Schiffsseite zu ertrinken. Wir mußten andauernd auf dem Posten sein, um sie zu retten. Bisweilen gingen sie am Strande auf vorbeitreibende Eisschollen und segelten mit ihnen im Hafen herum, auf einen günstigen Wind hoffend, der sie ans Ziel führte. In solchen Fällen mußten wir oft ins Boot, um sie wieder an Land zu bergen.

Der Juli verstrich, ohne die geringste Veränderung in den verzweifelten Jagdverhältnissen zu bringen.

Es wird stürmisches Wetter.

Im Nordwesten haben den ganzen Tag über schwarzgraue und braunrote Wolkenmassen schwer und niedrig über den Bergen gehangen. Bisweilen rissen kleine Zipfel sich von ihnen los, wurden in die Höhe geschleudert, zerstreuten sich und verschwanden über unseren Köpfen.

Hunde landen an der Schiffsseite.

Die Luft ist hier unten ganz still. Um das Schiff herum liegt der Hafen mit ruhigem Wasserspiegel, die kleinen Waken im Eise weiter draußen spiegeln die blaukalten Farben des Himmels wider.

Aber von der Mittagszeit an können wir brummende Laute oben von den Bergen her hören, die nach und nach an Kraft zunehmen. Da tritt eine Pause ein, der ein Sausen über uns folgt — und dann kommt der erste Windstoß. Er schwärzt den Wasserspiegel von der einen Seite des Hafens bis zur anderen und legt das Schiff nach der Seite über. Bald darauf kommt noch einer. Sand und Staub peitscht am Lande herum und wird über das Meer hinaus geführt. Es wird unruhig an Bord; alles, was lose ist, wird in Sicherheit gebracht.

Dann sehen wir plötzlich, daß es unruhig in den Wolkenmassen wird. Sie fangen an, zu wandern. Sie gleichen den Rücken mächtiger Tiere, die über die Berge gegangen kommen, sich durcheinander vorwärts drängend. Die Rücken heben und senken sich, wir glauben schwere, dröhnende Schritte aus weiter Ferne hören zu können.

Dann wird das Bild ausgelöscht. Vor der mächtigen, wogenden

Das Unwetter naht.

Herde erhebt sich eine ungeheure Staubwolke. Sie rollt sich wie ein Teppich zusammen, legt sich schwer auf die Silhouetten der Berge und wälzt sich auf uns herab. Die Farben erlöschen und ersticken unter ihr; das Land verschwindet wie unter einer Flutwelle grauer Lava.

Jetzt kommt das Unwetter über uns. Mit Gekrach stürzt die Luft auf uns ein, Stangen und Raaen knarren, und das Schiff nickt und stampft, wie bei schwerem Seegang. Der Wasserspiegel ist schwarz wie Tinte und schwankt mit kleinen Wellen. Die Wolkenmassen steigen am Himmel herauf und werden als ungeheure, zerrissene Decken hin und her und durcheinander geworfen; blauschwarze und braungelbe Farben verzehren einander am ganzen Himmel, platzen auseinander und werden von einer gelbweißen, schneidenden Himmelsfarbe durchkältet.

Auf dem Deck rasseln und rumpeln überall Gegenstände, die aus der Takelung herabkommen. Es ist kaum noch möglich, sich hier oben aufrecht zu halten; wir, die wir hier stehen, haken uns an Tauen

Während des Sturmes.

und Wanten mit den Fäusten fest, wir können bei dem Sturm kein Wort verstehen.

Die Brandung schäumt da vorne in blauweißem Kranze gegen die Eiskante, nur 30 Faden vom Bug. Die losen Eisschollen und -blöcke aus dem Hafen sind zusammengetrieben und mahlen dort draußen durcheinander herum.

Dort dürfen wir nicht hinkommen! —

Aber werden die Achtervertäuungen, die zum Lande führen, dem heftigen Druck des Sturmes standhalten? — Wir liegen etwa 100 m vom Land; von der Backbordachterkante führt eine schwere Kette bis zu einem großen Anker, der im Strande vergraben liegt, und von der Steuerbordseite geht eine dicke Stahltrosse bis zu einem kleineren Anker, der einige Meter aufwärts zwischen den Felsblöcken liegt.

Durch die Macht des Sturmes ist die schwere Ankerkette, die nach der Luvseite geht, beinahe ganz straff gezogen; noch bildet sie infolge ihres gewaltigen Gewichts einen schwachen Bogen, der aber immer kleiner wird, je mehr das Unwetter an Heftigkeit zunimmt. Reißt diese Kette, so wird offenbar die dünnere Stahltrosse wie ein Zwirns-

Das Unwetter läßt nach.

faden springen — und dann? Werden die Anker dort vorn halten, wenn wir herumschwaien? Wird das Meereis dem Druck des Sturmes standhalten, — werden wir mit diesem abtreiben? — —

Ich stehe hinten am Heck neben Steuermann Thostrup und Knud und denke an all dies. Sie sprechen nicht viel, aber an ihren Gesichtern sehe ich, daß die Lage ernst ist.

Als der Sturm zunimmt, wird es immer lebendiger in den Waken da vorne. Der Luftdruck saugt das Wasser aus ihnen herauf, hebt es in die Höhe und sendet es dann als Schaum und Gischt fort. Der Hafen scheint voll von Geisern zu sein, die in senkrechten Säulen emporbrodeln, die der Sturm zerreißt und fortwirbelt. Das Wasser peitscht wie fegender Sandflug über das Eis hin, und droben sausen die teuflischen blauschwarzen und braunen Wolken, vom Winde zerfetzt und zerrissen, durch weiße oder messingglänzende Risse und Streifen abgegrenzt.

Durch das Brausen der Brandung gegen die Eiskante und durch den Höllenlärm in der Takelage dringen plötzlich einige seltsame, tiefe Töne an unser Ohr. Es hört sich an, als wenn sie tief unten aus dem Innern des Schiffes kommen, als wenn sie durch die Öffnung des Lastraums wie aus einem ungeheuren Schalloch heraufsteigen. Es schnurrt in den Deckplanken, so daß wir es durch die Beine herauf fühlen können, — was in aller Welt ist das? Es klingt, als wenn eine ungeheure Saite gestimmt, höher und höher hinaufgeschraubt würde.

Dann sehen wir, was es ist. — Die Ankerkette spannt sich straff!

Bei jedem neuen Windstoß hebt sie sich mehr und mehr, bald steht sie gespannt. Der Ton wird höher, wie eine polternde Pauke stimmt er ein und übertönt die Janitscharenmusik des Sturmes in Tauen und Wanten. Und gleich Dudelsacktönen kommen von unten her lange, klagende Töne aus der Luft und quälen sich durch Türen und Ritzen der Messe und der Kammern.

Der Lärm steigt und steigt, er hebt sich zu einer wahnwitzigen Höhe, wir können es nicht mehr ertragen — —! Eine plötzliche Pause, eine Sekunde lang Totenstille. Dann ein neuer Sturmlauf, und das Ganze kracht in einem rasenden Tusch zusammen......

Au, — da sprang das Trommelfell!

Die Ankerkette reißt mit einem Knall, gleich einem Kanonenschuß, und fällt, in allen Gliedern zitternd, ins Wasser, das um sie aufzischt, als ob sie glühte. Das Schiff zittert und stampft und fängt an herumzuschwaien. Dann zieht sich die Stahltrosse straff! Sie beginnt mit einem Laut, tief wie der Ton einer 32 Fuß langen Orgelpfeife, fährt eine Sekunde lang in die höchsten Register hinauf und endet in einem Aufkreischen — —

Wir drei Männer liefen eilends aus dem Wege. Wir stürzten übereinander, Knud hinunter, um die Seeleute herauszupurren, ich hinter Thostrup her nach vorne, erfüllt von einem mächtigen Unternehmungsgeist, ohne eine Ahnung, wozu ich ihn gebrauchen sollte. Ich kam gerade früh genug auf die Back hinauf, um zu sehen, wie der Anker der Trosse wie ein Heuspringer von den Felsen herab auf den Strand gehüpft kam.

Wir schwaiten schnell vor dem Wind herum, das Orchester hielt einen Augenblick inne, alle Instrumente schwiegen.

Jetzt fing die Komödie an. —

Der Hauptinhalt dieser Komödie, die die ganze folgende Nacht hindurch dauerte, ist mir nie ganz klar geworden. Ich brauchte auch nicht mehr davon zu verstehen, als ein Statist in der „Volksmenge“ auf der Bühne vom Drama zu verstehen braucht. Die Auftretenden waren unsere Seeleute, und sie konnten ihre Rollen — ohne Souffleur.

Uns anderen wurde aufgetragen, vorne die Kette mit dem Spill hereinzuklappern. Dort standen wir und „nickten“ solange, daß ich

Die Nacht nach dem Sturm.

schließlich das Gefühl hatte, mein Gehirn läge wohlverpackt tief unten im Lastraum. Hinterher sahen wir, daß das Schiff, das sofort mit der ganzen Breitseite gegen die Eiskante geprallt war, jetzt wieder flott gekommen war.

Die Ankerketten vorne hielten. Das Unwetter hatte seinen Höhepunkt erreicht. Zwei von den Walfängerbooten wurden zusammengezurrt und mit quer darüber gelegten Balken abgesteift, eine neue Kette wurde in sie hineingefiert und dann an Land gebracht; und als der Sturm sich schließlich legte, mußten wir wieder mit dem Spill die Kette fadenweise hineinklappern, wobei wir uns immer weiter weg von der Eiskante holten.

Aber erst am Morgen gegen 4 Uhr war die Vorstellung zu Ende. Da legte der Sturm sich — und dasselbe taten wir Statisten. Nur ein Teil der Seeleute blieb für alle Fälle den Rest der Nacht auf.

Wir hatten hinsichtlich des Aufbruchs des Eises große Hoffnungen an einen solchen Sturm geknüpft, aber wir wurden getäuscht, er richtete nicht viel aus. Es war ihm zu schlecht vorgearbeitet worden. —

Die Witterungsverhältnisse im vorigen Winter waren wohl auch

Sommer.

die ungünstigsten gewesen, die man sich denken konnte. Die verhältnismäßig schneearme Periode, der Herbst und der erste Teil des Winters, hatte mit ihrer strengen Kälte eine außerordentlich dicke Eisdecke über das Meer gelegt; in der letzten Hälfte des Winters traten dagegen häufig mächtige Schneefälle ein, und jetzt — während der Taubruchsperiode und des größten Teils des Sommers — bildete der Schnee eine solide Isolierschicht gegen die Sonnenwärme. Er deckte das Eis gegen alle Angriffe von oben.

Vor den Flußmündungen im Hafen und drinnen beim Sturmkap bildete das Schmelzwasser ein paar größere Waken, und die starke

Strömung im Norden der Koldewey-Inseln brachte auch dort etwas Bewegung in die Eismassen; aber erst Ende August wurde das Fahrwasser dort draußen soweit für Boote fahrbar, daß wir unter günstigen Verhältnissen die Strecke vom Hafen bis zum Kap Bismarck oder bis zum Sturmkap, eine Meile nach jeder Seite, befahren konnten. Aber darüber hinaus lag das Eis das ganze Jahr hindurch fest und sicher.

Obwohl die Jagdverhältnisse hier im Fjord so ganz anders als im vorigen Jahr zu werden versprachen, war eine Jagdabteilung, be-

Die Jagdabteilung auf dem Wege nach der Walroßspitze.

stehend aus Ring, Hagerup, Tobias, Bistrup und Peter Hansen, bereits Ende Juni nach der Walroßspitze abgegangen, um Walrosse zu jagen, sobald sie sich dort einstellten. Als sie dorthin kamen, zeigte es sich, daß nur in der Bucht bei der Mündung des Lachsflusses offenes Wasser war; vor der Landspitze waren bis jetzt nur offene Spalten und Waken. Die Abteilung wurde indessen den ganzen Sommer über dort gelassen, um auf eine günstige Gelegenheit zu warten. Diese ließ aber sehr lange auf sich warten, und als sie schließlich kam, stand das Ergebnis in herzlich schlechtem Verhältnis zu der aufgewendeten Mühe. Unsere besten Fänger, Ring, Hagerup und Tobias, lagen hier zwei Monate und langweilten sich.

— —

Der traurige Sommer war auch uns beiden Malern recht hinderlich. Nach unserem Plan sollten wir ihn in der Gegend des Teufelskaps verbringen; dem standen aber die Verkehrsverhältnisse entgegen, wir teilten das Schicksal unserer Kameraden und mußten unsern Wirkungskreis auf die nächste Umgebung des Danmarkhafens beschränken.

Sommernacht im Hafen. Juli.

Aber es war auf die Dauer nicht auszuhalten, hier so dicht beim Schiffe sich herumzutreiben. Die Umgegend war in bezug auf Motive sozusagen trocken gemolken; alle waren schlechter Laune wegen der verzweifelten Eisverhältnisse, und weil man natürlich an den nächsten Sommer dachte. — —

Wir mußten weg, wenn auch nur für kurze Zeit.

Es wurde schließlich beschlossen, daß wir versuchen sollten, mit einem Motorboot nach der Kleinen Koldewey-Insel hinüberzukommen.

Wir sollten ein Zelt und Proviant für vier Wochen mitnehmen und dann dort drüben vielleicht bis zu der Zeit arbeiten, wo die Eisdecke eine Heimreise zu Fuß möglich machte.

Wir fuhren am Abend des 27. August ab. Außer uns beiden war Knud als Steuermann mit, während Koefoed den Motor bediente.

Es war herrliches, stilles sonniges Wetter, aber im Süden zogen feine Nebel über dem Meere herauf. Das Fahrwasser nach den Koldewey-Inseln war, soweit wir sehen konnten, offen. Wir schossen aus dem Hafen heraus und schwangen und wanden uns bereits so langsam zwischen den draußen treibenden Eisschollen hindurch, als wir plötzlich etwa 200 m vor uns einen großen schwarzen Fleck auf dem Eise entdeckten. Er erschien uns absolut kohlschwarz, obwohl das Sonnenlicht gerade darauf fiel. Es konnte weder ein Seehund, noch ein Walroß sein. Schließlich einigten wir uns dahin, daß es der Kehrichthaufen sein mußte, der sich vor einigen Tagen von der Schiffsseite gelöst hatte und nach draußen getrieben war. Aber für alle Fälle ging es nun mit full speed gerade auf den Fleck los.

Als wir auf 50 m herankamen, hob der Kehrichthaufen plötzlich das eine Ende in die Höhe: es war ein mächtiger „bärtiger Seehund", der uns anstierte!

Diese Seehunde sind ungefähr halb so groß wie ein Walroß, können 3—4 Ellen lang werden und bis zu 800 Pfund wiegen. Wir machten die Büchsen klar; den Kerl mußten wir kriegen.

Das Tier legte sich sofort wieder zur Ruhe, nachdem es uns einen Augenblick angesehen hatte. Aber als wir auf 20 m herangekommen waren, hob es wieder den Kopf. Dann schossen Koefoed und ich, und zwei Kugeln klatschten ihm gleichzeitig durchs Gehirn. Es legte mausetot den Kopf aufs Eis.

Wir benahmen uns wie toll vor Entzücken. Wir sprangen auf die Eisscholle neben dem Tiere hinauf und führten einen wilden, grauenerweckenden Kriegstanz auf, beseelt etwa von demselben Gefühl wie die Eingeborenen auf Neu-Guinea, wenn sie von Europäern Besuch erhalten haben und die Nacht hindurch immer dasselbe Lied singen:

Es sind weiße Männer gekommen,
Es ist Fleisch gekommen! —

Zum Henker mit der Malerei und allem anderen, wir müssen fort mit dem Fang nach Hause! Knud vertäute das große Tier am Achtersteven des Bootes, dann liefen wir vorwärts und zogen es von der Eisscholle ins Wasser, wo es sich bald darauf in unserem Kielwasser in mächtigen Korkzieherwindungen herumwälzte.

Es entstand große Freude an Bord, als wir heimkehrten. Alle dachten dasselbe, als sie unseren Fang sahen: jetzt gibt es was zu fressen für die hungrigen Hunde! Jetzt würden sie endlich gutes, reichliches Futter kriegen — und täglich, lange Zeit hindurch!

Aber das Schicksal war nun einmal wider uns. Als die Seeleute herbeikamen und den Seehund an Bord heißen wollten, riß das Tau, an dem er hing — und er ging uns gerade vor der Nase unter. Er sank wie ein Feldstein, und weg war er.

Wenn Knud an Land kommt.

Es zeigte sich später, daß das Tau, das etwas zweifelhaft ausgesehen hatte, eine mürbe Stelle gehabt hatte. Dies stellte Knud gerade fest, als ich kurz darauf auf Deck zu ihm hinkam. Er sah außergewöhnlich mürrisch aus und sagte lange nichts. Aber als ich dann zu ihm sagte:

„Hören Sie, Knud! Wie konnten Sie sich doch darauf einlassen, daß das alte Tau gebraucht wurde?" — Da sah er auf und sagte langsam:

„Ja, — es kann ja nichts nützen, daß man sich ärgert — über dies da. Aber das ist doch — der S... fresse mich — eine der ärgerlichsten Geschichten, bei der ich mit dabei gewesen bin!" — —

Wenn Knud den Bissen dadurch für die Hunde hätte retten können, daß er selbst sich 14 Tage auf halbe Rationen gesetzt hätte, er hätte es getan, ohne mit der Wimper zu zucken.

— —

Tags darauf war der Nebel, der schon am Abend vorher über den Hafen hereingetrieben war, so dicht, daß es unmöglich für uns war, zu reisen. Als der Nebel sich schließlich wieder zerstreute, sahen wir, daß das Eis das Fahrwasser nach den Inseln hinüber gesperrt hatte. Um nun doch endlich einmal fortzukommen, entschlossen wir uns, mit dem Boot nach dem Kap Bismarck zu gehen und dort unser Quartier aufzuschlagen — weniger um zu malen, als wegen der großen Aussichten auf Jagd, die wir dort nach unserer Ansicht haben mußten. Unsere Vermutung war durch die Begegnung mit dem Seehund bestärkt worden.

Am Nachmittag des 29. machten wir einen Versuch, durch das Eis nach dem Kap Bismarck hindurchzuschlüpfen, wurden aber eine halbe Meile nördlich davon aufgehalten. Wir schlugen für die Nacht das Zelt auf dem Lande auf, während das Motorboot heimkehrte. Aber bereits am Tage darauf lockerte das Eis sich wieder, und das Motorboot kam mit Peter Hansen und Charles heraus und brachte uns an den Bestimmungsort.

Und jetzt stehen wir in der ersten Hälfte des September. Acht Tage lang haben wir hier draußen gelegen und auf das Walroß gewartet. Dann kam es endlich.

Da es sich zeigte, daß unsere Vermutung bezüglich der Jagdaussichten hier draußen richtig war, erhielten wir ein leckes Walfängerboot mit zwei ungleichen Riemen und einer alten, stumpfen und rostigen Harpune ausgeliefert. Außer diesem Kriegsmaterial hatten wir natürlich unsere Büchsflinten.

Und wir waren zwei Mann zur Bedienung des Ganzen. — —

Täglich stiegen wir mehrmals auf das Kap, um nach Walrossen auszuspähen. — —

Wir liegen hier auf dem südlichsten Punkt einer langen Halbinsel, durch einen Saum niedriger Felsen sind wir gegen die nördlichen Winde geschützt. Nur wenige Meter vom Strande steht unser Zelt, das Saugen der nahen mächtigen Strömung, die mit dem Auf und Ab von Ebbe und Flut durch die Meerenge gurgelt, schlägt Tag und Nacht an unser Ohr. Wir sehen immer die Wanderung der mächtigen Eisschollen längs der Küste, die mit Sägelauten gegen das junge Eis am Strande andrängen oder mit Gedröhn und Gepolter draußen auf dem tiefen Wasser kalben.

100 m südlich liegt eine große, rauhe Schäre, und in der Straße zwischen dieser und uns gehen die gewaltigen Wassermassen in stetigem Wechsel mit Ebbe und Flut hin und zurück. Trotz der stetigen Be-

Aage Bertelsen: Aussicht vom Kap Bismarck nach den Koldewey-Inseln.

wegung hier beginnt sich doch ganz drinnen bei den Steinen nachts, wenn die Sonne fort ist, Jungeis zu bilden. Aber draußen mitten in der Strömung ist es noch immer offen, und östlich von hier ist eine gewaltige Wake, in der einzelne lose Eisschollen herumtreiben, vor Wind und Strom nicht Ruhe noch Rast findend. Dahinter kommt noch eine Insel, und dann — die mächtige, ungebrochene Meereseisfläche in einer hoffnungslosen Unendlichkeit.

Wir haben trübes Wetter und Nordweststurm gehabt. Trotz der Deckung hier werden die Windstöße doch über die Felsenmauer hinter uns herabgeschleudert und reißen und zerren an den Zeltwänden, so daß sie hin und her schlingern. Es ist nicht möglich, bei diesem Wetter draußen zu malen. Wenn man erst erlebt hat, wie einem das Bild im Laufe der ersten fünf Minuten sieben- bis achtmal in den Sand geworfen wird — mit der Butterseite nach unten, dann läuft einem die Galle über, und man geht nach Hause, den Fluch des Himmels auf alle Welt und ganz besonders auf die Küste Grönlands herabflehend.

Da ist es noch besser, hier im Zelte auf der Walroßlauer zu liegen. Das geschieht in der Weise, daß man in den Schlafsack kriecht, sich die Shagpfeife anzündet und sich sein Essen und seinen Tee auf dem Petroleumkocher zurecht macht. Bei der flackernden Flamme kann man dann ein wenig lesen — wenn's hoch kommt, können wir uns auch eine „Lampe" anzünden, die wir uns aus einer Flasche gemacht haben. Durch den Kork ist die Blechhülle eines Pinsels gesteckt und durch diese haben wir einen aus aufgerebbeltem Schiemannsgarn gefertigten Docht gezogen.

Hier drinnen liegend hören wir unaufhörlich das Gepolter des Sturmes und des anprallenden Eises und — durch all dies hindurch — ab und zu das tiefe Prusten eines Walrosses, das jetzt schon zwei Tage in der Wake da draußen im Osten sich herumtreibt. Es liegt da und fischt Muscheln; dann und wann, fast genau jede zehnte Minute, kommt es an die Oberfläche und holt Luft. Die ersten drei, vier Atemzüge klingen wie Krachen und Poltern. Ein explosionsartiges Gebrüll, ein Höllenlaut, wie wenn ein gewaltiges, weißglühendes Spitzgeschoß sich abgrundstief in die zischenden Wassermassen hineinbohrte. Der Rückstoß läßt den zweieinhalbtausend Pfund wiegenden Körper erzittern, und die Bewegung setzt sich im Wasser ringsherum in mächtigen Kreisen fort. Aber nach und nach kommt es zur Ruhe. Der Laut klingt gleichsam ferner. Und zuletzt schnaubt es gleichmäßig und bedächtig mit normalen Zwischenräumen in langem und ruhigem Prusten aus. Wir hören hier drinnen ganz deutlich das Wasser vor den Nasenlöchern zischeln und brodeln, wenn es ausschnaubt.

Das ist das Walroß, auf das wir lauern. Wir haben jetzt anderthalb Tage hier gelegen und gewartet, daß es satt werden sollte. Und was hatten wir währenddessen? Die Wolken, die über einen trostlosen, wintergrauen Himmel dahinfahren, das Wasser, das gegen Eiskante und Felsen peitscht, das Schurren der Eisschollen. — Und in regelmäßiger Wiederholung treffen diese rasenden Prustlaute des arktischen Leviathans unser Trommelfell wie Kontrabaßtöne, die die rohen Akkorde der Naturstimmung tragen.

Wir haben einen Mord geplant, und er soll ausgeführt werden.

Aber wir sind ja nur zwei Mann; das ist zu wenig für ein Walroß, wenn es im Wasser ist. Daher warten wir; denn wir wissen, daß es früher oder später einmal satt werden muß; dann kriecht es auf die Eiskante, um zu schlafen.

Und dann kommen wir ...

Denn wir müssen das Walroß haben!

Daheim hungern die Hunde, Tag aus, Tag ein sind sie auf schmale Kost gesetzt, und wir müssen sie am Leben erhalten; jede Fütterung kann Bedeutung erhalten. Drei Menschenleben stehen hoch oben im Norden auf dem Spiel, und unsere einzige Möglichkeit, ihnen zu Hilfe zu kommen, sind gutgenährte, kräftige Hunde.

Wir liegen und trösten uns mit dem Gedanken, daß wir seiner sicher sind. Wir haben es sozusagen hier auf der Weide, bis es uns paßt, es zu schlachten.

Wir rauchen in Ruhe unsere Pfeifen mit dem scharfen Shagtabak, strecken die Glieder und dösen. Es wird schon kommen.

Aber da geschah es, daß etwas anderes kam.

— —

Am Nachmittag beruhigt sich das Wetter. Der Sturm ist vorübergezogen, es ist jetzt still, aber grau. Ich gehe den Berg hinan, um mit dem Fernglas Ausguck zu halten.

Das Wasser ist jetzt 3—4 km westwärts nach den Koldewey-Inseln hinüber offen. Das Eis ist in der Straße nach Norden getrieben, aber es wartet nur auf nach Süden gehende Strömung, um sich wieder dicht um das Kap zusammenzupacken und gegen den festen Eisrand anzuprallen, der sich von hier nach Süden um die kleine Insel Maroussia herum bis zu den Koldewey-Inseln hinüber erstreckt und längs der Inseln mit einem Saum eine Strecke nordwärts fortsetzt. Auf diesem Eissaum entdeckte ich plötzlich im Fernglas mehrere Walrosse, dicht in einem Klumpen zusammenliegend. Sie lagen ganz still, augenscheinlich hatten sie sich voll gefressen.

Ich flog zum Zelt hinunter und rief Bertelsen; bald darauf schoben wir das Boot vom Strande, nachdem wir es ausgeschöpft — es war in den letzten zwölf Stunden fast bis an den Rand voll Wasser gelaufen — und das schlimmste Eis von den Ruderbänken entfernt hatten.

Hier galt es zu eilen; in einer Stunde wechselte die Strömung, und dann würde das Eis uns den Weg dorthin versperren — oder den Rückweg.

In einem Nu holten wir unsere Büchsen aus dem Zelt, steckten eine Handvoll Patronen in die Tasche und machten die Harpune vorn im Boot klar; dann ging es los.

Wir hatten uns mit vielem neuen Eis herumzuschlagen; zu den ersten 100 Ellen brauchten wir etwa eine Viertelstunde. Dann kamen wir in offenes Wasser. Wir ruderten eine gute Weile mit aller Kraft gerade auf die Tiere los, die wir von hier unten eben als einen dunklen Punkt erblicken konnten. Dann kamen wir wieder an einen Ring von neuem Eis, wo wir das Eis vor dem Steven zersplittern und mit den Bootshaken zupacken mußten, um durchzukommen. Dann wieder ein Streifen offenes Wasser. So ging es abwechselnd, bis wir endlich den Rand des Packeises erreichten.

Es zeigte sich, daß die Tiere — es waren ihrer vier — einige 100 m aufwärts auf dem Eise gerade an der Kante einer kleinen Wake lagen, zu der eine steile Böschung hinabführte. Wir vertäuten schleunigst das Boot an einem Anker auf dem Eisrand und begannen einen schwierigen Vormarsch über die Eisschollen. Diese waren meist durch dünnes Eis miteinander verbunden, aber oft waren sie auch lose und ganz klein, so daß wir schnell von der einen zur anderen springen mußten. Wir waren sehr vorsichtig, damit die Tiere uns nicht bemerkten. Sie lagen Seite an Seite und schnarchten; das eine lag auf dem Rücken, den Kopf nach uns hingewandt und die Stoßzähne gerade in die Luft gerichtet. Das größte, ganz zur Rechten, hob einmal den Kopf, als ich über einen Eisklumpen stolperte und meine Holzstiefel einen Riesenspektakel machten. Aber es sah uns nur stumpfsinnig an, stieß auf und legte sich ruhig wieder hin und schlief weiter.

Als wir etwa auf 50 m an sie heran waren, wurde das Eis plötzlich vollständig breiig; keine Möglichkeit, auch nur 1 m näher zu kommen. Wir versuchten sie zu umgehen, um wenigstens so zum Schuß zu kommen, daß wir auf die Köpfe halten konnten. Vergebens! — Das Tier, das den Kopf nach dieser Seite wandte, lag sehr ungünstig; nur die Nase und der vorderste Teil des Gesichts waren sichtbar; und ein Walroß soll den Schuß in den Nacken haben.

Es sah verteufelt schlecht aus. Wir sahen, daß sie so dicht an der stark abfallenden Kante der Wake lagen, daß sie nur den Schwerpunkt ein wenig zu verlegen brauchten, um hineinzuplumpsen. Und dann bekamen wir ein oder mehrere wahrscheinlich schwerverwundete

Tiere um das Boot herum, und wir würden sie verwundet haben, ohne daß jemand den geringsten Nutzen davon hätte.

Aber wir mußten versuchen! Es war keine andere Aussicht vorhanden und — es könnte ja einer von ihnen auf dem Platze bleiben..

Wir legten uns nieder und spannten die Hähne. Dann zielte ich genau, hielt gerade auf das Auge des Tieres, das uns das Gesicht zuwandte, und drückte los.

Es gab einen fürchterlichen Ruck in dem Tiere. Es versuchte mit Anspannung aller Kräfte hochzukommen, doch es sank nur sofort zusammen, wo es lag. Aber im nächsten Augenblick flogen die drei anderen Köpfe in die Luft. Zwei Schüsse rasselten über das Eis hin, und zwei fingerdicke Blutstrahlen schossen meterhoch aus dem Kopfe des größten von ihnen heraus und färbten den Schnee.

Und dann — —! Im nächsten Augenblick platschten alle vier in die Bütte, so daß das Wasser nur so über den Eisrand spritzte. Gott stehe uns bei, die ganze Kavalkade wie durch einen Zauberschlag in See! Nicht eins blieb zurück; nur große Blutpfützen auf der steilen Scholle, wo sie gelegen hatten, zeigten uns, daß wir ziemlich ernst getroffen hatten — leider!

Ich hätte laut heulen können vor Wut.

Wir hörten ihre mächtigen Körper unter dem dünnen Eis weggleiten.

Den Teufel auch!

Und jetzt hatten wir sie wohl im nächsten Augenblick dort beim Boot! Ja, dem dürfen sie weiß Gott nicht den Boden einschlagen, solange wir's hindern können. Also schleunigst hin zum Boot und unterwegs die Büchsen geladen!

Wir springen wie toll. Aber wir sind erst halb hin, da schießen sie alle vier ein paar 100 Ellen von uns ganz nahe bei dem Boote empor. Wir verbergen uns hinter einem Eisblock, aber als sie jetzt dem Boote allzu nahe kommen, dürfen wir die Möglichkeit nicht abwarten, daß die verwundeten Tiere wieder aufs Eis kommen; wir müssen schießen. Sie schnauben und toben da draußen, als sie uns gewahr werden; sie stoßen ein rasendes Gebrüll aus und schießen mit dem Vorderleib hoch übers Wasser empor; aber ein paar Treffer bringen sie wieder dazu, vor Schmerz unterzutauchen. Als sie sich das nächste Mal zeigen, sind sie weit weg, und es sind nur drei.

Rote Blutstrahlen steigen von ihnen hoch in die Luft, und dumpfes Gebrüll hallt zwischen den Eisschollen wider und schallt über das Meer hinaus. Aber das vierte — ist es tot und gesunken, oder was ist aus ihm geworden? —

Wir dürfen nicht länger zögern, ins Boot zu gehen; es ist hohe Zeit, wenn wir zurückkommen wollen, ehe das Eis sich um uns schließt.

Wir machen schnell die Vertauung los, stellen die geladenen Büchsen neben uns und nehmen jeder seinen Riemen. Wir arbeiten uns durch den Ring von dünnem Eis und kommen in offenes Wasser. Hier sehen wir zum letzten Male die drei Walrosse, die in weiter Ferne auftauchen und bald unseren Blicken entschwinden.

— —

Achton Friis: Unser Zelt unter dem Kap Bismarck.

Das Eis kam mit starker Fahrt von Norden getrieben, die weiße Linie nahm von Minute zu Minute an Größe zu. Ein ewig schurrender Laut und ein tiefes, fernes Bullern drang an unser Ohr von der Seite, wo das Eis auf uns zukam. Es war deutlich an der Fahrt des Bootes zu merken, wie die Strömung nach und nach an Stärke zunahm. Der Abtrift wegen mußten wir auf einen Punkt an der Küste halten, der weit nördlicher lag, als der, den wir erreichen wollten.

Wir warfen den Anorak ab und legten uns in die Riemen, daß der Schweiß hervorbrach. Das Boot leckte wunderbar schön. Das Wasser um unsere Füße fror nicht zu Eis, aber nur aus dem Grunde, weil es die ganze Zeit über hin und her schwupperte und nicht zur Ruhe kam. Aber darum konnte es natürlich doch höllisch kalt sein. Wir dachten indessen nicht daran, auszuschöpfen, nur daran, vorwärts zu kommen.

Dann kamen wir wieder in das Jungeis hinein. Es war uns nicht gelungen, unsere alte Rinne zu finden; vielleicht war das Ganze ein wenig südwärts getrieben. Es wurde hier beschwerlich, und der Gedanke, daß wir vielleicht nicht durchkommen würden, machte mich doch ein wenig erzittern.

Und wo war eigentlich das vierte Walroß? Hoffentlich ist es nicht so aufmerksam gewesen, um unsertwillen zurückzubleiben.

Der Wind frischt jetzt ein wenig von Norden her auf, und die Eisschollen beginnen, heranzukommen; aber wir haben schon den halben Weg hinter uns und werden's schon schaffen, wenn sich sonst keine Hindernisse uns entgegenstellen. Wir legen uns aus vollen Kräften in die Riemen und fühlen keine Müdigkeit — nur vorwärts, vorwärts!

Ich bekomme das Zelt zwischen den Klippen in Sicht und wende mich um, es Bertelsen zu sagen. Im Augenblick, als ich den Mund öffnen will, fährt er auf:

„Da ist es!" — —

Das Eis fährt mit Gewalt zur Seite, mit Gekrach und Gerassel werden die Stücke übereinander zusammengestaut; — dann zischt das Wasser dazwischen empor, — und da ist das vierte Walroß wenige Ellen vom Bootsrand.

Es ist das mächtigste Walroß, das ich je gesehen habe — und ich habe doch nachgerade viele gesehen. Aus den Schußwunden in seinem Kopf quillt das Blut in Strömen, es rieselt zwischen seine struppigen Maulborsten und an den gewaltigen Stoßzähnen herab. Aber röter als alles andere ist die Bosheit in seinen kleinen Augen. Es stöhnt, wie wenn aller Welt Qual und Pein auf seine Schultern geladen sind. Armer Teufel, dachte ich. Und in demselben Augenblick brannte ich auf Leben und Tod ihm einen Schuß auf die Stirn.

Es sank ins Wasser zurück.

Aber diesmal gelang es ihm nicht hinunterzukommen; es rollte ein paarmal an der Oberfläche des Wassers herum und sammelte dann seine letzten Kräfte zu einem Schlußtableau. Durch einen rasenden Schlag mit den hinteren Finnen schleuderte es den Vorderkörper über die Höhe des Bootsrandes hinauf, während es den mächtigen Rachen öffnete und seine Höllenqual uns entgegendonnerte, während Blut und Schaum wie eine Fontäne hervorsprudelten.

Mit gesträubten Haaren starrten wir beide einen Augenblick fast gelähmt auf diese Offenbarung. Es war, als hätte der „Béhemoth" des Alten Testaments sich leibhaftig vor uns gezeigt. Mir fiel eine bestimmte Stelle im Gesangbuch unter „Wenn man in Seenot ist" ein, und dann sandte ich ihm in Gottes Namen eine Ladung Hagel aus dem linken Lauf in den offenen Rachen hinein, die Büchsenmündung ihm fast in den Hals steckend.

Da ging er.

Er sank ins Wasser zurück und blieb einen Augenblick an der

Das tote Walroß.

Oberfläche liegen. Klatschte sich noch einige Ellen weg, nach der Seite hin, während wir uns mit Bootshaken und Riemen abmühten, hinzukommen und die Harpune hineinzubringen. Aber als wir endlich dahinkamen, war es zu spät; wir fuhren in eine leere Blutpfütze hinein — es war gesunken.

Und dieses Walroß hätten wir haben müssen. Einen Mann im Boot mehr, und wir hätten es bekommen — einen Mann zur Bedienung der Harpune. Wir beiden anderen hatten hier mitten in dem dünnen Eis genug mit Riemen und Bootshaken zu tun, besonders wenn man gleichzeitig die Büchse führen sollte. Aber jetzt fanden wir keine Entschuldigungen, nur ein Paar kräftige Flüche, um unserem Ärger Luft zu machen. Sonst nicht ein Wort auf dem Rückweg.

Bei stetig zunehmendem Wind und Strom arbeiteten wir uns ans Land. Als wir glücklich auf die Steine gekommen waren und das Boot festgemacht hatten, begann das Eis draußen das Wasser zu schließen; und eine Stunde später lag das Meer, soweit das Auge reichte, mit dichtgepackten Eisschollen bedeckt da.

— —

Am nächsten Tage bekamen wir unvermutet Verbindung mit dem Schiff, und es wurde ein Motorboot mit vier Mann zu uns hinaus

Eskimoruine auf dem Gipfel des Kap Bismarck.

gesandt. Wir konnten nämlich melden, daß jetzt unser eigenes Walroß satt geworden war.

Es lag auf einer Eisscholle etwa 500 m südlich vom Kap. Sie töfften auf 5—6 Ellen heran und gaben ihm auf einmal drei Kugeln durch den Kopf. Es verendete auf der Stelle.

Es war nicht das erstemal, daß wir im Zelte Gäste hatten. Bereits vor einigen Tagen hatten Gustav Thostrup und Weinschenck uns überrascht, indem sie mit einem Motorboot von Osten her, vom Meere, in die Straße beim Zeltplatz hereinkamen, nachdem wir den ganzen Tag über zu unserem Erstaunen den Motor draußen hinter den Inseln hatten puffen hören. Die beiden Boote, das Motorboot und ein Walfängerboot, die Kochs Abteilung im Jahre 1906 beim Kap Marie-Valdemar zurücklassen mußten, waren nämlich im Sommer von einer vom Schiff ausgesandten Abteilung nach einem ungefähr eine Meile nördlich von hier gelegenen Platz an der äußeren Küste gebracht worden. Neulich hatten nun Weinschenck und Thostrup den dreisten Versuch gemacht, das Motorboot mit dem Walfängerboot im Schlepptau durch das Eis hindurch und um das Kap Bismarck herum zum Hafen

Weinschenck. G. Thostrup.

Mahlzeit während der Motorbootsfahrt im Treibeis.

zu führen, und dies war gut gelungen. Auf der Vorbeifahrt liefen sie unseren Zeltplatz an und kriegten bei uns etwas zu essen, sowie Kaffee und Tabak, denn es war da draußen ein hartes Stück Arbeit für sie gewesen. 15—16 Stunden hatten sie mit dem Eise gerungen, und sie waren vom Kopf bis zu den Füßen klatschnaß, so daß der Zeltboden da, wo sie gelegen hatten, durchweicht war und warm nach ihnen roch.

Heute nun waren wieder diese beiden sowie Bendix-Thostrup und Koefoed draußen gewesen, um zu versuchen, ungefähr nach derselben Stelle an der Küste hinaufzugehen, von der sie die Boote geholt hatten. Hendrik hatte nämlich vor einiger Zeit das Glück gehabt, an dieser Stelle in einer Wake ein Walroß zu schießen, und hatte das Fleisch am Strande deponiert. Sie wollten jetzt versuchen, es auf dem Seewege zum Schiff zu bringen.

Nach einer Festlichkeit im Zelte anläßlich der glücklichen Erlegung „unseres Walrosses", das so rücksichtsvoll gewesen war, ihre Ankunft abzuwarten, gingen sie wieder mit dem Boot hinaus. Aber nach Verlauf mehrerer Stunden kehrten sie unverrichteter Sache zurück; das Eis hatte ihnen den Weg versperrt.

Hendrik und Tobias zur Seehundsjagd aufgetakelt.

Auf dem Rückzug waren sie mehrmals zwischen den sich zusammenstauenden Eisschollen in die Klemme gekommen und hatten einmal die schweren Boote auf das Eis hinauf und eine gute Strecke lang darüber hin ziehen müssen, um sie zu bergen und wieder in offenes Wasser zu bringen. Zu dieser Arbeit hatte man eine Talje gebraucht, die Gustav Thostrup an Ort und Stelle aus etwas Tauwerk und ein paar alten Riemen konstruierte. Dergleichen Talje habe ich nie in meinem Leben gesehen, und sie setzte auch die Teilnehmer an der Fahrt in das höchste Erstaunen, sowohl durch ihr seltsames Aussehen, als auch durch den Nutzen, den sie brachte. Hier hatten, wie schon so oft, Thostrups Erfindungsgabe und flinke Hände aus einer schwierigen Lage herausgeholfen. Ohne ihn wäre das Boot zweifellos im Eise festgekommen und zerdrückt worden. —

Peter Hansen.

Diese Besuche brachten eine willkommene frohe Abwechslung ins Zeltleben. Mehrere folgten nach. Es wurde bald Sitte, daß Boote, die sich auf der Jagd oder auf Untersuchungsfahrten in dem Fahr-

Eingang zu der großen Eishöhle in der Nähe des Danmarkhafens
September 1907

wasser aufhielten, den Platz anliefen, und daß die Leute „an Land gingen“ und im „Café Bismarck“ beidrehten. Unter dieser Berührung mit der Umwelt machten wir in den folgenden Tagen viele kulturelle Fortschritte. Unsere elende Lampe, die nur uns selbst zu begeistern vermochte, wurde durch ein Stearinlicht abgelöst, das die Gäste mitbrachten, damit wir ihnen im Zelte aus der von uns mitgenommenen belletristischen Literatur vorlesen konnten, was bald mit

Achton Friis: Aussicht vom Gipfel des Kap Bismarck nach den Koldewey-Inseln.

zur Bewirtung gehörte. Wenn die Leute nur mit dem Gebotenen fürlieb nehmen wollten, waren sie herzlich willkommen; ein Gericht Preßsülze mit Schiffszwieback und Kaffee und ein paar Verse von Fröding oder Burns hatten wir immer bei der Hand.

Als ich einmal eine Möwe schoß, um Federn zum Pfeifenreinigen im Zelt zu haben, kannte, so dünkte es uns, der Komfort keine Grenzen.

Eines Tages besuchten uns Peter, Knud und Charles, die im Motorboot auf der Seehundsjagd waren. Auf dem Wege vom Schiffe hierher hatte Peter nicht weniger als vier Stück geschossen, die sie alle gekriegt hatten, obwohl der Seehund zu dieser Jahreszeit nicht oben schwimmt, wenn er getötet wird. Aber Peter hatte auch eine funkelnagelneue Methode der Seehundsjagd erfunden, die sowohl ihn selbst als auch seine beiden Gefährten mit tiefer Bewunderung erfüllt hatte. Und das war nicht sonderbar.

Wie sie erzählten, töfften sie, wenn ein Seehund sich in der Nähe des Bootes zeigte, langsam und vorsichtig darauf los, bis sie auf 20 bis 30 Ellen herankamen. Peter, der die ganze Zeit über vorne im Schiffe mit der Büchse bereit stand, ließ dann plötzlich durch Charles den Motor auf Vollkraft vorwärts stellen, und Knud hielt gerade auf

Hendrik und Tobias auf der Walroßinsel.
Lachs zum Trocknen aufgehängt.

das Tier los. Bei dem plötzlichen entsetzlichen Spektakel der Maschine schoß der Seehund vor Erstaunen mit dem ganzen Vorderleib aus dem Wasser heraus: „Was zum Teufel ist da los!“ — und im selben Augenblick knallte Peter ihm eine Ladung großer Hagelkörner gerade in die Visage. Da das Boot jetzt starke Fahrt in der Richtung auf das Tier hatte, gelang es Peter jedesmal, eine Harpune in ihm anzubringen, ehe es sank.

In den nächsten Tagen erwarb dieses drei Mann starke Korps sich großen Ruhm um die Existenz der Hunde, und zahlreich waren Gottseidank die Besuche, die sie auf ihren Fahrten bei uns abstatteten.

Selbst wenn die Zeiten noch so schlecht waren und alles noch so bunt aussah, konnte man sich doch darauf verlassen, daß die Ankunft Peter Hansens immer irgend etwas Erfreuliches brachte. Er hatte eine unbezahlbare Fähigkeit, kleine gute Nachrichten aufzuschnappen — die wenigen, die die knappen Zeiten bieten konnten — und sie aufzuheben, bis er sie an den Mann bringen konnte. In der Zwischenzeit hatten dann diese Nachrichten immer so fabelhafte Zinsen getragen, daß diese das Kapital vollständig in den Schatten stellten. Aber Papiergeld war es nicht, was Peter verteilte, er kam

Das junge Eis mit der Fahrrinne.

nicht, um es gewechselt zu erhalten; gediegene Goldmünzen einer strahlenden guten Laune streute er um sich.

Peter war der geborene Expeditionsmann. Er befand sich unter allen Verhältnissen wohl und blieb sich immer gleich, ob er nun in der warmen Messe saß, Tabak rauchte und der Musik lauschte, oder ob er in Kälte und Finsternis tagelang auf dem Schlitten umherfuhr. Er war immer interessiert, immer nützlich, und seinen Fäusten war es einerlei, ob er ein glühendes Stück Kohle mit den Fingern aus dem Ofen holte, um seine Pfeife anzuzünden, oder ob er bei 35° Kälte eine nasse Stahltrosse durch sie hindurchgleiten ließ.

Als er mit den vier Seehunden hierher kam, hatte das Jagdglück des Tages ihn in eine überströmende, glänzende Laune versetzt; er war übervoll von frohen Hoffnungen. Er wußte zu erzählen, daß die Jagdpartie auf der Walroßspitze, zu der er gehört hatte, und die jetzt heimgekehrt war, im ganzen zwei Walrosse und einen Bären erlegt hatte. Zusammen mit Hendriks und unserem Walroß würde dies schon für lange Zeit ausreichen, meinte er, — und inzwischen würden sich wohl Wege finden, um mehr zu kriegen.

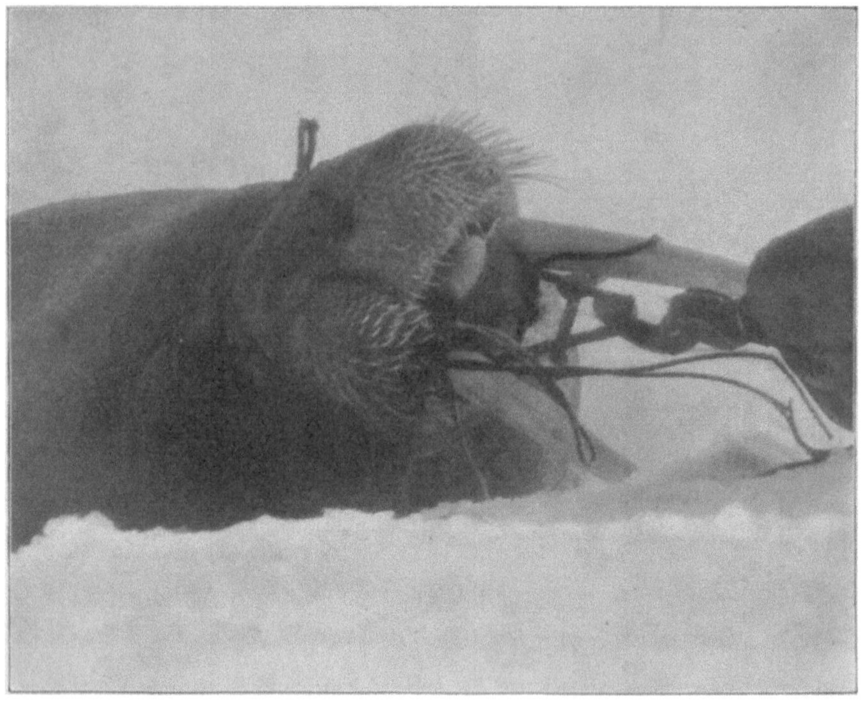

Ein vertautes Walroß.

Bei uns anderen dauerte die Freude über dieses Ergebnis der Jagd des Sommers natürlich höchstens so lange, bis Peter wieder fort war. Wir sahen, wie traurig das Ganze war, und dachten mit Besorgnis an die Reise, die wir unumgänglich unternehmen mußten, sobald das Meer wieder für Schlitten fahrbar wurde — die Hilfsexpedition, die nach unseren drei Kameraden suchen sollte. Wie weit würden wir mit Hunden gelangen können, die den ganzen Sommer über auf schmale Kost gesetzt gewesen waren, und die wir nicht einmal ordentlich herausfüttern konnten, ehe diese ernste Reise begann? — —
— —

Nachdem unser Walfängerboot vom Motorboot zum Schiff geschleppt war, um für den Winter aufgelegt zu werden, ging Bertelsen am 9. September über Land nach Hause und ließ mich allein beim Zelt zurück, wo ich noch ein Bild vollenden wollte. Und zwei Tage darauf nahm auch ich meine Bilder auf den Rücken und verließ unser Zelt.

Es war etwa 9 Uhr abends, als ich auf die Höhen hinter dem Zeltplatz hinaufstieg und von dort über diesen Platz, die Klippen am

B. Thostrup. Hendrik. Freuchen.

Beim Walroßschlachten.

Strande, die Meerenge und die kleinen Inseln schaute. Die Sonne ging gerade im Nordwesten unter, und die Waken draußen in den treibenden großen Eismassen schimmerten rot wie Blut, die Eisberge und der Firn dort unten auf dieser Seite lagen mit tiefen, blauvioletten Schatten da.

Aber vor mir, im Süden und Osten, sah ich die glühende Linie des Meereises wie eine einzige, riesige Mauer, gewaltig anzuschauen, undurchbrechbar. Erst viele, viele Meilen draußen konnte das offene Meer sein — der Weg nach Dänemark!

Würden wir je wieder dort hinaus gelangen? Wie würde es uns im nächsten Jahr ergehen? — Hatten wir einzigartiges Glück gehabt, als wir im vorigen Jahre ins Eis hereinschlüpften, und war die Falle nun jahrelang geschlossen? Würde unser Proviant für die Wartezeit ausreichen? —

Die Sonne sinkt, der Schatten des Kap Bismarck gleitet über das Wasser hin, die Eisberge treiben in seinen frostblauen Ton hinein, und ihre Farben erlöschen, die rostrot glänzenden Felsseiten der Schären werden unten von seiner schwarzen Eisenfarbe getroffen und sterben langsam nach oben hin ab.

Es streicht ein Herbstseufzer über das Land.

Zugvogelgeschrei erschallt wieder über meinem Kopfe. Ich sehe die Vögel dort oben vorüberziehen, — aber diesmal geht der Flug nach Süden...

Jetzt kommt der Winter bald. Was wird er uns bringen? — —

Als ich gegen Mitternacht heimkehrte, fand ich zu meiner Überraschung den Hafen vollständig mit Eis bedeckt. Ganz sicher sah es freilich noch nicht aus, aber ich gelangte glücklich an Bord, indem ich sorgfältig die Fahrrinnen vermied, die die Motorboote noch bis zum Schiffe offen hielten.

An Bord ging es lebhaft zu, die Messe war voll von Menschen. Eines der Motorboote war gerade mit einem erlegten Walroß im Schlepptau heimgekehrt. Es war ordentlich für die Walroßjagd aufgetakelt worden und hatte dann in der letzten Woche, bevor das Fahrwasser versperrt wurde, hier in der Nähe rationelle Jagd betrieben, mit Hagerup als Harpunier, Weinschenck am Motor und Charles am Steuer.

Unter diesen Dreien war Hagerup die eigentliche treibende Kraft. Seit vielen Jahren ist nämlich zwischen den Walrossen und der Familie Hagerup Krieg bis aufs Messer gewesen. Mehrere Geschlechter sind bekannte Eismeerschiffer und Fangleute gewesen. Einer von diesen wurde einmal, erzählt Hagerup, als eine Walroßherde ein Fangboot kenterte, in dem er sich zusammen mit mehreren anderen befand, von einer der Bestien gepackt und ganz „bis zu Davy-John“ hinuntergeschleppt. Die Angehörigen des Geschlechts, die bis dahin noch als ehrbare Bauern auf dem Lande gelebt hatten, schmiedeten, nachdem dies geschehen war, sofort ihre Pflugeisen zu Harpunen um, streckten, ebenso wie die anderen, drei Finger empor und zogen nach Spitzbergen hinauf.

Sie haben sich schrecklich gerächt. Und die beiden Familien können sich jetzt nicht mehr sehen, ohne daß Blut fließen muß. —

Die Bootsabteilung hatte einige schlimme Fahrten gehabt. Das Walroß hat nämlich zu dieser späten Jahreszeit allzu gute Aussichten, zu entweichen; das Jungeis behindert in hohem Grade die Beweglichkeit des Bootes, und bei der niedrigen Temperatur sind die Tiere lebhaft und aufmerksam, so daß es schwer ist, nahe an sie heranzu-

Ein Walroß an Bord.

kommen. Gleichwohl gelang es mehrmals, und jetzt das letzemal hatten sie Glück gehabt.

Sie hatten nachmittags zwei Walrosse zusammen auf der Eiskante liegen sehen und waren mit großer Vorsicht im Boot an diese herangefahren. Hagerup schlich sich, die Harpune bereithaltend, ganz nahe an die Tiere heran und warf sich plötzlich wie ein bösartiger Moskito mit seinem ganzen Gewicht auf das eine und jagte ihm die Harpune $1^1/_2$ Ellen in den Körper hinein. Das Walroß heulte wie ein Ozeandampfer in Seenot und stürzte sich sofort ins Wasser, gefolgt von dem anderen. Aber während es über die Kante glitt, fand es Zeit und Gelegenheit, Hagerup, der neben ihm ausgeglitten war, einen Schlag zu versetzen. Es traf ihn mit den Schwanzflossen quer über den Magen, so daß er mehrere Ellen über das Eis hinflog. Die zweihundert stark geschwefelten Ausdrücke, die Hagerup bei dieser Gelegenheit ausheckte, blieben ihm infolge des Schlages in der Kehle stecken. Er

Transport des Walroßfleisches.

„versagte". Einen Augenblick saß er sprachlos auf seinem breiten Tromsöer Hosenboden, dann gelang es ihm gerade noch, sich ins Boot zu werfen, ehe das Ungeheuer an der Fangleine mit diesem abzog.

Nach einigen ungestümen Fahrten mit dem Boot zwischen den Eisschollen herum jagte das verwundete Walroß plötzlich unter den Rand des festen Eises, und das Boot prallte mit großem Gekrach dagegen; sieben bis acht energische Rucke, so daß der Bootssteven sich bis zur Wasseroberfläche hinabneigte, und — plötzlich wurde die Harpune aus dem Körper des Tieres herausgerissen. Während nun das andere Walroß verschwand, kam das verwundete, dem es offenbar sehr schlecht ging, bald wieder zurück, um Luft zu schnappen. Als das Boot mit voller Kraft auf das Tier losfuhr, machte es einige vergebliche Versuche, wieder zu tauchen, aber es gelang ihm nur, den Kopf unter Wasser zu bringen, und im nächsten Augenblick jagte Weinschenck das Boot mit voller Fahrt ganz auf seinen Rücken hinauf. Im selben Augenblick, als der Steven des Bootes sich in die Höhe hob, warf Hagerup sich über die Reling und jagte dem Tiere mit beiden Händen die Harpune in den Nacken. Es stieß ein Gebrüll

Vom Lachsfang auf der Walroßspitze.

aus, und diesmal verlieh ihm der Schmerz Kraft zum Untertauchen. Es sammelte seine letzten Kräfte zu einigen wütenden Hin- und Herfahrten unter dem Boote. Jedesmal wenn es den Kopf aus dem Wasser heraussteckte, knallten ihm Schüsse ins Gesicht, bis es heulend wieder untertauchte. Aber plötzlich sahen sie, wie es sich rückwärts unter das Boot warf, und im nächsten Augenblick verspürten sie einen Stoß, so daß sie auf den Beinen schwankten — und durch ein Loch in der Bootswand stürzte das Wasser herein. Im selben Moment ließ die Harpune zum zweitenmal los. —

Das Leck wurde schleunigst mit etwas eingefettetem Twist gestopft, und Hagerup griff zur letzten Harpunspitze — einer von Ring auf besondere Art geschmiedeten —, setzte sie auf den Stock einer

Seehundshacke und war wieder klar zum Gefecht, als das Walroß bald darauf sich wieder an der Wasseroberfläche zeigte.

„Auf ihn!" brüllte er den beiden anderen zu, „drauf los — zum Teufel nochmal!" — Und als das Boot abermals auf den Rücken des rasenden Tieres hinauffuhr, kriegte es endlich eine Harpune in den Leib, die hielt. Bald darauf sank es. Da hatte es gegen zwanzig Schuß erhalten, davon über die Hälfte in den Kopf; aber leider waren die meisten Geschosse explodierende 12 mm-Kugeln gewesen, die Charles für seine Büchse gebrauchte, und diese waren alle beim Aufschlagen, draußen auf der Haut des Tieres, explodiert. Ein paar Winchesterkugeln gaben ihm den Rest.

Einige Tage später gelang es ihnen, noch ein Walroß zu erlegen; aber da war das Jungeis bereits so stark, daß sie nicht zum Schiff hindurchkommen konnten. Das Tier wie das Motorboot mußten bei der westlichen Hafenspitze auf Land gesetzt werden, und die Leute kamen abends zu Fuß zum Schiffe zurück.

Es war das sechste und letzte Walroß in diesem Jahre, das Wasser ist überall von jungem Eis gesperrt, jeder Verkehr in Booten ist vorüber.

Sechs Walrosse als Jagdbeute des Jahres gegen siebzehn bis achtzehn im vorigen Jahre!

— —

Die Leute, die auf der Walroßspitze gelegen hatten, erzählten, daß das Fahrwasser dort nur auf eine sehr kleine Strecke offen gewesen sei. Sie hatten ein paar einzelne Walrosse außer den beiden, die sie erlegt hatten, gesehen; aber die Eisverhältnisse hatten ihnen bei den Versuchen, auf die Tiere Jagd zu machen, so große Hindernisse in den Weg gelegt, daß es nicht geglückt war.

In dem Lachsfluß hatten sie während ihres ganzen Aufenthalts in der dortigen Gegend Garn ausgeworfen gehabt. Sie fingen über 400 Pfund große fette Lachse, an denen sie selbst dort viel Freude hatten, die aber leider nicht zum Schiff zu transportieren waren. Ein Teil davon wurde getrocknet, aber der größte Teil mußte vergraben und mit Eis umpackt werden, um später als Hundefutter verwandt zu werden. Auf einem Ausflug hatte Bistrup eines Tages einen Moschusstier geschossen, wahrscheinlich der Rest der Herde, die wir im Herbst 1906 zum erstenmal beschossen hatten.

Wenn hierzu noch ein paar Bären und die wenigen Seehunde gerechnet werden, die sofort den Weg allen Fleisches in die Hunde hineingegangen waren, so ist die armselige Jagdbeute des Sommers aufgezählt.

An der steilen Kante des Firns vor dem Eingang zur Eishöhle.

Die große Eishöhle.

Gerade mitten in einer Zeit, wo alles so hoffnungslos und finster war, stießen wir auf etwas, das unser trauriges Dasein aufhellte, etwas, das allen unseren Abenteuern die Krone aufsetzte.

Der Doktor und Bertelsen fanden es eines Tages im August oben in den Bergen im ewigen Schnee — und da sie nicht wußten, was es war, gingen sie hinein. Dort, wo der mächtige Firn mit seinem kalbenden schroffen Abhang jäh zum Tale abfällt, wo die gewaltigen Schnee- und Eisblöcke herabgestürzt liegen, in einem Chaos durcheinander gewälzt, dort sahen sie ein finsteres, gähnendes Loch, ein Tor, aus dem der Fluß hervorbrach und ruhig zwischen die Steine hinausfloß. Durch diese Öffnung drangen sie hinein.

Als sie wieder herauskamen, hatten sie gesehen, was noch kein Mensch gesehen hatte. Sie kehrten heim und erzählten davon, und einige von uns anderen gingen hinauf und brachen ein. Und wir sahen dasselbe wie sie und wurden stumm bei dem Anblick, bezaubert. — Wir sahen ein Schloß aus Eis, eine Kathedrale aus Farben und Glanz, ein Mysterium der Finsternis und des Lichtes zugleich, nicht mit den Händen zu greifen und — wirklich!

Es war die große Eishöhle.

Oben zwischen den Bergen liegt ein Firn von ewigem Schnee und

In der Eishöhle an einer Einsturzstelle.

Eis. Durch eine mächtige, $2^1/_2$ km lange Schlucht breitet er sich von Abhang zu Abhang zwischen den niedrigen Bergen aus. In ihrem Grunde fließt der Fluß, und die Eishöhle ist der Weg des Flusses.

Im Winter, wenn der Fluß unter dem harten Zupacken des Frostes erstarrt, fällt der Schnee in gewaltigen Massen, deckt die Öffnungen und Löcher und verschließt die Eingänge. Aber zur Sommerszeit kehrt der Fluß jedes Jahr wieder, kracht in all seiner Macht von den Felsen herab, sucht seinen gewohnten Weg über den Boden der Schlucht, stürzt die Tore ein und läßt das Tageslicht am Ende der

Vor der Eishöhle.

gewaltigen Wölbungen hereinströmen. Jahr für Jahr ist der Fluß hier unter dem Eise gewandert; so lange wie der Firn und die Berge bestanden haben, ist er durch diese Halle gedonnert, deren Baumeister er selbst ist. — Die Halle ist eine Viertelmeile lang und ihre Gewölbe erreichen die Höhe von zwölf Mann.

— —

Wenn da draußen zwischen den funkelnden Blöcken des Meereises das Licht des Paradieses und der Hölle um die Herrschaft streiten, Augen und Sinne blendend, — dann tritt einem hier drinnen die Schönheit des T o d e s entgegen. Und man duckt sich und erzittert unter seinen ruhigen, stummen, stolzen Blicken.

Hat er, der in grauer Vorzeit Elloras Tempel schaffen konnte, diese Schönheit geahnt? — Woher ist wohl die wilde, düstere Sage der Nibelungen gekommen? — Wer vermochte zuerst die gewaltige Schönheit Walhallas in seinen Gedanken zu fassen — wer wanderte zuerst auf Ragnaroks grauen, mystischen Wegen? — Haben sie so etwas gesehen, die großen Träumer, hat ein Anblick gleich diesem ihre Gedanken in die Höhe getragen und sie die Nähe der Götter ahnen lassen?

In den Tiefen der Höhle.
(Das Licht dringt durch eine Bruchstelle an der Decke.)

Oder sind in ihnen Erinnerungen an dunkle Sagen erwacht — Mythen vom Eise, die von den Alten von Geschlecht zu Geschlecht geraunt sind?

Hier drinnen macht der Gedanke Halt, Dichten und Träumen hört auf — und die Natur baut weiter. Und wiederum ist hier drinnen alles Musik, man wird von Tönen umwogt; nur die abstrakteste aller Künste vermag diese Stimmung auszulösen. Von den Kronleuchtern der Eiszapfen unter der Decke der Wölbungen fallen Tropfen erglänzend herab und tropfen wie Harfentöne durch die Luft; über den gefrorenen Grund mit dem erstarrten Wasser tönt es wie ein sachtes

Die Vorhalle der großen Eishöhle, genannt die „Gnipahöhle“, nach dem Ausgang zu gesehen.

AAGE BERTELSEN

EINGANG ZUR GROSSEN EISHÖHLE „GNIPAHULEN“ IN DER NÄHE DES DANMARKHAFENS
SEPTEMBER 1907

Pizzicato von hundert Violinen. Der Laut wird gedämpft und verschwindet nach innen, verliert sich in der Finsternis der fernen Kontrabasse — —

Dort weit drinnen in den innersten Tiefen der Höhle, wo die Finsternis immer breit und mächtig unter den grünlichen Wölbungen liegt, —

Ein erstarrter Wasserfall in der Eishöhle.
(Photogr. bei Magnesiumlicht.)

sitzt dort nicht jemand und träumt? Es ist, als wenn Gedanken von dort drinnen her mich umfluten, als wenn einer drinnen in der Finsternis über mich befiehlt, etwas, das mir Wille und Verstand nimmt.

Es ist dort jemand.

Ein großes, lichtes Weib sitzt dort drinnen, schön und stumm. Es ist das Abenteuer, Frau Aventiure!

Sie wohnt hier.

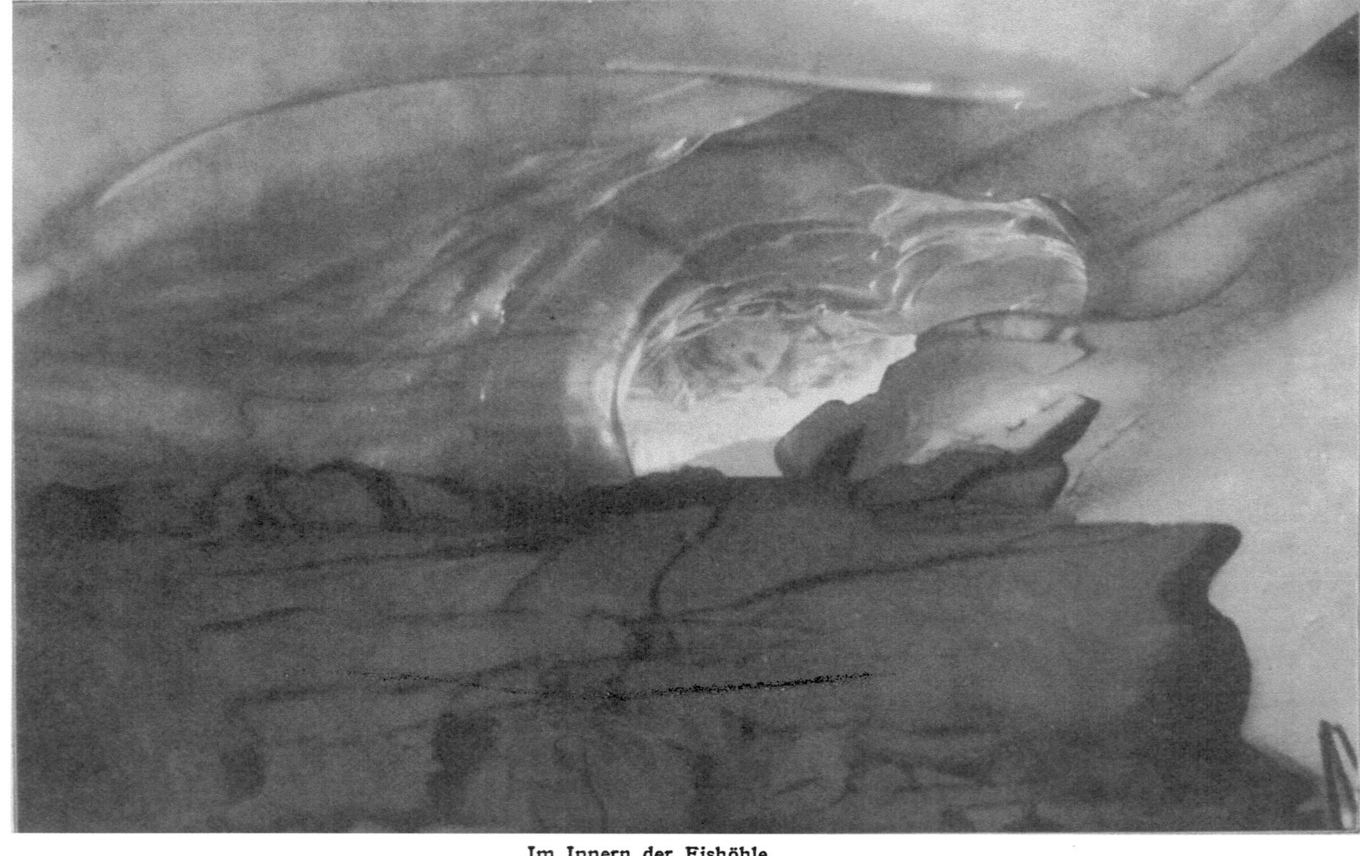

Im Innern der Eishöhle.
(Photogr. bei Magnesiumlicht.)

Zu allen Zeiten hat sie hier drinnen gesessen, und nie hat sie jemand gesehen. Aber in jedem Menschen wird geboren und stirbt einmal der Gedanke an sie.

Hier sitzt sie — die Mutter aller großen Träume, die die Welt heißen. Und alle großen Träume sind wieder zu ihr zurückgekehrt, die sie geboren hat. Hier ist das Mausoleum für sie alle.

Das Abenteuer heißt sie! Vor ihrem Tor steht die Phantasie und streckt demütig die Hand nach einem Almosen aus. Die Wissenschaft und die Kunst sind ihre Zwillingskinder, sie saugen an ihrer Brust. — — — — — — — — — — — — — — — — — — —

Dieses „Hut ab und auf die Knie!" das uns entgegenschlug, als wir zum erstenmal dies Wunder sahen, vergaß niemand von uns, wenn wir später drinnen weilten. Frau Aventiure wird uns vergeben, daß wir ihr Inkognito verraten haben. Sie wird uns höchstens dadurch strafen, daß wir wieder anfangen müssen, an sie zu glauben, und nie vergessen werden, daß wir hier, ein einzigesmal im Leben, einen Zipfel ihres Gewandes gesehen haben.

Aber wer weiß? — Vielleicht kann die Strafe hart genug werden! —

Herbst und Winter
1907—1908

Der Herbst.

Jetzt nimmt die Eisdecke von Tag zu Tag an Dicke zu. Die Eisberge, die vorher von Wind und Strom herumgetrieben wurden, haben sich ringsum im Hafen und auf dem Fjord zur Ruhe gelegt. Sie liegen und warten auf den Winterschlaf, der sie bald schleichend überfallen wird. Bald werden sie unter dem Nordlichthimmel träumen, während der Pulsschlag der Gezeiten tief unten zu ihren Füßen schlägt.

Jetzt können wir überall auf dem Hafen sicher gehen, die Hunde sind herausgekommen und umschwärmen wieder das Schiff.

In den ersten Tagen der Eisbildung hatten die armen Tiere manche Widerwärtigkeiten zu erdulden. Gingen sie einzeln, so mochte es noch gehen, dann war die Gefahr geringer; schlimmer war es, wenn sie in Haufen zusammenliefen, und das war ja schwer zu vermeiden, besonders wenn irgend ein guter Bissen die allgemeine Aufmerksamkeit auf sich zog.

So geschah es eines Tages, daß zwei sich um ein altes Stück Walroßhaut balgten. Anfangs waren sie vorsichtig und rissen und zupften jeder auf seiner Seite, indem sie knurrend sich anstarrten. Aber dann gerieten sie natürlich aneinander, und bei der heftigen Bewegung brach das Eis unter ihnen und sie fielen in die Bütte. Zwanzig andere Hunde, die das Kampfgeschrei hörten, stürzten neugierig herbei. — Hallo, da waren zwei ins Wasser gefallen! Sie würden also Prügel kriegen! — Es entstand ein entsetzlicher Spektakel, alle Hunde aus dem ganzen Hafen kamen herbeigestürzt. Dann krachte das Eis mitten unter dem ganzen Haufen; die vordersten, die nicht sehen konnten, was vorging, stürmten weiter vorwärts und fingen zum Überfluß noch

Das erste Stadium des Reinfalls.

eine Balgerei an, — und plötzlich sank die ganze Gesellschaft mit fürchterlichem Getöse in die Fluten.

Das kühlte ab. — Glücklicherweise retteten sich alle wieder aufs Trockne, nachdem sie eine Zeitlang, in Glieder formiert, das die Wake umgebende Eis zerdrückt hatten, ohne hinaufkommen zu können.

Weniger gut wäre es fast der „Dame" ergangen, einer kleinen, rattenähnlichen Hündin, die die Ehrbarkeit in eigener Person, sonst aber keine Pfeife Tabak wert war. Sie brachte es eines Tages fertig, ganz allein in eine Wake zu plumpsen, und es dauerte sehr lange, ehe sie vom Schiff aus bemerkt wurde. Knud war als erster im Boot;

er arbeitete sich mit einer Hacke durchs Eis, gelangte zu ihr hin und barg sie — im letzten Augenblick. Viel Leben war nicht mehr in ihr, als er sie schließlich ins Boot zog; aber er pflegte sie wie eine Schwester und brachte sie denn auch bald wieder auf die Beine.

Schlimmer erging es „Kunuk". Er wählte eine Zeit zum Durchplumpsen, in der das Eis schon zu dick war, um mit dem Boot noch

Das zweite Stadium des Reinfalls.

hindurchzukommen, aber doch noch zu dünn, um einen Mann zu tragen. Wir sahen ihn etwa 100 Ellen vom Schiff in einem Loch sitzen und kämpfen, und das Eis zerbrach unaufhörlich um ihn herum. Er versank vor unseren Augen, ohne daß wir ihm die geringste Hilfe bringen konnten. Ihn zu erschießen, brachte niemand übers Herz, da wir bis zuletzt noch hofften, daß er sich herausarbeiten würde.

Glücklicherweise blieb er das einzige Opfer, das das Jungeis forderte.

— — — — — — — — — — — — — — — — — — — —

Jetzt ist es Mitte September, und die Vorbereitungen für eine Hilfsexpedition zur Aufsuchung unserer drei Kameraden, die schon lange in vollem Gange waren, sind jetzt bald abgeschlossen. Sie wird längs der Küste nach Norden gehen, sobald es möglich wird, auf der neuen Eisdecke vorwärts zu kommen. Nach allem zu urteilen, wird das bereits Ende dieses Monats der Fall sein.

Die Jagdergebnisse der letzten Tage haben im letzten Augenblick einen Versuch, die Hunde etwas herauszufüttern, möglich gemacht. Leider ist es wohl zu spät. Wenn wir auch jetzt imstande sind, ihnen

Das dritte Stadium des Reinfalls.

Kraftfutter zu geben, so wird doch nicht soviel Zeit bleiben, daß es anschlagen kann, und auf einem so anstrengenden Marsch, wie er ihnen bevorsteht, werden sie nach einer so langen Hungerkur allzu früh wieder zusammenbrechen. Wir sehen daher nicht mit den besten Hoffnungen dieser Fahrt entgegen, im Gegenteil.

Die Wahl der Teilnehmer an der Reise war im voraus so gut wie gegeben. Der Arzt und die besten Schlittenfahrer mußten es werden. Die Expedition sollte aus einer Haupt- und einer Hilfsabteilung bestehen. Die erste wurde aus Gustav Thostrup, Lindhard und Tobias, die zweite aus Ring, Peter Hansen und Hendrik gebildet. Ihre Aufgabe war, auf der alten Route längs der äußeren Küste nordwärts zu gehen, bis sie auf Mylius-Erichsen oder auf Nachrichten von ihm stießen, sowie eventuell den drei Männern Hilfe zu bringen und sie, wenn nötig, zum Schiffe heimzuschaffen.

Wenn wir auch nichts Bestimmtes über den Aufenthaltsort der ersten Schlittenabteilung wissen konnten, so zog die Expedition doch nicht ganz aufs Geratewohl hinaus. Hatte Mylius in Übereinstimmung mit seiner letzten Koch und Bertelsen gegenüber gemachten Äußerung

Knud rettet die „Dame".

gehandelt, so war er auf seiner alten Route heimwärts gegangen, und es war dann wahrscheinlich, daß er beim Mallemukfelsen vom offenen Wasser aufgehalten war. Er war dann vermutlich umgekehrt und hatte in der Gegend der „Eskimohalbinsel" übersommert, — an der Stelle, die Brönlund das „beste Bärenrevier der Welt" genannt hatte. Dort würden sie genug für sich selbst und für die Hunde zu jagen haben, und dort lagen sie jetzt wahrscheinlich und warteten auf eine günstige Gelegenheit, um um den fatalen Felsen herumzukommen. Würde die Eisdecke sich dort zur gleichen Zeit wie bei uns einstellen, so bestand einige Wahrscheinlichkeit, daß die Hilfsexpedition den

Dreien bereits eine gute Strecke südlich vom Mallemukfelsen begegnete.

Dies war das, was wir im glücklichsten Fall erwarten konnten. Aber wir wußten, daß ein einziges Mißgeschick von den vielen, die eintreffen konnten, imstande war, alles umzustoßen.

Für die Hilfsexpedition kam es in erster Reihe auf die Kräfte der Hunde an. Und mit ihnen sah es vorläufig außerordentlich schlecht

Das Motorboot geht durch das Jungeis.

aus. Wir hatten in den letzten Tagen jeden Hund mit 5—6 Pfund Fleisch gefüttert; sie wurden dickbäuchig, aber nicht kräftig; sie waren schlechter Laune und balgten sich fast gar nicht mehr — schlechte Zeichen!

Wenn wir alles überlegten, so wurde es uns klar, daß wir Grund genug hatten, um die Drei dort oben besorgt zu sein. Aber neben der Unruhe hielt sich bei uns allen noch die Hoffnung auf ein Wiedersehen. Der Gedanke an ein Unglück lag noch in der Ferne. Meldete er sich einmal, was selten geschah, so wurde er als etwas vollkommen Unsinniges und Naturwidriges abgewiesen.

— —

Dann kam endlich der Tag, an dem alles klar war. Tobias und Hendrik waren in den letzten Tagen öfter an der äußeren Küste zur Rekognoszierung gewesen, und eines Tages kamen sie und meldeten, daß jetzt der Weg klar sei.

Am 22. September hielten die sechs Schlitten reisefertig an der Schiffsseite. Auf einem siebenten Schlitten sollte Hagerup sie die ersten zehn Meilen bis zum Kap Marie-Valdemar begleiten.

Die Hilfsexpedition vor der Ausreise.
Vorn Lindhards Schlitten.

Dann fuhren sie ab. Wohl kaum ist jemals ein Abschied von wärmeren und herzlicheren Wünschen begleitet gewesen, als der, den wir an diesem Tage von den Fortziehenden nahmen.

Einen Augenblick später sausten die Schlitten über das blanke, schneefreie Jungeis hinweg.

Der Vogelzug ist vorüber, und die Schneestürme heulen wieder über Land und Meer hin. Der erste Schnee hat sich im Schutze der Felsen und über das Eis hin in breiten Wellen gelegt.

Während wir auf Nachrichten vom Norden her warten, wird hier mit voller Kraft gearbeitet; alles muß ja ohne Verzögerung seinen

Gang gehen. Wegener ist dabei, eine meteorologische Station in der kleinen Bucht beim Mörkefjord auf der Südseite des „Danmark-Monuments" zu errichten. Es ist bestimmt worden, daß Freuchen dort im Winter das Ablesen der Registrierapparate besorgen soll. Und jetzt sind wir eifrig dabei, Proviant und Materialien für ein von Gundahl aufzuführendes Haus dorthin zu schaffen. Kleine Expeditionen sind fortwährend hin und her unterwegs.

Der erste Plan, die Station am inneren Ende des Mörkefjords an-

Knud holt Süßwassereis.

zulegen, mußte aufgegeben werden, weil dieser erst sehr spät mit Eis bedeckt wurde und noch lange voll von gefährlichen Waken war.

In der ersten Hälfte des Oktober arbeitete Gundahl mit vier Mann an der Aufführung des Hauses. Am 18. kehrte er zurück, das Haus war fertig, und Freuchen bereitete sich vor, hin zu fahren und es in Besitz zu nehmen.

Auf einem der vielen Gütertransporte nach „Pustervig", wie die Station genannt wurde, ging unser unglückseliges Automobil verloren. Es war so unbrauchbar gewesen, daß nur eine Katastrophe es dem Gelächter entziehen konnte. Die ganze Zeit über hatte es ein kümmerliches Dasein hier oben geführt. Wir hatten einmal über das andere ohne das geringste Resultat versucht, es als Transportmittel nutzbar zu machen. Die Kälte und der tiefe Schnee waren immer seine ärgsten Gegner und brachten stets sein schwaches Atmungssystem in Unordnung.

Sobald wir nur 20° Kälte hatten, wollte das Benzin nicht explodieren, die Lungen streikten, und nach einigen konvulsivischen Hustenanfällen kriegte es regelmäßig einen apoplektischen Anfall und blieb stehen. Oder die Schneedecke hemmte das Asphalttier und zwang es, hilflos und unglücklich Halt zu machen, während die Räder sich auf der Stelle herumdrehten, ohne das Gefährt nur einen Zoll vorwärts zu bringen.

Den ganzen Sommer über war es dazu degradiert worden, beim Herunterholen der Ballons und Drachen Wegeners behilflich zu sein. Jetzt im Herbst hatte es ebenso wie im vorigen Jahre sich an einigen Fahrten auf dem Jungeis des Hafens ergötzt. Aber eines schönen Tages kam man auf den Gedanken, daß es jetzt doch wahrhaftig auch einmal Nutzen bringen sollte, ehe das Meereis vom Schnee bedeckt war, und so wurde es unter Weinschencks kundiger Hand in Gang gesetzt, um ein paar Leute und etwas Gepäck nach Pustervig zu bringen. Das Meereis war blank und gut, als das Automobil abfuhr, und mit ungemischter Bewunderung sahen wir es in einer flotten Kurve um die Hafenspitze herum verschwinden.

Tags darauf bekamen wir regulären Schneesturm; dann vergingen noch zwei Tage oder drei, während deren das Wetter langsam besser wurde. Weinschenck, der längst hätte mit der Maschine zurückkehren sollen, blieb andauernd aus. Endlich sahen wir ihn eines schönen Tages über den Hafen getrabt kommen, zu Fuß, ohne Automobil. —

Er erzählte, er sei vor zwei Tagen allein von Pustervig, wohin sie glücklich gekommen waren, abgefahren. Er passierte die Walroßspitze, als der Schneesturm einsetzte, fuhr aber mit voller Fahrt weiter, um das Schiff zu erreichen, ehe der Weg zu schwierig wurde. Er hatte ein kleines Zweimännerzelt und seinen Schlafsack auf dem Fahrzeug, aber keinen Proviant und keine Büchse. Mit dem Wind im Rücken ging es nun auf die „Schneespitze“ zu, aber dort bildete der Schnee schon so große Hügel, daß er festfuhr. Bei wirbelndem Schneesturm mußte er das Zelt aufschlagen und in den Schlafsack kriechen. — Am nächsten Morgen ließ das Unwetter etwas nach. Er sprang heraus und marschierte heimwärts mit dem Zelt und dem Schlafsack auf dem Rücken; aber er kam nur bis zur „Kleinen Schneespitze“, als das Unwetter wieder so toll wurde, daß er das Zelt aufschlagen mußte. Glücklicherweise war er bis zu einer Stelle gelangt, wo $1^1/_2$ Büchsen

Pemmikan deponiert waren, wovon er einen Teil roh verzehrte, ehe er in den Schlafsack kroch. — Das war die zweite Nacht.

Seine Pfeife hatte er verloren; aber er hatte etwas Tabak und er half sich, indem er aus einer Messingpatronenhülse die Ladung entfernte und ein altes Pfeifenmundstück durch ein Loch steckte, das er mit einem Schraubenzieher in die Hülse hineinbohrte. Jetzt hieß es nur vorsichtig sein, wenn das Feuer in die Nähe des Zündhütchens kam; dieses hatte er nämlich weder herauskriegen noch abknallen können. — Er erzählt, daß es ganz gemütlich im Schlafsack war, als er die Pfeife angezündet hatte (!). — —

Nachdem er sich zwanzig Stunden dort aufgehalten, besserte sich endlich das Wetter, so daß er am nächsten Morgen zum Sturmkap gehen konnte. Dort fand er eine offene Proviantkiste, aus der er speiste, und als das Wetter immer besser wurde, ließ er dort den Schlafsack und das Zelt zurück und marschierte schleunigst zum Schiff.

Seine einzige Waffe war ein kleiner Schraubenzieher gewesen. Glücklicherweise hatte er ihn nur gebraucht, um sich seine Pfeife zu machen.

Während der Geschäftigkeit, die die letzten sonnigen Tage des Herbstes für uns alle mit sich brachten, wich die Gespanntheit auf die ersten Nachrichten von Norden her, die jetzt bald kommen konnten, keinen Augenblick aus unseren Gedanken.

Wenn ich an diese schönen Oktobertage denke, an denen es fast immer mild und still war und die Sonne über die braunen Sümpfe mit ihren blanken gefrorenen Pfützen, über den Hafen mit dem glänzenden Jungeis und die eingefrorenen Eisberge strahlte — dann sehe ich alles immer von dem Höhenrücken aus, über den Bertelsen und ich in diesen Tagen heimkehrten, wenn wir am Abend unsere Arbeit bei der Eishöhle beendet hatten.

Über diesen Hügelkamm suchte unser Blick immer zuerst das Schiff: war der Danebrog jetzt endlich infolge einer guten Botschaft in die Höhe gefahren? — —

Aber wir wurden immer enttäuscht!

— — — — — — — — — — — — — — — — — — — —

Dann war es am 18. Oktober, am Nachmittag...

Nie wohl ist unser alter zerzauster Fetzen um einer traurigeren Botschaft willen hochgegangen, als die war, mit der die ersten von ihnen jetzt heimkehrten.

Die Hilfsabteilung ist jetzt zurückgekommen, Ring, Peter Hansen und Hendrik. Ihre ausgemergelten Hunde hatten sie bis zum 79. Grad vorwärts gepeitscht — weiter konnten sie nicht. Dann fuhr die Hauptabteilung, Thostrup, Lindhard und Tobias, allein weiter nordwärts, in die Finsternis hinein.

Aber die, die zurückkehrten, haben die Hoffnung verloren — und jetzt nehmen sie auch die unsere von uns.

Sie erzählen, der Schnee liegt im Norden weich und meterhoch. Längs der ganzen Küste ist nicht vorwärts zu kommen, schlimmer und schlimmer wird es weiter hinauf. Nach sechzehntägiger Anstrengung mußten sie es aufgeben, als Stütze für die anderen weiter nach Norden zu kommen; sie mußten umkehren, statt, wie es beabsichtigt war, ihnen bis zum 80. Grad zu folgen.

Der gute Mut war tief gesunken, als sie sich trennten. Es war soweit, daß Tobias weinte. Wir, die wir ihn kennen, wissen, was das bedeutet. Tobias weint — er, der sonst immer lacht! Er, der auf der großen Nordreise der Anstrengungen und Gefahren nicht achtete und die schlimmsten Heimsuchungen als der vorderste überwand, mit einem Lächeln. Er ist mutlos jetzt. Er glaubt nicht mehr —

Aber sie mußten weiter, die Drei. Sie wissen, daß sie auf der anderen Seite des Mallemukfelsen zu suchen haben. Und es sind noch 16—17 lange dänische Meilen bis da hinauf, grundlos ist der Schnee, ausgehungert, entkräftet sind die Hunde. Und müde und mitgenommen sind sie selbst, und der Proviant ist knapp berechnet.

Da trennten sie sich.

Ein Brief von Gustav Thostrup besagt, daß sie, wenn sie nicht nach drei Menschen suchten, alle längst heimgekehrt wären. Wir wissen, daß sie auf ihren Schlitten Proviant für sieben Tage für den Rest ihrer Reise nach Norden zu haben — für vier Tage aufwärts und für drei zurück. Aber es sind im ganzen über 30 Meilen. Ihre Hunde sind zu schanden gefahren gleich wie die der Zurückgekehrten; und kommen sie wirklich vorwärts, ist dann irgendwelche Aussicht dort auf dem 80. Grad Mylius und seine Kameraden oder irgend welche Nachricht von ihnen zu finden? — Es sieht hoffnungslos aus.

Von den Dreien, die fort sind, wissen wir ja gar nichts. Es ist ja, wie gesagt, am wahrscheinlichsten, daß sie im Sommer vom Norden bis zum Mallemukfelsen gekommen und dort von dem offenen Wasser aufgehalten sind; sie sind dann vermutlich nach dem guten Jagdgebiet nördlich davon zurückgekehrt und haben dort den Sommer zugebracht. Wären sie südlich vom Mallemukgebirge gekommen, hätten sie sicher auch versucht, weiter zu gelangen — und beim 79. Grad fand sich also noch keine Spur von ihnen. Aber nördlich davon konnten sie sein — oder wir mußten wenigstens irgend eine Nachricht von ihnen dort finden...

Alles sind ja Vermutungen. Wir verweilten bisher am liebsten bei denen, die uns ein bißchen Hoffnung gaben.

Aber wie kann man eigentlich noch weiter hoffen?

Was haben die drei Menschen nicht ausgehalten, die jetzt nach Hause zurückgekehrt sind? Wie geht's dann denen, die die Fahrt fortsetzen!

Und die Hunde! Die armen Tiere sind mit dem Peitschenstock vorwärts geprügelt, mit Fußtritten getrieben, sich weiter zu schleppen. Denn die Menschen mußten vorwärts, sie mußten weiter, es galt ihr eigenes und der Kameraden Leben.

Auf halbe Rationen gesetzt, haben die Hunde Tag für Tag den schweren Schlitten geschleppt, während der Mann sich in dem tiefen Schnee hinter dem Schlitten vorwärts gekämpft und nachgeschoben hat, wenn es den Tieren zu schwer wurde. Jetzt erst nach der Heimkehr beginnen die Hunde zusammenzubrechen: sie bekommen keine Prügel mehr.

Sie bekommen endlich Zeit zum Sterben.

Wir trugen heute nachmittag einen an Bord, der dort unten an der Schiffsseite zusammengebrochen war. Es war einer von Hendriks Gespann. Als wir zu ihm hinliefen, hob er den Kopf und stöhnte leise. Er hatte von den Zugriemen große Wunden auf dem Rücken und unter dem rechten Vorderbein, tiefe und blutige Wunden; Fell und Blut waren zu einer Masse zusammengefroren.

Wir trugen ihn an Bord, um womöglich das bißchen Leben zu retten, das noch in ihm war — vielleicht konnten wir ihm wenigstens in seinen letzten Augenblicken etwas Linderung schaffen. Ich faßte ihn beim Kopf, Hendrik am Hinterleib. Als wir mit ihm die Leiter hinaufstiegen, schlug er in wahnsinnigem Schrecken die Vorderbeine so fest um meinen Schenkel, daß ich sie fast nicht wieder losbekommen konnte, als wir hinaufkamen. Wir legten ihn auf Deck und packten einige alte Renntierfelle um ihn.

Dort lag er ganz gut und warm und starb nach einigen Stunden.

— —

Am Abend stand ich draußen auf dem Verdeck. Es war dunkel geworden, der Mond stand niedrig im Süden und zeigte schwach und undeutlich die Umrisse der Schiffstakelung gegen den finsteren Nordhimmel. Hier war es so still, nicht ein Laut von irgend einer Seite.

Jetzt kommt bald die Zeit der großen Finsternis, dachte ich, nur elf Tage noch, und die Sonne geht unter den Horizont. Aber da oben, wo sie vielleicht sind, verschwindet sie bereits heute oder morgen...

Es raschelte etwas in der Mitte des Schiffes, und plötzlich sah ich eine dunkle, hohe Gestalt aus der Luke des Überbaus kommen und nach hinten gehen. Ich erkannte Charles und wußte, daß er dorthin ging, um die Flagge herunterzuholen.

Da bekam ich einen Einfall, ganz plötzlich. Jetzt will ich es als eine Vorbedeutung ansehen, sagte ich zu mir selbst. Wie ein Funke schoß mir dies unwillkürlich durch mein Gehirn. Es durchfuhr mich wie eine Erinnerung aus den Knabenjahren, wie wenn ich in der Schulstube saß und gespannt abwartete, ob ich in der Hälfte der Aufgabe an die Reihe kam, die ich gelernt hatte, oder in der anderen. Und jetzt dachte ich: wenn die Flagge glatt und ohne Stockung herunterkommt — dann wird alles gut gehen, dann kommen sie wieder, alle drei! Ja — ja, — dann kommen sie wieder.

Oh, da hatte ich in der Geschwindigkeit eine ganz schlaue Wahl getroffen, mit der Flagge. Denn ich hatte ja sie herunterholen sehen über hundertmal ohne — —

Und da — im nächsten Augenblick beginnt sie herabzugleiten. Sieh — sieh! wie glatt und ruhig und sicher sie kommt. Da ist gar nichts im Wege, alles wird schon glatt gehen. Ja — dachte ich es nicht...

Aber hör' nun, lieber Charles, nicht spielen, hörst du! So ja, greif zu! Was ist das jetzt? Nein, nein, nicht stocken jetzt, zieh! Zieh doch los, zum Teufel!

Jawohl, jetzt geht's wieder. Nur einen kleinen Augenblick — — was kann das tun — damit werden sie schon fertig, die drei braven Jungen!

Sieh nun da, jetzt glitt sie wohlbehalten herunter und verschwand vor meinen Augen am Heck. Jetzt rollt Charles sie dort zusammen, weiß ich, und dann kommt sie ins Kartenhaus und liegt dort und wartet ...

Aber als ich jetzt wieder zur Takelung des Besanmastes den Blick erhob, da sah ich — und es war, als bekäme ich einen Schlag — dort, an der Stelle, wo die Flagge beim Heruntergleiten gestockt hatte, etwas wie einen großen dunklen Fetzen hängen und im Winde flattern — halb oben, auf halbem Stock. Es glich einer großen schwarzen Fahne...

Es war ungefähr ein Viertel des Flaggentuchs an einem vorspringenden Teil der Takelung festgehakt und abgerissen, als Charles das Hindernis bemerkte und zog. —

Bin ich denn jetzt ganz verrückt geworden?!

Ich darf mit niemandem von diesem törichten Zufall sprechen. Unruhig und nervös hat es mich gemacht.

Und ich fange an, mich in die Gemütsstimmung versetzen zu können, die die beiden kleinen Grönländer dazu bringt, zu glauben, daß ihr Freund Jörgen zur Nachtzeit in seiner Kammer da unten umgeht, wo sie ihn husten und mit seinen Papieren kramen hören...

Ja, jetzt kommt die Zeit der großen Finsternis. Und jetzt sind sechs Mann da draußen. Vielleicht geht es jetzt auch mit den drei Letzten auf Leben und Tod.

— —

Die heimgekehrten Hunde sind fürchterlich mitgenommen; die armen Tiere sind so verhungert und erschöpft, daß sie sich kaum aufrecht halten können. Ihre Füße sind mit blutenden Wunden bedeckt, die sie beim Treten durch die hartgefrorene, dünne Kruste erhalten haben, die auf dem Heimwege überall den frischgefallenen, losen Schnee bedeckte. Jeder Fußtritt ist eine Pein für sie, der Schnee um das Schiff herum ist von ihren Spuren blutig gefärbt, und ab und zu hört man hier drinnen, wie sie still wimmern.

Sie schleppten sich gerade noch heim, mit Anspannung aller Kräfte gelangten sie bis zur Schiffsseite — aber dann konnten sie nicht mehr. Und jetzt brechen sie zusammen. Zwei sind bereits tot, und einer von Rings Hunden ist heute sterbend an Bord gebracht.

Man denke sich ein Gespann solcher Hunde mit Peitschenschlägen und Fußtritten durch einen Schneemorast vorwärts getrieben, in dem sie bei jedem Schritt bis an den Bauch versinken, während die Zugriemen auf dem Rücken und unter den Vorderbeinen blutige Wunden scheuern! — Ring erzählt, daß seine Hunde schließlich nicht mehr imstande waren, nach beendeter Rast sich zu erheben; Peitschenschläge und Fußtritte beachteten sie gar nicht — er mußte sie einzeln beim Rückenfell packen und hoch ziehen, einen nach dem anderen nebeneinander aufstapeln — und dann erst konnte er versuchen, sie mit Peitschenschlägen wieder in Gang zu bringen.

Ein armer Kerl, der „Bootsmann" hieß, fiel eines Tages in eine von den tiefen Spalten der Gletscherbucht. Solchen Unfällen waren die Hunde dort oben häufig ausgesetzt, doch bisher waren sie immer ruhig in dem Geschirr hängen geblieben, bis man sie wieder heraufholte. Aber „Bootsmann" hatte Pech, der Zugriemen streifte sich von ihm ab, er fiel hinab und verschwand in den zahlreichen Winkeln der Spalte. Es war unmöglich, ihn heraufzuholen; und da die oben ganz schmale Spalte nach unten hin zahlreiche Erweiterungen hatte, konnte man ihm nicht einmal eine Gnadenkugel geben. Er mußte zurückgelassen werden. Als die Schlitten die Stelle verließen, konnten sie noch lange sein jämmerliches Heulen hinter sich hören.

„Na — es war ein schlechter Hund!" sagte man und tröstete sich...

Und so müssen wir unsere Hunde behandeln, die unsere festen Stützen sind, die eine solche Expedition mit allen ihren beschwerlichen Reisen überhaupt erst möglich machen. Und sie sind unsere guten Freunde trotz allem; sie vergessen Hunger, Kälte und Fußtritte und kommen uns wedelnd entgegen, wenn wir nur die Hand nach ihnen ausstrecken. Eine Mißhandlung können sie im Augenblick vergessen; — aber wie lange können sie uns nicht für die geringste Freundlichkeit mit dankbaren Blicken ansehen. —

Es muß doch das traurigste Los auf der Welt sein, ein Eskimohund zu sein!

— —

Ich hatte am Tage nach der Heimkehr des Schlittenzuges Nachtwache. Und in dieser Nacht starb Rings „Baas" bei mir in der Messe.

Ring hatte ihn selbst am Vormittag draußen auf dem Meereis, wo er am Tage vorher vorm Schlitten gestürzt war, geholt. Er war dort abgespannt und zurückgelassen worden, da er nicht mit den Schlitten das Schiff zu erreichen vermochte. Als Ring nach ihm hinausging, fand er ihn noch auf derselben Stelle liegen. Der Hund winselte ein wenig, als er Ring sah; dieser legte ihn auf den Schlitten und kam am Nachmittag mit ihm zum Schiff gezogen. Wir trugen ihn aufs Deck und versuchten ihn zum Fressen zu bringen, aber vergebens. Dann legte Ring ihn in der Messe auf ein Renntierfell, und jetzt warteten wir also auf seinen Tod.

Und er starb in der Nacht, während ich allein mit ihm war. Er hatte die ganze Zeit über so still gelegen, nur sein Atemholen hatte ich die ganze Nacht gehört, es klang so verlassen und kläglich vom Fußboden her. — Aber jetzt fing er an unruhig zu werden und die Beine so sonderbar zu bewegen, als wenn er Krämpfe kriegte. Ich ging hinaus und holte ein Glas Rum, das ich ihm eingab; davon wurde er wieder ruhig und lag dann ganz still. Ein einziges Mal versuchte er den Kopf zu heben; aber da es nicht ging, sah er nur zu mir auf und schloß dann wieder die Augen. Er träumte vielleicht irgend etwas, denn plötzlich fing er an, innerlich vergnügt vor sich hin zu knurren. Vielleicht fielen ihm im letzten Augenblick ein paar nicht erledigte Abrechnungen ein, ein paar Forderungen, die irgend ein Rival in Freß- und Liebeslust an ihn hatte; jetzt freute er sich bei dem Gedanken, ihn darum zu prellen.

Ich steckte meine Hand unter seinen Kopf, und da wurde er ganz ruhig. Er warf endlich alle überflüssigen Grübeleien über Bord und schickte sich an, ohne viele Umstände zu krepieren. Ein paar kurze, dumpfe Stöße durchzuckten ihn, ich merkte, wie seine Kinnbacken in meiner Hand erzitterten und wie vor Kälte zusammenschlugen, und dann hörte ich in seinem Hals einen brodelnden Laut. Dann drehte er die Augen zur Decke hinauf und sah außerordentlich listig aus — und weg war er.

Ich trug ihn aufs Deck hinaus, wo ich ihn auf die Renntierfelle legte, die er in der Messe als Lager gehabt hatte.

Dann ging ich hinein und stopfte mir eine Pfeife recht scharfen Shag.

Ich habe in diesen Tagen Koch ein paarmal bei einigen nächtlichen Observationen für die Zeitbestimmungen geholfen. Es handelt sich darum, festzustellen, wann ein Stern um den Rand des Mondes gleitet und sich hinter diesem verbirgt.

Bistrup. Jarner. Tobias. Gustav Thostrup. Hendrik. Koefoed.

In der Messe.

Die Observationen müssen hier oben notwendigerweise im Freien angestellt werden, und das Observatorium, in dem wir stehen, hat den Nachteil, daß wir sein ganzes Dach abheben müssen, bevor die Vorstellung beginnt.

Es ist jetzt bitterlich kalt in der Nacht, etwa — 24°, und am Ende der Beobachtungen, deren wir vier bis fünf in der Nacht machen, beißt es tüchtig in den Fingern, die wir während der Arbeit unbedeckt lassen müssen. Von der Nase tropft es auf das Uhrglas herab, und die Finger hängen an den Messingschrauben des Theodoliten fest. Aber hier ist keine Zeit zur Empfindsamkeit; man läßt eben die Finger frieren und die Nase laufen, bis man fertig ist.

Selbst diese allereinfachsten Observationen haben etwas Feierliches und Erhabenes an sich; es ist, als komme man den gewaltigen Bewohnern des Himmelsraums näher, wenn man ihre Wanderung durch das scharfe Fernglas des Theodoliten beschaut. Es ist, als werde man größer, als wachse man mit dem Kopfe durch eine unsichtbare Decke. Ringsum liegt alles in strahlendem Mondschein, der kristallklar wie fließendes Wasser, aber so intensiv ist, daß man das Gleiten des Nordlichts unter den bleichen Sternen gerade nur noch ahnt. Meilenweit breitet sich das Land nach allen Seiten und schimmert von dem silberglänzenden Schnee, in dem hie und da die Felssteine dunkle Flecken bilden.

Die — gerade herausgesagt — geschäftsmäßige Weise, in der wir hier mit den Himmelskörpern spielen, gibt mir ein so herrlich sicher machendes und stimulierendes Gefühl der Größe der menschlichen Intelligenz — ohne daß ich mich einen einzigen Augenblick vergesse und nicht klar darüber bin, daß ich persönlich hier nur als Schreiber zugegen bin und nicht mehr von dem Ganzen begreife, als daß ich mich wohl dabei befinden kann.

Man braucht für unseren Zweck irgendeinen näheren, bestimmt namhaft gemachten Stern, der sich nur einige wenige Millionen Meilen vor dem Gesichtskreis des bloßen Auges bewegt. Einige Jahre im voraus hat man seine Bahn, die auf dem Papier aus einer fadenlangen Zahlenreihe besteht, ausgerechnet und bestimmt. Man weiß, daß er von einem bestimmt angegebenen Punkt gesehen in einem bestimmten Augenblick einen ganz bestimmten Punkt draußen im Himmelsraum, z. B. den Mondrand, passieren wird, und man stellt das Fernglas des Theodoliten nach ein paar Zahlen auf einer Scheibe ein und behält dann die Uhr im Auge.

Ein paar Minuten vor dem angegebenen Zeitpunkt fängt man an, den Kerl durch das Fernglas zu beobachten — und bald darauf sieht man, wie ein kleiner, leuchtender Punkt in das Gesichtsfeld hineinspaziert und das Drahtnetz des Fernglases passiert.

Der Stern ist genau aufs Korn genommen! Er wird sofort als der Nachtschwärmer, der er ist, ins Protokoll geschrieben, damit wir feststellen können, wieviel zu früh er sich eingefunden hat. Diese Unregelmäßigkeiten interessieren uns.

Und dann kommt der nächste an die Reihe. Wir überwachen die kleinen leichtsinnigen Sterne mit Argusaugen und fangen einen nach dem anderen. Solange sie sich damit begnügen, leichtfertig herumzustreichen, lassen wir sie laufen; aber wenn sie sich gerade vor unserer Nase in eine unpassende Situation mit dem Mond einlassen, dann werden sie unbarmherzig notiert und merken, was die Uhr geschlagen hat.

— —

In derselben Weise half ich einmal Koch ein bißchen bei einigen Nivellierungsarbeiten, die er am Tage vom Observatorium aus vornahm. Diese Observationen wurden vorgenommen, während gleichzeitig Wegeners meteorologische Registrierapparate in verschiedenen Höhen über der Erde — unter seinen Ballons oder Drachen, in der Schiffstonne und auf dem Thermometerberg — in Tätigkeit waren. Die Beobachtungen sollten in Verbindung mit den Aufzeichnungen der Apparate zur Bestimmung der Refraktion beitragen. Gleichzeitig wurden flüchtige Skizzen der wunderbaren wechselnden Luftspiegelungen gezeichnet, an denen diese Jahreszeit so reich war.

Während dieser Arbeiten kam das Gespräch oft auf die Aussichten für die Rückkehr der Abteilung Mylius-Erichsens; und ich, der ich hier zum erstenmal mit Koch diese Frage näher erörterte, wurde ängstlich bei dem Pessimismus, mit dem er die Sache ansah.

Als eine der wenigen Möglichkeiten für ihre Errettung bezeichnete er es, daß die Jagd sie gegen ihren Willen gezwungen haben könnte, soweit nach Westen zu gehen, daß sie schließlich nach Kap York zu gelangen suchen mußten.

Wenn Koch nach einem solchen Strohhalm griff, — ja, dann konnte ich verstehen, daß es bös aussehen mußte. Und ich sah nach diesen Gesprächen ein, daß die Wahrscheinlichkeit einer Katastrophe weit näher lag, als ich vorher geahnt hatte.

Unter den Unglücksfällen, die ihnen zugestoßen sein konnten, führte Koch die Möglichkeit an, daß sie bis zu der Stelle gelangt waren, wo er mit Bertelsen und Tobias beim Mallemukfels über einen steil abfallenden Firn ging — eine Stelle, die Brönlund und Mylius auf der Hinauffahrt als unpassierbar bezeichneten — und hier vielleicht versucht hatten, über das in Aufbruch befindliche Meereis sich zum Schiff durchzuschlagen, und mit diesem ins Treiben geraten waren. Oder sie mochten versucht haben, über das Inlandeis zum Schiff zu gehen, und waren bei dem Versuche auf diesem umgekommen.

Jetzt müssen wir warten und sehen, welche Kunde Thostrup und Lindhard heimbringen. Nachrichten irgendwelcher Art müssen sie wohl bringen. — Diese Ungewißheit ist für uns Wartenden bald das schlimmste von allem.

— — — — — — — — — — — — — — — — — — — —

Aber jetzt sinkt die Sonne wieder am Horizont, die letzten Tage müssen benutzt werden, sie bringen uns große Geschäftigkeit.

Auf der Strecke zwischen dem Schiff und der Station Pustervig sind andauernd Schlittenreisende unterwegs; endlich am 25. Oktober war alles in Ordnung, und Freuchen fuhr zu seinem vorläufigen Aufenthaltsort. Er hatte ein ganzes Arsenal von meteorologischen Instrumenten mit, Kisten, so groß, daß sie eine einigermaßen ausgewachsene Windhose fassen konnten, wurden aus dem Hause auf die Schlitten gebracht.

Weinschenck und Jarner begleiteten ihn, ersterer, um sein erster „Schlafkamerad" in der Einsamkeit zu sein. Ring, Peter Hansen und Jensen folgten ihnen zwei Tage später mit einer größeren Ladung Proviant zum Gebrauch für den Winter; vier Tage darauf kehrte diese Abteilung zurück und zog dann wieder zusammen mit Gundahl, Charles und Hagerup hinaus, um das Depot weiter zu vergrößern, worauf diese sechs Männer über die Walroßspitze zurückkehrten und den Rest des dort deponierten Walroßfleisches zum Schiff mitbrachten.

Und endlich, am 2. November, zogen Koch, Wegener, Weinschenck und Bertelsen nach Pustervig und dem Mörkefjordgebiet, um dort zehn Tage lang wissenschaftlichen Untersuchungen obzuliegen.

Der Oktober war gegangen. An den beiden letzten Tagen des Monats lag ein feiner Nebel über dem Lande; als dieser sich wieder zerstreute, war die Sonne zum zweitenmal für uns verschwunden, die Zeit der Finsternis war da. — —

Dann kehrten Thostrup, Lindhard und Tobias heim. Und bei ihrer Ankunft zerriß unsere letzte Hoffnung — sie haben von den Vermißten nichts gehört oder gesehen, keine Spur von ihnen, keine Nachricht über sie. Mit den schwachen, elenden Hunden und dem knappen Proviant drangen sie bis 80° 10′ vor — gerade bis zu der

Stelle, wohin nach dem Reiseplane die Hilfsabteilung sie begleiten sollte. Dort stießen sie auf offenes Wasser; der Weg war gesperrt, sie mußten umkehren. — — —

Gustav Thostrup, Führer der Hilfsexpedition.

Ich sitze hier in meiner Kammer mit Lindhards Tagebuch vor mir und lese in ihm über diese entsetzliche Reise — in jeder Beziehung eine der schlimmsten von allen, die wir bisher durchgemacht haben. Fast Fuß für Fuß kann ich ihnen auf den kurzen, erschöpfenden Tagereisen längs der Küste hinauf folgen; und ich sehe, wie trotz allem doch zwischen den Zeilen eine schwache Hoffnung hindurchschimmert, daß sie die treffen, die sie suchen, zu ihnen stoßen, ehe ihre und die eigenen Hilfsmittel aufgebraucht sind. Und dann sehe ich, wie dieses Gefühl nach und nach der Hoffnungslosigkeit weicht, — während die Reise Tag für Tag fortgesetzt wird.

An einer Stelle — es war etwas südlich vom Kap Bergendahl, kurz bevor die Hilfsabteilung sie verließ, — steht in dem Tagebuch:

„. . . Gestern witterten meine Hunde plötzlich nach dem Festlande hinüber; sowohl Thostrups als auch Tobias' taten dasselbe; — aber wir sprachen erst heute davon. Bären waren aus der Richtung nicht zu erwarten, und es besteht die Möglichkeit, daß die, die wir suchen, auf der alten, westlicheren Route nach dem „Nördlichen Depot“ an uns vorbeigezogen sind. Ring träumte es nachts. Wir haben angefangen, abergläubisch zu werden und auf Vorzeichen etwas zu geben. Jetzt werden wir sehen!“ —

Aber dann erreichten sie Kap Bergendahl, endlich — zu einer Zeit, wo sie alle beim Mallemukfelsen, 15 Meilen nördlicher, gewesen sein sollten. Die Hunde brachen zusammen und konnten kaum noch vorwärts gepeitscht werden.

„7. Oktober, 10½ Uhr abends. Zelt auf Kap Bergendahl. Endlich! Das ist das Schlimmste, was ich je mitgemacht habe. Endlich gelangten wir hierher. — Wir sind auf 79° 10′, sollten nach der Berechnung auf 80° sein. Jetzt kehren Ring, P. Hansen und Hendrik zurück; wir anderen fahren weiter. Mehrere hatten erwartet, die Vermißten hier zu sehen; sie wurden enttäuscht. Hier ist keine Spur von Nachricht. Ich für meine Person habe mir keine Illusionen in dieser Beziehung gemacht. Aber Tobias saß und weinte die ganze Zeit über, während wir aßen . . .“

Tobias war gewiß am meisten enttäuscht, die Vermißten nicht hier beim Depot zu treffen. Er hatte es wohl am sichersten geglaubt; und jetzt brach er ganz zusammen und verlor all seine Ruhe und sein Selbstvertrauen, als die drei tags darauf allein nordwärts fuhren.

„Tobias ist heute ganz verzagt und etwas müde gewesen,“ schreibt Lindhard, „er wollte gern das Zelt aufschlagen. — Morgen, denke ich, werden wir besser vorwärts kommen. Aber es ist ein hartes Stück Arbeit und sieht unendlich hoffnungslos aus. Doch wie schön ist es hier auf der Bucht! Und hier ist freier Horizont nach Osten, darüber freue ich mich ein paar Minuten lang in der Stunde, wenn wir eine Stelle passieren, wo das Eis den Schnee tragen kann. — Es ist abscheulich mit den Pfoten der Hunde; der Schnee ist mit Blut besprengt, wo wir Rast gehalten haben . . .“

Thostrup und Lindhard taten alles Mögliche, um Tobias, auf dessen gute Eigenschaften als Vorfahrer soviel ankam, bei guter Laune zu erhalten. Lindhard erzählt an einer Stelle von einem Gespräch, das er mit ihm führte:

Lindhard.

„Dann redete ich ein wenig mit Tobias: „Mylius imera*) Mallemukfels — imera namik Spisemik!**) — Ivtdlit Spisemik hier***) (auf die Schlittenkiste zeigend) — sehr sputen!"

*) Vielleicht. **) Vielleicht nichts zu essen. ***) Du hast hier zu essen.

„Ap!"*) sagte Tobias ganz langsam; aber dann kam er in Gang, und es ging besser. — Nach Verlauf von ein paar Stunden kamen wir an eine alte Spalte mit einem großen Schraubeneiswall; dort war die Schlittenbahn besser, und dort waren verhältnismäßig frische Bärenfährten. — Das half! Der Grönländer begann wieder in Tobias zu erwachen. Er fitzte umher, befühlte die Spuren mit dem Peitschenstock, guckte in die Löcher des Schraubeneiswalles. Die Hunde wurden lebhafter, steckten die Schnauzen in den Schnee, schnupperten in der Luft und zogen gut. Wir konnten uns ein wenig auf die Schlitten setzen und kamen doch vorwärts. Wir fanden Thostrups und Wegeners alten Zeltplatz, fanden an einer Stelle auf dem Schnee die Reste eines Seehundes, den ein Bär gefressen hatte. — „Imera gestern!" sagte Tobias. Er und die Hunde hofften beständig auf Bären; ich hoffte nur, daß die Bärenfährten bis zum Nordpol anhalten und andauernd frisch sein möchten." — —

Am 13. gelangen sie zum 80. Grad und nähern sich endlich dem Depot südlich vom Mallemukfels.

„Wir sind heute mit erleichterten Schlitten gefahren, aber nur 18 km vorwärts gekommen. Wir haben auch weiterhin Schraubeneis gehabt und sind auf jungem Eis gefahren, über das die Flutwelle sich ergossen hatte, so daß wir bis zu den Knöcheln wateten und die Hunde sich fürchteten. Meistens sind wir aber in tiefem, weichem frischgefallenem Schnee gefahren; das zeigt, daß das Meereis auf einer großen Strecke vor dem Gletscher aufgebrochen gewesen ist. — Dieses offene Wasser kann die anderen aufgehalten haben, und es ist uns jetzt doppelt darum zu tun, das große Depot auf 80° 10' zu erreichen, wo wir sie vielleicht treffen oder Kunde von ihnen erhalten können. Aber es kneift mit dem Hundefutter. Nachts fraßen die Biester etwas zuviel von dem Zelte, das wir ja schwerlich entbehren können. Leider geht es Tobias' Hunden am schlechtesten; nachmittags kann er sie kaum vorwärts prügeln..."

Am 14. steht dort:

„Zelt auf dem Firn auf der N.-O.-Spitze der großen Insel**).

Endlich eine gute Tagereise. Wir kamen 24 km vorwärts, machten bei offenem Wasser Halt und fuhren dicht neben einem kleinen aktiven Gletscher auf den Firn hinauf. Hier ist offenes Wasser gewesen, seit Thostrup hier im Sommer fuhr. Wir haben daher in reicher Abwechslung teils Jungeis, teils Schraubeneis gehabt; aber das scheint sowohl

*) Ja.

**) Hovgaards Ö.

die Hunde, als auch Tobias in gute Laune versetzt zu haben. Den größten Teil des Weges fuhren wir an Gletschern entlang, bisweilen ganz zwischen sie hinein; oft waren Spalten und Wasser auf dem Eise. Wir passierten eine breite Spalte in der Weise, daß wir zuerst das Eis erprobten und dann den leichtesten Schlitten ohne Kutscher hinübergehen ließen; als dies gut ging, folgten wir anderen nach. Wir haben auf dem Jungeis im Schnee ein paar Fuchsspuren gesehen, doch immer ein Lebenszeichen! Die Sonne erschien doppelt und stand in dichtem Nebel, schließlich war es ziemlich finster; rauf und runter ging es in Löcher hinein und über Hügel, ich konnte gerade Tobias auftauchen und verschwinden und eine Strecke voraus wieder zum Vorschein kommen sehen.

„Und die Eisblöcke, an denen wir vorbeiglitten, nahmen phantastische Formen an. Ich sah die Schneekönigin selbst auf ihrem Thron sitzen und zu uns herabschauen; plötzlich verwandelte sie sich in Thorwaldsens Christus, der die Arme ausbreitete, gleichsam als wollte er uns aufhalten. Wir machten auch Halt, denn da sahen wir das offene Wasser...

„Wir prügelten die müden Hunde den steilen Abhang hinauf, indem wir uns gegenseitig und ihnen dabei halfen, den Schlitten heraufzuziehen. Wir müssen jetzt sehen, ob wir um die Ecke der Insel herum weiter fahren können, dann haben wir nur über einen verhältnismäßig schmalen Sund zu fahren, bevor wir das Depot erreichen. Dies hat dadurch für uns erhöhte Bedeutung erhalten, daß die anderen vielleicht dort aufgehalten sein mögen, wo wir heute fuhren, und dann zurückgehen mußten. Jedenfalls wird der morgige Tag wohl unser letzter Reisetag nach Norden. Die Hunde können nicht mehr. Sie plagt rasender Hunger; man muß wirklich vorsichtig sein, wenn man futtert, auf daß man nicht umgerissen und gebissen wird; während ein Mann das Futter zerhaut, müssen die beiden anderen ihn beschützen. Wir schlagen dann mit allem möglichen, und es wundert mich täglich, daß wir die Tiere nicht zu Krüppeln schlagen. Wir hoffen noch darauf, hier bei dem offenen Wasser einen Bären zu treffen; kommt er, so ist er des Todes." —

15. Oktober, 7 Uhr abends. Zelt beim Depot auf 80° 10'. Der Mallemukfels.

„Heute ist Hagens Geburtstag! Armer Hagen, wüßten wir doch nur, wo er zu finden wäre. — Hier war keine Spur. Die Depots waren in Ordnung. Wir lassen die Hunde morgen ausruhen und futtern sie gut; fahren dann, wenn alles gut geht, weiter nach Norden..."

Die letzte Tagereise bis zum Mallemukfels hatten sie längs einer offenen Wake zurückgelegt, die sich im Osten in einem weiten Bogen vom Meere her erstreckte. Längs dieser Wake fahrend sahen sie im Norden und Süden das graue, offene Meer, soweit sie sehen konnten.

Am Tage darauf sollte die Entscheidung fallen, ob sie weiter nach Norden kommen oder hier unverrichteter Sache umkehren sollten. Es war der letzte Tag der Ungewißheit. Es steht im Tagebuch:

„Wir haben vormittags geschlafen, denn die drei letzten Nächte sind so schlecht gewesen. Es ist überhaupt eine Fahrt, die ich sobald nicht wieder vergessen werde. Wir träumen in den wenigen Stunden, die wir schlafen, immer von denen, die wir suchen..."

Und dann kam die letzte Tagereise nach Norden, der 17. Oktober.

„Es war morgens dicke Luft; einzelne Windstöße kamen und schüttelten ein wenig Schnee herab. Tobias war nicht froh, daß wir nach Norden fahren sollten. „Imera groß Wind — Eis assut!"*) Er fürchtete, daß ein Sturm das Jungeis an der Küste zerstören und dadurch uns die Rückzugslinie abschneiden würde. Thostrup war draußen, um zu rekognoszieren, und bestimmte, daß wir doch fahren sollten, da wir einig darüber waren, daß es unsere Pflicht war, soweit vorzudringen, wie wir konnten, ohne uns der Gefahr auszusetzen, das Schicksal der Vermißten zu teilen. Während wir uns fertig machten, klärte sich das Wetter auf, und wir fuhren bis 12 Uhr bei schönem, klarem Wetter. Im Laufe einer guten halben Stunde kamen wir eine Meile weiter, auf herrlichem, ebenem Jungeis, das jedoch nicht sehr solide war, denn mehrmals schwankte es unter den Schlitten. Einmal mußte Tobias abspringen und den Schlitten laufen lassen, um dann hinterher die Hunde auf das etwas festere Eis zu locken. Als wir das nördliche Ende des Sedimentfelsens, den eigentlichen Vogelfelsen, erreichten, war dort offenes Wasser, — nicht so viel wie eine Schlittenbreite Eis zwischen der ziemlich steilen, schneeentblößten Küste und der Wake. Wir machten vor einem kleinen, aber, wie es schien, stark produzierenden Gletscher Halt, der wahrscheinlich zum Teil an der Misere schuld ist, kletterten auf ihn hinauf und sahen, daß auch auf der anderen Seite des Vogelfelsens längs des firnbedeckten Landes offenes Wasser war.

Jetzt mußte ein entscheidender Entschluß gefaßt werden. In bezug auf das Hundefutter, die Basis für jede Schlittenreise, standen die Sachen so, daß wir abgesehen vom heutigen Tag genug für sieben gewöhnliche Fütterungen hatten; drei Tagereisen weiter südlich

*) Das Eis treibt weg.

lag für zwei Tage, noch drei Tagereisen südlicher für drei kleine Tage, und dann erst vier, vielleicht fünf Tage weiter abwärts mehr, — die Tagereisen berechnet nach der Heraufreise und unter der Voraussetzung guten Wetters. Wir sind also, selbst wenn wir jetzt umkehren, mangelhaft versorgt und werden wahrscheinlich, da keine Aussicht auf Jagd zu bestehen scheint, gezwungen, die Hunde mit Menschenproviant zu füttern, eventuell einige von den schlappsten zu erschießen und sie aufzufuttern. —

Es gab also drei Möglichkeiten: hier zu warten, bis das offene Wasser zufror, zu versuchen, die Wake zu umgehen, indem man über Land oder richtiger über das Inlandeis ging, oder zum Schiff zurückzukehren. Hinsichtlich der ersten Möglichkeit meinte Tobias, der ja die Eisverhältnisse am besten kennt, daß wir unter günstigen Verhältnissen die Wake in vier Tagen passieren könnten, daß aber das Eis auch längere Zeit hin und her treiben könnte, ohne daß die Verhältnisse stabil wurden. Somit kam diese Möglichkeit nicht mehr in Betracht; denn ein Aufenthalt von nur zwei bis drei Tagen würde unsere Vorräte so stark angreifen, daß die Rückreise sofort notwendig sein würde. Tobias wollte nur ungern auf den Gletscher hinauf; es war im Frühling dort oben rekognosziert worden, unter anderem von Brönlund, der meinte, daß der Gletscher schwer zu passieren sein würde. Koch, mit dem ich daheim über diese Eventualität gesprochen hatte, meinte auch, daß es drei Tage in Anspruch nehmen würde, den Mallemukfelsen über Land zu umgehen, unter der Voraussetzung, daß wir die Schlitten auseinandernahmen und das Gepäck selbst trugen. Wenn wir diesen Versuch machen würden, konnten wir, wenn die Eisverhältnisse, namentlich die Schlittenbahn, weiter nach Norden günstiger waren, als nach Süden zu, und unter der Voraussetzung, daß das Wetter gut war, unseren Bestimmungsort erreichen, aber ganz entblößt von Hundefutter. Wenn die Depots dort oben unversehrt waren und die Vermißten nicht gefunden wurden, würden wir auch zurückkommen; aber wenn wir die Depots von Bären zerstört antrafen, oder wenn wir die Gesuchten in Proviantnot fanden, würde die Rückreise hierher unmöglich werden, ganz abgesehen von der Möglichkeit, daß das Jungeis hier, wie Tobias ja fürchtete, von einem Sturm aufgebrochen werden konnte, so daß wir gezwungen waren, den ganzen Sedimentfelsen zu umgehen. In diesem Falle würden wir ganz sicher alle umkommen. Wenn andererseits Mylius und die anderen sich Jagdvorrat verschafft hatten und nur darauf warteten, daß das Eis zur Ruhe kommen sollte, um die Reise fortzusetzen, dann würde ihnen am besten damit gedient sein, daß wir hier etwas Menschenproviant und Petroleum, das sie so lange entbehrt hatten, hinterließen.

Tobias.

Als wir alle diese Möglichkeiten erörtert hatten und keiner von uns einen anderen Ausweg fand, entschloß sich Thostrup denn auch zur Umkehr, was unzweifelhaft das einzig Richtige war. Es würde nach meiner Meinung in hohem Grade verkehrt sein, wenn wir uns der Gefahr aussetzten, in eine äußerst schwierige Lage zu kommen, ohne doch dafür Aussicht zu haben, den anderen helfen zu können. Und je größere Bedrängnis vorhanden sein mochte, desto geringere Aussichten für uns alle.

Also kehren wir um; jetzt sind die Depots hier in Ordnung gebracht; wir hinterlassen alles, was wir an Proviant und Reparationsmaterial entbehren können, und morgen gehen wir, wenn das Wetter es zuläßt, südwärts, so schnell, wie wir die Hunde vorwärts peitschen können.“ —

Ja, es war vorbei. Den drei Männern blieb nichts anderes übrig, als sich selbst zu bergen, sich zum Schiff zurückzuretten, bevor die Hunde zuschanden gefahren waren und der Proviant verbraucht war. Sie waren der Expedition nicht allein das schuldig, alles zu tun, um die Vermißten zu suchen, — und sie haben getan, was in ihrer Macht stand —, sie schuldeten ihr auch, zurückzukehren, damit wir nicht noch nach drei weiteren dort oben zu suchen hatten. —

Am Tage darauf begannen sie den Heimmarsch. Und in stark forcierten Tagemärschen arbeiteten sie sich mühsam durch den tiefen Schnee nach Süden.

Das war in den letzten Tagen, bevor die Sonne fortging. Einige wenige Male sahen sie sie noch im Süden vor sich; aber Tag für Tag stand sie niedriger, und schließlich verschwand sie ganz; nur der rote Tagesschimmer blieb noch hinter ihr zurück und zeigte ihnen den Weg nach Hause. Und sie folgten, so schnell sie konnten, dem fliehenden Licht, während die Finsternis dicht hinter ihnen in ihren Spuren über das Land herabgezogen kam.

Fünf Tage, nachdem sie den Rückzug antraten, sind sie bereits bis südlich vom Kap Bergendahl gelangt. Es geht schneller heimwärts als hinauf, denn sie können jetzt die schlimmsten Eisschraubungen und Spalten im Eise vermeiden, mit denen sie auf der Hinauffahrt Bekanntschaft gemacht haben. Aber die Hunde brechen zusammen, und sie selbst fangen an, sehr entkräftet zu werden. Am 22. steht im Tagebuch:

„Zelt auf dem alten Landeis 10 km südlich vom Kap Bergendahl. — Ja, jetzt wurde die Uhr ungefähr 8½, bevor wir gegessen haben. Du großer Chinese, wie ich gegessen habe: Polarsuppe (das ist eine Art Fruchtsuppe, bereitet aus getrockneten Äpfeln und Aprikosen, Fleischschokolade, Makkaroni und Hafergrütze), Labskaus und „kalte Küche“, — mörderlich kalte Küche.

Wir fuhren um 9½ Uhr vom Zeltplatz ab und machten 18 km, bis Bergendahl auf niederträchtiger Bahn. Sowohl wir als die Hunde waren tüchtig müde; einer von Tobias' Hunden brach zusammen und mußte auf den Schlitten geladen werden. Auf der letzten Strecke stürzte auch einer von meinen Hunden, der Misanthrop, und mußte ausgespannt werden. Er humpelte bis zum Zeltplatz hinterher. —

Gustav Thostrup mit vier von seinen Hunden.

Das nennt man auf den Stümpfen gehen. Aber wir sind zum Forcieren gezwungen, sonst sterben alle Hunde den Hungertod. Sie taugen nicht viel, wenn sie nur mit „Patentfutter"*) gefüttert werden, verderben sich den Magen damit und werden mager. Leider haben wir ja nichts anderes, wenn sich kein Bär zeigen will..."

Den 23.: „9 Uhr abends, Zelt auf dem Eise.

*) Mischung aus Walfischmehl und Talg (also Pemmikan), an Bord zu Kuchen gebacken.

Wir sind ganz gut vorwärts gekommen, aber es ist ein niederträchtiger Tag gewesen. Es ist für mich eine psychische Tortur, Stunde auf Stunde, Kilometer auf Kilometer hinter dem Schlitten her zu gehen; das ist eine Beschäftigung für kopflose Tiere, nicht für Menschen. Man muß seinem Vorfahrer folgen; man kann einfach nicht anders. Die Hunde laufen hinter ihm her; man muß nur die schlimmsten Dummheiten, die sie machen, abwehren und sie ab und zu tüchtig verprügeln. Man ist vollständig seines Selbstbestimmungsrechtes beraubt, kann nicht still stehen, kaum noch sich die Nase putzen, wenn der Vorfahrer es nicht will. Man kann nicht denken, sich nicht in die Landschaft vertiefen, — dann machen die verdammten Köter in dem ersten besten Loch Halt. Und der Vorfahrer schleicht beständig weiter, es ist, als ob er einem die Seele ganz langsam aus dem Leibe zöge. Man geht und wünscht, daß sein Schlitten entzwei brechen möge, daß die Hunde oder ihn selbst ein Unglück treffen möge; nur zwei Minuten still halten. — Er schleicht weiter. Und nach und nach werden die Hunde müde; dann muß man sie oft mit unmenschlicher Roheit vorwärts prügeln, schreien, fluchen und heulen. Man kann so wütend werden, daß man sie bei lebendigem Leibe schinden möchte. — Nein, das ist die niederträchtigste Reiseart, die ich erprobt habe..."

Aber trotz allem — obwohl sie nahe daran sind, vor Anstrengung zusammenzubrechen, obwohl die unendliche Einförmigkeit der Reiseart sie peinigt, — der gewaltigen Natur des Landes, die sie umgibt, entgehen sie nicht! Ganz unbewußt wirkt ihre Schönheit auf sie, und selten hört sie auf, auf ihr Gemüt Eindruck zu machen, — es verändert sich mit dem Wetter und der Stimmung.

Es kommt so weit mit Lindhard, daß er hinter dem Schlitten geht und reimt; aus der schlappen, halb zerrütteten irdischen Hülle steigt, Gott steh mir bei, langsam und sicher der Dichter hervor, wie ein Phönix aus der Asche:

„Grauer Himmel,
Grauer Nebel,
Durch den Schnee, auf dem Eise
Langsam geht die Heimwärtsreise.
Todesmatten Hunden die Männer, die müden,
Langsam folgen zum Schiffe nach Süden.
Tief, tief ist der Schnee,
Kein Ziel, kein Land ich seh'.
Eines Drachen Rücken, des Eises Schraubung
Blaßgrün leuchtet in der Mittagsdämmrung.

— — — — — — — — — — — — — — — — —

Mutlos wandern müde Mann und Hund
Heimwärts am gähnenden Gletscherschlund.

— — — — — — — — — — — — — — — — —

Kein Weg oder Steg — schwer
Kreischt stöhnend der Schlitten daher.
Es knarrt und quietscht das Gestrick,
Langsam, langsam geht es zurück."

Gleich darauf steht dort:

„Es steht schlimm mit uns. Heute stürzte wieder einer von Tobias' Hunden und starb kurz darauf. Er hat heute abend zusammen mit dem Misanthropen, der gehängt wurde, den anderen als Futter gedient. Tobias hat gegen das Versprechen von zwei Zigarren den Henkerdienst besorgt. Es ist ganz außerordentlich ekelhaft, zu hören, wie die Hunde sich um die Stücke von den toten Kameraden balgen, die im Handumdrehen bis zu den Knochen abgenagt sind. Wir selbst sind schlapp, und es ist widerlich, mit dem nassen Zeug in den nassen Schlafsack zu kriechen.

Wir sitzen gar nicht mehr auf den Schlitten, sondern müssen uns im Schritt vorwärts arbeiten, obwohl die Ladungen auf ein reines Minimum reduziert sind.

„No good" — sagt Tobias. —"

Auf derselben Seite steht dort (es ist der 27.):

„Heute geht die Sonne unter. — Sie empfing den Todesstoß.
Rot sprudelt Blut, lange Schatten bläulich flimmern.
In des Erdschattens tiefem, dunkelblauen Schoß
Steht kalt des Mondes messinggelbes Schimmern.

Nu fluscht es! Das reimt sich doch wirklich!

Übrigens liegt unser Zelt auf dem Meereis zirka 11 km südlich von dem „Nördlichen Depot". In der letzten Nacht hatten wir unser Zelt in einer gewaltigen Eisschraubung, in die wir hineingefahren waren, und aus der wir in der Finsternis nicht wieder herausfinden konnten. Der Zeltplatz sah am Morgen fürchterlich aus: Blut, Knochen und Hautfetzen überall. Wir kamen mit großer Mühe und einiger Havarie an den Schlitten aus den Eisschraubungen heraus. Mehrere Hunde fielen in die Spalten, aber blieben in den Zugriemen hängen. Einer von Tobias' besten Hunden fiel jedoch heraus, blieb aber eine Strecke abwärts auf einem Absatz hängen. Dann ließen wir Tobias an einer Leine hinunter; er faßte den Hund, und wir zogen beide herauf..."

Als sie sich dem Schiffe nähern, kommt gleichsam etwas mehr Leben in die Hunde; sie laufen aus Leibeskräften, um heimzukommen, spannen ihre letzten Kräfte bis aufs äußerste an.

Und bald gelangt man wieder zu bekannten Gegenden, in denen man sich heimischer fühlt; die Reihe der Bärenschären gleitet langsam an ihnen vorbei, sie passieren Kap Amélie und gehen über den Skärfjord. Und während der Tag langsam hinstirbt und die Nordlichter anfangen auf dem amethystfarbigen, tiefen Himmel über ihnen umherzuschweifen, sagt die Sonne das letzte Lebewohl:

„Beim Sonnentod in üppiger Pracht
Am Himmel Flammen und Farben sprühen.
Die leichten Nordlichter durchzucken die Nacht,
Sie erben der Sonne zarteste Farbenpracht,
— aber nichts von ihrem Glühen.....“

Die Hunde werden gefüttert.

Das ist das letzte Lied, das Lindhard auf der Fahrt schrieb; denn ein paar Tage darauf kamen sie zurück.

Wären sie länger draußen gewesen, so hätte er weiter gedichtet; denn man entgeht dem nicht, man ist von diesen Stimmungen bezaubert. — Dies sagt er selbst in seinem Tagebuch in anderer Weise: „Wir können froh darüber sein, daß wir jetzt bald bei dem Schiff sind; denn dort hören jedenfalls die Torheiten auf...“

— —

An einem der ersten Tage nach der Heimkehr erzählte Lindhard mir von einer Nacht, als sie bei einem Unwetter dicht bei dem offenen Wasser im Schraubeneis lagerten. Das Zerren des Sturmes an den Zeltwänden und die bullernden Laute, die draußen vom Eise und von dem Druck der Springflut am Strande herkamen, schlugen unaufhörlich an ihr Ohr; der Schlaf war unruhig und wurde oft unterbrochen. Plötzlich fuhr Lindhard aus seinem Halbschlummer in die Höhe; er tastete im Dunklen nach seinem Messer, ergriff es und horchte. Er war aufgewacht, wie von einem Alpdrücken, ein unerklärliches Angstgefühl beherrschte ihn, während er dort lag und auf irgend etwas wartete — —. Aber er hörte nur dieselben bullernden Laute und das Sausen des Sturmes um das Zelt herum.

Er zündete ein Streichholz an. Das erste, was er gewahr wurde, war Thostrup, der auch völlig wach, auf den Ellbogen gestützt, in seinem Schlafsack lag — mit seinem Messer in der Hand...!"

Sie wechselten nur einen Blick; dann legten sie sich beide sofort wieder zur Ruhe. Erst später sprachen sie miteinander darüber... Und es zeigte sich, daß dasselbe Gefühl sie beide in dem Augenblick ergriffen hatte, eine Angst vor etwas Unbestimmtem, das sie bedrohte; und diese Angst hatte ihnen unwillkürlich das Messer in die Hand gegeben.

„Vielleicht," sagte Lindhard, „war es der nicht fernliegende Gedanke, daß das Eis im Treiben war und um uns herum aufbrach. Staute es sich zusammen oder brach es unter uns, so konnten wir gezwungen werden, die Zeltwand aufzuschneiden, um schnell genug herauszukommen — —. Aber wir wissen es nicht bestimmt."

Traurige Tage folgen jetzt.

Unmittelbar nach der Heimkehr der Expedition wurde es uns klar, daß wir einen Teil unserer Hunde töten mußten. Unser Futtervorrat für den Winter, der dadurch reduziert worden war, daß Bären und Füchse den Walroßdepots an der äußeren Küste und beim Sturmkap Besuche abstatteten, konnte unmöglich für den Winter ausreichen; aber die stärksten Hunde müssen leben, sie müssen aufgespart werden, teils für eine Reise nach dem Shannondepot, dessen Bestände aufgezählt und für den Fall untersucht werden sollen, daß die Expedition bei einer erzwungenen dritten Überwinterung auf dieses Depot zurückgreifen muß, — teils um im Frühling, wenn die Küste möglicherweise fahrbar wird, einen letzten Versuch zur Auffindung der drei zu machen.

Mit diesem Hundemord leiteten wir die Zeit der Finsternis ein.

Peter Hansen.

Die zweite Winternacht.

Drei Tage lang ist der Schneesturm über das Schiff dahingerast und hat uns in unsere Räume eingeschlossen. Am 6. November, zur Mittagszeit, zieht das Unwetter nach Osten, über das Meer hinaus, es klärt sich auf. Noch kommen über die Berge Windstöße herab, aber der Schnee liegt fest und steinhart auf Land und Meer, blankgeschliffen von dem Winde. Der Schneefall hat aufgehört.

Der halbe Himmel, der Westhimmel, ist blank und kalt; aber quer durch den Zenit von Norden nach Süden ist der Himmel wie mit einem Messer durchschnitten — und dort im Osten steht die dicke Wolkendecke mit ihrer schwarzgrauen, totenblassen Farbe, unten am Horizont ausgefasert, so daß der metallgelbe, sonnenverlassene Himmel frostig hindurchschaut, der sich nach Westen hin in stahlblauen Farben wölbt, bis er im Norden in den tiefvioletten, farbensatten Erdschatten übergeht, in diese Farbe, die so tief ist, daß sie wie ein aus der Ferne herüberschallender Glockenton auf die Sinne wirkt.

Gegen diese Farben steht — langsam fortziehend, die wenigen, bleichen Sterne enthüllend — die Wolkendecke des Osthimmels hart und schurrend wie der Rand eines Sarkophags, wie ein Sargdeckel, der sich im bleichen, schimmernden Kerzenlicht zwischen welke Blumen vorschiebt. Noch jagen einige Windstöße über die Felshänge im Westen und fahren mit wütendem Geheul durch die Masten und Taue der Takelung. Das Schiff steht scharf und schwarz gegen die Luft gezeichnet, keine weichen Linien, keine unklaren Übergänge — alles hart gegen hart, wie die unbarmherzigen Wunden des Grabstichels auf der Metallplatte. Die Masten zeigen wie verwitterte Grabkreuze hinauf gegen die scharfe Luftfarbe.

Unter dem Bugspriet baumeln im Winde einige dunkle Körper hin und her. Es sind die Leichen von acht Hunden. Sie gehörten zu den schwächsten, die Armen, und daher mußten sie, wie so viele andere, aus dem Wege und ihren stärkeren Kameraden zum Fraße dienen, die auf die letzten Reisen gehen sollen.

Unter dem Stampfstock schwingen drei in einem Klumpen, dicht aneinander aufgehängt. Die anderen hängen in einer Reihe nach den Seiten hin, unter den Tauen an dünnen Stricken aufgehängt, die in der Ferne unsichtbar sind. Es sieht aus, als ob sie auf den Hinterbeinen gehen und sich in einer Reihe herumdrehen — eine Quadrille von toten Hunden unter dem Bug des Schiffes.

Der durch das Tauwerk sausende Wind macht die Musik dazu, und rund um die Stelle herum eilen zwei sonderbare Gestalten mit dunkler Gesichtsfarbe geschäftig hin und her, nach beendeter Arbeit Tauenden und Geräte aufsammelnd. Es ist wie ein Hexensabbat. Ein Motiv zu einem Vorhang vor der Zeit der großen Finsternis.

— —

Am Abend des 10. November kamen Koch, Wegener, Bertelsen und Weinschenck von Pustervig nach Hause gezogen. Sie waren am letzten Tage sechs Meilen ohne Unterbrechung gegangen, von der Walroßspitze bis zum Schiffe. Trotz eines fünftägigen Schneesturmes hatten sie ihre Pläne zum größten Teil ausgeführt; Koch hatte in der nächsten Umgebung der Station vermessen und nivelliert, Bertelsen Geländeskizzen gezeichnet und Wegener Freuchen bei den ersten Observationen geholfen. Auf dem Rückmarsch war am Tage vor ihrer Ankunft zum Schiffe der Sturm so stark gewesen, daß sie sich bei der Walroßspitze alle vier auf den Schlitten setzen und von dem Winde, der zufällig günstig war, treiben lassen konnten. Als sie den Zeltplatz auf der Landspitze erreichten, hielt es schwer, den Schlitten zum Stehen zu bringen; bei dem Versuch, das Land zu erreichen, wurden sie mehrmals vom Schlitten fortgeweht und kamen ins Treiben, brachten aber doch schließlich den Schlitten zur Küste, indem sie, von ihm geschützt, auf dem Bauche krochen, und kriegten das Zelt in die Höhe. Sie hatten

Eskimoschädel.

das Glück, trotz des starken Schneetreibens gerade auf das kleine Depot zu stoßen.

— — — — — — — — — — — — — — — — — — — —

Obwohl es höchst unwahrscheinlich war, daß wir Mylius, Hagen und Brönlund im Laufe des Winters zurückerwarten konnten, wurde doch unmittelbar nach der Heimkehr der Hilfsexpedition beschlossen, daß eine neue Abteilung sobald wie möglich nach Norden gehen sollte, um das Depot auf der „Nördlichen Depotinsel“ zu vergrößern. Zu Teilnehmern an dieser Tour wurden Koefoed, Hagerup und Hendrik bestimmt. Als der heftige Schneefall der letzten Tage endlich aufgehört und der Sturm, der dem Niederschlag zu folgen pflegte, den Schnee fest geweht hatte, reisten sie am Morgen des 13. November mit drei Schlitten nach Norden. Das war das letzte, was wir vor dem Frühling für die Drei tun konnten.

— —

Als die Expedition jetzt zum zweitenmal ins Winterquartier ging, konnte sie auf ein gut ausgeführtes Stück Arbeit zurückschauen: die Küste war von den Pendulum-Inseln bis zum Kap Bridgman bereist und von Kartographen und anderen Forschern gründlich untersucht — nur hie und da waren noch im Frühling einige ergänzende Arbeiten erforderlich. Wir konnten, was die Resultate anlangt, jederzeit heimkehren.

Verschiedene in der Erde gefundene Eskimogeräte.

Und doch waren wir uns ziemlich klar darüber, daß die Expedition einer sehr ernsten Zeit entgegenging. Zwei Reisen mußten vor dem Taubruch des nächsten Jahres unumgänglich ausgeführt werden: eine letzte Expedition nach Norden, um Nachricht von den Dreien zu erhalten, und eine nach den Shannondepots, um ihren Inhalt mit Rücksicht auf die Möglichkeit einer dritten Überwinterung zu untersuchen. Wie es auch immer mit den verschiedenen, noch nicht ausgeführten Arbeiten werden mochte — diese Reisen sollten ausgeführt werden. Wir mußten alles daransetzen. Aber wie konnten wir das mit unseren elenden Hunden tun, die wir kaum den Winter über am Leben zu erhalten vermochten?

Trolle hatte schon seit einiger Zeit die Errichtung eines Viererrats geplant, der solche wichtigen Expeditionsangelegenheiten erörtern und entscheiden sollte. Da der größte Teil der Mitglieder jetzt auf dem Schiffe versammelt war, legte er am 20. November auf einer Versammlung in der Messe seinen Plan vor, der durch Akklamation angenommen wurde. Bei der sofort vorgenommenen Abstimmung wurden als Mitglieder des Rates Koch, Gundahl, B. Thostrup und Friis gewählt.

Bei einer Ratssitzung, die noch am selben Abend bei Trolle abgehalten wurde, wurde bestimmt, daß die Reise zu den Depots auf

Tobias und Hendrik in ihrer Kammer.

Baß Rock und Shannon so schnell wie möglich unter Gustav Thostrups Führung ausgeführt werden sollte. Weinschenck, der sich zur Zeit in Pustervig aufhielt, sollte sofort geholt werden, um an der Reise teilzunehmen. Außer der Untersuchung der Depots sollte die Expedition soviel wie möglich von dem dort deponierten Hundeproviant zum Schiffe mitbringen. Charles, Tobias und Hendrik sollten mit den beiden Genannten an der Reise teilnehmen.

Außerdem wurde bestimmt, daß Bendix-Thostrup während der Abwesenheit Mylius-Erichsens sich der ethnographischen Sammlungen annehmen und Friis Stoff für das populäre Buch über die Expedition sammeln sollte.

— —

Eine Reihe heftiger Schneestürme ist über das Land hingefahren. Seit dem 3. November haben wir beinahe unaufhörlich Niederschläge gehabt, nur ab und zu wurden sie von einigen Tagen mit klarem Wetter unterbrochen. Erst am 22. konnte Peter Hansen hineinfahren, um Weinschenck, der auf Pustervig von Fritz Johansen abgelöst wurde, zur Teilnahme an der Shannonreise abzuholen. Bereits am selben Abend kehrten Koefoed, Hagerup und Hendrik von Norden zurück, nachdem sie bis zu „Hagens Insel" gelangt waren, wo sie die Schlittenkiste und die beiden Dosen Hundefutter, die für Mylius-Erichsens Rückzug bestimmt waren, niedergelegt hatten. Die „Nördliche Depotinsel" hatten sie nicht erreichen können, denn sie waren vom Unwetter gezwungen worden, vier Tage bei „Hagens Insel" still zu liegen; da sie nach Ablauf dieser Zeit nur noch für drei Tage Hundefutter hatten, mußten sie umkehren. Auf der Hinauffahrt hatten sie entsetzliche Schlittenbahn mit tiefem Schnee und ewigem Schneefall gehabt. Auf der Heimreise wurde von „Hagens Insel" bis zum Kap Amélie im Schneesturm mit dem Wind im Rücken gefahren. Hendriks Nase war erfroren und sah gefährlich aus; sie ist auch wirklich für solche Kältegrade allzu groß und unpraktisch.

Peter kam am 23. mit Weinschenck zum Schiff, und bereits zwei Tage darauf war die Abteilung zur Abreise fertig.

Aus mancherlei Gründen sahen wir dem Ergebnis dieser Reise voll Spannung entgegen, nicht zum wenigsten, weil wir mit einer gewissen Berechtigung vermuten konnten, daß die Teilnehmer mit der Kunde zurückkehren würden, daß unsere für die Heimat bestimmte Post, die Mylius-Erichsen im Herbst dort unten niedergelegt hatte, abgeholt worden war — vielleicht lag dort unten sogar Post für uns. Die meisten von uns betrachteten natürlich das letztere als das am wenigsten wichtige; die Hauptsache war, ob unsere Briefe zu denen gelangt waren, die nichts von unserem Schicksal wußten. — Wir werden alle in starker Spannung auf die warten, die jetzt reisen. Aber erst gegen Weihnachten ist an ihre Rückkehr zu denken.

Gerade zur Mittagszeit fuhren sie ab. Unsere Blicke folgten ihnen in dem schwachen, roten Dämmerungsschimmer über das Eis hinaus, bis sie um die Ecke herum verschwanden. Was werden wir wohl erfahren, wenn wir sie wiedersehen? — —

Jetzt ist die Zeit der großen Finsternis wieder da.

Wir sehen es draußen, wie die Finsternis Tag für Tag ihren großen Deckel über den Himmel hinschiebt und das Licht ausschließt. Nur im Süden steht noch der schmale Streifen des schwindenden Tagesschimmers, wie eine Spalte, die mit jedem Tage, der vergeht, enger wird. Dorthin wenden sich immer unsere Blicke. Alle unsere Hoffnungen und Träume gehen durch diesen schmalen Riß, der noch die Richtung nach den hellen Gegenden zeigt, die so fern liegen.

Und wir merken es an uns selbst, die wir hier drinnen in unseren rußigen Räumen so vollständig abgesperrt von Eindrücken aus der Welt sitzen, wie Tag für Tag Licht und Freude aus unserem Gemüt schwinden und der großen, drückenden Finsternis weichen.

Ach, wie sie blaß und schwach werden, diese wenigen, aus den glücklichen, hellen Tagen bewahrten Bilder, mit jedem Tage wird es schwerer, sie in der Erinnerung festzuhalten. Man arbeitet mit dem Gedanken, sie ins Gedächtnis zu rufen und sich an ihnen zu wärmen — und dann kann zuletzt eine weiche Empfindung von etwas Sanftem und Traurigem über einen kommen, die wie Geschluchz sich auf die Brust stemmt. Und sie wird nicht erleichtert, bei niemandem findet man Trost.

Das Heimweh kommt und mit ihm die wenigen Erinnerungen, dieselben wie immer, aber der Kreis wird enger und enger.

Wir entbehren und ersehnen alles, was diese öde, saftlose Natur uns versagt, das reiche, warme, pulsierende Leben, einen Platz, ein Ziel für unsere starken Triebe. Ja, das sind die Triebe des Lebens und der Selbsterhaltung, der Drang, seine Stärke mit etwas Weichem und Mildem zusammentreffen zu lassen, seine Jugend und seine Kraft zu kühlen, wieder ins Leben als ein Glied des Lebens hineinzugleiten.

Aber wir sind ausgesetzt. Wir befriedigen täglich das Verlangen unserer Muskeln nach starker Nahrung, um sie im Kampf gegen die rohe, brutale Natur um uns herum zu brauchen; wir müssen täglich so und so viel Nahrung haben, um sie wieder im Kampfe gegen diese Natur zusetzen zu können. Aber wir sind nicht imstande, durch Genuß mildernd auf diese Kraft zu wirken. Wir können unser Gemüt, unsere Phantasie nicht durch Hingebung an irgend etwas aufstacheln.

Nicht einen einzigen Augenblick vermögen wir etwas von dieser Wärme unseres unbändigen Dranges nach Hingebung zu verschwenden. Mir wird alles zuwider, was mich umgibt. Einen Augenblick habe ich Lust, meinen Nebenmann zu Boden zu schlagen, und im nächsten kann ich nach seiner Hand tappen, während ein Schluchzen mir im Halse kribbelt.

So kann auch der Ausdruck im Gesicht eines Hundes mich fesseln. Ich wundere mich über das milde, freundliche Wesen, das mir gutmütig entgegenkommt, und beuge mich über ihn nieder, hebe seinen Kopf hoch und sehe in die guten, verständigen Augen hinein. Ich kann die Arme um seinen Hals legen und bewegte Worte zu ihm sprechen, und dabei kämpfe ich mit den Tränen, bloß weil ich sehe, daß er leise mit dem Schwanze wedelt und seinen Kopf gegen den meinen drückt.

Wie wir doch die Frauen entbehren! Wie viele gute Gefühle gären nicht in uns hier oben und gehen zugrunde, ohne Ausdruck zu finden — und wie könnten wir verschwenderisch mit ihnen umgehen.

Sicher geht ein jeder von uns mit dieser saugenden Sehnsucht in sich umher. Wir sitzen drinnen in unseren Kammern mit geschlossenen Augen und träumen, daß sanfte, feine Hände uns über das Haar streichen, fühlen den warmen Hauch eines Mundes gegen unsere Wange, sehnen uns nach einer Welt mit keimenden, saftreichen Pflanzen im milden Sonnenschein, mit duftenden Blumen rings herum — einer Welt, wo die Sehnsucht nach einem anderen Wesen eine heftige Freude ist — nicht wie hier ein nagender Kummer, eine blutige, schmerzende Wunde.

Und mit der Sehnsucht steht jeder Mann allein!

Drinnen in den geschwärzten Kammern sitzen wir in unserem schmutzigen, stinkenden Zeug und blättern mit schmierigen Händen in Büchern und Briefen, die die Gedanken auf denselben Weg bringen. Und die Träume werden blaß, während die Finsternis zunimmt und um uns herabsinkt, dichter mit jedem Tag, der geht. —

Es ist heute so wunderlich still im Schiffe. Ich sitze und versuche zu arbeiten, aber es geht nicht. Ein jeder ist mit dem Seinen hier und dort im Schiffe beschäftigt; ich höre keinen Laut von der Messe her — dort ist es vollständig still. Ab und zu höre ich meinen Nachbar leise in seiner Kammer in Büchern und Blättern kramen. Ein leises Summen des Telephondrahts, der das Schiff mit dem Lande verbindet, macht die Stille nur noch stiller.

Dann höre ich plötzlich einen sonderbaren, leisen, schrapenden Ton von meinem Nachbar her, als wenn er mit irgend etwas auf der Wand kratzte oder zeichnete. Ja, richtig! Jetzt wischt er wieder mit den Fingern aus und jetzt kratzt er von neuem los. Das wiederholt sich wieder und wieder und wird schließlich zu einem gleichmäßigen Arbeiten. Was in aller Welt ist das! Was kann das für eine Arbeit sein, die ihn so stark in Anspruch nimmt? Sonst kann sich doch jeder in diesen Tagen Zeit gönnen. Aber dies hier hört sich an, wie etwas, das Eile hat — unaufhörlich vernimmt man jetzt das feine Kratzen an der Wand.

Ich kann meine Neugier nicht beherrschen. Ich schleiche mich ganz sachte hinaus in die Messe und klopfe an seine Tür.

Er sitzt gerade vor mir, mit dem Gesicht nach der Tür gewandt, und hält ein Stück Kreide in der Hand. Hinter ihm auf der Koje liegen seine Bücher und Papiere, ungeöffnet, unberührt — aber auf der Tür vor ihm sind im Halbdunkel feine Kreidelinien sichtbar, die ich von hier, wo ich stehe, nicht deuten kann. Er sieht auf zu mir, erst geistesabwesend, dann sammelt er sich und sagt irgendetwas, was ich nicht höre.

Sakuntala auf der Tür.

Denn ich sah, er hielt in der linken Hand ein Bild; es war das Titelblatt zu Sakuntala. Das ist das, was er auf der Tür kopiert.

Aber was für eine komische Kopie! Das dreißigjährige, reife Weib auf der Radierung Lundbyes mit der ruhigen Haltung und den fast welken Blumen zur Seite ist zu einem jungen, feinen Mägdlein geworden mit kindlichen Schultern und leichtem Gang, mit frischen Blumen am Wege — —

Wenn wir erröteten, als wir einander in die Augen sahen, so hatte das nicht so viel zu bedeuten — denn wir konnten es auf jeden Fall vor Schmutz nicht sehen.

Aber einen Augenblick darauf saß ich mit meiner Palette an seiner Seite und zog „Sakuntala" mit Ölfarbe auf, damit sie dauernden Bestand habe. Und unsere Köpfe stießen im Eifer zusammen.

— —

Es ist so still hier an Bord geworden, seitdem die fünf abreisten. Es sind auch nicht viele mehr zurückgeblieben, nur vierzehn Mann. Manniche, Jarner und Johansen verbringen fast den ganzen Tag im Laboratorium, und wir anderen können in der Messe oder in unseren Kammern meistens in vollständiger Ruhe arbeiten. Der Doktor hält sich größtenteils hartnäckig drinnen in seinem Zimmer auf, wo er durch sein seltsames Rohr „atmet" oder „Blutkörper zählt". Bistrup hat sich am Messetisch niedergelassen, wo er zur Zeit eine vorläufige Kartenskizze nach den Observationen Kochs auf der Nordreise anfertigt; neben ihm habe ich meine Staffelei, und an demselben Tisch sitzt Knud und repariert unsere stark mitgenommenen Zelte mit großen Segeltuchflicken. Ring bereitet vorn in der Kombüse Patent-Hundefutter, während Peter Hansen die Stellung des „Lampenmanns" bekleidet, nachdem Charles nach einjähriger ehrenvoller Tätigkeit jetzt von diesem äußerst niederträchtigen Posten verabschiedet ist.

Hier in der Messe ist es so rein und ordentlich, so still und gemütlich, daß sie gar nicht wieder zu erkennen ist, wenn man an das vorige Jahr denkt. Es versammeln sich denn jetzt auch nach beendeter Arbeitszeit am Abend alle Mann hier drinnen; natürlich wird dann in großem Maßstab Karten gespielt. Aber ab und zu lesen wir auch vor, was ein immer größeres Publikum sammelt. An den meisten Abenden traktieren außerdem Bistrup und ich die Instrumente. Dies stört jedoch Gott sei Dank nie die Kartenspieler, die jetzt das Programm so gründlich kennen, daß sie mitsingen, während sie dem Kartenspiel obliegen.

— — — — — — — — — — — — — — — — — — — —

Am Abend des 29. November wurde wegen der bevorstehenden Expedition zur Aufsuchung Mylius-Erichsens und seiner beiden Begleiter eine Ratssitzung abgehalten.

Eine eigentümliche und vielleicht verhängnisvolle Unterredung führen wir an diesem Abend. Zweier Männer Leben soll aufs Spiel gesetzt werden, um drei andere zu retten — die aller Wahrscheinlichkeit nach tot sind.

Der Abend macht einen tiefen, unauslöschlichen Eindruck auf mich. Wir wußten alle, daß es bessere Kameraden als die drei, nach denen wir jetzt zum letztenmal suchen sollten, nicht gab. Jeder von ihnen war ein persönlicher Freund des einen oder anderen von uns.

Und wen sollen wir jetzt hinaussenden? Tobias muß der eine sein, das steht von vornherein fest, der andere Koch oder Gustav Thostrup. Es sind unsere besten Leute, deren Leben auf dieser Reise, die unter so

Aage Bertelsen: Musikabend in der Messe.

gewagten Verhältnissen wie nur möglich vorgenommen wird, aufs Spiel gesetzt werden soll. Koch ist der beste Mann der Expedition, in schwierigen Situationen für uns hier oben unentbehrlich, und er ist ein Mensch, den man unwillkürlich liebgewinnt und nur ungern verliert, aber wenn er es nicht wird — ja, dann soll einer von denen, die hier stehen und über die Sache verhandeln, seinen eigenen Bruder auf diese Fahrt hinausschicken. — —

Lindhard. Koch. Friis. Manniche.

Tarok in der Messe.

Aber man spricht in nüchternem, ruhigem Tone darüber, ohne äußere Zeichen von Aufregung. Wir stopfen unsere Pfeifen, wenn sie ausgegangen sind, und sprechen weiter über die Dinge; aber ohne daß einer von uns auch nur einen Augenblick aufhört, den drückenden Ernst zu merken, den erwachsene Männer empfinden müssen, wenn sie einander mit voller Überlegung zum Teufel schicken ...

Koch stimmte mit drei von uns andern dafür, daß er selbst hinausreisen sollte; und nach einer kurzen Verhandlung war die Sache abgemacht. Koch stellte einige Bedingungen, unter anderem die, daß die Expedition ihm keinerlei Zwang bezüglich der Zeit seiner Rückkehr auferlegen dürfte, da er wahrscheinlich die Reise mit dem Kap York als Ziel fortsetzen würde, wenn er innerhalb eines gewissen Zeitpunktes nicht auf Nachrichten von den drei Männern stieße. Das Schiff sollte bis zum 1. Juli auf ihn warten, aber von dem Tage an dürfte keinerlei Rücksicht auf ihn genommen werden.

Außerdem wünschte Koch, nach Beratschlagung mit den verschiedenen Hundekutschern selbst 27 von den besten Hunden auszuwählen, sobald die Shannonabteilung zurückgekehrt war, und dann sofort die übrigen Hunde als Futter für die anderen niederschlagen zu lassen. Die 27 Hunde konnten nach ungefährer Berechnung auf diese Weise bis Ende März am Leben erhalten werden. Koch wollte sie bis zum 1. März dürftig durchfüttern, dann die 20 von ihnen auswählen, die sich zu der Zeit als die besten erwiesen, und diese bis zum 15. März kräftig füttern, an welchem Tage er nach der vorläufigen Bestimmung abzufahren gedachte.

So wurde abgemacht, daß Koch und Tobias zusammen auf diese letzte Reise nach Norden gehen sollten.

— —

Wir haben an Bord zur Abwechslung einen neuen Gesprächsstoff erhalten — das sind die Ratten. Diese ekelhaften Viehcher gewinnen immer mehr Terrain und fangen an, die Grenzen des Anständigen zu überschreiten.

Wir haben uns lange gesträubt, mit Giftstoffen auf sie loszugehen. Wir wollen nämlich vermeiden, daß im Sommer die toten Körper im Lastraum herumliegen und dort, wo wir unseren Proviant haben, die Luft verpesten. In Fallen wollen sie nicht hineingehen, jedenfalls nicht in die, die wir haben ausfindig machen können, und es gibt bald keine Art mehr, die wir nicht probiert haben. Am besten gelang ein Versuch, den Peter mit der Lastluke machte. Er stellte diese schräg auf, indem er sie auf ein Stück Holz stützte, das mit Hilfe eines Bindfadens weggezogen werden konnte. Als er die Schnur anzog, waren etwa zehn Ratten darunter, und sie blieben auch darunter — aber leider nur vorläufig. Denn als er eine Minute darauf die Luke hoch hob, liefen die meisten wieder davon; das Deck war uneben, und sie hatten sich in den Vertiefungen geborgen; während Peter herumtanzte und auf den wenigen lostrampelte, die von der Luke schon platt geschlagen waren, verschwand das Gros im Dunkel des Lastraums. Seitdem wagten die Ratten sich nie wieder unter die Luke.

Am schlimmsten hausen sie unten in den Kammern der Maschinisten, zu denen sie sich durch Brönlunds verlassene Kammer Zutritt verschafft haben. Koefoed beklagte sich jämmerlich über die Qualen, die er auszustehen hat; besonders des Nachts ist da ein Gepolter, daß kein Schlaf in seine Augen kommt. Jetzt reden wir davon, daß wir energischer gegen sie vorgehen wollen; denn seitdem wir ihnen den Zugang zu dem Proviant in dem Lastraum erschwert und, belehrt durch traurige Erfahrung, unsere Fellkleider von dort unten heraufgebracht haben, wendet ihr Sinnen und Trachten sich den höheren Regionen zu, wo namentlich der Duft aus der Kombüse ihre geschäftigen Schnauzen anlockt. Eines schönen Tages liegen sie wohl in unseren Kojen und gründen dort Familien!

Schmiede auf dem Deck.
Weinschenck und Koefoed.

Dann kam Koefoed eines Tages hinauf in die Messe und hielt die Hälfte eines funkelnagelneuen Kamik in der Hand — den Rest hatten die Ratten unten in seiner Kammer bei einem Festmahl mit anschließendem Tanz im Laufe einer Nacht gefressen. Das gab den Anstoß zum Ausbruch des zweiten Rattenkrieges. Dieser hielt mit wenigen Unterbrechungen während des ganzen Restes der Expedition an. — Koefoed begab sich als Deputation zu Jarner und Lindhard. Er hatte das Glück, auf diese Großmächte Eindruck zu machen, und bald darauf sah man, wie sie die Köpfe zusammensteckten und sich mit unheimlichen Mienen nach dem Laboratorium hinüber begaben. Von dort drangen bald giftige Dämpfe durch Ritzen und Risse heraus; guckte man durch die Fenster, so schauderte man vor einem unheimlichen Anblick zurück: durch Dämpfe sah man im flackernden Schein seltsam gefärbter Flammen die beiden Giftmischer sich mit sonderbaren Gebärden bewegen. Eine düstere, unheilverkündende Stimmung ruhte auf allen.

Am Abend wurde ein weißliches Pulver vorsichtig von dem Laboratorium nach der Kombüse hinübergetragen, wo es an Jensen abgeliefert wurde. Seine Sache war es jetzt, das böse Mordmittel unter einer schönen und ansprechenden Form in verräterischer Weise zu verbergen.

Jensen stellte einen Pfannkuchen her, um den jeder von uns die zum Tode verurteilten Minierer dort unten beneidete — und Koefoed, der die Kriegführung leitete, zerlegte ihn in vier Stücke und verteilte diese so gerecht über das ganze Schiff, daß auf sein eigenes Zimmer nur drei davon kamen. So sagte man wenigstens. — Aber wir, die wir sahen, wie Koefoed den duftenden Pfannkuchen durch die Messe nach seiner Kammer trug, hegen keinen Zweifel darüber, daß er ihn selbst verzehrt hat. So erklärt es sich auch am besten, daß an den folgenden Tagen nicht eine einzige tote Ratte im Schiff gefunden wurde.

Grammophonmusik in der Messe.

Obwohl Koefoed in der nächsten Zeit oft einen Pfannkuchen bei Jensen abholte, tat dies dem Wohlbefinden der Ratten nie irgend welchen Abbruch. Sie breiteten sich schlimmer aus als je zuvor. Aber sie erhielten eine ungeheure Bedeutung als Gesprächsstoff. — Unten aus den Kammern hinter der Maschine kommen die merkwürdigsten Geschichten über die Ratten, die dort ihr Wesen treiben. Daß den meisten Tieren die Schwänze abgefroren waren, ist allerdings richtig; sie traten oft mit einem kurzen, schwarzen Stumpf auf. Wenn dagegen

Hagerup in Umlauf setzte, daß die Ratten anfingen, in weißem Winterbalg aufzutreten, und Schwänze wie Fuchsruten hätten, so mußte die anwesende Wissenschaft doch mit dem Kopf schütteln. Daß Ratten, die sich beständig bei den Kohlen oder der Maschine aufhielten, eine solche Farbe annehmen, meinte man, würde u. a. den Theorien von der Schutzfärbung widersprechen.

— —

Wir nähern uns stark der Weihnachtszeit. Mehrere von uns sind aus diesem Anlaß eifrig mit dem Waschen von Unterzeug beschäftigt. Das nasse Zeug, Wollhemden, Unterhosen usw., das um den Messeofen herumhängt, veranlaßt eine Diskussion über die bequemste Art und Weise zur Umgehung der Reinlichkeitsfrage, und verschiedene angesehene Mitbürger erhalten Gelegenheit, sich zu äußern. Dadurch kommen viele seltsame Theorien und Verfahren ans Tageslicht.

Das gewöhnlichste Verfahren war, wie ich bemerkte, sich gar nicht zu waschen; dies hat u. a. den Vorteil, daß es das bequemste ist. Man geht mit den Unterkleidern, bis sie abfallen — und dann zieht man andere an. Erfahrene Männer sagen, daß die Kleidungsstücke auf diese Weise 3 bis 4 Monate halten können.

Ich selbst habe im Laufe von anderthalb Jahren einen ansehnlichen Haufen schmutziger Wäsche angesammelt. Wenn ein Stück Unterzeug, das ich auf dem Körper trage, allzu schlimm wird — was das unter unseren Verhältnissen bedeutet, kann ich Uneingeweihten nicht erklären —, ziehe ich es aus und ersetze es durch das „reinste“ aus dem Wäschehaufen, das ich erst einmal „wasche“ und trockne. Da dies immer nur mit einem Stück auf einmal geschieht, bin ich nie gleichzeitig am ganzen Leibe rein, aber auch nie ganz schmutzig gekleidet — nur so eben bürgerlich.

Zur Weihnachtszeit bemächtigte sich jedoch der meisten von uns eine Art Reinlichkeitswahnsinn — wir wuschen einen ganzen Satz Unterzeug. Dadurch erhielt das Ereignis ein besonders festliches Gepräge.

Bei solchen Gelegenheiten schlichen wir uns natürlich in die Kombüse, und Jensen folgte mit milden, ernsten Blicken unseren Attentaten auf seinen kostbaren Frischwasservorrat. Es war ja keine Kleinigkeit, was von diesem Vorrat zu den drei täglichen Mahlzeiten für 20 Mann gebraucht wurde, und Jensen wußte gut, daß wir ihn in den meisten Fällen betrogen, wenn wir um Wasser zum Waschen bettelten und versprachen, ihm einen Klumpen Eis zum Ersatz zu bringen. Es ging fast immer über die Knud Christiansensche Wasserholkompagnie her. Gleichfalls hielt es häufig schwer für ihn, die ausgeliehene Wanne wiederzuerhalten, wenn er sie zum Geschirrabwaschen brauchte.

Bistrup.

Wenn man nicht aufs Mausen spekulierte, war man immer in der Kombüse willkommen. Dort war gut sein, denn dort war es schön warm und dann roch es so herrlich üppig nach Essen und vielem andern. Jensen war immer zu einem gemütlichen Geplauder aufgelegt. Er war eine allseitig interessierte Natur, ein eifriger Pfleger so ziemlich aller schönen Künste — er hatte es ebensoweit als Bildhauer und Bildschnitzer, wie als Musiker, Maler und Dichter gebracht.

Wenn Jensen nicht irgend eins von seinen vielen Talenten pflegte, kochte er, wie gesagt, Essen. Und dies war sicher die am wenigsten amüsante Tätigkeit für ihn, die unangenehmste auf der ganzen Expedition. Er war ein vorzüglicher Koch. Seine Phantasie ließ ihn

Freuchens Haus in Pustervig.

trotz des mühevollen Sorgens für das tägliche Brot bei keinem einzigen der 28 Geburtstage des Jahres im Stich. Er sah es für seine Pflicht an, sie alle zu gastronomischen Festnummern zu machen.

Jetzt vorm Weihnachtsfest war er voll von großartigen und interessanten Ideen; aber er behielt sie still und geheimnisvoll für sich. Wir waren alle gespannt, was für Überraschungen er uns diesmal bringen würde.

Vier Tage vor Weihnachten reiste Peter Hansen nach Pustervig zusammen mit Gundahl, der dort Fritz Johansen als Freuchens Gesellschafter die Weihnachtszeit über ablösen sollte. Eine kleine Kiste mit Weihnachtsgeschenken für die beiden und eine andere mit Leckereien von Jensen wurden mit auf den Schlitten gelegt und dann ging es hinaus.

Proviantmeister Jensen.

Dann kam Weihnachten.

Am Tage des Weihnachtsabends war ganz windstilles Wetter, aber der Himmel war bewölkt — es war wohl der finsterste Tag, den wir hier oben gehabt hatten.

Fritz Johansen und Peter kamen am Vormittag nach Hause; aber unsere Kameraden auf Shannon blieben noch immer aus. Jetzt sind wir daheim alle stark von den Vorbereitungen für das Fest in Anspruch genommen, wir sind mit großem Eifer dabei, die Messe zu schmücken und den Tisch zu decken. Als wir nachzählen, zeigt es sich, daß in diesem Jahr nicht mehr daheim sind, als an einem Tisch Platz haben. Wir sind jetzt hier nur 18 Mann; 5 sind auf Shannon, 2 in Pustervig — und dann die 3 dort oben irgendwo — —

Um 4 Uhr fanden wir uns zum Mittag in der Messe ein. Hier ist es sehr festlich: Zwei kleine, ganz mit Lichtern besetzte Anker sind über den beiden Enden des Tisches aufgehängt; ein paar Miniaturweihnachtsbäume stehen auf dem Klavier, und ringsherum hängen längs der Wände in Stahldrähten dreieckige, hölzerne „Kronleuchter" mit Massen von Lichtern. Die Wände sind kreuz und quer mit dänischen, norwegischen und isländischen Flaggen behangen, sowie mit einer Menge verschiedener Signallappen, die durch die Ungunst der Zeiten in die merkwürdigsten Verbindungen untereinander gekommen sind und in eine heftige Diskussion über die Verhältnisse an Bord geraten zu sein scheinen. Einige von ihnen verlangen sofort Lotsen; andere erklären, daß alles wohl an Bord sei, während wiederum andere, die hinter der Nähmaschine hängen und nicht recht zur Geltung kommen, eindringlich verkünden, daß wir in Seenot sind.

Zwischen allem diesen prangt der Tisch mit seinem Gemisch von Steingut- und Blechtellern, blechernen Bechern (den sogenannten „Panzertassen"), Weinflaschen und Gläsern. Und dort — mitten in dem Ganzen fällt der Blick plötzlich auf die Jensensche Überraschung!

Auf dem unschuldsweißen Tischtuch steht das Ergebnis des Denkens und Arbeitens vieler durchwachten Nächte; es ist eine Evagestalt in ungefähr $^1/_{10}$ natürlicher Größe, in Knochen ausgeschnitzt. Nach dem Zeugnis eines alten Schriftstellers soll ja die ursprüngliche Eva aus einer Portion Rippen, die ein Mannsbild übrig hatte, gebildet worden sein. Möglicherweise hat der Schriftsteller jedoch dies bloß die männliche Person in dem Stücke dem Weibe einbilden lassen, um sich bei ihm einzuschmeicheln; dies führte ja schnell zu einem intimen und weitgetriebenen Flirt.

Nicht so bei Jensen; er ist hier, wie immer, Original! Es kann eine zufällige Wahl sein, aber es kann auch Sinn für feine, boshafte Symbolik ihm den Stoff zur Darstellung dieser Frauengestalt in die

Hände gelegt haben. — Er hatte einen Stoßzahn eines Walrosses verwendet!

In diesem engen Rahmen war die Phantasie des Schöpfers ja etwas in der Klemme gewesen; aber es war ihm gelungen, sein Opfer jung darzustellen — ehrbar flach. Der Künstler muß jedoch an die Periode nach der Vertreibung aus dem Garten gedacht haben, was er diskret dadurch angedeutet hatte, daß er ihr ein Feigenblatt von so riesigen Dimensionen um den Hals gehängt hatte, daß es sie von vorne fast ganz verhüllte. Oben auf diesem Feigenblatt stand mit fetten Typen: Bill of fare!*) Und dann folgte der ganze Speisezettel, der erst bei den Zehen der Figur aufhörte.

Zusammengehalten mit dem Bild der „Sakuntala" wird die Erinnerung an diese Frauengestalt eine angenehmes Gleichgewicht in meinem Gemüt hervorbringen.

— —

Dann setzen wir uns zu Tisch. Es ist prächtig angerichtet, aber die Stimmung fehlt; wir denken die ganze Zeit über an die Kameraden, die nicht hier sind, vor allem an die drei, deren Schicksal immer gewisser für uns wird. Wir denken auch an die Lieben daheim. Die Sprache wird langsamer und feierlicher, je mehr jeder sich in seine Betrachtungen verliert.

Aber dann fängt der Wein an, seine Wirkung zu tun. Wir sind ja jetzt so wenig an dergleichen gewöhnt, und ein paar Glas genügen, um uns in Laune zu bringen. Helle Bilder und Hoffnungen lösen die düstere Stimmung ab. Nach und nach tauen wir auf und plaudern über alles mögliche. Nur bei den Reden — einer für die Kameraden und einer für die, die uns daheim erwarten — ziehen einige dunkle Schatten über die Gesichter.

Als ich ein paar Stunden später in meiner Kammer saß, meine Geschenke auspackte und die Briefe las, die anderthalb Jahre für mich an Bord aufbewahrt waren, da waren die meisten Kameraden zu demselben Zwecke wie ich aus der Messe verschwunden. — Dies war der feierliche Augenblick des Abends und für die meisten von uns die letzte Verbindung mit der Heimat. Ob wir sie je wieder sehen sollten? ...

— —

Schließlich kamen wir wohlbehalten über die großen weihnachtlichen Gelage hinweg. Wir sind jetzt schon im Januar, und unsere

*) Speisezettel.

Spannung wächst von Tag zu Tag, wir warten auf die Rückkehr der Shannonabteilung. Inzwischen fehlt es uns nicht an Gesprächsstoff, und seit Peter Hansen und Hagerup kürzlich von einem Besuche bei Freuchen in Pustervig heimgekehrt sind, ist ein neues Thema hinzugekommen, das uns sehr stark beschäftigt: Es sind Wölfe zum Schiff gekommen!

Als die beiden am Morgen die Station Pustervig verlassen hatten, sahen sie einige sonderbare weiße Gestalten um die Schlitten herumhuschen und vorn in der dicken Luft verschwinden. Erst glaubten sie, es seien Bären, aber das erschreckte Benehmen der Hunde brachte sie bald auf andere Gedanken, und rasch wurde ihnen der Zusammenhang klar. Als sie etwas weiter gefahren waren, entdeckten sie, daß es Wölfe waren, die sie verfolgten. Die Hunde wurden nun losgelassen und stürzten in der Finsternis hinter den Wölfen her, aber bald kamen sie entsetzt zurück; ein paar von ihnen blieben jedoch weg, und ihr jämmerliches Geheul zeigte, daß sie in Gefahr waren. Peter lief dem Laut nach und kam noch früh genug, um die Hunde, die auf dem Schnee unter den Wölfen lagen, zu retten. Von dem Augenblick an hatte die Hunde eine Todesangst gepackt, sie drückten sich dicht an die Schlitten heran und waren nicht zum Angriff zu bewegen. Als sie beim Sturmkap im Zelt übernachteten, lagen die Hunde dicht an der Zeltwand und wagten sich nicht von ihr fort. Bei der Weiterfahrt am nächsten Morgen folgten ihnen die Wölfe — anscheinend waren es nur drei oder vier — und verschwanden erst unmittelbar vor der Ankunft der Schlitten beim Schiff.

Und jetzt haben wir sie also hier in der Umgegend, wo sie bloß auf eine Gelegenheit lauern, um über unsere Hunde herzufallen, wenn sie sich einzeln aus der unmittelbaren Nähe des Schiffes fortwagen. Am Tage können wir ihr langgezogenes, unheimliches Heulen draußen vom Hafen oder vom Lande her hören, aber nachts, wenn Ruhe über dem Schiff lagert, rücken sie häufig auf Streifzügen näher heran, und dann hören wir plötzlich, wie der ganze Hundehaufen entsetzt aufs Schiffsdeck flüchtet, wo sie heulend herumlaufen und ängstlich in der Finsternis nach dem fürchterlichen Feind hinausstieren. Und oben auf dem Dach des Hauses sitzen die Nacht hindurch „Lady“ und „Monkey“ und sind nahe daran, aus ihrer guten Haut herauszufahren, vor Schreck über diese mystischen Wesen, die draußen herumschwärmen und sie ein paarmal schon beinahe ins Nackenfell gepackt hätten, als sie sich aus der sicheren Nähe des Hauses zu weit weggewagt hatten.

Kopf eines erlegten Polarwolfes.

Die Hausbewohner schaffen sich ab und zu durch einen nächtlichen Ausfall mit der Büchsflinte Luft, gewöhnlich im bloßen Hemd gerade aus dem Bett herausstürzend, mit ein paar Binsenschuhen an den Füßen; aber es gelingt ihnen nie, die Ungetüme vor die Büchse zu bekommen, sie sehen sie nur wie Schatten im Mondschein verschwinden. — —

Da die Hunde sich aus Angst vor den Wölfen nicht weit vom Schiffe weg wagten, konnten wir in hinlänglichem Abstande Wolfseisen aufstellen, und auf diese Weise gelang es uns im Laufe der beiden

Ein Polarwolf im Fangeisen.

nächsten Monate, zwei von den drei Wölfen zu fangen, und dann ereilte Tobias' Kugel den dritten, als er eines Nachts in der Nähe des Schiffes herumlungerte. Aber vorher waren nicht weniger als vier von unseren Hunden unter ihren Zähnen verendet.

Einer dieser Wölfe wurde in der Messe aufgehängt, wo ich ihn zeichnete und photographierte. Es ist doch ein herrliches Tier! Ich war schließlich ganz verliebt in seinen prächtigen Kopf — welche Kraft und Brutalität! Es ist die vollkommenste „Raubtierfratze", die ich je gesehen habe. Dieses verflixte Grinsen und diese Räuberphysiognomie habe ich nie bei einem anderen Raubtier auch nur annähernd so ausgeprägt vorgefunden. Der Bär hat nichts davon — er hat in seinem Ausdruck und seiner Art, sich zu bewegen, etwas völlig

Hanswurstartiges; wie ein dummer August im Zirkus benimmt er sich unter den angreifenden Hunden. Der Wolf dagegen sieht wie ein richtiger Straßenräuber aus, wie ein großer Bösewicht, aber einer mit

Gundahl und Manniche bei dem gefangenen Polarwolf.

Lebensart, der seinem Opfer einen teuflischen Witz ins Ohr flüstert, ehe er ihm die Zähne in die Kehle schlägt. — —

Jetzt wird sein Fell daheim die Sammlung eines Museums schmücken als das neunte oder zehnte Exemplar, das überhaupt je von diesem seltenen, prächtigen Wild heimgebracht ist.

Nach etwa zweimonatlicher Abwesenheit kam die Shannonabteilung am Abend des 23. Januar endlich zurück.

Wir saßen in der Messe und spielten wie gewöhnlich Karten. Es war ganz still dort — als wir plötzlich, ohne vorher etwas von Schlitten oder Hunden draußen gehört zu haben, Hendrik zur Tür hinein treten sahen. Alle sprangen auf. — „Guten Abend, Hendrik!" Großer Jubel! Aber Hendrik stand so wunderlich steif auf den Beinen; er streckte die Faust nach rechts und links und grinste wie gewöhnlich über das ganze Gesicht; aber plötzlich taumelte er, ließ sich auf einen Stuhl fallen, hob die Füße in die Höhe und packte sie mit beiden Händen:

„Ajorpók!"

Im selben Augenblick kam Gustav Thostrup zur Tür herein, er ließ sich keine Zeit, Guten Abend zu sagen, sondern eilte zu Hendrik und machte sich daran, an dessen Stiefeln zu zerren, um sie auszuziehen.

„Was ist denn los — Frost?" — „Ja", sagte Thostrup — „sputet euch, gebt mir ein Messer, damit ich das Zeug abschneide!"

Während er die Stiefel aufschnitt, erzählte er, daß sie zwischen dem Kap Helgoland und der Bootsschäre viel im Wasser gewesen wären und daß sie alle an den Füßen litten, Hendrik aber am meisten.

Während Lindhard sich nun Hendriks annahm, liefen wir nach draußen, wo wir die anderen Teilnehmer an der Reise vorfanden; es ging ihnen gut, aber müde und schlapp waren sie. Sie erzählten, daß sie zur Heimreise 23 Tage gebraucht und entsetzliche Schlittenbahn mit tiefem Schnee, sowie fast andauernd Unwetter gehabt hätten. Bei Haystak mußten sie sieben Tage hintereinander im Zelt liegen. Vom Teufelskap bis zum Schiff hatten sie vier Tage gebraucht. (Es sind 11—12 Meilen, und wir haben oft die Strecke an einem Tage zurückgelegt.) In diesen letzten vier Tagen hatten sie keinen Menschenproviant mehr gehabt und von Hundekakes gelebt.

Na, wir waren froh, sie gesund und frisch zu sehen. Hendriks Frost in den Füßen war, wie sich herausstellte, mehr schmerzhaft als wirklich gefährlich; nur ein paar Zehen wiesen Blasen auf, sie konnten bald wieder besser werden.

Gustav Thostrup hatte unterwegs starken Frost in einem Fuß gehabt, der ihn zehn Tage an den Schlafsack gefesselt und die Heimreise bedeutend verzögert hatte.

Dann stellten wir endlich die Frage, die uns die ganze Zeit über auf den Lippen gebrannt hatte: „Unsere Post?"

„Es war keine da für uns, und unsere war nicht geholt!"

Weinschenck, der mit einem Begleiter das Depot auf Shannon aufgesucht hatte, wohin der Weg also in diesem Jahr fahrbar gewesen war, hatte dort eine Blechdose gefunden, in der drei Visitenkarten lagen. Es zeigte sich, daß ein norwegisches Fangfahrzeug, geführt

Hendrik beim Eingemachten.

von Kapitän Gjäver, beim Shannondepot gewesen war und zwei deutsche Sportsleute als Passagiere an Bord gehabt hatte. Sie hatten keinerlei Post für uns mit, hatten offenbar keinen Auftrag für uns.

Auf der einen Visitenkarte stand das eine Wort geschrieben: Waidmannsheil!

Unser Name war nicht genannt, die Expedition war nicht erwähnt oder mit einem Gruß, einem Brief oder einer alten Zeitung bedacht!

Waren wir denn ganz von allen vergessen!

Nun hatten wir uns zum zweitenmal durch Finsternis und Kälte längs dieser fast unpassierbaren Küste hinabgekämpft, um Verbindung mit der Heimat zu erhalten. Unsere tüchtigsten Schlittenleute hatten Mühen und Gefahren getrotzt, um zum Ziel zu gelangen. Und jetzt! Ein paar Sportsleute waren mit einem jener norwegischen Fahrzeuge dort gewesen, die alljährlich im Sommer durch das offene Fahrwasser zur Insel kommen — aber niemand hatte an uns gedacht.

Waidmannsheil! — Das war das Ganze. — —

Thostrup und Weinschenck hatten den Zustand des Depots sorgfältig untersucht; einzelne der Proviantkisten hatten sie geöffnet und wieder zugelötet, nachdem sie festgestellt hatten, daß der Inhalt unverdorben war. Die Hunde hatten sie während des ganzen Aufenthalts dort unten mit Hundekakes aus dem Depot gefüttert, gleichwie sie selbst den dortigen Proviant benutzt hatten. Sie hatten eine genaue Aufzählung des Inhalts des Depots mitgebracht, für den Fall, daß wir gezwungen sein sollten, während einer unfreiwilligen dritten Überwinterung davon Gebrauch zu machen.

Die heimkehrenden Hunde waren sehr mitgenommen, obwohl es ihnen eigentlich nie an Futter gefehlt hatte; aber die Sprattschen Hundekakes, mit denen man gefüttert hatte, waren auf die Dauer eine schlechte Nahrung für die Tiere, die in hohem Grade unter dem Mangel an Fleisch litten. Einzelne von ihnen waren auch auf der Heimreise gestürzt, u. a. „Pedersen", der eine Meile vom Schiffe zurückgelassen werden mußte, wo er offenbar sofort von den Wölfen gefressen worden ist; denn als wir ihn am nächsten Tage dort draußen suchten, fanden wir keine Spur von ihm. Na — so blieb es uns selbst erspart, ihn zu töten.

— —

Denn jetzt mußte Kochs Plan, die überflüssigen Hunde zu töten, sofort durchgeführt werden, wenn die Hilfsexpedition überhaupt möglich gemacht werden sollte. Und bereits am nächsten Tage wurde dieser unangenehme Akt draußen vor dem Bug vollzogen. Etwa zwanzig Hunde wurden unter dem Stampfstock aufgehängt. Die Grönländer heißten sie in die Höhe, während Koch und ich daneben standen, er mit einem Revolver und ich mit einer Büchsflinte, und den Tieren Kugeln durch den Kopf sandten, um die Qual abzukürzen. — Es war die unangenehmste Arbeit, die uns während der ganzen Expedition zufiel, aber sie mußte getan werden.

Die Hundeleichen wurden aufs Deck gelegt. Knud mußte von

jetzt ab jeden Tag einen von diesen seinen guten Kameraden hervorholen, um ihn als Futter für die anderen in Stücke zu zerhauen. — —

Januar und Februar glitten langsam hin, ohne daß sich etwas Interessantes ereignete. Ein mächtiger Schneesturm nach dem anderen trat ein und hielt uns meistens in unseren Schiffsräumen eingesperrt. Nur bisweilen wurden Reisen nach der meteorologischen Station vorgenommen, wo Freuchen noch immer trotz Langeweile, Kälte und

Meteorologische Station in „Pustervig".

(Sonne mit Ring und Nebensonne.)

Läusen die Stellung behauptete. Seine einzige Abwechslung bestand darin, daß er seine Gesellschaft wechselte, was gewöhnlich ein paarmal im Monat geschah. Selbst diese kleinen Reisen waren zu dieser Jahreszeit mitunter schwer genug durchzuführen; teils war die Schlittenbahn ganz unmöglich — mit der des vorigen Jahres gar nicht zu vergleichen —, teils mußten die Hunde im Hinblick auf die bevorstehende Nordreise so viel wie möglich geschont werden.

Dann kam der 1. März. Eine seit langer Zeit geplante Reise begann an diesem Tage, nämlich Wegeners Fahrt über die Walroßspitze und den Großen See zum Inlandeis. Ihr Zweck war, soweit wie möglich, in das Inlandeis hinein vorzudringen — wenn möglich bis zum großen Nunaták — und auf der Rückreise über den Rand des Inlandeises zum Ende des Mörkefjords hinunterzugehen und durch diesen und an der Meteorologischen Station vorbei zum Schiff zurückzukehren. An der Reise, die mit Ziehschlitten ausgeführt wurde, nahmen Wegener, Bertelsen, Lindhard und Weinschenck teil. Der Abschied der vier von Koch war feierlich, aber so kurz wie möglich. Koch sollte ja schon in 14 Tagen auf seine gewagte Fahrt hinausgehen, und die Abteilung Wegener würde kaum vor einem Monat zurückkehren. Aber es blieb hier, wie gewöhnlich bei solchen Gelegenheiten, bei einem Händedruck und einem kurzen Lebewohl. Dann zogen die vier Männer fort. —

Die Sonne war jetzt wieder gekommen; sie sandte zur Mittagszeit ihr herrliches, goldiges Licht über den Schnee und die Klippen und weckte uns aufs neue aus unserem Winterschlaf. Aber mit der Rückkehr des Lebens da draußen ging es nur langsam. Vergebens lagen wir eine Woche nach der anderen an der Küste und auf der kleinen Insel „Maroussia" auf der Lauer nach Bären — kein lebendes Wesen zeigte sich im Bereich unserer Büchsen. Sehr lange konnten wir auf diese Weise unsere Hunde hier nicht am Leben erhalten. Koch mußte sobald wie möglich reisen, wenn er noch soviel Futter für die Hunde übrig behalten wollte, um damit bis in Gegenden vorstoßen zu können, wo Jagd zu erwarten war, die dann weiteres Vordringen möglich machte.

Nachdem er und Tobias die zwanzig besten Hunde aus den zurückgebliebenen siebenundzwanzig ausgewählt und sie zuguterletzt noch kräftig gefüttert hatten, nachdem alle ihre Instrumente und Sachen für die Reise in Ordnung gebracht, ihre Kleider nachgesehen und ausgebessert und die Schlitten instandgesetzt und solide zusammengebunden waren, waren die beiden Männer am 9. März zur Fahrt nach Norden fertig. Koch hatte, da er einen feierlichen Abschied fürchtete, uns nur darauf vorbereitet, daß er am Morgen des 10. ein Depot einige Meilen nördlich vom Schiffe auslegen und dann zusammen mit Tobias wieder zurückkehren wollte, um erst einige Tage später endgültig abzureisen. Es waren daher nur ein paar Mann auf, als sie am 10. morgens um 6 Uhr die Reise antraten. Das ernste Gesicht Hendriks, als er Tobias Lebewohl sagte, bestärkte jedoch meine Vermutung, daß es schon heute voller Ernst war. Unwillkürlich legten wir wenigen, die von den beiden Abschied nahmen, etwas mehr in unseren letzten

Händedruck, als wir getan haben würden, wenn wir sie schon bald wieder zurückerwartet hätten. — Dann knallten ihre Peitschen, die Schlitten schwenkten um den Steven, und weg glitten sie, hinaus, dem Ungewissen entgegen! — —

Als die Schlitten drüben auf der Überfahrt verschwanden, sah ich eine kleine Gestalt vom Schiffe aus in ihrer Spur folgen. Es war Hendrik. Er lief, so lange er konnte, hinter den Schlitten her und warf sich dann hinter einem Eisblock nieder. Von dort sah er weiter hinter den Fortziehenden her. Solange er Tobias über die Landzunge hinweg erblicken konnte, blieb er liegen und starrte über den Rand des Eisblocks hinaus; — erst als der letzte Schimmer von den Schlitten hinter dem Kamm verschwand, erhob er sich und ging ganz langsam zum Schiff zurück.

Der letzte seiner Landsleute hatte ihn jetzt verlassen. Brönlund war längst fort — und jetzt heute auch er, der Freund Tobias....

Jetzt war er ganz allein.

Es sind gut 14 Tage vergangen, seitdem sie abfuhren, aber wir kommen nicht darüber hinweg. Denn wir zweifeln nicht nur, daß sie uns Nachrichten von den Vermißten bringen werden; die meisten von uns erwarten wohl kaum, die beiden Männer wiederzusehen, die jetzt das Leben daran setzen, uns diese Nachrichten zu schaffen. Die Wahrscheinlichkeit ist groß, daß wir ohne die beiden von dannen fahren, — und wir suchen uns an den Gedanken zu gewöhnen, daß wir die Expedition ohne sie fortsetzen.

Dann saß ich eines Tages, es war der 26. März, ganz allein in meiner Kammer. Es war so still ringsherum, jeder war mit seiner Arbeit beschäftigt, in der Messe und in den Kammern. Auch draußen vor dem Schiffe war alles still; von den sechs oder sieben Hunden, die wir noch zurückbehalten hatten, hörte man ja nie etwas mehr; alles war wie ausgestorben. . .

Da hörte ich plötzlich von draußen her einen Ruf und den Laut rascher Schritte, die vor meinem Ochsenauge über den Schnee hineilten. Ich erhob mich schnell und sah hinaus — und ich sah zwei Schlitten schnell über die Landzunge zum Hafen herunterfahren. — Ich starrte und starrte; — was war doch das? Waren es Koch und Tobias, die jetzt zurückkehrten, oder ...? Ich konnte keinen Gedanken zu Ende denken, mir wurde schwindelig. Ich stürzte aus meiner Kammer. Die Messe war leer, alle waren draußen und liefen den Schlitten entgegen. Jetzt sah ich es: es waren zwei Schlitten mit **nur einem Manne** auf jedem! Es waren also Koch und Tobias. Ich erkannte auch ihre Hunde. Und jetzt erreichte der erste Mann Tobias' Schlitten, dann fuhr der Kochs an ihm vorüber ... Er wechselte bei der Vorbeifahrt ein paar Worte mit ihnen — dann sah ich, wie er ganz still stand und steif vor sich hin hinter den Schlitten her starrte. Als Tobias und Koch die ihnen Entgegengelaufenen einen nach dem anderen passierten, sah ich sie gleichsam zusammensinken; sie kehrten still um und gingen wie fassungslos zum Schiff zurück. —

Kap Bergendahl auf Lamberts-Land, wo Brönlunds Leiche gefunden wurde.

Dann erreichten die beiden Schlitten auch mich. Ich grüßte nur mit der Hand, wagte nicht zu fragen — und da fuhren sie vorbei.

Kurz darauf traf ich Gustav Thostrup. Er war der erste an den Schlitten gewesen. Ich stand still und sah ihn an, als er kam, und das, was ich auf seinem Gesicht sah, machte alle Worte überflüssig. — Ich wußte das Ganze, bevor er es gesagt hatte. Dann kam es ganz ruhig von seinen Lippen:

„**Sie sind alle drei tot!**"

Und kurz darauf:

„Sie haben Jörgens Leiche auf Lamberts-Land gefunden."

— —

Es kam wie ein Schlag für uns alle. Keiner hatte erwartet, daß wir so schnell Nachrichten erhielten. Solange die Ungewißheit noch in uns bestand, war auch noch ein Schimmer von Hoffnung, selbst wenn wir auch schon längst versucht hatten, uns mit dem Gedanken vertraut zu machen, daß sie tot waren. Als jetzt die Gewißheit kam, übermannte sie uns. —

Einen Augenblick darauf standen wir alle an der Schiffsseite um Koch herum versammelt. Er hatte auf der Heimreise einen ganz kurzen, vorläufigen Bericht über das Ergebnis der Reise verfaßt, den er uns jetzt laut vorlas. Er lautete so:

„Die nordwärtsgehende Schlittenabteilung. März 1908.

Danmarkshafen, den 26. 3. 1908.

An die Danmark-Expedition!

(Vorläufiger Bericht.)

Die Schlittenabteilung gelangte am 19. ds. zur Mittagszeit zum Depot auf Lamberts-Land und fand dort in einer kleinen Felsenhöhle in der Nähe des Depots Brönlund erfroren. In seinem privaten Tagebuch findet sich ein auf Dänisch abgefaßter Bericht, der so lautet:

„Umkamen auf 79-Fjord nach Versuch Heimreise über das Inlandeis im November. Ich komme hierher bei abnehmendem Mondschein und konnte vor Frost in den Füßen und wegen der Finsternis nicht weiter.

Die Leichen der anderen befinden sich mitten im Fjord vor Gletscher (ung. $2^1/_2$ Meile). Hagen starb 15. November und Mylius ungefähr zehn Tage darauf.

Jörgen Brönlund."

Es wurden ferner einige von Hagen ausgearbeitete Kartenskizzen gefunden, aus denen hervorgeht, daß Mylius-Erichsens Schlittenabteilung fast bis Kap Glacier vorgedrungen ist, einen neuen, recht bedeutenden Fjord — auf der Skizze „Hagens Fjord" benannt — entdeckt hat, sowie darauf zum Danmarksfjord zurückgekehrt ist, wo man übersommert hat. —

Gabrielsen und ich zogen sofort nach dem traurigen Fund südwärts, Brönlunds privates Tagebuch sowie die Kartenskizzen mitnehmend; eine nähere Motivierung meiner Handlungsweise wird folgen.

Sämtliche Depots können jetzt, praktisch gesprochen, als aufgehoben betrachtet werden.

J. P. Koch."

Als wir dies gehört hatten, trennten wir uns. Jeder ging zu dem Seinen, still und ohne mit den anderen zu sprechen.

Erst später am Abend versammelten wir uns in der Messe, wo wir in kleinen Gruppen über das, was geschehen war, sprachen — sachte und mit gedämpften Stimmen.

Bereits nach ganz wenigen Tagen lag der ausführliche Bericht Kochs über die Reise vor. Er ist für die Hin- und Rückreise so kurz gefaßt wie möglich gehalten, indem Koch das ganze Gewicht auf die Darstellung der Umstände, unter denen er Jörgen Brönlund fand, und der Verhältnisse, die ihn zur sofortigen Rückkehr bestimmten, gelegt hat. Ich zitiere hier den Bericht für den Tag, an dem Koch dem Schicksal unserer drei Kameraden Aug' in Auge gegenüberstand.

Aus Kochs Bericht.

„19. März. Abfahrt $8^1/_2$ Uhr vorm.

Das Wetter klärte sich auf, so daß wir sehen konnten, wo wir waren. Kurz darauf trat wieder Nebel und Gegenwind mit ziemlich starkem Schneetreiben ein. Es gelang uns mit Mühe und Not, zum Depot auf Lamberts-Land zu kommen.

Die alte Depotstelle selbst war mit Schnee bedeckt; aber Gabrielsen wußte bestimmt, daß das neue Depot an einer anderen Stelle gewesen war, und hier fanden sich nur drei Pakete Planfilms und eine Blechschachtel mit Patronen; die Schlittenkiste, der Petroleumsbehälter und die Kleider waren weg.

Beim Suchen nach den vermißten Sachen fand Gabrielsen etwa 100 m vom Depot unter einem kleinen Felsabhang ein Stück Blech, das aus dem Schnee hervorragte. Es zeigte sich, daß es der Deckel einer Schlittenkiste war. Dort entdeckten wir den fast zugeschneiten Eingang zu einer Felsenhöhle, und als wir etwas von dem Schnee entfernt hatten, fiel soviel Licht hinein, daß wir die Umrisse einer menschlichen Gestalt im Renntierpelz erkennen konnten. — Wir holten sofort Spaten und machten uns daran, den Schnee wegzugraben und ein paar Blechkisten und einen Hundefutterbehälter zu entfernen.

Es war Brönlund. Er lag auf der Seite mit dem Rücken nach uns zu; die Haube des Pelzes war ganz übers Gesicht gezogen; aber wir erkannten ihn an der entblößten linken Hand, sowie am Renntierpelz. — Quer über ihm lag seine Büchsflinte, beide Läufe waren geladen; bei seinem Kopf stand ein Kochapparat (Lux); die Füße waren in Zeug eingewickelt und lagen zwischen zwei Schlittenkisten.

Als wir nach und nach den Schnee weggegraben hatten, sahen wir, daß über dem Eingang ein primitives Dach aus der Reservekufe und den Reservequerhölzern, die im Depot gewesen waren, gebaut war.

In der äußersten Schlittenkiste bei den Füßen befanden sich eine Flasche mit Papieren, Brönlunds Tagebuch und ungefähr die Hälfte des Proviants. Die Flasche kannte ich; es war dieselbe, die wir selbst auf der Frühjahrsreise im Jahre 1907 benutzt hatten, um Briefe hineinzustecken. Die von uns hinterlassenen Briefe fehlten; sie sind vermutlich zum Anzünden benutzt worden (es war kein Spiritus im Depot); die Papiere, die sich jetzt in der Flasche befanden, waren ausschließlich Kartenskizzen, die Hagen gezeichnet hatte.

Das Tagebuch war auf Grönländisch geführt; aber Gabrielsen konnte leider die Schrift nicht lesen. Eine einzelne Seite war jedoch auf Dänisch geführt; ich habe sie in dem vorläufigen Bericht zitiert.

Brönlund muß etwa fünf bis sechs Tage in der Höhle gewesen sein, bevor er starb. Die Schlittenkiste war kaum halb geleert; von den 8 l Petroleum war etwa $^1/_2$ l da; aus einer Blechkiste mit Streichhölzern waren etwa zehn Schachteln verbraucht worden. Brönlund hat also gute Zeit gehabt und offenbar Vorbereitungen für seinen Tod getroffen.

Sowohl die Flasche mit den Kartenskizzen, als auch das Tagebuch hatten oben auf in der Schlittenkiste gelegen; und in der einen Tasche des Tagebuchs lag ein loses, beschriebenes Blatt, auf dessen Rückseite das Wort „Testament" zu lesen war.

Es war klar, daß Brönlund diese Sachen so zurecht gelegt hatte, damit man sie leicht finden konnte, und es war daher nicht wahrscheinlich, daß man mehr finden würde, wenn man seine Kleider auftrennte, auch wenn dies möglich gewesen wäre.

Es wurde indessen kein Versuch dazu gemacht. Tief erschüttert, wie wir beide waren, war es uns mehr als peinlich, eine solche Arbeit anzugreifen, die wir überdies als unnütz ansehen mußten.

Da an der Stelle keine Steine losgebrochen werden konnten, bedeckten wir die Leiche mit Holz und Kisten und bedeckten dann alles mit Schnee.

Die Sprache, die Gabrielsen und ich miteinander sprachen, gestattete nicht viele Worte. Ich richtete einen kurzen Abschiedsgruß an Brönlund:

„Leb wohl, Brönlund! Kammeratsoak!"*) und darauf gingen wir zu den Schlitten zurück.

*) Du warst uns ein guter Kamerad.

Die Situation war folgende:

Als unsere Aufgabe war festgelegt worden:

a) Solche Aufklärungen über die verschwundene Schlittenabteilung zu schaffen, daß man die Nervosität, die der Ungewißheit folgen würde, abwehren und die Aussendung weiterer Hilfsexpeditionen überflüssig machen konnte.

b) Diese Aufklärungen auf dem sichersten Wege zur Kenntnis der Öffentlichkeit daheim zu bringen.

Der erste Teil der Aufgabe war jetzt gelöst; der zweite war noch zurück. Es fragte sich nur: Konnte ohne Risiko weiteres getan werden, um eingehendere Aufklärungen über unsere verunglückten Kameraden einzuholen oder die Resultate ihrer Arbeit zu retten? Das unbedingt wichtigste dieser Resultate hatten wir in Hagens sorgfältigen und detaillierten Kartenskizzen, und es war zu hoffen, daß Brönlunds Tagebuch die wesentlichsten Angaben darüber enthielt, wie der Sommer verlaufen war; aber eine große Enttäuschung war es gleichwohl, daß weder Mylius-Erichsens noch Hagens Tagebücher oder Journale sich bei Brönlund befanden. — Nach außen der Öffentlichkeit und namentlich den Hinterbliebenen der Verunglückten gegenüber würde es ferner von großer Bedeutung sein, wenn wir Mylius-Erichsens und Hagens Leichen finden konnten.

Das letztere war indessen hoffnungslos.

Ich habe bereits mehrmals die erstaunliche Menge Schnee erwähnt, die sich im Laufe des Winters aufgehäuft hatte. In meinem Tagebuch für den 12. März steht beim Kap Amélie: „Auf der bisher bereisten Strecke (vom Schiff bis Kap Amélie) ist vielleicht doppelt soviel Schnee wie im vorigen Jahr gewesen.“ — Die in dieser Beziehung recht ansehnliche Rosio-Insel war vollständig mit Schnee bedeckt und zeigte sich als eine schwache Kuppel auf dem Meereis, deren einziger dunkler Punkt die Warte auf dem Gipfel der Insel war. — Das wellenförmige Hochland auf dem großen westlichen Teil des Lambertsland war vom Schnee vollständig planiert, ja selbst die etwa 400 m hohen Abhänge nach Süden waren weißgekleidet, und nur an ein paar Stellen, wo der Fels überhing, ragte er aus dem Schnee heraus. — Östlich von Lambertsland, wo wir im vorigen Jahr im Anfang des April die letzten 2—3 km unmittelbar südlich vom Depot auf zum Teil reingefegtem Eise fuhren, lag jetzt eine dicke Schneeschicht. — An Stellen der Gletscherbucht, wo wir im vorigen Jahre von mächtigen Spalten und großen Eisschraubungen aufgehalten waren, waren wir diesmal ohne Schwierigkeiten über eine glatte, gewellte Schneefläche vorwärtsgekommen.

Wir haben wohl alle Gelegenheit gehabt, zu sehen, wie der treibende Schnee an den Stellen, wo er überhaupt liegen bleibt, und namentlich in den großen Meeresbuchten, sich um Gegenstände sammelt, die auf der Erde liegen, und sie allmählich zudeckt. Es kommt wohl vor, daß ein späterer Sturm den Schnee wieder fortweht; aber unglücklicherweise hatten wir in dem letzten Monat sehr bedeutenden Schneefall ohne Sturm gehabt, und die Oberfläche dieses Schnees war bereits so hart geworden, daß man nicht mehr erwarten konnte, daß ein Sturm etwas vom Schnee Verhülltes wieder aufdecken würde.

Selbst bei ziemlich sicherer Bezeichnung der Stelle, wo Mylius-Erichsens und Hagens Leichen zu suchen waren, mußte ich doch daran verzweifeln, sie zu finden; denn die Wellen in der Oberfläche des Schnees gestatten es kaum, daß man kleine Gegenstände in größerer Entfernung als ein paar Kilometer sieht, sehr oft nur in einer Entfernung von ein paar 100 m. Vollkommen hoffnungslos wurde es indessen für mich, als es mir klar wurde, daß ich Brönlunds Angabe nicht verstehen konnte.

Zur näheren Beleuchtung will ich folgendes bemerken:

„Der 79-Fjord“ war der vorläufige Name, den wir der großen, an der Mündung etwa 8 Meilen breiten Bucht nördlich vom Lambertsland gegeben hatten. Diese Bucht wird in ihrem inneren Teil von einem Gletscher ausgefüllt, der eben ins Meereis verläuft; es gibt dort keinen Gletscherrand, keine Eisberge oder „Kalbeis“, nichts, was andeuten kann, wo der Gletscher aufhört und das Meereis beginnt. Im November mag da möglicherweise ein schärferer Übergang sein; aber im Frühling, wenn der Schnee alles eben macht, kann man meilenweit reisen, ohne entscheiden zu können, ob man sich auf dem Meereis oder auf dem Gletscher befindet.

Ich mußte annehmen, daß die Leichen unserer Kameraden sich mitten im Fjord vor diesem Gletscher befanden. — Die Entfernung vom Depot bis zu einer Linie, für die der Ausdruck „mitten im Fjord vor Gletscher“ passen konnte, würde etwa 4—5 Meilen betragen. Mit den $2^1/_2$ Meilen konnte Brönlund die ungefähre Entfernung vom Depot angegeben haben; aber dies stimmte nicht mit dem Ausdruck: „mitten im Fjord vor Gletscher“ überein. Es konnte auch — und dies war vielleicht wahrscheinlicher — $2^1/_2$ Meilen vom Gletscher gemeint sein; aber diese Angabe nützte nichts, da ich nicht entscheiden konnte, wo innerhalb 2 Meilen die Grenze des Gletschers war.

Wie die Verhältnisse lagen, mußte ich mir selbst sagen, daß jedes Nachsuchen verlorene Mühe sein würde."

Noch am selben Nachmittag fuhren sie nach Süden und brachten nach forcierten Tagereisen am Nachmittag des 26. März, zwei Tage vor dem Jahrestag der Abreise des großen Schlittenzuges, die Kunde zum Schiffe.

— —

Es war sehr natürlich, daß wir alle ungeduldig waren, zu erfahren, wie die unglückliche Reise im einzelnen verlaufen war, und was unsere Kameraden in den Tod geführt hatte. Wir brauchten eine Bestätigung, daß wir nichts hätten tun können, um ihnen zu Hilfe zu kommen. Und dieser Trost wurde uns zuteil. In den ersten Tagen nach der Rückkehr Kochs und Tobias' machten wir einen Versuch, Brönlunds Tagebuch zu übersetzen. Es war eine schwierige und zeitraubende Arbeit, aber es gelang uns wenigstens soweit, daß wir alle uns ein vollständiges Bild von dem, was geschehen war, bilden konnten.

Ich vergesse nie die traurigen Tage, an denen wir uns Wort für Wort, Zeile für Zeile durch diese Schilderung der letzten Reise unserer Freunde, die sie schließlich in den Tod führte, hindurchtappten. Während ein fürchterlicher, mehrere Tage anhaltender Schneesturm draußen wütete, saßen wir Tag für Tag drüben im Hause und lasen langsam ihre Schicksale aus dem kleinen, geschwärzten und schmierigen Tagebuch heraus, das mit Unterbrechungen von dem Augenblick an geführt war, als sie an jenem Gründonnerstagmorgen froh und stark, voll von Hoffnungen, uns verließen, und bis zu den Tagen, an denen der letzte Überlebende von ihnen sich krank und sterbend bis zu dem Depot schleppte, das ihn jetzt nicht mehr retten konnte, und dort ihre Saga abschloß, das letzte Blatt ihrer Geschichte schrieb, kurz bevor der Bleistift aus seiner zitternden Hand fiel. — —

Unsere beiden Grönländer, Hendrik und Tobias, die uns erzählen sollten, was in dem Tagebuch stand, konnten Brönlunds feinere Sprache und recht verwickelten Stil nicht verstehen. Brönlund war ein belesener Mann, er war Katechet und stand auf einer weit höheren Bildungsstufe, als die beiden anderen, seine Sprache war ihnen gleichsam zu akademisch. Wir mußten es daher so machen, daß Bistrup und Lundager ihnen abwechselnd aus dem Buche vorlasen, bis sie den Sinn begriffen hatten, worauf sie mit Hilfe ihres höchstens hundert Vokabeln umfassenden dänischen Sprachschatzes uns die Sachen klarzumachen suchten.

Auf diese beschwerliche Weise brachten wir jedoch schließlich eine ziemlich vollständige Übertragung des Tagebuchs fertig, die nur in ganz unwesentlichen Punkten von der vollständigen und korrekten Übersetzung abwich, die der Lektor der grönländischen Sprache, Pastor Rasmussen, nach unserer Heimkehr nach Dänemark angefertigt hat.

Aus dem Tagebuch ging hervor, daß die Schlittenabteilung, nachdem sie die Reise nach Westen ausgeführt hatte, umgekehrt war und dann auf der Heimreise vergebens versucht hatte, die Mündung des Danmarksfjords zu passieren. Sie war gezwungen worden, nach Süden zu gehen und im Fjord zu übersommern, worauf sie im Herbst, nachdem sie bis an das innere Ende des Fjords gelangt waren, dort auf das Inlandeis hinaufgingen und über dieses zum Depot auf dem Kap Bergendahl zu gelangen suchten.

Und wir sahen, daß alle unsere Anstrengungen, ihnen längs der äußeren Küste Hilfe zu bringen, von vornherein aussichtslos gewesen waren. Es war ein Trost für uns mitten im Unglück, daß die Schuld für den Tod unserer armen Kameraden nie auf unsere Schultern gelegt werden konnte. — —

Am selben Abend, an dem die Übersetzung fertig war, sammelte Koch alle anwesenden Expeditionsteilnehmer in der Messe, wo er uns das Tagebuch vorlas.

Wir hörten folgendes:

Jörgen Brönlunds Tagebuch.*)

28. März 1907 begannen wir die Reise nach Norden. Es war an diesem Tage recht schönes Wetter. Wir kamen zum Festland beim Bootshafen. Das war eine Tour, die den Schweiß hervorbrechen ließ, da die Sonne mitten am Tage warm zu werden anfing. Ich kriegte Frost in der Backe.

29. März. Unsere Reise endete mit einsetzendem Wind und unsichtigem Wetter. Wir probierten die Schlittenskis.

30. März. Zum Kap Amalie. Da es zu wehen anfing, machten wir vor Abend Halt. Tobias erlegte zwei Schneehühner, ich eins.

31. März (Ostertag). Herrliches Wetter, ganz still. Wir kamen zu Hagens Observationsplatz. Nach Sonnenuntergang zeigte das Thermometer über 32° Kälte.

1. April (zweiter Ostertag). Zu den Sachen, die voraus gebracht waren. Bistrup kam 2 Stunden später.

---

*) Für die Wiedergabe ist die Übersetzung Pastor Rasmussens zu Grunde gelegt.

2. April. Wir kehrten zurück, um neue Fuhren zu holen, fünf im ganzen, Ring nahm das letzte. (Bemerk: wir kamen zu dem eigentlichen festen Polareis.)

3. April. Auf der Rückreise kamen wir zu dem Zeltplatz unserer Kameraden.

4. April. Unsere Kameraden, die auf der Rückreise zum Holen neuer Fuhren kamen, kreuzten wir nur und reisten weiter. Der Schnee war sehr hart. Wir fuhren ohne Aufenthalt an den Schlitten unserer Kameraden vorbei, weil wir an Land zu kommen suchen wollten. Da das Eis anfing, alles andere als eben zu werden, mußten wir Halt machen.

5. April. Mylius, Tobias und ich gingen aufs Festland hinauf, um uns von einem hohen Punkt aus umzusehen. Als wir aufs Land zogen, mußten wir den ganzen Weg gehen, es war nicht möglich, mit Schlitten vorwärts zu kommen. Unsere Reisekost wurde ganz zugeeist. Wir müssen weiter aufs Meer hinaus halten, da der Weg am Lande entlang sehr uneben ist. Meine Kameraden erlegten zwei Hasen, ich erlegte drei (dublierte).

6. April. Wir hielten mit unseren Schlitten ungefähr gerade aufs Meer hinaus, aber mußten den ganzen Tag gehen. Wir legten ungefähr 5 Meilen zurück. Das Eis war schlechter.

7. April. Ring traf ein. Wir fuhren in schlimmem Schraubeneis und mußten die ganze Zeit über gehen. Vor dem Eisblink ist es voll von Spalten. 2 Meilen fuhren wir (es ist noch sehr kalt). Uns fehlte Wasser.

8. April. Das Wetter ist recht schön. Arbeit mit Vorausfahren des Gepäcks und Wiederzurückkehren. Sechs Schlitten.

9. April. Kehrten gegen Abend zurück — suchten die anderen zu erreichen. Hundefutter (nicht vergessen), das Eis (nicht vergessen).

10. April. Wir gelangten an dem ekligen Eis vorbei und kamen hinein auf das Zeichen niedrigsten Wasserstandes. Unsere Kameraden — —

11. April. (Nachts fror es 34°.) Heute hielten wir Rast, um unsere Hunde ausruhen zu lassen. Tobias, Bertelsen und ich gingen aus; ich erlegte einen Hasen und drei Schneehühner. Wir sahen Moschusochsenexkremente, wie es schien, vom Sommer.

12. April. Nicht lange nach unserer Abfahrt stießen wir auf Bärenfährten, eine Mutter mit zwei Jungen. Wir wollten sie ungemein gern haben, weshalb Tobias und ich unsere Schlitten abluden, der Fährte nach fuhren und sie kriegten. Der alte Bär kroch in die Höhle eines großen Seehundes hinein, wir warteten ziemlich lange darauf, daß er herauskommen sollte, da er ja zum Vorschein kommen mußte — —

13. April.

14. April. Am Nachmittag reisten wir weiter. Heute (oder nach Mitternacht) kamen wir zu einem großen Vorgebirge, mit Eis bedeckt. Wir wären gern noch ein wenig weiter gekommen, stießen aber auf unangenehmes Schraubeneis und machten daher Halt. Das Eis, über das wir heute kamen, ist von ähnlicher Beschaffenheit, wie das, worüber wir vor einigen Tagen zogen, hart mit weichen Stellen, wo jedoch kein Wasser unter dem Schnee steht. Wider unser Erwarten geht die Küstenlinie weit nach Osten, während wir erwarteten, daß sie nach Westen drehen würde. Seit wir vom Schiff reisten, haben wir bis heute drei Breitengrade zurückgelegt (das ist eine Strecke wie von Jacobshavn bis Upernivik). Wir fuhren (heute) 32 km. Wir sind jetzt 19 Tage draußen gewesen.

16. April. Gegen Abend brachen wir auf, aber kamen, ärgerlich genug, fast gar nicht weiter (wir mußten nämlich auf Bistrup warten, der seinen Schlitten entzwei gefahren hatte). Wir erlegten einen Bären mit zwei Jungen. Als wir sie zerwirkt hatten und die Hunde sie gierig verzehrten, kam ein anderer von Norden zu uns, auch den kriegten wir. Die Sonne geht jetzt am Abend nicht mehr unter.

17. April. Die Mallemucken sind gekommen. Frostnebel. Fahrend in vielen Richtungen durch das Schraubeneis, wo häufig etwas an den Schlitten zerbrach, machten wir morgens 8 Uhr auf der Nordseite einer großen Landspitze Halt. Da das Eis, auf dem wir fuhren, in der Winterzeit nicht recht in Ruhe gewesen ist, war es voll von Schraubungen. Wir wollten gern aufs Land hinauf, wo wir einen Sediment- oder Sandsteinfelsen sahen, um diesen zu untersuchen; bevor wir dahin gelangten, machten wir indessen Halt, da zwei von unseren Kameraden ihre Schlitten entzwei gefahren hatten und es außerdem nicht schwierig war, zu Fuß dorthin zu gelangen.

18. April. Ehe wir aufbrachen, mußten wir die Schlitten wieder instandsetzen. Wir hatten wieder den eklen Frostnebel, und nachts kam ein abscheulicher Wind auf. Die Schlitten in der Winterzeit — —

19. April. Wieder schlechtes Wetter mit Schneeluft. Unsere Hunde fangen jetzt an, beständig die Schlittenzurringe zu fressen.

20. April. Heute hörte ich am Fuß eines Berges Sperlingsgezwitscher; auf einer Reise so hoch nach Norden sehnt man sich nach so etwas. Das Wetter war wieder schön geworden, recht strahlend. Das große Vorgebirge, bei dem wir waren, war sehr prachtvoll, mit Streifen von allerhand verschiedenen Schichten; es ähnelt sehr der großen Insel nördlich vom Kap York, wo wir überwinterten. Mylius und ich suchten mit Schlitten rund um das herumzukommen, was wir für ein großes Vor-

gebirge ansahen, aber da wir in dem starken Schraubeneis nicht vorwärts kommen konnten, versuchten wir es zu Fuß. Wir gingen wohl beinahe drei Meilen, ohne die andere Seite des Berges in Sicht zu bekommen, und kehrten dann um, müde und mißmutig wegen des langen Weges, den wir vor uns hatten. Als wir zurückkamen, zogen Tobias und Thostrup in einen Fjord hinein, den wir für einen Sund ansahen, um diesen zu untersuchen.

21. April. Tobias und sein Begleiter kehrten am Morgen zurück, ohne den Weg in den Fjord hinein gefunden zu haben. Gegen Abend wollten wir vorläufig nur die Hälfte unseres Gepäcks weiter führen. Wir wollten probieren, auf die See hinaus zu gehen, da längs des Landes das schlimmste Schraubeneis war. Gerade als wir fort wollten (meine Kameraden hatten vorgespannt), sahen wir einen Bären und erlegten ihn. Er verwundete zwei von meinen Hunden ernstlich und zwei andere weniger schlimm. Zu Fuß gelangten wir nach der Stelle, zu der wir wollten, und luden die Schlitten ab, dann wendeten wir und kehrten früh morgens zurück.

22. April. Wir kamen dorthin, wohin wir gestern voraus gefrachtet hatten, und gingen dort an Land.

23. April. Wir fuhren weiter, uns beinahe die ganze Zeit über auf dem Eisfuß haltend. Nachdem wir um das herumgekommen waren, was wir für ein Vorgebirge ansahen, trafen wir auf einige sehr alte Zeltplätze und fanden dort verschiedene Gegenstände, Walroßschädel und Walroßknochen, auch Knochen eines Rörwals wurden gefunden.

24. April gegen Abend. Die alte Geschichte: gerade als wir mit dem Festzurren des Gepäcks auf den Schlitten fertig waren und fort wollten, kriegten wir einen großen Bären. Da wir unsere Zelte abgebrochen hatten und nicht am Abend dort bleiben wollten, nahm ich den Bären auf meinen Schlitten, das schwerste von meinem Gepäck verteilten meine Kameraden unter sich, mit Ausnahme meines Schlafsacks und meiner Reservekleider. Das war keine leichte Fuhre, zumal da meine Hunde sehr erschöpft waren und mein Baas, der größte meiner Hunde, so vom Bären gebissen war, daß er nicht zu brauchen war.

Das Eis war sehr leicht zu befahren, ganz eben, und meistens bei den Schlittenstützen laufend legten wir 6 Meilen zurück. Allmählich zu der großen Landspitze gekommen, deren nördliche Seite wir am nächsten Tage sehen sollten, machten wir kurz vor Mittag Halt.

(25. April.)

26. April. Als wir gegessen hatten, gingen Mylius und ich früh am Morgen auf das Hochland hinauf, um das Land zu untersuchen, das

wir vor uns hatten. Als wir dort hinauf gekommen waren, sahen wir, daß die Küstenlinie mehr nach Westen drehte. Wir konnten nicht viel vom Lande in der Ferne sehen, wir sahen nur am äußersten Ende einen großen Gletscher. Das Eis in der Ferne konnten wir nicht recht sehen, weil unser Aussichtspunkt zu niedrig lag. Nachdem wir zurückgekehrt waren, machten wir noch ein kleines Schläfchen und reisten dann am Nachmittag. Wir trennten uns von Thostrup und Wegener, die jetzt zurückkehren sollten. Nachdem wir uns eine Strecke lang auf dem Eisfuß gehalten hatten, kamen wir zu gut fahrbarem Eis, auf das wir hinabfuhren, und machten dann am Morgen auf der nördlichen Seite des Gletschers Halt. Unterwegs fuhren wir am Rande einer großen Wake entlang, die zum Teil mit dünnem Eis bedeckt war.

27. April. Wir schliefen und zogen dann weiter, wieder durch das Zurren der Schlitten aufgehalten. Früh am Morgen gegen 3 Uhr (28. April) fuhren wir auf dünnem Eis um die große gletscherbedeckte Landspitze herum und sahen das Land vor uns, lauter Gletscher. Das Eis war ausgezeichnet, und wir wollten ziemlich lange fahren, kriegten aber dann einen Bären (eine Bärin) und machten darauf kurz vor Mittag Halt.

29. April. Ob wir endlich unser Ziel, die große Bucht erreichen werden? Vor uns ist nichts anderes sichtbar als lauter Eisblink. Seit langer Zeit haben wir täglich darauf gewartet, daß wir uns nach Westen wenden können, aber andauernd geht es nur nach Norden. Allmählich haben wir angefangen, davon zu sprechen, daß Peary nur auf einigen Nunatakken gewesen sein wird, und diese für Küstenberge angesehen hat. Es muß sich jetzt bald zeigen, wie dies zusammenhängt. Am Anfang unserer Reise hatten wir ausgezeichnet fahrbares Eis, jetzt auf dem letzten Ende sind wir zu dem schlechtesten gekommen. Wir fahren an einem ziemlich niedrigen Gletscher entlang, und ohne eisfreies Land sehen zu können, schlagen wir Zelt auf. Um 7¾ Uhr erwachten wir. Wir sahen ein Stück Holz, das aus dem Meereis hervorragte.

30. April. Als wir von den scheinbaren Nunatakken aufbrachen, folgten wir ungefähr 2 Meilen weit der Kante des Gletschers, fuhren darauf auf das Eis herab, ekliges, altes Eis, auf dem wir uns in vielen Windungen vorwärts bewegen mußten, und mit nicht recht harter Schneeschicht, schwer zu befahren, so daß wir andauernd bei den Schlittenstützen gehen mußten. Wir bekamen eine Landspitze in Sicht, die wir für eisfreies Land ansahen, und hielten um die Ecke herum auf sie los. Dann bekamen wir Frostnebel und machten nachts (gegen Morgen) Halt.

1. Mai 1907 (81,42 nördlicher Breite). Wir erwachten bei sichtigem Wetter und brachen gegen Abend auf, um die große Landspitze zu runden. Wir fuhren auf glattem Eis am Strande entlang, hatten gute Bahn und kamen schnell herum. Als wir die andere Seite in Sicht bekamen, sehnten wir uns sehr danach, eisfreie Landstrecken zu sehen zu bekommen. Und wiederum war es lauter Gletscher, der sich ganz niedrig vor uns zeigte. Die Küstenlinie wendete sich von dort nach Westen. *)

3. Mai. Wenn man sich zum ersten Male auf einem Platze bewegt, dann ist es nicht leicht, sich zurecht zu finden. Davon zeugte unsere heutige Schlittenfahrt. Als wir aufbrachen, folgten wir zuerst der gletscherbedeckten Küstenlinie, kamen dann weiter aufs Meer hinaus, und obwohl es ganz sichtbar war, gingen wir wie im Nebel. Eine große Luftspiegelung brachte uns in Verwirrung, gleich wie wenn es Nebel gewesen wäre.

4. Mai. Sehr schönes Wetter. Unsere heutige Reise war wieder äußerst ermüdend. Das Eis war freilich nicht so schlecht, aber die Hunde fingen an, die Kräfte zu verlieren, sie hatten ja auch nicht die geringste Ruhe erhalten. Jetzt würde es gut tun, zu einem eisfreien Lande zu kommen, wo man Tiere als Futter für die Hunde finden könnte. Das Festland, das wir in nächster Nähe haben, ist eine einzige Gletschermasse. Heute zogen wir nach Südwesten, um einige Höhen zu erreichen, aber als wir entdeckten, daß sie mit Eisblink bedeckt waren, machten wir Halt. Um ein niedriges Land vor uns, das wir für eine Landspitze ansahen, wollten wir am nächsten Tage wieder herumzukommen suchen. Die Landstrecken, die im Norden und Osten von uns sichtbar sind, halten wir für Melville-Land, und vielleicht können wir im Laufe von zwei Tagen dorthin gelangen; möchten dort nur Moschusochsen sein — für die Hunde. Das Eis, auf dem wir fahren, muß für sehr alt angesehen werden, es gleicht erstarrter Dünung.

5. Mai. Ein ziemlich flaches Land, das wir vor uns hatten, bereitete uns einige Besorgnis; da es natürlich mit Eis bedeckt war, wollten wir nördlich um dasselbe herum gehen. Der Schnee war sehr schwer zu befahren, wir mußten auf dem ganzen Wege bei den Stützen gehen; endlich gelangten wir zum Lande, bestiegen es und sahen jetzt deutlich die Landstrecken, die wir vor uns hatten; wie sehnten wir uns nicht danach, sie zu erreichen, da wir lange Zeit hindurch lauter

*) An diesem Tage trennte sich Mylius-Erichsens Abteilung zum erstenmal von der Kochs und zog nach Westen. Anm. des Verf.

Gletscher und Eis vor Augen gehabt hatten. Wir gingen außen um die Nordecke herum und schlugen das Zelt auf.

6. Mai. Am Nachmittag reisten wir weiter.

7. Mai. Ich brach am Vormittag auf, um mich auf einem Lande 19 km von der Insel, wo wir das Zelt aufgeschlagen hatten, umzusehen. Als ich dorthin kam, sah ich zuerst die Fährte eines Wolfes, der am Strande entlang nach Norden gegangen war. Nachdem ich ein wenig gegangen war, sah ich alte Exkremente von Moschusochsen und wurde ordentlich froh dadurch.

8. Mai. Wir kamen zu dem Lande, auf dem ich gestern war. Gegen Abend gingen Mylius und ich auf Hasenjagd, er kriegte zwei und ich einen, sowie zwei Schneehühner. Da es tüchtig wehte und stark schneite, mußte man die Augen zusammenkneifen. Schließlich kriegte ich starke Schmerzen in den Augen.

9. Mai. Schlechtes Wetter, Schneeluft und Wind vom Meere her. Da keine Rede von Jagd sein konnte, verhielten wir uns ganz ruhig. Unsere Hunde möchten außerordentlich gern etwas zu fressen haben, aber um zu sparen, fütterten wir sie nicht.

10. Mai. Wieder Wind von der See her und starke Schneeluft. Hagen und ich gingen auf Hasenjagd, aber vergebens, da es nicht möglich war, sich umzusehen. Mein Kamerad kriegte ein Schneehuhn (ein anderes, das er schoß, fraß ein Hund). Heute erschossen wir zwei Hunde, einen von Mylius und einen von meinen, um der Freßlust der anderen abzuhelfen; sie fraßen die beiden gierig. Morgen folgen wir der Küste nach Süden und möchten sehr gern eine Gegend mit Hasen und Moschusochsen treffen. Unser Hundefutter reicht nur für 8 Tage aus, und mit unserem eigenen Proviant müssen wir auch zu sparen anfangen. In der Nacht haben die Hunde die Schlitten übel zugerichtet und Zugriemen und Hagens Komagen gefressen.

(11. Mai).

12. Mai. Am Vormittag ging ich auf Hasenjagd. Als ich anfing, einen Berg zu besteigen, traf ich auf Hasenspuren und zweifelte nicht länger an einer glücklichen Jagd; da sah ich nur wenige Tage alte Spuren von Moschusochsen, und infolgedessen dachte ich nicht mehr an die Hasen. Ich sah mich jetzt sehr genau um und wurde nun einige schwarze Steine gewahr, die etwas sonderbar aussahen; bei näherem Nachsehen zeigte es sich auch richtig, daß es Moschusochsen waren. Einen meiner Hunde, der hinter mir her gelaufen war, nahm ich jetzt an die Schnur und näherte mich ihnen. Da ich mich nicht vor ihnen verstecken konnte, ging ich gerade auf sie los, sie wurden indessen bange

und fingen an zu laufen; da ließ ich den Hund vorgehen — — — Als ich spät am Abend zurückkehrte, wurden meine Kameraden freudig überrascht. Nachdem wir gegessen hatten, machten sie sich fertig und folgten mit ihren Hunden hinter sich meiner Spur.

13. Mai. Gegen Mittag kehrten sie zurück, nachdem sie die geschossenen Tiere zerwirkt und einen Teil des Fleisches, den die Hunde nicht fressen sollten, als Depot niedergelegt hatten. Nachdem ich das Fleisch gekocht und wir gegessen hatten, zog ich davon, um meine Hunde, die mir in der Nacht nicht gefolgt waren, zu füttern.

14. Mai. Meine Kameraden gingen in die Berge, ich ordnete die Kisten mit den wenigen Resten unseres Proviants und zerlegte den Moschusochsen, den ich geschossen hatte. Spät am Abend kamen sie zurück, jeder mit zwei Hasen. Nachdem ich ein wenig geschlafen hatte, holte ich die Hunde, die oben bei der Stelle waren, wo ich Moschusochsen getroffen hatte, und kehrte am Vormittag zurück (den 15.).

15. Mai. Am Abend brachen wir bei starkem Sturm auf; in unserer Heimat*) würde es Südost gewesen sein. Es wehte aus dem Fjord heraus, so daß wir Gegenwind hatten. Doch ging es rasch vorwärts, bis wir Schneebahn trafen, wo es stärker gestöbert hatte; da schlugen wir bei einer kleinen Insel das Zelt auf und verspeisten den letzten unbedeutenden Rest unseres Brotes. Jetzt mußten wir so gut wie ausschließlich von Fleisch leben. Wenn wir Fleisch gegessen hatten, pflegten wir einen einzigen Löffelvoll Blutpudding zu nehmen, um den Fleischgeschmack aus dem Mund zu bringen. Und wir beschlossen, nur noch drei Tage die Reise vorwärts fortzusetzen. Wir gingen nach Südwesten. Die großen Berge zu beiden Seiten machen einen angenehmen, heimatlichen Eindruck.

16. Mai. Wir brachen nicht auf, da der Wind mehr auffrischte und der Himmel bewölkt war.

17. Mai. Es wehte andauernd, aber war klarer geworden als gestern. Mitten am Tage stand ich auf, um die Hunde zu füttern und Schmelzeis zu holen.

Als ich damit fertig war, sah ich mich auf dem Festland bei uns um und bemerkte an einer Stelle einige Steine, die sich etwas eigentümlich ausnahmen und sehr nach Moschusochsen aussahen. Ich nahm das Fernglas hervor; und als ich sie genauer beobachtete, zeigte sich, daß es tatsächlich liegende Moschusochsen waren. Meine Kameraden wurden auf der Stelle wach und sprangen heraus.

---

*) An der Westküste Grönlands.

Dann machten wir uns auf den Weg zu den Ochsen, die ein wenig oberhalb des Strandes auf der Leeseite lagen. Wir gingen auf den Strand hinauf, ohne noch richtig klug aus ihnen geworden zu sein, da sie sich durchaus nicht rührten. Wir stiegen hinauf auf sie zu und kamen ganz dicht zu ihnen hin, da wir uns auf der Leeseite von ihnen hielten; unsere Hunde witterten sie und liefen auf sie zu; fast gleichzeitig mit den Hunden erreichten wir sie. Sie machten nicht die geringsten Anstalten, die Flucht zu ergreifen, sondern erhoben sich nur, einer nach dem anderen, und sammelten sich schnell an einer Stelle, die Stiere an der Spitze; äußerst gefährlich waren sie für die Hunde, die dicht an sie herankamen, da sie andauernd sie zu stoßen suchten. Da fingen wir an, aus geringer Entfernung auf sie zu feuern, immer aufpassend, daß wir nicht die Hunde trafen. In weniger als 5 Minuten hatten wir sie alle erlegt, 14 Moschusochsen. Zwei kleine Kälber unter ihnen hatten die Hunde in der kurzen Zeit kurz und klein gerissen und die Eingeweide verzehrt.

Wir waren sehr froh, daß wir jetzt ordentliches Futter für die Hunde erhalten hatten; und auch für uns selbst; und so meinten wir jetzt, bis zu unserem Ziel vordringen zu können. Während wir die geschossenen Tiere zerwirkten, begann ein Hund oben zu bellen, und als ich zu ihm hinauf ging, traf ich — — —

18. Mai. Es wehte andauernd. Vor uns in den Fjord hinein standen schwere Wolken, so daß es klar war, daß es dort noch mehr wehte. Und man konnte sich denken, daß es in diesen Tagen an der Westküste richtig böses Wetter war.

Aber Gott sei Dank, daß wir jetzt, während wir vom Unwetter aufgehalten still liegen mußten, keine Sorge um Hundefutter zu haben brauchten. Wenn es nun nur still werden wollte, wir möchten so gern die Gegend um uns herum richtig betrachten; sie war großartig schön mit ihren prächtigen Bergen. Ich möchte sie sehr gern malen, bin aber durch das unaufhörliche Stöberwetter verhindert.

Gegen Abend tat ich einen Fehlschuß auf einen Wolf; da er sehr scheu war, war nicht nahe an ihn heranzukommen, er hatte mich auf der Leeseite, witterte mich und entwischte, nachdem ich sofort, als er sich erhob, ein paar Kugeln hinter ihm her gesandt hatte.

19. Mai (Pfingsttag). Es wehte andauernd, wir ordneten das Moschusochsenfleisch, das wir mit uns nehmen wollten. Mylius und Hagen gingen in die Berge; sie kamen mit drei Hasen zurück.

Am Abend wurde es ruhig.

20. Mai. Als wir erwachten, herrschte Nebel und ein wenig Schnee-

wetter. Wir gingen weiter in den Fjord hinein (westwärts); allmählich zerstreute sich der Nebel, und der Wind frischte auf. Es war den Hunden anzumerken, daß sie Kräfte sammelten, während sie still lagen und tüchtig zu fressen bekamen. Das Eis war sehr schwierig, wir mußten Skis unter den Schlitten haben, aber machten doch jetzt schnellere Fahrt. Das Eis wurde besser fahrbar, je weiter wir nach und nach in den Fjord hineinkamen.

Spät am Abend machten wir Halt, nachdem wir ungefähr 9 Meilen zurückgelegt hatten.

Befanden wir uns auf einem Fjord oder auf einem Sund, das wollten wir gern herausfinden; am folgenden Tage mußte es hoffentlich klar für uns werden. An der Stelle, wo wir rasteten, fanden wir Steine, zu Mauerwerk aufgesetzt, und eine Falle, Menschenwerk aus längst entschwundenen Zeiten. Baustellen und Zeltreste fanden wir dagegen nicht.

21. Mai. Nachmittags zogen wir weiter; nachdem wir ungefähr 2 Meilen zurückgelegt hatten, gelangten wir zum inneren Ende des Fjords — — —

— —

Spuren von Moschusochsen — — —

Wir schliefen ein wenig, ohne Zelt aufzuschlagen — — —

Früh am nächsten Morgen brachen wir auf, um aus dem Fjord hinauszuziehen. Wir fanden ein angeschwemmtes Holzstück. Das Land am Ende des Fjords war ganz niedrig; weit drinnen lag ein kleiner See, zu dem eine schmale Landzunge aus Lehm führte. Nicht weit von dem Innersten des Sees sah man einen Gletscher das Land bedecken, aber nichts war davon herabgefallen. Die Vorderseite des Gletschers war nach Norden und Süden ganz niedrig ohne hohe Felsen (ganz flachgedrückt).

22. Mai. Nachdem wir eine gute Strecke hinausgekommen waren, machten wir zur Mittagszeit vor einer vorspringenden Ecke Halt.

23. Mai. Um 3 Uhr morgens brachen wir auf. Zur Mittagszeit kamen wir an die Stelle, wo wir Moschusochsen geschossen hatten. Um Petroleum zu sparen, kochten wir draußen und benutzten als Feuerung das angeschwemmte Holzstück, das wir vor einigen Tagen fanden. Auf dem Wege zum Lande sahen wir einen Seehund auf dem Eise.

24. Mai. Es war sehr schönes Wetter. Da unsere Hunde sich vollgefressen hatten, hielten wir kurze Zeit Rast, damit das Futter sich setzen konnte. Ich erblickte einen Wolf, der bei den Resten vom Moschusochsenfleisch stand und fraß; er fraß zusammen mit den

Hunden. Er war sehr wild, daher konnte ich nicht an ihn heran kommen. Auf dem Heimwege stand ich beim Luftloch eines Seehundes auf der Lauer, aber kriegte ihn nicht zu sehen. Obwohl das Eis ebenso wie das Land gar nicht aufgetaut war, amüsierte ich mich damit, daß ich aus einer Pfütze beim Luftloch trank. Es schmeckte ein klein bißchen salzig.

27. Mai. Zur Mitternachtszeit trafen wir unsere Kameraden (Kochs Expedition).

28. Mai. Wir gingen in einen Fjord hinein (Independence-Bay).*) Der Himmel war überzogen, und es sah nach mildem Wetter aus; wir kamen nur langsam vorwärts . . .

30. Mai. Es war still geworden. Von dem anderen Fjord kam ein wenig Wind, den wir auf dem Rücken hatten; es fing an, ein wenig kalt zu werden; beinahe 6° Kälte. Gut 6 Uhr abends zogen wir hinein, um zum Kap Glacier zu kommen. Wir fuhren in einen großen Sund und gingen nach Westen.

Wir wollten die Stelle in Sicht bekommen, zu der Peary gelangt war, drangen aber nicht so weit vor und mußten Halt machen, ohne daß sie über dem Horizont erschien; wir fuhren längs einer gebirgigen Küstenstrecke, die sich im Westen langsam nach Süden bog, und machten am frühen Morgen des 31. Mai Halt, nachdem wir 9 Meilen gefahren waren.

1. Juni. In der Nacht bekamen wir endlich die Stelle in Sicht, die wir sehen wollten.**)

2. Juni. Am Abend gegen 6 Uhr ging ich zu einem ungefähr 2 Meilen entfernten Ort auf die Jagd nach Moschusochsen. Ich traf eine gewaltige Masse Spuren in der Bucht, aber sah keine — — —

Auf dem Rückwege traf ich wieder einen Seehund auf dem Eise, aber durch Rufen nach meinen Hunden hatte ich ihn mich hören lassen, und wie ich ihn sah, tauchte er unter. In der Hoffnung, daß er wieder heraufkommen würde, stellte ich mich auf die Lauer, aber vergebens.

3. Juni. Zur Mitternachtszeit kam ich zurück und traf meine beiden Kameraden sehr bekümmert um mich, im Begriff, sich fertig zu machen, um hinauszuziehen und sich nach mir umzusehen.

Wir aßen jetzt den letzten kleinen Rest Moschusochsenfleisch und den letzten Rest Suppe, die wir mit allerhand Zutaten seimig machten. Hafergrütze hatten wir nur noch für eine Mahlzeit.

---

*) An diesem Tage trennten sie sich zum letztenmal von Kochs Abteilung; von jetzt ab waren sie allein. Anm. des Verf.

**) Es zeigte sich, daß dies ein Irrtum war; es war das innere Ende des Hagens-Fjords, das sie für die Gegend beim Kap Glacier hielten. Erst am 6. oder 7. Juni können sie Kap Glacier in Sicht bekommen haben. Anm. d. Verf.

4. Juni. Zur Mittagszeit wachte ich auf; als ich aufgestanden war, ging ich hinaus und schoß mit einem Schuß zwei Schneehühner vor dem Zelte. Ich freute mich über diese Jagdbeute, da wir ganz ohne Proviant waren; wir hatten ja nur das bißchen Hafergrütze für einmal. Kurz darauf ging ich dorthin, wo der Eisblink sich ins Meer hinausschneidet, indem ich hoffte, dort Seehunde zu treffen, aber kehrte sofort um, ohne etwas gesehen zu haben. Als ich zurückkam, waren die Hunde ins Zelt gedrungen und hatten die Schneehühner gefressen.

Wie ärgerte ich mich da!

Um 6 Uhr abends kamen Mylius und Hagen zurück, sie hatten auch nichts gekriegt. Da aßen wir den letzten Rest Hafergrütze. Wir müssen wohl einen Hund töten und die anderen Hunde damit füttern. Von nun an traf uns eine Reihe von Unglücksfällen, an die wir nie zuvor gedacht hatten; nur selten gab es etwas zu schießen für uns, und wenn etwas da war, hatten wir kein Glück dabei.

Unsere Hunde setzten mit jedem Tage Kräfte zu, weil sie zu wenig zu fressen kriegten. Meine Hunde waren jedoch ein wenig besser als die der anderen.

Freitag, den 14. Juni begaben wir uns auf die Reise*), aber sobald wir ein wenig von dem Ebbestrand weggekommen waren und den Schnee erreichten, konnten wir nicht aus der Stelle kommen. Mit unseren Hunden, die jetzt so entkräftet waren, konnten wir auf solchem Wege nicht vorwärtskommen, wir waren gezwungen, zurückzukehren, und entschlossen uns, den Sommer über liegen zu bleiben, falls wir etwas zu leben fänden. Das war gewiß sehr zweifelhaft, wenn wir daran dachten, wie wenig Proviant und wie wenig Futter für die Hunde wir hatten.

15. Juni. Mylius und ich gingen bergan, um das Land, auf dem wir uns niedergelassen hatten, richtig zu betrachten; wir gingen auf die höchste Erhebung hinauf, und ich spähte mit dem Fernglas umher, aber sah nicht das geringste. Es war ziemlich niedriges Land, das nach innen zu beständig ein wenig an Höhe zunahm und immer mehr schneebedeckt wurde. Als wir anfingen hinabzusteigen, wurden wir die Fährte eines großen Moschusochsen gewahr, die vom gestrigen Tage zu sein schien. Ich wurde sehr froh; war er nicht zu weit fort, so würden wir ihn schon kriegen. Als ich die Spuren genau untersucht und gesehen hatte, daß das Tier langsam nordwärts gegangen war, kehrte ich vorläufig zu

---

*) Um die Mündung des Danmarks-Fjords auf dem Heimwege zu kreuzen. Anm. des Verf.

unserem Zelt zurück. Gleich nachdem ich dort angekommen war, fuhr ich wieder mit dem Schlitten hinaus. Nachdem ich eine Meile gefahren, stieg ich aufs Land hinauf und suchte gehend die Spuren zu finden; ich fand sie auch und ging dann sehr lange; verlor wieder die Spuren; und dann, als ich ganz nahe heran gekommen war, erblickte ich das Tier liegend; ohne daß es sich von der Stelle rührte, tötete ich es mit zwei Schüssen.

Ich nahm nur die Eingeweide aus, schnitt die eine Keule ab und kehrte zurück, da ich mein Messer, das ich zum Flensen zu brauchen pflegte, vergessen hatte. Ehe ich zu meinen Hunden kam, schoß ich ferner einen Hasen und eine Gans. Als ich zu meinen Kameraden zurückkehrte, waren sie sehr froh.

16. Juni. Am Morgen fuhren wir hinaus und holten den Moschusochsen, den ich geschossen hatte; wir fuhren auf zwei Schlitten, indem meine Kameraden ihre Hunde zusammengelegt hatten und auf einem Schlitten fuhren. Die Schlitten ließen wir auf dem Strande stehen, die Hunde folgten uns, und als wir zu dem Moschusochsen kamen, den ich erlegt hatte, kriegte ich fünf andere, die ein neugeborenes Kalb hatten.

Als ich sie geschossen hatte, war unsere Freude gewiß nicht geringer, als gestern; und besonders, da Talg auf ihnen war, wurde unsere Zuversicht gestärkt. Wir zerwirkten zwei, und nahmen den großen, den ich am Tage vorher geschossen hatte, als dritten mit. Aus den anderen nahmen wir nur die Eingeweide aus und fuhren am Abend zurück, nachdem wir nur ein Stück zum Kochen abgeschnitten hatten. Wir beschlossen, unser Zelt näher an die erlegten Tiere heranzubringen, weil es dann weniger umständlich wurde, das Fleisch zu holen.

In diesen Tagen ist das Wetter sehr schön, richtig sommerlich, und es ist keine Spur von Wind (wenn bisweilen ein kleiner Windhauch zu uns kommt, ist es ein Luftzug vom Meere her, vom Eise). Obwohl das Thermometer im allgemeinen mitten am Tage nur *) Grad Wärme erreicht, so fühlen wir uns doch beständig warm, weil kein Wind da ist; besonders drinnen im Zelt und nachts, wenn die Sonne hoch am Himmel steht, ist es schwer zu schlafen.

19. Juni. Wir zogen nach der Stelle um, wo ich die Moschusochsen geschossen hatte, und als wir unser Zelt errichteten und an unsere bevorstehende Übersommerung dachten, nannten wir das Land, auf dem wir uns niedergelassen hatten, den Sommerplatz.

An den folgenden Tagen hatten wir mit den Moschusochsen zu tun.

*) Die Zahl ist ausgelassen.

zerwirkten, was noch nicht zerwirkt war, und bewahrten es als Vorrat auf.

Von nun an begann für uns ein sehr langweiliges und einförmiges Leben.

24. Juni. Heute feierten wir den Jahrestag unserer Abreise im vorigen Jahre. Die Danmark-Expedition reiste da von Kopenhagen ab. Und wir Grönländer fuhren an demselben Tage von Egedesminde ab. Daher feierten wir den Tag mit drei Gänsen, die ich geschossen hatte, und die wir für diesen Tag passend ansahen; und sie waren großartig, nachdem wir so lange Zeit kein Geflügel geschmeckt hatten.

Wir sehen in diesen Tagen andauernd Gänse, sie ziehen nämlich von Norden nach Süden. Vermutlich haben sie hier in einigen von den Fjorden Eier; sie setzen sich häufig hier in der Nähe hin, und ich bin eifrig auf der Jagd nach ihnen, aber da sie sehr scheu sind, kriege ich nicht gerade viele. Auch Raubmöwen sieht man recht häufig, und einige Watvögel zeigen sich auch.

Aus Sparsamkeitsrücksichten pflegen wir nur einmal am Tage Essen zu kochen. Hier gibt es kein Feuerungsmaterial, und das ist sehr ärgerlich. Einige Weidenzweige findet man wohl ab und zu, aber die grünen kann man nicht zum Brennen kriegen, daher sammeln wir die trocknen unter ihnen und brauchen sie als Brennholz. Da die Anzahl unserer Hunde kleiner geworden ist, werden Mylius und Hagen auf einem Schlitten fahren, wenn wir zum Schiff zurückkehren, somit können wir einen Schlitten als Brennholz verbrauchen, und es muß sehr sparsam damit umgegangen werden; denn wenn es aufgebraucht ist, wird es sehr beschwerlich werden, uns warmes Essen zu verschaffen. Glücklicherweise ist etwas Talg an den Moschusochsen, die ich neulich schoß, und damit können wir es gut zum Brennen bringen. Wir wechseln mit dem Essenkochen ab, und kochen nur einmal am Tage.

Da unser Kochtopf jetzt, wo wir nichts anderes als Fleisch essen, zu klein ist, tun wir dreimal Fleisch hinein, wenn es zu kochen anfängt. Wenn man nichts anderes zu essen hat, als das bloße Fleisch, ißt man viel und bekommt man großen Durst.

2. Juli. Nach einem Nebel, der etwas langwierig zu werden anfing, kriegten wir abends endlich einmal sichtiges Wetter. Die ersten 8 Tage hatten wir andauernd starken Nebel mit Schnee und Staubregen. Gestern untersuchte ich das Eis, ob die Schneeschicht darauf nicht abgenommen hätte. Drinnen längs des Strandes war es allerdings gut geworden, aber weiter draußen war nicht gut darauf vorwärts zu kommen, da der Schnee ziemlich weich war und Wasser darunter stand.

Jörgen Brönlund.

In diesen Tagen sind Hagen und ich andauernd auf der Wanderung gewesen und haben Warten oben im Hochland gebaut als Merkmale zum Zeichnen und Vermessen des Landes.

Sonntag, 7. Juli, nachts. Gestern nacht hagelte es, und war dicke Luft fast die ganze Nacht. Die Luft ist noch bewölkt und sehr kalt.

In den Tagen gegen Mitte Juli war die Luft andauernd stark bewölkt, und es schneite und regnete andauernd. Erst am 12. wurde das Wetter recht gut.

13. Juli. Wir sehnen uns danach, daß es anfangen soll, nachts zu frieren, wider Erwarten ist hier gar kein Nachtfrost. Doch legt sich gegen Mitternacht Dünneis auf die kleinsten Eisschmelzen. Aber da das Thermometer nicht einmal auf 1 Grad Kälte herabsinkt, kann aus dem Eise nichts werden.

16. Juli. Am Abend gingen Hagen und ich nach Süden und suchten nach Moschusochsen; denn jetzt stand es wieder schlimm, wir waren fast zu Ende mit unserem Proviant. Als wir eine Meile gegangen waren, kamen wir zu einem Fluß, über den wir nicht hinüber kommen konnten. Wir gingen an ihm entlang ins Land hinein, obwohl wir nichts davon erwarteten; wir waren nicht lange gegangen, da sahen wir die Fährte eines großen Tieres, folgten ihr und kriegten es. Es war ein großes Glück, daß ein wenig Talg daran war, mit dem wir unser Brennholz einfetten konnten. Wir nahmen etwas von dem Tiere mit uns, kehrten zurück und kamen am 17. abends 10 Uhr zum Zelte.

Wegen des schlechten Schuhzeugs schwollen unsere Füße an, obwohl wir nicht so lange gegangen waren.

23. Juli. Wir holten alle drei Fleisch von der Stelle, wo wir neulich einen Moschusochsen schossen.

Unsere Hunde hatten wir mit uns und fütterten sie mit den Eingeweiden und dem Fell. Auf dem Rückweg gingen unsere Stiefel ganz auseinander, ehe wir zum Lagerplatz kamen.

Der Juli schloß mit anhaltendem milden Wetter, Regen und Schnee; es fror nachts gar nicht.

Wir rückten unser Zelt näher an das Meeresufer heran.

29. Juli. Heute hatte ich einen Verdruß. Ich sah einen einzelnen kleinen Seehund, der in dem Schmelzwasser längs des Strandes nordwärts zog; ich folgte ihm auf dem Lande und schoß ihn, aber da sank er unter. Obwohl es nicht tief war, wo er gesunken war, war es doch schwierig, zu ihm hinauszukommen, da ich nichts hatte, womit ich mich auf dem Wasser bewegen konnte. Hier, wo ja lauter Eis war, konnten wir nichts kriegen, worauf wir hinausrudern konnten; und da die Strandkante immer mehr auftaute, wurde das Wasser am Lande immer breiter.

30. Juli. Wir holten das letzte vom Moschusochsenfleischvorrat; am Abend gegen 11 Uhr zogen wir hinaus und kehrten am 31. vormittags 10 Uhr zurück. Füchse hatten unser Vorratsversteck geöffnet und uns etwas weggenommen.

In diesen Tagen können wir nicht mehr aufs Eis hinauskommen, da der ganze Strand vor uns einen breiten Schmelzwassergürtel hat; und über Land können wir wegen der Flüsse auch nicht weit gehen.

1. August. Auch in diesem Monat werden wir vielleicht häufig schlechtes Wetter haben, es fing mit Regenschauern und starkem Südost an.

2. August. Wieder bewölkter Himmel mit Schnee.

Hagen und ich suchten mit einem Haken den gesunkenen Seehund heraufzuholen; ich wrickte mich hinaus, und mein Kamerad hielt mich vom Lande aus an einigen Riemen fest, die zusammengebunden waren. Da es unglücklicherweise anfing, an der Stelle, wo der Seehund hineingetrieben war, hinauszuwehen, wurden wir wieder unnütz klatschnaß.

Später fing es an zu regnen und tüchtig zu wehen.

6. August. In den folgenden Tagen herrschte andauernd Schneewetter, und es fiel eine gute Schicht Schnee. Wir sehnen uns sehr nach gutem Wetter, wir haben jetzt wieder nur knapp für drei Tage zu essen. Und unsere armen Hunde, die fast gar nichts zu fressen kriegen, sind sehr mager und ganz entkräftet. Hagen und ich sind in diesen Tagen eifrig damit beschäftigt, aus dem Lederbeutel für den Sextanten Stiefel zu machen, aber da wir so schlechtes Werkzeug haben, dünkt es uns eine der schwierigsten Arbeiten zu sein.

Am Abend gegen sechs Uhr gingen Hagen und ich auf die Moschusochsenjagd, als wir unser letztes Fleisch gekocht hatten. Unser einziger Proviant bestand jetzt aus zwei Gänsen, einem Schneehuhn und einer Büchse Ochsenfleisch. Wir folgten der Küste nach Süden und gingen von der Stelle, an der wir neulich einen Moschusochsen geschossen hatten, ins Land hinein, aber fanden nicht einmal Spuren. Auf dem Wege schossen wir zwei Schneehühner; wir sahen auch zwei Hasen, aber sie waren so scheu, daß wir nicht an sie herankommen konnten. Nachdem wir 24 Stunden unterwegs gewesen waren, kehrten wir am 7. abends sehr müde zurück, denn wir waren auf den nackten Steinen gegangen. Unsere Hunde kriegen nicht das geringste Futter und sind sehr mager. Wir wissen jetzt gar nicht, was wir tun sollen, da das Land, auf dem wir uns aufhalten, ganz von Tieren entblößt ist.

Ich bin jetzt in beständiger Sorge, daß wir ohne Hunde dastehen werden, wenn wir die lange Heimreise zum Schiff antreten sollen, und es ist nicht daran zu denken, den Weg mit dem Fußzeug, das wir haben, zu Fuß zu machen; wir haben ja 125 Meilen zurückzulegen.

8. August. Mylius hatte beschlossen, daß wir unseren gegenwärtigen Aufenthaltsort verlassen sollten, und es schien uns allen richtig zu sein, daß wir nach einer Stelle zu gelangen suchten, wo Tiere sind.

Mit dem Eis wußten wir allerdings nicht Bescheid, gleichwohl brachen wir auf. Da das Eis rings um uns herum längs des Strandes geschmolzen war, ruderten wir unsere wenigen Sachen auf einer Eisscholle hinaus, und da die Scholle sehr klein war, hatten wir mehrere Fuhren, obwohl wir nicht sehr viel mitzunehmen hatten. Endlich gegen 10 Uhr abends waren wir alle mit unseren Hunden auf das Eis hinübergekommen.

Nachdem wir die Schlitten beladen, brachen wir auf, froh, auf Schlitten hinauszukommen; wir hofften jetzt, eine Stelle an Land zu finden, die uns weniger Sorgen bereiten würde.

Da das Eis längs des Meeresufers stark aufgetaut war, mußten wir weiter hinauszukommen suchen; denn wir hielten das Eis draußen auf dem Meere, soweit wir mit unseren Augen sehen konnten, für besser. Und falls es sich so verhielt, würden wir dem guten Eise nach Süden folgen und in die große Bucht hineingehen, wo wir uns im Mai aufgehalten hatten und wo, wie wir wußten, Moschusochsen waren.

Da wir wegen der Spalten in vielen Windungen fahren mußten, ging ich voran und zeigte den Weg. Aber nachdem wir etwas über eine Meile gefahren waren, merkten wir, daß wir nicht weiter kommen würden, da die Spalten so breit wurden, daß man nicht hinübersetzen konnte. Daher mußten wir wieder gegen Morgen draußen auf dem Eise das Zelt aufschlagen. Da es sehr kalt in der Nacht war, legte sich ziemlich starkes Dünneis über die Spalten, und wir trösteten uns damit, daß das Dünneis über diese in wenigen Tagen passierbar werden würde.

Aber nein, so sollte es nicht sein.

Unser einziger Proviant bestand in drei Schneehühnern und einer Gans. Für die Hunde hatten wir gar nichts.

In den folgenden Tagen suchten wir an Land zu kommen, aber da das milde Wetter anhielt, wuchsen die Schwierigkeiten dabei. Und da Mylius in diesen Tagen stark magenleidend war, sah es noch schlimmer für uns aus, und unsere Besorgnis wurde gesteigert.

12. August. Am Morgen faßten Hagen und ich uns ein Herz und suchten, an Land zu gelangen, indem wir jetzt einen Schlitten vor uns her schoben; indem wir andauernd über die schmalsten Spalten setzten, erreichten wir endlich nach vieler Mühe das Land. Als wir fort sollten, speisten wir als letzten Rest eine halbe Gans, und es war daher eine ernste Aufgabe für uns, an diesem Morgen Nahrung zu schaffen.

Gerade als wir aufs Land hinauf gekommen waren, erlegten wir ein Schneehuhn, das wir sofort teilten und roh verspeisten.

Wir gingen dann an der Küste entlang nach Süden und wateten über zwei große Flüsse; da sie eiskalt waren und die Strömung reißend war,

Höegh-Hagen.

würde niemand daran gedacht haben, über sie hinüberzusetzen, wenn nicht die Not dazu getrieben hätte; wir faßten uns bei den Händen und suchten so durch die Strömung zu kommen.

Wir gelangten nach Süden zu der Stelle, wo ich am 7. Mai neun Hasen geschossen hatte, sahen aber jetzt nichts. Wieder mußten wir dann zurückkehren, da es anfing, sich zu bewölken und zu wehen. Es trat wieder in stärkerem Grade mildes Wetter ein, was es noch schwieriger für uns machte, über das Eis zum Zelt durchzukommen. Hie und da mußten wir den Schlitten mit den Kufen nach oben kehren und seine Hörner und seine Stütze gegen den Boden des Wassers stemmen, das über dem Eise stand, und auf die Weise hinübersetzen.

13. August am Morgen gegen 6 Uhr kehrten wir sehr müde und niedergeschlagen zurück. Da wir keinen Ausweg hatten, mußten wir einen Hund als Speise für uns schlachten. In den darauf folgenden Tagen hatten wir andauernd mildes Wetter und fast ununterbrochen Sturm. Unter diesen Verhältnissen taute das Eis mehr auf, und das Dünneis, das sich über die Spalten gelegt hatte, schmolz. Daß unsere vierzehn Hunde, unser einziger Trost für die Heimreise, jetzt unser letzter Ausweg wurden, um uns Nahrung zu schaffen, war sehr hart für uns. Und wir sehnten uns sehr nach gutem Wetter, weil es dann zu frieren anfangen mußte. Jedesmal, wenn wir unter diesen Umständen einen Hund schlachten mußten, suchten wir mit ihm zwei Tage für uns und für die Hunde auszukommen. Die schwächsten und kleinsten mußten wir zuerst nehmen und versuchen, ein Gespann für einen Schlitten übrig zu behalten. Von dem Hundefleisch, das wir jetzt speisten, konnten wir nicht ausreichend bekommen, wir litten Hunger; und der kleine Rest von unseren Hunden, den wir noch übrig hatten, magerte immer mehr ab und war ganz kraftlos.

22. August. Endlich fing es an aufzuklären und wurde kalt.

23. August. Erwachten zu unserer Freude am Morgen bei einsetzender Kälte. Das Dünneis, das sich wieder über die Spalten des Eises gelegt hatte, wurde dicker, und es fror den ganzen Tag. Das Wetter war sehr schön und ganz still. Wir töteten heute den sechsten Hund und hofften, an Land kommen zu können, ohne von den übrigen noch mehr töten zu müssen. Wir sehnten uns zwar sehr danach, heim zum Schiffe zu kommen, doch ging unser Trachten vorläufig in erster Linie dahin, ein Land mit Hasen und Moschusochsen zu erreichen, wo wir zu Kräften kommen konnten, wir selbst und unsere Hunde.

24. August. Wir nahmen uns vor, am Abend zu reisen und weiter in den Fjord hineinzudringen.

Nachdem wir uns im Laufe des Tages dazu fertig gemacht hatten, brachen wir am Abend mit einem Schlitten auf, wir hatten jetzt nur noch acht Hunde. Alles, was wir nur irgendwie entbehren konnten, warfen wir weg; und um unser Zelt leichter zu machen, nahmen wir den Boden heraus. Den anderen Schlitten nahmen wir auseinander und führten ihn als Brennholz mit, nachdem wir alles Eisen abgenommen hatten. Obgleich wir so auf jede Weise das Gepäck zu vermindern suchten, hatten wir doch noch eine große Fuhre. Und da die Hunde so mager und entkräftet waren, ging es nur langsam vorwärts.

Das Eis war jetzt völlig schneefrei und schnitt daher den Hunden die Pfoten entzwei, es war auch schlimm für uns, mit unserem jämmerlichen Fußzeug darauf zu treten. Wir kamen nur sehr langsam von der Stelle, aber wir freuten uns doch, daß es vorwärts ging. Daß wir jetzt auf dem Dünneis über die Spalten fahren konnten, wo sie am schmalsten waren, war auch viel wert. Nach einer Reise von etwa 5 Stunden kamen wir zu einer Stelle, von der aus wir glaubten zum Land übersetzen zu können, und schlugen das Zelt auf. Bei der Ankunft speisten wir ein kleines Stück Hundefleisch auf dem Eise und suchten dann in einem vierstündigen Schlummer Ruhe.

25. August am Morgen begaben Mylius und ich uns auf das Land zu, erreichten es ohne irgendwelches Hindernis, kamen hinauf und gingen mehrere Stunden lang, ohne das Allergeringste zu sehen. Wir wußten keinen Ausweg, falls wir an diesem Tage wieder vergebens gehen sollten; Mylius wollte jetzt umkehren, und ich willigte ein, weil er so schlechte Sohlen in seinen Stiefeln hatte, daß er beinahe auf den bloßen Strümpfen ging. Wir mußten uns dann dazu entschließen, am nächsten Tage wieder einen Hund zu schlachten. Ich wollte ein wenig weiter gehen, da ich von ganzem Herzen wünschte, nur ein einziges Schneehuhn zu kriegen. Ich ging lange umher und mußte dann umkehren, weil ich wieder nichts sah.

Als ich dann auf dem Rückwege unten am Strande einen Hasen gewahr wurde, war es, als wenn ich ein großes Renntier gesehen hätte. Und als ich ihn schoß, stürzte ich mich auf ihn, wie ein reißender Wolf, schnitt ihn auf und verspeiste schleunigst Herz, Leber und Nieren.

Als ich ein wenig gegangen war, kriegte ich wieder drei andere. Mit vier Hasen auf dem Rücken kehrte ich zurück, und meine Entkräftung schien abgenommen zu haben unter der Freude, daß wir jetzt etwas zu essen hatten. Als ich zurückkam, freuten meine Kameraden sich, daß sie jetzt etwas anderes als das magere Hundefleisch haben sollten.

Da sie einen Hund geschlachtet hatten, aßen wir vorläufig am Abend Hundefleisch.

In diesen Tagen war das Wetter sehr schön, ganz klar, und kein Wind rührte sich; es fror jetzt den ganzen Tag, und nachts wurde es noch kälter, obgleich die Sonne nicht unter den Horizont ging.

36*

25. August. Nachts brachen wir auf. Einen Teil unseres Gepäcks, den wir vorläufig nicht gebrauchten, ließen wir zurück, um auf der Rückreise hier vorbeizuziehen und es mitzunehmen.*)

Als wir den Strand erreichten, folgten wir dem Dünneis, das sich dort gebildet hatte, wo das Eis sich vom Lande losgetrennt hatte.

Wir waren noch nicht lange gefahren, da sahen wir ein wenig höher am Strande Hasen; Hagen ging hinter ihnen her und erlegte vier von ihnen, ich drei; und außer ihnen kriegten wir auch dreizehn Schneehühner. Ohne das Ziel zu erreichen, das wir uns gesetzt hatten, machten wir am Morgen Halt, da unsere Hasenjagd uns aufgehalten hatte.

31. August. Am Morgen brachen wir auf, um das Gunderstedtal zu erreichen, was uns jedoch wegen des von der Strömung zerschnittenen Eises nicht gelang; kurz darauf schlugen wir auf dem Lande das Zelt auf.

Erinnerungen an meinen Aufenthalt beim Kap York.

Es folgt ein angefangener Aufsatz über die Lieder der Polareskimos, der mit dem Tagebuch nichts zu tun hat, und dann ein kleines Gedicht an den besten Freund.

19. Oktober. Am Nachmittag kamen wir auf das Inlandeis hinauf; zum Aufstieg brauchten wir vier Tage. Der fünfte von unseren übriggebliebenen Hunden ist jetzt auch tot, von einem Moschusochsen mit den Hörnern aufgespießt.

Die Sonne geht jetzt nicht mehr unter.**)

— —

Als Koch mit dem Vorlesen zu Ende war, saßen wir lange stumm da. Keiner wagte die Stimmung der Andacht zu brechen, die diesen einfachen, ruhigen Worten folgte. Dann wurde der letzte Gruß von Mylius-Erichsen an uns vorgelesen; ein Gedicht, das sich auf ein paar Seiten in Jörgen Brönlunds Tagebuch fand. Das Gedicht war im August 1907 geschrieben, und Brönlund hatte es während ihres Aufent-

*) Es ist also noch einmal ihre Absicht gewesen, nordwärts aus dem Fjord hinaus und dann längs der äußeren Küste abwärts zu gehen. Aber da sie sich später entschlossen haben, südwärts und über das Inlandeis zu gehen, müssen sie diese hinterlassenen Sachen geholt haben, denn Brönlund hatte ihren Kochapparat mit beim Kap Bergendahl. Für diesen hatten sie nämlich an der oben angeführten Stelle am allerwenigsten Verwendung, da sie kein Petroleum besaßen. Es ist daher wahrscheinlich, daß sie erwartet hatten, zu den Depots zu gelangen, und daß an dieser Stelle auch keine Tagebücher oder sonst irgend etwas von Wert zu finden ist. Anm. des Verf.

) Soll heißen: geht nicht mehr **auf.

halts im Danmarksfjord abgeschrieben. Es entstand zu einer Zeit, in der die Hoffnung auf Heimkehr noch frisch in ihm lebte, und es spricht einzig den Wunsch aus, die Kameraden und das Schiff wiederzusehen. — Keine Schilderung des Hungers und der Entbehrungen, unter denen sie bereits damals soviel gelitten hatten. Aber zwischen den Zeilen ahnt man auch dies. — —

Und die von uns, die auf langen, ermüdenden Reisen gewesen waren, verstanden die Sehnsucht, die gegen seinen Willen in dem Gedicht zutage tritt. Das Gedicht lautet:

Lied zur Feier der Heimkehr an Bord.*)

Herrliches Schiff in der Brünne von Eisen,
Eisbergumgürtet an Felsen vertaut!
„Morsch und gebrechlich" dich höhnten die Weisen,
Bis an den Topp hypothekenverstaut.
Wohl bist du alt und bisweilen auch leck; —
Zähes Gebälk von dem Bugspriet zum Heck
Führte doch weit von der Heimat uns fort.
„Danmark", du trugst uns zum sicheren Port!
Heil hegender Hort!

Herrliches Heim mit Kajüten und Messe,
Mit deinem Walfängerausguck am Mast!
Auf dem Verdeck sieht man Werkzeug und Esse.
Wegzehrung türmt sich in räumiger Last.
Mondenlang bissen die Anker den Grund;
Schlingertanz rückt nicht den Becher vom Mund.
Längst ist vergessen der Seekrankheit Qual.
Erbsenbrei brodelt zum leckeren Mahl,
Grog dampft im Pokal!

Herrliche Zeit, wenn die Schneestürme brausten.
Mollig beim trauten Kaminfeuerschein
Saßen am üppigen Tisch wir und schmausten,
Schlürften ein Gläschen vom billigen Wein.
Kaffee gekocht, die Zigarre in Brand —
Heute zahlst du wohl, da ich nicht kontant —
Witzegewürzt dann der Redestrom floß!
Immer war Heiterkeit Tafelgenoß.
Das Schiff schien ein Schloß!

Herrlicher Tag, da gen Norden wir fuhren
Froh mit dem heulenden Rüdengespann.
Lorbeern zu ernten auf eisigen Spuren,
Rasch nahmen Abschied von Schiff wir und Mann —

*) Übertragen von Heinz Hungerland.

Wärme der Freundschaft der Frost ficht nicht an —
Nimmer vergessen wir, was ihr getan;
Dank euch, Gefährten in Wonne und Weh!
Sehnend die Blicke irr'n über den Schnee
Zum Schiffe in Lee.

Herrliches Schiff, dir am Busen geborgen
Sind wir gar bald aus dem ewigen Eis.
Sonnenglanz schwindet, es dämmert kein Morgen.
Heim wir nun wenden — den Danebrog heiß!
Draußen in Mühsal, in Not und Gefahr
Eins machte den Forschern die Fernfahrt klar:
Schön ist das Schiff, ein behaglicher Hort;
Wachend und träumend zu ihm zieht's uns fort,
Zum traulichen Port!

16. August 1907. M.-E.

Es ist charakteristisch für Mylius-Erichsen, der ebensosehr unser Freund war, wie er Leiter der Expedition war, daß seine letzten Worte in dieser Welt, sein letzter Gruß den Kameraden galt.

Jetzt war es also vorbei.

Und jetzt erst wurde es uns klar, unerbittlich — was wir doch schon vor der Abreise von der Heimat hätten wissen können —, daß wir hier wie Soldaten im Felde standen. Jeder von uns muß jeden Tag auf dergleichen gefaßt sein — heute dir, morgen mir!

Wir dürfen uns durch das Unglück nicht stumpf machen lassen, müssen wieder drauf los gehen, bis zu Ende aushalten. Unsere Arbeit muß fertig werden.

Dann legten wir die Schultern ein zu den letzten harten Zügen. Die Abteilungen zogen wieder nach allen Richtungen, jede zu ihrem Wirkungsfeld.

Nach dem Taubruch. Eisberg im Hafen.

Der Frühling.

Bereits vor Kochs Abreise war die Ausführung einer von Jarner lange geplanten geologischen Untersuchungsreise beschlossen worden. Er wollte südwärts an der Festlandsküste entlang bis zur Shannoninsel und dann, gestützt auf das dortige Depot, bis zu dem ganz unbekannten inneren Ende der Ardencaplebucht vordringen. Mylius selbst war ja verhindert worden, auf der Herbstreise des Jahres 1906 in das Innere dieses Fjords einzudringen. Da wir nach Kochs Abreise nur mit einem Gespann Hunde rechnen konnten, wurde beschlossen, daß Hendrik mit Jarner als Passagier auf dem einzigen Hundeschlitten, den wir bespannen konnten, die Fahrt machen sollte.

Außerdem wurde beschlossen, Jarner, Johansen und Bendix-Thostrup im Juni mit einem Ziehschlitten das Gelände in der Umgegend der Walroßspitze und des Großen Sees aufsuchen zu lassen, um dort geologische, zoologische und ethnographische Untersuchungen vorzunehmen.

Der Umstand, daß Koch jetzt mit unseren beiden besten Hundegespannen zurückgekehrt war und das längs der Küste deponierte Hundefutter mitgebracht hatte, gab indessen Spielraum für neue Pläne.

Mylius-Erichsens altes Projekt, quer über das Inlandeis nach Westgrönland zu dringen, mußte natürlich aufgegeben werden, nachdem wir zu dem Ergebnis gekommen waren, daß wir zur Durchführung dieses Plans die Hunde mit Menschenpemmikan füttern mußten, worauf wir uns mit Rücksicht auf eine eventuelle dritte Überwinterung auf keinen Fall einlassen durften. Aber jetzt konnte Jarner sowohl Hendrik als auch Tobias als Begleiter erhalten und die Fahrt mit drei Schlitten machen, da sie gute Jagdaussichten auf dieser Küstenstrecke

Eine Spalte im Inlandeis.

hatten. Ferner wurde jetzt auch der Plan einer Reise auf dem Inlandeis, den Koch ausgeheckt hatte, durchführbar, da wir jetzt mit den Hunden als Zugkraft ganz dicht am Rande des Inlandeises ein Depot für ihn auslegen konnten. Schließlich wurden eine Menge notwendige, ergänzende Untersuchungsreisen in der Umgegend des Teufelskaps jetzt möglich.

Am 4. April kam die Abteilung Wegener nach einer ausgezeichneten Reise zurück, Bertelsen war bei Freuchen in Pustervig zurückgeblieben, wo er einige Zeit malen wollte, nachdem er auf der Inlandeisreise als Zugtier und Zeichner Dienste getan hatte. Die Expedition war plangemäß bis an das Ende des Großen Sees, des „Seehundssees" vorgedrungen. Es zeigte sich, daß der See über sieben dänische Meilen lang war und in einem mächtigen Gletscher endete. Nach einiger Mühe gelang es, auf diesen Gletscher zum Plateau des Inlandeises hinaufzusteigen. Von dort gelangten sie in fünf Tagen an den Rand des großen Nunatak „Königin Louises-Land" und kehrten am 17. März auf ihrer alten Route wieder zum Seehundssee zurück.

Die Wanderung über das Eis war sehr beschwerlich gewesen. Sie hatten die schwere Schlittenfuhre in zwei Teilen auf den Abhang des

Hinauf über den Gletscher am Ende des Seehundssees.

Gletschers hinauftransportieren müssen, und als sie hinaufgelangten, fanden sie, daß das Plateau der Länge nach von breiten Spalten durchfurcht war. Diese waren oben mit einer dünnen Schneeschicht überdeckt, die unter ihnen durchbrach, so daß sie verschiedene Male nur dadurch, daß sie in den Zugriemen hängen blieben, dem Absturz entgingen.

Das Gelände war stark koupiert. Vor ihnen in der Richtung ihres Marsches erhob sich eine Eisbarriere nach der anderen. Je mehr sie sich dem Nunatak, von dem sich eine Oberflächenmoräne eine Strecke über das Eis hin erstreckte, näherten, desto schlimmer wurden die Wegverhältnisse. Als sie bis auf eine Meile herangekommen waren, mußten sie es aufgeben, den Schlitten weiter zu schleppen — sie hätten, wie sie erzählten, mehrere Tage gebraucht, ihn mit bis ans Ziel zu bringen. Am 14. begaben sich Wegener und Weinschenck allein dorthin. Sie kehrten tags darauf zurück, und Wegener war mit dem Erfolge außerordentlich zufrieden. Auf dem Nunatak hatten sie Sedimentfelsen, sowie einen mächtigen See angetroffen, voll von eingefrorenen Eisbergen, die von den Gletschern ringsherum herstammten. Sie wichen dann insofern von dem Reiseplan ab, als sie den Heimweg nicht über den Mörkefjord nahmen, sondern auf ihrer alten Spur

Rand des Inlandeises bei „Königin Louises-Land".

zurückgingen. Der Rand des Inlandeises war nämlich überall steil und unzugänglich zum Seehundssee abgefallen. Wäre der Gletscher nicht dagewesen, wäre es ihnen nicht möglich gewesen, hinaufzukommen. Sie durften sich nicht dem Risiko aussetzen, daß sie zum Mörkefjord kamen und dort dann vielleicht nach Verbrauch des Proviants ähnliche Verhältnisse vorfanden — und keinen Gletscher, auf dem sie wieder hinunterkommen konnten. Sie gingen also über die Walroßspitze zum Mörkefjord.

Zum See hinabgekommen, überraschte sie eines Nachts, während sie im Zelte lagen, ein heftiger Sturm, der vom Inlandeise herkam und mit unwiderstehlicher Gewalt durch den engen Trichter zwischen den Felsen hinausjagte. Obwohl sie zwei Kilometer vom Lande entfernt lagen, führte der Sturm andauernd Steine von dort mit sich, die unaufhörlich gegen die Zeltwände schlugen. Schließlich zerbrachen zwei der Zeltstangen; das Zelt fiel auf die vier Männer herab und wurde mit ihnen mehrere Ellen über das Eis getrieben. Den ganzen Tag über mußten sie ruhig liegen bleiben, während der Sturm über sie dahinraste. Erst am nächsten Tage konnten sie das Zelt ausbessern

Eisbildungen bei einer Moräne.

und wieder aufrichten. Am 24. erreichten sie die meteorologische Station in Pustervig, und an den folgenden Tagen bis zum 31. wurde trotz starken Nebels und Schneesturms der Mörkefjord vermessen. In Pustervig löste Bertelsen Charles Poulsen als Freuchens Gesellschafter ab. Am 4. April kehrten sie zum Schiff zurück. Sie brachten außer wichtigem Observationsmaterial eine ansehnliche Sammlung von Steinen, Pflanzen und Versteinerungen mit.

Da erhielten sie erst die traurige Nachricht von dem Tode unserer drei Kameraden.

— —

Eine sehr wichtige Entdeckung hatte die Schlittenabteilung auf der Heimreise über den Seehundssee gemacht. Beim Eindringen in eine Talsenkung auf der Nordseite des Sees entdeckten sie, daß diese ein altes Flußbett war, und als sie ihr weiter folgten, gelangten sie zu einem zweiten mächtigen See, der sich in der Richtung SO—NW erstreckte und ebenso wie der Seehundssee ein alter Fjord zu sein schien, der die Verbindung mit dem Meere verloren hatte. Sie führten zwar nur ein paar vereinzelte Messungen dort aus und gelangten nur eine Meile auf den See selbst hinauf; aber die Entdeckung war von großer Bedeutung für Koch, der sich nun entschloß, diesen See als Weg auf seiner Reise zum Inlandeis zu benutzen.

Diese Reise Kochs stand unmittelbar vor der Tür, so daß das Depot für sie so bald wie möglich ausgelegt werden mußte. Am 9. April zogen deshalb Gustav Thostrup, Lundager und ich mit drei Schlitten davon, um vier Schlittenkisten am Südende des zweiten Sees — genannt „Annexsee" — niederzulegen, an der Stelle, wo das Flußbett in diesen mündet. Wir brachten außerdem einen Segeltuchskajak mit, den wir beim Seehundssee deponieren sollten, wo Jarner, Johansen und Bendix-Thostrup ihn im Sommer gebrauchen wollten. Ferner hatten wir die Aufgabe, das „Amdrupsboot", das an der Küste zwischen der „Kleinen Schneespitze" und dem Lachsfluß zurückgelassen war, aus dem Schnee auszugraben und nach der Walroßspitze zu schleppen, wo es zum Gebrauch für dieselbe Abteilung liegen bleiben sollte.

Nach einer herrlichen Reise von vier Tagen kehrten wir heim, nachdem wir das Depot und den Kajak an den verabredeten Stellen niedergelegt hatten. Dagegen hatten wir es aufgeben müssen, das Amdrupsboot fortzuschaffen, da die Flut zu ihm hinaufgedrungen war und den Schnee in eine Eismasse verwandelt hatte, die das Boot vollständig bedeckte, so daß nur der Kiel daraus hervorragte. Wir hatten vergessen, einen ordentlichen Spaten mitzunehmen und mußten daher diese Aufgabe einer späteren Schlittenabteilung überlassen.

Die Wegverhältnisse der Reise waren durchweg ausgezeichnet und die Hunde in vorzüglichem Zustande. Wir lagerten in der ersten Nacht auf der Walroßspitze und fuhren am nächsten Tage auf den Seehundssee hinauf. Dort waren bereits große Teile der dünnen Schneeschicht in der Sonne verdampft, so daß große Flecken blanken Eises auf unserem Wege lagen. Das brachte die Hunde gehörig in Fahrt. Wir fuhren etwa zwei Meilen über diesen prachtvollen See. Hohe Felsen standen auf beiden Seiten wie zwei Reihen Giganten — eine Ehrenwache für die Stille und den Tod, die hier drinnen hausen. Ja —

Rast auf dem Seehundssee.

den Tod! Keine Spur von Leben sah man hier drinnen, nicht den kleinsten Vogel, kein Tier auf den Felsen. Nur Eis, Stein und Himmel. Aber ein goldiges Licht umstrahlte alles, ein ganz feiner Eisnebel erfüllte die Luft mit Goldstaub. Menschen, Schlitten und Hunde schienen die einzigen greifbaren Dinge in dem Ganzen zu sein — und der Gesang der Schlitteneisen auf dem harten Schnee war der einzige Laut, der sich bebend in dem großen Schweigen hervorwagte.

Am Abend schlugen wir an der Mündung des alten Flußbettes, das zum zweiten See führte, das Lager auf. Am nächsten Morgen ließen

Aussicht vom Depotplatz nach Norden über den Annexsee.

wir das Zelt und alles andere zurück und fuhren nur mit den für das Depot bestimmten Kisten auf den Schlitten im Flußbett hinauf. Es war die merkwürdigste Fahrt, die ich mitgemacht habe. Die Hauptrichtung des Flußbettes geht von SO nach NW, aber es krümmt sich zwischen den Felsen in den sonderbarsten Windungen und Buchten, erst wie eine enge Schlucht, dann wie ein breites, holperiges Tal. Überall hatte die Landschaft hier Fjordcharakter, ebenso wie im Mörkefjord und auf dem Seehundssee. Wir bewegten uns aber nicht auf dem eisbedeckten Fjordboden vorwärts; wir fuhren die ganze Zeit über auf dem Lande; zwischen riesigen Eisblöcken, zwischen mächtigen Sandhügeln und steinigen Abhängen mußten wir mühsam auf den

Schneewehen, die sich in breiten Wogen auf und ab krümmten, unseren Weg suchen. Meistens ging es aufwärts, denn das Flußbett steigt bis zu einigen Kilometern vom Annexsee an, zu dem es dann langsam wieder abfällt. Es hat keinen Abfluß vom Annexsee zum Seehundssee gebildet, sondern vielmehr Zuflüssen zu beiden als Bett gedient. — Wir liefen hinter den Schlitten her, gebrauchten die Peitsche und schoben nach, wo es kniff. Die Sonne stieg am Himmel und brannte, ein Kleidungsstück nach dem anderen wurde abgeworfen und auf den Schlitten geladen (es fror nachts zirka 32 Grad, aber am Tage etwas weniger). Immer schwieriger wurde das Terrain, je mehr wir uns der Mitte des Tales näherten. Die Peitsche mußte unaufhörlich gebraucht werden, um um die Steine herum zu navigieren und die Hunde auf die steilen Schneehügel hinaufzutreiben. Der Schlitten liegt bald auf der einen, bald auf der anderen Kufe, im einen Augenblick steht er auf dem Kopf, im nächsten auf dem Hinterteil; er schaukelt wie ein alter Kasten im Sturm und läuft ebenso viel seitwärts wie vorwärts.

Um zwischen den Felsen vorwärts zukommen, mußten wir an einer Stelle über einen mächtigen Schneehügel aus abwechselnd weichem und steinhartem Schnee fahren, der nach der einen Seite in einem Winkel von etwa 45 Grad abfiel. Der unheimliche, ziemlich tiefe Abgrund lief in eine mächtige Steinhalde und ein Chaos von losgerissenen Felsblöcken aus — eine gefährliche Stelle, wenn man über den Rand hinausglitt und ins Treiben kam. Aber es ging — wir konnten die Schlitten gerade noch von der Kante des Abgrunds fernhalten und gelangten hinüber. Wir schauderten aber bei dem Gedanken an die Heimreise, wo es mit leeren Schlitten abwärts gehen würde.

Wir kamen jetzt auf ebneres Gelände, das sich in immer breiter werdenden Wellen nach Norden erstreckte. Die Felsen zu beiden Seiten entfernten sich nach und nach voneinander, und auf einer langsam abfallenden Fläche glitten unsere Schlitten jetzt bedächtig vorwärts. Schließlich sahen wir das Flußbett sich noch mehr ausweiten und in einer vollständigen Ebene enden. Diese breitete sich zwischen zwei Reihen niedriger Felsen ein paar Kilometer nach den Seiten hin aus, und wir konnten sie sich nach Norden hin wohl drei bis vier Meilen weit fortsetzen sehen, bis Felsen plötzlich den Gesichtskreis absperrten. Das war der andere große See, der Annexsee.

Wir waren hier wohl ungefähr 90 Kilometer vom Schiffe entfernt. Auf einem vorspringenden Wall beim Übergang des Flusses in den See legten wir das Depot an und traten dann mit den leeren Schlitten die Heimreise an.

Es kam, wie wir es uns auf der Hinauffahrt gedacht hatten — es war zu verwundern, daß wir während der Heimfahrt auf dem Flußbett nicht zu Krüppeln geschlagen wurden. Die Hunde waren vollständig wild, sie rasten mit den leeren Schlitten wie Teufel auf der alten Spur dahin — sie wußten, daß sie gefuttert wurden, wenn wir den Zeltplatz wieder erreichten.

Anfangs liefen wir viel hinter den Schlitten her, um sie zwischen den Steinen hindurch zu bugsieren; aber auf die Dauer war das unmöglich auszuhalten. Die Fahrt wurde allzu hitzig, als wir erst auf den vollständig eisartigen, harten Schnee mitten im Fluß kamen. Wenn wir dort hinten auf den Schlitten hingen, mit beiden Fäusten krampfhaft an die Schlittenstützen geklammert, flogen wir wie Gliederpuppen in der Luft umher, all die wahnsinnigen Sprünge und Schwankungen des Schlittens so naturgetreu wie möglich mitmachend. Wenn man schließlich das Glück hatte, daß der Schlitten gegen einen Stein prallte, und still stand, warf man sich keuchend, schlapp wie ein Sack, quer darüber und ließ die Hunde eine Zeitlang vor Ungeduld heulen, bis man wieder loslegte. Schließlich kümmerte man sich den Teufel auch ums Lenken, warf sich auf den Schlitten und ließ es gehen, wie es wollte. So gelangten wir wieder zu dem großen Abgrund, wo wir eine Katastrophe erwarteten. Die Schlitten flogen wie drei Vögel dicht hintereinander her über den Abhang hinab. Dann kriegte Thostrups Schlitten den ersten Stoß von einem Stein; ein roher Laut des Eisens, das gegen den Granit scheuerte, traf das Ohr, — sein Schlitten wurde zur Seite geschleudert, und ich kam an die Reihe. Mir ging es ebenso — und dann hörte ich genau denselben Laut von Lundagers Schlitten hinter mir.

Jetzt kam die böse Stelle. Plötzlich sah ich Thostrups Schlitten gerade in die Luft fahren, und im nächsten Augenblick verschwand er mit Schlitten und Hunden in der Tiefe. Ich hatte gerade noch Zeit, zu konstatieren, daß ich die Landschaft von dieser Seite aus noch nicht kannte, und daß sie mir jedenfalls von der anderen besser gefiel, als ich mich plötzlich merkwürdig leicht und den Boden unter mir schwinden fühlte. An mir vorbei flogen Steine und Felsblöcke, der Schnee drang wie goldiger Rauch in die Augen. Wir fuhren der Sonne entgegen und ich hatte das Gefühl, als flöge ich gerade in sie hinein, ich war vollständig geblendet. Aber in der nächsten Sekunde kam der Erdball zu mir heraufgefahren und traf mich mit seiner ganzen Gewalt von unten. Was dann weiter geschah, davon weiß ich nichts, bis ich zusammen mit zwei Männern, drei Schlitten und dreißig Hunden in einem Klumpen ganz unten am Fuß des Abhanges landete. Thostrups Gespann raste und wickelte sich zuerst aus dem Klumpen heraus, dann fuhr er auf der schrägen, eisblanken Fläche weiter — und unsere Schlitten folgten nach. Als ich einige Minuten später mich zufällig umdrehte, sah ich Lundagers Schlitten mit den Stützen nach vorne herankommen. Lundager schleppte auf dem Bauch hinterher, indem er sich an den beiden Vorderseiten der Kufen festhielt. Der Schnee sprühte nur so, so daß die Sonne ihn selbst sowie den Schlitten und die begeisterten Hunde mit einem Regenbogen umgab. Ich rief Thostrup, und wir brachten die Schlitten zum Stehen. — Lundager erzählte dann, daß er so gefahren wäre, seit wir über den Abhang fielen, er hätte keine Zeit gefunden, auf den Schlitten hinaufzukommen, bevor es wieder weiter ging.

Nach einer rasenden Fahrt durch das enge Flußbett hinab zum Seehundssee gelangten wir ohne einen einzigen Unfall — wenn auch ziemlich mürbe — zum Zeltplatz. Meine eine Hüfte war ganz braun und blau, aber es war mir nicht möglich, mich zu entsinnen, daß ich mich geschlagen hätte.

Warum hatten wir denn nicht die Hälfte der Hunde abgespannt und mit dem Rest langsam und bedächtig die Heimreise gemacht? — J, warum denn. Dergleichen tut uns hier oben ab und zu not. Es ist amüsanter und „spannender", es ist doch eine Art Sensation, eine Art Erlebnis. Und es ist herrlich zu wissen, daß man es k a n n, zu fühlen, daß man jung und stark ist, und zu merken, wie die Gesundheit in den Gliedern rumort. In uns allen, die wir uns auf solche Dinge einlassen, ist wohl nicht so wenig vom „Jungen" zurück.

Und als wir am Abend im Schlafsack lagen und die Mürbigkeit in den Gliedern fühlten, sowie eine schwache, kribbelnde Empfindung in den Haarwurzeln beim Gedanken an die Steinhalde — da war das Leben bei Gott herrlich, und die Shagpfeife und der Kaffee waren die größten Güter dieser schönen Welt.

Am Abend des 12. kehrten wir zum Schiff zurück. Als wir den Hasenberg passierten, sahen wir das erste lebende Wesen auf der ganzen Reise, einen Schneehasen, der entsetzt auf den Berg hinauf flüchtete; und kurz darauf hörten wir, wie irgendwo in der Nähe ein Schneesperling piepte.

Wir waren wieder daheim.

— —

Am 15. April fuhren zwei Abteilungen nach Süden. Die eine bestand aus Jarner mit Tobias und Hendrik; sie sollten erst auf Shannon Hundefutter holen und dann nach dem Hochstetter Vorland und hinein in die Ardencaplebucht gehen. Die andere Abteilung bestand aus Bistrup und Hagerup, die auf einer Vermessungsreise nach der Besselbay und den Gebieten hinter dem Teufelskap gingen. Auf dieser Reise sollte auch die Südgrenze für „Königin Louises-Land" bestimmt werden, soweit dies von der äußeren Küste aus möglich war.

Die beiden Abteilungen sollen mit drei Hundeschlitten zusammen bis zur Besselbay fahren, von dort soll Jarner mit allen Hunden vor zwei Schlitten nach Süden weiter reisen, während Bistrup und Hagerup auf dem Rest ihrer Reise ihre Schlitten selbst ziehen sollen.

Von Jarners Reise.
Tobias hält Ausschau von der Merkstange beim Zieglerdepot aus.

Sie fuhren am Morgen ab. Man wurde wehmütig, wenn man daran dachte, daß dies wohl die letzte Hundeschlittenreise der Expedition war, aber am traurigsten von allen war der Gedanke, daß wir die Hunde vielleicht nicht wieder sehen würden. Konnten Tobias und Hendrik nicht durch die Jagd hinreichend Futter für sie beschaffen, so würde man wohl genötigt sein, die stürzenden zu schlachten und die anderen mit ihnen zu füttern. Es konnte leicht darauf hinauskommen, daß die drei mit Ziehschlitten heimkehrten.

Ich nahm feierlich von meinem lieben „Nanôk" Abschied und spannte ihn dann selbst vor den Schlitten. — Aber ich war nicht der einzige, der einen Freund unter den Hunden hatte; hier und da stand einer von den Männern und sprach mit einem guten Kameraden unter den Hunden, der ihn mehrere hundert Meilen geschleppt hatte, und den er vielleicht jetzt zum letzten Male streichelte.

Als ich ein wenig später auf dem Hügel stand, sah ich die Schlitten um die Hafenspitze schwenken und ostwärts verschwinden.

— — — — — — — — — — — — — — — — — — — —

Freuchen bei der Heimkehr.

Wenige Tage darauf, am 24. April, zogen Koch, Gundahl und Freuchen mit einem Ziehschlitten nach dem Inlandeis. Diese Reise konnte zu manchen Unannehmlichkeiten führen. Mit dem Inlandeis ist nicht zu spaßen. Und außerdem kann die vorgerückte Jahreszeit, in die ihre Rückreise fallen wird, mit ihrem Taubruch ihnen schon gefährliche Hindernisse genug in den Weg legen. — Aber wir dachten jetzt nicht viel an dergleichen — wir waren gegenüber dem Gedanken an Gefahr ziemlich blasiert. Ich entsinne mich deutlich, daß Koch mit mir darüber einig wurde, daß wir einen Abschiedstarok spielen wollten, ehe sie aufbrachen. Und wir saßen vier Mann hoch im Hause und spielten bis zu dem Augenblick Karten, wo die drei, die fort sollten, aufsprangen, sich die Windanoraks anzogen, uns die Hände drückten — und mit dem schweren Schlitten über das Meereis trabten.

Freuchen bei der Heimkehr.

Am 22. April war Freuchen endlich zum Schiff zurückgekehrt, nachdem er sich fast sieben Monate in der Erdhöhle aufgehalten hatte, die den Namen „Haus“ trug und als meteorologische Station diente. Wegener selbst löste ihn für den letzten Monat dort ab. Als Freuchen, begleitet von Bertelsen, an der Schiffsseite auffuhr, bot er einen sonderbaren Anblick dar. Kleiner war er dort nicht geworden, auch nicht fetter oder reiner. Und seine lange Gestalt hatte er in eine Kleidung gepreßt, die noch von der Zeit her stammte, als er als Heizer an Bord Dienst tat, und die unter Fachleuten „Affenzeug“ genannt wird. Es ist eine „Kombination“ von Hose und Bluse. Als ich mit einigen anderen vor ihm stand, konnten wir unser Erstaunen nicht verbergen. Namentlich dünkte es uns, daß wir nie so etwas von Beinen gesehen hatten, wie die, mit denen er in diesem Kostümaufwartete. „Na — oh“, sagte Freuchen,

„ja, so, Sie sehen auf meine Beine! Ja — sie haben sich dort etwas geworfen, sind infolge der Feuchtigkeit und des engen Raums innerhalb der vier Wände recht schief geworden. Aber Sie werden sehen, das zieht sich schon alles wieder gerade, wenn sie ein bißchen Sonne kriegen!"

Freuchen war heimgekehrt, um an Kochs Reise nach dem Inlandeis teilzunehmen — eine Art „Erholungsreise" nach dem Aufenthalt im Hause; und jetzt war er also nach zwei Tagen schon wieder über alle Berge.

Kein Wunder, daß das viele Reisen, das der Frühling mit sich brachte, auch uns beiden Maler in Unruhe versetzte, und eines schönen Tages schmierten wir denn auch frischen Speck auf unsere alten Komagen, zurrten unsere Schlitten, spannten die Hunde*) vor und wandten den Fleischtöpfen des Schiffes den Rücken zu.

Das Teufelskap war unser Ziel.

Jetzt brachten wir also endlich unseren Plan vom vorigen Jahre zur Ausführung. Bereits vor einem Monat waren Bendix-Thostrup, Koefoed und Hendrik längs der Küste dorthin gefahren und hatten für Jarners, Bistrups und unsere Reise ein paar Depots dort ausgelegt.

Jetzt galt es, den letzten Monat zu benutzen, ehe die Vorbereitungen für die Heimreise die Mitwirkung aller auf dem Schiffe erforderten. Wir brachen am Morgen des 27. April auf; Weinschenck begleitete uns, um das Hundegespann, das unsere beiden Schlitten zog, zum Schiff zurückzubringen. Bei stillem, strahlendem Sonnenschein marschierten wir ab, passierten zur Mittagszeit das Kap Helgoland und erreichten am Nachmittag ungefähr zwei Meilen von diesem eine Stelle auf dem Meereis, auf der wir für die Nacht das Zelt aufschlugen. Die Schlittenbahn, die anfangs ausgezeichnet gewesen war, wurde gegen Ende des Tagemarsches schwierig; aber noch schlimmer wurde es am nächsten Tage.

Eine mächtige Schneeschicht bedeckte die ganze breite Meeresfläche zwischen den Koldewey-Inseln und dem Teufelskap; um über diese Strecke, die schon so oft in einem Tage zurückgelegt war, hinüberzukommen, brauchten wir drei Tage. Als wir am Abend des dritten Tages unter den mächtigen Steinkoloß des Teufelskaps gelangten und dort das Zelt aufschlugen, waren wir müde und mitgenommen. Es wurde trotzdem beschlossen, daß Weinschenck am nächsten

*) Ein Invalidentrupp, der fast immer zu Hause blieb. Er wurde das „Schiffsgespann" genannt. Anm. d. Verf.

Morgen mit dem einen Schlitten zum Schiff zurückkehren sollte, da die Hunde nicht länger entbehrt werden konnten, während Bertelsen und ich uns mit unserem Schlitten, so gut wir konnten, allein weiter helfen mußten, um zum Depot zu gelangen, das eine halbe Meile weiter südlich auf einer vorspringenden Landspitze lag.

Am nächsten Morgen trennten wir uns. Weinschenck fuhr zum Schiff, während wir den Riemen über die Schultern legten und uns über den Fjord südlich vom Teufelskap begaben.

Weinschenck, Bertelsen und ich beim Aufbruch nach dem Teufelskap.

Es wurde die schlimmste Tour, die wir mitgemacht hatten, und es dauerte nicht lange, da tat es uns leid, daß wir die Hunde hatten fahren lassen. Der Schnee lag hier metertief und war schon so sehr von der Sonne aufgelöst, daß wir bei jedem Schritt bis an die Schenkel einsanken. Bald kamen wir in der gewöhnlichen Weise nicht mehr weiter mit dem Schlitten, sondern mußten uns umdrehen, die Zugriemen mit den Händen anfassen und dann den Schlitten, auf dem ein Gewicht von etwa 400 Pfund lag, mit kleinen Rucken vorwärts bringen.

Wir brauchten acht Stunden zu den knapp vier Kilometern über den Fjord hinüber. Aber dann wurden auch unsere Anstrengungen belohnt. Wir sahen, als wir die andere Seite erreichten, die schönste, anheimelnde Landschaft, die man sich wünschen konnte. Über einen hohen schneebedeckten Abhang gelangten wir zu einer mit Heidekraut bewachsenen, schneefreien Fläche, die zwischen hohen Felswänden geschützt dalag. Wir hörten das Schneehuhn droben in den Bergen rufen, sahen einen Hasen langsam über das Heidekraut hüpfen und hörten Schneesperlinge um uns herum zwitschern. Von der kleinen Heideebene, auf der wir jetzt unser Zelt aufschlugen, hatten wir über das Meereis, das hier in der Nähe mit mächtigen, eingefrorenen Eisbergen angefüllt war, eine weite Aussicht ganz hinüber nach den seltsamen, giebelartigen Zinnenreihen der Koldewey-Inseln. Im Norden lag das mächtige Teufelskap und im Süden die zackigen und spitzen Felsen, die die „Orgelpfeifen" genannt wurden.

Teil des Mörkefjord, vom Plateau aus gesehen.
Von Wegeners Aufenthalt bei „Pustervig".

Hier beschlossen wir zu bleiben.

Am nächsten Tage holten wir unser Depot ab, das wir eine Viertelmeile weiter südlich an der Küste fanden.

Die Umgegend wurde hier durch den gewaltigen Felsen charakterisiert, den Koldewey als erster sah, das Teufelskap, diesen mächtigen Ursteinkoloß, dessen Blicke immer auf uns ruhten, während wir hier weilten, und uns folgten, wo wir uns auch befanden. Auf allen

Seiten vom gefrorenen Meer umgeben, erhebt er sich über das ganze übrige Land wie ein mächtiges, versteinertes Ungeheuer aus vorgeschichtlicher Zeit. Es ist, als ob die Seele der ganzen Landschaft hinter diesen harten Mauern wohnt, als ob dieser Steinklumpen der Zapfen ist, um den die ganze Welt sich dreht. Wenn wir in später Abendstunde vor unserem Zelt standen und aufs Meereis im Osten hinaussahen und die Sonne um den westlichen Rand des Berges herumschwenkte, dann sahen wir weit, weit draußen eine dunkle Linie sich vom Berge aus auf das glühende Meereis hinausschieben und langsam

Teufelskap, von Süden gesehen.
Von Jarners Reise.

zu uns herabgewandert kommen. Immer breiter wurde sie, je mehr sie sich näherte. Die Farben der Eisberge erloschen in ihr, und das Land lag meilenbreit vor ihr und wartete zitternd, daß sie darüber hin zog.

Das war der Schatten des Berges.

So wandert er im Sommer den ganzen Tag lang — um den Berg herum. Denn die Sonne geht nie unter; niedrig wandert sie den ganzen Sommer hindurch am Horizont herum — und der Schatten schiebt sich meilenlang vom Berge aus vor; wie ein ungeheurer Zeiger einer Uhr gleitet er Tag für Tag über die mächtige Eisfläche hin.

Es war, als wohnten wir am Nabel der Zeit, am Mittelpunkt der großen Uhr, die der Schöpfer selbst eingerichtet hat, um danach den Gang der ganzen Welt regulieren zu können. Wenn nun der gute Gott dort oben im Himmel sitzt und einen der kleinen, dienstbaren Engel fragt, wieviel Uhr es sein mag, dann braucht dieser nur zum Fenster zu laufen und auf das Teufelskap hinabzugucken, um sofort melden zu können, was die Uhr geschlagen hat.

Hier wohnten wir einen ganzen Monat. Und dies war für mich die schönste Zeit während der ganzen Expedition. Erst als der Zeiger des Teufelskaps dreißigmal unser Zelt verdunkelt hatte, brachen wir es ab und zogen nordwärts zum Schiffe.

Durchschnitt des Mörkefjords durch das Plateau.
Von Wegeners Aufenthalt bei „Pustervig".

Wir kehrten zusammen mit Bistrup und Hagerup heim, die uns auf ihrer Reise in der Nachbarschaft zweimal besucht hatten. Nachdem Hagerup eine forcierte und anstrengende Skireise zum Schiffe gemacht und Skis und Hunde für die Heimreise geholt hatte, verließen wir am 1. Juni einen Zeltplatz eine halbe Meile nördlich vom Teufelskap, und drei Tage darauf waren wir daheim.

Als wir um die Hafenspitze schwenkten, sahen wir mit Erstaunen, daß das Schiff schon vollständig für die Seereise getakelt war. Ach ja! — Wenn jetzt nur das Eis aufbrechen wollte, so daß wir hinauskamen!

Jarner war schon von einer glücklich durchgeführten Reise zum Ardencaple-Inlet, dessen unbekanntes innere Ende geologisch unter-

Vom Rand des Inlandeises beim Germanialand.

sucht und aufgemessen war, heimgekehrt. Unterwegs hatten sie nicht weniger als dreizehn Bären erlegt, so daß sie reichliches Futter für die Hunde hatten und diese in einen glänzenden Futterstand bringen konnten. Sie kamen alle mit zum Schiff zurück.

Auch Wegener war von der Pustervigstation heimgekehrt, nachdem er dort seine meteorologischen Observationen abgeschlossen hatte. Und endlich, am 5. Juni, kehrte auch die Abteilung Koch heim, die eine lange Reise über den Annexsee und quer über das Inlandeis bis zum großen Nunatak ausgezeichnet durchgeführt hatte.

Über diese Reise, die in bezug auf wissenschaftliche Entdeckungen außerordentliche Resultate brachte, machte mir Koch an den nächsten

Auf dem Inlandeise. Das mit Schnee bedeckte ebnere Terrain.

Tagen Mitteilungen, die ich hier, wenn dieses Werk auch nicht auf derartige Berichte angelegt ist, doch wenigstens berühren will.

Sie legten mit ihrem Ziehschlitten ganz denselben Weg zurück, auf den wir ihr Depot an seinen Bestimmungsort gebracht hatten. Nachdem sie beim Depot ihr Schlittengewicht auf 700 Pfund erhöht hatten, gelangten sie am 4. Mai über den Annexsee zum Rand des Inlandeises nach dem Germanialand zu.

Der See stand durch ein eisbedecktes Flußbett mit dem Inlandeis in Verbindung. Da das Flußbett sich längs der Eismauer nach Norden hin bewegte, zog die Schlittenabteilung auf diesem günstigen Wege eine Tagereise nach Norden, wurde aber dann wider Erwarten dadurch aufgehalten, daß der Fluß unter dem Eisrand verschwand. Das Land war dort fast schneefrei, so daß es ihnen nicht möglich war, die Reise nach Norden fortzusetzen. Koch, auf dessen Programm u. a. die Untersuchung der Grenzen des Inlandeises und seiner Bewegung zwischen Königin Louises-Land und der Gletscherbucht stand, war infolgedessen etwas enttäuscht; aber durch die Besteigung eines Berges gelang es

Das schneefreie höckerige Inlandeis.

ihm, sich einen vortrefflichen Überblick über das Gelände zu verschaffen und von dort aus die notwendigen Messungen bis zur Eisgrenze auf der genannten Strecke auszuführen. Während eines fünftägigen Aufenthalts in einer merkwürdigen Moräne beim Flußlauf längs der Eismauer fanden sie in einer nahe gelegenen Gebirgsschlucht bedeutende Kohlenlager. Dann gingen sie auf dem Flußbett südwärts, um einen Aufgang zum Inlandeis zu finden, auf dem sie jetzt zu ihrem Ziel, dem Königin Louises-Land, vordringen wollten.

Vorläufig war dies aber keine leichte Aufgabe.

Der Eisrand nach dem Germanialand zu, hier etwa 30 Meter hoch, war überall unregelmäßig und durchbrochen, teils durch die heftigen

Bewegungen des Eises nach außen hin, teils durch den Fluß, der ihn unterminiert hatte, teils auch durch Wasser und Frostsprengungen. In wilden, phantastischen Formen lag der strahlende Gletscher längs ihres Weges, unbesteigbar und unzugänglich für jedes lebende Wesen. Sie zogen längs dieser Welt prachtvoller Ruinen südwärts und spähten vergebens nach einem Aufgang, während Wunder auf Wunder sich ihren Blicken zeigte. Hier war aller Welt Baukunst vertreten, von dem fernsten Altertum und durch alle Kulturperioden hindurch, gleichsam spielend von der Natur nachgeahmt. Chinas und Indiens üppige, verschwenderische Pracht war in einer Laune vom Eise übertroffen.

Nach einer Tageswanderung nach Süden, auf der diese Mauer immer niedriger wurde, gelangten sie schließlich zu einer Stelle, an der das Inlandeis wie eine mächtige Schneewehe zum Lande hinüber glitt und schließlich ganz eben in dieses überging. Hier gelangten sie hinauf.

Sie zogen am ersten Tag den Schlitten, dessen Gewicht jetzt auf 450 Pfund heruntergebracht war, 15 Kilometer lang über das Inlandeis hinauf. Koch sah später, daß sie hier zu einer ebeneren Strecke zwischen zwei mächtigen Strömen des Inlandeises gekommen waren, die vereint zwischen dem Königin Louises-Land und dem Land westlich von der Gletscherbucht hinausglitten, aber sich hier so teilten, daß der eine Strom längs der Ostseite von Königin Louises-Land nach Süden ging, während der andere in dem südlichen Teil der Gletscherbucht nach Norden abfiel.

Über das ebene Terrain zwischen den Eisströmen drangen sie mehrere Tagereisen vor, bis sie sich endlich ihrem Ziel, dem Nunatak, näherten. Je mehr sich die Ströme nach und nach einander näherten, desto mehr wurde ihr Weg zwischen diesen eingeengt, und schließlich wurden sie, um das Land zu erreichen, auf den Eisstrom hinaufgezwungen, der dieses passierte. Der Weg war entsetzlich. Er war, als wanderten sie über ein plötzlich erstarrtes, aufgeregtes Meer; das Eis war steinhart und schneefrei, die Männer glitten aus und fielen und der Schlitten schlug unaufhörlich um. Da fand Koch einen Ausweg. Das Eis war auf ihrem Marsche überall von gefährlichen schneebedeckten Spalten durchfurcht gewesen, auf denen sie häufig durchbrachen und nur am Skistock oder Zugriemen hängen blieben. Koch war von seinen vieljährigen Gletscherwanderungen auf Island daran gewöhnt, aber auf Freuchen und Gundahl hatte es anfangs einen recht unheimlichen Eindruck gemacht; doch hatten sie sich nach ein paar Tagen daran gewöhnt, wie an etwas, das nicht anders sein konnte.

Daher gingen sie jetzt auch bereitwillig auf Kochs Vorschlag ein, der darauf hinauslief, daß man auf der dünnen und oft recht mürben, aber ebenen Schneekruste dieser Spalten entlang gehen sollte. Die Spalten durchquerten den Eisstrom und liefen somit gerade auf ihr Ziel hin. Koch ging nun an einem längeren Zugriemen voran und prüfte mit einem Eisen die Solidität der Schneekruste, und die anderen folgten hinterher.

Ein gestrandeter Eisberg auf dem Inlandeise.
3000 Fuß über dem Meeresspiegel.

Als sie indessen näher an den Nunatak herankamen, erreichten die Spalten eine Breite bis zu 50 Meter und waren nun natürlich nicht mehr mit Schnee bedeckt. Wie mächtige Laufgräben bewegten sie sich auf den Nunatak zu. Wie tief diese Spalten waren, konnte man nicht konstatieren, da sie vom Grunde bis zu etwa 20 Meter vom Rande mit einer Schicht harten Schnees angefüllt waren, auf der sich nun die Reisenden ruhig und sicher ihrem Ziele zu bewegten. Am 16. Mai erreichten sie den nach dem Nunatak abfallenden Abhang des Inlandeises und sahen, daß die Eismauer vollständig senkrecht abfiel und eine tiefe Schlucht bildete, dessen andere Seitenwand von dem Felshang des Nunatak gebildet wurde. Hier stießen sie auf eine Erscheinung, die sie mit unermeßlichem Erstaunen erfüllte: das Inlandeis beim Nunatak war an mehreren Stellen auf seiner Oberfläche mit großen Eisbergen bedeckt! Wie war es nur möglich, daß sie hier hinauf gekommen waren, auf ein Plateau, das 3000 Fuß über dem Meeresspiegel lag?

Es dauerte jedoch nicht lange, da fand Koch die Lösung.

Ein Zufall, der ihnen fast wie ein Mirakel erschien, half ihnen ganz unerwartet die 40 bis 60 Meter hohe, vollständig senkrechte Eismauer zu überwinden. Nachdem sie lange vergebens nach einem Abstieg

Die Eismauer (Rand des Inlandeises) bei „Ymers Nunatak".

gesucht hatten, kam Koch zufällig in die Nähe eines mächtigen Eiskolosses, der ganz nahe am Rande der Schlucht lag und über diese hinaushing. Fast in dem Augenblick, wo Koch den Eisberg entdeckte, kalbte dieser über den Abgrund hinaus, zersplitterte wie durch eine Explosion in tausend Stücke, riß große Teile des Eisrandes mit sich und stürzte wie eine mächtige Lawine in die Tiefe hinab, indem er hinter sich her einen breiten, schrägen Weg herstellte.

Wenige Minuten später bewegten die drei Männer sich auf diesem Wege ohne große Mühe hinab und erreichten bald darauf den Grund der Schlucht.

Von der Eismauer bei „Ymers Nunatak“. 180 Fuß hoch. Schmelzwasserstreifen kreuzen die Moränenstreifen.

ACHTON FRIIS

TEUFELSKAP, VON SÜDEN GESEHEN

Der Nunatak unterschied sich in seinem Aussehen nicht wesentlich von den Gegenden beim Danmarkshafen. Hier gab es dieselbe Vegetation und dieselben moutonnierten Felsformen.

Gleich unmittelbar nach ihrer Ankunft stießen sie auf verschiedene Tierformen; sie sahen Hasen, Schneehühner, Raben und eine Eule (Lemminge mußten also auch hier sein) und, was sie in hohem Grade in Erstaunen setzte, Moschusochsenexkremente!

Teilansicht der Eismauer.

Wie waren die Moschusochsen nach diesem Lande gekommen? Der Nunatak liegt 60 Kilometer vom Germanialand entfernt, und selbst wenn die Tiere über das ganz dicht dabei liegende Königin Louises-Land hierher gewandert waren, mußten sie doch mehr als 40 Kilometer über das Inlandeis gegangen sein, das überall von unzähligen Spalten durchfurcht war, die ja für diese schweren, klotzigen Tiere eine ungeheure Gefahr bedeuten mußten! — Waren sie auf diesem Wege gekommen — und welchen anderen sollten sie denn eingeschlagen haben — dann hatten sicher viele von ihnen in diesen heimtückischen, tiefen, nur mit einer dünnen Schneekruste bedeckten Spalten das Leben lassen müssen!

Kann man hierin eine Erklärung der mächtigen Mammutgräber an den Küsten Nordsibiriens finden, wo diese Kolosse tausende von Jahren auf dem Grunde des Eises gelegen haben?

Eine neue überraschende Entdeckung machte Koch, als sie den Nunatak bestiegen. Seine schrägen Seiten, die sich zu einer Höhe von etwa 300 Meter über den obersten Rand der Eismauer erhoben, waren an mehreren Stellen von scharfen, wagerechten Linien gestreift und gefurcht. Koch entdeckte bald, daß es Wasserlinien (Merkmale der Wasserstandshöhen) waren. Im ganzen fand er sechs von ihnen übereinander.

Wie ein tiefer Wallgraben um eine mächtige Festung läuft die Schlucht zwischen der Eismauer und dem Berg um den ganzen Nunatak herum. Auf den Wanderungen unten in der Schlucht hatte Koch überall, auch oben auf dem alten Schnee, eine große Schicht Tonschlamm, sogenannten Schlick, gefunden — ein Beweis dafür, daß bisweilen viel Wasser in der Schlucht stehen mußte — und an drei Stellen hatte er auf dem Boden der Schlucht offene kleine Seen angetroffen.

Als sie am Tage nach der Entdeckung der Wasserlinien auf dem Grunde der Schlucht Rast hielten, um zu essen, hörten sie oben von den Höhen des Nunatak her einen summenden Laut, der schnell zu einem kräftigen, gleichmäßigen Brausen anstieg, und bald darauf entdeckten sie, daß ein großer Elv zu springen angefangen hatte, durch die Schneedämme gebrochen war und über den Grund der Schlucht hinausströmte.

Der Elv, der erst an diesem Tage aufgebrochen war, war wenige Stunden später so wasserreich, daß sie die Rinnsale in der Schlucht nicht überschreiten konnten. Im Laufe der halben Stunde, in der sie frühstückten, war das Wasser auf dem Grunde der Schlucht um 10 Zentimeter gestiegen! In wenigen Tagen würde es die Schlucht anfüllen und über das Inlandeis hinausströmen, wenn es nicht vorher durch dieses durchbrach und sich unter ihm einen Abfluß schaffte. Hier hatte man also die Erklärung der Wasserlinien, deren verschiedene Lage in Verbindung mit den verschiedenen Höhen stehen mußte, in denen das Wasser durch die Eismauer Abfluß fand. Ferner erklärte sich jetzt das Vorkommen der Eisberge oben auf dem Inlandeis. Diese waren natürlich, nachdem sie von der Eismauer in die Schlucht hinuntergestürzt waren, von den Wassermassen über den Rand des Eises und auf dieses hinauf geführt worden, wo sie dann gestrandet waren.

Als sie später oben auf dem Rand der Eismauer entlang gingen, fanden sie denn auch ein mächtiges Flußbett, das weit auf das Inlandeis hinauf führte und an drei Stellen große Seen bildete, von denen einer fünf Kilometer lang war. Auf dem Grunde dieses Flußbettes fanden sie überall eine große Schicht Tonschlamm.

Sie hatten dort auf dem Nunatak vollständig den Eindruck, als wäre es Hochsommer. Das Thermometer zeigte + 0,2 Grad. Eine so hohe Temperatur war in der Gegend des Hafens frühestens in Monats-

Hendrik vor dem Zelt.

frist zu erwarten. Diese kleine Insel, die überall vom Eise umgeben war, begann also einen Monat früher als die Küstenlandschaften mit dem Sommer.

Sie hatten dort die ganze Zeit über vollständig klares Wetter und strahlenden Sonnenschein, während sie oft im Osten über dem Eise und dem niedrigen Küstenland dichten Nebel sahen, der tagelang den Horizont bedeckte.

So wie dieser Nunatak hier liegt und Sommer schafft, Sommer mit rinnenden Elven, mit Heidekraut und Blumen, mit zwischen den Steinen hüpfenden Hasen und Lemmingen und über den Felsen schwebenden

Raben und Falken — so haben auch einst in fernen Zeiten Skandinaviens Hochgebirge ihre grünenden Gipfel über dem mächtigen Eise erhoben!

Knud Christiansen.

Die wissenschaftlichen Entdeckungen, die während des Aufenthaltes bei dem von Koch „Ymers Nunatak" genannten Lande gemacht wurden, sind dem Funde der großen Eishöhle und der Entdeckung der Inlandeisfelder der Gletscherbucht an die Seite zu stellen.

Nach mehrtägigem Aufenthalt kam dann der Zeitpunkt, wo die Reisenden des Proviants wegen an die Rückkehr zu ihren Depots denken mußten. Sie begaben sich nun auf den Heimweg und zogen in ihrer alten Spur davon. Diese war nicht ganz so leicht zu finden, wie sie sich gedacht hatten. Denn bald nachdem sie dem Nunatak den Rücken gewandt hatten, gerieten sie in Nebel und unaufhörliches Schneewetter, das fast überall die Spur verwischt hatte. Doch erreichten sie in guter Zeit das Depot, ehe der Proviant knapp wurde.

Der Elv durchbricht den Firn.

Anders ging es mit dem Tabak; dieser ging weit früher aus, als sie berechnet hatten, schon bei der Abreise vom Nunatak. Für Gundahl und Koch, beide fanatische Raucher, war es jetzt eine große Qual, daß sie mit ihrem kleinen Vorrat nicht ordentlich Haus gehalten hatten. Besonders fiel es Gundahl schwer, den Kautabak zu entbehren; aber der Umstand, daß sie auf ihrer alten Spur zurückzogen, brachte ihnen unerwartet Hilfe.

Auf der Hinreise hatte Gundahl nämlich jedesmal, wenn sie einen Zeltplatz verließen, sofort einen Priem genommen; dieser reichte gewöhnlich dreiviertel Stunden — dann spuckte er ihn aus und nahm einen neuen, der ebensolange reichte. Wenn der zweite ausgenutzt und aufs Eis abgeliefert war, rauchte er für den Rest des Tages sein Pfeifchen. Als man jetzt auf dem Heimweg gar keinen Tabak mehr hatte und diese dunklen Erinnerungen früherer Herrlichkeit und früheren Wohlstandes traf, litt man natürlich fürchterliche Tantalusqualen, die zuletzt damit endeten, daß Gundahl sich bückte und den alten Stoff zur zweiten Behandlung aufnahm. Bald entdeckte dann Koch, daß diese Hinterlassenschaften auch einen ausgezeichneten Ersatz für den Tabak in seiner Shagpfeife bildeten. — Man war gerettet!

Strand bei Ebbe. Juni 1908.

Und jetzt sah man jeden Tag, wenn der Marsch seinem Ende nahte, mit großer Spannung dem wunderbaren Augenblick entgegen, wo man sich der Stelle näherte, an der nach der Berechnung der erste Priem zu erwarten war; er mußte also etwa anderthalb Stunden Weges von dem Zeltplatz liegen, dem man sich näherte. Und sobald man in der Ferne den dunklen Punkt auf dem Eise erblickte, wurde das Tempo gesteigert, man lief aus Leibeskräften, wie Vieh, das ein Wasserloch wittert. Und bald darauf stand man im Kreise um den Gegenstand herum. Es wurde das Los gezogen, ob er in Gundahls Mund oder in Kochs Shagpfeife wandern sollte, und der Verlierer mußte dann noch

Wo der Elv ins Meer tritt. Juni 1908.

dreiviertel Stunden lang gehen und nach dem Glück ausspähen, das ihm nun jedoch sicher war.

Ich erinnere mich deutlich von unserer Ziehschlittenreise nach Hagens Insel, auf welche fabelhafte Entfernung man einen solchen Priem gewahr werden kann. Unsere Abteilung ging hinter dem Schlitten her, zu dem Peter Hansen gehörte, und wir konnten immer lange, bevor wir die Stelle erreichten, den dunklen Körper sehen, der anzeigte,

„Der große Dragoner", Tobias' Baas.

daß er hier „gewechselt" hatte. Die Priems lagen mit so großer Regelmäßigkeit, daß wir bei ihnen Rast machten. Sonst hatten wir Gott sei Dank damals keine Verwendung für sie.

Auf dieser Reise hielten Freuchen und Gundahl ihr hunderttägiges Jubiläum als Zugtiere. Sie hatten beide die Ziehschlittenreise nach Norden und Jarners Reise im Frühling 1907 mitgemacht. Koch, der von seinen Reisen auf den Gletschern Islands einige hundert Ziehtage voraus hatte, sah neidlos zu, ohne das zu erwähnen, um nicht die Stimmung zu stören.

— —

Weinschenck. Koefoed. Friis.

Große Wäsche am See.

Als Koefoed, Weinschenck und Hendrik am 5. Juni mit Hundeschlitten nach der Schneespitze unterwegs waren, um nach dem verunglückten Automobil zu suchen, wurden sie auf dem Meereis unter dem Sturmkap ein Zelt gewahr. Sie fuhren dorthin und fanden Koch, Gundahl und Freuchen, die nach einer Wanderung durch grundlosen Schneemorast endlich von ihrer wohlgelungenen, ergebnisreichen Reise soweit gelangt waren. Einer der Schlitten kehrte sofort um und fuhr die müden Fußgänger die letzte Strecke bis zum Danmarkshafen, wo sie abends wohlbehalten ankamen.

Es ist nicht zu leugnen, die Aussichten, daß das Eis in diesem Jahre aufbricht, sind ausgezeichnet. Die Messungen haben ergeben, daß die Eisdecke in diesem Jahre $^3/_4$ Meter stark ist an Stellen, wo sie im vorigen Jahre $1^1/_2$ Meter erreicht hatte, und die Schneeschicht ist überall viel geringer, als im vorigen Jahre.

Das Wetter ist jetzt, Anfang Juni, ganz wunderbar. Saxifraga blüht bereits, und die anderen Blumen fangen an, sich für den Sommer fertig zu machen; sie gucken allenthalben hervor. Die kleinen Watvögel sind gekommen, Strandläufer hören wir Tag und Nacht ihren Paarungssang oben über den Weilern singen. Die Eisente und die Raubmöwe sind da, und der langgezogene Schrei der Lumme schallt ab und zu von den Seen her zu uns herab. Oben zwischen den Steinen wimmelt es von Lemmingen, das Eis ist schon fast ganz von den Seen verschwunden, und der Elv fängt soeben an, sich zu rühren, überall im Sumpf laufen kleine Bäche, die sich sammeln und einen Weg zum Strande herab suchen.

Hendrik und Tobias sind eifrig mit der Seehundsjagd beschäftigt; es gilt, die übrig gebliebenen Hunde am Leben zu erhalten. Denn wenn auch alles darauf hindeutet, daß wir in diesem Jahre aus dem Hafen herauskommen werden, so sind wir damit doch noch nicht durch das Packeis hindurch! — Es ist doch möglich, daß das Schiff im Eise zerdrückt wird, und dann werden wir die Hunde brauchen können, um wieder zur Küste zu gelangen. Es ist jetzt leichter als im vorigen Jahre, Futter für sie zu beschaffen. Teils sind es weit weniger, teils gibt die Seehundsjagd weit größere Ausbeute. Eines Nachts kamen die beiden Grönländer mit acht Seehunden auf den Schlitten nach Hause; und schon nach einer halben Stunde waren sie wieder zu einem neuen Jagdzug unterwegs.

Und die Tage gehen. — Das Eis wird im Hafen morscher und morscher, überall bilden sich große Waken und Wasserpfützen. Es wird nachgerade schwer, trockenen Fußes ans Land zu kommen; fast täglich fallen Leute in die „Bütte". Der Elv murmelt unter dem Firn, der anfängt, über ihm zusammenzustürzen, und Tag und Nacht hören wir den gurgelnden Laut der Wassermassen, die sich hervorwälzen und in den Hafen hinausstürzen. Immer zahlreicher kommen die Vögel gezogen — es ist ein Glucksen, Pfeifen, Flöten, Schreien und Zwitschern ringsherum im Hafen. Jetzt haben auch die Seeschwalben

Der Elv bricht los.

sich eingestellt und flattern in großen Schwärmen über den Waken vor dem Elv und über den Schären, wo sie schon beim Brutgeschäft sind.

Die Sonne tut Wunder oben im Sumpfe, Blume reiht sich an Blume. Die Weide ist schon an der Arbeit, Ranunkel und Fingerkraut strahlen um die Wette mit Saxifraga, und die Moose grünen und bräunen sich in starken Farben ringsherum. Das Läusekraut lüftet den Hut und sagt zur Sonne: „Guten Tag, da sind wir wieder!" Ja, möchte doch jetzt das Eis nur gehen! Der Elv tut, was er kann; er reißt große Schneeblöcke los und wälzt sie in den Hafen hinaus, das Wasser spritzt hoch empor und strahlt in allen Farben des Regenbogens in der Sonne, und die Waken wachsen von Tag zu Tag.

Ja, nur recht viel Wasser sehen; danach sehnen wir uns!

— —

Am Abend des 20. Juni begann eine größere Völkerwanderung vom Schiffe nach der Walroßspitze und dem Seehundssee, teils zu Fuß über Land, teils mit Schlitten über das Meereis. Es war die früher erwähnte, lange geplante Reise Jarners, Johansens und Bendix-Thostrups, die jetzt ihren Anfang nahm. Außer den Dreien nahmen Lundager,

Bertelsens letztes Bild.

Freuchen und die beiden Grönländer daran teil. Die beiden letzten sollten jedoch sofort zurückkehren, sobald sie die Wissenschaftler an ihren Bestimmungsort gebracht hatten. Die Abteilung war ersucht worden, die Rückreise zum Schiff spätestens am 7. Juli anzutreten, damit sie rechtzeitig zurück sein konnten, wenn der Eisbruch sich früh einstellen sollte.

Am 23. Juni kehrte Bistrup von einer kleinen Reise in die Gegend zwischen dem Teufelskap und dem Mörkefjord heim, wo er zusammen mit Hagerup ein paar ergänzende Vermessungsarbeiten ausgeführt hatte. Es war ihm diesmal gelungen, die Südgrenze des großen Nunataks „Königin Louises-Land“ zu bestimmen und Skizzen davon zu zeichnen.

Auf dem Heimweg zum Schiff hatte Bistrup sich mit Peter Hansen vereinigt. Als sie beim Sturmkap Manniche antrafen, der dort im Zelt lag, hatten sie ihm geholfen, die Eier eines Falken zu erlangen, der

„Monkey" auf dem Schnee vor dem offenen Fenster der Villa.

auf einem Felsen in der Nähe brütete, und den Manniche schon lange beobachtet hatte. Es war seine Absicht gewesen, sich frisch ausgebrütete Junge zu verschaffen, und er hatte erwartet, daß die Jungen bereits jetzt aus den Eiern heraus waren. Aber als sie hinauf zum Nest kamen, nachdem sie die Mutter erlegt hatten, zeigte es sich, daß es mindestens noch einen Tag dauern würde, bis die Jungen ausgebrütet waren.

Manniche steckte die Eier schleunigst unter seine Kleidung und trug sie vorsichtig auf dem Magen bis zum Zelte. Dort zog sich Bistrup aus und kroch mit ihnen in den Schlafsack. Wenige Stunden später wurde er von Manniche abgelöst. Und jetzt lag dieser ein paar Tage lang und brütete, bis endlich ein starkes Piepsen und Rumoren dort unten zu erkennen gab, daß die jungen Falken ausgekrochen waren. Und der glückliche „Vater" zog sie aus dem Schlafsack heraus und zeigte sie den bewundernden Zuschauern, worauf die kleinen Raubvögelsprößlinge einer nach dem andern erwürgt wurden, um später ausgestopft und der Sammlung einverleibt zu werden.

Das muß doch fürwahr ein Zeichen des Frühlings sein, wenn der Ornitholog sich in höchsteigener Person zum Brüten hinlegt!

Und so wurde es denn auch wahr!

Jetzt kommen gute Botschaften von allen Seiten. Leute, die von den Bergen in der Umgegend heimkehren, berichten von offenen Waken und viel Wasser auf allen Seiten. Am 28. Juni kehrte Ring vom Gipfel des Thermometerberges zurück. Er erklärte, wenn wir jetzt bei „Maroussia" lägen, könnten wir losfahren, wohin wir wollten.

Jetzt braucht nur noch das Eis im äußeren Hafen und im Fjord draußen aufzubrechen, und auch das kann jeden Augenblick eintreten. Daher findet in den allerletzten Tagen, während das Eis auf den Fjords noch einigermaßen passierbar ist, ein reines Wirrwarr von kleinen Reisen statt. Es ist ein unaufhörliches Ausreisen und Zurückkommen, aus dem nicht herauszufinden ist.

Manniche treibt sich meistens in der Umgegend des Sturmkaps herum, wo auch Koch und Lindhard sind, um eine ornithologische Detailkarte über die Gegend anzufertigen. Und Bendix-Thostrup fährt zusammen mit den Grönländern längs der Küste vom Kap Marie-Valdemar bis zum Kap Bismarck hin und her auf der Jagd nach ethnographischen Merkwürdigkeiten.

Außer den Seeleuten sind nur Wegener, Bertelsen und ich beim Schiffe. Wir beiden Maler haben den letzten Pinselstrich auf die Leinwand gebracht. Vor einigen Tagen packten wir unsere Sachen ein und schlossen die Rechnung ab: zusammen 230 Bilder. Dann entschlossen wir uns, unsere Malertätigkeit einzustellen und wieder ins Seemannszeug zu kriechen.

Jetzt schuften wir zusammen mit Knud, Ring und Peter Hansen unten im Kohlenraum. Die 40 Tonnen Kohlen sind mit dem Seewasser, das durch einige Undichtigkeiten eingedrungen ist, zu einem steinharten Haufen zusammengefroren. Mit Hilfe von Brecheisen und Hacken schaffen wir sie jetzt fort. Auch auf dem Deck und im Takelwerk herrscht rege Geschäftigkeit; alle Blöcke sind auseinander genommen und gereinigt, ihre Scheiben mit Talg geschmiert worden. In die Wanten sind neue Webeleinen eingesetzt, Stag, Pardunen und Wanten des Fock- und Großmastes werden „gesetzt“ und fast überall werden neue Taljenreeps angebracht; das meiste ist durch Sonne und Frost arg mitgenommen.

Sommernacht im Danmarkshafen.

Die Leichtmatrosenarbeit tut den Händen gerade nicht gut. Während der vierzehntägigen Arbeit mit den schweren Hacken unten im Kohlenraum sind unsere Handflächen vollständig hart und rissig geworden, so daß wir kaum noch die Faust ballen können; und jetzt kommt der verflixte Kohlenteer und frißt sich in die Risse hinein und brennt wie Feuer. Ich spüre die ganze Nacht über starkes Klopfen und heftigen Schmerz in den Händen; sie sind so „schwer“ geworden und zittern so stark, daß man bei der Mahlzeit fast nicht den Löffel zum Munde führen kann, ohne den Inhalt zu verschütten. Und nach beendeter Mahlzeit schlafen wir oft am Tische ein. Selbst den Seeleuten fällt die jetzt auch für sie ganz ungewohnte Arbeit etwas lästig.

Aber wer kümmert sich jetzt darum; wir wissen ja, daß wir uns zur Heimreise vorbereiten, und daß wir fertig sein müssen, um die erste Gelegenheit, die sich zum Herauskommen bietet, ergreifen zu können. — —

In den Tagen vom 22. bis 24. Juni wehte ein Nordweststurm, der das Eis in den Fjorden in Bewegung setzte. Koch und Lindhard, die sich ein paar Tage später noch bei der Detailsvermessungsarbeit oben in den Bergen befanden, sahen von dort oben Massen offenen Wassers. Eine 300 bis 500 Meter breite Spalte erstreckte sich da längs der Küste von Norden nach Süden und reichte fast ganz bis zur Maroussia- und Kleinen Koldewey-Insel. Das Eis an den Seiten der Spalte bewegte sich deutlich im Laufe der vier Stunden, während deren sie beobachteten. Auf dem Meere sah man ringsherum größere und kleinere Waken, und alles war da draußen in Bewegung. Zwischen den Koldewey-Inseln und der „Bootsschäre" war das Eis vollständig morsch und fast überall mit Wasser bedeckt — es wird also auch bald verschwinden!

So sollen wir also wirklich in diesem Jahre herauskommen und heimfahren! — Jetzt gibt es keinen Zweifel, keine Ungewißheit mehr. Mit frischem Mut und froher Laune machen wir uns an die letzten Vorbereitungen zur Heimreise.

Die „Danmark“ segelfertig.

Der Sommer.

Die letzten Tage in Grönland.

Es ist einer der ersten Tage des Juli. Ich bin weit weg vom Schiffe gegangen, über die Sümpfe, vorbei an den Seen und hinauf zum Hasenberg. Auf seinen nördlichen Ausläufer bin ich gestiegen und habe jetzt freie Aussicht nach allen Seiten. Ich bin hier heraufgestiegen, um Abschied von der Gegend zu nehmen, in der wir solange verweilt haben — zum letztenmal über sie hinauszuschauen, ehe ich sie für immer verlasse.

Im Norden sehe ich nur Berge, Rücken an Rücken, von mächtigen Schluchten geteilt und gefurcht, alles grau und öde anzuschauen. In unregelmäßigen Karrees liegen Felssteine und Schnee durcheinander — hier gibt es nichts anderes, soweit das Auge in dieser Richtung sucht. Dieses Land ist Thule!

Aber wenn das Auge müde und das Gemüt schwer ist von dem Hinausstarren über diese graue Wüste, diese endlosen öden Strecken, dann findet es Ruhe, wenn es sich nach Süden wendet. Gleitet es längs der zackigen Gipfel der Bergreihe, die auf der anderen Seite das kleine Tal hier westlich vom Fuß des Hasenbergs begrenzt, wird es bald hie und da moosgrüne Flecken zwischen den grauen Steinen finden. Wenn dann das Auge auf den Talgrund hinabgleitet, werden diese Flecken immer dichter; und bald werden sie von blinkenden Bächen durchzogen, die sich wie winzige Silberbändchen durcheinanderschlingen, bis sie zwischen den großen Felsblöcken, die die Sonne und der Frost

Das Land hinter dem „Danmarkshafen".

losgesprengt und am Fuße des Berges durcheinandergeworfen haben, verschwinden und vor diesen zwischen Moos und Gras wieder zum Vorschein kommen, worauf sie langsam ihren Weg zum Meere suchen, über den sanft abfallenden, sonnenglänzenden Talgrund hingleitend.

Dort unten zittert und bebt die Luft in Wärmewellen. Gern folgt das Auge den kleinen Bächen in ihrem ruhigen Lauf über diesen üppigen Boden. Und wenn sie in weiter Ferne auf den Strand hinausgleiten, dann wandert der Blick ohne sie weiter über das treibende Meereis mit den blitzenden Waken hinaus — weit, weit nach Süden hinab, wo die Steinkolosse des Teufelskaps wie blaue Schleier im weißen Sonnennebel schweben.

Aber wende ich allem diesen den Rücken und drehe mich nach Osten, dann sehe ich über den Danmarkshafen hinaus. Er liegt dort unten unter mir in tiefblauen Farben und mit kleinen gekräuselten Wellen, die zum Strande wandern, auf die Steine hinauflecken und um die frischgeteerten Planken des Schiffes herum glitzern. Der Hafen ist ganz bis zur Spitze hinaus offen, wo sein Wasser sich mit der breiten Strömung des Fjords vereinigt und sich kühlt an den mächtigen, wan-

Ein Bote vom Großeis.

dernden Eisblöcken, Abgesandten vom Großeis, Boten aus weiter Ferne, vom großen, offenen Meer!

Dort unten am Hafen ist alles lächelnd freundlich — so heimisch. Ich kenne von hier oben aus jeden Stein, jede Wasserpfütze. Ich kenne jede Krümmung des Flußlaufes, jeden Fall des Baches, jedes Versteck an den Seeufern. In Freude und Leid habe ich gelernt, dieses Land gern zu haben, das jetzt zwei Jahre lang meine Heimat gewesen ist. Der Weg nach Dänemark liegt offen — aber ach! es wird weh tun, von diesem allen zu scheiden!

Hier ist es einsam und gut, hier oben auf dem Berge. Und wie still ist es hier! Das tiefe, ferne Brausen des Elvs dort unten im Tale erhöht nur den Ernst der Stille. Ein Falke taucht über dem Felskamm im Westen auf, er senkt sich im Fluge auf steifen Flügeln über dem Tale hinab, und seine weißen Federn leuchten gegen die schwarzgrauen Felshänge. Dann nähert er sich der Stelle, wo ich stehe, steigt wieder, gleitet über meinem Kopfe hinweg und hinaus übers Meer — ohne einen einzigen Flügelschlag, solange ich ihn sehen kann. Eine Hummel brummt an meinem Ohr vorbei und ihr Summen verschwindet abwärts zwischen den Steinen an der Bergseite. — Jetzt hört man nicht den geringsten Laut hier oben, nur das leise Geräusch des Windes zwischen den Steinen und den zerstreuten Grashalmen.

Armer Boden.

Plötzlich fährt ein großer, dunkler Schatten vor mir über die Erde hin. Ich sehe hinauf in die Sonne; ein großer Vogel ist vorbeigeflogen, hoch oben; ich sehe ihn mit kräftigen Flügelschlägen über das Tal hinausziehen, während die Luft um seine Schwungfedern pfeift. Es ist eine Lumme.

Sie senkt sich im Fluge rasch zu den Seen hinab, deren schimmernde Wasserflächen dort fleckenlos daliegen und die reine Farbe des Himmels widerspiegeln. In großen Kreisen schwingt sie über dem See, niedriger und niedriger — bis sie plötzlich schräg nach unten auf den Wasserspiegel hinabstürzt, der ihr Bild auffängt und schräg ihr entgegen hinaufschleudert, bis Vogel und Bild sich treffen und der Spiegel zersplittert. Mit ausgespreizten Flügeln gleitet sie noch ein langes Stück vorwärts, ihre Schwanzfeder zieht eine lange, dunkelblaue Furche auf der Wasserfläche hinter ihr her. Dann fällt der Vogel zur Ruhe und liegt einen Augenblick ganz still, während große Ringe sich ringsum von ihm ausbreiten und weithin nach den Seiten zu verschwinden.

Wasserfall in der Nähe des „Danmarkshafens".

Aber nur einen Augenblick liegt er so; plötzlich sehe ich ihn den Kopf vorstrecken, sein langer Hals liegt dicht über dem Wasser, der Rücken krümmt sich, und im nächsten Moment dringt ein langgezogener, klagender Schrei zu mir herauf, ein Schrei, so unheimlich und grauenvoll, daß es mir ist, als ob die ganze Landschaft ringsherum sich vor meinen Augen verändert hätte.

Der Schrei der Lumme paßt zu einer grauen, schwermütigen Dämmerung an einer öden Küste, an der Schiffe gesunken sind; wo die Dünung langsam dem Strande zu wandert, während man in der Dunkelheit sich an Wracks erinnert, die skelettartig aus dem grauen Sand hervorragten, oder an eine einsame Leiche, die an den Strand gewaschen wurde.

Mag der Schrei in stockfinsterer Nacht über einem Hohlweg ertönen, in dem ein Mann mit einem Messer im Rücken liegt — mag er die Finsternis in die Seele des Flüchtlings auf der Heide hineinquälen, wenn er den Freund hinterrücks erschlug. Oder mag er lange klagen, wenn eine Mutter vor Tagesgrauen ihr Kind tötet — — —!

Im Sumpf.

Aber nicht hier! Nicht an einer friedlichen Küste und mitten an einem sonnigen Tage!

Einmal über das andere durchschnitt dieser entsetzliche Schrei die Luft. Und eine Todes- und Unglücksstimmung ergriff mich; es war, als ob dem Sonnenlicht seine Wärme entwich, als ob eine kalte Hand über das Land hinstrich und seine Seele mit sich fortführte. Das Sonnenlicht, das vorher so warm und zitternd auf die braunen Sumpfflächen und die grauen Felsen strahlte, erblaßte unter diesem verfluchten Laut, es wurde kalt und flimmernd und entblößte unbarmherzig und frech diesen Knochenhaufen, dieses elende Gerippe eines Landes, das hier unter mir lag.

Sieh! diesen Haufen Steine haben wir zwei Jahre hindurch unsere Heimat genannt!

Ich erhob mich rasch und ging zum Hafen hinab. Die Einsamkeit quälte mich, ich mußte zu Menschen kommen, Stimmen hören, wieder mit Menschen sprechen. — Als ich wenige Schritte gegangen war,

Andreas Lundager.

sah ich den großen Vogel sich vom See erheben und wieder emporsteigen. Er hob sich in großen Kreisen höher und höher; dann wandte er plötzlich den Flug nach Norden und entschwand meinem Blick nach dem tiefen Wasserhimmel zu, der wie ein dunkler Schatten am Horizont stand.

Und ich mußte an den Schatten denken, der dort oben über Lambertsland steht. — —

Die vereiste Kohle ist jetzt vollständig aus dem Lastraum des Schiffes heraus und in die großen Kohlenbunker neben der Maschine geschafft, und jetzt sind wir dabei, Steine für die Heimreise einzuladen. Von der kleinen Schäre „Huggeblokken" (der Haublock) und dem Strande holen wir eine Bootslast nach der anderen an Bord, wo sie durch die

Harald Hagerup.

Lastraumsluken hinabgeworfen werden. Die Männer der Wissenschaft sind eifrig mit dem Einpacken ihrer großen Sammlungen beschäftigt, eine mächtige Kiste nach der anderen wird vernagelt und zur Seite gestellt, fertig zum Verstauen, sobald das Schiff Ballast eingenommen hat. Wir denken bereits in zehn Tagen aufbrechen zu können, daher ist jetzt zu guter Letzt die Geschäftigkeit groß. Noch sind einzelne Abteilungen draußen auf der Reise, aber wir erwarten sie in den allernächsten Tagen zurück. Diejenige, die zu wissenschaftlichen Untersuchungen in den Gegenden der Walroßspitze und des Seehundssees ausgezogen ist, wird wohl die letzte sein, die eintrifft.

Achton Friis.

Aber unsere Leute sind früher unter schwierigeren Verhältnissen draußen herumgezogen, ihre Reise gibt also keinen Anlaß zur Besorgnis.

Am Nachmittag des 10. Juli waren vier oder fünf von uns auf dem „Haublock" damit beschäftigt, eines der großen Walfischboote mit

Ballaststeinen zu beladen, als wir plötzlich einige dunkle Punkte auf der „Überfahrt", dem Lande östlich vom Hafen, gewahr wurden. Wir ließen los, was wir gerade in den Händen hatten, und starrten dort hinüber — ja, hoch oben auf dem Gipfel des Höhenrückens waren drei winzige Pünktchen ganz deutlich gegen den Himmel sichtbar.

Was war doch das! Ja, natürlich waren es Leute! — Aber wer? Wir hatten ja gar keine draußen in jener Richtung, darüber waren wir ganz klar. Ja, aber waren es denn Fremde? — Nun sahen wir, sie bewegten sich; zwei von den Punkten glitten näher zusammen — und dann wieder von einander. Es waren Menschen!

Bendix-Thostrup.

Auf einmal liefen wir alle zum Boot, sprangen hinein und ruderten aus allen Kräften dem Lande zu. Nie hatten wir je vorher so gerudert, wir zogen, daß die Dollen nur so knarrten, dabei über die Schultern beobachtend, wie die drei Punkte den Abhang hinabglitten und zu drei Männern wurden, die schnell auf den Hafen zugingen.

Wir waren vor Spannung dem Ersticken nahe. Als wir mit dem Boot den Achtersteven des Schiffes passierten, preiten wir, sahen aber, daß man an Bord bereits die drei Männer entdeckt hatte, also gleichzeitig mit uns — und sie mußten doch eben erst über dem Kamm aufgetaucht sein, als wir sie sahen. Wir haben hier oben unsere Augen gut gebrauchen gelernt!

Endlich scheuerte das Boot gegen die Steine; noch ehe das Land erreicht war, sprangen wir ins Wasser und liefen an den Strand. Und weiter ging's im Laufschritt hinüber. Jetzt sahen wir auf etwa einen Kilometer Entfernung deutlich die drei Männer; und ach, lange vorher konnten wir sehen, daß es Fremde waren, in ihren Bewegungen glichen sie keinem von unseren Leuten! — Als wir sahen, daß sie ganz bedächtig und ohne Hast uns entgegengegangen kamen, nahmen wir uns zusammen und gingen die letzte Strecke, um uns nicht allzu lächerlich zu machen; aber das fiel uns schwer!

Sie hatten dunkelblaues Zeug an und waren entsetzlich rein und fein. Dann begannen wir die Hüte abzunehmen und zu rufen — ich weiß nicht was — und sie riefen wieder. Es war norwegisch!

Ein Bad im Eismeer.

Ich sah drei fremde Gesichter, die ersten in zwei Jahren; und es kam mir so vor, als hätte ich nie in meinem Leben so merkwürdige und interessante Physiognomien gesehen. Dann erreichten wir sie, ergriffen ihre Hände und sagten: „Wir gehören zu der „Danmark - Expedition", und Sie sind wohl norwegische Fänger?"

„Jawohl!"

Wir hielten gewiß sehr lange ihre Hände und drückten gut und ehrlich zu — und sie lächelten! Dies Lächeln tat gut, es wärmte ordentlich.

Wir fragten, und sie erzählten, besonders der kleinste von ihnen. Er sagte, daß sie gerade von Shannon herkämen, wo sie vor gut acht Tagen gewesen wären und die Post für Dänemark gefunden hätten, die Gustav Thostrup im Winter dort unten niedergelegt hatte. Sie waren des Fangens wegen (das sagten sie ausdrücklich) längs der Küste hinaufgesegelt — die ganze Strecke bis hierher in ausgezeichnet „dünnem" Wasser. Sie hatten heute Morgen unser Schiff gesehen; und da hatten die drei Schiffsführer sich schleunigst auf den Weg hierher gemacht.

Während wir zum Boot hinabwanderten, um sie in diesem an Bord zu bringen, erzählten sie uns vielerlei, vor allem von den Eisverhältnissen, nach denen wir sie natürlich eifrig fragten. Sie sagten, daß sie nie hier unter der Küste so großartige Fahrwasserverhältnisse angetroffen hätten, fast überall lauter offenes Wasser, nur hie und da ein wenig Kleineis. Die drei kleinen Segelfahrzeuge — von je ca. 80 Tonnen — hatten nur drei Tage gebraucht, um durch das Großeis nach Shannon zu gelangen!

Die drei norwegischen Fangschiffer.

Wir hatten gleich, als wir sie trafen, erfahren, daß sie Post für uns von zu Hause mit hatten. Diese wurde ausgeliefert, sobald wir an Bord kamen. Wir standen im Kreise herum, als sie ausgeteilt wurde, und jeder erhielt das Seinige. Drei oder vier von uns bekamen nichts bei dieser Gelegenheit — ich will nicht hoffen, daß sie oft in diesem Leben ähnliche Enttäuschungen erleben, wie die, die sie in diesem Augenblick empfanden. — Obwohl wir anderen, die etwas erhielten, uns meistens mit fünf bis sechs Zeilen begnügen mußten, so wußten wir doch wenigstens, wie es zu Hause stand, soweit sich's um Leben oder Tod drehte. Ich sah nur frohe Gesichter ringsherum, als ich, nachdem ich das telegrammartige Schreiben wohl ein dutzendmal gelesen hatte, endlich Zeit fand, mich umzusehen.

Es läßt sich nicht leugnen, daß wir uns vor den Fremden, als sie aufs Schiff kamen, ein wenig schämten. Denn als sie das Deck betraten, kam es uns erst so recht zum Bewußtsein, wie schrecklich es eigentlich hier aussah. Aber sie hatten Lebensart; sie taten, als sähen sie es nicht.

Wir gaben natürlich ein „Frühstück". Nach ungeheuren Anstrengungen schafften wir folgendes auf den Tisch: Feinbrot (das war gut),

Ring und Hagerup waschen ein Bärenfell.

ein wenig Schlackwurst, einige ranzige Sardinen, „Marmelade", hergestellt aus Rosinen, Aprikosen, gekochten Pflaumen usw., die durch eine Fleischhackmaschine gewandert waren und jetzt zum Schluß der Reise als Butter dienten, Anschovis, die einen Monat lang Schaugericht gewesen waren, ein wenig sauren Rotwein — und endlich ein Fluidum, das Kaffee vorstellen sollte, das wir aber, nachdem uns die Bohnen ausgegangen waren, aus gebrannter Gerste herstellten; wir nannten es „sechszeiligen Kaffee."

Die drei Fremden gingen mit Todesverachtung auf diese Genüsse los — und sie starben auch nicht daran. Wir suchten durch eifrige

Unterhaltung und durch eifriges Einschenken von Rotwein soviel wie möglich ihre Aufmerksamkeit vom Essen abzulenken. Doch glaube ich nicht, daß sie je diese Mahlzeit vergessen werden; mich dünkte, sie wurden blasser und blasser, während das Essen langsam heruntergliitt.

Obwohl wir nach „Neuem aus Europa" dürsteten, konnten wir trotz eifrigen Auspumpens nicht viel erfahren. Sie erzählten, daß Königin Maud die Pferde durchgegangen seien, daß König Oskar gestorben sei und daß in Dänemark eine große Bankkrisis herrsche. Das war in großen Zügen das, was in den drei nordischen Reichen passiert war, seitdem wir sie aus dem Gesicht verloren. — Wir könnten also, was das angeht, gern noch ein paar Jahre fortbleiben.

Lady auf Raub ausgehend.

Was zum Henker schert ein Ministerium in Dänemark drei Eismeerschiffer! Gibt es etwas Gleichgültigeres für sie? Selbst wenn ein europäischer Krieg die Erde erbeben ließ, würden sie durch die herrliche Speckschicht auf ihrem guten Deck nichts davon merken. — Nein! Walrosse und Seehunde — damit wußten sie Bescheid!

Und darüber redeten wir denn auch mit ihnen den ganzen Tag. Als wir ihnen erzählten, wie viele Walrosse wir hier geschossen hatten, waren sie lebhaft interessiert; und sie entschlossen sich, zu versuchen, in den Fjorden Jagd zu machen, falls sie mit ihren Booten durch das Eis um Kap Bismarck herum kämen. Sie hatten bisher jeder rund 1000 Seehunde und zusammen 5 Walrosse erlegt, ferner einige Bären, darunter einen einjährigen , den sie lebend an Bord gebracht und festgelegt hatten.

Ich erzählte ihnen von einigen Bären- und Walroßjagden, die ich mitgemacht hatte; sie sahen mich freundlich teilnehmend an, aber die Erzählungen machten keinen sonderlichen Eindruck auf ihr Nervensystem. Aber dann kamen wir auf Hagerup zu sprechen, und sie fragten, ob er harpunieren könnte! Ich erzählte ihnen ein paar Sachen von ihm, u. a. die kleine Geschichte, als er sich oben auf das Walroß schmiß, ihm die Harpune tief in den Leib hineinjagte und mehrere Ellen weit über das Eis hingeschleudert wurde. Da nahm

Die Segel werden angeschlagen.

der kleine, energische Schiffer, der während der ganzen Geschichte mit nachdenklicher Miene nach einem Stück Waschseife, das auf dem Rahmen einer Luke lag, Spuckstrahlen gesandt hatte, seine Mütze ab, juckte sich mit einer viel sagenden Miene im Nacken, setzte die Mütze wieder auf und sagte: „Hm — na, der Kerl ist einer von der Sorte! Ja — na!"

Dieses Gespräch fand auf Deck statt, während der größte Teil der Expeditionsleute in der Messe zu Mittag aß. Die drei Fremden hatten es abgelehnt, daran teilzunehmen, da sie ja eben erst gefrühstückt hätten (!) — Während wir so draußen standen, kam Knud plötzlich aus der Messetür gelaufen und warf den ganzen Inhalt seines Tellers über die Reling: „Pfui Teufel!" sagte er.

Dann entdeckte er die Gäste, drehte sich zu dem nächsten von ihnen um und sagt freundlich einladend:

„Wollen Sie nicht hinein und mitessen, Kamerad?"

Tableau!

Wir anderen, die draußen standen, sagten „danke sehr!" im Namen der Fremden, und richteten einige Worte an sie, in denen wir unser Bedauern darüber ausdrückten, daß wir ihnen nichts Besseres zu bieten hatten. Wir hätten, sagten wir, vor der Heimreise dafür gesorgt, daß das Beste, was wir hatten, aufgespeist wurde, sie müßten daher jetzt entschuldigen, wenn wir ihnen nur mit dem nächstbesten aufwarten könnten.

Tobias und Hendrik im Kajak.

Sie blieben den ganzen Tag bei uns, und wohl kaum hat es je schlechtere und frohere Wirte gegeben, als wir es für sie waren. Wir standen oder saßen die ganze Zeit über im Kreise um sie herum und lauschten begehrlich selbst auf das kleinste Wort, das aus ihrem Munde kam. Aber besonders konnten wir es nicht müde werden, sie anzuschauen. Ich suchte andauernd, in ihrer Nähe zu bleiben, um den Anblick dieser fremden, merkwürdigen Gesichter zu genießen. Keiner von uns hier an Bord hat auch nur die entfernteste Ähnlichkeit mit diesen dreien; es ist eine ganz andere Sorte Menschen, dünkt mich. Ihre Art zu sprechen ist eine andere, ihre Handbewegungen, die kleinste Wendung ihres Kopfes, alles ist fremd für mich. Sie stehen anders auf den Beinen, als wir, lehnen sich in ganz anderer Weise an die Reling.

Wir hätten viel Neues von ihnen lernen können, wenn sie einige Zeit hier geblieben wären. Aber leider reisten sie schon am selben Tage wieder ab.

Da die drei Fänger die Absicht hatten, spätestens in acht Tagen die Küste Grönlands zu verlassen und die Heimreise anzutreten, und daher aller Wahrscheinlichkeit nach weit früher als wir einen Hafen erreichen würden, gaben wir ihnen einen Bericht über den Verlauf der Expedition mit. Sie sollten versuchen, diesen Bericht so schnell wie möglich in die Hände des Komitees für die „Danmark-Expedition" kommen zu lassen.

Südwärts!
Die „Danmark", von der Ausgucktonne aus gesehen.

Am Abend gegen 9 Uhr nahmen wir Abschied von ihnen, das Motorboot führte sie zur Ostseite des Hafens, von wo aus sie über die Landzunge und das Meereis zu ihren Schiffen hinauswanderten, begleitet von einer größeren Anzahl Expeditionsteilnehmer, die sich nicht dazu verstehen konnten, schon so früh sich von ihnen zu trennen. Sie erreichten denn auch das Ziel ihrer Wünsche: an Bord ihrer Schiffe zu kommen und dort einen Abschiedsbecher zu trinken. Und erst am nächsten Morgen gegen fünf Uhr kehrten sie heim, des Lobes voll über die liebenswürdigen, gastfreien Norweger und — last not least — über ihre prächtigen kleinen Schiffe, auf denen eine Reinlichkeit und Ordnung herrschte, wie sie sich nicht erinnerten je gesehen zu haben(!).

Zu denen, die, während dies alles vor sich ging, nicht an Bord gewesen waren und nichts von dem Besuch ahnten, gehörten Koch und Bertelsen, die bereits früh am Morgen zu dem höchsten Punkt des

„Warterückens", $1^1/_2$ Meilen vom Schiffe ins Land hinein, gegangen waren, um einige abschließende Detailvermessungen vorzunehmen. Sie hatten von dort oben die drei Schiffe draußen am Eisrand entdeckt. Natürlich wollten sie lange ihren Augen nicht trauen und holten denn auch der Sicherheit halber das größte der mitgebrachten Instrumentferngläser hervor; und dann sahen sie, daß es kein Blendwerk war. Es fiel ihnen schwer, aber sie mußten dort oben warten und ihre Arbeit fertig machen, bevor sie hinunterlaufen und uns die Kunde bringen konnten.

Im Kielwasser.

Gegen 1 Uhr nachts kam dann ein Mann in vollem Galopp von Westen her zum Hafen herabgestürzt. Es war Bertelsen; er hatte in jeder Hand einen seiner Stiefelhacken, die beide unterwegs losgegangen waren. Jetzt kam er, dem Platzen nahe in seinem Drange, sein Wissen mitzuteilen, auf Wegener und Lindhard zugeeilt, die vor der „Villa" standen und eifrig mit luftelektrischen Observationen beschäftigt waren — um dort mit weit mehr Neuigkeiten empfangen zu werden, als er selbst bieten konnte.

Noch am nächsten Tage sahen Leute, die oben in den Bergen waren, die norwegischen Fangschiffe da draußen vertaut liegen; aber am Vormittag des 12. lichteten sie die Anker und steuerten südwärts, unsere Botschaften nach Dänemark mit sich führend; die guten, wie die schlechten.

— —

In den nächsten Tagen war alles eifrig mit den Vorbereitungen für die Abreise beschäftigt. Die meisten von uns waren in dieser Zeit zu Arbeitsleuten verwandelt, die zugriffen, wo auch immer Verwendung für sie war. Die Seeleute brachten mehrere Tage ausschließlich damit zu, die Segel anzuschlagen und überhaupt das Schiff segelfertig zu

Mallemucken im Kielwasser des Schiffes.

machen. Wir anderen machten rein an Bord, füllten den Tank mit frischem Wasser und halfen beim Verstauen im Lastraum.

Das Schiff hat ein paar Tage schon unter Dampf gelegen, fertig zur Abfahrt, sobald alles in Ordnung ist. Wir warten jetzt nur, daß die letzten Reiseabteilungen heimkehren — darunter die, die sich auf der Walroßspitze aufhalten, um bereit zum Aufbruch zu sein.

In der Nacht des 18. Juli kamen Johansen und Jarner zum Schiff gegangen; sie hatten die übrigen von ihrer Abteilung beim Sturmkap zurückgelassen. Bis dorthin hatten sie das Boot von der Walroßspitze hinter sich her über das Eis gezogen. Da sie dort auf vollständig offenes Wasser stießen, ersuchten sie um ein Motorboot, das sie zum

Schiff schleppen konnte. Das Motorboot lief am nächsten Morgen dorthin und kehrte am Nachmittag mit Leuten und Sammlungen wohlbehalten zurück.

— —

Mit dem arktischen Sommer ging es auf die Neige. Die Sonne fing auf ihrer Wanderung um den nördlichen Himmel allmählich wieder an, sich dem Horizont zu nähern. Es wimmelte von Seehunden draußen im offenen Wasser des Fjords, und drinnen am Strande mit seiner Blumenfülle war die Vögelbrut ausgekrochen und stolperte auf langen Beinen im Sande umher. — Da waren wir alle von allen Seiten zum Schiffe zurückgekehrt, und eines schönen Tages glitt unser Fahrzeug zum Hafen hinaus und fort vom Lande.

Der erste Segler.

Langsam sahen wir das Land unseren Blicken entschwinden, Wache auf Wache wechselte, während die bekannten Berge dort im Osten unmerklich kleiner wurden, und wir standen und starrten über die Reling nach diesem Lande, das wir jetzt wohl nie mehr betreten würden. Bis dann der Nebel draußen vom Meere kam, uns in seinen grauen Mantel einschloß und das Land auswischte.

Da sahen wir es zum letzten Mal.

Zum zweitenmal gingen wir durch die Massen des Großeises, zum zweitenmal zogen wir unseren Weg über den grauen Rücken des Eismeers. Und dann kamen wir aus der Einsamkeit heraus auf befahrene Wege.

— —

Nach Verlauf von zwei langen Jahren merkten wir jetzt wieder, wie die breite Dünung des Atlantischen Ozeans uns hob, aber der Bug ist jetzt nach Süden gerichtet. Der Schiffsraum birgt statt der mannigfachen Proviantvorräte jetzt unsere reichen Sammlungen — über und untereinander sind sie in Kübeln und Kisten, in Flaschen und Gläsern fest verstaut.

Eine kostbare Last!

Vor zwei Jahren zogen wir aus, hoffnungsvoll unserer Aufgabe und unserem Ziel entgegen — jetzt können wir mit gelöster Aufgabe zurückkehren.

— — — — —

Aber irgendwo dort oben an der Küste von Lambertsland haben wir drei Männer zurückgelassen. Sie haben ihre Arbeit vollbracht und dürfen ruhen.

Als die Sonne schwand und ihr letzter Rest über den Massen des Inlandeises zu sehen war, gingen sie heimwärts — aber sie kamen nicht durch. Nur einer von ihnen gelangte soweit, daß er uns, als wir nach ihnen suchten, die Kunde bringen konnte: Wir sind tot!

Auf dem Atlantischen Ozean.

Jetzt schwingt unser Schiff unter die Küste Norwegens; die Luft ist sommerwarm und mild, wie wir es in zwei Jahren nicht gekannt haben. Der Himmel erscheint schwer und heimatlich in der Farbe unter dem Monde dort unten im Süden.

Wir nähern uns Dänemark.

Aber dort oben in ihrem Lande macht noch die Mitternachtsonne die Runde im Norden und scheint auf Felsen und Schnee; und Mohnblumen und Ranunkel stehen zwischen den Steinen und ducken die Köpfe im Sommerwinde.

Die „Danmark“ wieder auf der Kopenhagener Rhede.

Doch bald sinkt die Sonne, und um kurze Zeit wird ihr letzter Schimmer von Süden her den Felsgipfel auf dem Lambertsland streifen, ehe sie ganz verschwindet. Dann ist alles Leben dahin.

Aber unterhalb ihrer Stätte hebt und senkt das Eis sich ruhig und langsam in Ebbe und Flut.

Das ist der tiefe, ewige Atemzug des Eismeers.

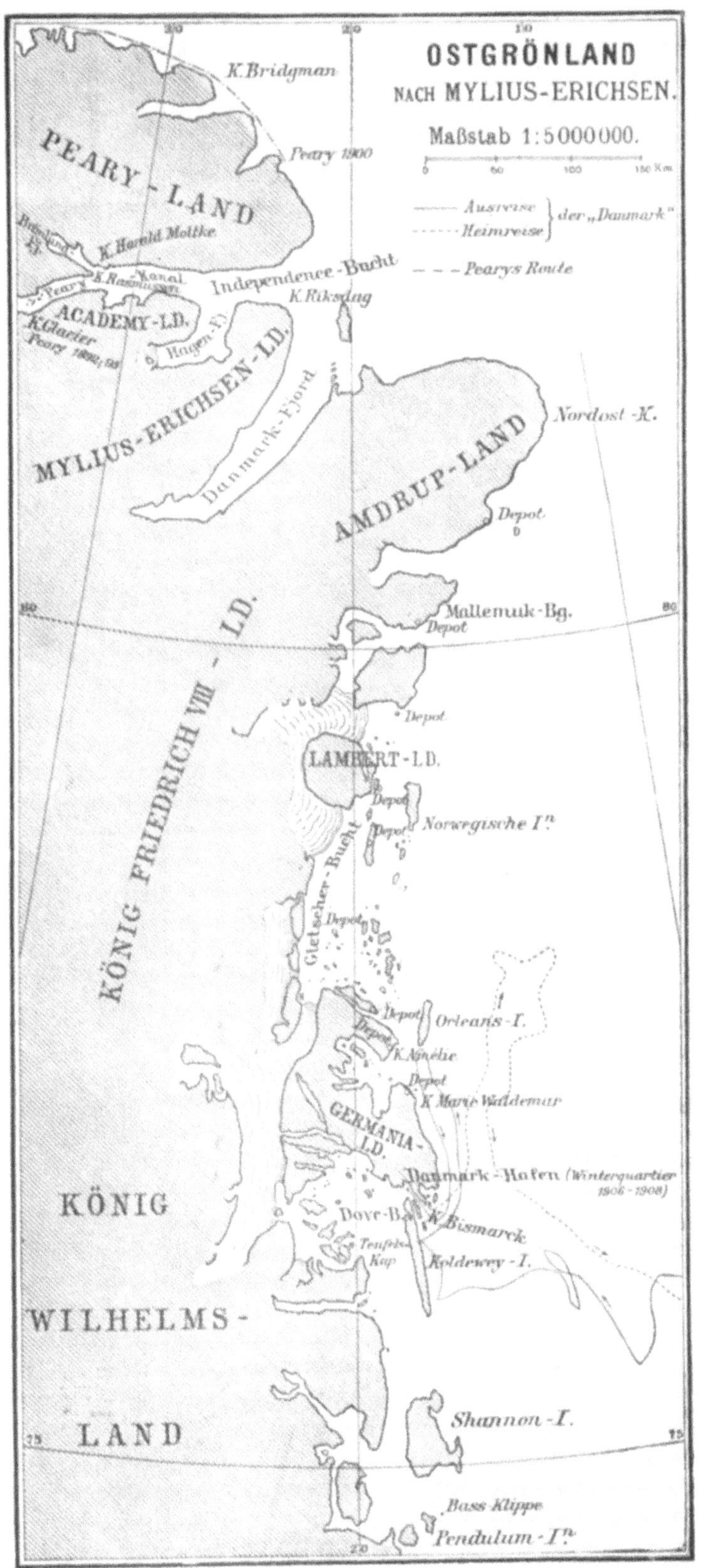
OSTGRÖNLAND
NACH MYLIUS-ERICHSEN.
Maßstab 1:5000000.
0
50
100
150 Km
Ausreise
Heimreise
der „Danmark"
Pearys Route
K. Bridgman
Peary 1900
PEARY-LAND
K. Harald Moltke
K. Rasmussen
Kanal
Independence-Bucht
K. Riksdag
ACADEMY-LD.
K. Glacier
Hagen-Fj.
MYLIUS-ERICHSEN-LD.
Danmark-Fjord
Nordost-K.
AMDRUP-LAND
Depot
Mallemuk-Bg.
Depot
KÖNIG FRIEDRICH VIII - LD.
Depot
LAMBERT-LD.
Depot
Norwegische I^n.
Depot
Gletscher-Bucht
Depot
Depot
Orleans-I.
Depot
K. Amélie
Depot
K. Marie Waldemar
GERMANIA-LD.
Danmark-Hafen (Winterquartier 1906-1908)
Dove-B.
K. Bismarck
Teufels-Kap
Koldewey-I.
KÖNIG
WILHELMS-
LAND
Shannon-I.
Bass Klippe
Pendulum-I^n.
80
80
75
75
20
20
10

Anzeigen

Hohlweg durch die Lößformation in der Provinz Schan Si.
Aus Lauterer: „China“.

Indien

Das alte Wunderland und seine Bewohner

Geschildert von **Hans Gehring**

Mit über 200 Abbildungen nach photographischen Aufnahmen

Zwei Teile

Preis eines jeden Teiles: Geheftet M. **6.50**, elegant gebunden M. **7.50**

Ein getreues und anschauliches Bild Indiens, dieses einzigartigen Landes voller Wunder und voller Rätsel. In der Tat ist Indien, das Land zwischen Kailas und Kumāri, zwischen Karātschi und Kalkutta, eins der herrlichsten und interessantesten Länder der Erde, voller erhabener Naturschönheiten, ausgezeichnet durch eine uralte Kultur und ein Volksleben, wie es in solchem Reichtum und solcher hochinteressanten Vielgestaltigkeit in keinem andern Land der Erde wiederzufinden ist. Hervorzuheben ist die überaus reichhaltige Illustrierung. Sie veranschaulicht die interessantesten Gegenden des Landes, die erhabene Schönheit des Himalaia, die prachtvollen Baudenkmäler, an denen Indien so reich ist, das vielgestaltige Volksleben sowie die Sitten und die religiösen Gebräuche der Eingeborenen usw.

Das moderne Ägypten

Von **A. B. de Guerville**

Autorisierte Übersetzung aus dem Englischen

Mit 200 Abbildungen nach photographischen Aufnahmen. — Geheftet M. **8.50**, elegant gebunden M. **10.**—

Ein modernes, flott und amüsant geschriebenes Werk über das moderne Ägypten, wie es jetzt ist

Dem einfachen Touristen, dem es um das sonnige Klima und die fremde Szenerie zu tun ist, dem Finanzmann, der sich neue Gebiete erobern, dem Kaufmann, der sich neue Märkte erschließen will, dem Politiker, der die Verwaltung und die sozialen Zustände des Landes studiert, allen diesen bietet Guerville Neues, Wissenswertes und Nützliches. Die Abbildungen sind zumeist vom Verfasser persönlich aufgenommen worden, mit großer Sorgfalt ausgewählt und bilden eine wertvolle Ergänzung des Textes. Das Werk interessiert alle Gebildeten, **unentbehrlich aber ist es geradezu für alle Besucher Ägyptens, denn es dient trefflich zur Vorbereitung für die Reise und bildet zugleich eine unterhaltende und lehrreiche Reiselektüre.**

∘ VERLAG VON OTTO SPAMER IN LEIPZIG ∘